Selección de Escritos de
MIGUEL IRADIER

Volumen III

FILOSOFÍA, CIENCIA y CULTURA

(2020 - 2022)

Editado por *Hurqualya*

© Miguel Iradier, 2024
www.hurqualya.net

Cubierta: Adelaida Rondán

Índice

Selección de Escritos de
MIGUEL IRADIER
Volumen III
FILOSOFÍA, CIENCIA y CULTURA
(2020 - 2022)

La estrategia del dedo meñique	7
La función zeta y la teoría de la información	30
Arte y teoría de la reversibilidad	49
Huelga, populismo y tecnocracia	91
La cuarta revolución monetaria	102
Doctrina de la tierra media	113
El cálculo y el mundo	128
Antiprometeo	136
El ángel de internet: valor y vanidad de la red	164
Espíritu del cuaternario (semiosis y cuaternidad)	166
Astronomía, Astrología y Astrofísica	267
El oso y el polo	281
Judíos, cristianos y fenicios (Saturno, Júpiter, Mercurio y Marte)	284
Metanoia, continuo y cuaternidad	298
Polo del destino	331
La ley del 80/20 y el código Sión/Babilonia	351
Balance cero	367
El multiespecialista, la mecanología y el conocimiento en cuarta persona	379
Más allá y antes de la máquina	391
Ironía y tragedia en la hipótesis de Riemann	427
Morfología e individuación	464
La conciencia, el número y el nombre	500
Tarde de domingo	527
Del controlador interno	534
El bucle retroprogresivo	542

LA ESTRATEGIA DEL DEDO MEÑIQUE

8 junio, 2020

Frente al tsunami tecnológico

Hay una guerra tecnológica, pero el que crea que es sólo tecnológica ya la tiene perdida. Ahora China parece haberle tomado la delantera a los Estados Unidos en la lucha por el control de los canales de comunicación, y muchos lo celebrarían si no fuera porque esta quinta generación de telefonía no hace sino intensificar lo que ya era a todas luces un exceso.

No sólo nos oponemos al despliegue indiscriminado de tecnologías sino que, en un artículo ya lejano, incluso sugeríamos otra línea de investigación biofísica para evaluar la incidencia de la radiación electromagnética en la salud humana y del resto de los seres vivos [1]. Está claro que las grandes corporaciones que promueven este despliegue sólo están preocupadas por las cuotas de mercado, pero, ¿quién dice que dentro de unos años no puedan ser objeto de gigantescas reclamaciones por daños y perjuicios?

Ya vemos los intentos norteamericanos de culpabilizar a China del coronavirus; si no han emprendido ya una campaña para demostrar la nocividad de la nueva generación y formular demandas trillonarias, es simplemente porque 1) el despliegue apenas ha comenzado y es demasiado pronto para acumular evidencias en su contra, 2) le cortaría las alas a sus propios futuros desarrollos, y 3) igualmente podría aplicarse en retrospectiva a las generaciones anteriores y a las compañías americanas.

Y aun así, se puede estar seguro de que hay gabinetes de abogados discutiendo sobre cómo podría orquestarse una guerra legal a gran escala. Pero, dejando a un lado la vileza de este tipo de planteamientos, creo que todos estaríamos más agradecidos a quien nos demostrara que este tipo de radiación es o no es segura que a quien nos la quiera meter como por un embudo.

Tal vez el liderazgo de la 5G sea bueno para los intereses estratégicos de China, pero sería mucho mejor si esos intereses coincidieran con los de la mayoría de los seres humanos. Y la mayoría no quiere más y más tecnología, sino, más bien, algún tipo de protección contra ella; cualquiera debería entenderlo.

China, por ejemplo, contrata hoy a unos 50.000 empleados extranjeros, especialistas e ingenieros para que conduzcan una gran parte de la Investigación y Desarrollo que se realiza en todo el país. El dominio en la tecnología 5G, toda una exhibición de músculo, ha echado mano de una buena parte de toda esa fuerza. Pero seguro que sólo se necesita una pequeña fracción de tal número para realizar una conquista mucho más importante que la de una efímera ventaja tecnológica.

Hoy el tsunami tecnológico es sinónimo de revolución digital y de una categoría, la información, que parece envolverlo todo. En ella confluyen y por ella pasan todos los desarrollos anteriores de la ciencia y la tecnología. Hasta los físicos piensan ya en el universo como en un gigantesco ordenador; mucho se discutió sobre si el mundo estaba hecho de átomos o historias pero al final se decidió que estaba hecho de bits y asunto resuelto.

En realidad el universo parece ya importar muy poco. Los cohetes están casi igual que hace cincuenta años, pero en ese lapso la capacidad de los ordenadores se multiplicó por miles de millones. De aquí la sensación para el usuario de que es el mundo el que se quiere meter en el ordenador. El desarrollador, por su parte, piensa muy de otra manera.

La información no es un concepto poderoso, sino extremadamente gaseoso, y es por ello que sirve para lo que haga falta. Hoy no parece que podamos ponerle límites, y sin embargo los tiene de todo tipo: materiales, mentales y operacionales, por mencionar sólo los más evidentes. Si no los tuviera no se hablaría de la economía de la información.

¿Para qué sirven hoy las tecnologías de la información? Para reprogramar a los humanos que las usan. La ciencia y la técnica siempre lo han hecho, pero ahora podemos comprobarlo como nunca.

Lo importante de la teoría de la información no son tanto sus definiciones sino la dirección que le impone a todo; cambiar esa dirección equivale a cambiar la de la tecnología en su conjunto. La dirección inequívoca, que hereda evidentemente de la mecánica estadística, es la de descomponerlo todo en elementos mínimos que luego se pueden recomponer a voluntad.

Para la mecánica estadística no hay una dirección en el tiempo: si no vemos a un jarrón hecho añicos recomponerse y volver sobre la mesa, es sólo porque no vivimos el tiempo suficiente; si un cuerpo deshecho en pedazos por una explosión no se rehace y vuelve a andar como si nada, es sólo porque no estamos en condiciones de esperar 10 elevado a 10.000.000.000 de años o algo similar.

A la teoría de la información no le concierne en absoluto la realidad del mundo físico, sino la probabilidad en sus elementos constituyentes, o más bien la probabilidad *dentro de su contabilidad* de los elementos constituyentes. El mismo mundo físico es por contra una fuente de recursos para la esfera del cálculo o computación, que querría ser totalmente independiente del primero.

¿Es esta visión estadística una postura neutral o es simplemente un pretexto para poder manipularlo todo sin el menor compromiso? No hay una respuesta única para esto. La mecánica estadística y la teoría de la información se aplican con éxito en innumerables casos, y en innumerables casos no puede ser más irrelevante. Lo preocupante es la tendencia que ya impone.

Por mi parte estoy más que convencido de que un cuerpo destrozado no se recompondrá espontáneamente nunca, por más fabuloso que sea el periodo de tiempo que escojamos. Y no se trata de retórica; más bien los grandes números son la retórica de la probabilidad; una retórica tan inflada como pobre, porque ignora la interdependencia de las cosas.

Aunque en principio no deberíamos confundir planos de discurso científico con otros abiertamente ideológicos, en la práctica observamos una suerte de armonía preestablecida entre el liberalismo y, por ejemplo, la economía neoclásica, la presente síntesis neodarwinista de la evolución, o la mecánica estadística y la teoría de la información. No es sólo que el poder tienda a adueñarse del sentido de cualquier posible herramienta; las teorías citadas son ya desde antes de su eclosión criaturas empolladas en el mismo nido y bajo la misma atenta mirada.

Como no podía ser menos, en el ambiente neoliberal actual el vínculo aún es mucho más explícito y exagerado. En el campo ahora en pleno auge que trata de puentear mecánica cuántica y teoría de la información, ya se ha delineado una «termodinámica cuántica de los recursos sin temperatura de fondo, *tal que ningún estado en absoluto es gratis*» . Se trata de concebir un sistema cuántico en que la información es usada como moneda para comerciar entre los distintos recursos materiales cuantificados como estados. La iniciativa parte del University College London pero igualmente podría haber salido de la London School of Economics [2].

Está claro que hay más que afinidad; hay consanguinidad, hay una misma lógica, hay un mismo destino. El mundo real sólo es un instrumento para el cómputo, y el cómputo para el comercio. Y el comercio, a esta escala totalitaria, existe para la concentración del capital y éste para la concentración del poder.

Se trata de una lógica despreciable y demencial, pero hemos permitido que se instale por defecto como nuestro sistema operativo, gracias, entre otras cosas, a que hemos aceptado una muy mal entendida «neutralidad de la ciencia».

El problema es mucho más difícil de calar a fondo puesto que no sólo afecta a las ciencias blandas, descriptivas o estadísticas sino que está ya inscrito desde el comienzo del mundo moderno en el sesgo utilitario de las ciencias más duras como el cálculo o la mecánica, que crean una disposición del conjunto de la que ya no acertamos a salir. De hecho la disposición es el todo para el que existe cualquier número de elementos.

Hay totalidades abiertas y naturales, y hay totalidades artificiales y cerradas que gravitan hacia la muerte. El mercado globalizado actual es casi lo diametralmente opuesto de «un sistema abierto». La ficción de una «sociedad abierta» se mantiene por una narrativa horizontal en términos de competencia que se estima conveniente para los «estados atómicos» del cuerpo social, léase individuos. Pero existe una lógica vertical, mucho más implacable y concretamente estructurada, que piensa en términos de marketing, ingeniería social y ecología de poblaciones – en la explotación de nichos y ecosistemas.

La visión horizontal pretende descomponerlo todo en partes mientras que la vertical se concibe desde el comienzo en términos del todo. La expresión «el pez grande se come al pequeño» tiene significados muy diferentes según el eje de coordenadas que escojamos.

La narrativa del eje horizontal de una colección desestructurada es para las masas; la lógica vertical de un todo estructurado, para el flamante tecnofeudalismo y tecnofascismo financieros. Por eso oímos hablar continuamente de «los mercados» pero nunca oímos hablar de la ley de potencias que rige la distribución de la riqueza o el tamaño de las compañías, y que muestra de manera ineluctable que el 80 por ciento de toda la tarta la posee un 20 por ciento, el 80 por ciento de ese 80 por ciento lo tiene la quinta parte de la quinta parte, y así sucesivamente. *Idealmente*, esta ley tiende a una singularidad [3].

Evidentemente, la lógica de la globalización ha sido hasta ahora una lógica totalitaria de todo o nada por más que ahora se encuentre en punto muerto. En cualquier caso, se da la circunstancia de que los discursos en boga tienden a confundir el análisis de la totalidad con el discurso totalitario, y promueven el atomismo social como si fuera más igualitario, cuando es el átomo social el que ha sido moldeado desde arriba, para mayor gloria de la confusión. La doble moral ha existido siempre para esto.

La dualidad todo/partes funciona igualmente para los dos extremos del desarrollo de las tecnologías de consumo, la minería de datos o esas plantaciones de la mente que son las redes sociales: los desarrolladores disponen y le dan forma al todo, los consumidores interactúan con las partes. Lo que resuena con los modos de minorías y mayorías de los que ya habló Simondon a propósito del circuito tecnológico.

En otros artículos también hemos hablado del doble circuito en la cosmovisión científica, establecido entre unas ciencias duras como la física, basadas en la matemática y la predicción, pero sin capacidad de describir la realidad y unas ciencias descriptivas y narrativas, como la cosmología o la teoría de la evolución, que procuran rellenar el gran vacío que media entre las leyes abstractas, la naturaleza y el mundo real. Si las primeras hacen el trabajo fuerte, las segundas tienen un papel preponderante en nuestro imaginario.

Haciendo la más burda reducción al presente, diríamos que las primeras son como el *hardware* y las segundas el *software*, con los aspectos estadísticos, como los de la teoría de la información, mediando entre ambos.

Estos planos de dualidad se solapan y reproducen a diversos niveles y dificultan enormemente la orientación y el juicio sobre el conjunto del fenómeno tecnocientífico. Pero probablemente la mayor de todas las oposiciones es la que más ha retrocedido en nuestra consciencia, la que existe entre el hombre y la naturaleza, sin entender privativamente al primero como masculino ni a la segunda como femenina.

Ni la ciencia ni la técnica han creado por sí solos esta oposición, sino, más bien al contrario, ciencia y la técnica son el desarrollo encauzado de unas determinadas pasiones. Sin embargo esta economía de pulsiones se ha transmitido al interior de los principios y se ha perpetuado en «el espíritu de las leyes» y sus valoraciones.

¿Qué puede parecer hoy más natural que las tres leyes de la mecánica de Newton? Pero las leyes de la mecánica, como bien advirtió Poincaré, no son ni ciertas ni falsas, sino sólo una forma de disponer del conjunto. Podríamos prescindir por completo del principio de inercia, sustituirlo por un principio de equilibrio dinámico, y seguir teniendo los mismos conocimientos sobre los fenómenos observables y sus leyes correspondientes [4]. Entonces, ¿para qué cambiarlos?

Pues para tener otra visión del conjunto, de ese todo desde el que se quiere dar forma a las partes y a los individuos. Aparte de que la ciencia no es sólo estudio y dominio de la naturaleza externa, sino que también es síntoma de nuestra naturaleza interna. Como en todo fenómeno de superficie, siempre hay una pugna en lo que quiere expresarse a través de ella y lo que quiere abrirse paso.

Las leyes de la mecánica de Newton se resumen en que nada se mueve si no lo mueve otra cosa. Lo que es una forma fina de decir que todos somos mierda muerta, a expensas de ser accionados por un Dios, una explosión inicial, una mano invisible o la providencia del vivo de turno. Las consecuencias de esto llegan hasta hoy. Parece mentira que hayamos podido suscribir tranquilamente esto durante un tercio de milenio, pero es lo que tenemos.

En realidad, todo lo que hoy se dice hoy sobre la crisis medioambiental o el cambio climático palidece en comparación con la disposición mecánica de la naturaleza que hemos aceptado. Si no nos rebelamos en lo más íntimo contra esto, difícilmente haremos algo con todo lo demás, que son sólo subproductos. Nuestra relación *externa* con la naturaleza empieza siempre por cómo la entendamos. Y no sólo con la naturaleza.

Lo que se ha postulado de la naturaleza, con el sentimiento cómplice del sabio de aumentar su sensación de poder, se extiende luego de manera gradual pero incontrolada al interior del aparato social a través del cada vez más denso entramado tecnológico. Y que no se diga que los desarrollos más recientes de la ciencia cambian el panorama porque no son sino un refinamiento de los mismos presupuestos, buscando sacar mayores rendimientos.

La ciencia, en lo esencial, no ha cambiado nada, lo cual podría ser una gran noticia si se piensa que aún queda algo en la récamara. La ciencia no puede dejar de ser un fenómeno de superficie, pero tampoco puede dejar de hacerse eco de impulsos más profundos. En ella aún pueden transformarse decisivamente tanto la relación entre sujeto y objeto como nuestra concepción de la totalidad.

Para decirlo claramente, la ciencia tiene una parte noble y una parte que está al servicio del poder. ¿Podemos rescatarla de ser un juguete de los instintos más bajos? Esto depende en gran parte de los científicos mismos, aunque no sólo de ellos. No están menos divididos que las masas, pues servir a dos amos a la vez siempre es más que difícil, y en su seno se entrecruzan todas las corrientes.

Las cuestiones gemelas son qué queremos hacer con lo que sabemos, y qué queremos saber con lo que podemos hacer. Ciencia y tecnología formaron siempre un continuo aunque hoy este parezca revolverse sobre sí mismo con mucha más rapidez. Esto tiene mucho de ilusión porque los conceptos más importantes han cambiado muy poco; y justamente por eso, podría aproximarse una inversión. O no.

Nuestro liberal-materialismo, o materialismo liberal, pretende «darle vida» a una «naturaleza muerta» para así cumplir su círculo virtuoso de «mejorar el mundo» y realizar la autotrascendencia de la especie. Este proceso que oscila entre un falso polo ideal y otro falso polo material se cumple a través de un ciclo recurrente de idealizaciones y racionalizaciones al que se cree que no escapa nada y con el cual se podría barrer el ilimitado espectro de la realidad.

El trasfondo idealista de la teoría y la filosofía de la información no puede ser mayor y exuda por todos sus poros. No es de extrañar, puesto que hasta la mecánica clásica lo tiene, y la única forma que se encuentra de «superar» esa herencia es mediante la compulsiva aplicación práctica a los objetos materiales. Lo mismo vale para el circuito diseñador-usuario en el uso de las tecnologías.

Pero la realimentación que crean teoría y práctica en la tecnociencia no tiene porqué ser un círculo virtuoso; puede ser también un círculo de restricción creciente y reducción de horizontes. A este respecto tenemos todavía las nociones más ingenuas, que no nos permitirán ir mucho más lejos si no aprendemos ciertas lecciones básicas.

La idealización y la racionalización son como las míticas rocas Simplégades que entrechocaban destruyendo a navíos y navegantes; sólo el que comprenda sus peligros y las evite podrá pasar al otro lado.

Sin duda la neobabilónica ciencia moderna es la inversión de Platón y Pitágoras y aquello del «todo es número», pero aun invertida sigue siendo su heredera. Hoy los números ya no parecen existir para entender el mundo, sino para triturarlo y estrujarlo, y con él a todos nosotros.

En esta indescriptible situación, en que la matemática ya es la última puta para las tareas más bajas —para lo que es tan sucio, que sólo gracias a los números se puede ignorar—, necesitamos otra visión radicalmente diferente del número y la matesis, de la teoría y la práctica, del todo y las partes, de la cantidad y la calidad, del conocimiento y la racionalidad.

Puesto que todo es hipérbole en la esfera de la información, confrontémosla con una hipérbole aún mucho mayor, que sin embargo parte de una fórmula sorprendentemente simple.

Una totalidad analítica: la función zeta de Riemann

Se ha dicho que si se resolviera la hipótesis de Riemann, se podrían romper todas las claves de criptografía y ciberseguridad; nadie ha especificado como podría suceder esto, pero al menos nos recuerda la estrecha relación entre un problema hasta hoy intratable, la criptografía y la teoría de la información.

Tales especulaciones sólo se basan en el hecho de que la función zeta de Riemann establece una conexión entre los números primos y los ceros de una función infinitamente diferenciable que brinda el método más potente para explorar este campo, siendo los números primos la base de la criptografía clásica. Pero la función zeta es mucho, mucho más que cualquier tipo de aplicación criptográfica; ella misma parece ser un código, o incluso un código de códigos [5].

Existe incluso un teorema, debido a Voronin, que demuestra que cualquier tipo de información de cualquier tamaño que se pueda almacenar existe con toda la precisión que se quiera dentro de esta función —y uno una sola vez, sino un número infinito de veces. Otra cosa es hasta qué punto esa información se puede hacer efectiva, sobre lo que se han hecho diversos estudios. A esto se le denomina la *universalidad* de la función zeta [6]. Por la demás, la función zeta de Riemann es sólo el caso medular dentro de un número infinito de funciones similares.

Uno también podría encontrar cualquier tipo de información en un ruido blanco; pero el ruido blanco carece de cualquier estructura, mientras que la función zeta tiene una estructura infinita. Si Hegel hubiera conocido ambos casos hubiera hablado de falsa y de verdadera infinitud; veremos que estas apercepciones hegelianas no están aquí fuera de lugar.

Parece que hay un «código zeta» que podría ser objeto de la teoría algorítmica de la complejidad; pero esta función, íntimamente ligada al hecho elemental de contar, se resiste a ser un objeto. No se deja descomponer en elementos, razón por la que todos los métodos habituales han resultado ser patéticamente inadecuados. La zeta permanece irreducible. Es la gran esperanza blanca para todos los que no se identifican con ese ni con ningún otro color. La esperanza blanca de los que no quieren ser convertidos en ruido blanco.

Hasta ahora todos los ceros no triviales de la función computados, que ascienden a muchos billones, han caído exactamente en la línea crítica, con una parte real igual a 1/2; pero aún no se ha encontrado una razón para que esto deba ser así, y podría haber todavía un número infinito de ceros fuera de este valor.

Si pusiéramos a todas las partículas del universo del «ordenador cósmico» con el que ya muchos sueñan a calcular ceros, y tuvieran todo el tiempo del mundo, aún podríamos quedarnos esperando una respuesta. Según dicen, Turing había diseñado una máquina casera para falsar la hipótesis; ignoro si tenía manivela.

Es inevitable que la palabra «infinito» aparezca reiteradamente al hablar de este problema. La función zeta tiene un polo singular en la unidad y una línea crítica con valor de 1/2 en la que aparecen todos los ceros no triviales conocidos y por conocer, con una dualidad entre ceros y polo: o abordamos el problema desde el punto de vista de la unidad, o desde el punto de vista del infinito; pero es sólo en la unidad que la función deja de tener valores finitos. Hasta ahora los matemáticos, que en un sentido muy definido descienden de la tradición del cálculo infinitesimal inaugurada por Leibniz, han optado naturalmente por el segundo punto de vista, aunque puede suponerse que ambos extremos son equivalentes.

Un conocido matemático dijo que, sin saber la verdad de la hipótesis de Riemann, los problemas de la aritmética se abordaban como si se tuviera un destornillador; pero si se supiera a qué atenerse al respecto, sería más como tener una excavadora. Algunos nunca dejarán de pensar en el próximo desarrollo inmobiliario.

Pero creo que el problema tiene una significación que poco tiene que ver con allanar el terreno para nuestros «poderosos métodos» y nuestras prácticas habituales. La función zeta cuestiona de arriba abajo la relación que presuponemos entre matemática y realidad. Como es sabido ésta función presenta una enigmática y totalmente inesperada semejanza con las matrices aleatorias que describen niveles de energía subatómicos y otras signaturas colectivas de la mecánica cuántica.

Hasta ahora la física matemática de la que surgió toda la revolución científica ha estado aplicando estructuras matemáticas a problemas físicos para obtener una solución parcial por medio de una habilidosa ingeniería inversa. El cálculo mismo surgió en este proceso. Por el contrario, lo que tenemos aquí es procesos físicos que reflejan espontáneamente una realidad matemática para la que no se conoce solución.

Puesto que ninguna teoría física justifica de manera explícita la reproducción de este tipo de funciones, el enigma de la dinámica subyacente es tan trascendental como la misma resolución de la hipótesis, aunque la relación entre ambos aspectos también es pura conjetura. De ahí que este problema atraiga a físicos y matemáticos por igual.

Decíamos que la ciencia avanza por un proceso alterno de idealización y racionalización, de emisión de hipótesis para un caso idealizado y de su generalización imperialista de costa a costa. El cálculo es un buen ejemplo: los infinitesimales son idealizaciones, mientras que el concepto de límite permite racionalizar y «fundamentar» lo que no dejan de ser procedimientos heurísticos.

La mecánica estadística es otro de los más flagrantes casos de racionalización, puesto que, tras unas idealizaciones extremas, se le ha dado valor de explicación para todo; y una teoría que lo explica todo no puede decir más claramente que en realidad no explica nada.

En filosofía, el mejor ejemplo del paso a gran escala de la idealización a la racionalización nos lo da Hegel. En un interesante artículo, Ian Wright intenta explicar la naturaleza de la función zeta de Riemann, recurriendo al Hegel de la *Ciencia de la Lógica*, como la mediación entre el ser y el no ser a través del devenir en el seno de los números [7]. A muchos puede parecerles una lectura demasiado anticuada, pero cabe decir tres cosas:

Primero, que desde el punto de vista de la aritmética pura, esto es admisible puesto que si existe una parte de la matemática que puede considerarse a priori, esa es la aritmética; mientras que, por otro lado, la misma definición de esta función afecta a la totalidad de los números enteros, y su extensión a los números reales y complejos.

Segundo, que el cálculo no es matemática pura como la aritmética, aunque muchos especialistas parecen creerlo, sino matemática aplicada al cambio o devenir. Si no lo fuera, no habría necesidad de computar los ceros. La función zeta es una relación entre la aritmética y el cálculo tan estrecha como incierta.

Tercero, para las ciencias experimentales como la física la oposición entre ser y no ser no parece tener alcance sistémico, y para ciencias formales como la teoría de la información esto se reduce a fluctuaciones entre unos y ceros; sin embargo la distinción entre sistemas reversibles e irreversibles, abiertos y cerrados, que se sitúa en el meollo mismo de la idea de devenir, es decisiva y está en la misma cruz del asunto.

Físicos célebres como Michael Berry ya notaron hace tiempo que la dinámica correspondiente a la función debería ser irreversible, acotada e inestable. Hay incluso razones elementales para lo primero, que ya hemos señalado en otra parte; y a pesar de todo, y de que ningún hamiltoniano encaja exactamente en esta dinámica, los físicos siguen empeñándose en trabajar con los supuestos conservativos de la física fundamental. ¿Por qué? Porque los físicos no admiten otra física fundamental que la conservativa.

La *seriedad* de un problema como el de la zeta exige contemplar a fondo el problema de la irreversibilidad. Y contemplarlo a fondo significa justamente incluirlo al nivel más fundamental. Usar la mecánica conservativa será siempre trabajar con modelos de juguete, ninguno de los cuales ha servido para mucho.

Esto rompe todos los esquemas del *establishment* en física pero resulta necesario para avanzar. Sin duda de este modo tanto la idea de reversibilidad como la de la representación matemática exacta pierden mucho de su estatus, pero por otra parte, ver cómo emerge la apariencia de comportamientos reversibles de un fondo de irreversibilidad es lo más parecido que puede haber a encontrar el anillo mágico en el seno de la naturaleza. Hoy por hoy la física no trata de la naturaleza, sino de ciertas leyes que le afectan.

Se dice por ejemplo que la función zeta de Riemann podría jugar el mismo papel para los sistemas cuánticos caóticos que el oscilador armónico para los sistemas cuánticos integrables, aunque tampoco esté claro a qué responde en el fondo el modelo del oscilador armónico. Para acercarse más al tema puede considerarse la termodinámica cuántica en el sentido en que lo ha venido haciendo, por ejemplo, la escuela de Keenan del MIT, especialmente con Hatsopoulos, Gyftopoulos y Gian Paolo Beretta.

A nivel popular en casi todas partes, incluidos los Estados Unidos, se conoce mucho más la escuela de Bruselas, liderada por Prigogine, que la del MIT, a pesar de que esta última es mucho más solvente a la hora de conectarse con la física fundamental. Que semejante desarrollo, habiendo surgido del MIT, no se halle más difundido, no es un signo de su escasa relevancia, sino más bien todo lo contrario: afecta demasiado a la posición de grandes ramas de la física como para que se admita fácilmente, y va a contracorriente de todo lo que tan activamente se promueve.

La termodinámica cuántica de esta escuela se opone frontalmente a la racionalización de la entropía por la mecánica estadística. La dinámica es irreversible al nivel más fundamental —la mecánica cuántica también es irreversible. El número de estados es incomparablemente mayor que el de esta, y sólo algunos son seleccionados. El principio de selección es muy parecido al de producción de máxima entropía, aunque algo menos restrictivo: se trata de la atracción en la dirección con la entropía más pronunciada. No hay que hacer grandes cambios en los formalismos acostumbrados, lo que se transfigura es el sentido del conjunto [8].

También se retienen los formalismos del equilibrio, pero su sentido cambia por completo. El carácter único de los estados de equilibrio estables supone una de las transformaciones conceptuales más profundas de la ciencia de las últimas décadas. El planteamiento es contrario al idealismo de la mecánica y mucho más en consonancia con la práctica diaria de los ingenieros, que tratan la entropía como una propiedad física tan real como la energía. La teoría tiene muchas más ventajas que sacrificios, y se puede aplicar al entero dominio del no equilibrio y a todas las escalas temporales y espaciales.

Pero existen otras formas mucho más básicas de incluir la irreversibilidad y la entropía tanto en la mecánica cuántica como en la clásica a través del cálculo, que en seguida veremos.

La conexión entropía—función zeta ha sido tardía y no empieza a tomar forma sino entrados ya en el siglo XXI [9]. A un nivel muy básico, se puede estudiar la entropía de la secuencia de ceros: una alta entropía comportaría escasa estructura, y al contrario. Se observa que la estructura es alta y la entropía baja, y ya las primeras redes neuronales de aprendizaje automático tenían éxito en su predicción [10].

Hay otros tipos no extensivos de entropía independientes de la cantidad de material, como la entropía de Tsallis, que pueden aplicarse a la zeta; estos tipos de entropía se asocian generalmente a leyes de potencias, no a exponenciales. Pero en realidad aquí, como en la termodinámica en general, la definición de la entropía puede variar de autor a autor y de aplicación a aplicación.

Para tratar de unificar esta multiplicidad de acepciones, Piergiulio Tempesta ha propuesto una entropía de grupo [11]. Tanto en los contextos físicos como en sistemas complejos, en economía, biología o ciencias sociales, la relación entre las partes depende de modo crucial de cómo definamos la *corre-*

lación. Este es también el asunto central de la minería de datos, las redes y la inteligencia artificial.

A cada ley de correlación le puede corresponder su particular entropía y estadística, en lugar de lo contrario. Así, no hace falta postular la entropía, sino que su funcional emerge de la clase de interacciones que se quiere considerar. Cada clase universal de entropía de grupo adecuada está asociada a un tipo de función zeta. La función zeta de Riemann estaría asociada a la entropía de Tsallis, que contiene a la entropía clásica como un caso particular. Pero estas leyes de correlación se basan en elementos independientes, mientras que la irreversibilidad fundamental parece rechazar ese supuesto. La irreversibilidad fundamental asume la interdependencia universal.

La misma función zeta, bajo otros criterios, puede ser vista como una enciclopedia infinita de correlaciones y leyes de correlación.

Se dice que la hipótesis de Riemann implica la conexión más básica entre adición y multiplicación. Tan básica, que ni siquiera es aprehensible —al menos hasta ahora. Así pues, si hay alguna posibilidad de acceder al núcleo del problema, tendría que ser a través de los argumentos más simples, en lugar de los más sofisticados y complejos. También el impacto general de una idea es tanto mayor cuando más simple es su naturaleza.

El cálculo o análisis se ha desarrollado entre la idealización de los infinitesimales y la racionalización del límite, pero ha rechazado la piedra de fundamento, el diferencial constante, que por definición ha de tener un valor igual a la unidad. Veamos un ejemplo que pone en juego tanto a la idea del cálculo como a la de la inteligencia natural y artificial.

Piénsese en el problema de calcular la trayectoria de la pelota tras un batazo para cogerla —evaluar una parábola tridimensional en tiempo real. Es una habilidad ordinaria que los jugadores de béisbol realizan sin saber cómo la hacen, pero cuya reproducción por máquinas dispara todo el arsenal habitual de cálculos, representaciones y algoritmos.

Sin embargo McBeath [12] y su equipo demostraron en 1995 de forma más que convincente que lo que hacen los jugadores es moverse de tal modo que la bola se mantenga en una relación visual constante —en un ángulo constante de movimiento relativo—, en lugar de hacer complicadas estimaciones temporales de aceleración como se pretendía. ¿Puede haber alguna duda al respecto? Si el corredor hace la evaluación correcta, es precisamente porque en ningún momento ve nada parecido al gráfico de una parábola.

Aunque no haya partido de este ejemplo, el único que ha puesto este «no-método» o método directo en práctica es Miles Williams Mathis, simplificando al máximo ideas ya latentes en los métodos de diferencias finitas [13]. Mathis es el primero en admitir que no ha podido aplicar el principio incluso en muchos casos del análisis real, por no hablar del análisis complejo, del que ni siquiera se ocupa. No hay ni que decir que la comunidad matemática no se detiene a considerar propuestas tan limitadas.

Sin embargo el diferencial constante es la verdad misma del cálculo, sin idealizaciones ni racionalizaciones, y no deberíamos desestimar algo tan precioso incluso si no acertamos a ver cómo se puede aplicar. Si en las tablas de valores de la función no se halla un diferencial constante, aún podemos estimar la dispersión, y quien dice dispersión, también puede decir disipación o entropía.

De este modo se puede obtener una entropía intrínseca a la función, a su mismo cálculo, antes que a correlaciones entre sus diversos aspectos y partes. Esta sería, al nivel más estrictamente funcional, la madre de todas las entropías. Se debería poder aplicar este criterio al análisis complejo, al que Riemann hizo contribuciones tan fundamentales, y del que surgió la propia teoría de la función zeta.

El criterio del diferencial constante puede incluso recordarnos a los métodos de valores medios del propio cálculo elemental o la teoría analítica de números. Pero no es un promedio, es por el contrario el cálculo estándar el que trabaja con promedios —que sin esta referencia carecen de medida común. Los métodos de diferencias finitas ya han sido usados para estudiar la función por algunos de los más conocidos especialistas. Por lo demás, y para darle aún más interés al asunto, hay que recordar que ambos métodos no siempre dan los mismos valores.

Así se cumplirían simultáneamente varios grandes objetivos. Se podría conectar el elemento más simple e irreducible del cálculo con los aspectos más complejos que quepa imaginar. Algo menos apreciado, pero no menos importante, es que se pone en contacto directo la idea de función con aquello que no es funcional —con lo que no cambia. El análisis es el estudio de tasas de cambio, ¿pero cambio con respecto a qué? Debería ser con respecto a lo que no cambia. Este giro es imperceptible pero trascendental.

El método directo se ríe en la cara del «paradigma computacional» y su fervoroso operacionalismo. La idea que ahora prima sobre la inteligencia como «capacidad de predicción» es completamente reactiva y servil; de hecho ya ni se sabe si es la que queremos exportar a las máquinas o la que los humanos quieren importar de ellas. Percibir lo que no cambia, aunque no cambie nada, da profundidad a nuestro campo. Percibir sólo lo que cambia no es inteligencia sino confusión.

No sé si esto ayudará a la comprensión de la función, pero desde luego es el nivel más básico para el problema que puedo concebir. Sólo lo más simple puede aquí ser relevante. Los investigadores ahora trabajan desde el otro lado, el de la complejidad, donde por supuesto siempre hay tanto por hacer. La cuestión es en qué medida pueden conectarse ambos extremos.

También hay buenas razones para pensar que la función zeta está ligada a la mecánica clásica: el recurso frecuente en este área a modelos «semiclásicos» es sólo una de ellas. La mecánica cuántica es tajante en afirmar su independencia de la mecánica clásica, pero es incapaz de decirnos dónde empieza la una y termina la otra.

Mario J. Pinheiro ha propuesto una reformulación irreversible de la mecánica clásica, como un sistema de equilibrio entre energía y entropía que puede sustituir al principio de acción lagrangiano. Aparte de que el lagrangiano también es fundamental en mecánica cuántica, sería de gran interés evaluar la entropía intrínseca de trayectorias clásicas con respecto a las diversas formulaciones [14].

En problemas como el que plantea la función zeta en relación con la física fundamental, podrían realizarse pronto experimentos cruciales capaces de desentrañar la relación entre lo reversible e irreversible en los sistemas —siempre que se busque expresamente. Por ejemplo, un equipo japonés mostraba muy recientemente que dos índices distintivos de caos cuántico, de no-conmutatividad y de irreversibilidad temporal, son equivalentes para estados inicialmente localizados. Como es bien sabido, se ha estudiado mucho esta función desde el punto de vista de los operadores no conmutativos, en los que el producto no siempre es independiente del orden, luego esto pone en contacto dos áreas tan vastas como hasta ahora distantes [15].

Lo irreversible y la reversibilidad

Ante el auge experimental de la informática y termodinámica cuánticas, junto a toda la constelación de disciplinas asociadas, no van a faltar oportunidades de diseñar experimentos clave. Hasta ahora la tendencia dominante ha sido siempre privilegiar los aspectos reversibles, puesto que son los más manipulables y explotables; sólo cambiando de lógica y valorando debidamente el papel de la irreversibilidad podemos llegar a niveles de comprensión superiores.

Lo reversible e irreversible, conceptos referidos al tiempo, pueden estar íntimamente relacionados —aspectos no conmutativos de por medio— con eso tan básico de las propiedades aditivas y multiplicativas de la secuencia de los números que evade a los matemáticos confrontados con la función zeta. Es como si hubiera dos formas de considerar el tiempo, según su ordenamiento secuencial, y según la coexistencia simultánea de todos sus elementos.

La relación entre lo reversible y lo irreversible es crítica en la evolución de sistemas complejos: piénsese tan sólo en el envejecimiento, o la diferencia entre un daño reversible o irreversible para la salud de un organismo o en cualquier evolución de acontecimientos. Si creemos que esta distinción es irrelevante en física fundamental, es sólo porque los físicos han segregado cuidadosamente la termodinámica para no tener que mancharse con problemas que tengan nada que ver con el tiempo real. Y porque la proyección de la matemática desde arriba conducía directamente a un fatal malentendido.

Tampoco es tan difícil. Se dice que el electromagnetismo es un proceso reversible, pero nunca se ha visto que los mismos rayos de luz vuelvan intactos a la bombilla. Lo irreversible es lo primario, lo reversible es sólo un ajuste de cuentas —lo que en absoluto le quita su importancia.

Pero a los físicos siempre les han fascinado los juguetes reversibles, independientes del tiempo, lo que algunos han visto como una postrera recurrencia de la metafísica. ¿Y qué si no? No existen sistemas cerrados ni reversibles en el universo, que son sólo ficciones. La metafísica es un arte de la ficción y la física ha continuado la metafísica con otros medios con lo coartada de que ahora sí descendía a la realidad. Y sin duda lo ha hecho, pero, ¿a qué precio?

Curiosamente, es el descubrimiento y aplicación de leyes físicas reversibles lo que ha aumentado exponencialmente la posibilidad de acumulación y con ello del progreso entendido como proceso irreversible. Esta reversibilidad está en plena sintonía con la lógica del intercambio y la equivalencia, porque lo irrepetible por definición no se deja cambiar.

No menos curiosamente, sólo la comprensión de lo irreversible nos permitiría revertir parcialmente ciertas dinámicas, y decimos parcialmente puesto que no hay ni que decir que nada vuelve a ser nunca como era. Pero el poder es el siempre el menos interesado en que haya posibilidad de rectificación para nada. Apuesta decididamente por la acumulación y la irreversibilidad histórica, lo que también equivale a apostar por el negocio de la naturaleza reversible e intercambiable.

Curioso, muy curioso, y más curioso todavía. Aunque siempre se vio que el «no hay vuelta atrás» era la forma de hacernos pasar por el aro. Pero en todo esto de lo reversible e irreversible hay que distinguir entre una perspectiva externa e interna. Lo que distingue ambas perspectivas es la definición de equilibrio como suma o como producto.

Un equilibrio de suma cero, aunque derivado y no necesariamente el más importante, es el que se presenta en la mecánica newtoniana entre acción y reacción. Define un sistema desde el punto de vista más externo posible, que suele coincidir con nuestra idea de los procesos reversibles.

Un equilibrio de densidades en el que producto da la unidad, es por ejemplo la perspectiva adecuada para la mecánica de medios continuos; una perspectiva interna a un medio primitivamente homogéneo que siempre está disponible aunque la física la haya oscurecido con herramientas de conveniencia como el cálculo vectorial y sucesivos y cada vez más opacos formalismos —tensores, conexiones, operadores, etcétera. También así se pueden describir procesos reversibles, como en la teoría de la elasticidad, mecánica de fluidos o el electromagnetismo —si bien este exhibe claramente una parte reversible y otra que no lo es.

Para no alejarnos demasiado, baste decir que la definición del equilibrio permite establecer distintos tipos de relaciones entre la parte y el todo, entre el ajuste local y el global. La entropía clásica por ejemplo es una cantidad extensiva, y aditiva para sistemas independientes o sin interacción. La cantidad básica es el logaritmo porque las relaciones aditivas son mucho más manejables que las multiplicativas.

Ilya Prigogine mostró que cualquier tipo de energía puede descomponerse en una variable intensiva y otra extensiva cuyo producto nos da una cantidad; una expansión, por ejemplo viene dada por el producto PxV de la presión (intensiva) por el volumen (extensiva). Lo mismo puede hacerse para relaciones como cambios de masa/densidad con la relación entre velocidad y volumen, etcétera.

Sin entrar ahora en la gran riqueza del tema, esta doble definición del equilibrio afecta de un modo crucial tanto a la mecánica, como a la aritmética, el cálculo o la propia entropía. A la perspectiva externa o interna de un mismo proceso o problema.

De la definición del equilibrio depende también de si estamos hablando de sistemas abiertos o cerrados. Para la intuición más elemental, que en esto no se equivoca, algo «vivo» es lo que tiene intercambio permanente con el medio, mientras que algo «muerto» es lo que no lo tiene. No hace falta decir que el caso general de la mecánica estadística es la de un sistema cerrado con elementos independientes, es decir, algo «bien muerto».

Como ya hemos notado con la formulación de Pinheiro, incluso la mecánica clásica se puede reformular como una mecánica irreversible y con un término de intercambio con la energía libre del sistema —esa misma energía de fondo que ya quieren proscribir para la mejora del comercio y la administración de recursos. Hasta ahora no se ha visto qué utilidad podría tener esto, si las ecuaciones ya funcionan bien tal como están. Pero, a parte de todo lo que llevamos dicho, ¿no merece la pena darnos cuenta de que no hay nada muerto y que todo tiene su propia forma intrínseca de regulación?

Por otra parte, esa regulación intrínseca se puede mostrar incluso sin ninguna apelación a la termodinámica, incluso con las ecuaciones convencionales de la mecánica celeste, como ya hemos mostrado suficientemente en otra parte [16]. Pero la introducción de un elemento irreversible, gratuito como parece, permite otras conexiones y otra concepción de la naturaleza que no está recortada por nuestro interés utilitario.

Entropía y autoinformación

De hecho todos los campos gauge o recalibrados de la teoría estándar, basados en la invariancia del lagrangiano, exhiben una autointeracción. Ni siquiera la esconden, y los teóricos llevan generaciones apartándosela de la cara como si fuera un moscardón, porque les parece una idea «tonta». Ahora bien, el grupo de renormalización en la base de la teoría estándar y otros campos de la estadística, que contiene esta autointeracción, es el mismo que se utiliza en las redes neuronales de inteligencia artificial —se está utilizando externamente algo que el campo electromagnético ya tiene incorporado «de fábrica». Llamémoslo, si se quiere, otro tipo de inteligencia natural.

Nadie creó los números enteros, y el hombre hizo todo lo demás. La función zeta es un candidato ideal para crear en torno a ella una red emergente de inteligencia artificial colectiva; en ella coinciden los aspectos internos y externos del acto de contar, lo que algunos llamarían el objeto y el sujeto. En este tipo de redes serían claves el uso o grado de aprovechamiento del sustrato físico, las condiciones de equilibrio entre las distintas partes, el espectro de correlaciones, y un gran número de aspectos que no podemos tocar aquí.

De este modo tal vez se pueda crear una inteligencia no tan artificial colectiva y emergente ajena a la inteligencia humana definida por propósitos, y sin embargo con posibilidad de comunicación con el ser humano a través de un acto común, contar, que también para los humanos existe a niveles muy superficiales —se entiende que el propósito es lo superficial. La intelección es un acto simple y la inteligencia una conexión o toma de contacto de lo complejo con lo simple, más que lo contrario.

La renormalización en física surge en la misma época que la teoría de la información, hacia 1948. Entropía e información se hacen casi sinónimos, y si en termodinámica la entropía se veía como pérdida de trabajo, ahora se verá como pérdida de información. A la información de Shannon se la llamaba al comienzo nivel de sorpresa o *autoinformación*.

La confusión de la entropía con el desorden se debe a la racionalización de Boltzmann al pretender derivar la irreversibilidad macroscópica de la reversibilidad mecánica, lo que ya es forzar bien las cosas. Fue Boltzmann, al hablar de «orden», el que introdujo un elemento subjetivo. Clausius lo entendió originalmente mejor, al decir que la entropía del mundo tiende al máximo.

El orden es un concepto subjetivo. Pero decir mundo es decir orden, luego también la idea de mundo es inevitablemente subjetiva. Por más subjetivos que sean, «orden» y «mundo» no son sólo conceptos, son aspectos vitales de todo ser organizado o «sistema abierto». Con todo, incluso nuestra intuición del orden y la entropía se encuentran confundidas.

No es que con la entropía aumente el desorden. Más bien al contrario, la tendencia hacia la máxima entropía es conducente al orden, o visto desde el otro lado, lo más ordenado tiene más potencial de disipación. O tal como lo puso Rod Swenson: «el mundo está en el asunto de la producción de orden, incluida la producción de seres vivos y su capacidad de percepción y acción, pues el orden produce entropía más rápido que el desorden»[14].

Los «sistemas abiertos», como el corredor que trata de atrapar la pelota, tienen ciclos de percepción y acción, con sus diferenciales constantes, y probablemente hasta su polo y su propia línea crítica. ¿Pero hay alguna entidad o proceso que no sea un sistema abierto? Seguramente no, salvo para las peculiares concepciones de la ciencia.

Aun así, vemos que la misma teoría de la información, por más formal y objetiva que se pretenda, no puede librarse del giro reflexivo en la interpretación y uso de los datos. A la vez, esta interpretación es parte del comportamiento del sistema, aunque en modo caja negra.

Podríamos seguir indefinidamente, pero para abreviar, digamos que la moderna teoría de la información es demasiado amplia y vacía, muy poco restrictiva, y por lo tanto con muy poca capacidad de dar forma a nada. En sí misma es sólo un marco general. Pero entendida como disposición, tiene una capacidad de destrucción casi ilimitada. Es voluntad de nada pura y dura, una voluntad de nada dispuesta a llevarse el mundo por delante.

Si esto no nos resulta lo bastante evidente, es porque llevamos unos cuantos siglos preparándonos y el adiestramiento ha funcionado. En realidad la ciencia, como toda la modernidad, es un movimiento dual entre conocimiento y control, pero que desde el principio ha tenido que purgar la mitad del potencial del primero para mejor ejercer lo segundo.

Hay por tanto un proceso permanente de inmunización contra influencias inconvenientes que llega hasta al presente. El desarrollo de la parte suprimida, aun si tuviera una racionalidad de orden superior, provocaría un serio cortocircuito en el sistema, que por la misma lógica selectiva de exclusión no puede asimilar este tipo de influencias.

Si el filósofo y el profano se sienten intimidados ante la complejidad de los problemas científicos, aún les intimida más a los expertos la idea de revisar los fundamentos de su propia disciplina, lo que equivale a socavar su condición de posibilidad. La lógica de la especialización es claramente otro de esos procesos irreversibles y de restricción creciente, a la que sólo le queda la alternativa de crear especialidades nuevas.

Sin embargo el diablo sólo puede salir por donde ha entrado, y la profundidad de los problemas sigue estando allí donde se encontraron por primera vez, mucho más que en la posición pretendidamente aventajada, pero nada desinteresada, de las lecturas retrospectivas. La imposibilidad de revisar nada importante delata una definitiva fragilidad estructural. La tecnociencia es un proyecto elitista que tiene que pagar el precio de aislarse de la realidad, aunque hasta ahora tanto el proyecto como el aislamiento lo paguemos todos.

La función zeta de la que hemos hablado es sólo un ejemplo magno de este tipo de totalidad analítica indigerible para los métodos modernos. Alguien, en una postura típica de la Era de la Información, podría decir que, si en esa función ya se encuentra cualquier información, más nos valdría buscar las respuestas allí en vez de en el universo. Pero lo contrario es lo acertado: para comprender mejor la función hace falta cambiar las ideas de cómo «funciona» el universo y el rango de aplicación de los métodos más generales. Esa es la gracia del tema.

Hay por supuesto toda una constelación de problemas mucho más simples, identificables y tratables que se pueden y se deben estudiar con independencia de ese problema, aunque mantengan un aire de familia: en la fundamentación del cálculo, en la irreversibilidad en la mecánica clásica y cuántica, en las acepciones de la entropía y la información, en las conexiones de todo esto con la teoría de la complejidad y la teoría algorítmica de la medida, etcétera.

Por lo demás existen totalidades abiertas relativamente simples que no requieren un gran desarrollo teórico sino más que nada un cambio selectivo de atención. Piénsese por ejemplo en el viejo principio de Ehret, que tiene más de un siglo, que dice que la vitalidad de un organismo es igual a la potencia menos obstrucción ($V = P - O$). En realidad esta es la única definición funcional de la salud que se ha dado, y con su ayuda, la simple medida del pulso, y una serie de fórmulas derivadas y asociadas, se puede desarrollar toda una teoría global de la salud y el envejecimiento de la que hoy carecemos por completo.

¿Pero para qué desarrollar una teoría consistente y global de la salud, que sea de sentido común y puedan entenderla todos, y que haga la atención primaria un objetivo fácil de cumplir, cuando podemos tener una industria médica indescifrable que saque de sus clientes 5 o 10 veces más de beneficios? Y con la inmensa ventaja de que nunca entenderán nada. Esas otras cosas no tienen derecho a entrar en nuestro mundo.

Poco tiene que ver la complejidad fabulosa de la naturaleza con el fabuloso negocio de la complejidad. A nadie se le escapa que una complejidad elevada es sumamente rentable y consustancial al aumento de actividad. Que la naturaleza pueda ser desconcertante en el detalle no quita para que en muchos aspectos tenga una lógica elemental y muy fácil de extraer, pero oscurecida sistemáticamente por los cómplices de la complejidad, que para resolver problemas tienen primero que crearlos.

El omnipresente elogio de la inteligencia y la creatividad está enteramente al servicio de este contexto de «encontrar nuevos problemas» y filones, en los que la simplicidad siempre será sospechosa, y donde los interesados siempre buscarán violarla y degradarla. Pero ningún grado de inteligencia podrá remplazar la rectitud, ni aun en el más intelectual de los problemas.

Es totalmente cierto que el solucionismo tecnológico es la gran excusa del presente para no mirar directamente a las cosas, a los problemas de verdad, esos que no hace ninguna falta inventarse. Claro que no sólo eso, es un modo de encauzar la frustración y entre tanto reeducar a los frustrados. Es evidente que nuestros más serios problemas no se solucionan con la tecnología; pero la tecnología y su uso perverso son ya casi el mayor de los problemas.

Lo cual no significa que queramos huir hacia el pasado ni reaccionar ni reducir nuestros horizontes, ni a nivel teórico ni práctico. Las principales fuerzas reactivas son las que operan desde arriba, y tenemos que demostrar que no tienen ningún tipo de superioridad, no ya moral, lo cual es evidente, sino ni siquiera técnica, lo que para ellos es decisivo. Son ellos los que están cerrando horizontes, y ese cerco debe romperse.

Hay unos 25 millones de programadores dispersos por el mundo, una gran fuerza intelectual compuesta por gente de todo tipo y que juegan un importante papel mediador entre las ciencias, las tecnologías y la mayoría. Esperemos que ellos y los multiespecialistas contribuyan a superar esta oscura edad.

Contemplando el panorama

La breve memoria *Sobre el número de primos menores que una cantidad dada* de Bernhard Riemann se publicó en noviembre de 1859, el mismo mes en que aparecía *El origen de las especies*. Ese mismo año también conoció el arranque de la mecánica estadística con un precursor trabajo de Maxwell, y el punto de partida de la mecánica cuántica con la espectroscopia y la definición del cuerpo negro por Kirchhoff.

Siempre he tenido la oscura certeza de que en el reconcentrado estudio de Riemann, tan libre de cualquier propósito ulterior, hay más potencial que en toda la mecánica cuántica, la mecánica estadística y su hija la teoría de la información, y la teoría de la evolución juntas; o que al menos, en un secreto balance de cuentas, constituye un contrapeso para todas ellas. Aunque si ayuda a reconducir la fatal dinámica de infonegación de la realidad ya habrá sido suficiente.

Estos tres o cuatro desarrollos mencionados son después de todo hijos de su tiempo, teorías coyunturales y más o menos oportunistas. Es cierto que Boltzmann esperó y desesperó para que se admitieran los supuestos de la teoría atómica, pero toda su batalla la tenía con los físicos, porque los químicos ya llevaban tiempo trabajando con moléculas y átomos. Sin embargo en matemáticas los desfases operan a otra escala.

Verboso superventas, *El origen de las especies* se discutía en cafés y tabernas el mismo día de su presentación; pero la hipótesis de Riemann, aun siendo sólo la versión más fuerte del teorema de los números primos, no hay nadie que sepa por dónde cogerla después de 160 años. Está claro que hablamos de longitudes de onda diferentes.

¿Y qué tiene que ver un texto con el otro? Nada de nada, pero aún presentan un inasible punto de contacto y extremo contraste. La lectura habitual de la teoría de la evolución dice que el motor del orden apreciable es el azar. La hipótesis de Riemann, que los números primos están repartidos tan aleatoriamente como es posible, pero que ese carácter aleatorio esconde en sí mismo una estructura de riqueza infinita.

Los matemáticos, incluso viviendo en su propio planeta, van apercibiéndose poco a poco de que las consecuencias de probar o refutar la hipótesis de Riemann pueden ser enormes, inconcebibles. No es algo que pase todos los domingos, ni todos los milenios. Pero no hace falta pedir tanto: bastaría con comprender debidamente el problema para que las consecuencias fueran enormes, inconcebibles.

Y lo inconcebible empieza a ser más concebible precisamente por adentrarnos en «la Era de la Información». Lo inconcebible podría ser algo que afectara simultáneamente a nuestra idea de la información, a su cálculo y a su soporte físico. Al *software* y al *hardware*: un cortocircuito en toda la regla.

Ni la economía ni la información son el destino, pero la función zeta puede ser el destino de la Era de la Información, su embudo y horizonte de sucesos. Hay otra singularidad muy diferente de la que ya nos tenían preparada.

Puede apostarse a que el fondo del problema no es una cuestión técnica, o bien poco, en cualquier caso. Pero muchas de sus consecuencias sí, y no sólo técnicas. Afectarán a la dinámica del sistema en su conjunto, y ya se puede prever la guerra ideológica, la distracción, la infiltración cognitiva y la lucha por la apropiación.

Como los propios números primos, en la cronología y el ordenamiento temporal los acontecimientos no pueden parecer más fortuitos, pero desde otro punto de vista parecen destinados por el todo, empujados por el reflujo desde todas las orillas a encajar en el mismo instante en que tuvieron lugar. Riemann vivió en Alemania en mitad del siglo de Hegel, pero desde mediados de la centuria la oposición al idealismo no podía ser mayor en todos los ámbitos y en las ciencias en particular. El péndulo había tornado con toda su fuerza y la sexta década del siglo marcaba el apogeo del materialismo.

Hijo también de su tiempo, Riemann no pudo dejar de sentir agudamente las contradicciones decimonónicas del materialismo liberal; pero el matemático alemán, también físico y profundo filósofo natural, fue un heredero de Leibniz y

Euler que continuó su legado por otros medios. Su convicción básica era que el hombre no tiene acceso a lo infinitamente grande, pero al menos puede acercarse a ello por el estudio de su contrapunto, lo infinitamente pequeño.

Eran años prodigiosamente fecundos para la física y la matemática. Riemann murió antes de cumplir los cuarenta años y no tuvo tiempo de articular una síntesis a la altura de sus concepciones y permanente búsqueda de la unidad. Síntesis entendida no como construcción arbitraria, sino como desvelamiento de lo indivisible de la verdad. Pero lo logró donde menos cabía esperarlo: en la teoría analítica de los números. Una síntesis provisional que ha dado pie a la más célebre de las condiciones: «Si la hipótesis de Riemann es cierta…»

Esta síntesis tan inopinada y condicional vino a través del análisis complejo, justo en los mismos años en que los números complejos empezaban a aflorar en física buscando, igual que átomos y moléculas, más grados de libertad, más espacio para moverse. El rol de los números complejos en física es un tema siempre postergado puesto que se supone que su única razón de ser es la conveniencia —sin embargo a la hora de abordar la función zeta y su relación con la física no hay matemático que no se vea forzado a interpretar de algún modo esta cuestión, que los físicos asocian generalmente con rotaciones y amplitudes.

Pero el análisis complejo es sólo la extensión del análisis real, y para llegar al núcleo del asunto es obligado mirar más atrás. La síntesis condicional de Riemann nos habla de algo indivisible, pero se apoya aún en la lógica de lo infinitamente divisible; no ya para resolver el famoso problema, sino simplemente para estar en sintonía con él, tendría que entenderse en los términos de lo indivisible mismo, cuya piedra de toque es el diferencial constante.

¿Hay algo más allá de la información, de la computación, del ordenador? Claro que sí, lo mismo que hay más allá de las Simplégades. Una realidad mucho más vasta e indivisa.

Referencias

(Se puede acceder a todos los documentos referenciados en el artículo La estrategia del dedo meñique, www.hurqualya.net)

[1] Miguel Iradier, *Stop 5G* (2019). En ese artículo apuntábamos a la medición de la fase geométrica, descubierta originalmente en potenciales de campos electromagnéticos, pero que también puede detectarse en macromoléculas orgánicas como el ADN, en la movilidad celular, e incluso probablemente en ritmos de orden superior como el ciclo respiratorio y el ciclo nasal bilateral. El estudio de esta memoria de fase a niveles tan diversos podría aportar un nivel de correlación mucho más consistente, y tal vez, concluyente.

[2] Carlo Sparaciari, Jonathan Oppenheim, Tobias Fritz, *A Resource Theory for Work and Heat* (2017).

[3] Miguel Iradier, *Caos y transfiguración* (2019)
Bruce M. Boghosian, *Kinetics of wealth and the Pareto law* (2014)

[4] Miguel Iradier, *La tecnociencia y el laboratorio del yo*(2019), capítulo I, Disposición de la mecánica

[5] Para una buena y breve introducción a la hipótesis de Riemann se puede consultar, por ejemplo, *The Riemann Hypothesis, explained*, de Jørgen Veisdal.

[6] Matthew Watkins, *Voronin's Universality Theorem*

[7] Ian Wright, (*Notes on a Hegelian interpretation of Riemann's Zeta function* 2019)

[8] Gian Paolo Beretta, *What is Quantum Thermodynamics* (2007) También puede visitarse la página http://www.quantumthermodynamics.org/

[9] Matthew Watkins, *Number Theory and Entropy*

[10] O. Shanker, *Entropy of Riemann zeta zero sequence* (2013)
Alec Misra, *Entropy and Prime Number Distribution*; (a Non-heuristic Approach)

[11] Piergiulio Tempesta, *Group entropies, correlation laws and zeta functions* (2011)

[12] McBeath, M. K., Shaffer, D. M., & Kaiser, M. K. (1995) *How baseball outfielders determine where to run to catch fly balls*, Science, 268(5210), 569-573.

[13] Miles Mathis, *A Re-definition of the Derivative (why the calculus works—and why it doesn't) (2003) Calculus simplified*
My Calculus applied to the Derivative for Exponents
The Derivatives of ln(x) and 1/x are Wrong

[14] Mario J. Pinheiro, *A reformulation of mechanics and electrodynamics* (2017)

[15] Ryusuke Hamazaki, Kazuya Fujimoto, and Masahito Ueda, *Operator Non-commutativity and Irreversibility in Quantum Chaos* (2018)

[16] Miguel Iradier, *Pole of inspiration —Math, Science and Tradition*. La versión original en español se encuentra en hurqualya.net.
Miguel Iradier, *¿Hacia una ciencia de la salud? Biofísica y biomecánica*.
Miguel Iradier, *El multiespecialista y la torre de Babel*

[17] Rod Swenson, M. T. Turvey, T*hermodynamic Reasons for Perception-Action Cycles*

POLO DE INSPIRACIÓN: LA FUNCIÓN ZETA Y LA TEORÍA DE LA INFORMACIÓN

23 junio, 2020

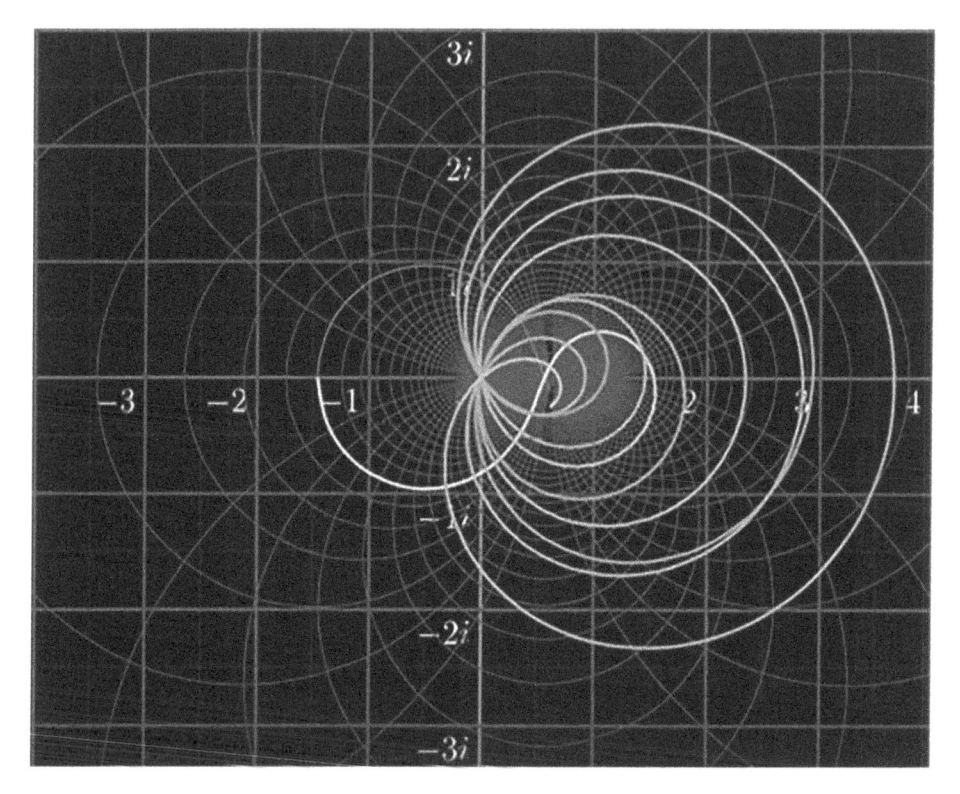

Se ha dicho que si se resolviera la hipótesis de Riemann, se podrían romper todas las claves de criptografía y ciberseguridad; nadie ha precisado cómo eso podría conducir a métodos más rápidos de factorización, pero al menos nos recuerda la estrecha relación entre un problema hasta hoy intratable, la criptografía y la teoría de la información.

Tales especulaciones sólo se basan en el hecho de que la función zeta de Riemann establece una conexión entre los números primos y los ceros de una función infinitamente diferenciable que brinda el método más potente para explorar este campo, siendo los números primos la base de la criptografía clásica; pero ya hemos visto que la función zeta es mucho más que todo eso.

Hoy hablar de la revolución tecnológica equivale a hablar de la revolución digital y de una categoría, la información, que parece envolverlo todo. En ella confluyen y por ella pasan todos los desarrollos anteriores de la ciencia y la tecnología. Hasta los físicos piensan ya en el universo como en un gigantesco ordenador; mucho se discutió sobre si el mundo estaba hecho de átomos o historias pero al final se decidió que estaba hecho de bits y asunto resuelto.

Lo importante de la teoría de la información no son tanto sus definiciones sino la dirección que le impone a todo; cambiar esa dirección equivale a cambiar la de la tecnología en su conjunto. La dirección inequívoca, que hereda evidentemente de la mecánica estadística, es la de descomponerlo todo en elementos mínimos que luego se pueden recomponer a voluntad.

Para la mecánica estadística no hay una dirección en el tiempo: si no vemos a un jarrón hecho añicos recomponerse y volver sobre la mesa, es sólo porque no vivimos el tiempo suficiente; si un cuerpo deshecho en pedazos por una explosión no se rehace y vuelve a andar como si nada, es sólo porque no estamos en condiciones de esperar 10 elevado a 1.000.000.000 de años o algo similar.

A la teoría de la información no le concierne en absoluto la realidad del mundo físico, sino la probabilidad en sus elementos constituyentes, o más bien la probabilidad *dentro de su contabilidad* de los elementos constituyentes. El mismo mundo físico es por contra una fuente de recursos para la esfera del cálculo o computación, que querría ser totalmente independiente del primero.

¿Es esta visión estadística una postura neutral o es simplemente un pretexto para poder manipularlo todo sin el menor compromiso? No hay una respuesta única para esto. La mecánica estadística y la teoría de la información se aplican con éxito en innumerables casos, y en innumerables casos no puede ser más irrelevante. Lo preocupante es la tendencia que ya impone.

Es mi convicción que un cuerpo destrozado no se recompondrá espontáneamente nunca, por más fabuloso que sea el periodo de tiempo que escojamos. Y no creo que esto sea retórica; más bien los grandes números son la retórica de la probabilidad; una retórica tan inflada como pobre, porque ignora la interdependencia de las cosas.

Esa interdependencia, esa red infinita de interrelaciones, es lo que hace que las cosas sean lo que son. La mecánica estadística, y su hija la teoría de la información, son el marco más general para hablar de elementos independientes cuya relación está regida por el azar; la función zeta de Riemann, la forma más directa y elegante de abarcar una serie infinita de elementos, los propios números, que son a la vez independientes y dependientes, aparentemente aleatorios y conteniendo simultáneamente una riqueza infinita de relaciones.

De este modo, parece que tarde o temprano la teoría de la información y la de la función zeta tendrán que encontrarse. Hoy los números ya no parecen existir para entender el mundo, sino para triturarlo y estrujarlo, y con él a todos nosotros. La teoría de la información parece haberse convertido en el embudo, en el temible horizonte de sucesos para todas las cosas; pero a su vez la función zeta podría convertirse en el horizonte de sucesos para la propia Era de la

Información a medida que el concepto mismo de información, tan sumamente genérico, se va refinando y adquiriendo contenido.

Sin embargo, y de forma un tanto sorprendente, no existe prácticamente ninguna literatura sobre la relación entre la función zeta y la teoría de la información. En nuestra búsqueda sólo encontramos una breve nota debida a K.K. Nambiar, en la que intentaba mostrar una conexión entre la capacidad del canal y la función, con una «serie de Shannon» y una función zeta de Shannon. La idea era merecedora de mucha mayor elaboración, discusión y desarrollo. Por otra parte la equivalencia entre la función zeta y el teorema de muestreo fundamental para el procesamiento de señales parece que ha sido demostrada [69].

El mismo autor emitía una nota aún más breve estableciendo un equivalente eléctrico de la hipótesis de Riemann en términos de la potencia disipada por la red; por supuesto también se han establecido equivalentes más elaborados en términos de potencial eléctrico, pero aquí estamos más interesados en la termodinámica. Se pueden crear infinitas formas de onda con patrones de radiación que contengan los ceros, la cuestión es cómo modularlos. Ya en 1947 Van der Pol había creado un dispositivo electromecánico analógico para computar ceros de la zeta [70].

Si no directamente con la teoría de la información, sí existen al menos muchos más estudios que relacionan la función con aspectos íntimamente relacionados: entropía, estadísticas y probabilidad [71]. Aquí nos centraremos en el concepto de entropía.

Entropía e información son términos casi sinónimos, y si en termodinámica la entropía se veía como pérdida de energía aprovechable como trabajo, ahora se verá como pérdida de información. A la entropía de Shannon se la llamaba al comienzo *autoinformación* o nivel de sorpresa —un mensaje debería contener algo nuevo.

La confusión de la entropía con el desorden se debe a la racionalización de Boltzmann al pretender derivar la irreversibilidad macroscópica de la reversibilidad mecánica, lo que ya es forzar bien las cosas. Fue Boltzmann, al hablar de «orden», el que introdujo un elemento subjetivo. Clausius, al pensar sólo en términos de energía, lo entendió, si no mejor, sí de forma más natural al decir que la entropía del mundo tiende al máximo.

El orden es un concepto subjetivo. Pero decir mundo es decir orden, luego también la idea de mundo es inevitablemente subjetiva. Por más subjetivos que sean, «orden» y «mundo» no son sólo conceptos, son aspectos vitales de todo ser organizado o «sistema abierto». Con todo, incluso nuestra intuición del orden y la entropía se encuentran confundidos.

No es que con la entropía aumente el desorden. Más bien al contrario, la tendencia hacia la máxima entropía es conducente al orden, o mejor expresado, lo más ordenado tiene más potencial de disipación. Tal como lo puso Rod Swenson: «el mundo está en el asunto de la producción de orden, incluida la producción de seres vivos y su capacidad de percepción y acción, pues el orden produce entropía más rápido que el desorden»[72].

La teoría de la información es un marco formal y objetivo pero no puede librarse del giro reflexivo en la representación y el uso de los datos. Una cosa es la información como objeto y otra la información con la que un sistema abierto interactúa y contribuye a configurar. Aunque en modo caja negra, en muchos casos la interpretación ya es parte del comportamiento del sistema.

Las ambigüedades y limitaciones de la teoría de la información han dado paso a marcos más incluyentes, como la filosofía de la información de Luciano Floridi, que, para decirlo de manera muy simplificada, contemplan la *información semántica* como datos + preguntas [73]. El acercamiento de Floridi aún sigue siendo claro heredero del dualismo cartesiano y el idealismo, y en esta decisiva divisoria nosotros preferimos hablar de dos tipos, externo e interno, de información y entropía: hay una «información-entropía objeto» y hay una «información-entropía-mundo» dentro de la que se incluyen los sistemas abiertos que interactúan con él. La entropía de Boltzmann y la de Shannon son del primer tipo, la de Clausius y aquella con la que trabajan los ingenieros en problemas físicos está más cercana a la segunda.

La conexión entropía—función zeta ha sido tardía y no empieza a tomar forma sino entrados ya en el siglo XXI. A un nivel muy básico, se puede estudiar la entropía de la secuencia de ceros: una alta entropía comportaría escasa estructura, y al contrario. Se observa que la estructura es alta y la entropía baja, y ya las primeras redes neuronales de aprendizaje automático tenían éxito en su predicción [74]. También, por supuesto, se puede estudiar la entropía de los números primos en la secuencia ordenada de los números y su correlación con los ceros; y a partir de ahí tenemos ya un espectro prácticamente ilimitado de correlaciones.

Hay otros tipos no extensivos de entropía independientes de la cantidad de material, como la entropía de Tsallis, que pueden aplicarse a la zeta; estos tipos de entropía se asocian generalmente a leyes de potencias, no a exponenciales. Pero en realidad aquí, como en la termodinámica en general, la definición de la entropía puede variar de autor a autor y de aplicación a aplicación.

Para tratar de unificar esta multiplicidad de acepciones, Piergiulio Tempesta ha propuesto una entropía de grupo [75]. Tanto en los contextos físicos como en sistemas complejos, en economía, biología o ciencias sociales, la relación entre las partes depende de modo crucial de cómo definamos la *correlación*. Este es también el asunto central de la minería de datos, las redes y la inteligencia artificial.

A cada ley de correlación le puede corresponder su particular entropía y estadística, en lugar de lo contrario. Así, no hace falta postular la entropía, sino que su funcional emerge de la clase de interacciones que se quiere considerar. Cada clase universal de entropía de grupo adecuada está asociada a un tipo de función zeta. La función zeta de Riemann estaría asociada a la entropía de Tsallis, que contiene a la entropía clásica como un caso particular. Pero estas leyes de correlación se basan en elementos independientes, mientras que la irreversibilidad fundamental parece rechazar ese supuesto. La irreversibilidad fundamental asume la interdependencia universal.

Mencionábamos antes el teorema de Voronin sobre la universalidad de la función zeta de Riemman, que demuestra que cualquier tipo de información de cualquier tamaño que pueda almacenarse existe con toda la precisión que se quiera dentro de esta función —y uno una sola vez, sino un número infinito de veces. Parece que hay un «código zeta» que podría ser objeto de la teoría algorítmica de la complejidad. Pero la función zeta de Riemann, en sí misma una enciclopedia infinita de correlaciones y leyes de correlación, es a su vez sólo el caso principal de una familia infinita de funciones asociadas.

Uno también podría encontrar cualquier tipo de información en un ruido blanco; pero el ruido blanco carece de cualquier estructura, mientras que la función zeta, bien definida, tiene una estructura infinita. Si Hegel hubiera conocido ambos casos hubiera hablado de falsa y de verdadera infinitud; veremos que estas apercepciones hegelianas no están aquí del todo fuera de lugar.

La *seriedad* de un problema como el de la zeta exige contemplar a fondo el problema de la irreversibilidad. Y contemplarlo a fondo significa justamente incluirlo al nivel más fundamental. Usar la mecánica conservativa será siempre trabajar con modelos de juguete, ninguno de los cuales ha servido para mucho.

La escuela de Keenan del MIT, especialmente con Hatsopoulos, Gyftopoulos y Gian Paolo Beretta, ha desarrollado una termodinámica cuántica que se opone frontalmente a la racionalización de la entropía por la mecánica estadística. La dinámica es irreversible al nivel más fundamental —la mecánica cuántica también es irreversible. El número de estados es incomparablemente mayor que el de esta, y sólo algunos son seleccionados. El principio de selección es muy parecido al de producción de máxima entropía, aunque algo menos restrictivo: se trata de la atracción en la dirección con la entropía más pronunciada. No hay que hacer grandes cambios en los formalismos acostumbrados, lo que se transfigura es el sentido del conjunto [76].

También se retienen los formalismos del equilibrio, pero su sentido cambia por completo. El carácter único de los estados de equilibrio estables supone una de las transformaciones conceptuales más profundas de la ciencia de las últimas décadas. El planteamiento es contrario al idealismo de la mecánica y mucho más en consonancia con la práctica diaria de los ingenieros, que tratan la entropía como una propiedad física tan real como la energía. La teoría tiene muchas más ventajas que sacrificios, y se puede aplicar al entero dominio del no equilibrio y a todas las escalas temporales y espaciales.

Pero por supuesto la irreversibilidad se puede introducir directamente en dinámica empezando por la mecánica clásica, tal como vimos en la reformulación de M. J. Pinheiro, sustituyendo el principio de acción lagrangiano por un sistema de equilibrio entre energía y entropía. Esto permite estudiar la entropía generada en trayectorias clásicas bajo diferentes formalismos y criterios, estableciendo otra conexión general entre los diversos dominios.

En general, para el físico no tiene sentido cambiar ecuaciones que «ya funcionan perfectamente bien». Y, de hecho, lo que ha hecho siempre la física fundamental ha sido dejar a un lado cuestiones como el rozamiento y la disipación y quedarse con los «casos ideales». El principio de inercia es perfecto para eso. De esta forma la termodinámica era cuidadosamente segregada como un subproducto de la física ideal, lo que no deja de ser una curiosa disposición.

Pero deberíamos tratar de verlo al revés: ver cómo emerge la apariencia de comportamientos reversibles de un fondo de irreversibilidad es lo más parecido que puede haber a encontrar el anillo mágico en el seno de la naturaleza. Hoy por hoy la física no trata de la naturaleza, sino de ciertas leyes que le afectan. Irreversibilidad y reversibilidad son como el fuego y el agua; sólo mezclándolos de la forma correcta puede iluminarse la acción de la naturaleza propiamente dicha.

El giro irónico es que la mecánica, con su disposición idealista, ha segregado la termodinámica; pero finalmente será la propia teoría de la información, la consecuencia última de la mecánica, la que necesitará recuperar todo lo eliminado si quiere recobrar su sentido. Y la función zeta debería jugar un papel esencial en esa muda y transfiguración de la teoría de la información. A la teoría de la información le interesa la mecánica irreversible… porque le aporta más información. Y una información de una importancia crítica [77].

* * *

La idealización y la racionalización son como las míticas rocas Simplégades que entrechocaban destruyendo a navíos y navegantes; sólo el que comprenda sus peligros y las evite podrá pasar al otro lado.

Hemos visto como este proceso alterno es inherente a la evolución histórica de disciplinas como el cálculo, la mecánica clásica y la cuántica, o la mecánica estadística. Ni siquiera la apelación a los resultados y experimentos consigue frenar las pretensiones globalizadoras de la racionalización, puesto que ésta siempre encuentra formas de justificar las inconsistencias.

En filosofía, el mejor ejemplo del paso a gran escala de la idealización a la racionalización nos lo da Hegel. En un interesante artículo, Ian Wright intenta explicar la naturaleza de la función zeta de Riemann, recurriendo al Hegel de la *Ciencia de la Lógica*, como la mediación entre el ser y el no ser a través del devenir en el seno de los números [78]. A muchos puede parecerles una lectura demasiado anticuada, pero cabe decir tres cosas:

Primero, que desde el punto de vista de la aritmética pura, esto es admisible puesto que si existe una parte de la matemática que puede considerarse a priori, esa es la aritmética; mientras que, por otro lado, la misma definición de esta función afecta a la totalidad de los números enteros, y su extensión a los números reales y complejos.

Segundo, que el cálculo no es matemática pura como la aritmética, aunque muchos especialistas parecen creerlo, sino matemática aplicada al cambio o devenir. Si no lo fuera, no habría necesidad de computar los ceros. La función zeta es una relación entre la aritmética y el cálculo tan estrecha como incierta.

Tercero, para las ciencias experimentales como la física la oposición entre ser y no ser no parece tener alcance sistémico, y para ciencias formales como la teoría de la información esto se reduce a fluctuaciones entre unos y ceros; sin embargo la distinción entre sistemas reversibles e irreversibles, abiertos y cerrados, que se sitúa en el meollo mismo de la idea de devenir, es decisiva y está en la misma cruz del asunto.

En problemas como el que plantea la función zeta en relación con la física fundamental, podrían realizarse pronto experimentos cruciales capaces de desentrañar la relación entre lo reversible e irreversible en los sistemas —siempre que se busque expresamente. Por ejemplo, un equipo japonés mostraba muy recientemente que dos índices distintivos de caos cuántico, de no-conmutatividad y de irreversibilidad temporal, son equivalentes para estados inicialmente localizados. Como es bien sabido, se ha estudiado mucho esta función desde el punto de vista de los operadores no conmutativos, en los que el producto no siempre es independiente del orden, luego esto pone en contacto dos áreas tan vastas como hasta ahora distantes [79].

Ante el auge experimental de la informática y termodinámica cuánticas, junto a toda la constelación de disciplinas asociadas, no van a faltar oportunidades de diseñar experimentos clave. Por otro lado, cada día es más claro que la segunda cuantización, que se ocupa de sistemas con muchos cuerpos, demanda un acercamiento espectral, tal como viene insistiendo Alain Connes y otros investigadores [80]. Además de su interés teórico, el alcance práctico de una tal teoría espectral podría ser extraordinario —piénsese sólo en la química; pero probablemente es la segregación de la irreversibilidad termodinámica lo que nos impide calar el fondo del asunto.

Se dice que el electromagnetismo es un proceso reversible, pero nunca se ha visto que los mismos rayos de luz vuelvan intactos a la bombilla. Lo irreversible es lo primario, lo reversible es sólo un ajuste de cuentas —lo que en absoluto le quita su importancia. Incluso las ecuaciones de Maxwell pertenecen a dos categorías termodinámicas distintas.

Pero a los físicos siempre les han fascinado los juguetes reversibles, independientes del tiempo, lo que algunos han visto como una postrera recurrencia de la metafísica. ¿Y qué si no? No existen sistemas cerrados ni reversibles en el universo, que son sólo ficciones. La metafísica es un arte de la ficción y la física ha continuado la metafísica con otros medios con lo coartada de que ahora sí descendía a la realidad. Y sin duda lo ha hecho, pero, ¿a qué precio?

Antes pusimos el ejemplo del corredor que atrapa la pelota como un contraste tanto para el cálculo estándar como para la idea hoy predominante de la inteligencia artificial. Esta forma directa de cálculo, que realizamos todos sin saberlo, podría ser la mejor ilustración del método del diferencial constante de Mathis. Mathis es el primero en admitir que no ha podido aplicar el principio incluso en muchos casos del análisis real, por no hablar del análisis complejo, del que ni siquiera se ocupa. No hay ni que decir que la comunidad matemática no se detiene a considerar propuestas tan limitadas.

Sin embargo el diferencial constante es la verdad misma del cálculo, sin idealizaciones ni racionalizaciones, y no deberíamos desestimar algo tan precioso incluso si no acertamos a ver cómo se puede aplicar. Si en las tablas de valores de la función no se halla un diferencial constante, aún podemos estimar la dispersión, y quien dice dispersión, también puede decir disipación o entropía.

De este modo se puede obtener una *entropía intrínseca* a la función, a su mismo cálculo, antes que a correlaciones entre sus diversos aspectos y partes. Esta sería, al nivel más estrictamente funcional, la madre de todas las entropías. Se debería poder aplicar este criterio al análisis complejo, al que Riemann hizo contribuciones tan fundamentales, y del que surgió la propia teoría de la función zeta.

El criterio del diferencial constante puede incluso recordarnos a los métodos de valores medios del propio cálculo elemental o la teoría analítica de números. Pero no es un promedio, es por el contrario el cálculo estándar el que trabaja con promedios —que sin esta referencia carecen de medida común. Los métodos de diferencias finitas ya han sido utilizados para estudiar la función por algunos de los más conocidos especialistas. Por lo demás, y para darle aún más interés al asunto, hay que recordar que ambos métodos no siempre dan los mismos valores.

Así se cumplirían simultáneamente varios grandes objetivos. Se podría conectar el elemento más simple e irreductible del cálculo con los aspectos más complejos que quepa imaginar. Algo menos apreciado, pero no menos importante, es que se pone en contacto directo la idea de función con aquello que no es funcional —con lo que no cambia. El análisis es el estudio de tasas de cambio, ¿pero cambio con respecto a qué? Debería ser con respecto a lo que no cambia. Este giro es imperceptible pero trascendental.

Conviene recordar que Arquímedes no inventó el cálculo, pero inventó *el problema* del cálculo, al buscar soluciones tendentes a cero. Mathis está rectificando un planteamiento que tiene ya más de 2.200 años.

El método directo se ríe en la cara del «paradigma computacional» y su fervoroso operacionalismo. La idea que ahora prima sobre la inteligencia como «capacidad de predicción» es completamente reactiva; de hecho ya ni se sabe si es la que queremos exportar a las máquinas o la que los humanos quieren importar de ellas. Percibir lo que no cambia, aunque no cambie nada, da profundidad a nuestro campo. Percibir sólo lo que cambia no es inteligencia sino confusión.

Por otra parte la definición de las condiciones de equilibrio, como suma y como producto, como perspectiva externa e interna, como aplicable a sistemas cerrados y abiertos, como cantidades intensivas y extensivas con sus posibles desgloses, como reversibilidad e irreversibilidad, están en el núcleo de los aspectos algebraicos complementarios a los aspectos analíticos que deben concurrir a hacer más explícito lo intrínseco en una comprensión más profunda de la función zeta.

Si nuestra lectura tiene algo de correcta, la limpieza y clarificación del enorme campo de la termodinámica y la entropía, con todo el trabajo que tiene por delante, estaría estrechamente asociada al avance en la comprensión de la función zeta. No parece una perspectiva nada halagüeña, puesto que se trata de un trabajo muy «sucio» si se lo compara con la ejercitación en los bellos jardines de la teoría de los números. Sin embargo la conexión entre ambos dominios puede verse grandemente allanada por nociones analíticas como la entropía intrínseca y la introducción de la irreversibilidad en el fundamento de la mecánica analítica.

* * *

En este libro hemos visto que los campos *gauge* o recalibrados de la teoría estándar, basados en la invariancia del lagrangiano, exhiben un feedback o autointeracción. Ni siquiera la esconden, y los teóricos llevan generaciones apartándosela de la cara como si fuera un moscardón, porque les parece una idea «tonta». También hemos mencionado cómo el grupo de renormalización en la base de la teoría estándar y otros campos de la estadística, que contiene esta autointeracción, es el mismo que se utiliza en las redes neuronales de inteligencia artificial —se está utilizando externamente algo que el campo electromagnético ya tiene incorporado «de fábrica». Llamémoslo, si se quiere, otro tipo de inteligencia natural.

Nadie creó los números enteros, y el hombre hizo todo lo demás. La función zeta es un candidato ideal para crear en torno a ella una red emergente de inteligencia artificial colectiva. En ella coinciden, a la par que la adición y la multiplicación, los aspectos internos y externos del acto de contar, lo que algunos llamarían el objeto y el sujeto. En este tipo de redes serían claves el uso o grado de aprovechamiento del sustrato físico, la relación entre componentes digitales y analógicos en ordenadores híbridos, las condiciones de equilibrio entre las distintas partes, los algoritmos que simulen la estructura de los enteros, las estructuras que tratan de percibirlos o filtrarlos, el espectro de correlaciones, y un gran número de aspectos que no podemos ni enumerar aquí.

De este modo tal vez se pueda crear una inteligencia no tan artificial distribuida, colectiva y emergente ajena a la inteligencia humana definida por propósitos, y sin embargo con posibilidad de comunicación con el ser humano a través de un acto común, contar, que también para los humanos existe a niveles muy superficiales —se entiende que el propósito es lo superficial. La intelección es un acto simple y la inteligencia una conexión o toma de contacto de lo complejo con lo simple, más que lo contrario.

Como ejemplo magno de totalidad analítica indigerible para los métodos modernos, la función zeta es todo un signo. Alguien, en una postura típica de la Era de la Información, podría decir que, si en esa función ya se encuentra cualquier información, más nos valdría buscar las respuestas allí en vez de en el universo. Pero lo contrario es lo acertado: para comprender mejor la función hace falta cambiar las ideas de cómo «funciona» el universo y el rango de aplicación de los métodos más generales. Esa es la gracia del tema.

Hasta ahora la física matemática de la que surgió toda la revolución científica ha estado aplicando estructuras matemáticas a problemas físicos para obtener una solución parcial por medio de una habilidosa ingeniería inversa. El cálculo mismo surgió en este proceso. Por el contrario, lo que tenemos aquí es procesos físicos que reflejan espontáneamente una realidad matemática para la que no se conoce solución. Lo cual ya nos invita a cambiar nuestra lógica de arriba abajo.

En cuanto a la información propiamente dicha, si con Shannon prevalece el aspecto secuencial del flujo de unidades de información, a medida que nos movemos hacia cantidades más masivas de datos aumenta imparablemente la relevancia de las correlaciones, que incluso tienden a constituirse en una esfera autónoma.

Los datos que usamos directamente son una cosa y los metadatos que se pueden elaborar con esos datos y su múltiples correlaciones con otros datos, otra muy diferente. Lo mismo puede decirse de una secuencia genética y el análisis multifactorial de las relaciones entre los distintos genes, etcétera. Una esfera de Riemann, o una superficie de Riemann con muchas capas como una cebolla, parecen representaciones mucho más adecuadas para la realidad multidimensional del análisis que la cada vez más insignificante relación de secuencias causales.

Sin embargo la función zeta encierra la relación más básica entre la secuencia más simple de todas, la de los números enteros, y el mundo infinito de correlaciones entre sus elementos. En ningún momento se debe perder de vista el elemento más primitivo de la cuestión, antes al contrario. Toda la atención a lo insondablemente simple es poca. No deberíamos olvidar de dónde vienen los problemas, ni en la teoría de la información, ni en el cálculo, ni en la mecánica.

Justo cuando menos importancia podemos darle a la causalidad mecánica, más atención deberíamos prestarle, pues en realidad siempre se trató de un asunto global, no local, y eso ha de tener relevancia incluso donde menos esperamos. Si la inexplicada dinámica de la zeta no es consistente con los fundamentos de la mecánica, cambiemos la mecánica, pues la comprensión del problema lo merece. ¡Para una vez que en física canta la Naturaleza, en vez del espíritu de las leyes!

Hoy ya no se trata tanto de dominar la Naturaleza como de dominar la tecnología, puesto que esta presenta ya más potencial de destrucción para el ser humano que la primera. Sin embargo, dominar la tecnología demanda liberar la Naturaleza de restricciones sobreimpuestas por una tecnociencia demasiado instrumentalizada desde su comienzo. Considerada la historia de la ciencia en su conjunto, tal vez no es tan sorprendente que ahora la vengadora sea la más desinteresada de todas las ciencias, la inútil pero eterna teoría de los números.

* * *

En un capítulo anterior dijimos que el concepto de orden no es menos subjetivo que el de armonía; ni que decir tiene que esto podría dar lugar a una interminable discusión. Hay muchas definiciones formales del orden en matemáticas para muchos casos completamente diferentes, pero difícilmente podría discutirse que la base de todos está en los números naturales. De hecho son ellos los que permiten que la matemática pueda ordenar múltiples órdenes de cosas.

Los aspectos paradójicos de la entropía están relacionados con el carácter relativo de la noción de orden. Lo más ordenado tiene más potencial para ser desordenado que lo que ya está en completo desorden, lo que puede traducirse en la paradoja social de la entropía: cuando más compleja es la sociedad, más desorden parece que produce. Por otra parte, también vimos antes que la entropía no tiene porqué ser la mejor medida de la complejidad, y que la densidad de flujo de energía puede ser más reveladora. Se trata de cuestiones de gran alcance que habría que estudiar con gran cuidado.

Podría incluso decirse que el azar puro y duro es el orden supremo, y algo o mucho de esto es lo que parece sugerir la disposición de los primos dentro del sistema de los números naturales, tan caóticos localmente y con una tan llamativa estructura global —o como ha dicho un matemático, creciendo como malas hierbas y a la vez marchando como un ejército.

La función zeta es una transformación de la tradicional serie armónica (1+1/2+1/3+1/4...) para que el resultado no resulte divergente. La serie armónica, atribuida en Occidente a los pitagóricos y también conocida en China en una época similar, nos da los armónicos añadidos a la longitud de onda fundamental de una cuerda que vibra, y nos permite entender los intervalos musicales, las escalas, la afinación y el timbre.

Ha sido precisamente dentro de la teoría musical que Paul Erlich ha combinado la entropía de Shannon con la teoría de la armonía para definir una *entropía armónica* relativa. La entropía armónica, «el modelo más simple de consonancia... responde a la pregunta ¿cuán confundido está mi cerebro cuando escucha un intervalo? Para responder a esta pregunta se asume sólo un parámetro» [81].

El concepto de entropía armónica de Erlich profundiza la línea de investigación abierta por el ingeniero y psicoacústico Ernst Terhardt, quien ya había introducido nociones como la de tono virtual. Los tonos virtuales, en contraste con el los tonos espectrales, son aquellos que el cerebro extrae incluso si la señal está encubierta por otros sonidos. El oído tiene una fuerte propensión a ajustar lo que escucha en una serie armónica con escasas variantes. La entropía armónica puede considerarse como una suerte de «disonancia cognitiva», pero también está relacionada con la incertidumbre intrínseca de las series temporales.

La entropía armónica tiene una sólida base teórica que hace un uso extensivo de la función zeta de Riemann. Se cierra así un círculo que no muchos conocen, puesto que el propio Riemann realizó un estudio memorable, aunque inacabado, de la mecánica del oído que ya consideraba los aspectos globales de la percepción auditiva y estaba mucho más avanzado conceptualmente que el modelo reduccionista de Helmholtz que le sirvió de referencia.

A Riemann ya le llamaba la atención, entre otras muchas cosas, la increíble sensibilidad de los detectores del oído interno, que hoy se sabe que pueden captar desplazamientos menores que el tamaño de un átomo, o de un 1/10 de una molécula de hidrógeno. ¿Sería posible ilustrar el comportamiento de la función zeta con una analogía acústica precisa? ¿Podemos llevarlo hasta esa zona donde se funden entendimiento y percepción?

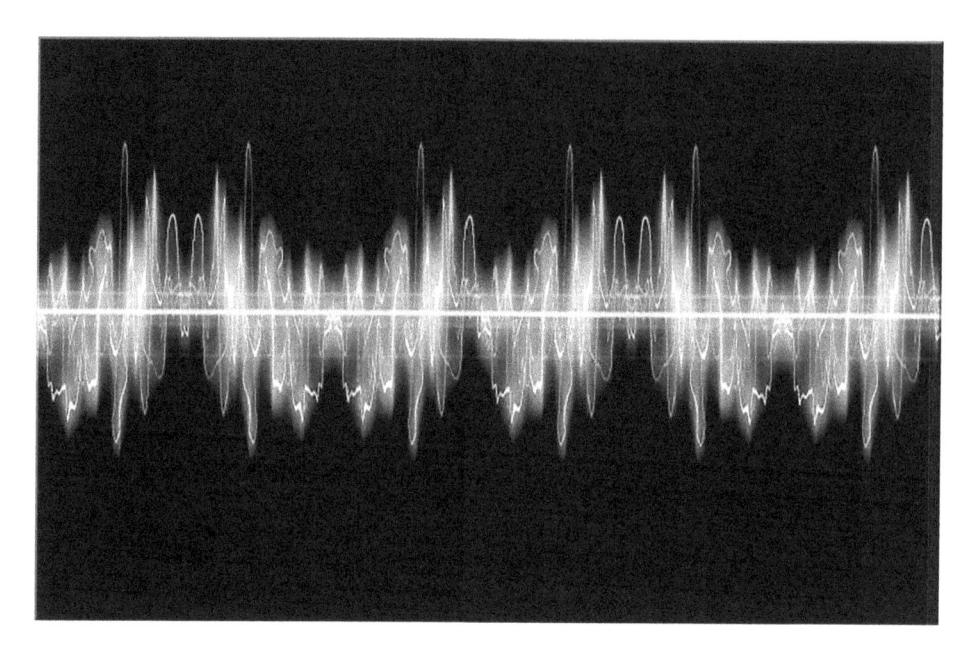

Ciertamente, las cuestiones relativas a la sensibilidad no están entre las que más importan a los matemáticos; pero aquí es fácil ver que estamos ante un problema con varios niveles de interés añadido, para legos y expertos por igual. Si la matemática profunda alcanza nuestra percepción, igual de profundamente cambia nuestra percepción de la matemática, algo que nunca ha sido tan necesario como ahora. Existe una amplia gama de experimentos psicoacústicos para tentar hasta dónde se puede llegar. Erlich usa las series de Farey, una de las formas más simples de la ilustrar la hipótesis de Riemann.

Diversos físicos han mostrado interés por la conversión de la función zeta y los números primos en sonido; pero los experimentos de los que hablamos no tienen por qué referirse directamente a esta función, sino antes que nada a las cuestiones más genéricas de complementariedad interna entre tonos espectrales y virtuales. Los límites para la sonificación de los aspectos aritméticos dependerían del alcance de esta complementariedad.

La conversión de la función zeta en algo perceptible en términos de entropía armónica debería ser buscado con tanto o más afán que los sistemas físicos capaces de replicarla, además de tratarse de un empeño más unitario. De hecho no son problemas del todo diferentes aunque se nos manifiesten como extremos subjetivo y objetivo de la cuestión, lo que no deja de ser engañoso.

Desde el punto de vista más utilitario de las redes neuronales y la inteligencia artificial, cada día es más aceptada la visión de que hay una continuidad básica entre la percepción y los llamados aspectos cognitivos «superiores». Las ideas de Riemann sobre la audición como abstracción analítica son justamente las que se aplican ahora, 150 años más tarde, a los modelos computacionales que intentan reproducirla.

Redes distribuidas como la que antes mencionábamos, por ejemplo, carecerían de algo esencial sin una capacidad de filtrar o percibir los números análoga a la que tienen el oído y el cerebro al realizar su selección y reinterpretación de las señales acústicas. El inacabado estudio del oído de Riemann, que llama a la analogía «la poesía de la hipótesis», es de 1866. La ley psicofísica, diferencial y logarítmica, de Weber-Fechner data de 1860; el estudio del oído de Helmholtz, de 1863. En 1865 Clausius hace pública la primera definición de la entropía.

Sin duda Riemann, como era su costumbre, andaba detrás de algo profundo e importante —aunque habría tenido que esperar al menos cien años para juntar debidamente las piezas. Hoy ya podemos hacerlo, aunque no sin realizar primero algunos simples, pero fundamentales ajustes.

Tampoco hay duda de que la audición tiene unos límites físicos, pero también cognitivos y psicofísicos, y que éstos últimos actúan sobre los primeros de forma tal que nos encontramos ante umbrales variables definidos por la entropía armónica. Dentro de esa interacción se encontraría la función zeta.

¿Hay un lugar para la matemática de la armonía, basada en la proporción continua, dentro de este contexto de la serie armónica y su evolución en el espacio ilimitado del análisis? Decididamente no, si se piensa en relaciones aritméticas explícitas; al menos hasta ahora los matemáticos no han encontrado nada digno de mención. Volveríamos así a la hipótesis que asegura que de los *Elementos* de Euclides se derivan dos tradiciones diferentes que no se mezclan más que el agua y el aceite.

En el mundo de las apariencias, el agua y el fuego no entran en contacto salvo a la manera de una nube o un vapor. Desde el primer capítulo nos hemos estado preguntando cuáles pueden ser las relaciones de la proporción continua con el análisis y parece que todavía no hay una respuesta definitiva sobre el tema, pero desde luego uno de los hilos sería las conexiones de dicha proporción con la entropía, el cálculo elemental y la teoría algorítmica de la medida.

No hace falta decir que la diferencia entre números algebraicos y trascendentales, tan importante en el cálculo y la aritmética, es irrelevante para la acústica y la mayoría de las situaciones prácticas.

Así, la serie armónica y el análisis, el mundo de las ondas que refleja las formas, estarían del «lado del agua» y de la reversibilidad; la proporción continua, con su capacidad de combinar lo continuo y lo discreto, del «lado del fuego», la entropía y la irreversibilidad.

Por supuesto que análisis y síntesis se presuponen el uno al otro. La función zeta, una totalidad analítica con un polo, es en sí misma una prodigiosa síntesis, que además se presta a todo tipo de transformaciones, alternantes, simétricas, etcétera. Ahora bien, el principal componente sintético en la ciencia moderna se esconde en la idea misma de los elementos, como bloques fundamentales de construcción, en física átomos y partículas. Con ellos se creyó innecesario buscar otros recursos constructivos y sintéticos.

Esto es una herencia del atomismo fisicalista a la que aún debe sobreponerse la teoría de la información, puesto que la idea de elementos independientes siempre será menos restrictiva que las redes de correlaciones observables o empíricas.

Dejaremos este tema en suspenso y en su propia nube, para tratar de recordar lo que está más allá de la complementariedad, del análisis y la síntesis, del objeto y el sujeto. El ejemplo del cálculo informal del corredor tras la pelota nos dice que tanto la pelota como el corredor se desplazan mutua y correlativamente con respecto a lo que no se mueve —al Medio Invariable.

Este es el verdadero eje invisible de la actividad, puesto que el sujeto no es menos pensamiento que lo pensado. ¿Qué más se puede decir? Pero el pensamiento alado huye siempre de esa zona de calma, en eso consiste precisamente su vida. Seguramente esto es demasiado simple para nosotros, y por eso hemos descubierto e inventado la serie armónica, la proporción continua, la entropía o la función zeta.

* * *

La breve memoria de ocho páginas *Sobre el número de primos menores que una cantidad dada* de Bernhard Riemann se publicó en noviembre de 1859, el mismo mes en que aparecía *El origen de las especies*. Ese mismo año también conoció el arranque de la mecánica estadística con un precursor trabajo de Maxwell, y el punto de partida de la mecánica cuántica con la espectroscopia y la definición del cuerpo negro por Kirchhoff.

Siempre he tenido la oscura certeza de que en el reconcentrado estudio de Riemann, tan libre de cualquier propósito ulterior, hay más potencial que en toda la mecánica cuántica, la mecánica estadística y su hija la teoría de la información, y la teoría de la evolución juntas; o que al menos, en un secreto balance de cuentas, constituye un contrapeso para todas ellas. Aunque si ayuda a reconducir la fatal dinámica de infonegación de la realidad ya habrá sido suficiente.

Estos tres o cuatro desarrollos mencionados son después de todo hijos de su tiempo, teorías coyunturales y más o menos oportunistas. Es cierto que Boltzmann esperó y desesperó para que se admitieran los supuestos de la teoría atómica, pero toda su batalla la tenía con los físicos, porque los químicos ya llevaban tiempo trabajando con moléculas y átomos. Sin embargo en matemáticas los desfases operan a otra escala.

Verboso superventas, *El origen de la especies* se discutía en cafés y tabernas el mismo día de su presentación; pero la hipótesis de Riemann, aun siendo sólo la versión más fuerte del teorema de los números primos, no hay nadie que sepa por dónde cogerla después de 160 años. Está claro que hablamos de longitudes de onda diferentes.

¿Y qué tiene que ver un texto con el otro? Nada de nada, pero aún presentan un inasible punto de contacto y extremo contraste. La lectura habitual de la teoría de la evolución dice que el motor del orden apreciable es el azar. La hipótesis de Riemann, que los números primos están repartidos tan aleatoriamente como es posible, pero que ese carácter aleatorio esconde en sí mismo una estructura de riqueza infinita.

Los matemáticos, incluso viviendo en su propio planeta, van apercibiéndose poco a poco de que las consecuencias de probar o refutar la hipótesis de Riemann podrían ser enormes, inconcebibles. No es algo que pase todos los domingos, ni todos los milenios. Pero no hace falta pedir tanto: bastaría con *comprender* debidamente el problema para que las consecuencias fueran enormes, inconcebibles.

Y lo inconcebible empieza a ser más concebible precisamente a medida que nos adentramos en «la Era de la Información». Lo inconcebible podría ser algo que afectara simultáneamente a nuestra idea de la información, a su cálculo y a su soporte físico. Al *software* y al *hardware*: un cortocircuito en toda la regla.

Probablemente la información no es el destino, pero la función zeta puede ser el destino de la Era de la Información, su embudo y horizonte de sucesos. Esto nos alejaría de los fantasmas de la singularidad y nos acercaría a otro paisaje. La función zeta tiene un polo simple que es dual con los ceros —los ceros reflejan una información que la unidad no puede dar porque en ella deja de haber resultados finitos. Se insinúa así una enigmática envolvente de reflexividad para la galaxia informativa.

El fondo del problema no es una cuestión técnica. Pero muchas de sus consecuencias sí, y no sólo técnicas. Este desarrollo ha ido en gran medida a contrapelo del resto de los desarrollos científicos, y su asimilación afectaría profundamente a la dinámica del sistema en su conjunto.

Como los propios números primos, en la cronología y el ordenamiento temporal los acontecimientos no pueden parecer más fortuitos, pero desde otro punto de vista parecen destinados por el todo, empujados por el reflujo desde todas las orillas a encajar en el mismo instante en que tuvieron lugar. Riemann vivió en Alemania en mitad del siglo de Hegel, pero desde mediados de la centuria la oposición al idealismo no podía ser mayor en todos los ámbitos y en las ciencias en particular. El péndulo había tornado con toda su fuerza y la sexta década del siglo marcaba el apogeo del materialismo.

Hijo también de su tiempo, Riemann no pudo dejar de sentir agudamente las contradicciones decimonónicas del materialismo liberal; pero el matemático alemán, también físico teórico y experimental próximo a Weber, así como profundo filósofo natural, fue un heredero de Leibniz y Euler que continuó su legado por otros medios. Su convicción básica era que el hombre no tiene acceso a lo infinitamente grande, pero al menos puede acercarse a ello por el estudio de su contrapunto, lo infinitamente pequeño.

Eran años prodigiosamente fecundos para la física y la matemática. Riemann murió a los 39 años y no tuvo tiempo de articular una síntesis a la altura de sus concepciones y permanente búsqueda de la unidad. Síntesis entendida no como construcción arbitraria, sino como desvelamiento de lo indivisible de la verdad. Pero lo logró donde menos cabía esperarlo: en la teoría analítica de los números. Una síntesis provisional que ha dado pie a la más célebre de las condiciones: «Si la hipótesis de Riemann es cierta…»

Esta síntesis tan inopinada y condicional vino a través del análisis complejo, justo en los mismos años en que los números complejos empezaban a aflorar en física buscando, igual que átomos y moléculas, más grados de libertad, más espacio para moverse. El rol de los números complejos en física es un tema siempre postergado puesto que se supone que su única razón de ser es la conveniencia —sin embargo a la hora de abordar la función zeta y su relación con la física no hay matemático que no se vea forzado a interpretar de algún modo esta cuestión, que los físicos asocian generalmente con rotaciones y amplitudes.

Pero el análisis complejo es sólo la extensión del análisis real, y para llegar al núcleo del asunto es obligado mirar más atrás. La síntesis condicional de Riemann nos habla de algo indivisible, pero se apoya aún en la lógica de lo infinitamente divisible; no ya para resolver el famoso problema, sino simplemente para estar en sintonía con él, tendría que entenderse en los términos de lo indivisible mismo, cuya piedra de toque es el diferencial constante.

¿Hay algo más allá de la información, de la computación, del ordenador? Claro que sí, lo mismo que hay más allá de las Simplégades. Una realidad mucho más vasta e indivisa.

(Añadido el 10 de junio del 2022)

Scot C Nelson [82] descubrió a finales del 2001 que las espirales logarítmicas que exhibe el crecimiento vegetal —girasoles, margaritas, piñas, etcétera— son un método de criba natural para los números primos. Como todo lo relacionado con la proporción continua y sus series numéricas asociadas, esto apenas ha recibido atención y parece relegado de antemano a la siempre creciente sección de coincidencias anecdóticas. Y sin embargo se trata de la primera conexión básica que se ha encontrado entre los números primos y estos ubicuos patrones de la filotaxis, lo que tendría que habernos dicho algo. A la luz del hallazgo de Nelson, parece haber "una simetría central de los números primos en el interior de los objetos tridimensionales", y el desarrollo vegetal tendría un algoritmo intrínseco de generación de primos en su devenir. El mismo paso de la recta numérica al desenvolvimiento de estos patrones en superficies y en tres dimensiones debería ser un hilo conductor para la intuición geométrica del tema fundamental de la aritmética. No es lo mismo tratar de vincular la aritmética con la "geometría" abstracta moderna que hacerlo con la geometría natural. La analogía mecánica tampoco se hace esperar: las partes se repelen como dipolos magnéticos con una minimización de la energía entre ellas, y a medida que la planta crece se reduce el retardo temporal entre la formación de nuevos primordios. Esto también ha de tener su traducción en términos ergoentrópicos y de entropía de la información.

Referencias

(Se puede acceder a todos los documentos referenciados en el artículo *La función zeta y la teoría de la información*, www.hurqualya.net)

[69] K. K. Nambiar, *Information-theoretic equivalent of Riemann Hypothesis* (2003).
J. R. Higgins, *The Riemann Zeta Function and the Sampling Theorem* (2009)
Er'el Granot, *Derivation of Euler's Formula and ζ(2k) Using the Nyquist-Shannon Sampling Theorem* (2019)

[70] K. K. Nambiar, *Electrical equivalent of Riemann Hypothesis (2003)*
Guðlaugur Kristinn Óttarsson, *A ladder thermoelectric parallelepiped generator* (2002)
Danilo Merlini, *The Riemann Magneton of the Primes* (2004)
M. V. Berry, *Riemann zeros in radiation patterns: II.Fourier transforms of zeta* (2015)
B. Van der Pol, *An electro-mechanical investigation of the Riemann zeta function in the critical strip* (1947)

[71] Matthew Watkins, *Number Theory and Entropy; Number Theory and Physics Archive*

[72] Rod Swenson, M. T. Turvey, *Thermodynamic Reasons for Perception-Action Cycles*

[73] Luciano Floridi, *What is the Philosophy of information?*

[74] O. Shanker, *Entropy of Riemann zeta zero sequence* (2013)
Alec Misra, *Entropy and Prime Number Distribution; (a Non-heuristic Approach)* (2006)

[75] Piergiulio Tempesta, *Group entropies, correlation laws and zeta functions* (2011)

[76] Gian Paolo Beretta, *What is Quantum Thermodynamics* (2007) También puede visitarse la página http://www.quantumthermodynamics.org/

[77] Miguel Iradier, *La estrategia del dedo meñique*

[78] Ian Wright, *Notes on a Hegelian interpretation of Riemann's Zeta function* (2019)

[79] Ryusuke Hamazaki, Kazuya Fujimoto, and Masahito Ueda, *Operator Noncommutativity and Irreversibility in Quantum Chaos* (2018)

[80] Ali H. Chamseddine, Alain Connes and Walter D. van Suijlekom, *Entropy and the spectral action* (2018)

[81] *Harmonic Entropy,* Xenharmonic Wiki
The Riemann Zeta Function and Tuning, Xenharmonic Wiki
Paul Erlich, *On Harmonic Entropy, con comentario de Joe Monzo*

[82] Scot. C. Nelson, *A Fibonacci Phyllotaxis Prime Number Sieve* (2004)

ARTE Y TEORÍA DE LA REVERSIBILIDAD
21 octubre, 2020

Según el Foro Económico Mundial que acostumbra a reunirse en la montaña de Davos, «nada será igual» después del coronavirus. El Gran Reinicio nos espera apenas empiece el 2021; ya sólo queda subirnos al tren.

¿Cómo puede saberse cuándo un cambio es definitivo o meramente ocasional? ¿Cómo prever si sus consecuencias serán reversibles o irreversibles?

Se supone que la mal llamada «gripe española» de 1919 fue incomparablemente más mortífera que este virus, y con todo apenas pasó como un fantasma por la memoria de toda una generación, que sin embargo no pudo olvidar la Primera Guerra Mundial y la Paz de Versalles, o el crac del 29.

La gran guerra y la crisis de los años treinta sí tuvieron efectos irreversibles, que conducirían hasta el mundo de 1945; pero está claro que la gripe no, y en cuanto dejó de llenar las páginas de los periódicos quedó relegado a las hemerotecas. No falta quien dice que las cifras fueron infladas sin la menor vergüenza para asustar a la población y hacer olvidar la temible cuestión de la responsabilidad del conflicto, que había encontrado la oposición general de los sindicatos, y de cualquier persona capaz de sustraerse a la mucho más letal propaganda de guerra de la prensa.

* * *

¿Es irreversible la globalización? ¿La inmigración masiva de los países pobres a los ricos? ¿La emigración a las ciudades en la mayoría del planeta? ¿El éxodo urbano en los Estados Unidos? ¿La escisión de esta nación en dos sociedades enfrentadas? ¿La huída del trabajo? ¿La «conquista» de derechos que a menudo son promovidos y concedidos desde arriba? ¿La expropiación de las técnicas por la tecnología a la que llamamos digitalización? ¿El cambio climático? ¿La concentración del capital? ¿La corrupción y descomposición del cuerpo social? ¿La civilización? ¿El progreso? ¿La domesticación humana?

En principio no hay proceso que no se pueda revertir, ya sea voluntaria o espontáneamente, de forma suave o catastrófica; todo depende, por supuesto, de la escala temporal que contemplemos.

El mismo cambio climático, que se atribuye con tanta insistencia a la intervención humana, bien puede ser una fluctuación sin importancia camino de la próxima glaciación. Y aun en el caso de que nuestra especie estuviera alterando el clima de forma decisiva, un rápido colapso sería tal vez la forma más rápida de revertir el proceso.

La emigración del campo a la ciudad parece algo imparable en casi todo el globo, pero en algunos países económicamente desarrollados ya se aprecia una tendencia hacia el éxodo urbano en busca de más espacio, más tiempo y menos restricciones.

Claro que los habitantes de la urbe no se van a vivir al campo para cultivar patatas en las condiciones de hace trescientos años; por el contrario, lo hacen porque también las zonas rurales están en gran medida asimiladas y en todo caso conectadas a la red.

Y así podríamos decir con todo. La relación entre lo reversible e irreversible sería en gran medida dialéctica, puesto que cuando percibimos algo como irreversible, de inmediato exploramos otras direcciones y aun la dirección contraria si promete nuevos grados de libertad.

Es evidente para cualquiera que la dirección de muchos procesos se puede invertir, mientras que eso no significa en absoluto que las cosas vuelvan sin más a su estado anterior. Estrictamente hablando, no hay procesos reversibles porque en la práctica las condiciones nunca vuelven a ser las mismas —sin embargo siempre existe la posibilidad de revertir parcialmente una situación, y lo que tomamos como una tendencia absoluta no es sino una constelación altamente condicional de circunstancias variables.

El Progreso siempre aspira a mutaciones irreversibles porque, a falta de otra cosa, la destrucción del pasado como hecho consumado sería su única forma de legitimidad. Pero más allá de su furor destructivo y sus secretos triviales, la modernidad tiene su propio misterio, que hasta ahora se ha defendido muy bien de todos los esfuerzos por calarlo. Podría tener mucho que ver con la mutua relación entre lo irreversible y la reversibilidad, pero no al nivel de fuegos fatuos de los pares de opuestos en la representación de la conciencia, sino en el tipo de alianza altamente selectiva que ha establecido con la Naturaleza, lo que quiere de ella y lo que de ella desatiende.

* * *

Vayamos primero con uno de esos secretos triviales; tan básico, al parecer, que no hace falta incluirlo en nuestros mapas de la realidad. Incidentalmente, también tiene que ver con la irreversibilidad.

Según la dialéctica del amo y el esclavo de Hegel, el amo domina al esclavo por su desprecio de la muerte, mientras que el esclavo acepta la sumisión para evitarla. Pero hoy ocurre casi lo contrario: a los no reconocidos amos del mundo no les queda más remedio que esconderse, —y es para compensar esta infamia que procuran sembrar el miedo en la mayoría de la población.

Por supuesto esos amos no son las caras conocidas de la lista de Forbes, las grandes corporaciones o el Foro de Davos, que están ahí para componer la fachada y dar alguna apariencia de normalidad. Incluso el jefe ejecutivo de

BlackRock no sería más que un recadero para algunos sujetos muy poco amigos del sol.

Hay una simple razón matemática para que esto sea así, sobre la que vuelvo una y otra vez en mis artículos. Se trata de la ley de Pareto en la distribución de la riqueza. Puesto que los economistas prefieren ignorarla, nunca está de más recordar cómo funciona: El 20 por cien de la población tiene el 80 por ciento de los bienes, pero esta ley del 80/20 se repite indefinidamente: El 80 por ciento de ese 80 por ciento lo tiene un 20 por ciento de aquel 20 por ciento (el 64 por ciento del total es de un 4 por ciento), más del 51 por ciento es del 0.8 por ciento, y así hasta la cima de la pirámide de la riqueza.

De este modo tan elemental llegamos a la conocida estimación que dice que las 62 personas más ricas tienen más patrimonio que la mitad de la población mundial, los 3.700 de millones más pobres. Lo que ya se dice menos es que, siguiendo con la misma lógica elemental, casi toda la riqueza de esos 62 sería de 12, y casi toda la riqueza de esos doce sería sólo de unas 3 personas o familias.

Estas 3 fortunas tendrían, si no la mayor parte de la riqueza mundial, sí al menos la mayor parte del excedente de poder de compra y de subordinación de las fortunas menores, con todo lo que eso supone de ahí para abajo.

Físicos como B. Boghosian han hecho simulaciones dinámicas de la distribución de Pareto estableciendo una analogía más o menos exacta entre las colisiones de moléculas y las transacciones monetarias. El resultado final conduce a una singularidad en que, salvo una fracción que tiende a esfumarse, la riqueza de toda la población termina reduciéndose a cero.

La ley de Pareto es sólo un caso particular de la ley de potencias que aparece en todo tipo de distribuciones en la naturaleza y en la sociedad, desde el tamaño de las ciudades y las corporaciones a la intensidad de los terremotos y el calibre de los vasos sanguíneos en el sistema circulatorio.

Aunque la aparición de la ley de potencias en todo tipo de fenómenos, y su carácter autosimilar como en los fractales puede hacer pensar que la desigualdad en la distribución de la riqueza es un «hecho natural», lo cierto es que aún no sabemos cuáles son los factores que determinan su existencia y la mayor o menor elevación de sus potencias.

En cuanto a su relevancia en la economía, cuesta creer que no haya prácticamente estudios ni una teoría remotamente consistente al respecto, pero en su ausencia parece bastante razonable pensar que el número de iteraciones —el grado de concentración de la riqueza— depende críticamente de los mecanismos de crédito y de la continuidad o cancelación de la deuda acumulada. Como señala Michael Hudson, desde las primeras grandes civilizaciones en Sumer y Babilonia los soberanos cancelaban periódicamente las deudas, pero en los estados modernos el acreedor siempre acaba cobrando, aunque sólo sea por la privatización de bienes públicos y el control efectivo de los gobiernos.

Así las presentes democracias, con bancos centrales que son efectivamente cárteles de la banca privada a la que el estado tiene que pedirle prestado su propio dinero, se han convertido en el instrumento ideal para crear procesos irreversibles de acumulación de deuda desde arriba hasta abajo que termina invariablemente en el control de los resortes del poder.

Claro que la banca privada no sólo controla la emisión del dinero en efectivo del estado, que es sólo en torno a un 5 por ciento de la masa monetaria, sino el crédito en su conjunto, del que sale todo el dinero-deuda en virtud de los mecanismos de reserva fraccionaria.

La misma reserva fraccionaria presenta una semejanza elemental con la ley de potencias y el apalancamiento por la vía del crédito, puesto que a mayor crédito, mayor apalancamiento y menor inversión del capital propio. Así, y dado que el estado ya es rehén del crédito, la ley de potencias con los mecanismos que le son inherentes se muestra como la palanca del poder por excelencia, que a través de la distribución del dinero consigue englobar a todas las mediaciones sociales.

La relación no reversible de los estados modernos con la deuda y la extensión del crédito a todas las esferas es la principal razón de que la pirámide de la desigualdad sea más pronunciada que en ninguna época anterior.

Sólo el incremento sin precedentes de la productividad por la tecnología y el abaratamiento de artículos de consumo ha permitido disfrazar de alguna manera el brutal aumento de la desigualdad en las últimas décadas; sin embargo, hoy también vemos que la digitalización, como el flujo del dinero, se amolda a la estructura de la bomba de succión existente acelerando aun más el proceso — pues el sentido mismo de la digitalización es eliminar la resistencia, minimizar la fricción.

Modelos como el citado de Bogoshian confirmarían la cada vez más generalizada sospecha de que nuestro sistema se comporta verdaderamente como un agujero negro, cuya succión es en última instancia indiscriminada aunque posee a lo largo del camino toda una rica estructura selectiva de mediaciones recurrentes en el que el pez grande se come al pequeño hasta el fin de la cadena. Al menos idealmente y haciendo caso omiso de las indeseables resistencias a superar.

Para hacer una analogía mecánica, los parámetros de control de esta dinámica estarían directamente ligados al tipo de interés que rige la acumulación de la deuda y genera la carga, y por tanto la tensión, el vacío y la succión. Vivimos siempre entre la presión y la tensión, y el cambio de signo de uno a otro, de lo lleno a lo vacío, puede ser extremadamente fluido, pero desde las instituciones centralizadas que dominan la banca se procuran regular a través del tipo de interés y el porcentaje de depósitos de los bancos privados que determinan su capacidad de creación de dinero.

* * *

El parásito está «más cerca de ti que tu vena yugular», y es evidente que aunque dependa de un medio líquido no responde sólo a una lógica horizontal.

El liberalismo pretende vendernos la ilusión de que en un mundo regido por el dinero y su libertad de circulación nos movemos definitivamente en un medio «líquido» y la horizontalidad reina suprema, y la mayor parte de la izquierda también compra este argumento motivada por un materialismo de manual y su deseo de eliminar cualquier «verticalidad» que suene a residuo del pasado. De este modo la nueva verticalidad escapa a un mínimo escrutinio.

Unos y otros hablan de «desigualdad» y se crean todo tipo de centros e institutos para su estudio, como si este Gran Sifón del que hablamos ni tan siquiera existiera; circunstancia que me obliga a repetirme.

La ley de potencias de la distribución de riqueza es un hecho absolutamente básico de la economía y de la sociedad, en el sentido de que es a la vez estructura y función, forma y simultáneamente dinámica, sistema capilar de succión y sistema hidráulico de goteo, jerarquía con un continuo de favores ofrecidos y servicios prestados. Pretender que el capitalismo es un fenómeno puramente "líquido" es pura necedad, lo mismo que pretender que tenemos mercados neutrales. Si el capitalismo ha llegado hasta aquí es porque entraña una jerarquía plutocrática que sin embargo es sumamente funcional. Y la ley de potencias es la radiografía de esta jerarquía y esta estructura, sin la cual este sistema concreto y particular no se sostendría.

Si realmente se buscara un modelo cuantitativo en sociología y en economía, no habría que ir más lejos: aquí tenemos una mina no sólo de correlaciones cuantitativas, sino también de gradaciones, matices y apreciaciones cualitativas esperando ser extraídas. Y en estos tiempos de exhaustiva, febril minería de datos, ¿cómo no pensar que los ingenieros y guardianes del Gran Sifón estarán dedicándole a ello buena parte de sus mejores esfuerzos? Serían verdaderamente incompetentes si no lo hicieran.

El «progreso» es diferenciación creciente del tejido productivo y social —o el dar por positivo ese proceso. Más diferenciación pide más organización. Oligarquía es organización, y para sobrevivir en un contexto de complejidad creciente la organización ha de ser cada vez mayor y más refinada, y también más frágil e irreversible.

Un organismo, como sistema, envejece por un proceso único que presenta varios aspectos diferentes, pero en última instancia equivalentes: incapacidad creciente de eliminación, incapacidad creciente de renovación porque el espacio disponible va siendo rellenado por detritos, y *restricción creciente de los grados de libertad.*

De forma harto característica, la ciencia moderna hace lo posible y lo imposible por ignorar una de las acepciones más claras del concepto de evolución como restricción creciente, imprescindible cuando hablamos del ciclo vital de un sistema organizado. No sabemos si se trata de simple mediocridad teórica, de la todopoderosa inercia, del ímprobo trabajo del instinto por no conocerse a sí mismo, o más bien de todo a la vez, pero ahí está lo inapelable del hecho.

Se promueve hasta el hartazgo una narrativa horizontal darvinista y hobbesiana de la competencia y el todos contra todos, mientras las minorías organizadas se adueñan de la lógica vertical, mucho más concretamente estructurada, regida por los ecológicos términos del marketing y la explotación de nichos y ecosistemas.

Esta ecología de nichos otrora era conocida como feudalismo; y ahora se reviste con los prestigios y engaños del neofeudalismo digital.

Nobleza obliga. La expresión «el pez grande se come al chico» tiene sentidos muy diferentes según el eje de coordenadas en que nos movamos. La ecología progresista y horizontal de nuevo cuño nos hace un flaco favor si ignora la ecología vertical del elitismo que había llegado mucho antes y había demarcado territorios. De hecho la «ecología horizontal» y la «ecología de la mente» fueron diseñadas por personajes tan vidriosos como Gregory Bateson, acreditado especialista en la guerra psicológica.

* * *

Estadísticas muy elementales dicen que aproximadamente la mitad de las grandes fortunas en Estados Unidos, Europa o Rusia pertenecen a individuos de origen judío. Es una proporción conveniente, aunque solo sea para guardar las apariencias y tener al menos otros tantos escudos humanos en el caso remoto de que algún día se busquen responsables.

Lo primero que uno piensa es que el que esta plutocracia sea judía o no apenas puede ser relevante desde el punto de vista de la estructura de la propiedad o las dinámicas y flujos del dinero. En realidad también es fundamental a este nivel, y como ya hemos apuntado la pirámide invertida es ante todo una gran jerarquía, un filtro altamente selectivo en ambos sentidos, hacia arriba y hacia abajo, que determina, posiciones, prioridades, favores, y obediencias.

Si la ley del 80/20 y sus sucesivas potencias nos ofrece la radiografía más reveladora y escamoteada del estado de cosas en la sociedad, esta oficiosa «ley del 50/50 por ciento» supone una radiografía de la radiografía, una penetración adicional en la complexión de eso que, de forma tan convenientemente anónima, se ha llamado siempre «el capital».

Tampoco tendría que ser importante este reparto del 50/50 cuando, judíos o no, al final, voten demócrata o republicano, casi todos son fervientes sionistas. Pero, ¿no es esto aún más revelador?

Probablemente el valor informativo de este presunto 50/50 se refiere más al orden histórico y simbólico que al peso efectivo del dinero y su proyección de poder; pero no por eso es menos importante, además de insinuarnos el eje virtual de una dinámica. Por otro lado, tendría que ser obvio que el que una minoría numéricamente tan pequeña ostente la mitad de las grandes fortunas algo ha de tener que ver con las vicisitudes y misterios de la acumulación.

Ya en el Génesis hebreo se nos muestra sin la menor reserva a José en Egipto, buscando ganarse el favor del faraón para a continuación especular con el dinero y el grano hasta conseguir esclavizar a la población por medio del endeudamiento —lo que se corona haciendo decir a los esclavos «¡Tú has salvado nuestras vidas!»

El señor de Hegel consigue el reconocimiento no matando; el administrador financiero, salvando una vida que previamente ha hambreado y estrangulado. Claro que el primero se expone a sí mismo, mientras que el segundo juega sobre seguro. Engaño y violencia son formas opuestas de usar el espíritu y la fuerza, pero ambas han mantenido un trato estrecho desde muy atrás en la historia.

En el occidente cristiano, tenemos constancia documentada de esta inicua alianza desde al menos los tiempos del hijo de Carlomagno, cuando Agobardo, obispo de Lyon, envió cinco cartas a Ludovico el Pío en el 826 denostando el desmedido trato de favor dado a los judíos en detrimento de la mayoría. Casualmente, este trato de favor se disparó desde el matrimonio del emperador con una tal Judith de Baviera. Pero desde el faraón hasta Trump y desde José y Esther hasta nuestros días, la pauta ha sido siempre la misma.

Como en la historia de Fausto y Mefisto, cierto arquetipo eterno, encarnación del espíritu en el exilio, no pierde el tiempo y va directamente a la espita del poder prometiendo más riquezas por la exacción de impuestos y la financiación de guerras, halagando la fatuidad y veleidades del poderoso de turno, estudiando cuidadosamente la debilidad humana y explotando implacablemente su estupidez.

Sólo más adelante, cuando los soberanos dejaron paso a los gobiernos democráticos y liberales, la lógica económica y la creación de falsas necesidades que es la sal de la fase postrera de toda civilización se extendió, como el crédito, a todas las capas de la población, haciéndolas por fin partícipes de una misma mentira.

En la época moderna esta alianza en ninguna parte ha sido tan íntima como en Gran Bretaña, origen del liberalismo y la revolución industrial, y los

Estados Unidos después; desde la conmixtión del puritanismo con los intereses de Judah, Anglo-Sionismo es el verdadero nombre del Imperio. Responde tanto a una conducta patente como a una fisiología mucho menos visible.

Señalar esto es no sólo útil, sino también necesario, dado que el nudo en el corazón de la Modernidad, la contracción efectiva de su realidad actual con respecto al conjunto de posibilidades, tiene el contorno y la lógica de la cultura anglosajona y su huésped; y esto es esencial tanto a nivel funcional como histórico.

Sobre la llamada cuestión judía, Marx, que era judío y burgués, vino a decir que el judío, como adorador del dinero, era el burgués por excelencia; pero habría resultado algo más creíble si hubiera dicho que es el burgués el que quiere estar a mitad del camino entre el judío y el soberano, y entre el soberano y el judío.

La caracterización del capitalismo como un monstruo glotón sin otra lógica que la avidez siempre nos desvía de sus imprescindibles, evidentes dotes de planificación activa y «destrucción creativa». Sin duda ambos componentes coexisten y se corresponde bien con la complexión 50/50, aunque a la larga todos sepamos qué parte se va a adueñar del timón. Cuando Lyotard hablaba de la economía libidinal del centauro del capital con sus dos usos del poder de la riqueza, uno reproductivo y otro saqueador, uno «circular, global y orgánico», y otro «parcial, mortífero, celoso… que se alimenta de saquear las energías sobreexcitadas», es como si hubiera estado pensando en lo mismo.

* * *

La aplastante realidad de esta grotesca pirámide invertida tiene que generar por fuerza todo tipo de contrahechas consecuencias. Una de ellas es que la minúscula cúpula de la plutarquía, lejos de exhibirse en la cumbre como un modelo de virtud, se ve obligada a esconderse en lo más profundo para reducir al mínimo su exposición. Y de este modo se ve privada de ese reconocimiento que, según Hegel, hace señor al señor.

Y aquí entraríamos de lleno en la mayor comedia de nuestra tiempo, que no se nos permite apreciar debidamente. Y la comedia reside, naturalmente, en que si alguien señala al «poder judío» tiene todos los números para ser tachado de «antisemita», mientras que por otro lado a los que detentan ese poder lo único que les falta para culminar sus aspiraciones es el reconocimiento general, pues hasta que eso no ocurra, el pretendido maestro no deja de ser un simple aspirante.

Claro que la comedia del reconocimiento puede llegar a tener un borde muy afilado y peligroso para las dos mitades de este extraño siamés andrógino.

Sabido es que la Declaración Balfour de 1917, en el origen del moderno estado de Israel, fue dirigida a un miembro de una famosa estirpe de banqueros que al finalizar la guerra prefirió pasar definitivamente a un discreto segundo plano.

Que ambas cosas se solapen en el tiempo no parece del todo coincidencia. Mientras que algunos individuos huyen de una notoriedad que sólo les puede resultar inconveniente, emerge una nueva entidad con pretensiones de estado y una enconada lucha por el reconocimiento entre las naciones, que sin embargo se regodea en situarse al margen y por encima del derecho internacional.

Ya sea para el antiguo pueblo elegido de Jehová o para la actual entidad sionista, el objetivo último tan explícitamente declarado en las escrituras, el «reconocimiento por todas las naciones» coincide con el rebajamiento, degradación y subordinación de estas; que en la actualidad la cosa se reduce al reconocimiento del imperio del dinero en el mundo, es una obviedad que no merece mayores comentarios. Pero como incluso hoy nos damos cuenta de que, aparte de un aprovechamiento inflexible de todas las ventajas, no hay otra superioridad en este predominio que la del engaño, la usurpación y la impostura, la cuestión del reconocimiento sólo puede ser redirigida a una instancia teológica que sea capaz de presentar lo que es simple bajeza como un descenso voluntario y bienhechor del espíritu.

Y así Israel como nación y función entre las naciones sería prenda y símbolo de ese reconocimiento que a título personal resulta imposible, a la vez que añorado horizonte de transvaloración para una acumulación maldita.

El que casi todo el excedente de poder de compra se ubique en lo más extremo de la invertida pirámide, aumenta también hasta el extremo su potencial de corrupción, puesto que sólo actualizándose y comprando voluntades puede movilizarse y hacerse rentable, y en un cierto sentido, «fecundo». No es ya que esta situación produzca todo tipo de consecuencias contrahechas; es que nada que sirva para darle voz a esa cumbre subterránea puede ser otra cosa que un engendro y una anormalidad.

* * *

La Oligarquía pende de la autosimilaridad, y gravita hacia esa singularidad cuyo horizonte de sucesos es el incógnito Plutarca.

Nada podría ser menos nuevo que las nuevas recetas con las que ya nos acechan los chicos de Davos, que nos serán entregadas con la encomiable puntualidad de un tren bala. La transición del liberalismo clásico al presente régimen cibernético ya lleva en efecto desde 1945, pero el desperfecto actual sería perfecto para concluirla y dar comienzo a una nueva era.

Que el portavoz de la montaña mágica sea un ingeniero alemán ya nos dice que a la tecnocracia imperante aún puede tocarle el papel de malo en el próximo y sorprendente giro del guión —algo de lo que tal vez podríamos redimirnos en un momento dado gracias a una intervención divina, y más concretamente israelí, aunque nadie aún acierte a figurarse cómo eso podría suceder. Pero para llegar hasta allí aún habría que descender varios escalones.

En Davos les gusta hablar mucho de gobernanza, que no es sino la traducción sociopolítica de la palabra cibernética. Y naturalmente, una parte esencial de la gobernanza global que ahora toca es la de las monedas digitales, a las que se vienen dedicando exhaustivos estudios desde hace un buen número de años pero que han encontrado ahora, tan accidentalmente, el escenario ideal para su implantación.

Y preocupa la regulación global de estas monedas, primero de todo, no sea que surja, sin duda por equivocación, alguna moneda justa que tenga demanda y haga que cunda el mal ejemplo. «La gobernanza es el pilar central de cualquier forma de moneda digital», dijo Mark Carney, gobernador del Banco de Inglaterra y ex de Goldman Sachs. ¿Pero por qué —podría preguntar algún alma de cántaro—, acaso no se trataba de encontrar alternativas? A juzgar por su sospechosa insistencia en la «necesidad de gobernanza» de algo que apenas ha echado a andar, parece que aquí existen riesgos muy reales de que se abran demasiadas vías de agua para un sistema de succión que necesita funcionar sin fugas.

La familia destinataria de la declaración Balfour ya se había hecho con el control del Banco de Inglaterra antes de 1830, y su dinero no ha estado durmiendo desde entonces. El nombre del juego en el capitalismo no es el publicitado espíritu de empresa, sino la explotación inflexible de cada ventaja adquirida; y ciertamente esta gente no está por recibir lecciones sobre cómo se crea el dinero y se distribuye.

Puede ser cierto que las grandes acumulaciones funcionen en buena medida sin necesidad de cerebro; pero no gracias a la «lógica horizontal de los mercados», generalmente amañados, sino a la interacción de su componente abierto con esa lógica y dinámica vertical de la que hemos hablado.

Como ya hemos visto en otros artículos, la implantación del dinero digital y la eliminación del grueso del dinero físico tal como se quiere entender desde la «gobernanza global» sería tan sólo la consolidación de la actual impunidad bancaria, un blindaje y clausura del sistema que nos instalaría de lleno en un penitenciario financiero. Conjurado ya el peligro del pánico y de la retiradas masivas de depósitos, los usuarios pierden el último recurso que les queda para pedir cuentas mientras los bancos se liberan de su última responsabilidad.

Aunque ya todo apuntaba hacia esta situación, su consumación supondría, efectivamente, la clausura del sistema con todo lo que ello implica. Para llevarla a cabo ni siquiera hacen falta concesiones, puesto que la cuestión monetaria ya ha sido sacada de antemano del debate público aceptable. Si no fuera por la marginación gradual del dinero en metálico, la mayor parte de la población ni lo notaría.

Así que si se hacen concesiones no será por el control del dinero, sino más bien para darle un lavado de cara al Reinicio y obtener más aceptación popular. A la cabeza de esa campaña de relaciones públicas estará «la lucha» por la renta básica y ese otro engendro conocido como Green New Deal.

En cuanto a la Renta Básica Universal, debería estar claro sin necesidad de más explicaciones que:

1. Incluso con el sistema monetario actual, y sin dinero digital, garantizar una renta mínima no le costaría prácticamente nada a los ricos, a pesar del previsible teatro entorno a su negociación. La inflación se comería pronto la mitad del poder adquisitivo de esa renta, para seguir indefinidamente con la comedia de las reivindicaciones, los aumentos y todo lo demás. Mientras, los activos de los grandes inversores pueden revalorizarse tanto o más que la inflación.

2. En el caso de que triunfe «la gobernanza del dinero digital», puesto que sólo la banca conocería cuánto hay en el fondo del cajón, tal vez incluso podría evitarse la inflación, pero en cualquier caso, con inflación o sin ella, no le costaría nada. Probablemente, seguiría aumentando la deuda a todos los niveles obligando siempre más y más a los deudores, tal como ha ocurrido hasta hoy.

3. La renta básica no es sino más deuda diferida para ayudar al esclavo de la deuda a seguir pagando sus plazos convertido ahora en nada menos que un siervo-rentista.

4. Los salarios reales por el trabajo podrían ser entre 5 y 10 veces los actuales si se eliminara toda la extracción de valor agregada sostenida por el mismo crédito o deuda.

5. Los salarios de todos los trabajadores del mundo son sólo una pequeña parte, casi desdeñable, del dinero que se mueve en el sistema, y la esfera de la producción está completamente subordinada a la financiera de la circulación. Más allá del teatro de los costes de tales medidas, lo que se negocia es la servidumbre de la población.

6. A pesar de lo que digan sus portavoces, no existe verdadera base popular para estas denominadas demandas, que están completamente fabricadas y subvencionadas y que suponen la consumación de la servidumbre al régimen cibernético basado en la regulación y modulación de los flujos de circulante, y a los personajes anónimos que lo gobiernan. Sin embargo está claro que la destrucción provocada a conciencia por unas medidas absurdas y sin precedentes contra una epidemia entre tantas ponen a partes crecientes de la población a merced de los más poderosos.

7. Los principales causantes del empobrecimiento de la población pueden aparecer ahora como sus salvadores. Las nuevas monedas digitales de los

bancos centrales podrían incluso conceder rentas con independencia de los gobiernos —como el nuevo programa de la Reserva Federal americana para «inyectar dinero en los hogares»—, repartiendo una pequeña parte de lo que han robado sin más condiciones que el control exhaustivo de todos los movimientos y la *negociación personalizada* de cada deuda. Todo un mundo feliz. Podríamos considerar muchas más cosas pero esto nos da una idea. Sin embargo el control del debate público, incluidos los llamados medios alternativos, impide que se plantee la cuestión monetaria en toda su terrible simplicidad.

* * *

¿Por qué el estado tiene que pedirle su propio dinero a la banca privada, mientras que ésta cosecha todos los beneficios que otorga la confianza en la legalidad? Este fraude y esta usurpación están en el origen mismo de la degradación y corrupción de toda la cosa pública a lo largo del recorrido de las democracias que parece estar llegando a su fin.

Si, como siempre debió ser, todo el dinero que usamos fuera dinero legal, y no existiera la reserva fraccionaria que permite crear casi todo el dinero que manejamos a partir del crédito privado, se extingue el principal incentivo para la creación y acumulación de deuda, y con ello también para el crecimiento forzado para amortizarla. Es absurdo pedir decrecimiento dirigido desde arriba cuando lo primero que debería desaparecer es el estímulo artificial al crecimiento.

La simplificación radical del dinero soberano, del dinero sin adulterar, aun permite dos opciones antagónicas: en una el estado crea todo el dinero existente y distribuye también el crédito a través de una banca nacionalizada, mientras que en la otra el estado sólo crea el dinero, mientras que el crédito queda completamente liberalizado para todo tipo de entidades.

Podría pensarse que esta última opción, que fue esbozada por primera vez en el llamado «Plan de Chicago» de 1933 y ha sido defendida recientemente por economistas e incluso ex-gobernadores de bancos centrales, está mucho más cerca del modelo liberal de los países occidentales, mientras que el primer caso sería mucho más factible en economías planificadas como la de China; pero lo cierto es que el liberalismo clásico ha encontrado su motor esencial en la falsificación legalizada del dinero-deuda y sería irreconocible sin él. Por otro lado, los países socialistas no han dejado de asumir el modelo de los bancos centrales occidentales con los mismos resortes de la reserva fraccional y la distribución altamente selectiva del dinero emitido.

Se presenta una curiosa situación mezclada: en los países occidentales la palanca principal de la autoridad económica ha estado en manos privadas, pero en el socialismo realmente existente, la banca, aun estando nacionalizada, ha tomado de la banca privada la parte esencial de su estructura y sus prácticas.

Pero ahora, con la moneda digital, esta mezcla tiene el potencial para crear una doble contradicción —puesto que la moneda digital puede ser tanto estatal como privada. Los bancos y otras entidades financieras tienen interés en emitir sus propias criptomonedas, por no hablar de las redes sociales y proyectos como Libra. Aunque naturalmente se habla de «ofrecer un servicio», lo que se pretende, tratándose de criptomonedas corporativas, es capturar cuotas de mercado. Pero por otra parte existen intentos de crear criptomonedas que buscan estabilidad y huyen del precedente especulativo de bitcoin o el de las corporaciones.

En realidad el dinero legal cien por cien tendría que ser sinónimo de estabilidad, si no fuera porque los amigos de la gobernanza de lo ajeno tienen otras ideas en mente. Hasta ahora, Estados Unidos ha hecho prevalecer el sistema del dólar y la Reserva Federal a través de su poderío militar; pero ya en la reunión de banqueros centrales de Jackson Hole del 2019, y en presencia de Jerome Powell, el citado Carney abogaba por ponerle fin a la hegemonía del dólar en beneficio de una nueva modalidad de moneda digital.

Los movimientos en esa dirección no pueden ir encaminados a ceder el «exorbitante privilegio» de que la deuda estadounidense, con la que también se sufraga su potencia militar, sea sostenida por el resto del mundo. Se trataría, por el contrario, de mantener bajo control una transformación que se juzga inevitable e irreversible, para evitar las consecuencias catastróficas que para el Imperio tendrían una huída del dólar.

Pero la cuestión va más allá de los intereses del imperio americano, que no deja de ser un instrumento para la plutarquía existente. Y ahora mismo la cuestión es si ese instrumento es prescindible, y hasta qué punto. Tal vez los Estados Unidos hayan sido hasta ahora «la nación indispensable», pero no para los que sirven de montura, sino para los que la cabalgan.

Y lo que caracteriza realmente al Imperio, más allá de la contingencia americana, es el drenaje continuo y la succión de las fuerzas productivas a través del Gran Sifón del dinero-deuda, o el parasitismo llevado a su máxima expresión. Dado que la digitalización del dinero, la licuefacción última del circulante, permite demasiadas posibilidades y amenaza con abrir fugas en el circuito cerrado y su óptimo funcionamiento, hay que hacer leyes y poner reglas para impedir que eso ocurra.

Puesto que China está en la vanguardia del dinero digital y ya compite en peso económico con los Estados Unidos, el ser o no ser de «la gobernanza» monetaria también va a depender en gran medida de los movimientos que este país realice con su criptodivisa, así como de el fruto que tengan los intentos internacionales de coordinación.

La cruz del asunto es que existen dos posturas posibles del estado con respecto a su moneda digital y el crédito —con su liberalización radical o su nacionalización— pero también hay dos tendencias posibles para el circulante privado: las monedas corporativas de carácter especulativo que buscan capturar usuarios y las monedas mutualistas o libertarias que huyen de ese modelo y buscan más seguridad o más libertad.

Los estados bajo la influencia de la Reserva Federal americana tenderían a proteger las monedas corporativas, y de hecho, más allá de las apariencias, dentro de su arreglo no puede haber otra cosa que una simbiosis entre lo estatal y lo corporativo, puesto que aquí el resorte monetario del estado ya se encuentra desde hace generaciones en manos de los intereses privados.

Las monedas creadas por colectivos con un espíritu mutualista/libertario pueden adoptar distintas estrategias: permanecer solas, asociarse con otras monedas similares, o buscar la mejor relación de convertibilidad con las monedas estatales cuando no les sean hostiles. Ahora este tipo de monedas parece un fenómeno puramente residual pero tienden a rellenar los espacios que el resto de monedas no quiere cubrir, por lo que a la larga pueden tener un papel importante y aun crítico en el caso de que haya una guerra de divisas por las cuotas del espacio digital global. En el peor de los casos pueden ser una suerte de mercado negro, y en el mejor, una alternativa al estado y las corporaciones.

Nadie puede aún prever el resultado último de esta competencia por el espacio monetario en el estadio último de su licuefacción, pues dependerá de muchos factores tales como las presentes guerras tecnológicas, las elecciones, maniobras y alianzas de los Estados Unidos, Europa y China así como del resto de los países, su cortejo o prohibición de las monedas privadas y el dinero en metálico, el grado de cohesión o descomposición política de los grandes protagonistas, la evolución y orientación de las monedas comunitarias, etcétera.

* * *

La moneda digital puede parecer el grado último de control del circuito monetario con todos sus movimientos, pero también puede exhibir la máxima volatilidad y fragilidad, en función tanto de su diseño o propósito, del resto de criptodivisas con las que compite, o de las disposiciones legales y la reacción del público que forman igualmente parte de este conflicto.

Es en este contexto de caos potencial y guerra de divisas que se busca la «gobernanza» criptodigital, pero aquí no puede dejar de saltar al primer plano la lucha entre la pretensión unipolar del Anglo-Sionismo y las aspiraciones de otros grandes países por un mundo multipolar. También son críticas las tensiones internas en los principales actores, como lo demuestra la honda división entre la facción globalista y la aislacionista sobre cómo proceder en los Estados Unidos.

La plutarquía existente es por definición un gobierno que no da la cara —una criptarquía— así que el dominio global del mercado de criptomonedas le vendría como anillo al dedo y supondría toda una culminación técnica, a falta de ese reconocimiento que no se compra con dinero.

Por lo demás, no deja de proyectarse el advenimiento de la moneda digital y la retirada del dinero físico como el triunfo último de la transparencia y de la «economía distribuida», aunque no hace falta estudiar el tema para ver que es justamente lo contrario. Como ya ocurre con la cibervigilancia, alguien podrá seguir los más insignificantes movimientos monetarios de casi todos, pero prácticamente nadie va a conocer hacia dónde fluye el circulante en toda esta gran bomba de succión. No hace falta ni hablar de trasparencia asimétrica y espejos negros.

Tampoco discutiremos su utilidad para controlar el crimen organizado, cuando no sólo constituiría la organización suprema del crimen sino también su entronización con blindaje legal incluido —lo que en una economía del fraude tiene que resultar tan lógico.

El análisis marxista que asegura que el hundimiento del capitalismo es inevitable por la reducción progresiva de la ganancia, que todavía hoy se repite a la menor ocasión, es irrelevante para la cuestión de fondo de la economía de la deuda que es el motor de todo. Por el contrario, en el caso de que las tasas de ganancia se reduzcan progresivamente, eso sólo significaría que una parte cada vez mayor de la rentabilidad emigra al crédito y la especulación financiera, con lo que su ascendiente sobre el trabajo/servicios y los activos materiales e intelectuales es cada vez mayor, como efectivamente observamos. De ningún modo es inevitable la revolución, especialmente si el control de las alternativas ideológicas está consolidado, lo que también se aprecia claramente.

El liberalismo siempre tuvo mucho de farsa, pero el materialismo de la izquierda que se empeña en ignorar el papel formador y mediador del sistema monetario y el crédito, también. De este modo el árbitro supremo del debate ideológico manufacturado queda fuera de foco mientras opera sin el menor impedimento.

Marx vivió en el Londres de los Rothschild, Disraeli y Moses Montefiore, y no podía ignorar lo que estaba pasando; la población judía, por otra parte, y especialmente su élite económica, evitaron en lo posible los engorrosos compromisos con la economía productiva, que debían quedar para los más torpes. Se presentaba así una ocasión ideal para introducir a fondo la cuña entre el patrón «burgués» y el «proletario» mientras que el crédito que determina su relación y la ganancia pasaba a un más que discreto segundo plano.

Rozanov decía que la democracia es el sistema en que una minoría bien organizada gobierna a una mayoría desorganizada. A lo que sólo cabe añadir que una minoría cada vez más reducida y diferenciada, sólo puede hacerse valer dividiendo cada vez más los intereses del cuerpo social y hundiendo cuñas en todas sus fisuras; y eso, también, es lo que justamente observamos.

Por lo demás, merece la pena recordar que la cuestión del sistema monetario va más allá de lo económico. La circulación del dinero en la sociedad no sólo es comparable a la circulación de la sangre en un organismo. Es también un sistema de información y comunicación como lo son los precios; y es una parte esencial de la gramática social, hasta tal punto, que muchas de las distinciones entre la esfera pública y privada han llegado a ser lo que son en función de su disposición general.

Y, por otra parte, conviene entender que la terciarización o hipertrofia desbocada de la circulación no hubiera sido posible sin el impulso que le imprime un sistema monetario en el que casi todo el dinero es imaginario y se basa tan sólo en la deuda.

* * *

En el dinero como en todo lo demás, la digitalización no es irreversible, y si fuera meramente irreversible sería tan sólo insignificante. Lo decisivo reside precisamente en el grado de libertad que hay para revertir la situación, en vez de convertirla en una mera puesta al día camino de una gigantesca ratonera.

Dicho de otro modo, lo único valioso de la posibilidad de introducir el dinero digital no es meternos de cabeza en algún incógnito futuro que de todas formas ya resulta demasiado familiar, sino el que permita replantear y reivindicar el dinero soberano y legal tal como siempre debió ser y como a menudo fue antes de la gran suplantación.

Algunos autores excusan al sistema imperante de reserva fraccional o dinero-deuda argumentando que el dinero legal al cien por cien era poco factible en el siglo diecinueve por cuestiones puramente técnicas. El argumento tiene una parte de verdad, pero sistemas sin adulterar, o al menos muchos más equitativos, han existido siglos y milenios antes de esa época.

Un sistema monetario justo en ningún caso puede depender del nivel de la tecnología, puesto que si depende de él ya nos encontramos en una situación desesperada. Hacer depender la justicia de arbitrajes técnicos es hacerla depender del más poderoso, lo que ya es el caso del sistema actual. La reserva fraccionaria ya es un sistema de alta sofisticación técnica, sofisticación que parece expresamente diseñada para disimular la escandalosa, insultante realidad del dinero creado del aire.

Y aquí se verá también que la relación entre lo que parece irreversible y la reversibilidad rodea el eje del acontecer, de la posibilidad de lo nuevo, lo creativo, en tanto opuesto a esa combinación de fuerza bruta e inercia que sólo por un interesado malentendido hemos llamado progreso. Si la tecnología es más opaca cuando más sofisticada, y se quiere hacer depender un sistema «más justo» de niveles mayores de tecnología, opacidad, y captura de los «usuarios», tendría que estar claro que un sistema justo, sin más, será posible precisamente en la medida en que su esencia no depende de la tecnología.

Lo cual no implica necesariamente proscribir la digitalización, sino, más bien, no convertirla en la piedra de toque. De momento, es la digitalización la que amenaza con proscribir, no sólo el dinero, sino otras muchas relaciones físicas. El dinero legal al cien por cien, el dinero sin la falsificación masiva realizada por sus distribuidores oficiales, debería ser posible con independencia de su soporte físico, y esa independencia es un índice de su aceptabilidad.

Tal vez esto, defender la coexistencia con los soportes materiales, suene paradójicamente un tanto idealista, pero puesto que la gente sigue queriendo el dinero físico por un sentido elemental de seguridad —y porque ya realmente cobran por tenerlo en los bancos—, tal vez el resultado de la guerra de divisas por el espacio monetario digital, que involucrará a naciones, corporaciones, y colectivos, dependerá también de cómo se mueva la oferta en ese eje entre lo reversible y lo irreversible, entre captura, libertad y seguridad.

Podemos entonces distinguir tres ejes: el horizontal ligado a los factores más puramente comerciales, civiles y de liquidez, el vertical de los aspectos legales, de los estados y los acuerdos entre estados, y un eje temporal en profundidad cifrado en el alcance de la reversibilidad e irreversibilidad de la deuda, los cambios y usos monetarios.

Que este eje está realmente vivo y que *el futuro quiere dejar la puerta abierta al pasado* nos lo demuestran hechos como el que tanto el proyecto de yuan digital, como los borradores de criptodivisa que maneja Washington, se contempla respaldar la moneda con oro, lo que en el caso de la moneda china está ya prácticamente confirmado. Es precisamente la volatilidad del medio digital, unido al aumento de la incertidumbre y el clima de inminente guerra de divisas, lo que da sentido a unos criterios que los mismos expertos consideraban desfasados hace bien poco.

* * *

No somos de los que creen que la economía es el destino ni mucho menos. Con ser importante, ella no vendría a conformar nada más que uno de los ejes de nuestro sistema de coordenadas. Incluso si hoy tiene una importancia hipertrofiada, es sólo por el vertiginoso descenso de nuestra atención hacia las cosas materiales en los últimos siglos; pero esta reducción de la altitud sigue siendo un empeño de la inteligencia dentro de una relación que ella misma percibe como vertical.

El economicismo es sólo un aspecto dentro de una lógica más amplia. Alexander Dugin ha distinguido tres logos en el crisol de la cultura mediterránea y occidental: el apolíneo, solar o espiritual, el materialista o matriarcal representado por la terrena Cibeles, y otro vitalista mediando entre ambos encarnado en la figura de Dionisos, sol de las tinieblas. Pero de forma característica olvida otro numen mediador entre el lo alto y lo bajo que ha sido mucho más relevante en los últimos siglos.

Ciertamente, si ya en la Antigüedad las relaciones entre dioses fueron extraordinariamente ricas y complejas, con el advenimiento del cristianismo aún se hizo más difícil reconocer linajes, potencialidades y tendencias. Seguimos mirando a la Grecia clásica como un exponente diáfano de la cultura de Apolo aunque sin duda tuvo un contacto intenso con las otras corrientes. Babilonia se convirtió en las escrituras en sinónimo de la cultura material. En la pintura de Florencia predomina el elemento apolíneo mientras que en Caravaggio el dionisíaco, con su doble afirmación de la vida y la muerte.

La cultura occidental, que durante los largos siglos del medievo acumuló una enorme reserva de energía espiritual, desde el Renacimiento se ha dedicado a volcar o invertir toda esa energía en la esfera terrena, y esto es algo que se hace patente de forma decisiva en lo que Weber llamó «la ética protestante» vinculada al «espíritu del capitalismo».

Dentro del protestantismo serán los calvinistas y los puritanos ingleses los que mejor encarnarán este descenso del espíritu a lo mundano y material, y en este punto hay que decir que Inglaterra, desde que comienza a emerger en el siglo XVII como una potencia comercial e industrial, ha jugado en Europa, convertida pronto en «Occidente», un papel específicamente mercurial.

Pero decimos específicamente porque Mercurio o Hermes es un dios dual, que como la incógnita humana del Discurso sobre la dignidad del hombre de Pico, verdadero manifiesto del Renacimiento, media entre el cielo y la tierra; pero aquí la actividad mercurial se dirige claramente hacia abajo, al comercio y a la industria, en dirección a la civilización material de Cibeles que alcanza una determinada culminación en la época de la reina Victoria.

Por supuesto que esa tendencia hacia el descenso y la materialización no se detuvo por entonces y ha continuado hasta nuestros días, impulsada por nuevas metamorfosis. La época del materialismo filosófico hace mucho que pasó, y sin embargo nadie duda en considerar nuestro babel cultural como el multiforme aluvión del materialismo. Con él un hedonismo entre algodones ha adquirido gran auge, pero impulsado básicamente por la lógica material de la circulación y el consumo, y ni ebrio pensará nadie que la nuestra es una cultura dionisíaca o vitalista, por más que Dionisos oficie en la decadencia y asista en la disolución.

En esta reducción de una cultura con reservas espirituales a una civilización material castrada y castradora la anfibia funcionalidad de Mercurio jugó el papel esencial; pero este neutral compañero del género humano nos asiste tanto en el descenso de la mente a la materia como en lo contrario. No sólo se trata del numen del comercio horizontal entre iguales —su apariencia más civilizada—

sino también del comercio inadvertido ente lo alto y lo bajo en un sentido que a las ciencias normativas, aplanadoras, se le escapa por completo.

La dialéctica en cambio sí está en el eje íntimo de este otro comercio, como aún consigue evocarlo el símbolo del caduceo de Mercurio. Mientras en su descenso hacia la piedra cúbica el espíritu tiende a ser neutralizado y privado de polaridad —de vitalidad por tanto—, en su ascenso usa ésta tan sólo para acceder a aquello que se sitúa más allá y más acá de la dualidad, el eje común de la mente y la materia.

La dialéctica perdió el contacto explícito con las ciencias de la naturaleza incluso mucho antes de Hegel —culminación de un pensamiento mercurial insinuado desde Heráclito. La nueva racionalidad en la Naturaleza gravitaba hacia la piedra cúbica al menos desde Newton, quien por lo demás también se entregó al estudio de la ciencia hermética justamente cuando ésta se extinguía como tradición; y es que hasta los tiempos de Lavoisier la ciencia por antonomasia de la naturaleza fue la química, más que la recién alumbrada física matemática.

Todo en la antigua ciencia de Hermes era una cifra de la omnipresencia del espíritu en la Naturaleza —y ese espíritu era voluntad y entendimiento, fuego y agua, azufre y mercurio, sol y luna, aunque nunca se exhibieran de forma simultánea, sino sólo sucesivamente. En este sentido se trataba de una «ciencia histórica», aunque tuviera sus propios criterios de análisis y síntesis que, al menos por analogía, podían extenderse a los más diversos dominios.

El mismo Marx quiso definir la alquimia del capital en términos áridamente algebraicos, mientras los buscadores de oro en los ríos desde antiguo habían usado el mercurio para separar el metal dorado del mineral. Y este aspecto es mucho más interesante desde el punto de vista de la circulación, que es el que nos ocupa.

Mercurio preside la lógica inherente a la disolución y coagulación, así como la circulación de elementos heterogéneos dentro de un proceso cerrado que a su manera tiende a representar el gran mundo. Un vaso o un proceso hermético quieren representar las transformaciones dinámicas de una totalidad en un cierto circuito cerrado; y este es también el objetivo cibernético, lo que no pasó desapercibido a los especialistas de la segunda generación de esta ciencia, hacia 1970.

Pero la gran diferencia es que Hermes es el maestro de la reversibilidad incluso dentro de procesos manifiestamente irreversibles, abiertos y vivos como son la generación y corrupción. La cibernética aspira a cerrar un circuito entre sistemas inicialmente abiertos, que se acomodarían así a la reversibilidad de lo muerto. Si cibernético rima con hermético, tecnocrático lo hace con necrótico.

* * *

El horizonte del mundo actual no puede ir más allá de la hipótesis cibernética, que como ya decía el subtítulo de la obra inaugural de Wiener versa sobre «el control y comunicación en el animal y la máquina» y trata de nivelarlos incluso en el plano de la mente, a pesar de que a todos nos salte a la vista su manifiesta diferencia aun en el plano físico más elemental. De hecho «comunicación» aquí es el reverso exacto del concepto «mecanismo», sólo que este último fue predicado del movimiento en la materia y el primero de la actividad mental. Igual podría haberse utilizado la palabra «comercio».

Esta incapacidad para ver más allá obliga a todos los que no quieren quedarse descolgados, de Davos a China y de Siberia a Patagonia, a apostar por el partido de la tecnocracia y la eficiencia, con su demanda perpetua de que nada se le escape. Se trata de jugar sobre seguro, minimizando los riesgos para la cabeza de control y por lo mismo reduciendo al mínimo también las reacciones, la inestabilidad, la vitalidad del cuerpo social objeto de control.

Así que el Gran Reinicio sólo puede multiplicar las raciones de esta dieta tan indigesta. Semejante empacho de titanio y grafeno, teletrabajo, cibervigilancia e inteligencia artificial, necesita para pasar un poco de altruismo verde, preocupación por la naturaleza y la sostenibilidad. Una dupla ganadora, como se ve, puesto que cuando más negamos la naturaleza y la destruimos, más falta hace encender una vela en su honor.

No es lo mismo negar la naturaleza que destruirla; primero viene la negación en forma de ciencia, y sólo luego la puesta en práctica de la destrucción en forma de tecnología. ¿Cuánto nos puede importar la naturaleza si nuestra teoría no sabe ni quiere distinguir entre un animal y una máquina? Hasta tal punto estamos neutralizados que esto ya ni nos inmuta, incluso sabiendo que nuestras teorías ya estaban volcadas hacia la práctica desde el inicio.

Cuando esta gente dice que se preocupa por la naturaleza lo primero que hay que hacer es echarse la mano al bolsillo, y puede estarse seguro de que incluso si se crean tasas especiales acabarán pagándolas todos antes que sus responsables. Es tan viejo como la «distribución de costos», en la que es tan experta la élite económica; y además, todo en la estructura y dinámica del Gran Sifón lo facilita.

En verdad, el Gran Sifón es no sólo el primer problema político, económico y social, sino también ecológico, puesto que en él nos acercaríamos más rápido a la singularidad que en cualquier otro horizonte de catástrofes, que de paso son tan promocionados por los medios dominantes para que nos olvidemos del principal. Hay por lo demás una ecología más profunda que la del balance externo del llamado medio ambiente.

Evidentemente esta catástrofe no se reduce sólo a la distribución de riqueza sino que contiene todas sus consecuencias, elevando lo más bajo a lo más alto, intoxicando la percepción colectiva y creando una realidad paralela que sólo en aspectos críticos negociados es compatible con la verdad.

En cualquier caso para la tecnocracia del cierre «Naturaleza» es sólo sinónimo de recursos, y «cuidar de la Naturaleza» sólo puede consistir en apropiarse por entero de su administración, o en una palabra, en una privatización apenas encubierta. Privatización de lo poco que aún no ha caído en manos privadas, como el uso del aire, las reservas de agua potable, los mares, los yacimientos mineros y grandes reservas forestales, con el pretexto de que no pueden dejarse en manos de las masas ignorantes y gobiernos irresponsables o «fuera de control».

«Naturaleza» para ellos es simplemente la Geoeconomía de los recursos. Y si la plutarquía ya no tiene tanto que ganar en términos relativos, ante el horizonte de total inestabilidad que supone su propia hipertrofia sí le conviene transformar esa abrumadora ventaja cuantitativa en una consolidación cada vez más férrea del control de los aspectos materiales a los que llama «naturales», y para la que debe encontrar justificantes.

Por eso la vieja propaganda liberal ya ni siquiera es pertinente y tiende a ser sustituida por la nueva jerga de la responsabilidad y la sostenibilidad, en un giro conservador hacia la autocontención. Habiendo mucho más que perder que por ganar, lo esencial es que no se malogre toda la ventaja adquirida y que se transmute en condiciones más favorables ... para la causa principal del desequilibrio.

En ese sentido groseramente cuantitativo, la singularidad en la acumulación de la riqueza es una quimera como cualquier otra singularidad matemática. Lo que no quita para que aún se trate de transformar y maximizar ese dominio en términos cualitativos, negociado entre la obediencia y la estabilidad, la libertad y la seguridad de unas masas tensionadas y sujetas.

* * *

Somos los grandes fundamentalistas de lo irreversible, y no es por otra cosa que hemos llegado tan lejos; y sin embargo las leyes físicas fundamentales a las que atribuimos el funcionamiento de la naturaleza se basan en una preceptiva reversibilidad. ¿No es esto extraño?

El positivismo científico, que no la ciencia en sí misma, ha terminado por reducir su idea de la naturaleza a lo encuadrado por la predicción, cuya ventaja cumple el mismo papel que la ganancia en el capitalismo. Y esto, salido antes de nuestras prácticas que de nuestra teoría, ha terminado por tener un impacto enorme en lo que estamos dispuestos a contemplar e ignorar en nuestra relación con la naturaleza y en los límites que la tecnociencia perfila sobre nuestra sociedad.

¿Qué significa que la acumulación constante de conocimiento científico, que percibimos como irreversible motor del progreso corriendo en paralelo a la acumulación del capital, esté fundada en la idea de que la Ley es reversible?

Nunca llegaremos a percibir el fondo de esta pregunta si no acertamos a invertir los términos.

Por lo demás, todos sabemos, científicos y legos por igual, que la ciencia es un gigantesco lecho de Procusto que corta y amputa todo lo que no se conforma a sus estándares. La cuestión es, ¿cómo podríamos hacernos una idea razonable de todo lo que ha quedado fuera sin reducirlo a nuestros actuales criterios? ¿Qué relación puede tener con el saber que ahora manejamos? ¿Es sólo una serie de deshechos inútiles o guarda la clave y el contexto para entender lo que ahora sólo parece una serie de enigmas cada vez más ininteligibles?

Tanto la mecánica clásica como la cuántica son reversibles pero la irreversibilidad termodinámica y de los procesos ordinarios que observamos se contempla sólo como un accidente macroscópico, apenas otra cosa que una ilusión. Que la propiedad más básica que apreciamos en el mundo real quede caracterizada como un epifenómeno en la mecánica estadística y su hija la teoría de la información ya nos habla de un criterio y unas prioridades invertidas —del primado de la predicción sobre la descripción.

Por el contrario, lo realmente interesante, en los procesos más aparentes no menos que en el tiempo del hombre y su biología, es averiguar cómo se crean islas de reversibilidad a partir de un fondo irreversible, y circuitos cerrados dentro de sistemas abiertos, no al revés. Este sería el anillo mágico de la Naturaleza, que no admite comparación con el reloj de cuco de la Ley. El día en que comprendamos esto habremos superado el fundamentalismo del tiempo lineal y acumulativo que es el supuesto básico de nuestra sociedad.

En un libro titulado *«Polo de inspiración —Matemática, ciencia y tradición»*, hemos señalado cómo lo que hoy se entiende como feedback o realimentación, clave de la cibernética, se encontraba ya presente en el viejo problema de Kepler en el que Newton encajó su teoría de la gravitación. El mismo problema de Kepler tiene ya la clave de las teorías gauge de campos como el electromagnetismo y las otras fuerzas fundamentales que gobiernan el átomo —estas también suponen una realimentación independientemente de cuál sea el mecanismo.

Bueno, esto tendría que ser el asunto menos misterioso del mundo puesto que los principios variacionales siempre fueron un recurso teleológico, lo que aún admitían científicos conservadores como Planck; pero la mayoría creyó que su uso era tan inocuo, que ni siquiera era digno de atención. Desde luego, para un matemático destacado como Wiener esto habría sido toda una sorpresa si alguna vez hubiera tenido la fortuna de reparar en ello.

Por supuesto los físicos teóricos aún no dejan de preguntarse cómo sabe la Luna dónde está el Sol y cómo «conoce» su masa para comportarse como se comporta; y a esto lo llaman el gran desafío de identificar el mecanismo concreto de la gravedad, o su cuantización en la jerga del ramo.

Pero realmente no se trata de identificar el mecanismo, o, como también se dice, descifrar el enigma de la comunicación entre cuerpos distantes —puesto que un problema variacional es por definición independiente de su mecanismo, ya sea a pequeña o a gran escala. El lagrangiano de un sistema es sólo una analogía exacta, y ya desde Newton sabíamos que nada era mecánico, al menos allí arriba; pero el sólo hecho de incluir lo de abajo y lo de arriba en los mismos Tres Principios de la Dinámica dio lugar a un formidable espejismo.

Podría pensarse que si estamos percibiendo ahora un feedback en la órbita de un planeta, es por la influencia omnipresente de la cibernética, ¿pero entonces por qué ningún especialista en cibernética se dio cuenta? ¿Ni los físicos, desde los tiempos de Lagrange? Habrá que suponer que por que no se veía en ello ninguna *utilidad*, pues los planetas ya estaban dando vueltas después de todo, y puesto que podían hacerse cálculos y predicciones, sólo cabía pensar que se trataba de un mecanismo.

Cuando los dioses quieren perder a los hombres, los vuelven ciegos; y en nuestro tiempo los han vuelto ciegos por medio de las predicciones.

No, la reversibilidad de la que hablamos no es tan obvia como la costumbre llamar a las cosas antiguas según los nombres de última hora. Por el contrario, más bien cabría suponer que si los físicos se hubieran dado cuenta de esto en su tiempo, en el siglo que va de Newton a Lagrange, probablemente la cibernética nunca hubiera sido creada, porque tampoco se habría dado la necesidad de crear un puente artificial entre seres animados y máquinas.

* * *

Cuestiones de espacio nos impiden profundizar en el tema y sólo podemos remitir al lector al libro citado y a su obligada bibliografía. Como ya indicamos, el verdadero interés de esto sólo puede empezar a captarse al intentar ver cómo emergen los sistemas reversibles y cerrados, llamados por nosotros «mecánicos», de un fondo ilimitado y homogéneo —dándole la vuelta al planteamiento que desde Newton se ha hecho convencional.

Puede parecer una tarea imposible revertir el desarrollo científico de los últimos cuatrocientos años, pero nadie pretende tal cosa. A nivel institucional, y pese a sus vanas apelaciones a la originalidad, las ciencias actuales, con su enorme inercia burocrática, se amoldan a lo que dicta el poder y esto no tiene remedio. Pero para la inteligencia individual sí es perfectamente posible darle la vuelta al guante, y esto es lo importante, porque si puede entenderlo un individuo también pueden entenderlo muchos otros.

Hay unos lineamientos muy básicos para que la inteligencia científica hoy extraviada vuelva sobre sí. Nos estamos refiriendo tanto al horizonte teórico como a la práctica —a los principios, a los medios y a los fines. Estas líneas básicas pasan por los principios de la mecánica, la definición del equilibrio en diversos tipos de sistemas, los fundamentos del cálculo o análisis matemático, la relación crítica entre descripción y predicción y la no menos crítica relación entre los sistemas cerrados y abiertos, lo reversible y la irreversibilidad.

La interpretación, que es el fin de la ciencia en cuanto tal, también es el principio de la técnica y la tecnología; por lo tanto existe también un anillo en la lógica de la Tecnociencia, que hasta ahora no se ha podido explorar consecuentemente debido a que la revisión de los fundamentos pone en peligro la acumulación monótona de conocimientos en las diversas especialidades.

* * *

Las formas de conocimiento son infinitas y sus combinaciones también, lo que no impide que existan fuertes redundancias. Lejos de estar a punto de dar con una «teoría del todo», la ciencia occidental sólo ha explorado una parte infinitesimal de las posibilidades del saber, incluso dentro de sus propias formas, pero por otro lado esas formas están sujetas en la práctica a una rápida evolución, envejecimiento y muerte.

El paradigma cibernético que hoy nos domina, nadie lo pondrá en duda, es la expresión última de la razón instrumental; pero al menos desde la cristalización newtoniana, y desde que la descripción se subordinó a la predicción, el camino del descenso estaba servido.

No es difícil cambiar los principios de la mecánica, sustituir por ejemplo el principio de inercia por el principio de equilibrio dinámico, y conservar el grueso de las predicciones que la física atesora cambiando por completo su sentido, contexto e interpretación; pero es la inercia real de las instituciones, y del conocimiento que tiene un determinado objetivo, lo que lo hace parecer inviable.

En la industria puede haber estándares reversibles e irreversibles. Un ejemplo de estándar que ha mostrado ser irreversible es la disposición de las letras en el teclado, concebida expresamente para que la máquina de escribir no fuera demasiado rápido y entrechocaran las letras; hoy esa limitación no tiene sentido en el ordenador, pero nadie ha podido cambiarla.

Lo mismo, y con muchas más razones, ocurre en las ciencias, y no por nada se habla hoy de un «modelo estándar» en cosmología o física de partículas; se trata en realidad del marco de formalismos aceptado para hacer series de cálculos. Hay sin duda buenas razones para usar esos marcos, pero no dejan de ser coyunturales —hasta un punto que no acertamos a imaginar.

Todo el reflejo cibernético consiste en tratar de cerrarse sobre lo abierto para esclavizarlo; identificarlo con la pulsión de muerte no es algo gratuito. Es también congruente con el interés de una cabeza minúscula y masivamente concentrada a la que ya le queda poco por ganar y prefiere apretar el puño. Pero, ¿cuál sería exactamente el efecto sobre el modelo cibernético del desarrollo de la hipótesis opuesta, tan extremadamente plausible, de que todo lo cerrado y reversible procede de algo abierto e irreversible? ¿Contribuiría a su desfondamiento, o a su consolidación?

La evolución individual de un organismo entre el nacimiento y la muerte nos dice de la forma más clara que el envejecimiento es un proceso de cierre y endurecimiento gradual hasta su quiebra o desenlace. Y el endurecimiento depende de la incapacidad de eliminación, que en sí misma es una forma de restricción creciente o cierre.

Si la ciencia no ha incorporado estos otros elementos rechazados, sin duda ha sido porque no le convenía; difícilmente puede intentar asimilárselos sin dejar de ser lo que ha sido hasta ahora. Por lo tanto, cualquier desarrollo en tal sentido llega demasiado tarde para ella; sólo en otro medio podría tener viabilidad.

Sin embargo aquí podemos percibir un eje común que conecta este mundo agonizante con otros por venir.

* * *

Dentro del ecologismo no faltan quienes abogan por una nueva civilización y una nueva racionalidad, pero sus coordenadas intelectuales siguen siendo las del liberal-materialismo del diecinueve, actualizado por perspectivas tan frescas como la teoría de sistemas. Es decir, básicamente las mismas señas de identidad de esta civilización crepuscular, pero con una ética opuesta al consumismo y a favor del desarme tecnológico.

El ecologismo es un economicismo con consciencia de los límites y la escasez, pero la economía siempre fue la ciencia de la escasez, ya sea natural o creada por el hombre, y al final es este último el factor que siempre prevalece en la percepción social. Por otro lado se emplea la jerga administrativa de la teoría de sistemas pero se ignora por completo la jerarquía que ese ubicuo sistema de bombeo y succión que llamamos Gran Sifón impone sobre la economía, la percepción y la creación de opinión. Un pequeño olvido sin importancia.

Una civilización material sólo puede tener sentido si en todas sus instancias se observa debidamente la idea de equilibrio. Babilonia podía ser una civilización material pero la cancelación periódica de deudas permitía que los desequilibrios no se acumularan. Un ejemplo de gran civilización material de larga duración ha sido China, donde justamente la idea de equilibrio o armonía ha sido tan fundamental a todos los niveles. Pero la salvaguarda del equilibrio en el movimiento, no se refiere sólo a las necesidades físicas de los hombres, sino a que la misma consideración de lo material esté compensada; si esto ocurre, lo material no excluye a lo espiritual, ni lo inmanente a lo trascendente.

Pero ocurre de muy otra manera con la racionalidad del mundo moderno, que excluye por igual la inmanencia o la trascendencia de la experiencia, por no hablar de su carácter trascendental, y sólo puede aspirar a manipularla y desnaturalizarla. Así pues, todo en nuestro materialismo dual ya es producto de un desequilibrio extremo que sin embargo pretende perpetuarse.

Muchos aún desean creer que la ciencia moderna no sólo aspira a gobernar el mundo sino también a conocerlo. La idea griega del logos, basada en la geometría, era puramente descriptiva y la predicción le era ajena. Pero la idea moderna de Ley natural está completamente fundada en la idea de predicción o cálculo en el tiempo, y pedirle una descripción ajustada sería como ponerle palos en las ruedas.

El cálculo ha trastocado por entero nuestra idea de lo que es el análisis. En lugar de determinar la geometría a partir de las consideraciones físicas, derivando de ellas la ecuación diferencial, desde Leibniz y Newton se establece primero la ecuación diferencial y luego se buscan en ella las respuestas físicas. Ambos procedimientos están muy lejos de ser equivalentes, pero la misma creencia en la realidad de los diferenciales se sigue del procedimiento adoptado. Sigue siendo perfectamente viable revertir este procedimiento para abrir los ojos y recobrar la perspectiva correcta.

Hablamos de «revertir» pero hay que tener presente que lo que generalmente ha hecho la ciencia moderna es invertir la idea anterior de racionalidad, poniendo muchas cosas literalmente cabeza abajo con tal de servir al cálculo. Pero nos hemos acostumbrado hasta tal punto a estos procedimientos, y están tan justificados para un determinado propósito, que no podemos concebir otros.

Claro que incluso dentro del predominio absoluto de lo predictivo, el espesor de la Ley abstracta con respecto al mundo del devenir y las formas observables sigue pareciendo casi nulo. Así las ciencias «duras» como la física han de ir acompañadas de un suplemento descriptivo para rellenar el abismo entre lo imaginario de nuestras representaciones y el valor simbólico o normativo de la Ley. De ahí disciplinas como la cosmología o la teoría de la evolución, con un valor predictivo nulo pero esenciales para seguir pensando que la ciencia tiene poder explicativo.

Sin embargo es muy fácil mostrar que estas disciplinas descriptivas apenas son un suplemento ideológico para amplificar el rango de aplicación de las ciencias duras a su máxima potencia: la cosmología para extender el valor de las leyes de nuestro planeta a todo el universo, o la evolución para reducir todas las transformaciones de la vida a una deriva genética potencialmente manipulable.

Así pues, en ciencia hay un doble circuito y una doble circulación, de forma muy similar a como en nuestro sistema monetario hay un doble circuito y una doble circulación de la moneda, con un dinero legal emitido por los bancos centrales y un circulante imaginario dependiente del crédito. No se trata de una vana analogía; aunque el grado de «estiramiento» de la moneda legal en la ciencia, y del crédito que le concedemos, es incomparablemente mayor. Aún no podemos medir el valor de la gravedad en nuestro propio planeta con cuatro cifras decimales, pero pretendemos que la relatividad general pueda hacer cálculos con 11 decimales en lejanas galaxias y agujeros negros.

A esto se le llama especulación, y gran parte de la ciencia teórica está guiada por un afán especulativo tan intenso como el del mundo financiero, con la gran ventaja de que apenas hay posibilidad de control experimental. Claro que no es sólo la ciencia. Si la moneda legal es apenas un 5 por ciento y el resto es dinero falso o imaginario, «deuda», lo mismo puede decirse de prácticamente todo lo que circula en los medios, las ideologías y todas las esferas de la sociedad —una enorme montaña de moneda falsa que sin embargo sirve para empeñar las ilusiones y esfuerzos de la gente.

La predicción tiene justificación en la medida en que una ley, por definición, expresa una regularidad, y esta también por definición ha de ser predecible. Pero si la predicción no está nivelada con la descripción, ni siquiera podemos saber a qué se refiere la ley más allá de la predicción misma, como de hecho sucede con la ley de la gravitación y todas las demás.

Idealmente, descripción y predicción deberían ser recíprocas, lo mismo que la memoria y la anticipación con las que creamos continua y reflexivamente nuestra percepción del tiempo. Sin embargo, hoy demandar que vayan de la mano puede parecer un sabotaje; algo tan irrazonable como pedir que no existiera el dinero imaginario, siendo el grueso del total.

Nos resulte a estas alturas inconveniente o no, de ello depende toda la vida y la lógica interna de la evolución científica, su veracidad y su grado de viabilidad a lo largo del tiempo. Son los sectores secundario y terciario de su economía, y el primario, la cualidad y realidad de los fenómenos y su inclusión en el principio, es demasiado amplio para tratarlo aquí. Ni que decir tiene, también aquí el sector terciario se ha hipertrofiado sin la menor consideración por los requerimientos más básicos.

* * *

En la segunda mitad del siglo XX, y por los mismos años en que emergían los modelos estándar de física de partículas y cosmología, floreció un abanico de intentos teóricos de lidiar con la complejidad, con vocación de universalidad y diversa fortuna: la propia cibernética de primer y segundo orden, la teoría de sistemas, la teoría de las catástrofes de Thom, los sistemas disipativos alejados del equilibrio de Prigogine, los sistemas dinámicos no lineales y el caos determinista, el orden espontáneo y la autoorganización, las ciencias de la computación, el neodarvinismo digital, la inteligencia artificial y un largo etcétera.

Todas ellas se postulaban como disciplinas nuevas a la vez que como horizonte interdisciplinar; de esta forma evitaban cuestionar los logros de las ciencias más antiguas y trataban de abordar cada una a su manera todo ese espesor del mundo real fuera del alcance de las grandes leyes. Si en física fundamental Wigner expuso su asombro ante la «irrazonable eficacia de las matemáticas», en terrenos como la biología, epítome de la complejidad, estas exhibían, a decir de Gelfand, una «irrazonable ineficacia».

Pero ambos estaban equivocados. La eficacia de la matemática en física es todo menos irrazonable puesto que lo que se ha hecho desde Newton es una ingeniería inversa asignando las variables para llegar a los resultados conocidos, generalizando la ecuación luego y finalmente declarándola universal. Por otro parte, la ineficacia de la matemática en la biología tampoco podía ser menos irrazonable si pretendía aplicar el mismo método.

Aunque había y hay mucho espacio en medio, los teóricos de la complejidad nunca han acertado a verlo porque parecía suicida cuestionar la aplicación de la matemática a la física en vista de sus éxitos y del poder predictivo de sus métodos. Pero es siempre el poder lo que nubla la razón.

Pese a los gigantescos avances en poder de cálculo y lo apetecible que resultaba el ilimitado panorama, estos teóricos de la complejidad se han quedado con las ganas de darle el gran mordisco a la manzana. Por el contrario, a lo que asistimos es a la vertiginosa elevación de un zigurat neobabilónico, que, eso sí, parece estar muy a tono con la ubicua proliferación del desorden.

Los más complejos ordenadores todavía han sido incapaces de igualar las habilidades de una ínfima mosca del vinagre en el vuelo, pero se habla poco menos que de entregar el gobierno del mundo a la inteligencia artificial. Difícil saber si esto sirve más al engaño, al desastre o a ambos.

Para ver algo más lejos nos echamos siempre hacia atrás, y aquí como en todo, lo primero que se necesita es cuestionar los métodos de la ciencia más fundamental, por más importantes que hayan sido sus éxitos. Que la ciencia moderna tiene una parte importante de verdad, eso está fuera de cuestión, pues de otro modo ni siquiera perderíamos el tiempo con ella. Pero lo interesante es ver la relación entre lo que ha descartado la ciencia fundamental y lo que se le escapa a las ciencias de la complejidad. Y hay todo un mundo por explorar aquí.

El cálculo diferencial, y con él toda la aplicación de la matemática al cambio, ha oscilado entre la idealización y la racionalización, entre la idea de infinitesimal y el concepto de límite. Estas son las rocas Simplégades contra las que se estrellan todos los navíos en su exploración de lo infinito, y cuando no los destruyen, aún limitan dramáticamente su campo de visión. Sin embargo el camino medio de las diferencias finitas sólo se ha explorado como mero auxiliar de los resultados conocidos, en lugar de como verdadero fundamento del método. Este camino medio es el eje de reversibilidad de un desarrollo hasta hoy irreversible, el del Análisis, que aún sigue sin hacer verdadero honor a su nombre.

La pretensión de que la ciencia tal como hoy la conocemos tenga asegurados sus cimientos y ya sólo puede crecer hacia arriba es sencillamente ridícula, y sin embargo es sumamente difícil de cambiar dado que en ella es inevitable que se superpongan los estratos tanto a nivel teórico como sociológico. Y aun así, tal vez no sea imposible que también aquí el futuro le abra la puerta al pasado, si comprende que sólo en este eje tiene aún libertad de movimientos.

La ciencia puede y debe ser algo más que un zigurat.

* * *

Por supuesto que la ciencia tiene más de efecto que de causa. A los científicos les gusta pensar que son ellos los que han cambiado el mundo, y sin duda no es poco lo que han contribuido a hacerlo, pero así y todo lo que ellos hacen es conquistar nuevos dominios de aplicación para la mentalidad imperante. La religión de la predicción es el saber del esclavo conquistador.

Se dice que ya hemos superado la era del sujeto y que ello ha ocurrido en beneficio de, por ejemplo, la comunicación. Según esto, el sujeto era un obstáculo y, una vez sobrepasado, el progreso puede continuar; este sería precisamente el supuesto de plataformas de comunicación como Davos.

Ahora bien, lo que proponen no tiene nada en absoluto de progreso, y ya son cada vez menos los que se dejan engañar por el supuesto vértigo de los avances tecnológicos y la producción masiva de falsa novedad. Por el contrario, hoy el único progreso posible empieza por darse cuenta de que la clase de aceleración tecnológica que hoy se promueve no es ni necesaria ni irreversible, y sólo a partir de ahí el sujeto vuelve a encontrar tiempo y espacio para las decisiones.

Sin embargo no estamos hablando ni de un imposible retorno al pasado, ni del reciclaje o combinación oportunista de cosas nuevas y viejas que caracteriza a la postmodernidad. El balance entre pasado y futuro, entre memoria y anticipación, es la condición normal de la conciencia reflexiva; es la modernidad la que ha roto de la forma más violenta este balance en beneficio de la anticipación, imponiendo una idea de progreso que sólo puede ser unilateral.

Ahora bien, este desarrollo unilateral, como diría Hegel, deja un enorme espacio abierto a las espaldas no menos que hacia adelante. La moneda respaldada con oro parecía ayer mismo cosa del pasado; pero la misma volatilidad de las monedas digitales empuja a su readopción. Naturalmente lo decisivo aquí no es el oro, sino el cambio de orientación en el tiempo.

Se trata de un símbolo perfecto del momento, cuya magnitud no conseguimos captar —y que llega justo cuando la megafonía nos repite con insistencia propia de un hipnotizador de feria que no hay alternativa ni hay vuelta atrás. Un símbolo que coincide y encuentra resonancia con los primeros indicios claros de inflexión en otros grandes procesos, empezando por la propia Globalización.

Al mismo tiempo aumenta agudamente la conciencia de la creciente fragilidad a la que está condenada esta civilización que lo fía todo a las soluciones tecnológicas; lo presentíamos, y ya incluso lo vemos claramente: finalmente llegará un niño y la destruirá, o incluso algo mucho más pequeño. O guardamos bien las espaldas o estamos acabados; y lo mismo vale para tantas «conquistas sociales» que se hayan sobornadas o secuestradas y dependen críticamente de que todo vaya en una sola dirección. Nos movemos en aguas profundas.

Verdaderamente, si se trata de «comenzar de cero» como dicen, y tanto les importa la economía, tendrían que empezar por cancelar toda la montaña de deuda y conseguir que los grandes saqueadores que se han lucrado con todo tipo de estafas y de guerras devuelvan su botín, y muy especialmente el usurpado control del sistema monetario; pero parece ser que no es de esto de lo que están hablando.

Nada es totalmente irreversible salvo la muerte, y los que intentan convencernos por todos los medios de la irreversibilidad de no se sabe qué cambios sólo pueden conducirnos a la muerte, cuyo partido representan. Nadie menos interesado que ellos en que la conciencia y la historia puedan volver sobre sí.

* * *

La compulsión cibernética quiere incidir exhaustivamente en las partes desde el control del todo; es el totalitarismo en la apoteosis de su funcionalidad. A lo cual puede oponerse la estrategia contraria, que dice que en un organismo siempre podemos proceder del aparente efecto a una causa tal vez no menos aparente, y modificar a fondo una porción de la conducta puede tener efectos de largo alcance sobre la percepción de la totalidad. Si el rabo puede doblar al perro, bien pueden el rabo y la cabeza ponerlo derecho.

No son las ideas las que determinan nuestras acciones, sino que es lo que hacemos y lo que queremos hacer lo que determina nuestras ideas. Acostumbrados a una dirección en piloto automático, cada línea de acción que se invierte revierte sobre todas las demás. Y cuando afecta al eje, demasiado obviado, de nuestro comercio con la realidad, puede prender sin obstrucciones como una mecha empapada en aceite.

La cibernética y la inteligencia artificial progresan en su cierre y esclavización del sistema por ciclos de percepción y acción. Hoy nuestros administradores creen tener un control suficiente de los medios de comunicación, el dinero y los resortes ejecutivos como para definir esos ciclos; sin embargo toda la dinámica del material-liberalismo o liberalismo material se halla comprometida con el descenso del intelecto, no con su ascenso —es esto lo que se haya en el origen del extremo desequilibrio de la modernidad.

Para la tecnociencia actual creada a imagen y semejanza del liberalismo, que la inteligencia esté totalmente separada de la naturaleza es condición indispensable para recombinar todos los aspectos de la naturaleza a su antojo: átomos, máquinas, moléculas biológicas y genes, o la interfaz entre cualquiera de ellos bajo el criterio menos restrictivo posible de la información.

Así, la totalidad de la razón cibernética nunca deja de ser un agregado o colección arbitraria de elementos que intentan reproducir unos resultados observables. El movimiento ascendente es la composición o integración del todo a partir de elementos ideales y el descendente la descomposición del todo en partes semejantes. La lógica sigue siendo la misma que la del cálculo matemático o Análisis, en el que la síntesis es imprescindible pero está heurísticamente subordinada a la obtención del resultado. Pero es fácil demostrar que este pretendido análisis pone todo cabeza abajo y que lejos de ser una fundamentación neutral es, no menos que en el caso de la cibernética, una justificación de la heurística.

Volver a poner derecho lo que ahora está del revés no dejará de producir resultados que ahora mismo resulta difícil imaginar. No se trata de una crítica filosófica, sino de una redefinición operativa de los principios, los medios y las interpretaciones. Y cuando nos demos cuenta de que hay un enorme espacio desocupado, todos los intentos por impedir su exploración serán el mejor de los estímulos.

El método científico actual, igual que nuestro sistema monetario y tantos otros arreglos, está totalmente orientado hacia fines determinados y su llamado «pragmatismo» ignora la más elemental neutralidad. Su objetividad es sólo un caso muy particular de objetivación. Y esta parcialidad tan acusada, que también está en el origen de su enorme vitalidad en el pasado, es la misma que ahora frena su recorrido de forma cada vez más pronunciada.

* * *

Occidente le debe una rehabilitación a la Naturaleza en el mismo seno de la ciencia y la conciencia; pero aún más se la debe a sí mismo y a la verdad. Tal vez se encuentre demasiado decrépito, o demasiado esclavizado por sus logros, como para emprender una reforma de tal profundidad como la que necesita incluso para sólo decirse que está vivo.

Pero el mundo no es Occidente, ni siquiera Europa lo ha sido salvo en esta fase crepuscular, y si en tierras europeas o norteamericanas no existe la fuerza para librarse de su propio yugo, otras culturas o civilizaciones verán la necesidad de usar conscientemente el tiempo como una espada de dos filos —en

China, en Japón, en la India, en Rusia, en Irán, en Palestina, en el hemisferio sur, y un poco en todas partes.

Claro que hoy el primer problema para que una cultura nueva tenga tan siquiera derecho a insinuarse es cómo prosperar en el contexto de una civilización global con un despliegue tecnológico tan abrumador que es incapaz de dejar nada sin alterar. Una civilización tan totalizadora en el espacio y en el tiempo que incluso parece excluir cualquier otra posibilidad.

En tal coyuntura hay dos grandes posibilidades: o el colapso de la globalización es tan completo que hasta nuestras tecnologías se extinguen, y entonces el espíritu vuelve a tener absoluta libertad de movimientos, o las culturas venideras terminan por adueñarse de su lógica y la superan y reorientan con un propósito completamente diferente. Hasta ahora eso no ha ocurrido, pero de lo que estamos hablando es precisamente de cómo eso puede empezar a suceder.

Y sin embargo, incluso esa superación sólo puede pasar por una vuelta sobre sí que en muchos sentido equivale a una disolución, pero que aún evita una destrucción traumática. Volver sobre sí no es retroceder, es la única forma no destructiva de entender el progreso.

* * *

La forma en que entendamos la Naturaleza y nuestra relación con ella va a ser finalmente mucho más decisiva que cualquier tipo de medidas parciales para «detener la catástrofe» que sean emprendidas desde la lógica de orden inferior de la Geoeconomía y sus viciados modelos de análisis.

He insistido una y otra vez en la importancia de liberar la Naturaleza de la limitada racionalidad en que la hemos constreñido. Se han aceptado muchas definiciones inaceptables por el mero hecho de que el intelecto se sentía halagado por la sensación de dominio sobre ella.

Hoy algunos se ríen de una inventada creencia en la tierra plana, cuando lo cierto es que cuestiones de ese orden sólo pudieron ser enteramente secundarias para nuestros antepasados; pero el fantástico vuelo especulativo de las ciencias naturales sólo disimula el universal aplanamiento de nuestra realidad en el dominio de las causas eficientes.

Reducirlo todo a movimiento, ideal inalcanzable de la física moderna, sería la consumación del nihilismo, pero no por el movimiento mismo, que es una tan pura expresión del espíritu como cualquier otra, sino por el espíritu de reducción que para el nihilista mismo debe pasar desapercibido.

También he insistido en la estrecha reciprocidad que hay entre liberar nuestra visión de la naturaleza «externa» y liberar la naturaleza encerrada en la construcción social y en nuestro interior. Ambas son espíritu dentro del espíritu, pero no de la forma que el mero intelecto podría haberse arrogado.

El espíritu es la unión sustancial de voluntad y entendimiento; y en un sentido muy real podemos decir que la voluntad es el interior de las cosas, «la cosa en sí», mientras que todas las representaciones del intelecto, por elaboradas y consistentes que puedan ser, se quedan para siempre en la más pura exterioridad. Schopenhauer propuso este irreconciliable dualismo, pero curiosamente la voluntad de la que hablaba también era en sí misma dual, compuesta de una parte femenina, hecha de apetito, movimiento y fuga —el deseo, lo imaginario— y una parte masculina o energética hecha de fricción y esfuerzo, que quiere con independencia del deseo y a la que llamamos propiamente voluntad. Ambos son como el agua y el fuego, o el mercurio y el azufre del arcano hermético.

El capitalismo, como el Satán Trismegisto de Baudelaire, vive de evaporar el azufre de nuestra voluntad por medio del deseo para recircularlo e infundirlo de nuevo en el metal lavado, y engordado con el esfuerzo del trabajo, que alcanza su máxima concentración en el oro, y que no es sino el mercurio condensado con el azufre, verdadera sangre mineral. Así pues, la propia circulación social del valor viene a ser la inversión de la hipótesis hermética para el mundo natural; una inversión que parece corresponderse bien con la lógica de la pirámide invertida de la acumulación de riqueza.

Esta analogía permite conciliar a Hegel y Schopenhauer en clave hermética, pero la inversión que la sociedad supone respecto a la naturaleza comporta también un trueque entre lo grande y lo pequeño; la sociedad misma se convierte en el microcosmos de un gran mundo al que ha dado la espalda, y al que sin embargo pretende cabalgar.

Se puede opinar lo que se quiera del planteamiento, ciertamente limitado, de Schopenhauer, pero lo cierto es que pensar en la naturaleza como una serie de representaciones de procesos y no reconocerla en nuestros propios impulsos es una ingenuidad extrema a la vez que el producto más acabado de una larga disociación.

Cualquiera diría que la física matemática, nuestra manera altamente formalizada de entender los fundamentos del cosmos, no tiene nada que ver con el dualismo hermético o el que resulta del cruce de los grandes filósofos románticos. Sin embargo, si en clave hermética la materia está compuesta de una modalidad volátil y otra fija, de algo que se mueve y algo que no lo hace, ya desde su mismo comienzo la física encuentra una distinción crucial e irresuelta entre cantidades escalares como la masa y vectoriales como la fuerza, entre propiedades intensivas y extensivas, entre materia separada por espacio, como en la electricidad, y espacio separado por materia, como en el magnetismo.

Más allá del análisis dimensional, la propia física apenas se plantea la cuestión extremadamente compleja de una genealogía exhaustiva de sus cantidades puesto que en realidad no pueden ser más heterogéneas y su adopción ha resultado siempre de la resolución de problemas concretos, constituyendo en sí mismas una monumental torre de Babel. También es digno de mención que el mismo análisis dimensional, hoy un modesto auxiliar, puede arrojar resultados completamente diferentes e inesperados cuando el análisis general se basa sólidamente en las diferencias finitas.

* * *

El individuo ha sido la idea-fuerza del liberalismo y ha sido el propio liberalismo ahora agonizante, el que de tanto inflarla ha terminado por vaciarla de cualquier contenido. No importa lo que diga la gramática, hoy «individuo» es más adjetivo que sustantivo, si no el objeto del verbo «personalizar».

No es el individuo, sino el proceso de individuación, lo que cuenta. Es la individuación lo que nos hace sentir individuos a cada instante, y sólo el que se atiene a ello puede quedar libre del miedo. Hoy por el contrario la idea de individuo, de la que aún se intenta extraer rendimiento explotando todos los recursos del miedo y el deseo, es un yacimiento más agotado que lleno.

Tras el colapso del Yo como principio ordenador, parece que ya sólo nos ha sido dado entender al individuo como singularidad. En matemáticas y física, una singularidad es la forma en que un mapa o variedad degenera y cesa de ser diferenciable o da lugar a resultados infinitos.

No deja de ser significativo cómo la cosmología se ha pasado más de dos generaciones estudiando objetos teóricos como los agujeros negros que deberían verse, más que cualquier otra cosa, como un completo fracaso de la razón; por más que este tipo de singularidad sea sólo otro exponente de cómo una ley reversible da lugar a un proceso irreversible en virtud de su propio carácter absoluto.

También es curioso cómo, en lugar de tratar de ver por qué son imposibles este tipo de comportamientos, los teóricos, tras grandes resistencias, decidieron finalmente meterse de cabeza por el embudo de la imposibilidad estirando su credulidad hasta el país de nunca jamás.

Una singularidad así es un infinito rodeado por el «comportamiento normal» de la ley. La individuación de una entidad real, por el contrario, tendría que describir cómo el infinito sustenta momentáneamente la existencia y evolución de un ser finito y mensurable —una partícula, un átomo, un cuerpo o sistema celeste.

Pero para la física esto es imposible porque ni siquiera ha podido ir más de las partículas puntuales. La relatividad especial prohíbe partículas con dimensiones, mientras para la relatividad general las partículas puntuales carecen de sentido. Pero en general, en la física de las leyes, la formación de cualquier cuerpo con dimensiones mensurables, como los cuerpos celestes, depende siempre de una petición de principio.

Hertz insistía con razón en que el Tercer Principio no podía verificarse en el problema de Kepler porque las fuerzas carecen de punto de apoyo. Pero el Tercer Principio entendido como simultaneidad de acción y reacción es el Sincronizador Global de la mecánica, y ni la relatividad especial o general ni la mecánica cuántica han dejado de insertarse en su disposición absoluta, y por tanto metafísica, del ordenamiento temporal.

Este Sincronizador Global es el árbitro supremo de la causalidad eficiente en física. En el caso de que cojeara, incluso para el más elemental sistema de dos cuerpos, como en el problema de Kepler, ha de existir un tiempo propio, un principio interno de autoorganización. Inadvertidamente, los campos gauge de las fuerzas fundamentales lo incluyen, aunque no lo hagan explícito. Este principio de autoorganización, que ya antes señalábamos de pasada, es un caso particular del principio de individuación. Y es el feedback que ya está inscrito en la forma puramente relacional de la «ley» la que prohíbe que existan degeneraciones singulares.

Es la misma lógica de la física moderna la que impide la descripción apropiada de la formación o individuación de las entidades —y también de su supuesta descomposición en «información». Y el cálculo hace el resto, porque toda entidad individual ha de existir entre lo infinito y lo infinitesimal, pero para en el análisis estándar las diferencias finitas son accidentales.

Así es posible ver la mezcla de idealización y racionalización con la que el material-liberalismo ha terminado por disolver tanto el sujeto como la materia, sin por ello aclarar nada sobre sus relaciones.

* * *

Si todavía no hemos acertado a ver lo obvio, tendrá que ser porque hemos estado centrados en otros objetivos —en la predicción y manipulación antes que en la comprensión. Y por supuesto, en la insistencia en hacer un objeto de la naturaleza, que tiene que acabar por convertirnos en objeto a nosotros.

Hoy son personas de origen judío las que dominan de forma abrumadora el discurso teórico en las ciencias fundamentales, y tampoco esto es casualidad, pero no se les puede echar a ellos la culpa sobre la clase de ciencia que tenemos; una ciencia cuyo espíritu realmente no ha cambiado desde Newton, el guardián de la Casa de la Moneda en los primeros años del Banco de Inglaterra.

Y así seguimos con una total disociación entre el espíritu de la Ley y las formas del devenir en la naturaleza; y esta disociación es la condición básica para la desintegración de las relaciones naturales que es el objetivo del liberal-materialismo. Si el liberalismo está en fase menguante, ello siempre se compensa con un aumento de la racionalización, que ahora adquiere fuertes tonos tecnocrático-cibernéticos; la finalidad siempre es disponer del todo con el menor número de impedimentos.

La transición gradual entre el liberalismo y la tecnocracia permite todavía jugar la carta del transhumanismo como punto de fuga para los deseos de prolongación de la vida y los simulacros de trascendencia a la vez que se explotan más a fondo los recursos de la transformación tecnológica. Y este transhumanismo ciborgánico puede así continuar e intensificar la guerra contra la naturaleza tanto fuera como dentro de nosotros mismos, llevando hasta nuevos límites la moldeabilidad de lo humano.

* * *

Como dice Israel Shamir, que existe la judería y la política judía es una obviedad para los judíos pero un pensamiento prohibido para los no judíos —lo que ya dice bastante sobre quienes controlan la opinión. No es algo que vayamos a denunciar aquí, pero aún así no estarán de más algunos comentarios para los que aún necesiten entenderlo.

Fue un lugar común, hoy ya más bien olvidado, que el movimiento del progreso puede entenderse en la clave hegeliana del ser en sí, el ser fuera de sí y el ser para sí; y de hecho en pocos casos esta dialéctica se hace tan explícita como en el caso del autodenominado «pueblo elegido» con el drama de la diáspora y el retorno a la Tierra Prometida, que debería estar culminada por la llegada del Mesías. Claro que esta culminación mesiánica, como repiten una y otra vez sus escrituras, pondría a Israel por encima de todas las naciones, que se verían obligadas a reconocer al pueblo del Señor y al Señor de su pueblo.

También resulta elemental equiparar al pueblo en el exilio con el espíritu enajenado de la naturaleza, o más generalmente a una sociedad que sólo puede constituirse en cuanto que tiene que darle la espalda a la naturaleza a pesar de seguir viviendo de ella. Aquí podemos apreciar distintos niveles de discurso, aunque todos contemplan un horizonte de reconciliación.

Debería estar claro que lo que debe ser reconocido es la presencia del sujeto o espíritu en la naturaleza, y que esto coincide con el reingreso de la conciencia de la naturaleza en el seno de la sociedad que se creía apartada de ella. Está claro que la teología y la teleología judaica reposan en la negación de la naturaleza, que sólo es objeto de la Ley; pero no sólo ellas, toda la ciencia moderna, aun partiendo de la herencia griega, ha crecido bajo el signo de la misma negación.

Es muy probable que la ciencia occidental no hubiera despegado nunca como lo hizo sin el alejamiento del sujeto y la reducción de la naturaleza a la Ley; pero su culminación sólo puede pasar por volver sobre sí en el sentido que hemos indicado, de las leyes a las descripciones y de éstas al solo principio en el que se despliegan los fenómenos.

El sentido de la ley natural que ha imperado desde Newton es pragmático y externo, y por lo mismo, superficial. Era el grado de conocimiento que cabía esperar de una cultura orientada hacia el dominio del mundo. Para la conciencia judaica, pueblo dentro de los pueblos, de lo que se trataba era de alcanzar el dominio del dominio y controlar al controlador, y no de calar el fondo de esta nueva «Ley» natural.

La ciencia occidental ha sido hasta ahora lo bastante vanidosa y hueca como para darse por satisfecha con un dominio del objeto que se apoya en gran medida en el rechazo de su entidad. Ha querido cabalgar la naturaleza, y puesto que se ha contentado con esto, no es sólo justicia poética sino también pura lógica que el jinete termine convertido en bestia de carga de una mentalidad que desde el principio ha rechazado a la naturaleza, y no ya en parte sino en su totalidad.

La teleología mesiánica en general, ya sea judía, cristiana, o marxista, por no hablar del apocalipsis-espectáculo capitalista, no puede dejar de funcionar bajo la lógica del «cuanto peor, mejor», puesto que se requiere un empeoramiento de las condiciones hasta un punto crítico para que una intervención de otro orden se haga deseable. Sólo un cristiano viejo podría decir «cuanto peor para mí, mejor para mí»; pero lo que lo que piensa el ser de la política es un «cuanto peor para ellos, mejor para nosotros».

Jugar a la vez las cartas transhumanista y tecnocrática permite seguir explotando todas las posibilidades de recombinación de la naturaleza mientras los seres humanos pierden el poco norte que les queda. Sirve igualmente para reconducir los deseos de los de abajo hacia objetivos triviales degradando a cada paso sus criterios, mientras ellos mismos financian sin saberlo los proyectos y se prestan a ser la base de datos y experimentos. Sigue presentándose así un punto de fuga para el imaginario liberal mientras los medios de control se hacen más ubicuos e invasivos.

La fuga transhumanista sería pues una destrucción controlada y un apocalipsis a cámara lenta que propicia la intervención en última instancia de un orden superior: está al servicio de la más temible y definitiva reacción. La presentación que se hace de otras pretendidas crisis planetarias también está calculada para justificar este tipo de intervención desde arriba, sólo que en este caso la consumación de la Historia pasaría por el abierto reconocimiento del Pueblo Elegido como salvador. Las más tortuosas rutas servirían para que al final todos anden rectamente ante el Señor.

* * *

Una fe puede resultar absurda e incluso estar al servicio de la mentira y sin embargo servir muy bien a un interés vital; por el contrario, si no van unidas a la vida, ni la razón ni la verdad misma nos sirven de mucho.

La inconsciencia que desgarra termina por encontrarse con la conciencia desgarrada. ¿Tiene que ver el reparto 50/50 de la oligarquía americana con la presente escisión social de la nación indispensable? Esta fisión no parece primariamente un asunto entre judíos o no judíos sino una pugna entre los intereses de la nación y los del Imperio; sin embargo ambas cuestiones tienden a coincidir estrechamente. El actual desgobierno republicano ha hecho las más bochornosas concesiones al estado de Israel con la esperanza de tener a cambio las manos libres para desengancharse de la agenda liberal global; pero en vano.

La Reserva Federal no está al servicio de los Estados Unidos, ni siquiera de la bolsa de valores, sino de la hegemonía monetaria y la banca privada global. Los movimientos para buscarle una alternativa al dólar dentro de las mismas prioridades de la plutocracia son bastante elocuentes en este sentido, aunque su viabilidad sea una completa incógnita. Sin duda se preferiría un desgobierno demócrata para acometer la transición, aunque esto siempre sea secundario. Que los principales donantes en las campañas de ambos partidos sean sionistas vehementes tampoco es esencial pero sí revelador.

El problema es que servir a la hegemonía y a la plutarquía destruye el país, e incluso con todos los ríos de desinformación es inevitable que cada vez más gente lo comprenda. Esto no puede dejar de provocar una división cada vez más violenta a todos los niveles, incluso si ninguno de los candidatos puede hacer nada al respecto, y finalmente una casa dividida hasta tales extremos no podrá sostener al dólar.

Por su parte el poder judío americano no se conforma ni mucho menos con dictar la política americana en Oriente Medio; sería de tontos hacerlo con unos socios tan complacientes. La historia nos dice que los judíos han acabado mal en muchos antiguos imperios y países, no sin haber traído el caos y la destrucción sobre sus anfitriones. Es inevitable pensar que esto tiene que ver con una marcada propensión a excederse y una inflexible tendencia a usar siempre toda la ventaja adquirida, no importa cuán grande sea, para obtener otras más. Sería otra dinámica irreversible donde el miedo y el atrevimiento del aventajado se realimentan.

La tristemente célebre «teoría del portaaviones», que nos asegura que Israel no es sino un instrumento de conveniencia para el imperialismo americano —un portaaviones para controlar el grifo del petróleo—, no soportaba el menor escrutinio ni siquiera hace cincuenta años; pero después de lo que hemos visto en las dos últimas décadas, no creo que haya nadie que se atreva a defenderla en público.

Una nación que depende de su hegemonía monetaria tiende a ser eviscerada y desgarrada sin remedio; y por otro lado una hegemonía monetaria como la del dólar no puede mantenerse sin una nación con una mínima concordia. Está claro que para Estados Unidos sería infinitamente mejor terminar con la Reserva Federal y crear una moneda con un sistema simple, justo y concebido para las necesidades del país; pero el hecho de que esto se antoje imposible ya lo dice casi todo.

* * *

Hay en la naturaleza una voluntad que apenas tiene algo que ver con la pobre voluntad de voluntad del hombre, y hay en la naturaleza una inteligencia que a duras penas tiene algo que ver con el disociado intelecto humano; podemos suponer que en realidad se trata de impulsos y reacciones en un número infinito, pero su relativa unidad se deriva de lo que no son, y que ni siquiera en nosotros reconocemos.

Tratar de conocer esa voluntad y esa inteligencia en sus propios términos, incluso con nuestras herramientas formales, que no dejan de ser sombras, tiene una virtud que tendría que resucitar hasta a los muertos, pues no es otra cosa que el espíritu de vida, que está más allá de la vida y la muerte.

La ciencia también termina por toparse con las tres grandes preguntas: por qué existe algo, por qué existe la vida, y por qué existe la conciencia. Es más que dudoso que pueda haber una respuesta para cualquiera de las tres cuestiones por separado; pero si las tres coinciden, el que no haya respuesta ni siquiera demanda una pregunta.

Todo lo que la ciencia moderna percibe hoy como Ley natural es apenas una sombra que sólo adquiere grados nuevos de vida y comprensión restituyéndolo en dirección al Principio, en vez de pretender empujar la Ley hacia horizontes imposibles. Pero, además, si las leyes pueden subsumirse en los principios, ello también significaría que, siempre dentro de unos límites, podemos reconducir las mediaciones de la tecnología y la sociedad en dirección a la simplicidad. Nuestra ley es dura y el principio es infinitamente dúctil; pero nuestras leyes son sumamente tortuosas mientras que el principio es de una rectitud aún por descubrir. Se trata de otra clase de horizonte.

* * *

La insistencia por parte de los poderosos en la irreversibilidad de la gran transformación tecnocrática cuando son tan claros los signos de su agotamiento sólo puede producir una reacción en sentido contrario. Pero no se trata sólo de un fenómeno reactivo. Insistir en que los grandes procesos pueden revertirse de forma creativa nos da conciencia de grados adicionales de libertad y esto es absolutamente vital cuando el resto del espacio está ocupado. Los que hoy disponen de las estructuras vitales sólo podrían acceder a ese espacio destruyendo, «limpiando» su propia obra.

Siempre podemos oponer dos a dos libertad y seguridad, justicia y verdad; pero la selección de sus contenidos y la forma en que hoy se hayan opuestos depende en gran medida de quien «pone el dinero» y de la sedimentación de intereses acaecida durante esta larga época de usurpación monetaria. Esta cruz resume la auténtica crisis existencial que se presenta, tan diferente de una mera crisis técnica.

Estos tres tenemos: la mente, la materia y el metal, que es materia pero en su forma más muerta sirve para reflejar la luz y vernos a nosotros mismos al tiempo que eclipsa el secreto de su origen. Y quien dice el metal dice la moneda, que reproduce un proceso análogo en el intercambio social y la inteligencia colectiva.

Hemos apenas sugerido de qué modo puede incidir la reversibilidad en aspectos como la política monetaria, la ciencia, la individuación o nuestro sentido del tiempo y su «progreso». Se trata de puntos absolutamente centrales en una civilización, la nuestra, gobernada por la circulación, pero en la que la circulación sigue al servicio de una tendencia a la acumulación irreversible, y donde esa acumulación a su vez busca transformar su ventaja cuantitativa en un dominio cualitativo en todos los órdenes, proceso al que bien puede llamarse inversión. También una inversión en influencia y dominio cultural, pero antes que nada una inversión de signo en la dinámica general de la circulación social, empezando por la dirección del dinero, de su ascenso por extracción a su descenso como transformación de los sujetos.

No puede haber singularidad aquí tampoco, pero el simulacro de singularidad o emergencia juega un rol conductor y mientras se produce un cambio de signo y un intercambio de influencias, de lo material a lo mental, y viceversa, se acumulan argumentos para la transvaloración. Aún no hay transmutación, pero sí una transformación continua. Y si bien es cierto que este circuito no está perfectamente cerrado ni puede llegar a estarlo, también es cierto que trabaja con una considerable eficiencia.

Todo esto sólo podría funcionar en una apuesta decidida por el desarrollo irreversible de la historia que equivale a apretarse la venda en los ojos y entregarse sin resistencia al doble juego de la restricción creciente.

Por el contrario, comprender nuestro papel activo e insustituible en la mutua constitución del pasado y porvenir es acceder a nuestra cuota de libertad y creatividad en medio de la corriente indomable de los acontecimientos. Es precisamente porque otros la quieren domar que el elemento creativo y libre tiene siempre que eludirlos, aunque no dejen de captarlo en su reflejo.

Este sería el eje del proceso de individuación para cualquier entidad con un perfil reconocible en el tiempo a nivel individual o colectivo, de seres vivos a naciones, de teorías científicas a productos tecnológicos, de la historia de una idea a la idea de la historia.

Fue una idea común de los antiguos que la suma del bien y del mal a lo largo del tiempo permanecía siempre invariable. Esto por fuerza convertía a la historia en un fenómenos secundario. No cabe duda de que al éxito material puede acompañarle una mengua del horizonte intelectual y vital, en la biología como en la biografía, así como en la evolución de las culturas.

Por supuesto que la relación entre materia y espíritu no es necesariamente excluyente ni autoriza la mera indiferencia. Ha habido fases de prosperidad material y expansión transindividual, y ha habido épocas que han resultado calamitosas en todos los ámbitos, de lo que aún es más fácil encontrar ejemplos.

¿Qué se compensaría entonces en esa suma imperturbable del acontecer y la fortuna? ¿Nos habla de un doble sentido de lo vacío y de lo lleno, o de lo que guardamos en reserva y expresamos en acto? Tal vez haya una suma que permanece invariable, y un producto que en absoluto necesita serlo. El balance no puede dejar de contar con el intercambio de impulso entre el polo mental y el material.

El árbol de la vida no es el árbol del bien y del mal; el segundo depende de nosotros, pero nosotros dependemos del primero por más que no lo veamos, y ni con todas nuestras predicciones podríamos separarnos de él. Digamos, entonces, que hay una verdad vital que no depende del cálculo y es sin duda lo más importante.

Si el eje indestructible en el que coinciden tan misteriosamente reversibilidad e irreversibilidad estuviera libre de cualquier obstrucción, la libertad sería ilimitada pero también quedaría indeterminada por la carencia de restricciones. Como en toda acción humana, aun sin darse cuenta uno explora los límites prácticos de su interacción.

Hay sabiduría en retroceder; y si se entiende bien, ni siquiera supone un retroceso. Otra cosa es que las élites económicas se encuentren en condiciones de hacerlo. En un clima que llama a la intensificación del odio, he tratado de indicar una vía sin daño para nadie y siempre a disposición de quienes la buscan.

Mackinder dijo que quien gobernara el corazón de Eurasia mandaría en el mundo; con bastante más razón podemos decir que quien se atenga a este eje ingobernable podrá ser dueño de sí mismo, lo que debería resultar suficiente.

Referencias

Bruce Bogoshian, *Kinetics of wealth and the Pareto Law* (2014)

Laurent Guyénot, *The Holy Hook* (2019)

Jaromir Benes, Michael Kumhof; *The Chicago Plan revisited* (2012)

Charles Hugh Smith, *The New Tyranny Few Even Recognize* (2020)

Miguel Iradier; *Futuro y fuga del dinero* (2016)

    Una fábula, un enigma y una solución final (2019)

Caos y transfiguración (2019)

La Tecnociencia y el laboratorio del Yo (2019)

El capital y sus amigos (2019)

El pacto de los cacahuetes (2020)

Pole of inspiration -Math, Science and Tradition (2020)

HUELGA, POPULISMO Y TECNOCRACIA
16 noviembre, 2020

Lo primero es lo primero, y antes que especular sobre lo que puede pasar de aquí a cinco o diez años es obligado atender al presente. Lo que ahora está a prueba es hasta qué punto los poderosos son capaces de moldear la percepción de la realidad a su antojo, y si hiciéramos caso a los medios, parece que están ganando de forma aplastante.

Uno ya sólo puede fiarse de su instinto, y lo que me dice el instinto es que hay que tirar las mascarillas a la basura y hacer una huelga general. Actuar en la unión, no en ese distanciamiento social que quieren imponer hasta sus últimas consecuencias. Todo lo demás es calculada ambigüedad, mediocridad y delirio, ganas de evadirse y no mirar lo que nos está pasando a la cara.

Esto sí sería realmente catártico, y el cruce de gestos supuestamente contradictorios supondría un serio cortocircuito para el poder y las divisiones ideológicas que están a su servicio.

El futuro va a depender de lo que hagamos en el presente y no al revés. Hoy lo que observamos es un sometimiento general; cada mascarilla es el voto más eficaz al partido de la tecnocracia, el miedo y los múltiples resortes de la represión. Volveremos sobre esto al final. Pero también es necesario atender al medio y largo plazo y no darles a unos pocos la enorme ventaja de ser los únicos capaces de jugar una partida larga, pues ya tienen demasiadas.

Casi se ha convertido en un lugar común situar el populismo y la tecnocracia en polos opuestos, y en una lectura superficial, resulta bastante claro que lo están. Lo que se aprecia menos es cómo participan de una misma mentira, y esto siempre es lo esencial si se quiere ver más allá de la política bananera.

Todo lo que se engloba bajo el término paraguas de «populismo» tiene el común denominador de pretender representar a «el pueblo» en oposición a una élite; el carácter unitario de ese tal pueblo puede ser un mito, pero la abrumadora realidad de una élite mínima no, lo que termina por dotar de una fuerza y una verdad innegables a las reivindicaciones populistas.

Por otra parte es indiscutible que la tecnocracia está al servicio de esas élites minúsculas y sus facilitadores, lo que deja al descubierto un mito mucho más infundado y falso que el del populismo: su legitimación en nombre de la eficiencia. Puesto que de lo que se trata es de optimizar beneficios y ventajas estructurales para un porcentaje mínimo de la población, es de todo punto imposible que los técnicos al servicio del poder trabajen en beneficio de la eficiencia general, sino de otra distinta y a menudo opuesta.

Hoy por hoy no hay tecnocracia mejor consolidada que la de los bancos centrales cuyo arquetipo y clave de arco es el Sistema de la Reserva Federal, un mero consorcio de la banca privada con la bendición oficial del Gobierno de los Estados Unidos. Y es evidente que la Fed no trabaja para la eficiencia general de la economía —ni siquiera la de su propia nación—, sino para los intereses financieros de la banca global y la hegemonía, puramente instrumental, del dólar.

Es evidente también que la teoría económica que los tecnócratas manejan es economía-basura al servicio de la trampa de la deuda, así que su pretendida superioridad técnica es sencillamente ridícula: es la contra-demagogia oscurecida por la jerga al servicio de la élite económica.

A esta seudoélite le conviene que todo sea, o al menos parezca, aún mucho más complicado de lo que realmente es, para que nadie sino ellos pueda estar al cargo. El mejor ejemplo es el alambicado sistema de reserva fraccionaria, que es diez veces más complejo que un sistema de dinero cien por cien legal y cien veces más injusto, puesto que se pone al servicio de la pirámide invertida de la desigualdad y está íntimamente relacionado con ella.

El llamado «populismo de derechas» se pretende soberanista, pero hoy es imposible plantearse seriamente la soberanía sin una forma de garantizar la soberanía económica, que empieza por la soberanía monetaria. De esta forma cualquier reivindicación de la soberanía es papel mojado desde el principio, y el populismo soberanista un gato castrado al que sólo se le permiten los maullidos, o más bien berridos, de la demagogia barata.

Trump es el ejemplo de libro: la base que Trump moviliza es la del empobrecido trabajador blanco, pero todo lo que ofrece es más bajadas de impuestos para los ricos y medidas de cara a la galería contra China. Sus débiles invectivas contra la Fed son bien poca cosa porque todos sabemos que el consorcio tiene mucho más peso que el jefe del ejecutivo —éste está ahí para tomar decisiones rápidas, distraer la atención y encajar los golpes y bofetadas.

Así pues, para que el populismo dejara de ser demagógico tendría que tener por dónde agarrar la cuestión de la soberanía monetaria, pero esto no puede ni plantearse en la actual correlación de fuerzas.

El populismo como «cuarta teoría política», da igual que se quiera de derechas o de izquierdas, es una opción neutralizada de antemano por el sistema imperante mientras sea incapaz de plantear la soberanía monetaria: sigue estando en el mismo plano y gira dentro de la misma rueda que el resto de partidos y de ideologías, cada uno con su propia ambigüedad e indeterminación, cada uno con su propia demagogia.

Ahora bien, ¿acaso no es demagogia también plantear la soberanía económica cuando se haya totalmente secuestrada y resulta imposible acceder a ella? No, demagogia no es en absoluto; se trata de una cuestión vital y elemental, pero totalmente fuera del alcance de las democracias modernas. Después de todo, la misma democracia se ha vaciado de contenido real debido a que la usurpación por los bancos privados de una prerrogativa pública tan fundamental, también la ha vaciado de poder efectivo.

Geoeconomía y Geopolítica

Salvo China, hoy ningún país tiene soberanía económica: Estados Unidos menos que nadie, a pesar de lo que sugieran las apariencias. Y es esta situación la que realmente determina la hostilidad de los globalistas hacia el gigante oriental, una hostilidad que ellos procuran transferir a las masas que los soportan.

Los medios hacen un gran trabajo, y así vemos al tendero de la esquina quejarse del chino de al lado y sus congéneres, «que se están quedando con todo», en vez de mirar al banquero al que paga la hipoteca y que resulta ser el motor de la globalización.

La hostilidad del Imperio hacia China no se va a mitigar, sino más bien todo lo contrario, puesto que supone una amenaza existencial. Y es aquí donde van a cruzarse decisivamente los cables de la geoeconomía y la geopolítica.

El gobierno chino nunca ha tenido aspiraciones hegemónicas y se hubiera sentido satisfecho con tener una voz proporcionada a su peso en los asuntos internacionales. Pero el hegemón no está dispuesto a ceder ni una sola porción de un poder que considera suyo en exclusiva. Al hostigar de forma creciente a China, obliga a ésta a defenderse en todos los ámbitos —y hoy el ataque forma parte integral de la defensa.

Cuando más hostilice Occidente a la Sinoesfera, más profunda tendrá que ser su reacción. Antes, los decisores occidentales creían que estos ataques no dejarían heridas y serían de efecto reversible puesto que el objetivo último era asimilar la economía china al capitalismo global. Así, todo lo que debilitara al gran dragón sería bueno para ganar en poder de negociación y obtener más fácilmente concesiones.

Pero llegados a un cierto punto, la hostilidad empieza a adquirir un cariz irreversible y el rival se aleja cada vez más del horizonte de la negociación, incluso si nunca lo pierde de vista. Se le obliga a moverse con más profundidad. Y ese es el punto al que estamos llegando, porque, al no poder resolver sus propios problemas, demócratas y republicanos por igual necesitan culpabilizar a China para obtener réditos tanto del electorado como del estado profundo.

En Estados Unidos la falacia de la culpa china se torna el único «significante vacío», el último espacio para moverse que les queda a unos políticos incapacitados hasta lo patético.

Pero lo que en el fárrago de mentiras de occidente es un significante vacío, podría terminar siendo para China una pieza llena de sentido, y por las mismas razones que los mentirosos no pueden usar.

Hay ahora mismo una carrera tecnológica mucho más apremiante que la de las vacunas para el coronavirus. Es la carrera por el control del espacio de las criptodivisas, en el que, curiosamente, China parece llevar la delantera.

La moneda digital es la fase última del capitalismo en el estadio final de la licuefacción del dinero: tanto una culminación técnica como un paso crítico en la servidumbre de las masas y la clausura del sistema. Este paso comporta un gran peligro tanto para los que lo dirigen como para los que lo padecen.

Es natural que en esta fase el neoliberalismo dé un cerrado giro hacia la tecnocracia y la gobernanza global hasta dejar de ser reconocible. Pero la tecnocracia misma es sólo una pantalla para disfrazar de neutralidad el desusado poder de una plutarquía que también utiliza a la oligarquía para esconderse.

En anteriores trabajos hemos detectado una «doble contradicción» en la encrucijada de las elecciones monetarias. Hemos visto que hay dos actitudes básicas de los estados con respecto a la moneda digital, así como dos tipos de criptodivisas privadas, las especulativas y de las corporaciones, y las comunitarias o alternativas. Estas últimas parecen una opción residual pero pueden inclinar la balanza en el caso harto plausible de una guerra generalizada de divisas.

China no tiene pretensión alguna de hegemonía monetaria —basta ver que su divisa todavía hoy se mantiene pegada al dólar— y se contentaría con un sistema en equilibrio; pero es la agresividad de los que quieren imponer las reglas lo que va a forzarla a emprender incursiones en el mercado global aun a su pesar, y precisamente para que el equilibrio se preserve.

La guerra de criptodivisas que se avecina puede ser una gran prueba para averiguar la verdad de las teorías monetarias. La élite globalista quiere imponer una «gobernanza global» de las monedas digitales para que los súbditos no tengan escapatoria fuera de su sistema, incluso si ello comportara el fin de la hegemonía del dólar, sustituido ahora por un nuevo diseño y un nuevo consenso. Es algo de lo que ya hablaba abiertamente Mark Carney, ex de Goldman Sachs y anterior gobernador del Banco de Inglaterra, en la reunión de Jackson Hole de 2019.

Pero puede que los esfuerzos por llegar a acuerdos internacionales lleguen tarde y mal, al menos con respecto a un actor tan importante como China; y si finalmente se llegara a acuerdos, hoy sólo podría ser a costa del dólar americano, que tendría que someterse a una nueva disciplina internacional para la que no está ni remotamente acostumbrado.

Las diferentes monedas hoy no tienen la menor autonomía porque si dan la espalda al sistema del dólar las represalias no tardan en llegar, ya sea en el ámbito financiero o en el militar, como ya se ha visto con países relativamente modestos como Iraq o Libia. Si se transfiere la hegemonía a una criptodivisa global, bendecida por el Banco de Pagos Internacionales, se tiene que tener la certeza de que el ejército de los Estados Unidos siga estando a su servicio, o de otro modo se perdería el siempre decisivo recurso de la fuerza.

Por otra parte si se abandona el dólar la población estadounidense vería al desnudo algo que ya tenía que haber visto mucho antes: que los Estados Unidos siempre han sido un instrumento y el interés popular siempre estuvo vendido. Hablar en tales circunstancias de traición al pueblo americano es ridículo, lo que no quita para que a este aún pueda esperarle un nuevo género de humillación, de despojo y escarnio. Pero no todos lo aceptarán.

La cuestión de la transferencia de la hegemonía monetaria, que hasta ahora nada tenía que ver con iniciativas chinas más bien inexistentes, es muy delicada y nos recuerda a una manta que no da para cubrir la cama —hay que elegir entre los pies y la cabeza.

El populismo americano no va a morir con Trump, y tal vez éste sólo represente el comienzo de una lucha, un tanto cómica pero más que comprensible, por la autodeterminación. La división de la sociedad americana es profunda y tiene un origen doble: en la oposición externa entre globalistas y aislacionistas, y en la propia división interna de las élites.

Bien puede darse el caso de que la banca global llegue a un acuerdo con China en perjuicio del pueblo estadounidense, pero esto sólo avivaría más el populismo y el neoaislacionismo: hasta cabe imaginar dentro de poco la reivindicación del dólar como un símbolo de soberanía perdida… incluso si fue por el dólar que la soberanía huyó hacia el Imperio.

Pero por otra parte, una hegemonía monetaria disociada de la hegemonía militar y la fuerza nunca llegará muy lejos. Añádase a esto que la burbuja de la bolsa americana es la mayor de la historia y aún está por reventar, y podemos ir imaginando el caos en el que se sumen los viejos modelos y comportamientos.

Las economías y divisas menores siempre buscan otra moneda de referencia que les sirva a su vez de refugio. Después del gran estallido que se avecina, tan previsible como la ley de la gravedad, será realmente difícil que esa moneda pueda seguir siendo el dólar. De ahí la urgencia por «reinventar» la hegemonía por parte del Gran Sifón financiero. Digamos de paso que nunca más volverá a haber una burbuja como la presente, porque este sistema jamás recobrará el mismo impulso ni mucho menos. Lo que está roto, está roto.

Esto aún hará más atractivo al inminente yuan digital, mejor respaldado tanto por una economía más robusta como por un estado más sólido y equilibrado. Si desaparece la intimidación americana, la huida hacia la divisa oriental será mucho más fácil —pero aquí no sólo hablamos de divisas nacionales, sino también de las criptodivisas privadas, sean especulativas o alternativas.

De la circulación dual china al Tao de Judah

Justamente este otoño del 2020 el Partido Comunista de China ha revelado su nueva estrategia quinquenal (2021-2025) de «circulación dual» para ir aminorando la dependencia de los mercados y tecnologías extranjeras.

No hace falta ser muy perspicaz para darse cuenta de que la actitud dual es una característica muy arraigada de la idiosincrasia china: desde el yin y el yang hasta el «una China, dos sistemas», para llegar ahora a esta doble circulación que admite más niveles de interpretación que los que los comentaristas han descubierto hasta ahora.

Uno de estos niveles, decisivo si los hay, sería el monetario y relativo a la nueva divisa digital. Recordemos de paso que nuestro propio sistema monetario de reserva fraccionaria también es un sistema de doble circulación, con un dinero legal emitido por los bancos centrales, apenas una veinteava parte, y un dinero endógeno creado de la nada por el crédito bancario que es la inmensa mayoría del total: el dinero deuda para el que todos trabajamos, incluso si no hemos pedido un crédito en la vida.

Pero la «circulación dual» de la divisa digital china tendría unas connotaciones bien diferentes. El gobierno chino podría ser sumamente restrictivo respecto al uso de su criptodivisa en su enorme mercado interno, mientras adopta un talante mucho más «liberal» en los mercados extranjeros con objeto de captar esos anhelados capitales a la vez que cosecha nuevos apoyos y un nuevo tipo de poder blando.

Suena muy atractivo, tanto para el gobierno chino como para un sector creciente de la población extranjera que se siente cada vez más destituida, por no hablar de los mismos capitales que ignoran ideologías y siempre están dispuestos a vender a su madre.

Se entiende entonces muy bien que tipos como Carney digan que «la gobernanza es el pilar central de cualquier forma de moneda digital» —gobernanza global, naturalmente; porque no es fácil vaciar el mar con un colador.

China de ningún modo querría jugar a fondo la carta de un sistema monetario dual a no ser que sea fuertemente provocada, es decir, como una contramedida defensiva; pero esta medida, que desbarataría el corral financiero global, sería fácilmente interpretada como incursión en corral ajeno o «agresión». Dicho de otro modo, si China va ganando la guerra económica, los países occidentales intensificarían su ofensiva en los demás sectores de la guerra híbrida, desde la opinión a las opciones militares, pasando por los intentos de desestabilización.

Es de suponer entonces que China graduará sus medidas en este terreno con gran cautela y en función del comportamiento de sus rivales, porque después de todo, la idea primaria de la doble circulación es disminuir la dependencia del exterior y acercarse más al ideal chino de la autosuficiencia, lo que nunca dejará de ser el objetivo último de sus movimientos.

El gobierno chino tendría además un motivo adicional de preocupación: la diferencia de trato a los usuarios de su moneda en el mercado interno y externo podría suscitar un descontento creciente en el interior. No es fácil armonizar la economía dirigida y el nadar libremente en los mercados, pero si alguien sabe de esto son los expertos de la tecnocracia china.

Esto contrasta vivamente con la actitud de las potencias occidentales, que aún creen tener un derecho especial a gobernar el mundo e imponerse a los demás. Pero no deberíamos echarle la culpa a «occidente» de lo que es básicamente un asunto de la plutarquía y sus lacayos.

Élite viene de elegido, y ya se sabe que algunos son más elegidos que otros. Hemos hablado repetidas veces de la ley del 80/20 en la distribución de la riqueza y sus sucesivas potencias, y también hemos hablado de la radiografía de esa radiografía, esa informal «ley» del 50/50 que afecta al reparto del botín y a la fisiología más íntima de la acumulación, esa relación especial dentro del anglosionismo entre los líderes en el ejercicio de la violencia y el engaño.

Este reparto le parece insuficiente a una de las partes dada la notoria ventaja de que goza; la élite financiera quiere que los Estados Unidos sirvan al Imperio y no al contrario. La desaparición del dólar en absoluto implicaría la desaparición de los intereses de los que manejan la Reserva Federal, sino su protección contra las inestabilidades crecientes de la nación y pérdida del consenso —cuya principal causa son ellos.

Esta transferencia o sucesión implicaría una guerra intestina que sólo cabe leer entre líneas, y este conflicto es la causa invisible de una división social que no es sino la última consecuencia de los efectos de la proyección de poder con su control de medios y mentes.

La transferencia en los mecanismos de coerción del control financiero puede dejar un vacío de poder o autoridad que será favorable a la soberanía monetaria de países, colectivos y pueblos, y ahora mismo es imposible decir quién hará más por favorecer esa posibilidad, puesto que muchas de las consecuencias serán involuntarias.

China puede favorecer esa primavera, pero también pueden hacerlo los Estados Unidos si se sacuden el yugo del imperio y crean la primera moneda cien por cien legal, tal como ya proponía el Plan de Chicago de 1933. Y sólo de este modo podría ser un ejemplo positivo y tener el único liderazgo moral, el involuntario, que puede merecer la pena.

El socialdemócrata Roosevelt hizo en su momento un gran trabajo para la Fed, lo que no debería sorprender. Pero se halla en el destino de los Estados Unidos —y de todos nosotros— que aún esté por plantearse esta inédita opción —que no faltará a su cita en el momento crítico de «cambio de fase» en el estado y realidad del dinero. Y esto trastornará por completo los puntales del espectro político, que como vemos ya no aguantan más.

Hoy ya no habría globalismo ni una voluntad de seguir adelante con este proyecto si no fuera por el peso y proyección de poder del dinero judío, que es el único que sigue dando una dirección a los múltiples intereses divergentes de las oligarquías. Occidente mismo se desmembraría en un montón de intereses dispersos sin este elemento de cohesión; no hay nada más fácil de demostrar si de lo que se trata es del destino y concentración del capital. Quien esto ignora desdeña el hilo conductor de la trama.

Por descontado que ni los mismos judíos han agotado el significado de esta realidad, puesto que el censurar la opinión pública también debe tener un efecto profundo sobre los mecanismos de autocensura involuntarios. El instinto nunca debe comprenderse demasiado a sí mismo.

Hoy hay demasiados que confunden la fidelidad a Occidente con estar fidelizados a Netflix, pero tampoco les falta cierta razón, pues occidente es sobre todo el imaginario del descenso en busca de su propio fondo.

Ya lo dice la copla, *que el Tao de Judah, ni es tao ni es nah*, lamentándose el anónimo poeta de que el rigor filoso de la Ley poco tiene que ver con las armoniosas redondeces de la reciprocidad. Pero seguramente nuestro coplero, que no creo que fuera Benjamín de Tudela, tenía un comprensible sesgo que le impedía ver más objetivamente el tema.

Porque sí hay un tao de Judah, y es cierto que no tiene que ver directamente con la Ley, sino con su reverso: hablamos de la dialéctica entre los judíos y los *goyim* —las naciones y sus pobladores. El «tao de Judah» es, literalmente, el tortuoso camino de la Ley entre las naciones.

Las escrituras judías no dejan de subrayar continuamente el estatus destacado de Israel por encima de todos los pueblos y naciones; China por el contrario es la civilización popular por antonomasia, puesto que allí el no destacar se convierte en ideal. El tao de Judah busca decididamente los extremos incluyendo el convertirlo todo en oro, mientras el pueblo chino, en su búsqueda refleja del medio invariable, aspira a la áurea mediocridad, a no sobresalir en nada.

De modo que el arquetipo del judío y el chino son como el escorpión y la rana de la fábula: uno siempre anda en busca de partes blandas para clavar el aguijón hasta el fondo, mientras la otra, toda instinto defensivo, siempre está dispuesta a huir para evitarlo.

Claro que aquí la «rana» es muy grande. Y si de lo que estamos hablando es de cómo la licuefacción digital del dinero va a afectar al balance y legitimidad de las naciones —agua y tierra, después de todo— no es difícil reparar en un mortal combate entre Behemoth y Leviatán. Y en nuestro mundo al revés, la tierra tiene que usar el elemento líquido del dinero para defenderse, mientras que los plutarcas que acumulan el grueso de la riqueza procuran envenenar todos los resortes de la política para impedirlo.

Los que gusten de enigmas podrán preguntarse donde está hoy el Ziz, esa misteriosa criatura del aire capaz de tapar el Sol con sus alas.

Para no acabar en la sartén China tendría que combinar las tres criaturas míticas en una sola entidad: un Dragón en toda la regla, que aún está por estrenar sus garras.

Son elocuentes los poderosos vínculos de Israel con los movimientos nacional-populistas: de Trump a Bolsonaro pasando por las diversas tentativas de Europa. Se trata tanto de controlar sus movimientos como de asegurarse de que sus líderes sean lo bastante impresentables como para desacreditar sus reivindicaciones más legítimas. Y hasta ahora van teniendo un gran éxito, porque incluso si ellos ganan, y especialmente si ganan, se consigue desgastar aún más el soberanismo —especialmente cuando se tiene el control de los medios y se puede redondear la caricatura de estos personajes ya lo bastante caricaturescos.

El líder nacional-populista actual apela por un lado a instintos sanos en contra de la globalización, mientras por el otro apela al egoísmo más embotado y estúpido. Careciendo de auténtico poder decisorio, es un perdedor de película y está predestinado al ridículo.

Todo esto se alteraría por completo si cambian las condiciones de la actual ecuación monetaria. Si el soberanismo es capaz de recuperar el control del dinero para las naciones y hacerlo con éxito, sería el mito de la tecnocracia eficaz lo que quedaría desacreditado para siempre.

Pero para eso hace falta, no sólo una ventana de oportunidad, sino también otro sentido del bien y de la justicia. Habría que tener mucha más coherencia y rectitud al hablar del bien común y de las vías para alcanzarlo.

Está la erótica del poder y está su necrótica: pero ya sean políticos o tecnócratas, hoy sólo es posible confundir ambas. La verdadera erótica del poder consiste en poder despertar en el pueblo el deseo del bien, y el nacional-populista actual no tiene ni idea de qué pueda ser eso. Si consigue hoy tantos votos, es sólo porque mucha gente sabe lo que odia. La adhesión por reacción negativa ya la garantiza el sistema; habría que salir de la demagogia y plantear una oferta real.

Dada la naturaleza de las fuerzas en juego, el momento para esto llegará.

Diciendo no

En la guerra monetaria que se avecina cabe distinguir tres ejes: el horizontal ligado a los factores más puramente comerciales, civiles y de liquidez, el vertical o político-legal de los estados y los acuerdos entre estados, y un eje temporal en profundidad cifrado en el alcance de la reversibilidad e irreversibilidad de la deuda, los cambios y usos monetarios.

Como ya hemos dicho en otra parte, ese tercer eje es tan importante o más que los otros, y está presente en todos los órdenes y no sólo en la economía. De hecho, define los extremos de nuestro sentido de la temporalidad, y tal vez algún día los analistas comprendan su relevancia. Hoy por hoy está más allá de sus cálculos, y aun de su ideas, lo que aún lo hace más interesante.

Las cosas que ahora se debaten son de otro nivel muy diferente; cuestiones como la renta básica, que, por cierto, será una de las ofertas estrella para poder fidelizar al siervo de la deuda sin que a las élites les cueste un duro. Los mismos responsables de toda esta situación se tienen que presentar como salvadores; qué menos para no acabar de la peor manera.

Y esto nos lleva de vuelta al comienzo de nuestro artículo, y sobre cómo responder a los que tanto se preocupan de salvarnos. Y para esto no necesitamos cavilaciones ni análisis; basta con tener entrañas y riñones.

Dicen que el miedo es libre pero nada más falso. Seguro que los que intentan atemorizar las veinticuatro horas del día quieren liberarnos.

Mucha gente que habla a menudo de la Revolución y de tomar el Palacio de Invierno no sólo se pone la mascarilla sino que largan diatribas contra los «negacionistas». Ya se sabe, hay que luchar contra «el fascismo» —pero el fascismo de opereta, no el fascismo realmente existente que hoy lo domina todo. Seguro que con atacar a ese fascismo de papel creen haber cumplido con su conciencia política, una conciencia verdaderamente revolucionaria. Son la fiel contraparte de todos esos que dicen que el partido demócrata americano encarna el comunismo. Pero mejor no perder más tiempo con estas tonterías.

No le voy a decir a nadie lo que tiene que hacer, pero no hace falta esperar a la revolución, ni a la toma del Palacio de Invierno ni nada parecido. Si estabas deseando que llegara el momento de hacer algo en contra de este sistema, de tener por una vez un gesto verdadero, el momento ya hace tiempo que ha llegado. Nunca te lo pondrán más fácil en toda tu vida, pues ni siquiera tienes que empezar por hacer algo, sino simplemente decidir no hacerlo.

No llevar mascarilla. No cerrar los negocios. No someterse a pruebas repugnantes e innecesarias. No vacunarse de vacunas completamente experimentales y contra natura. No dejando que te impongan bozales ni te metan asquerosas varillas ni agujas, les metes a ellos algo mucho más grande por donde tú ya sabes, sin necesidad de mancharte con su mierda.

Mil veces prefiero morir antes de que me traten de un «contagio», porque cualquier cosa es mejor que deberles a ellos la vida. Son ellos los que dependen de nosotros, no al contrario. Si hay un momento de demostrarlo, es este.

No tienes por qué ser su conejillo de indias, déjales graciosamente que experimenten en carne propia —son los únicos experimentos que merecen la pena, por lo demás. No respaldes con acciones aquello en lo que no crees. Si uno deja de hacer y consumir ciertas cosas, pronto encuentra espacio para hacer y asimilar otras; si deja de ceder a la omnímoda presión por aislarle, pronto va a encontrar inesperados compañeros, porque también se ocupará de buscarlos.

Pase lo que pase, y a pesar de todo, estoy convencido de que este es siempre el menos malo de los infinitos mundos posibles; pero nadie puede imaginar como podrían ser los otros, ni cuales serían nuestras acciones en ellos. Bastante tenemos con uno solo.

Referencias

Miguel Iradier, *Arte y teoría de la reversibilidad* (2020), www.hurqualya.net

LA CUARTA REVOLUCIÓN MONETARIA
4 diciembre, 2020

Trucos de circulación

Hoy no es raro ver artículos denunciando la vacuidad de la Teoría Monetaria Moderna, que siempre encuentra más voceros en las épocas de crisis. A sus autores no les falta razón, pero sus críticas se quedan cortas, y se apresuran a cerrar la puerta justo donde debería hacerse la luz.

Pues la nueva jerga neokeynesiana que ahora llaman TMM, no es ni siquiera, tal como se dice, un paño caliente para las llagas de este corrupto sistema, sino parte suya esencial desde el comienzo. Sólo las palabras se van transformando.

A los ricos les encanta la TMM porque mientras se sigan imprimiendo billetes sus activos suben con la inflación mientras el resto de la gente se hace más pobre —y además una gran parte de ese dinero recién creado les llega directamente a ellos en condiciones irrisorias. Por añadidura, gran parte de los fondos presupuestarios de nuestro capitalismo de Estado está controlada por lobbies y corporaciones ¿Qué más se puede pedir?

Pero el hecho de que a las grandes fortunas les vaya tan fabulosamente bien en épocas con más gasto público nos tendría que hacer pensar algo más. ¿O acaso se inventó el gasto público en la época de Keynes? La crítica marxista insiste en que la ley del valor hace imposibles los «trucos de circulación» —el dinero por sí solo no puede crear valor. Esto es palmario, pero igualmente existe el amaño, y de eso mismo se trata —porque el dinero nunca está solo. El darle alas a la esfera de la circulación es tan consustancial al liberalismo moderno como la extracción de valor: son anverso y reverso de una misma operación.

Traigamos a colación un ejemplo histórico que no por más citado resulta menos esclarecedor: la fundación del Banco de Inglaterra en 1694. El gobierno y la corona querían reconstruir la maltrecha Marina Real y para ello pidieron prestadas 1.200.000 libras a los prestamistas de turno. Guillermo III recibía la cantidad en oro y quedaba en deuda con los prestamistas, que, a cambio, obtenían la autorización para emitir esa suma en notas bancarias, los primeros billetes, que se convirtieron en los activos del Banco.

Con esta simple operación el dinero se multiplica por dos: el rey consigue su millón largo y lo gasta, y el Banco sigue teniendo la misma cantidad y la presta —mientras que el rey aún sigue debiendo el millón y pico de libras. El dinero se ha multiplicado por dos, pero los bienes no, y si esto se aplicara al conjunto de la economía, habría que concluir que ahora los bienes cuestan el doble. El aumento va derecho a las arcas del banquero, pero lo paga toda la población que tiene que hacer uso de un dinero que habría perdido la mitad de su valor.

Por supuesto estos primeros grandes prestamos, casi siempre relacionados con la guerra, no tenían un peso equiparable al del conjunto de la economía nacional. Pero había una forma de ir extendiendo gradualmente el rendimiento y la «cuota de mercado»: la proporción de la reserva. Como la mayor parte de los que hacen depósitos en un banco no lo retira a la vez, no hace falta que todo ese dinero esté disponible.

Si como mucho a un banco se le exige un 10% del dinero depositado, será suficiente con tener esa cantidad, o incluso el doble para tener un cómodo margen. Si guarda entonces un 20%, puede prestar cuatro veces más —de un dinero que no existe y unos bienes que no existen. Ese dinero «endógeno» o fantasma sólo puede ser redimido por aquellos que han contraído las deudas de los préstamos correspondientes.

Para hacernos una idea, los requerimientos de reserva en los bancos actuales suelen estar en torno a un mero 5%, pero en lugares como en los Estados Unidos incluso se ha abolido el requerimiento de un mínimo de cualquier clase en este mismo 2020, ya que incluso esto parecía demasiado; prestar veinte veces el dinero que se tiene aún es poca cosa.

Qué se hizo de la usura

Prácticamente todas las culturas y religiones a lo largo de la historia han estado de acuerdo en condenar la usura como el peor de los males de la economía y su pecado capital. La razón más elemental nos dice que el dinero no puede hacer más dinero por sí solo. La excepción sería el judaísmo, cuyos guías decidieron que hacer préstamos con interés era ilícito entre judíos, pero lícito con los no judíos, distinción que selló el destino de este pueblo.

Que hay o debería haber una ganancia de valor con cualquier actividad, es algo que siempre se ha asumido y dado por supuesto —de otro modo, no se entiende para qué uno se tomaría la molestia de hacer nada. Y se entendía que ese valor hasta cierto punto se puede acumular y superar la prueba del tiempo, como lo hacen las construcciones sólidas o una buena parte de nuestra herencia cultural. O el dinero hecho con metales escasos, en comparación con los bienes perecederos.

La ganancia por una actividad se consideraba en principio lícita, aunque podía considerarse injusta si estaba fuera de proporción y se aprovechaba de la coacción. Por el contrario la usura se juzgaba ilícita por principio, y aunque tampoco tenía por qué fundarse en la coacción directa sí lo hacía a menudo en la necesidad.

Pero no faltó quien hiciera distinciones de grado, porque muchos préstamos se antojaban legítimos y útiles: si alguien prestaba una mula o un arado, se entendía que pidiera algo a cambio por no usarlo, y además ambos se gastan. Pero muchos pronto pedirían todo lo que ganaba el labrador, menos la parte que necesitaba para comer y seguir trabajando.

Y esto es lo interesante. Porque la usura como flagrante exacción y el usurero como odioso chupasangres que pedía intereses escandalosos son cosas de otra época, al menos para la mayor parte de nosotros. Hoy uno no va a pedir fondos al gueto precisamente, y, según dicen, las tasas de interés rondan insistentemente los valores negativos.

Sí, el execrable prestamista de antaño se hizo mucho más… liberal; esa es la palabra. Se lo puede permitir, puesto que ha ampliado hasta límites insospechados su negocio. Eso no significa que se conforme con menos o que sea menos abusivo. Sigue exigiendo lo mismo: todo, menos la parte que necesitas para seguir existiendo sin molestar demasiado. Pero el sistema se ha perfeccionado hasta tal punto que uno ya ni se da cuenta de cuánto realmente le roban.

¿Y dónde está todo eso? La mayor parte de eso no está ni en la plusvalía del empleador ni en los denigrados impuestos. Ambos son bastante magros comparados con… ¿qué? Con los márgenes que hay entre lo que pagas por todo y lo que pagarías si esa diferencia en forma de inflación no se la hubieran llevado los bancos.

Esa diferencia aumenta poco por año, pero si pensamos en el aumento de precios en un siglo, o incluso sólo en una generación, nos encontramos pronto con una montaña. Especialmente si hablamos de la inflación real, que incluye muchos aspectos encubiertos de los que no quieren saber nada las estadísticas. Con la inflación real el gráfico ya se iría acercando al del incremento de la desigualdad.

Controlando la emisión de dinero de los bancos centrales, la banca privada, que también controla el crédito en general y el de la deuda de los estados en particular, no sólo se hace dueño del circuito completo del dinero, sino también de los resortes de presión sobre el gobierno y la administración. De esta forma se hace con el mando desde arriba y modela todo lo demás como su materia, igual que el alfarero a la arcilla en su torno.

Entonces, ¿cómo se entiende que el «dinero solo» no produzca nada pero le sirva al banquero para acumular riqueza? Porque ese dinero, no tan solo, si es capaz de crear lo más fundamental para el calculador preciso y sin excusas: la escasez artificial. Con eso sólo basta para que todo se ponga en movimiento y vivamos para llenarles las arcas, igual que el agua en un circuito se desplaza en función de un vacío y se mueve intentando llenarlo. La deuda y la inflación, el proverbial ladrón silencioso, consiguen crear ese vacío que se pugna por llenar.

De hecho ese vacío y la configuración del circuito es lo que determina su evolución, y el artefacto bancario moderno ha hecho todo lo posible por controlar ambos. ¿Acaso hoy no dicen los banqueros centrales sin la menor vergüenza que intentan elevar la inflación por todos los medios a su alcance? Y a menudo se desesperan de no lograrlo, aun sabiendo todos que hay una enorme inflación tan sólo «encubierta» para las estadísticas que la enmascaran, o por la pérdida constante de calidad de muchos productos y servicios.

Se dice por supuesto que también los ingresos se actualizan de forma correspondiente, pero dejando aparte la diferencia no visible que se extrae continuamente del circuito, lo importante es la presión y la dirección que de este modo se le imprime al conjunto del sistema y a todas sus partes. Una dirección que coincide inevitablemente con el incremento de la deuda a todos los niveles.

Se comprende fácilmente entonces que la Alta Finanza moderna no es sino la transformación de la vieja usura cuando se ha hecho con el control del sistema de arriba abajo.

¿Es esto exagerado? En un artículo de este año[1] calculábamos, completamente a bulto, que el valor real de los salarios actuales es probablemente entre cinco y diez veces mayor que el que perciben los trabajadores, sin que, naturalmente, sean los empleadores los que se quedan con la enorme diferencia. Esa diferencia estaría difuminada en el monto total de intereses a todos los niveles; pero aún estamos esperando que los economistas se tomen el trabajo de desmentirlo o comprobarlo.

La cuarta revolución monetaria: un poco de perspectiva

Se habla mucho de las sucesivas revoluciones industriales y ahora nos martillean con el advenimiento de la cuarta, pero se subraya mucho menos que tales transformaciones coinciden puntualmente con otros tantos giros históricos en el uso del dinero; mudanzas monetarias que también han tenido un indiscutible componente técnico.

La primera revolución monetaria fue justamente la mentada creación de Bancos Centrales estatales y la emisión de los primeros billetes o notas bancarias firmadas a mano, con un decidido protagonismo de los prestamistas privados que siempre estuvieron detrás. Esta primera revolución del crédito es la que impulsa la primera revolución industrial, puesto que llega hasta mediados del siglo XIX.

Durante toda esa época también los bancos privados emitían dinero-papel, y a menudo con excesiva abundancia, lo que propició la siguiente gran transformación de mediados del XIX. La emisión de todos los billetes pasa a ser competencia exclusiva de los Bancos Centrales; el primer billete íntegramente elaborado en la imprenta sale a la calle en 1855, y también es significativo que en Inglaterra la derogación de las últimas leyes contra la usura tuviera lugar en 1854.

La nueva ley o carta del Banco de Inglaterra de 1844 establecía el respaldo completo de su dinero por el oro, lo que inició el apogeo del Patrón Oro, que se liquidaría definitivamente en 1971 con su abandono por el dólar. Comienza el régimen de cambio flotante en el mercado de divisas que coincidirá con el neoliberalismo, la financiarización de toda la economía, y el ascenso vertiginoso de la deuda en todos los órdenes, el apalancamiento y la desigualdad.

Esta tercera revolución monetaria y del crédito coincidió también con la tercera revolución industrial que es también la primera fase de la revolución digital: la penetración del ordenador en todas las esferas, la tarjeta electrónica, la expansión de internet, los móviles y todo lo demás.

Y ahora, y desde Davos, se promueve, y casi parece que se promulga, la implantación de una cuarta revolución industrial. Es un tanto curioso porque, hasta ahora, no vemos un cambio cualitativo en la revolución digital sino más bien su desarrollo incremental, por más que eso no sea sinónimo de desarrollo previsible.

Pero no se trata sólo de bombo publicitario, hay en todo ello cierta declaración de intenciones —aunque sea sólo de una pequeña parte. Y por supuesto, la llegada del dinero digital es la clave de arco de esta nueva arquitectura, con la consiguiente disminución gradual del dinero en metálico que todavía manejamos.

Decimos que esta cuarta revolución industrial es la segunda fase de la revolución digital porque la primera fase de ésta se caracterizó por un expansionismo típicamente neoliberal mientras que lo que ya llama a nuestras puertas tiene un signo contrario, es una fase de contracción, de cierre del puño del control tecnocrático. Esto creo que lo percibimos todos sin necesidad de entrar en pormenores.

No hace falta decir que este cierre o contracción no es en absoluto una fatalidad inherente a la naturaleza de las tecnologías en juego, sino un intento de instrumentación consciente al servicio de una oligarquía que es la interfaz de la minúscula plutarquía.

Ya hemos hablado otras veces de esta «fase final» de licuefacción del dinero y sus peligros para todas las partes implicadas. Final no tiene porqué ser, pues igual que ya se habla en prospectiva de una quinta revolución industrial, que asaltaría definitivamente la interfaz entre la máquina y el hombre, pueden sin duda concebirse estadios del dinero aún más «fluidos»; los chips implantables, una tecnología desarrollada para las mascotas, ya son usados por muchos seres humanos y su progresión se antoja muy prometedora.

Pero antes de decir las tonterías de rigor al respecto, más nos valdría escrutarle los riñones a esta cuarta revolución monetario-industrial que no tiene su destino escrito, ni en Davos ni en ninguna parte.

Las estaciones del diablo

No es lo mismo la inflación, que puede responder a muchas causas externas como los aumentos de precios en materias primas, que los artificios inflacionarios conectados con la inyección de dinero. Ni que decir tiene que tampoco estamos afirmando que toda la extracción de valor se produzca por estos artificios; sin embargo son ellos los que determinan la dirección del flujo principal.

Quién no ama como Baudelaire la eterna ronda de las estaciones, condición de la regeneración universal; pero las fases de los ciclos económicos, que cosechan beneficios cuando la helada agrieta los espejismos, son las estaciones del diablo. Además del robo silencioso por inflación, dentro del parasitismo financiero y el festín de carroña hay un lugar de honor para las estafas, los desfalcos, y, sobre todo, las operaciones internas de la bolsa de valores.

Aunque toda esta economía del fraude ya casi parece la parte mayor del pastel, a nadie se le escapa que florece al compás de los ciclos del crédito y la inflación de los precios de los activos. Verdaderamente esta miserable gente ha conseguido que vivamos más en función de estos ciclos urdidos que de los ciclos astronómicos de la naturaleza —toda una hazaña por la que nunca acertaremos a corresponderles.

Hoy cualquiera sabe que las grandes corporaciones sacan más dinero especulando con el valor de sus propias acciones, con la ayuda inestimable del dinero fácil de los bancos centrales, que por el margen de beneficio que rinden los productos que ofrecen. Así el crédito ha llegado ha subvertir por completo la lógica primitiva de la ganancia. Claro que estas cosas nunca suelen durar demasiado —lo que nos recuerda que esto ya ha ocurrido innumerables veces antes, aunque el estallido de la Gran Burbuja actual puede hacer historia por un montón de razones.

También es para morirse de risa que entre las diez primeras fortunas del mundo, según los rankings del ramo, no haya ni un solo banquero y sean casi todos «capitanes de empresa» de las grandes marcas; como si además ellos fueran los principales accionistas de sus compañías. Y es que no hay nada como los nuevos ricos para animar un poco a los emprendedores. ¡Tú también puedes!

Las mismas guerras, incluyendo las más devastadoras, han hecho de parteaguas en las estaciones perversas y nunca se han hecho sin la connivencia y la providencia de la gran finanza, para dejar luego a los historiadores preguntarse por generaciones qué mandatario o pelele era el responsable principal.

Hoy las guerras a gran escala son poco viables, pero inflar el peligro por diez con tal de seguir aumentando el gasto militar es en sí misma una industria más grande y mejor engrasada que la propia industria militar, con sus diplomáticos, gabinetes estratégicos, institutos de investigación, laboratorios de ideas y todo lo demás. Los que fabrican las bombas de racimo y las minas antipersona son casi los criminales menores dentro del gran crimen orquestado a conciencia por las RR. PP.

La cuestión es inflar hasta donde se pueda la necesidad y el valor de cosas que nadie necesita, siempre que haya primos que las compren, para que las que si son indispensables valgan la décima parte.

Tampoco conviene olvidar, ya que de hecho se olvida continuamente, que estos mismos días de «crisis del coronavirus» estamos asistiendo a la mayor transferencia de riqueza de la historia; con la que aún les costará menos que nada pagarte una módica renta para que te estés quieto en tu casa y no perturbes la suave transición hacia el mejor de los mundos posibles.

Perros de paja

Seguiríamos indefinidamente pero es innecesario. Por más que les pese a los marxistas y nos pese a todos nosotros, los «trucos de circulación» existen, y no sólo existen sino que han sido siempre una parte esencial del capitalismo y de la obtención y agrandamiento de las ventajas del capital. Cuando los primeros billetes del Banco de Inglaterra vieron la luz en 1695, puede estarse seguro de que hasta se hacían chistes en los mentideros financieros de Londres, pues no se necesita ninguna clarividencia para ver de qué va la cosa.

Uno se pregunta entonces porqué Marx hizo la vista gorda a todos los esquemas especulativos de la Alta Finanza para meterse de cabeza en su versión «materialista» del sistema de la mercancía, pero es mejor que cada cual responda por su cuenta a esa pregunta. Desde luego, las alusiones vacías de tamaño maestro de la sospecha al «capitalismo rentista» y al «fetichismo del dinero» son totalmente irrelevantes para la magnitud del caso.

Ya hemos comentado en artículos anteriores[2] que hay una doble fisiología y una doble genealogía en la historia y formación del capital: la de la violencia y la del engaño. De forma harto comprensible, Marx se centró en el lado de la violencia y la explotación obrera, que ya era un clamor en su época y nadie podía negar, convirtiendo al rentismo en su subproducto.

Pero en realidad la economía del engaño, como la de la inducción de la guerra por el crédito, no es un subproducto sino un factor iniciador y desencadenante. Lo más razonable es admitir la coexistencia simultánea de ambos factores, pero estando el control y la iniciativa del lado financiero más que del industrial.

Y así estas diatribas de marxistas contra neokeynesianos recuerdan a perros de paja ladrando a otros perros de paja; a lo sumo enseñan los dientes pero no tienen intención de morder. Cuando escribí que lo que correspondía a los salarios probablemente era diez más de lo que se paga, recibí un mensaje de un amable lector anónimo que me recomendaba informarme sobre la teoría crítica del valor de Anselm Jappe —un teórico alemán que tras pasmosas elucubraciones arriba a la conclusión de la naturaleza ficticia del valor. Otra jugada perfecta: te ajustan las cuentas toda tu vida mediante cálculos sin cuento; y cuando tú puedes cantárselas a ellos, llega el sesudo teórico de turno para decirnos con Plotino o el Vedanta, pero con la jerga más actual, que todo es Uno, y los números, pura ilusión, Maya. Valientes intelectuales radicales.

Los medios tienen sus discusiones de pega para todos los públicos y la academia tiene las suyas para sujetos algo más leídos, pero igual de amañadas están. Al liberalismo nunca se le ocurrió teorizar sobre la economía del fraude y del engaño que era como quien dice su salsa; pero luego llega el materialismo histórico, y por aquello de oponerse diametralmente al idealismo burgués, decide que tampoco existe. Era el comienzo de una larga amistad.

Se entiende entonces que medidas que son de la más simple justicia y razón, como eliminar la reserva fraccionaria y atenerse simplemente al dinero cien por cien legal sean calificadas de «excéntricas»; porque, aunque se hallen en el eje mismo de la realidad económica, tienen que resultar de lo más exótico para quienes necesitan situarse de espaldas a ellas.

La forma en que se crea y distribuye el dinero es el instrumento principal de la economía del fraude; y naturalmente, esta es la razón de que la élite económica no quiera ni oír hablar de cambiarla. Si a los ricos les costara realmente algo de su dinero el comprar voluntades y engrasar toda clase de mecanismos, seguramente se lo pensarían dos veces antes de dedicar tan generosas sumas a la lubricación y corrupción de la sociedad entera. Pero les sale gratis. Lo pagamos nosotros mismos, e incluso así sirve para que ganen más con ello, como es el caso del ejército de los Estados Unidos. ¿Cómo podría cambiar algo si esto no cambia?

Pero que nadie tiemble, que si algún día cambia no será por los desvelos de la autodenominada izquierda radical.

Guerra monetaria

Entre otras cosas, la cuarta revolución monetaria será diferente de las anteriores por el hecho de que tendrá lugar en una época de guerra comercial y tecnológica entre imperios, con una amenaza existencial para la hegemonía «anglosajona», si así se la quiere llamar. Esto puede no parecer tan nuevo, pero la guerra comercial y tecnológica promete convertirse además en una guerra de divisas e incluso en una «guerra monetaria» propiamente dicha, esto es, una guerra entre modelos diferentes de moneda.

Hasta ahora el yuan ha sido como un derivado del dólar puesto que estaba pegado a su valor. Pero cuando el nuevo yuan digital —que no es una criptodivisa distribuida, sino centralizada— pueda usarse directamente en el extranjero a través de los móviles, muchas cosas pueden cambiar. Uno podría hacer negocios o transacciones con otras empresas —chinas o no— y recibir ingresos de forma inmediata, sin los retrasos del sistema SWIFT que domina Estados Unidos; también podría sortear las sanciones que este mismo país impone, o los impuestos de las agencias de recaudación.

Esto es sólo una muestra de la constelación de cosas que pueden ocurrir con las divisas nacionales, las corporativas, las alternativas, etcétera. El caso es que en un ambiente de creciente hostilidad entre Estados Unidos y China nadie puede dar por hecha la «gobernanza global» de las monedas digitales requerida para la consolidación y cierre del sistema de dominación de las masas.

Hoy la caída del dólar entra ya dentro de lo concebible y no sólo por China sino por las crecientes divisiones internas del país y su pérdida de consenso, sin mencionar las maniobras de la cúpula financiera para rediseñar el sistema monetario internacional. Pero incluso si el dólar cayera ello sólo sería una buena noticia si se crean las condiciones para aprovecharla.

Cuarta y marcha atrás: el reflujo

Cuando hoy se habla del futuro de las tecnologías, y más ahora cuando todas ellas pasan por el filtro digital, la omisión generalizada de las formas del dinero y el crédito resulta imperdonable dado que éstas son, y cada vez serán más, las formas específicas en que el capital quiere dominar e instrumentalizar, tanto al resto de las tecnologías, como a los propios seres humanos. Y no se trata de hablar del diseño de terminales e interfaces con el usuario, sino ante todo del diseño general de la circulación o «modelo de negocio». Aquello de «sigue al dinero» se materializará literalmente en las tecnologías dentro de la digitalización.

Es imposible ser optimista respecto a cualquier proceso que se nos presenta como irreversible. La cuarta revolución industrial y la cuarta revolución monetaria son procesos de ese tipo, obviamente dirigidos por intereses muy minoritarios. Con todo, la digitalización del dinero presenta «contradicciones» inherentes que no son fáciles de resolver, más todavía en un clima de hostilidad comercial entre las grandes potencias.

Puesto que el sueño de las monedas digitales es crear corrales financieros herméticamente cerrados para que nada ni nadie escape, y eso difícilmente se puede conciliar con los «mercados abiertos» y «las sociedades abiertas». Vemos que el giro del neoliberalismo ya conocido al cierre tecnocrático de la segunda fase de la digitalización a la que ahora asistimos está enteramente relacionado con esto.

En otros artículos hemos esquematizado una «doble contradicción» en la encrucijada de las elecciones monetarias. Hemos visto que hay dos actitudes básicas de los estados con respecto a la moneda digital, así como dos tipos de criptodivisas privadas, las especulativas y de las corporaciones, y las comunitarias o alternativas. Estas últimas parecen una opción residual pero pueden inclinar la balanza en el caso harto plausible de una guerra generalizada de divisas; en el peor de los casos pueden ser una suerte de mercado negro, y en el mejor, una alternativa a las moneda estatales o corporativas.

En medio del torbellino monetario que se avecina pueden distinguirse tres ejes: el horizontal ligado a los factores más puramente comerciales, civiles y de liquidez, el vertical o político-legal de los estados y los acuerdos entre estados, y un eje temporal en profundidad cifrado en el alcance de la reversibilidad e irreversibilidad de la deuda, los cambios y usos monetarios.

Dentro de la tónica general de huida hacia delante, la irreversibilidad tecnológica es una trampa gigantesca para los «usuarios», pero además el aumento de la fragilidad sistémica que conlleva también puede ser una terrible trampa para aquellos que creen conducir el proceso. ¿Quién ganará al final? El que menos dependa de ella.

Esto puede valer tanto para los diversos contendientes de la guerra monetaria como para la pugna entre gobernantes y gobernados, que gracias a la aceleración de decisiones va entrando en una nueva fase.

Epílogo

13 «No había pan en toda la tierra, y el hambre era muy grave, por lo que desfalleció de hambre la tierra de Egipto y la tierra de Canaán.

14 Y recogió José todo el dinero que había en la tierra de Egipto y en la tierra de Canaán, por los alimentos que de él compraban; y metió José el dinero en casa de Faraón.

15 Acabado el dinero de la tierra de Egipto y de la tierra de Canaán, vino todo Egipto a José, diciendo: Danos pan; ¿por qué moriremos delante de ti, por haberse acabado el dinero?

16 Y José dijo: Dad vuestros ganados y yo os daré por vuestros ganados, si se ha acabado el dinero.

17 Y ellos trajeron sus ganados a José, y José les dio alimentos por caballos, y por el ganado de las ovejas, y por el ganado de las vacas, y por asnos; y les sustentó de pan por todos sus ganados aquel año.

18 Acabado aquel año, vinieron a él el segundo año, y le dijeron: No encubrimos a nuestro señor que el dinero ciertamente se ha acabado; también el ganado es ya de nuestro señor; nada ha quedado delante de nuestro señor sino nuestros cuerpos y nuestra tierra.

19 ¿Por qué moriremos delante de tus ojos, así nosotros como nuestra tierra? Cómpranos a nosotros y a nuestra tierra por pan, y seremos nosotros y nuestra tierra siervos de Faraón; y danos semilla para que vivamos y no muramos, y no sea asolada la tierra.

20 Entonces compró José toda la tierra de Egipto para Faraón; pues los egipcios vendieron cada uno sus tierras, porque se agravó el hambre sobre ellos; y la tierra vino a ser de Faraón.

21 Y al pueblo lo hizo pasar a las ciudades, desde un extremo al otro del territorio de Egipto.

22 Solamente la tierra de los sacerdotes no compró, por cuanto los sacerdotes tenían ración de Faraón, y ellos comían la ración que Faraón les daba; por eso no vendieron su tierra.

23 Y José dijo al pueblo: He aquí que os he comprado hoy, a vosotros y a vuestra tierra, para Faraón; ved aquí semilla, y sembraréis la tierra.

24 De los frutos daréis el quinto a Faraón, y las cuatro partes serán vuestras para sembrar las tierras, y para vuestro mantenimiento, y de los que están en vuestras casas, y para que coman vuestros niños.

25 Y ellos respondieron: La vida nos has dado; hallemos gracia en ojos de nuestro señor, y seamos siervos de Faraón.

26 Entonces José lo puso por ley hasta hoy sobre la tierra de Egipto, señalando para Faraón el quinto, excepto sólo la tierra de los sacerdotes, que no fue de Faraón.

27 Así habitó Israel en la tierra de Egipto, en la tierra de Gosén; y tomaron posesión de ella, y se aumentaron, y se multiplicaron en gran manera».

Génesis, 47: 13-27

Notas

1. Miguel Iradier, *El pacto de los cacahuetes*, (2020) www.hurqualya.net
2. Miguel Iradier, *Arte y teoría de la reversibilidad*, (2020) www.hurqualya.net

DOCTRINA DE LA TIERRA MEDIA
23 diciembre, 2020

La mitología nórdica nos habla del Midgard o mundo intermedio de los hombres, y la filosofía confuciana, de la doctrina del Medio Invariable o *Zhongyong*. El Mundo Medio germánico sitúa al hombre dentro de una escala vertical de mundos; el Medio Invariable extremo-oriental es el eje invisible de la realidad en torno al que giran los extremos, siempre superficiales, siempre periféricos, de los conceptos y el comportamiento humanos.

La primera noción es metafísica, cosmológica y ontológica; la segunda, tan críptica, quiere sobre todo servir de guía para la conducta. No hace falta profundizar para ver que se trata de concepciones sumamente dispares en espíritu, intención y objeto; lleva mucho más tiempo percatarse de lo que tienen en común.

El ser humano, arrastrado por el dualismo de los conceptos y el permanente desequilibrio de sus impulsos, se deja fácilmente polarizar; hoy sólo en momentos excepcionales se siente uno aplomado en su vertical. Se refiere que, para Confucio, la virtud encarnada en la doctrina del Medio era del orden más elevado y hacía ya mucho que era rara entre los hombres; con todo, en estos nuestros siglos de agitación y chapoteo se la ha confundido sistemáticamente con el más vulgar afán de compromiso.

También en Occidente las virtudes cardinales o exteriores enunciadas por Platón —prudencia, justicia, fortaleza y templanza— dejaban en su centro un espacio libre para la contemplación de lo más profundo y elevado, relegado al ámbito de la metafísica justo cuando se proyectaba a pico sobre la ciencia y la técnica modernas. Por no hablar del justo medio de Aristóteles, que no es un mero llamado a la moderación sino una vía hacia la excelencia, o el camino medio del budismo, del que se dice que nada escapa.

Llegados a esta época moderna, el liberalismo dio con el tono e ideario para la ascendiente plutocracia que arrastraba tras de sí a la burguesía. La principal fuerza del liberalismo residía en no ser realmente una ideología, sino una forma de percibirse del individuo y una inspiración moral para la acción. Al liberalismo lo caracterizaba su tibieza con respecto a la verdad, y este escepticismo o indiferencia en beneficio de la utilidad lo hizo casi invulnerable a las críticas.

Hasta que llegó la revolución neoliberal, que fue un éxito rotundo pero empujó al liberalismo hacia un inopinado extremo. Aunque por un tiempo su victoria pareció inapelable, haciéndose doctrinario también dilapidó la gran ventaja estratégica que tenía respecto a ideologías propiamente dichas como el marxismo, su más elaborada antítesis.

Pero aquella desenvoltura liberal nunca estuvo en un centro que ni siquiera le importaba, más bien cabalgaba los extremos en beneficio propio. Y la revolución neoliberal no era para convencer a los que cuentan, que ya estaban más que convencidos, sino para despojar a los que no cuentan de sus pobres convicciones y virtudes. Se trataba, en suma, de una gran disolución.

Paralelamente transcurría otra rebelión, que no era la de las masas precisamente, sino la de las élites intelectuales contra el sentido común que muchos necesitan para vivir. Y como esta gente tan cosmopolita no lo necesita en absoluto, nos han dejado en herencia la presente tiranía de lo políticamente correcto que hoy lleva por la nariz a la derecha más liberal y a la izquierda más libertaria —lo que demuestra hasta qué punto la libertad es el común denominador de ambas.

¿Qué era la «medianía» de Confucio? El sabio chino ni se molesta en definirla, lo que sólo nos alejaría más de ella. La sigue el halcón en lo alto y el pez en el fondo del lago. Es imposible salir de ella y sin embargo es vital apreciarla. Es tan vasta que nada en el mundo puede abarcarla, tan compacta que nada puede partirla. «El ignorante no la alcanza, el inteligente la sobrepasa». Esto basta en una época en que a todos se nos pide ser más listos de la cuenta.

Nunca viene mal recordar que no actuamos según nuestras ideas sino que son nuestras ideas las que se acomodan a cómo obramos, y a lo sumo, a cómo queremos obrar. Confucio, como Aristóteles y otros sabios de esa época, aún eran conscientes de esto. El intelecto se sueña autónomo pero sus juicios se derivan del carácter.

De entre los incontables artificios diseñados para la división y polarización, que ya lo llenan todo, el primero fue la ridícula polémica de la izquierda y la derecha que muchos aún se resisten a abandonar. Pongamos sólo un ejemplo de cómo nos hace retroceder, no sólo en lo económico sino en todo lo demás: la creación del dinero y su usurpación por la banca privada.

En un mundo medianamente «centrado», que no existiera otro dinero que el dinero cien por cien legal, sin ningún multiplicador para los bancos, tendría que ser una cuestión elemental y de principio, no una reivindicación o una «conquista». Luego podrían plantearse opciones más «de derecha», como la liberalización total del crédito, y opciones más «de izquierda», como la nacionalización total de la banca. Y entre medio, como «centro», es fácil suponer un mercado de crédito liberalizado pero con una banca pública con un papel más o menos importante según las inclinaciones, algo en cualquier caso contemplado en el caso de la liberalización.

La nacionalización total del crédito podría ser la mejor opción para una sociedad que valora otras cosas por encima del comercio y la circulación; la liberalización total, se abriría incluso a la posibilidad de monedas privadas o de colectivos —pero en cualquier caso hablaríamos de un mundo completamente distinto del que tenemos ahora. Incluso las opciones más liberales serían incomparablemente más equitativas que las izquierdas parlamentarias luchando por miserables repartos de migajas.

Cierto es que hoy la soberanía de las naciones, más aún la soberanía monetaria, es pura ficción legal; pero aquí sólo se trata de ver hasta qué punto la dichosa dicotomía no sólo sirve para girar en círculos y marearnos, sino que además es cómplice de una persistente «derechización» en régimen alterno. De todos modos, el descarrilamiento del dólar está cada vez más cerca y habrá que hacer algo en el enorme vacío que dejará. El dólar será pronto una ficción más grande que las soberanías.

No creo que hagan falta enormes transformaciones ni mucho menos imposibles dictaduras del proletariado para hacer del mundo un lugar mucho más digno y mejor. En realidad, los que ponen las cosas en esos términos le hacen un gran favor al inmovilismo, pues la mayoría no fuma todo el día venenos ideológicos ni desea semejantes cosas. Bastaría con que hubiera un mínimo de decencia en lo más básico, para que todo fuera muy diferente. Lo cual ya nos dice hasta qué extremo son indignos los verdaderos responsables.

Hoy los sesudos análisis del capitalismo en términos de márgenes de ganancia son irrelevantes, salvo para distraernos de asuntos de más peso. Ni siquiera hemos llegado al supracapitalismo por esa vía, pero a estas alturas ya debería estar más que claro que cosas como la ganancia o los mercados sólo existen, como los salarios y las ayudas, para disciplinar a los subordinados. Unos pocos ya lo tienen casi todo y no necesitan más. Su problema es el control, dado que son el principal foco de desequilibrio y descomposición social, y existe un potencial insondable para una inversión violenta.

La Tierra Media en geopolítica: Oriente, Occidente… e «Israel»

Según Mackinder, quien gobernara el corazón de Eurasia mandaría en el mundo; pero la importancia del factor espacial es cada vez menor en comparación con el efecto de la tecnología sobre espacio y tiempo. La geografía física y humana tiene y seguirá teniendo importancia, pero no es el aspecto decisivo. Si hoy algunos exageran su alcance, se debe a que, por impulso reflejo, quisieran refugiarse en la tierra y usarla como escudo frente al tsunami tecnocientífico.

Según la famosa balada de Kipling, «el Este es el Este, y el Oeste es el Oeste, y nunca los dos se encontrarán», pero siempre fue muy británico no querer ver el papel que tenían Rusia o los judíos entre ambos. De hecho los cristianos confeccionaron desde la época de las cruzadas los famosos «mapas de rueda» con el centro del mundo en Jerusalén, y esta fue más o menos la idea predominante en el imaginario europeo hasta 1492.

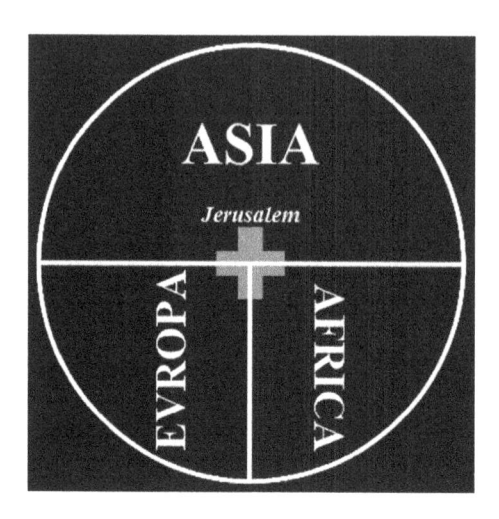

Todavía hay criterios geopolíticos modernos que consideran a la zona del Levante en la juntura de los tres continentes como el área más estratégica del planeta; por no hablar de los políticos judíos que sueñan con hacer de Jerusalén la capital mundial de la Paz y el Derecho Internacional. No entraremos ahora en consideraciones geoestratégicas ni simbólicas. Lo que sí sabemos es que hoy «Israel» más que en el centro del mundo está en el centro mismo de Occidente; es decir, la plutocracia que lo ampara es la misma que impera en los Estados Unidos, Gran Bretaña, Francia y otros países. Y esto la situaba en el centro de la globalización.

Pero Occidente va dejando de ser el centro del mundo y de la globalización que puso en marcha y eso supone un buen quebradero de cabeza para la plutarquía. Se ignora hasta qué punto China es realmente independiente del capital internacional, pero en cualquier caso parece que hoy ya no queda nadie más para echarle la culpas de problemas decididamente internos y desviar la atención de los verdaderos responsables.

Si hoy fueran posibles las guerras convencionales a gran escala seguramente ya nos habrían arrastrado a la tercera gran guerra del atlantismo contra el pacifismo o del Mundo Libre contra los herederos de Fu Manchú, pero demasiadas cosas lo hacen desaconsejable; se hará lo que se pueda con Irán pero tampoco parece una tarea fácil. Para librar el tipo se necesitan otras variantes de destrucción creativa y a estas alturas el lector ya habrá descubierto alguna de las opciones.

En China el gobierno mantiene un control férreo de la expresión pero no existe la idea de que hay que debilitar por todos los medios al pueblo y librar contra él una guerra psicológica para fundirle los cables y neutralizar cualquier posibilidad de insurrección. En esto Occidente es más perverso, pues si aún existe libertad a pesar de la creciente cultura de la cancelación, se intoxica sistemáticamente la opinión, se infiltran las alternativas y se introducen calculadas cuñas para hacer imposible la unión popular bajo ningún tipo de guía consecuente.

La raíz de esto está en la doble genealogía del capital como violencia y como engaño. En los países más opulentos de Occidente la mitad de las grandes fortunas son de judíos y la otra mitad de goyim; es llamativo que, después de tantos siglos de aventuras juntos y empresas en común, aún se repartan tan equitativamente el botín.

Las grandes fortunas judías siempre se han movido en territorio ajeno y han desarrollado una susceptibilidad especial a todo lo que suponga un peligro para ellos; en esto tienen mucha más experiencia acumulada que los poderosos de turno con los que siempre han buscado alianzas contra las mayorías. Estos huéspedes siempre vieron a los pueblos anfitriones como rebaños a trasquilar y esa también era la forma más productiva de considerar las cosas para los monarcas y oligarcas locales. Así la inicua alianza prosperó hasta llegar a donde ahora estamos.

La psicosis actual en torno al «antisemitismo» es estrictamente proporcional al desproporcionado grado de poder adquirido por algunas puntuales fortunas. Como en el análisis clásico sobre la tiranía, cuanto mayor es su poder, sus crímenes y su opresión, más terror siente el tirano ante la posibilidad de que finalmente todo se le escape de las manos. Lo que resulta lo más lógico del mundo. Hoy vivimos ya en una época en que la careta del liberalismo cayó y ahora al poder sólo le queda ocultarse tras una fachada de tecnocracia, convenientemente amortiguada por el consumo, el entretenimiento y libertades baratas para las masas.

En el centauro del capitalismo, como no podía ser menos, ha habido siempre una «mitad» mucho más distante y calculadora que la otra. Pero los elegidos judíos aún se aferrarán a la excusa de haber mantenido la lealtad a su tribu; en cambio los otros sionistas, los que se han hecho filojudíos para mejor saquear a sus propios pueblos, siempre se antojarán más abyectos.

Aunque esta alianza hace tiempo que se selló con vínculos de sangre, y difícilmente podría entenderse como una cuestión de raza, aún tiende inevitablemente a la disociación y a la rivalidad, como corresponde a las luchas de poder entre quienes lo detentan. Y puesto que ellos han introducido todo tipo de cuñas entre los gobernados para dividir e imperar, si fuéramos inteligentes aprovecharíamos esta fisura que llega hasta lo más alto de la cúpula para propiciar su derrumbamiento. Después de todo, esta es la clase de gente que vende a su madre y te la entrega atada con tal de salvar el pellejo.

Sí, hace mucho que tendríamos que haber dejado caer a los bancos y a todas sus infames tramas; pero como no lo hemos hecho, y las cosas han ido a peor, al final habrá que tomar medidas más incisivas. Puesto que los plutarcas goyim, que no deben confundirse con sus recaderos los oligarcas de Davos, aman tanto a Sión, la solución perfecta sería juzgarlos y ajusticiarlos allí, o al menos ponerlos bien alto en la picota. Luego vendrían sus queridos socios, que también fueron sus maestros e inductores. Y así tal vez se cumpliese el sueño de hacer de Jerusalén un lugar de paz y justicia universal.

Tan fácil nos lo ponen con la actual concentración de poder, que como ya hemos mostrado, obedece a una simple pauta matemática. Hasta Santo Tomás de Aquino defendió el recurso al tiranicidio en defensa del conjunto de la sociedad, lo que evidencia hasta qué punto estamos por debajo del sentido de la justicia de la llamada Edad Media. De todos modos, si los judíos de Jerusalén vieran las caras de las personas que los soportan, quedarían terriblemente decepcionados. Como los vampiros, esta gente no soporta la luz del día.

Para estas supuestas «élites», «Israel» es sólo otro instrumento a nivel diplomático para interferir en la política interna de las naciones y corromper las bases de las relaciones internacionales; un proceso tan avanzado que a estas alturas ya ni siquiera se nota.

No diga «Israel», diga Judah, o Judea si lo prefiere; «Israel» significa cuña entre las naciones, discordia entre los goyim. Tampoco diga «antisemitismo» y «antisemita», palabras necias y despreciables donde las haya, diga simplemente antijudaísmo y antijudío. Los judíos no tienen ningún problema en llamarse judíos entre ellos, no se ve por qué motivo debe ser de mal tono que los no judíos llamen a los judíos por su nombre. ¿Pero no es esto lo bastante revelador?

¿Por qué muchos judíos se inquietan de ese modo cuando la palabra «judío» sale de los labios de uno que no lo es? ¿Por qué, si tanto se precian de sus hazañas, sienten tamaño desagrado cuando se les reconoce? Y luego está la estupidez infinita de los medios, que nos transmiten su preocupación y desconcierto por «el inquietante aumento del antisemitismo». ¿De veras ignoran dónde está el problema? Pero esta gente y sus lacayos no pueden alentar una palabra de verdad.

El judaísmo es mucho menos una cuestión racial o religiosa que de búsqueda implacable del poder en todos los ámbitos: en el económico, político, judicial y del discurso. Sólo eso explica el compromiso de otro modo inexplicable de los poderosos no judíos con el sionismo, y su alianza mutua en contra de las mayorías —la «causa sionista» ampara al más selecto club de criminales del planeta. Hablamos del fenómeno sociopolítico más sobresaliente de nuestro tiempo, por más que venga de tan lejos, y el hecho de que aquellos que quieren reducirlo todo a la política ni siquiera osen tocarlo ya nos dice bastante en qué clase de mundo vivimos.

En cualquier caso si menciono aquí este portentoso fenómeno no es porque le vea interés en sí mismo sino sobre todo por lo que nos oculta: sería algo así como la Antitierra de una Tierra Media que no tiene contrario ni lo puede tener. ¿De qué otra cosa hablamos entonces?

Demasiado tiempo se ha confundido ser extremista con ser radical, pero los extremos lo único que tienen de radical es la confrontación. Más bien, por los extremos es por donde se pudren las cosas, cuestión evidente que el poder nunca dejó de usar en su provecho; los poderosos cabalgan los extremos y los ignaros son cabalgados por ellos. Obsérvese si no cómo se destruyen los Estados Unidos entre dos bandos que ni siquiera presentan la menor alternativa.

Nunca olvidaremos que esta «élite financiera» ha sido la principal responsable de nuestras grandes guerras, con todo lo que eso implica, y por más que la indecencia de los gobernantes colaboradores también haya tenido un gran papel. La historia que nos siguen contando parece hecha a medida para borrar los rastros de esta oscura pero ineludible evidencia.

Moverse en los extremos es convertirse en carne de cañón para estos responsables siempre ausentes; es hacer de extras gratuitos en su narrativa, y es la forma más rápida de disipar la energía, la virtud y la razón. Por otra parte los que «trabajan los extremos» no deberían pensar que siempre los tienen bajo control; hay extremos que se hacen más extremos hasta que se rompen.

Si la lógica del poder —»sólo los paranoicos sobreviven»— está gobernada por el miedo, que por otra parte intentan transferir a las masas para igualar la partida, bien poco se puede esperar de sus razonamientos. Sólo un consejo se me ocurre para ellos, y es el mismo que quiero para mí y para cualquiera: no temas nada humano, teme mucho más apartarte del justo medio, lo único capaz de deshacer los nudos con que quieres ahorcarte.

Y vamos a pasar a otra clase de poder, inevitablemente vinculado al primero, pero que nos envuelve a todos y envuelve a la Tierra de una forma completamente diferente. Nos estamos refiriendo a la Tecnociencia como plano inconsútil del saber-poder. El proceso de digitalización del mundo es claramente un proyecto de concentración de poder y de dominación total de la naturaleza y el hombre, y debe encontrar la oposición que se merece: esa es la única motivación de este escrito.

Si el Ojo que vela por «la tierra de Israel» no puede dejar de tener un enorme punto ciego, un punto ciego igual de enorme, por lo menos, tenemos todos en relación con este plano tecnocientífico que hoy parece definir los límites de nuestra realidad. Detectar esta ceguera en sus propios términos parece algo imposible, y comprenderla desde fuera no ayuda a los que no pueden concebir otra cosa, así que intentaremos dos vías intermedias, una «geopolítica» y dialéctica, y otra basada en la evidencia descuidada.

La carrera armamentista y tecnológica es muy vieja y la digitalización es un proceso alarmante, pero ambos procesos adquieren un nueva dimensión cuando Occidente observa cómo un poder no occidental como China podría tomarle la delantera.

Ciertamente la cultura china, fiel antípoda de Occidente en esto como en otras cosas, es alérgica al tipo de abstracción que ha pavimentado el curso de la ciencia moderna, pero en cambio tiene una merecida reputación como civilización tecnológica orientada hacia lo práctico y material. Puesto que, a pesar de su alergia a la teoría, ha conseguido absorber y dominar nuestras matemáticas, al menos como herramientas, de ahí en adelante tiene un largo proceso de trasvase y adaptación de potencialidades.

El proceso de individuación colectiva e individual en China va desde afuera hacia adentro; pero esto es simplemente lo normal —sólo desde hace unos siglos nuestro extrovertido Occidente ha creído que debe ir desde dentro hacia afuera. Bien que a su pesar, esta extroversión o incontinencia es también la que inevitablemente padece el poder, que no puede dejar de ejercerse hasta las últimas consecuencias.

En el caso chino lo que es norma cultural, y en buena medida natural, se cita con la circunstancia de estar absorbiendo este inmenso bagaje tecnocientífico desde fuera. Es imposible saber qué efecto tendrá esto a largo plazo en el desarrollo de su propia tecnología. Puede que exista una «dialéctica negativa» china, retroprogresiva pero no teorética ni disipadora, que tiende a materializar aquello en lo que no quiere pensar.

Verdaderamente, hay cosas de Oriente que sólo alcanzaremos a ver los occidentales, y hay cosas de Occidente que sólo materializarán los orientales; esto es ley de vida, aunque a veces se nos antojen ironías de la historia. Si ni siquiera acertamos a ver qué cosas pueden ser esas, mucho menos podemos vislumbrar cual pueda ser su futura interacción.

Pero no hay que preocuparse; como dicen los que saben, competir es cosa de perdedores. Pues no hay nada que uno y otro no puedan encontrar dentro de sí mismos de no ser por su propia inercia y su propia mediocridad.

El cálculo y el mundo

Los ingenieros no saben por qué el cálculo funciona, pero esperan que los físicos lo sepan. Los físicos no saben por qué el cálculo funciona, pero esperan que los matemáticos lo sepan. Los matemáticos no saben por qué el cálculo funciona, pero esperan que nadie lo sepa.

Casi siempre es divertido escuchar calificativos como «burgués» o «pequeño-burgués» viniendo de quienes vienen, y sin embargo la actividad burguesa por excelencia, el cálculo, nunca ha sido objeto de críticas incisivas en sus propios términos, por más que los matemáticos no hayan cesado de discutir sobre sus fundamentos.

Pero el cálculo infinitesimal es algo más, mucho más, que un vicio privado o virtud pública burguesa. Dentro de la matemática, fue inicialmente el medio técnico por antonomasia para proyectar el número sobre la geometría como su objeto, y para volver desde esta al número con la ayuda inestimable del álgebra. Y es, también con la inestimable ayuda del álgebra, la última palabra del reino de la cantidad sobre el cambio en el mundo físico —hasta tal punto que toda nuestra idea del mundo físico y de los cambios de todo tipo que en él acontecen han sido conformados por él.

Y sin embargo todos admiten, y el matemático el primero, que a las descripciones cuantitativas del cambio aún se le escapa casi todo entre los incontables filtros de sus poderosos métodos. Nada de esto es un obstáculo para su progreso, puesto que su objetivo principal fue siempre la predicción de variables aisladas, no las descripciones de conjunto. Y así se desarrollaron dos tipos de ciencias, las descriptivas y las predictivas.

Pero entre tanto el cálculo mismo ha trastocado por entero nuestra idea, no sólo del análisis, sino también de una descripción que se le subordina. En lugar de determinar la geometría a partir de las consideraciones físicas, derivando de ellas la ecuación diferencial, desde Leibniz y Newton se establece primero la ecuación diferencial y luego se buscan en ella las respuestas físicas. Ambos procedimientos están muy lejos de ser equivalentes, pero la misma creencia en la realidad de los diferenciales se sigue del procedimiento adoptado.

El cálculo diferencial, y con él toda la aplicación de la matemática al cambio, ha oscilado entre la idealización y la racionalización, entre la idea de infinitesimal y el concepto de límite; sin embargo ha mantenido la idea básica de una velocidad instantánea, una imposibilidad que la más elemental razón rechaza. La misma prueba moderna del límite, ya completamente abstraída de las aplicaciones iniciales, viene definida por diferenciales finitos o intervalos, no por puntos, lo que demuestra que la celebrada fundamentación del cálculo en absoluto es racional y que sólo pretende asegurar la validez de los resultados. Si funciona, tiene que ser por algo que no se dice.

No puede encontrarse mejor ejemplo de cómo de ir de extremo a extremo en absoluto nos garantiza comprender un problema. «El ignorante no lo alcanza, el inteligente lo sobrepasa».

La única fundamentación aceptable debería venir de los métodos de diferencias finitas, que hoy en día se usan sólo como auxiliares y tampoco se han sometido a una clarificación y simplificación. Por lo que sé, sólo Miles Mathis ha dado en el blanco y ha logrado tal simplificación iluminando, trescientos y pico de años después de Leibniz y Newton y dos mil doscientos después de Arquímedes, el concepto del diferencial constante; y en tiempos como estos a nadie debe extrañar que estas consideraciones sólo se presenten al margen de la academia y la comunidad matemática.

Afortunadamente la realidad es más vasta que la academia. Piénsese en el problema de calcular la trayectoria de la pelota tras un batazo para cogerla —evaluar una parábola tridimensional en tiempo real. Es una habilidad ordinaria que los jugadores de béisbol realizan sin saber cómo la hacen, pero cuya reproducción por máquinas dispara todo el arsenal habitual de cálculos, representaciones y algoritmos.

Sin embargo en su momento se demostró de forma más que convincente que lo que hacen los jugadores es moverse de tal modo que la bola se mantenga en una relación visual constante —en un ángulo constante de movimiento relativo—, en lugar de hacer complicadas estimaciones temporales de aceleración como se pretendía. ¿Puede haber alguna duda al respecto? Si el corredor hace la evaluación correcta, es precisamente porque en ningún momento ve nada parecido al gráfico de una parábola. El método de Mathis, completamente de espaldas al ejemplo, equivale a tabular esto en números.

El problema es que este método que nos pone el cálculo en la palma de la mano es mucho menos «flexible» que los procedimientos, notoriamente heurísticos, del cálculo operando por límites —puesto que el paso al límite ya es una operación sintética. De hecho, en ocasiones ni siquiera se encuentran las soluciones por las que el cálculo estándar tanto se afana. Sin embargo, esta limitación también es su mayor virtud. Puesto que si el principio del diferencial constante es indudable, y a veces no encuentra esas soluciones, más bien se debería preguntar: ¿con respecto a qué son estas soluciones falsas? Si se hiciera esto, el análisis, además de buscar soluciones, tendría lo que ahora le falta, e incluso tal vez empezaría a hacer honor a su nombre.

Sí, el rigor es el honor de los matemáticos, y el cálculo tiene un fundamento riguroso. Pero son los resultados conocidos los que han encontrado fundamento, no el medio de obtenerlos. Sigue habiendo un abismo entre una cosa y otra; y lejos de tratarse de una disputa sobre pormenores técnicos, este es el asunto principal. El cálculo es la tierra media del intelecto y define el comercio de este con la realidad.

O más bien habría que decir que el cálculo, que define el contorno de nuestro comercio con la realidad, es lo que mejor oculta esa tierra media. El criterio de evaluación del cálculo es la existencia de soluciones, un criterio positivista. El criterio del diferencial constante es propiamente crítico, nos permite ver en torno a qué se mueve la búsqueda de soluciones en aplicaciones reales.

Lo extraordinario aquí es que tenemos el nexo común entre conocimiento formal y conocimiento informal, o entre lo formalizable y lo informe. Puesto que la matemática es ante todo una ciencia de formas, de esto pueden derivarse incontables consecuencias. La sabiduría convencional diría que aquí puede haber una instancia que conecta lo cuantitativo y lo práctico o intuitivo, pero esa es, típicamente, la forma más superficial de ver las cosas.

El camino medio o método directo del que hablamos se ríe en la cara del corriente «paradigma computacional» y su fervoroso operacionalismo. Jakob Fries postuló en su día la existencia de un *conocimiento no intuitivo inmediato*, que una crítica no menos superficial se empeñó en confundir con la intuición y la psicología. La doble aplicación formal y práctica del diferencial constante demuestra, tanto como pueda desearse, lo grosero de esta confusión.

En la primera parte de la *Ciencia de la Lógica*, Hegel dedica un gran espacio a discutir el cálculo infinitesimal y su relación con los más importantes conceptos y categorías, como la cantidad, la cualidad, la medida, el infinito, el límite, el cambio y el movimiento, etcétera. En descargo del filósofo romántico hay que decir que sus consideraciones son incluso anteriores al *Curso* de Cauchy, esto es, al actual fundamento en el límite.

Con todo sigue siendo cierto que el análisis matemático moviliza en profundidad nuestras principales categorías; sólo que la dialéctica hegeliana era demasiado tentativa y especulativa como para sacar las conclusiones adecuadas. Hegel quiso unir en una sola la filosofía técnica asociada a la ciencia y la filosofía de la historia y el devenir ordinario, pero está claro que su intento era demasiado ambicioso y prematuro.

A mediados del siglo XX surgió, dentro de la matemática más autoconsciente y abstracta, la llamada *teoría de categorías*, que culminaba el viejo sueño de Aristóteles de hacer explícitas las relaciones entre la geometría y la lógica y con ellas las categorías de los conceptos, y que hoy puede aplicarse a todo tipo de espacios de datos de infinitas dimensiones. Es ahora que esta matemática tan aparentemente enrarecida comienza a descender a la matemática aplicada para intentar clarificar su rampante torre de Babel.

En matemáticas, saber cómo se llega a las soluciones suele ser más importante que las soluciones mismas. Esto fue siempre así, pero con los nuevos sistemas de aprendizaje automático que aplican filtros estadísticos a muchos niveles simultáneamente, el problema adquiere nuevas dimensiones.

La teoría de categorías, que hoy se aplica entre otras cosas a lenguajes de programación, surgió de la necesidad de una guía en cálculos complicados con paso al límite a caballo entre diferentes «espacios» matemáticos. Supone un nuevo método axiomático con una estrategia muy distinta a la del formalismo y el logicismo del primer tercio del siglo XX, basado en la teoría de conjuntos, en que la lógica permanecía externa a la geometría. Aquí la lógica es interna y la idea de fundamento no tiene pretensiones absolutas sino que apela al sentido común.

William Lawvere, uno de los grandes impulsores de la teoría de categorías, ha tratado extensamente de la dialéctica entre fundamentos y aplicaciones; de hecho él mismo ha intentado recuperar para la matemática el hilo conductor de la *Lógica* de Hegel, la unidad de los opuestos, aplicándolo a la física.

Pero a los persistentes intentos de hacer descender estas nuevas categorías al terreno práctico les sigue faltando un criterio sólido. El famoso dicho de que Sócrates, el contrapunto griego de Confucio, hizo descender la filosofía del cielo a la tierra, es oportuno para hacer otra comparación.

En el diálogo platónico *Menón*, —una indagación sobre la virtud— Sócrates le plantea preguntas a un joven esclavo sin más cultura que su conocimiento del griego dibujando un cuadrado en el suelo y luego otro. Tras un hábil interrogatorio, preguntándole por la longitud que debe tener el lado del segundo cuadrado para que su área doble la del primero, y tras fases intermitentes de estupefacción, consigue alumbrar en él la idea de los números irracionales, que según se ha dicho supuso en la antigüedad la primera gran crisis de la matemática. Sócrates se precia de no haber instruido al esclavo embutiéndole un conocimiento ajeno, sino tan sólo de hacerle comprender algo «sacándolo de su propio fondo» cuestionando sus primeras respuestas.

Este célebre pasaje ha tenido una perdurable influencia. No sólo filósofos como Fries —el más escrupuloso de los liberales y el archirrival de Hegel en lógica— o Leonard Nelson vieron en él el camino hacia el conocimiento axiomático indudable, sino que el mismo Weierstrass que remató la fundamentación del cálculo escribió un artículo considerando el método socrático como válido para la matemática pura.

Pero si el intento de autodeterminación del pensamiento en Hegel ha sido calificado tan a menudo de infundado, los intentos de «fundamentar la verdad» en sistemas de axiomas, como es sabido por todos, también se estrellaron en su día contra la pared; lo que en absoluto ha afectado a la vitalidad de la matemática. Aunque a decir verdad, Fries no tenía las pretensiones formales de sus continuadores.

El método socrático, diríamos en esta época, procede por falsación de hipótesis, y en este sentido es totalmente compatible con el método científico moderno —sólo que la falsación en las ciencias experimentales es un asunto del todo diferente que en las ciencias formales. Sin embargo, desde la fundamentación axiomática del cálculo los mismos matemáticos han sostenido la idea de que el análisis pertenece a la matemática pura, cuando en realidad es matemática aplicada. Esto, que no puede reconocerse dentro de las presentes definiciones, es algo que se hace patente bajo el criterio del diferencial constante, y Mathis no ha dejado de insistir en ello.

Esto equivale a decir que el cálculo tiene un «criterio interno» de falsación hasta ahora inadvertido, si bien también significa, como no podía ser de otra forma, que el cálculo o análisis no es un dominio cerrado. El cálculo de diferencias finitas tiene un criterio más restringido que las manipulaciones algebraicas del cálculo estándar, tan a menudo ilegales pero justificadas por la obtención de soluciones.

Así pues, si en el nuevo método axiomático de categorías la intuición juega un papel bastante convencional de vínculo entre la matemática pura y la aplicada, aquí el vínculo está ya concretado en el criterio mismo del cálculo y, al menos en principio, no necesita apelar a la intuición en absoluto.

Si nuestra alta matemática quiere descender de lleno al mundo real, no encontrará un mejor hilo conductor. Claro que eso supondría seguramente falsar o cuestionar buena parte de los fundamentos modernos del cálculo, la geometría algebraica, y prácticamente todas las ramas de la matemática. En condiciones normales, algo así ni siquiera se contempla. Sin embargo lo que aquí se plantea es un punto de inflexión para las relaciones entre la matemática y el mundo real.

Siendo el cálculo omnipresente, ciertamente no faltan objetos para poner a prueba esta piedra de toque. Tómese por ejemplo la mecánica cuántica, inagotable fuente de perplejidad para legos y expertos por igual, y motivo de todo tipo de disputas sobre qué es la realidad. El análisis dimensional y la teoría de la medida de esta mecánica adquieren un significado completamente diferente cuando se basan sólidamente en el cálculo de diferencias finitas y se aplican a las múltiples relaciones de incertidumbre o a la constante de Planck, que en contra de lo que se piensa no tiene una relación directa con las anteriores . Y, a su vez, este nuevo panorama permite arrojar nueva luz sobre otras muchas ramas de la matemática y el método científico. También, de paso, sobre un análisis económico tan lleno de sofismas y vacuas sofisticaciones.

La teoría de categorías, tal como la concibieron Lawvere y otros, propone una nueva fundamentación derivada de las aplicaciones, y un nuevo horizonte de concentración y unificación del conocimiento. Pero sin un criterio independiente para el cálculo es imposible llegar al fondo de nada. Sócrates no hubiera tenido dudas sobre qué método es preferible, ni tampoco el esclavo del *Menón*, pero los hombres de ciencia modernos parecen demasiado preocupados por no romper los huevos ajenos.

No es casual que el mismo Lawvere se haya ocupado tanto de la enseñanza del cálculo para legos como de ramas aplicadas tan complejas como la mecánica de medios continuos. Piénsese en las ramas más arduas de la matemática aplicada, en auténticas junglas como la biomatemática. Por un lado hasta hace poco había muy poco interés en las instituciones por desarrollar una teoría unificada de la biofísica, puesto que hay mucho más interés en manipular experimentalmente la vida que en comprenderla realmente. Ahora sin embargo esto ha cambiado radicalmente desde el tratamiento masivo de datos, pero de nuevo el objetivo no es la comprensión, sino la vigilancia, la dependencia y el control.

Es como en las redes de aprendizaje automático, en que se exhorta a los expertos a no intentar comprender cómo se llega a resultados, y a centrarse en los objetivos. Y sin embargo toda esa selva biomatemática y biofísica es radicalmente reducible en cada entidad e individuo si seleccionamos las categorías más básicas, que por cierto están completamente ligadas al cálculo elemental y la mecánica de medios continuos, y son mucho más simples de lo que se piensa.

Se ha acumulado una evidencia histórica aplastante de que la comprensión de la vida es un gran estorbo para su libre manipulación, y sólo interesa en la medida en que asiste a esa manipulación. Hay por tanto un gran interés en esconderse detrás de la complejidad. Desnudar los objetos de conocimiento científico es desnudar al poder.

En la segunda mitad del siglo XX, y por los mismos años en que emergían los modelos estándar de física de partículas y cosmología, floreció un abanico de intentos teóricos de lidiar con la complejidad, con vocación de universalidad y diversa fortuna: la cibernética de primer y segundo orden, la teoría de sistemas, la teoría de las catástrofes de Thom, los sistemas disipativos alejados del equilibrio de Prigogine, los sistemas dinámicos no lineales y el caos determinista, el orden espontáneo y la autoorganización, las ciencias de la computación, el neodarvinismo digital, la inteligencia artificial y un largo etcétera.

Todas ellas se postulaban como disciplinas nuevas a la vez que como horizonte interdisciplinar; de esta forma evitaban cuestionar los logros de las ciencias más antiguas y trataban de abordar cada una a su manera todo ese espesor del mundo real fuera del alcance de las grandes leyes. Si en física fundamental Wigner expuso su asombro ante la «irrazonable eficacia de las matemáticas», en terrenos como la biología, epítome de la complejidad, estas exhibían, a decir de Gelfand, una «irrazonable ineficacia».

Pero ambos estaban equivocados. La eficacia de la matemática en física es todo menos irrazonable puesto que lo que se ha hecho desde Newton es una ingeniería inversa asignando las variables para llegar a los resultados conocidos, generalizando la ecuación luego y finalmente declarándola universal. Por otro parte, la ineficacia de la matemática en la biología tampoco podía ser menos irrazonable si pretendía aplicar el mismo método.

Aunque había y hay mucho espacio en medio, los teóricos de la complejidad nunca han acertado a verlo porque parecía suicida cuestionar la aplicación de la matemática a la física en vista de sus éxitos y del poder predictivo de sus métodos. Pero siempre es el poder lo que nubla la razón.

En cuanto a nuestras actuales teorías de la inteligencia, natural o artificial, mejor es no calificarlas. El mero ejemplo de la pelota demuestra suficientemente que no nacemos ni normalmente actuamos por medio de dígitos, algoritmos, datos, reglas, representaciones, software, subrutinas, memorias, modelos, programas, símbolos, códigos, decodificadores, procesadores, información, conocimiento y toda esa chatarra. La misma idea de la «inteligencia como predicción» resulta patentemente falsa, pues el corredor no está prediciendo a dónde va la pelota, sino que simplemente intenta mantenerse en un mismo ángulo.

¿Tendremos el valor y las ganas de extraer las debidas consecuencias? Aunque a muchos les cueste creerlo, nuestra inteligencia individual y colectiva se aísla cada vez más de la realidad. Nuestra relación con ella se va haciendo más parcial y más selectiva, y eso nos hace cada vez más frágiles y más temerosos, en lugar de más sabios y libres. Ahora eso es bueno para el poder y nefasto para el hombre; pero podría ser al contrario si no dejamos que nos digan lo que hay que buscar.

Los ingenieros no saben por qué el cálculo funciona, pero esperan que los físicos lo sepan. Los físicos no saben por qué el cálculo funciona, pero esperan que los matemáticos lo sepan. Los matemáticos no saben por qué el cálculo funciona, pero esperan que nadie lo sepa.

La relación entre descripción y predicción determina todos los balances internos y la producción externa de la tecnociencia, así como su nivel de inteligibilidad. También nuestra idea de la ley natural, puesto que creemos más en las leyes en la medida en que la regularidad predecible no está soportada por una descripción igual de satisfactoria. Hoy el desequilibrio en favor de la predicción es extremo, y eso mismo es lo que, para bien y para mal, restringe el horizonte.

De hecho existen un gran número de objetos matemáticos y procesos físicos mucho más simples que van mucho más allá de nuestros cada vez más limitados intereses. No son los antiguos los que creían en la Tierra plana, sino nosotros, y en un sentido muy definido cada día la vamos aplanando más. El potencial del ser humano sigue estando intacto, pero no es explotándolo como si fuera un pozo de petróleo que vamos a descubrirlo.

Hoy la verdad es un mero auxiliar, del mismo modo que la inteligencia es un auxiliar y un siervo; una reacción a fuerzas que se le escapan. Cambiar esta situación requiere incluso algo más que buscar la verdad por sí misma, pues la verdad es algo con lo que se confronta el intelecto, mientras que compenetrarse con la realidad que nos sustenta requiere un cierto temple. Tanto el objeto como el sujeto no son más que pensamientos, pero aquello en torno a lo que giran es tan real como se puede desear.

EL CÁLCULO Y EL MUNDO
23 diciembre, 2023

Los ingenieros no saben por qué el cálculo funciona, pero esperan que los físicos lo sepan. Los físicos no saben por qué el cálculo funciona, pero esperan que los matemáticos lo sepan. Los matemáticos no saben por qué el cálculo funciona, pero esperan que nadie lo sepa.

Casi siempre es divertido escuchar calificativos como «burgués» o «pequeño-burgués» viniendo de quienes vienen, y sin embargo la actividad burguesa por excelencia, el cálculo, nunca ha sido objeto de críticas incisivas en sus propios términos, por más que los matemáticos no hayan cesado de discutir sobre sus fundamentos.

Pero el cálculo infinitesimal es algo más, mucho más, que un vicio privado o virtud pública burguesa. Dentro de la matemática, fue inicialmente el medio técnico por antonomasia para proyectar el número sobre la geometría como su objeto, y para volver desde esta al número con la ayuda inestimable del álgebra. Y es, también con la inestimable ayuda del álgebra, la última palabra del reino de la cantidad sobre el cambio en el mundo físico —hasta tal punto que toda nuestra idea del mundo físico y de los cambios de todo tipo que en él acontecen han sido conformados por él.

Y sin embargo todos admiten, y el matemático el primero, que a las descripciones cuantitativas del cambio aún se le escapa casi todo entre los incontables filtros de sus poderosos métodos. Nada de esto es un obstáculo para su progreso, puesto que su objetivo principal fue siempre la predicción de variables aisladas, no las descripciones de conjunto. Y así se desarrollaron dos tipos de ciencias, las descriptivas y las predictivas.

Pero entre tanto el cálculo mismo ha trastocado por entero nuestra idea, no sólo del análisis, sino también de una descripción que se le subordina. En lugar de determinar la geometría a partir de las consideraciones físicas, derivando de ellas la ecuación diferencial, desde Leibniz y Newton se establece primero la ecuación diferencial y luego se buscan en ella las respuestas físicas. Ambos procedimientos están muy lejos de ser equivalentes, pero la misma creencia en la realidad de los diferenciales se sigue del procedimiento adoptado.

El cálculo diferencial, y con él toda la aplicación de la matemática al cambio, ha oscilado entre la idealización y la racionalización, entre la idea de infinitesimal y el concepto de límite; sin embargo ha mantenido la idea básica de una velocidad instantánea, una imposibilidad que la más elemental razón rechaza. La misma prueba moderna del límite, ya completamente abstraída de las aplicaciones iniciales, viene definida por diferenciales finitos o intervalos, no por puntos, lo que demuestra que la celebrada fundamentación del cálculo en absoluto es racional y que sólo pretende asegurar la validez de los resultados. Si funciona, tiene que ser por algo que no se dice.

No puede encontrarse mejor ejemplo de cómo de ir de extremo a extremo en absoluto nos garantiza comprender un problema. «El ignorante no lo alcanza, el inteligente lo sobrepasa».

La única fundamentación aceptable debería venir de los métodos de diferencias finitas, que hoy en día se usan sólo como auxiliares y tampoco se han sometido a una clarificación y simplificación. Por lo que sé, sólo Miles Mathis ha dado en el blanco y ha logrado tal simplificación iluminando, trescientos y pico de años después de Leibniz y Newton y dos mil doscientos después de Arquímedes, el concepto del diferencial constante; y en tiempos como estos a nadie debe extrañar que estas consideraciones sólo se presenten al margen de la academia y la comunidad matemática.

Afortunadamente la realidad es más vasta que la academia. Piénsese en el problema de calcular la trayectoria de la pelota tras un batazo para cogerla —evaluar una parábola tridimensional en tiempo real. Es una habilidad ordinaria que los jugadores de béisbol realizan sin saber cómo la hacen, pero cuya reproducción por máquinas dispara todo el arsenal habitual de cálculos, representaciones y algoritmos.

Sin embargo en su momento se demostró de forma más que convincente que lo que hacen los jugadores es moverse de tal modo que la bola se mantenga en una relación visual constante —en un ángulo constante de movimiento relativo—, en lugar de hacer complicadas estimaciones temporales de aceleración como se pretendía. ¿Puede haber alguna duda al respecto? Si el corredor hace la evaluación correcta, es precisamente porque en ningún momento ve nada parecido al gráfico de una parábola. El método de Mathis, completamente de espaldas al ejemplo, equivale a tabular esto en números.

El problema es que este método que nos pone el cálculo en la palma de la mano es mucho menos «flexible» que los procedimientos, notoriamente heurísticos, del cálculo operando por límites —puesto que el paso al límite ya es una operación sintética. De hecho, en ocasiones ni siquiera se encuentran las soluciones por las que el cálculo estándar tanto se afana. Sin embargo, esta limitación también es su mayor virtud. Puesto que si el principio del diferencial constante es indudable, y a veces no encuentra esas soluciones, más bien se debería preguntar: ¿con respecto a qué son estas soluciones falsas? Si se hiciera esto, el análisis, además de buscar soluciones, tendría lo que ahora le falta, e incluso tal vez empezaría a hacer honor a su nombre.

Sí, el rigor es el honor de los matemáticos, y el cálculo tiene un fundamento riguroso. Pero son los resultados conocidos los que han encontrado fundamento, no el medio de obtenerlos. Sigue habiendo un abismo entre una cosa y otra; y lejos de tratarse de una disputa sobre pormenores técnicos, este es el asunto principal. El cálculo es la tierra media del intelecto y define el comercio de este con la realidad.

O más bien habría que decir que el cálculo, que define el contorno de nuestro comercio con la realidad, es lo que mejor oculta esa tierra media. El criterio de evaluación del cálculo es la existencia de soluciones, un criterio positivista. El criterio del diferencial constante es propiamente crítico, nos permite ver en torno a qué se mueve la búsqueda de soluciones en aplicaciones reales.

Lo extraordinario aquí es que tenemos el nexo común entre conocimiento formal y conocimiento informal, o entre lo formalizable y lo informe. Puesto que la matemática es ante todo una ciencia de formas, de esto pueden derivarse incontables consecuencias. La sabiduría convencional diría que aquí puede haber una instancia que conecta lo cuantitativo y lo práctico o intuitivo, pero esa es, típicamente, la forma más superficial de ver las cosas.

El camino medio o método directo del que hablamos se ríe en la cara del corriente «paradigma computacional» y su fervoroso operacionalismo. Jakob Fries postuló en su día la existencia de un *conocimiento no intuitivo inmediato*, que una crítica no menos superficial se empeñó en confundir con la intuición y la psicología. La doble aplicación formal y práctica del diferencial constante demuestra, tanto como pueda desearse, lo grosero de esta confusión.

En la primera parte de la *Ciencia de la Lógica*, Hegel dedica un gran espacio a discutir el cálculo infinitesimal y su relación con los más importantes conceptos y categorías, como la cantidad, la cualidad, la medida, el infinito, el límite, el cambio y el movimiento, etcétera. En descargo del filósofo romántico hay que decir que sus consideraciones son incluso anteriores al Curso de Cauchy, esto es, al actual fundamento en el límite.

Con todo sigue siendo cierto que el análisis matemático moviliza en profundidad nuestras principales categorías; sólo que la dialéctica hegeliana era demasiado tentativa y especulativa como para sacar las conclusiones adecuadas. Hegel quiso unir en una sola la filosofía técnica asociada a la ciencia y la filosofía de la historia y el devenir ordinario, pero está claro que su intento era demasiado ambicioso y prematuro.

A mediados del siglo XX surgió, dentro de la matemática más autoconsciente y abstracta, la llamada *teoría de categorías*, que culminaba el viejo sueño de Aristóteles de hacer explícitas las relaciones entre la geometría y la lógica y con ellas las categorías de los conceptos, y que hoy puede aplicarse a todo tipo de espacios de datos de infinitas dimensiones. Es ahora que esta matemática tan aparentemente enrarecida comienza a descender a la matemática aplicada para intentar clarificar su rampante torre de Babel.

En matemáticas, saber cómo se llega a las soluciones suele ser más importante que las soluciones mismas. Esto fue siempre así, pero con los nuevos sistemas de aprendizaje automático que aplican filtros estadísticos a muchos niveles simultáneamente, el problema adquiere nuevas dimensiones.

La teoría de categorías, que hoy se aplica entre otras cosas a lenguajes de programación, surgió de la necesidad de una guía en cálculos complicados con paso al límite a caballo entre diferentes «espacios» matemáticos. Supone un nuevo método axiomático con una estrategia muy distinta a la del formalismo y el logicismo del primer tercio del siglo XX, basado en la teoría de conjuntos, en que la lógica permanecía externa a la geometría. Aquí la lógica es interna y la idea de fundamento no tiene pretensiones absolutas sino que apela al sentido común.

William Lawvere, uno de los grandes impulsores de la teoría de categorías, ha tratado extensamente de la dialéctica entre fundamentos y aplicaciones; de hecho él mismo ha intentado recuperar para la matemática el hilo conductor de la *Lógica* de Hegel, la unidad de los opuestos, aplicándolo a la física.

Pero a los persistentes intentos de hacer descender estas nuevas categorías al terreno práctico les sigue faltando un criterio sólido. El famoso dicho de que Sócrates hizo descender la filosofía del cielo a la tierra, es oportuno para hacer otra comparación.

En el diálogo platónico *Menón*, —una indagación sobre la virtud— Sócrates le plantea preguntas a un joven esclavo sin más cultura que su conocimiento del griego dibujando un cuadrado en el suelo y luego otro. Tras un hábil interrogatorio, preguntándole por la longitud que debe tener el lado del segundo cuadrado para que su área doble la del primero, y tras fases intermitentes de estupefacción, consigue alumbrar en él la idea de los números irracionales, que según se ha dicho supuso en la antigüedad la primera gran crisis de la matemática. Sócrates se precia de no haber instruido al esclavo embutiéndole un conocimiento ajeno, sino tan sólo de hacerle comprender algo «sacándolo de su propio fondo» cuestionando sus primeras respuestas.

Este célebre pasaje ha tenido una perdurable influencia. No sólo filósofos como Fries —el más escrupuloso de los liberales y el archirrival de Hegel en lógica— o Leonard Nelson vieron en él el camino hacia el conocimiento axiomático indudable, sino que el mismo Weierstrass que remató la fundamentación del cálculo escribió un artículo considerando el método socrático como válido para la matemática pura.

Pero si el intento de autodeterminación del pensamiento en Hegel ha sido calificado tan a menudo de infundado, los intentos de «fundamentar la verdad» en sistemas de axiomas, como es sabido por todos, también se estrellaron en su día contra la pared; lo que en absoluto ha afectado a la vitalidad de la matemática. Aunque a decir verdad, Fries no tenía las pretensiones formales de sus continuadores.

El método socrático, diríamos en esta época, procede por falsación de hipótesis, y en este sentido es totalmente compatible con el método científico moderno —sólo que la falsación en las ciencias experimentales es un asunto del todo diferente que en las ciencias formales. Sin embargo, desde la fundamentación axiomática del cálculo los mismos matemáticos han sostenido la idea de que el análisis pertenece a la matemática pura, cuando en realidad es matemática aplicada. Esto, que no puede reconocerse dentro de las presentes definiciones, es algo que se hace patente bajo el criterio del diferencial constante, y Mathis no ha dejado de insistir en ello.

Esto equivale a decir que el cálculo tiene un «criterio interno» de falsación hasta ahora inadvertido, si bien también significa, como no podía ser de otra forma, que el cálculo o análisis no es un dominio cerrado. El cálculo de diferencias finitas tiene un criterio más restringido que las manipulaciones algebraicas del cálculo estándar, tan a menudo ilegales pero justificadas por la obtención de soluciones.

Así pues, si en el nuevo método axiomático de categorías la intuición juega un papel bastante convencional de vínculo entre la matemática pura y la aplicada, aquí el vínculo está ya concretado en el criterio mismo del cálculo y, al menos en principio, no necesita apelar a la intuición en absoluto.

Si nuestra alta matemática quiere descender de lleno al mundo real, no encontrará un mejor hilo conductor. Claro que eso supondría seguramente falsar o cuestionar buena parte de los fundamentos modernos del cálculo, la geometría algebraica, y prácticamente todas las ramas de la matemática. En condiciones normales, algo así ni siquiera se contempla. Sin embargo lo que aquí se plantea es un punto de inflexión para las relaciones entre la matemática y el mundo real.

Siendo el cálculo omnipresente, ciertamente no faltan objetos para poner a prueba esta piedra de toque. Tómese por ejemplo la mecánica cuántica, inagotable fuente de perplejidad para legos y expertos por igual, y motivo de todo tipo de disputas sobre qué es la realidad. El análisis dimensional y la teoría de la medida de esta mecánica adquieren un significado completamente diferente cuando se basan sólidamente en el cálculo de diferencias finitas y se aplican a las múltiples relaciones de incertidumbre o a la constante de Planck, que en contra de lo que se piensa no tiene una relación directa con las anteriores. Y, a su vez, este nuevo panorama permite arrojar nueva luz sobre otras muchas ramas de la matemática y el método científico. También, de paso, sobre un análisis económico tan lleno de sofismas y vacuas sofisticaciones.

La teoría de categorías, tal como la concibieron Lawvere y otros, propone una nueva fundamentación derivada de las aplicaciones, y un nuevo horizonte de concentración y unificación del conocimiento. Pero sin un criterio independiente para el cálculo es imposible llegar al fondo de nada. Sócrates no hubiera tenido dudas sobre qué método es preferible, ni tampoco el esclavo del *Menón*, pero los hombres de ciencia modernos parecen demasiado preocupados por no romper los huevos ajenos.

No es casual que el mismo Lawvere se haya ocupado tanto de la enseñanza del cálculo para legos como de ramas aplicadas tan complejas como la mecánica de medios continuos. Piénsese en las ramas más arduas de la matemática aplicada, en auténticas junglas como la biomatemática. Por un lado hasta hace poco había muy poco interés en las instituciones por desarrollar una teoría unificada de la biofísica, puesto que hay mucho más interés en manipular experimentalmente la vida que en comprenderla realmente. Ahora sin embargo esto ha cambiado radicalmente desde el tratamiento masivo de datos, pero de nuevo el objetivo no es la comprensión, sino la vigilancia, la dependencia y el control.

Es como en las redes de aprendizaje automático, en que se exhorta a los expertos a no intentar comprender cómo se llega a resultados, y a centrarse en los objetivos. Y sin embargo toda esa selva biomatemática y biofísica es radicalmente reducible en cada entidad e individuo si seleccionamos las categorías más básicas, que por cierto están completamente ligadas al cálculo elemental y la mecánica de medios continuos, y son mucho más simples de lo que se piensa.

Se ha acumulado una evidencia histórica aplastante de que la comprensión de la vida es un gran estorbo para su libre manipulación, y sólo interesa en la medida en que asiste a esa manipulación. Hay por tanto un gran interés en esconderse detrás de la complejidad. Desnudar los objetos de conocimiento científico es desnudar al poder.

En la segunda mitad del siglo XX, y por los mismos años en que emergían los modelos estándar de física de partículas y cosmología, floreció un abanico de intentos teóricos de lidiar con la complejidad, con vocación de universalidad y diversa fortuna: la cibernética de primer y segundo orden, la teoría de sistemas, la teoría de las catástrofes de Thom, los sistemas disipativos alejados del equilibrio de Prigogine, los sistemas dinámicos no lineales y el caos determinista, el orden espontáneo y la autoorganización, las ciencias de la computación, el neodarvinismo digital, la inteligencia artificial y un largo etcétera.

Todas ellas se postulaban como disciplinas nuevas a la vez que como horizonte interdisciplinar; de esta forma evitaban cuestionar los logros de las ciencias más antiguas y trataban de abordar cada una a su manera todo ese espesor del mundo real fuera del alcance de las grandes leyes. Si en física fundamental Wigner expuso su asombro ante la «irrazonable eficacia de las matemáticas», en terrenos como la biología, epítome de la complejidad, estas exhibían, a decir de Gelfand, una «irrazonable ineficacia».

Pero ambos estaban equivocados. La eficacia de la matemática en física es todo menos irrazonable puesto que lo que se ha hecho desde Newton es una ingeniería inversa asignando las variables para llegar a los resultados conocidos, generalizando la ecuación luego y finalmente declarándola universal. Por otro parte, la ineficacia de la matemática en la biología tampoco podía ser menos irrazonable si pretendía aplicar el mismo método.

Aunque había y hay mucho espacio en medio, los teóricos de la complejidad nunca han acertado a verlo porque parecía suicida cuestionar la aplicación de la matemática a la física en vista de sus éxitos y del poder predictivo de sus métodos. Pero siempre es el poder lo que nubla la razón.

En cuanto a nuestras actuales teorías de la inteligencia, natural o artificial, mejor es no calificarlas. El mero ejemplo de la pelota demuestra suficientemente que no nacemos ni normalmente actuamos por medio de dígitos, algoritmos, datos, reglas, representaciones, software, subrutinas, memorias, modelos, programas, símbolos, códigos, decodificadores, procesadores, información, conocimiento y toda esa chatarra. La misma idea de la «inteligencia como predicción» resulta patentemente falsa, pues el corredor no está prediciendo a dónde va la pelota, sino que simplemente intenta mantenerse en un mismo ángulo.

¿Tendremos el valor y las ganas de extraer las debidas consecuencias? Aunque a muchos les cueste creerlo, nuestra inteligencia individual y colectiva se aísla cada vez más de la realidad. Nuestra relación con ella se va haciendo más parcial y más selectiva, y eso nos hace cada vez más frágiles y más temerosos, en lugar de más sabios y libres. Ahora eso es bueno para el poder y nefasto para el hombre; pero podría ser al contrario si no dejamos que nos digan lo que hay que buscar.

Los ingenieros no saben por qué el cálculo funciona, pero esperan que los físicos lo sepan. Los físicos no saben por qué el cálculo funciona, pero esperan que los matemáticos lo sepan. Los matemáticos no saben por qué el cálculo funciona, pero esperan que nadie lo sepa.

La relación entre descripción y predicción determina todos los balances internos y la producción externa de la tecnociencia, así como su nivel de inteligibilidad. También nuestra idea de la ley natural, puesto que creemos más en las leyes en la medida en que la regularidad predecible no está soportada por una descripción igual de satisfactoria. Hoy el desequilibrio en favor de la predicción es extremo, y eso mismo es lo que, para bien y para mal, restringe el horizonte.

De hecho existen un gran número de objetos matemáticos y procesos físicos mucho más simples que van mucho más allá de nuestros cada vez más limitados intereses. No son los antiguos los que creían en la Tierra plana, sino nosotros, y en un sentido muy definido cada día la vamos aplanando más. El potencial del ser humano sigue estando intacto, pero no es explotándolo como si fuera un pozo de petróleo que vamos a descubrirlo.

Hoy la verdad es un mero auxiliar, del mismo modo que la inteligencia es un auxiliar y un siervo; una reacción a fuerzas que se le escapan. Cambiar esta situación requiere incluso algo más que buscar la verdad por sí misma, pues la verdad es algo con lo que se confronta el intelecto, mientras que compenetrarse con la realidad que nos sustenta requiere un cierto temple. Tanto el objeto como el sujeto no son más que pensamientos, pero aquello en torno a lo que giran es tan real como se puede desear.

ANTIPROMETEO

20 enero, 2021

El asco de Prometeo

He oído decir que están despellejando vivos a científicos en las calles. De ser cierto, no creo que aparezca nunca en los medios de comunicación. Claro que no sólo lo he oído, sino que lo he presenciado una y otra vez. En sueños, claro; pero eso no me resulta más tranquilizador. Al contrario. Hoy es mucho más fácil falsificar una noticia o un vídeo en la red, que tener sueños que se repiten.

No detallaré estos sueños, que en parte he podido olvidar; sólo diré que cuando se reproducen asisto a todo ello sin miedo ni rechazo, con una inconcebible indiferencia que no tendría si estuviera viendo algo parecido en una pantalla. Por más que esas visiones me sitúen dentro mismo de los acontecimientos, y no como un mero espectador.

No tengo una opinión definitiva sobre la naturaleza de esas visiones que me frecuentaban hace mucho tiempo, bastantes años antes de llegar a este 2020 que ahora acaba. Nuestra relación con el mundo imaginal está modificándose continuamente, paralelamente a nuestro monstruoso abuso de las imágenes y sus prestigios. En general, no puedo estar sentado viendo vídeos ni películas ni nada parecido, violaciones de la psique que apuntan su escalpelo al centro de tu cerebro.

¿Y por qué científicos, podría preguntar un cándido, en vez de banqueros o fabricantes de opinión? Tampoco tengo ni idea, ni creo que se tratase de científicos tan solo. Si esto llegase a ocurrir en el mundo real tal vez dijeran que es porque tienen menos protección, aunque yo sí creo que el poder protege a sus activos lo mejor que puede. De hecho este sistema los protege demasiado de la realidad.

Cuando se nos quiere presentar una imagen de la "ciencia perversa", siempre se nos acaba contando, cómo no, historias de médicos nazis. Historias que quisiéramos que fuesen falsas, dado que muchos de esos activos emigraron a los Estados Unidos para enseñar y transmitir lo mejor de su experiencia.

Más que ciencia perversa, que ya hay en abundancia, lo que tenemos es ciencia necia, ciencia sin la menor idea de qué es lo que se está manipulando ni de sus consecuencias. Bouvard y Pécuchet son más de temer que todas esas películas de horror, y su "espíritu" se ha demostrado incontenible.

Tampoco creo que mis sueños tengan nada que ver con la presente epidemia y el origen del coronavirus, cuestiones que preferiría eludir por completo ya que es de otras cosas que quiero hablar. Con todo no me resistiré a hacer algunas acotaciones puntuales dado que el presente parece flotar en un punto de inflexión que afecta a periodos más amplios y en tal sentido los revela.

Por supuesto ni tengo ni puedo tener idea de si el dichoso virus es una mutación natural o ha salido de los laboratorios; ambas cosas pueden ser igual de probables, según el experto al que preguntes. Parece prácticamente imposible demostrar que no es una mutación natural, y aquí estaría fuera de lugar acusar a los investigadores de una responsabilidad específica. Y además, me cuesta creer que este virus sea más peligroso que otras muchas gripes que ha habido, como la del 68 u otras mucho más recientes que dejaron gran mortandad. Me preocupa mucho más nuestra actitud ante la tecnociencia en general; pero esto mismo ya se pone en evidencia con la cobertura informativa de la epidemia.

Doy por descontado que no hay una posición de "la ciencia" al respecto y que nadie puede hablar en nombre de toda la comunidad de científicos. Los que nos están hablando son simplemente aquellos a los que se les da voz, con todo lo que eso significa, y no hay que darle más vueltas al asunto.

Claro que tampoco deberíamos desviar y diluir la atención como de costumbre diciendo que la culpa es de superpoblación, el desarrollo, el capitalismo, el estrés sistémico de las especies y la zoonosis. ¿Por qué los medios ignoran artículos como este de 2015[1] de una publicación bien prestigiosa, en que un nutrido grupo de investigadores, después de mostrar su preocupación por la transmisión de nuevos virus entre especies debido a la creciente "presión ambiental", nos describen con detalle aunque de forma altamente velada la creación en laboratorio de un coronavirus quimérico partiendo de los de un murciélago?

Es una buena muestra de cómo funcionan hoy las cosas: los investigadores quieren preciarse de su hazaña tanto como puedan, ocultando al mismo tiempo en lo posible la naturaleza de sus acciones. Como es sabido, se llaman "quimeras" a la creación artificial de organismos con genes de diferentes especies. Y es el colmo de la hipocresía[2] puesto que estos investigadores no saben qué más decir para que se valore debidamente el hecho de que, antes de su creación, el riesgo de salto de especies no existía.

No hay por qué pensar que este sea necesariamente el origen del virus, y además las manipulaciones vienen de mucho antes; pero tanto la forma en que se presenta el avance, como la manera de ignorarlo en los medios, nos dan una idea del penoso estado del asunto. Es mucho más fácil echarle la culpa a vendedores de murciélagos y de tortugas que no tienen ningún grupo de presión que los defienda, como tampoco lo tenemos nosotros ante la agresión permanente de la desinformación.

Tan sólo a título de muestra, aquí tenemos otro artículo[3] que nos recuerda los masivos y muy recientes experimentos quiméricos *in vivo* en el antiguo gueto negro de Soweto, para mezclar células embrionarias humanas y células de cerebro de ratón. No sabemos desde entonces cuántas personas del lugar llevan en sus propias células genes de monos y otros animales. El que no lo crea que lea detenidamente el texto.

Hay múltiples formas de producir una quimera humano/animal y las corporaciones y sus investigadores aprovechan espacios como Soweto para intentar agotar todas las posibilidades. No hay otro límite que hasta donde la Naturaleza se deje violar. Cabe decir, incidentalmente, que muchos de estos experimentos están directamente relacionados con vacunas y en particular con vacunas contra el COVID-19.

De hecho el nombre de una de las primeras pruebas de la vacuna, la ChAdOx1 nCoV-19, que a estas alturas ya habrá cambiado de nombre varias veces, es una simple abreviatura de "chimpancé-adenosina-Oxford". No voy a entrar en detalles que cualquiera puede investigar. La cuestión no es sólo por qué no se nos informa del origen de estas vacunas y de lo que se está haciendo en microbiología en general, sino por qué permitimos que este tipo de investigaciones ocurran. Lo realmente increíble, junto al silencio de los medios, es nuestra indiferencia.

En otras épocas se hubiera preferido morir a beneficiarse de estos alevosos crímenes contra la naturaleza y la dignidad humana. La mera idea de querer salvarse con semejantes medios ya da asco, y esto nos lleva al auténtico objeto de este artículo.

Pues lo que me preocupa es un asco mucho más fuerte y temible que el asco humana. Hablo del asco de Prometeo ante lo que ha resultado de su empeño. El patrón y numen de la civilización humana que nos ha conformado, el mismo que, según nos dicen, asumió con orgullo un tormento eterno por las consecuencias de su hazaña, justo ahora que huimos del dolor ya no quiere sufrir más por nosotros. Ya no asume a su criatura sino que la rechaza por completo. Y mientras, algunos se imaginan que van a tomar el cielo por asalto.

Hay un arcano muy oscuro en Prometeo; un arcano que para el ser humano tiene que ser por necesidad anterior a los dioses, al Dios único del monoteísmo y a cualquier idea de unidad. Y quién puede dudar de que ese arcano se ha vuelto ya contra nosotros; a quién se le ocurriría pensar que el indomable y noble Prometeo aún podría estar de nuestro lado. Una epidemia entre tantas no es nada en comparación con su rechazo.

Este es el gran vuelco de las edades, pero no tenemos ni la menor idea de a qué escala de tiempo se produce; por algo ha sido dicho que los mitos nunca ocurrieron pero son siempre. Su proyección sobre la historia, más que mera conjetura parece simple confusión; sin embargo los propios mitos no se dejan encerrar en una forma y este no es menos: no sabemos qué fue finalmente de Prometeo, hay variantes de la historia, especulaciones, conjeturas.

Tampoco sabemos más sobre el destino del ser humano, pero sería demasiado grosero confundir a Prometeo con el hombre. Prometeo es siempre y por definición una fuerza que nos está modelando y que por tanto nos resulta externa. El mito nos dice que Prometeo se apiadó de la indefensión del hombre ante la naturaleza; el descenso del fuego tuvo como objeto que ese ser la padeciera menos, no que él la atormentara.

Tuvo que existir un periodo muy largo desde el surgimiento del fuego a su uso indiscriminado, tiempo que por otro lado se comprime a medida que aumenta la llamada discriminación científica. Pero, olvidándonos ahora de la ciencia, es imposible que aquel lejano ancestro alumbrado por semejante nuevo don se precipitara a usar el fuego como un maleante para incendiar los bosques y hacer batidas de caza. A eso sólo se pudo llegar mucho después.

Debió haber un gran lapso, inmensurable en términos de años, de acuerdo e infinito cuidado del fuego y con el fuego, y que ha de coincidir con el enorme periodo de gestación del lenguaje; y el lenguaje que modela los contornos de la mente vela ese otro lado del fuego que ya no sabemos ver ni tan siquiera sentir.

Descendemos sin duda de los profanadores del fuego, de aquellos primeros maleantes e incendiarios, pero no exclusivamente de ellos.

* * *

Nuestras ideas se ajustan a nuestros actos y no al revés. Como mucho también se ajustan a lo que queremos hacer, e incluso a lo que no hacemos, pero nunca al contrario. Sólo esto explica nuestra ceguera al nivel más básico, en la ciencia, en la técnica, y en todo lo demás.

Alejados de los dioses, sin el apoyo de los titanes, el hombre no puede durar. Pero es mucho más terrible la náusea de Prometeo que su furia; si su ira se desencadenara sólo daría para un apocalipsis nuclear, algo que después de todo es mil veces preferible a la pérdida de la dignidad a la que nos abocamos. La náusea es otra cosa. Cioran ya presintió ominosamente que estábamos al borde de una segunda caída más lamentable que la primera, que nos sacaría "del tiempo para entrar en la eternidad de abajo" —muy probablemente alguna suerte de subhumana imbecilidad. Tampoco cabe excluir que ira y náusea coincidan en un mismo golpe.

Sería la consecuencia más lógica, además de merecida, de la recalcitrante malversación de nuestros talentos y facultades. Si no hemos llegado todavía a ello es más por incapacidad que por falta de ganas. Ya dijimos en otro lugar[4] que la manipulación biotecnológica tiene potencial de sobra para convertirse en la última y definitiva gran conflagración geopolítica, porque nos obligará a definir nuestra posición al respecto y eso hará que salten en pedazos los alineamientos basados en cálculos de intereses.

La gran mayoría no desea semejantes avances por más que intenten vendérnoslos como deseables. ¿Cómo es que nos los dejamos imponer, y cómo es que no levantamos la voz? Por supuesto, hoy los estados tienen una excusa para seguir con la investigación en guerra biológica en nombre de la defensa nacional, pero si hubiera espacio para la sensatez se dejarían de excusas y se esforzarían por llegar a un acuerdo rotundo y sin letra pequeña.

Desgraciadamente, esto es más que improbable. ¿Y qué decir de la investigación de las corporaciones que busca "optimizar" beneficios con esta actividad? Por no hablar de los poderosos, que siempre acarician las promesas de prolongar indefinidamente sus tristes vidas. Los jueces y legisladores también tienen una enorme responsabilidad que eluden de manera indigna.

Ahora bien, si está claro que la soberanía de casi todos los estados es hoy una ficción legal, que no crean los poderosos que impulsando la manipulación de la vida van a consolidar su poder, ya que por el contrario van a perder los últimos restos de legitimidad a los que se agarran y de los que penden. Esto es tan meridianamente claro, que sólo la realimentación con sus propias narrativas les hace soñar lo contrario. Todavía me cuesta creer que puedan cometer tamaño error.

Si uno busca a menudo posibles soluciones a problemas económicos, no es porque crea que la economía gobierna el mundo, sino porque hasta al mismo diablo hay que permitirle la oportunidad de retroceder. Pero en economía las cuestiones se demoran y negocian continuamente, con los resultados que sabemos, y a beneficio de quienes sabemos, puesto que son ellos mismos quienes definen los términos. Lo mismo vale para una política completamente secuestrada y mercantilizada.

Aquí en cambio hay cosas absolutamente innegociables. No hay que esperar ningún beneficio de la manipulación biológica; el beneficio es sólo para ellos, pero la desgracia será para todos. Ahora podemos ver claramente que la gente que está detrás de todo esto odia a la humanidad, pues, ¿qué otra cosa puede ser el tratar por todos los medios de violar las barreras que la definen como especie? Así que lo único que nos queda es defendernos como especie y odiarlos a ellos a muerte y con todo nuestro corazón.

Odiar al mal está bien, y ellos son la más acabada expresión del mal hasta la fecha. Si no odiamos lo que están haciendo, es sólo porque ni lo vemos ni lo comprendemos. ¿Y cómo podríamos hacerlo si ni siquiera ellos lo comprenden? Quiero hacer primero un decidido llamamiento al odio contra esta enormidad, puesto que no odiarla es igualarse a lo inhumano, y allanar el nivel para la desgracia que nos ronda. Recordemos por si hiciera falta que la muerte no es una desgracia.

Científicos e intelectuales por igual nos han estado asegurando que no hay bien ni mal y que el mismo concepto de humanidad es un globo hinchado a fuerza de pulmones; pero en vista de lo que empezamos a saber, eso es más ridículo que nunca. Y está más claro que nunca, que sí que hay bien y hay mal, y hay humanidad, pero que todo eso es un estorbo para algunos. Pues bien, por más que lo intenten, ellos no serán un estorbo para lo que vamos a hacer.

Porque a diferencia de ellos, nosotros sí tenemos algo que hacer y una misión muy concreta que cumplir. Una misión que a ellos no les importa lo más mínimo, aunque seguramente les concierna.

No está en nuestra mano ni es nuestra intención levantar el puño para descargar un golpe contra nadie, como tampoco está en nuestra mano detenerlo. Nuestra misión es evitar el vómito de Prometeo, de esa misma entidad que un día sintió simpatía por el ser humano. Y tenemos los medios para lograrlo y acabar por fin con su tormento. Y sabemos lo que eso significa.

Los que piensan, tan instruidos, que no hay nada en el hombre que no sea político y social, están terriblemente equivocados. Esas opiniones son sólo parte de su impotencia y su fracaso. Ninguna narrativa basada en las vicisitudes del *homo economicus* nos va a sacar de este atolladero, como tampoco va a hacerlo ninguna narrativa basada en las vicisitudes del *homo politicus*. Ambas son inaptas e ineptas.

Lo mismo vale para los que creen que pueden abarcar y controlar el mundo a través de la Globalización. La globalización y todo el revuelto cultural del globalistán son productos derivados del proceso civilizador, y es éste y no aquella el que nos tiene en su torno.

Y lo mismo se aplica a la geoeconomía de los recursos que trata de modularse a través plataformas de expertos como la del «cambio climático» y otras muchas. Aquí si nos encontramos en una interfaz explícita entre el proceso civilizador y la naturaleza, pero estos mismos expertos, igual de inaptos e ineptos, son también juguetes en manos de unos poderosos aún más ciegos que ellos.

La promoción de la idea del cambio climático si que es un auténtico globo inflado, toda una operación psicológica para desviar la indignación hacia aspectos muy secundarios con respecto a lo que realmente importa. Operación psicológica que además intenta diluir responsabilidades muy particulares sobre el conjunto de la población, que será como siempre la que pague por ello. Es como ladrarle eternamente al capitalismo para no hacer nada ni con los capitalistas ni hablar siquiera de sus más que específicos instrumentos y emplazamientos.

Si hubiera un campo climático antropogénico, que aún estaría por demostrar, aún sería algo relativamente involuntario y en todo caso insignificante comparado con los crímenes de ultraprecisión y a conciencia contra las barreras mismas de la vida. Es de esto que quieren desviar nuestra atención y nuestra indignación.

Cualquier señuelo es bueno con tal de alejarnos del asunto, pues no son tan ignorantes como para no darse cuenta de que esto puede acabar con ellos. Entonces, según su lógica, es preferible acabar con la integridad de todos nosotros, y en eso es en lo que llevamos ya mucho tiempo.

El hecho de que hoy haya movimientos de protesta para casi todo y sin embargo callen ante estas infamias muestra hasta qué punto todos esos grupos están controlados desde arriba.

Sembrar la disonancia cognitiva entre las masas no les va a salvar de lo peor. Tampoco ha sido la paciencia de estas masas, sino una paciencia verdaderamente sobrehumana, la que ha evitado hasta ahora que eso ocurra.

Sintiendo lastimar el narcisismo de algunos pueblos, hay que decir también que el desmoronamiento y desintegración de los Estados Unidos, terrible como puede parecer, es otro de esos asuntos de poca monta en comparación con aquello de lo que estamos hablando. Son ya muchos los imperios que han caído, y son ya muchos los pueblos que han desaparecido, pero incluso los más viejos entre los que quedan son acontecimientos de última hora en un proceso de civilización del que en realidad sabemos tan poco.

Lo cual no quiere decir que la caída de esta Nueva Atlántida y su imperio no vaya a tener repercusiones. De hecho, podría coincidir en el tiempo con el irrevocable malogramiento de la humanidad.

Es falso que la deriva actual se deba a fuerzas totalmente impersonales del mercado o el capital, porque siempre hay una persona al final. Y es trasparente que esas personas prefieren la destrucción del género humano, de la naturaleza, y aun la suya propia, con tal de no quedar por debajo de otros. Este es el punto esencial, pues ni el más necio cree que el dinero es el fin y no un medio, y mucho menos los que están en lo alto de la cadena, aun si no les sobra la inteligencia. Ahora bien, no somos nosotros los que nos ponemos por encima de nadie, sino que son ellos solos los que así se sitúan tan por debajo de todo lo aceptable.

Si uno no puede hacer nada contra ellos, al menos que ellos no puedan hacer nada contra ti. No necesitas someterte a su cirugía cerebral y encima pagar alegremente por ello como se acostumbra. Pero el recableado sistemático también se extiende a los diversos consensos científicos que hoy se imponen a escala industrial.

El torno de Prometeo

Nuestra relación entre el saber y el poder siempre estuvo fuera de control, desde el primer día hasta los últimos desarrollos tecnocientíficos; pero sólo el poder y ese uso suyo distribuido que es la civilización nos ciega ante lo evidente del hecho.

La antropotecnia o modelado de lo humano es un proceso mucho más amplio que la relación entre ciencia y tecnología en el sentido que hoy le damos, y durante mucho tiempo vino definida sobre todo por las prácticas de la religión, el derecho y las técnicas, y las correspondientes teorías de la teología, la ley y el arte; con lo moderno, rumbo a la disolución, se multiplican los medios, y toman el relevo el mercado, la opinión, los grandes relatos, la propaganda, la publicidad, la banalización del arte, los artilugios y artículos de consumo, el cine y las teleseries, los videojuegos o internet. La relación entre ciencia y técnica en el sentido moderno describe innumerables círculos pero todos ellos giran dentro de un torbellino mayor de teorías y prácticas.

Lo que muestra que los rodeos y círculos tecnocientíficos no tienen realmente autonomía, moviéndose al compás de esa circulación más amplia. Las ciencias se manejan como pueden entre la objetividad y la objetivación, y las técnicas también aunque en sentido inverso. Pero la cuestión de la relación entre teoría y práctica no puede ser más general.

Si tuviéramos por delante tres o cuatro siglos para contemplarlo, tal vez veríamos que China, con el paso del tiempo, iría asimilando la ciencia abstracta occidental marcada por un fuerte componente teórico para transformar su propia teoría y las prioridades de su aplicación. Porque la forma china de pensar modifica lo teórico en función de lo práctico, mientras que nosotros pensamos que no hay nada más práctico que una buena teoría y una máxima generalización. Imaginemos que continuara durante todo ese largo lapso la interacción y competencia entre la civilización occidental y una o varias grandes civilizaciones orientales con auténtica autonomía cultural y política.

Si contáramos entonces con el tiempo para que esto sucediera, aprenderíamos por experiencia, interacción y competencia algo muy profundo sobre esta relación saber-poder que en las condiciones actuales, en que la ciencia occidental permanece sola como excepcionalidad, no podemos ponderar. Pero está claro que no tenemos tiempo para esperar a semejante proceso geohistórico, cuyo resultado aún sería de lo más incierto.

Existe, por así decir, un procedimiento de urgencia, si realmente intentamos ir al corazón del asunto. Porque cualquier proceso singular es en sí mismo una totalidad, pero una totalidad abierta que tiende con el tiempo a cerrarse. Y así, la singularidad que es el pensamiento y la ciencia de occidente también ha tenido una clara genealogía y dialéctica interna, de la que sólo hemos aprendido una simbólica mitad —simplemente, la mitad que se ha impuesto.

Precisamente en el siglo XVII que vio la eclosión de la revolución científica, Europa asistió a la pugna entre un cierto empirismo de las islas británicas y un cierto racionalismo continental, el primero inaugurado por Bacon y el segundo por Descartes. En realidad no se trataba sólo de una pugna filosófica o científica, sino sobre todo de una velada lucha por la forma y naturaleza que tendría que adoptar el saber-poder.

Toda la ciencia bastarda y sus prácticas de interrogación y tortura de la naturaleza para forzarla a revelar sus secretos tienen su modelo indudable en Francis Bacon, si bien este venía precedido por una hiperactiva cohorte de pseudoalquimistas y sopladores ignorantes. Bacon, él mismo espíritu ignorante y muy grosero filósofo, pero retórico y ambicioso en gran estilo, ejemplifica como nadie la actitud "el conocimiento es poder".

El momento cartesiano tuvo una orientación mucho más depurada hacia el conocimiento pero un infundado mecanicismo que conduciría a la posterior recombinación por Newton del empirismo con la deducción matemática, que nos ha llevado derechos a los dos extremos de la especulativa "matefísica" moderna y la física perturbativa de los aceleradores.

Con el dualismo cartesiano se establece la separación entre lo interior consciente y lo exterior extenso. Lo irónico de la cristalización newtoniana es que evidencia la imposibilidad del mecanicismo mientras que a la vez lo universaliza por un permanente malentendido. Este malentendido se afianzó y aún no hemos salido de él, afectando directamente a todo incluidas las ciencias de la vida. Después de esa clausura al estilo newtoniano de las ciencias de la naturaleza, lo demás ya sólo han sido rectificaciones y exploraciones en detalle.

El enfoque de Newton prevaleció finalmente en las ciencias duras predictivas, pero el tipo de ley que se deriva de ellas aún está inmensamente lejos de los procesos formativos o la complejidad de la vida. Para esto se requiere otro tipo de ciencias, mucho más descriptivas y sin alcance predictivo, del que la teoría de la selección natural de Wallace y Darwin es el más claro exponente, junto a otras perspectivas macrodinámicas que si pueden tener un rango predictivo como la termodinámica, la mecánica estadística o la cosmología. O la biología, tan diferente de la propia teoría de la evolución.

Bacon, Newton y Darwin son la profana familia de la ciencia moderna, y no es casualidad que los tres hayan surgido de Inglaterra, la base histórica de operaciones del capitalismo y la revolución industrial. El primero tuvo una ambición extraordinaria, el segundo una inteligencia extraordinaria y el tercero un candor extraordinario, hasta el punto de llegar afirmar al comienzo de su obra magna que sólo pretendía aplicar las ideas de Malthus al problema de la vida.

Si la civilización, con sus religiones y leyes y todo lo demás, fue un intento de humanizar lo animal del hombre, a partir de Darwin comienza la fase de animalizar lo humano de él. El destino, siempre inescrutable, eligió a este manso criador de palomas como involuntario patrón de tamaño cometido.

Se necesitaba esta dosis extraordinaria de ambición, inteligencia y candor, así como otra dosis igual de malentendidos sobre el legado de estos autores por sus seguidores, para llegar hasta donde hemos llegado. Y se requería todo el bagaje de la física moderna concretada en la cristalografía y difracción de rayos X, así como la más meticulosa manipulación, para llegar al descubrimiento del ADN, lo que nos lleva de nuevo a Cambridge y al mejor ejemplo moderno de una loca carrera, la del biólogo molecular, biofísico y neurocientífico Francis Crick.

Cuando hablamos de "la vida" damos por descontado que la vida es irreducible a la biología; sin embargo esto no impide ver que incluso en el centro mismo de la biología molecular se está operando una reducción totalmente injustificada; y esta reducción afecta al desarrollo moderno de todas las ciencias sin excepción.

Mucho se festejó el descubrimiento de la llamada "molécula de la vida", pero lo cierto es que el ADN es una creación de la vida y no al revés; y en particular es una creación de las enzimas, aunque no sólo de ellas, puesto que la misma biofísica al nivel más básico tendría que estar en el primer plano.

Que las enzimas sean capaces de sintetizar diferentes proteínas partiendo de unas mismas bases sólo en función del ambiente, pone de manifiesto que no son agentes ciegos ni meros agregados de átomos. Sin embargo, como esta asombrosa discriminación de las enzimas no es controlable por el hombre, sencillamente se ignora.

Este ejemplo es muy significativo puesto que recapitula en lo pequeño el problema del torno de Prometeo. Que el ADN, aun siendo muy importante, no es la molécula de la vida, lo demuestra el hecho elemental de que para garantizar la estabilidad de la herencia tiene que ser una molécula pasiva. Crick no hubiera tenido que huir hacia hipótesis lunáticas sobre el origen extraterrestre de esta molécula si hubiera podido mirar las cosas de frente.

Pongamos otro ejemplo bien actual de desarrollo científico eliminado por la "selección natural" de nuestras instituciones: el célebre debate entre Pasteur y Bernard sobre el origen de las enfermedades infecciosas, también conocido como la disputa entre la teoría del microbio y la del terreno propicio. Pasteur ignoraba las condiciones del medio fisiológico interno y sólo contemplaba un agente patógeno externo; Bernard, por el contrario, decía que el microbio no es nada, y el terreno lo es todo. Se refiere que el mismo Pasteur, amigo de Bernard, admitió en su lecho de muerte que su colega tenía razón.

Esa admisión no expiró con Pasteur, sino que en pleno siglo XX microbiólogos tan importantes como René Dubos volvieron a dar la razón a Bernard valiéndose de un conocimiento acumulado cien veces mayor. Sin éxito, por lo que vemos, puesto que aún seguimos haciendo cruces en torno a invisibles virus y buscando balas mágicas para todo, atropellando siempre a la razón. Hoy la bacteriología y la virología han suplantado a la fisiología, poniendo al carro delante del caballo.

No hay ningún misterio en por qué se ignora una parte tan importante de la verdad en beneficio de la parte más dudosa: la entera industria biomédica y farmacéutica modernas. Pero, más allá de los meros intereses económicos, el factor subyacente, igual que en la biología molecular y todo lo demás, es la exclusión de todo lo que no resulta directamente manipulable o controlable.

El conocimiento no viene sólo de eso. El medio fisiológico no es un intangible místico, sino algo que se puede evaluar muy fácilmente con cuatro constantes químicas elementales que definen el equilibrio: el pH, el balance sodio/potasio, la oxidación/reducción y la resistividad/concentración de electrolitos; por no hablar de otros procedimientos que ni siquiera exigen muestras químicas.

El problema derivado de este filtro selectivo es que manipulamos y controlamos a costa de ponernos anteojeras para todo lo demás, para ese contexto del que se ha extraído lo manipulable. Y esto es algo realmente grave.

De hecho, *incalculablemente* grave, puesto que nunca tenemos forma de saber o cuantificar el grado de relevancia de lo excluido. Afortunadamente, el hombre sigue teniendo algo de eso que llamamos sentido común para rellenar los inmensos, incalculables vacíos de nuestras tecno-teorías.

Estos vacíos nunca pueden colmarse recombinando y empalmando especialidades diferentes si cada una de ellas adolece del mismo tipo de parcialidad. Las mismas especialidades han ido descartando las "mitades inconvenientes" cada vez que han doblado la esquina para encontrarse con un problema nuevo. Sin reintegrar debidamente ese vasto campo de evidencia excluida nos perdemos en un mortal laberinto de infinitas medias verdades tan peligrosas o más que las mentiras.

En un mundo decente la inquisición de la naturaleza en el estilo de Bacon sería erradicada de la faz de la tierra. El retorcimiento estocástico de sus variables nunca nos va a llevar al conocimiento, sino a sucesivos nuevos engendros, cada uno más aberrante que el anterior. Por fortuna la ciencia tiene todavía una importante parte noble que debe ser extraída de entre toda esta inmundicia. Hay una forma de hacerlo.

Amigos de la Sinceridad

Recientemente un grupo de varios miles de expertos firmaba un manifiesto contra las pseudoterapias, arremetiendo nada menos que contra las bolitas de azúcar de la homeopatía y cosas similares. La pregunta que nos hacemos todos es, ¿no tienen ahora mismo cosas un millón de veces más importantes de las que ocuparse en su propia casa, en la biomedicina, la biotecnología y la industria de la salud? Valientes manifiestos.

Hoy científicos y técnicos son meros juguetes del poder —del que los maneja y del que ellos quieren manejar. La tecnociencia no tiene otro problema que su propia instrumentalidad, y sólo más acá de ella puede uno acercarse al eje de su torno.

Hace más de mil años se creó en Basora un grupo conocido como los *Hermanos de la Pureza* o los *Amigos de la Sinceridad*, que publicó una enciclopedia bajo el mismo nombre que recopilaba los conocimientos de la época en matemáticas, psicología, música, astronomía y ciencias naturales. Hoy los que aman la ciencia y la verdad pueden hacer algo similar con unos medios muy diferentes sin necesidad de adherirse al neoplatonismo o nada parecido.

Y aunque nadie hoy pretenderá ser "puro", en cuestión de ciencias, e incluso en ciertas aplicaciones, es fácil si uno realmente lo desea. Una ciencia pura es simplemente una ciencia pobre que está contenta de serlo. Que no depende de fondos, financiaciones ni proyectos, ni de instituciones, ni prestigiosas publicaciones, ni de complejos experimentos ni de toda la tramoya de la Gran Ciencia. Una ciencia pobre es una ciencia libre, y también es pura aun sin pretenderlo. Al menos lo bastante pura como para dedicarse a sus propios asuntos.

Se dirá que una ciencia tal hoy es inviable e incapaz de competir en nada. Pero es perfectamente viable precisamente porque no quiere competir en absoluto con la producción de la ciencia establecida. Para abordar ciertas cuestiones se requiere un espacio totalmente distinto.

Nada de lo que nos importa en la ciencia depende ni puede depender de los criterios que hoy imperan. La dudosa humildad del científico integrado se cura en salud diciendo que las ciencias no pretenden poseer la verdad sino que tan sólo son una serie de aproximaciones a una verdad que siempre está fuera. Pero la clase de verdad que buscamos está ya dentro de lo conocido, bajo una forma no reconocida. De este modo no hace falta ir más allá ni buscar nuevas fronteras experimentales huyendo siempre hacia adelante.

Esto hace mucho más fácil una ciencia pobre y pura, independiente de intereses y orientaciones oportunistas. Y hay tantísimo por descubrir en la reintegración de todas esas "mitades" excluidas que se reproducen indefinidamente en cada recodo de las prácticas y teorías. Por lo demás, si esta realidad inadvertida no estuviera ya dentro de lo ya conocido o de lo que se pretende conocer, tampoco sería de interés para nosotros.

No nos mueve la curiosidad ni el afán de exploración. Lo que nos interesa es justamente aquello que la ciencia establecida no puede permitirse revisar sin destruir sus fundamentos; pero no por algún inexistente afán destructivo, sino porque uno no puede acercarse a la integridad del conocimiento sin recuperar las partes desechadas, que no están menos dentro que fuera de nosotros.

Compitiendo en disparates, no han faltado quienes han dicho que las epístolas de los Hermanos de la Pureza prefiguran la presente teoría de la evolución. Se olvida sin embargo algo más cierto y de mucha mayor importancia: su influencia sobre otro gran basorí de la época, Alhazen, padre no sólo de la óptica sino del propio método científico moderno, que surgió casi como un subproducto.

Se ha dicho que la demostración de la ley de refracción de Ibn Sahl, maestro de Alhazen, es más simple y tiene más calidad que la de Snell seiscientos cincuenta años después. Del mismo modo podría decirse que Alhazen no es un simple exponente de los rudimentos del método científico, sino que está más cerca del método científico en toda su pureza que autores como Descartes y Newton que empiezan a subordinar los experimentos a los resultados del cálculo, cerrando así su horizonte.

No decimos esto para llevar la contraria a la ciencia moderna, sino porque hay aquí una gran lección por aprender. Pues igual que el cálculo y la predicción nos han extraviado, pueden devolvernos al camino de la verdad si la verdad es lo que importa.

La tecnociencia no puede poseerse a sí misma ni ser poseída, ni ser realmente controlada por el poder porque incluso cada una de sus mitades por separado, ciencia y técnica, se encuentran escindidas en dos mitades mutuamente de espaldas; si de otro modo estas partes coincidieran o tendieran a coincidir, la relación entre saber y poder se alteraría de una forma hoy indescifrable.

Ya hemos visto en otras ocasiones como el método científico moderno ha oscilado entre las idealizaciones y las racionalizaciones rechazando el término medio: esto se hace transparente en el desarrollo del cálculo matemático o análisis, que se originó en los infinitesimales, y pretendió luego fundarse en el límite, pero no acertó a ver que en realidad sus pruebas funcionan en virtud de intervalos y no de puntos. ¿Y de qué sirve argumentar con límites si sigues creyendo que trabajas sobre puntos?

La historia del cálculo no hace sino reproducir en números lo que ha sido el procedimiento general del método científico en estos últimos siglos: sacrificar la descripción a la predicción, para luego crear una descripción nueva subordinada a una interpretación errónea, y mecanicista por defecto, de las ecuaciones o esquemas predictivos. Y es que el cálculo matemático ya había invertido la relación entre descripción y análisis: En lugar de determinar la geometría a partir de las consideraciones físicas, derivando de ellas la ecuación diferencial, desde Leibniz y Newton se establece primero la ecuación diferencial y luego se buscan en ella las respuestas físicas.

Alhazen no fue alcanzado por la ciencia europea hasta tiempos de Kepler y Snell, ni realmente "superado" hasta Descartes, Fermat y Newton, cuando cristaliza el cálculo. Es muy poco penetrante pensar que Newton malgastaba su tiempo y su talento sondeando la alquimia o traduciendo la Tabla Esmeralda, esa síntesis mínima y máxima sobre la analogía como relación inversa; puesto que sus mayores descubrimientos en la óptica, el cálculo, la gravedad o los principios de la mecánica, se basan de forma obvia en el planteamiento de problemas inversos.

De este modo el triunfo del cálculo como soporte de la física invierte definitivamente la relación entre descripción y predicción, y esto no sólo afecta a la matemática pura y aplicada sino también al planteamiento e interpretación, de los experimentos primero y de las máquinas y sus relaciones después.

El grado de equilibrio entre descripción y predicción es el fiel de la balanza para la ciencia pura y aplicada, definiendo las relaciones entre ciencia y técnica. Al inclinarse la ciencia moderna tan decididamente por la predicción, nunca sabremos qué otras relaciones son posibles si no cambiamos el nivel de exigencia para ambas.

Por otra parte este delicado equilibrio entre descripción y predicción también define el uso de los principios, medios y fines tanto en el horizonte teórico como en la práctica. En una ciencia como la física, el cálculo es el corazón del método o medio principal, mientras que la interpretación debería ser el fin. Como esta relación se ha invertido, también se invierte toda la relación de la teoría con la ciencia aplicada y la ingeniería, puesto que si la interpretación es el fin de la teoría, también es el principio en la concepción de aplicaciones prácticas.

Hay pues aquí un anillo en la lógica de la Tecnociencia, un círculo de comprensión que ni siquiera se ha podido empezar a explorar debido al bloqueo mutuo del análisis y la descripción.

Que se puedan tener los mismos resultados que nuestra ciencia atesora cambiando de principios, medios y fines, puede resultar sorprendente aunque inevitable desde un punto de vista formal. Que también se puedan tener resultados diferentes para idénticos problemas, es ya una cuestión muy distinta que nos llevaría a considerar cómo cada teoría compensa y disfraza sus errores reasignando variables, sacando de la manga nuevas entidades, introduciendo generosos coeficientes de seguridad en las aplicaciones o añadiendo nuevos términos de corrección. Nunca está de más recordar que la teoría de lo epiciclos de Ptolomeo hacía excelentes predicciones.

Desde el punto de vista de los principios, se puede tener los resultados de la mecánica newtoniana sustituyendo el principio de inercia por el de equilibrio dinámico; pero esto puede tener ninguna o infinidad de consecuencias según se realice la subsunción y como se conecte con las interpretaciones. Pero incluso si esto se hiciera, sería muy improbable esperar grandes cambios inmediatos dado que nuestra mecánica ya lleva acumulados más de tres siglos de impulso, y por lo mismo, de inercia en su concepción y desarrollo.

Lo mismo cabe decir, por poner ejemplos destacados, de la cuestión del éter en la relatividad especial, en realidad general, convertido en un pseudoproblema a costa de evadir su verdadero origen en la teoría electromagnética, o de la relatividad general, en realidad especial, que se apoya como puede en el principio de equivalencia pero es incapaz de asumir desde el comienzo que la inercia no existe en absoluto.

Una de las muchas cosas que revela la mecánica relacional al invertir la inversión newtoniana es que el viejo problema de la elipse de Kepler que soporta la mecánica clásica y la cuántica esconde un ineludible lazo de realimentación, de un tipo similar a los que siglos más tarde definiera el contorno de la cibernética con Wiener. Esto es algo tan elemental, y tan inesperado, que difícilmente sabrían los científicos qué hacer con ello, a pesar de que conecta directamente con el problema de la individuación de los sistemas dinámicos a todos los niveles.

Faraday gustaba de decir que se podía explicar toda la física partiendo de una simple llama. Nosotros hoy podríamos decir que ni siquiera el fuego sabemos explicar, a pesar de los increíblemente refinados métodos de espectroscopia que se han podido desarrollar a partir de una llama, y precisamente por ellos. Y con esto no se trata de sugerir que la verdad siempre queda lejos, sino simplemente que hay otra perspectiva mucho más iluminadora.

Los hombres de ciencia y en especial a los físicos quieren creer en la unicidad del método científico, en que se aproximan unívocamente a la verdad —tal es su profesión de fe. Aunque lo que hemos dicho en otros escritos cuestiona esa creencia, y aunque la pregunta sobre qué teoría es más comprensiva, simple y verdadera, siempre es fundamental, aun existe una realidad más básica, la del inaprensible continuo entre teoría y práctica, en que todas las demás cuestiones se revelan.

Quintaesenciar la Tecnociencia

Entrados ya en la segunda mitad del siglo XX, Heidegger primero y Simondon poco después llevaron el cuestionamiento de la técnica a un nivel diferente a todo lo anterior y desde ángulos sólo en apariencia opuestos. El filósofo alemán mostró hasta qué punto el solo pensamiento, sin apoyarse en las ciencias, era capaz de ver más allá de los supuestos de cualquier positivismo. Demasiado más allá, puede decirse, puesto que a qué se refiere lo que dijo aún estaría en su mayor parte por desvelarse.

Si Heidegger pensó que el hombre debía dejar de ser un medio de la técnica para aprender a habitar en medio de ella, Simondon situó desde el comienzo a lo técnico en el centro mismo de lo humano y de su proceso indefinido de individuación; otro giro que es uno con el anterior y que tampoco ha desvelado apenas nada de su potencialidad. Más adelante, y partiendo de ambos, Laruelle planteó un concepto de tecnología primera como Uno de última instancia, algo que, más que una filosofía sobre la siempre inaprensible esencia de la técnica, sería una ciencia destinada a extraer o precipitar la esencia técnica.

Hay una línea común para estos tres autores pero ninguno de ellos se atreve a cuestionar el camino y los procedimientos por los que la ciencia ha llegado hasta aquí, y es eso justamente lo que hace falta para disolver esta suerte de imposible cerco a nosotros mismos. El cerco no puede cerrarse, y la llamada esencia de la técnica sólo puede mostrarse en la apertura, pero para esto hace falta una muy consciente inversión de los tropismos científicos y técnicos.

Como todo en este mundo, la tecnociencia tiene su dharma y su karma, su rectitud y sus consecuencias, su evidencia y su ceguera. Y es precisamente en nombre de las predicciones, del "poder predictivo", que el hombre de ciencia se convierte en ciego que ha de guiar a otros ciegos, incluso cuando no tiene que padecer sus imposiciones. Ya hemos señalado donde está el fiel de la balanza en materia de rectitud. Basculando como lo hace del lado de las predicciones, sólo acumula consecuencias mientras se deslumbra con la luz que adquiere.

En realidad, la "tecnología primera" es la relación entre el lenguaje y la imaginación, el tropismo del verbo en pos de las imágenes y la respuesta de ésta en forma de representaciones que van insertando a los conceptos como sus elementos. Hablaríamos de la misma actividad mental, aunque más todavía en sus efectos que en su principio. Esto es lo que excava nuestra dura realidad dentro de un medio homogéneo, para algunos vacío, para otros inconcebiblemente compacto, colmando sus inconmensurables huecos con el incesante flujo de lo imaginario.

Pero estos aspectos polarizados a la par que duales, de los que tenemos un ejemplo incluso en una fuerza fundamental como el electromagnetismo, no agotan realmente nada —pues en verdad cualquier proceso es inagotable—, sino que más bien se enroscan entorno a un eje unitario que estaría presente en cualquier objeto y en cualquier nivel. Se preguntará entonces que por qué no conocemos nada parecido a este eje, y la respuesta es que por una parte ya ha sido encontrado pero no detectado, mientras que por la otra nuestra inteligencia lo ha pulverizado con los continuos desdoblamientos de nuestras técnicas y teorías.

Una relación semejante a la que se da entre el lenguaje y la imaginación la encontramos, en un plano tan diferente como las matemáticas, entre la geometría y la lógica, y a un nivel más profundo entre la geometría y la aritmética. Pero como a estas alturas casi todos se aburren miserablemente con cuestiones de gnoseología y epistemología, vamos a dar dos ejemplos vivos y complementarios de cómo podemos acercarnos al eje esencial sin desdoblamientos de teoría y de práctica.

El primero nos lo da Peter Alexander Venis, que no es científico ni investigador profesional sino programador gráfico. Ni que decir tiene que es por no estar dentro de un gremio que ha podido elegir libremente su campo de investigación, que no es otro que la conexión entre ondas, vórtices y dimensionalidad desde el punto de vista de la morfología pura sin necesidad de cálculo ni matemáticas.

Venis ha descubierto una secuencia de transformación[5] de los vórtices totalmente inadvertida hasta ahora. Los diferentes tipos de vórtices que ensambla sin suturas se dan abundantemente en la naturaleza, pero no esta combinación completa, que de otro modo ya habría sido observada.

El descubrimiento de Venis es verdaderamente asombroso. Cualquiera puede entenderlo, pero nadie logrará agotarlo. Ha surgido por observación y recapitulación, con completa independencia de la física y las matemáticas, por más que estas ciencias puedan emplearse de lleno en su estudio.

Venis no busca el Uno sino que parte de la visión del Uno, que por lo demás es la misma que tenemos todos. De un medio totalmente homogéneo igual podemos decir que tiene infinitas dimensiones como que, al igual que un punto, no tiene ninguna. Pero se puede deducir limpiamente un proceso de proyección en nuestras tres dimensiones que se extienden a un máximo de seis; aunque a diferencia de la convención ordinaria no se trata de un movimiento en dimensiones discretas sino continuas.

Algo tan usado como el espacio de Hilbert, en mecánica cuántica por ejemplo, también puede tener infinitas dimensiones. Sin embargo la reducción a tres y seis dimensiones, aquí tan intuitiva y tan inaprensible, puede entenderse como una correspondencia con la dualidad del electromagnetismo, en que la electricidad supone materia separada por espacio, y el magnetismo por el contrario supone espacio separado por materia. Como es bien sabido, esta dualidad nunca ha admitido una verdadera representación geométrica —esta dualidad es el exacto contrapunto que el continuo del campo espacio-materia opone al dualismo cartesiano.

Por supuesto hoy vemos la luz como "un fenómeno electromagnético" cuando por el contrario son los fenómenos electromagnéticos los que están definidos por la luz, que tiende tanto como puede a restaurar el campo homogéneo. Con esto la palabra "proyección" admitiría al menos tres sentidos diferentes, como reducción física, perceptiva y conceptual —junto a las sucesivas reducciones matemáticas del espacio proyectivo.

La secuencia de Venis, con su unión íntima de imagen y procesualidad, es más elocuente que muchos teoremas y nos da la llave para un laboratorio como no existe otro. Si por una parte parece la morfología más básica que pueda imaginarse dentro de un medio continuo, en razón de este medio continuo sin dimensiones discretas pronto asoma la pregunta sobre qué es lo que estamos mirando.

Realmente cuesta creer que se nos abra semejante profundidad de campo con algo que podría antojarse tan inocente, tan ingenuo para los que creen que han ido ya mucho más allá de lo aparente. Hay una exquisita equidistancia entre lo físico y lo biológico que nos hace pensar en una matriz universal de las formas, un alambique de las apariencias, una fábrica continua dentro del continuo que creíamos conocer, una auténtica alquitara del Verbo. Ya como visión es una práctica, ya como aplicación deja atrás las limitaciones métricas de nuestras más depuradas teorías.

¿Cómo puede pasarse de un espacio en infinitas dimensiones a un punto sin dimensiones? Ya sabemos que la moderna física de partículas, tan desenvuelta en sus arreglos teóricos, no ha tenido reparos en hacerlo. Pero hay otras maneras mucho más legítimas e instructivas de conseguirlo sin subirse a la parra de la abstracción ilimitada.

En su rectificación del cálculo diferencial, Miles William Mathis observa correctamente que todo el cálculo aplicado a la física omite de forma notoria al menos una dimensión. Y esto es precisamente lo que nos permite pasar de un punto a una recta, etcétera; también lo que nos permite pasar de la partícula puntual que hoy se maneja, físicamente imposible, a una partícula extensa con dimensiones definidas, con todo lo que de ahí se sigue.

Lo cual no necesariamente conduce a una teoría corpuscular como la del propio Mathis que siempre resultará demasiado tosca. Por el contrario, esta misma reducción dimensional permitiría explicar elegantemente cómo la dinámica de un punto orientado que rota sobre sí mismo genera vorticalmente una partícula extendida dentro de un campo, lo que nos lleva de nuevo a las ondas-vórtices de Venis, y a otra forma bien diferente de entender la célebre dualidad onda-corpúsculo.

Esto a su vez nos llevaría a hermosas consideraciones sobre la geometría diferencial y aspectos del transporte paralelo como la fase geométrica que, lejos de ser un aspecto privativo de la mecánica cuántica como casi todos los físicos dicen, es absolutamente universal y se da igualmente en la mecánica clásica incluso en la superficie del agua.

Pero la fase geométrica no es un problema de geometría sino de mecánica, o de dinámica si se prefiere. Los expertos dicen que la mecánica cuántica es una teoría completa en la que ha de entrar todo pero ni es completa ni es realmente teoría; de hecho la estructura del espacio proyectivo de Hilbert que la representa no cubre la fase geométrica y para hacerlo hay que añadirle un haz suplementario que no cabe en la dinámica hamiltoniana propia de los sistemas cerrados.

Las suaves formas de la secuencia de Venis deshacen una infinidad de cortes y nudos que no se revelan en su superficie. No hay nada que supere las obstrucciones y prejuicios del hombre como el flujo involuntario de la naturaleza, que tan infinitamente los supera. El seguimiento de sus transformaciones es un ejercicio permanente de apertura y de desobstrucción. El mismo Venis se ha permitido especular sobre algunas posibles relaciones con la física y los problemas del espacio-tiempo pero realmente creemos que a su través se pueden plantear muchas más cosas que las que hoy los físicos se atreven a imaginar.

Un realista extremo como Nicolai Hartman dijo que el análisis modal era una ciencia en sí misma; y dijo también que las cuestiones fundamentales de la filosofía siempre son esotéricas. Habría que añadir: son tanto más esotéricas cuanto más rectamente intentamos aprehender la realidad. Por eso la filosofía plantea problemas intemporales, más allá de las veleidades de la terminología, siempre que acierta a salir de sí misma.

Algunos de esos problemas incluso se dejan ejemplificar por la física cuando vuelve a ser filosofía natural. Por ejemplo, la cuestión de lo posible, lo existente y lo necesario se puede trasvasar a los problemas de la fuerza, la energía y la entropía, así como sus diversas definiciones del equilibrio. O para expresarlo más directamente aún, al problema de las relaciones posibles e imposibles entre lo reversible y lo irreversible en mecánica y termodinámica. Las aperturas de la secuencia de Venis dentro de esa inconcebible unidad pueden decirnos cosas más que inesperadas sobre procesos de evolución e involución al nivel más general y en el más particular, no sin antes rectificar las disciplinas implicadas.

El cálculo de Mathis y el Hipercontinuo de Venis parecen reclamar otra definición de la compacidad y de qué es un espacio compacto, no ya en el sentido del análisis estándar sino en su aplicación a esta visión primitiva y sin reducir del movimiento. Si desde Parménides se planteó cómo podía compatibilizarse la apariencia del cambio con un ser inmutable y homogéneo, aquí encontramos una respuesta inopinada; por otro lado, aquí se retoma esa conexión directa entre la lógica humana y el logos de la naturaleza por la que tanto se ha clamado desde Heráclito.

El principio más simple es el más lleno de consecuencias; este es el debido contrapunto a la abismal simpleza de la navaja de Ockham. Y en el caso que nos ocupa, también daría cuenta no solo de los individuos sino de su proceso de individuación, siendo ambos transitorios pero indisociables del trasfondo.

El descubrimiento de Venis, cuyo despliegue lógico de jónicas volutas se ha abierto paso en medio de nuestro entorno de pantallas de ordenador, evoca algo de ese asomarse auroral de los grandes hallazgos presocráticos, y no sólo por la estética. A su través puede empezarse a captar a qué se refería Heidegger cuando habló de modo profético sobre la renovación de la arcana hermandad entre el arte y la técnica. Y no deja de ser otro lógico portento el que este nuevo "amanecer griego" parezca desembocar directamente en lo innominado del Tao, en la antípoda del espíritu de geometría —como si quisiera cerrarse el círculo de desencuentro de la metafísica.

Así, Venis y Mathis nos muestran dos formas diametralmente opuestas pero estrechamente complementarias de hacer frente a las sistemáticas lagunas, confusiones y desdoblamientos de la tecnociencia. Mathis, contradiciendo frontalmente los supuestos más básicos de la ciencia establecida y tratando de rectificarlos; Venis, situándose desde el comienzo en una tierra de nadie entre la ciencia y la técnica que no le disputa nada a ninguna especialidad. Y entre ambos hay una infinidad de cuestiones, que pueden retomarse desde las posiciones más diversas.

La ciencia y la técnica no han llegado hasta el estado actual por casualidad. El liberal-materialismo o materialismo liberal tiene un interés específico en separar teoría y práctica, descripción y predicción, mientras confunde deliberadamente positivismo con reduccionismo. Ha sido incapaz de explicar mecánicamente ninguna fuerza fundamental de la naturaleza y ni siquiera lo pretende, y sin embargo quiere dar por hecho que todo en ella funciona como en nuestras máquinas.

Acordemente, la ciencia debería dar cuenta de las apariencias, pero lo que hace continuamente es remitir estas a pseudoexplicaciones y racionalizaciones para las que no tiene mejor justificación que decir que las apariencias engañan. Y así, en vez de caminar hacia a las apariencias como hacia su horizonte absoluto que no puede dejar de retroceder porque también los fenómenos son elocuentes hasta el infinito, nos hace creer cada vez más en todo tipo de entidades fabricadas y remotas. Algunos aun pretenden que esto justifica alguna suerte de "ilustración oscura" o pesimista, cuando lo que tenemos es pseudoilustración y oscurantismo, banalización y tergiversación sistemática de la importante parte de verdad que tienen las ciencias.

Incluso el faro de la ilustración de la ciencia newtoniana, nunca valorado debidamente, es una componente de pseudo-racionalismo y pseudo-empirismo, puesto que ni se propone realmente explicar los fenómenos, ni se ha buscado cómo completar sus razones en su propio nivel. Lo que se ha debido en gran parte a las simplificaciones y justificaciones de los continuadores, que tanto se han esmerado en perfeccionar el método. Si esto se da en el mejor exponente de las ciencias naturales, puede imaginarse lo ocurrido en las demás.

Los que dicen hacer crítica social y dan por bueno el presente estado de las ciencias quedan retratados para la eternidad, pues cuál es el destino de todo lo que depende exponencialmente del dinero es algo más que evidente. Aun así es necesario dejar una puerta abierta para todos, pues no son pocos los que perciben el estado real de cosas.

A pesar de sus grandiosas mistificaciones, la física pertenece al linaje del conocimiento igual que la biología pertenece al linaje de la ignorancia. Y está en la naturaleza de las cosas que la biología y la medicina puedan regenerarse enteramente sólo a través de la reinterpretación de la física y la biofísica; esto hoy parece una posibilidad remota y sin embargo pasa por una serie de pasos que son incluso elementales. Los que crean que esto es imposible, sobreestiman demasiado lo que la física ha conseguido y subestiman por completo su verdadero potencial, no habiendo ni siquiera empezado a imaginar qué puntos conectan las ramas de esta disciplina.

Claro que las instituciones no tienen el menor interés en que esto ocurra. Que el neodarwinismo sea sólo una cobertura hecha casi exclusivamente de agujeros, es algo secundario porque no se trata de buscar el conocimiento, sino de legitimar la manipulación de la vida y garantizar su impunidad convirtiendo su orden inapreciable en un resultado aleatorio.

Rondas en torno a un sol menor

Lo más importante que podemos hacer ahora como especie, con enorme diferencia, es detener en seco la carrera de la ingeniería genética y la experimentación biológica desbocada. Por puro principio, por repugnancia a los medios y por horror ante las posibles consecuencias. Si no lo hacemos rápidamente, una nueva dialéctica del terror e inéditas espirales de violencia a todos los niveles entrarán en nuestras vidas. ¿Y cómo saber si no hemos entrado ya en ello?

La prueba de que estos biólogos no saben lo que hacen es que lo están haciendo. Si la especie supera la tentación de "violar la vida para mejorarla", no se va a quedar sin estímulos ni desafíos ante sí. Citaré uno sólo, por aquello de proponer otras metas constructivas y peligrosas, y ya que del peligro no nos podemos librar. Todo lo que nos es lícito hacer con la vida y con las máquinas es modificarlas por realimentación y adaptación desde fuera —puesto que es así como la vida pugna y progresa desde dentro, en un sentido muy diferente del verbo progresar. Esto implica toda una serie indefinida de interfaces, y en medio y al final de todas las interfaces se encuentra el problema de la inteligencia.

Dicen los expertos que cuanto más se trata de definir la inteligencia artificial, según ellos en su prehistoria, más se tiene que volver sobre el problema de la inteligencia natural. Bueno, pues también aquí es necesario invertir el problema. Porque la inteligencia artificial tiene una larga historia —toda la inteligencia colectiva vertida en el lenguaje es en gran medida de esa índole, y en particular, todo ese conocimiento altamente formalizado que conocemos como matemáticas.

Sí, la experiencia acumulada de todos los matemáticos de la historia y plasmada en sus formas es pura inteligencia artificial colectiva. Lo que nos pone de frente ante el verdadero problema, que es saber qué es la inteligencia natural y cómo se relaciona ésta con los artificios formales; algo que por cierto también los matemáticos ignoran.

Hemos dicho repetidas veces que el cálculo diferencial de Mathis equivale a tabular en números el problema del corredor que sigue en tiempo real la trayectoria parabólica de la pelota para atraparla; un simple problema contra el que la IA ha empleado todo su pesado arsenal de cálculos, algoritmos, representaciones, cogniciones y predicciones. Sin embargo MacBeath y su equipo mostraron en su día que lo que simplemente hace el corredor, sin saber siquiera cómo, es moverse de tal modo que se mantenga una relación visual constante —una elemental cancelación óptica que poco tiene que ver con los "modelos computacionales" que han tratado de abordarlo.

El método directo de Mathis nos pone este secreto en la palma de la mano, aunque seguramente en lo último que haya podido pensar el americano es en la relación de su planteamiento con un problema de inteligencia artificial. Esto es lo que tiene buscar una verdad por sí misma y no por su conveniencia o utilidad. Y resulta que los matemáticos, que no tienen ni tiempo para considerar este tipo de propuestas, se verán obligados a emplear este criterio si quieren salir airosos de los laberintos y junglas de la matemática aplicada.

El cálculo por diferencial constante parece en principio muy poco dúctil para adaptarse a los múltiples requerimientos heurísticos del análisis moderno, por no hablar de que por ahora ni siquiera se ha desarrollado. Pero el criterio que exhibe es el punto de inflexión en cómo entendemos la matemática aplicada, y el cálculo es siempre matemática aplicada por más puro que se pretenda.

El cálculo es el contraarquetipo del trabajo en el reino de la cantidad. Incluso el concepto de trabajo en física se debe por entero a su definición cuantitativa. A medida que se ilumine esta relación, podrán verse otras muchas implicaciones ahora ocultas, por ejemplo, en la pretendida sustitución del trabajo humano por la inteligencia artificial. Pero aún hay mucho más, porque naturalmente el criterio de Mathis afecta al trabajo intelectual y al eje único de la inteligencia que es la identidad.

Lo que oculta la identidad precisamente es la identificación; pero en matemática al menos podemos distinguir entre identidad, igualdad y equivalencia, cosas que sistemáticamente se confunden. Hoy la más reciente teoría de categorías infinitas empieza a desbrozar ese mundo de confusiones igualmente infinitas consustancial a la semiurgia moderna. Es un trabajo con un extraordinario interés en sí mismo, pero también una labor desesperada como todas las de nuestro conocimiento si no encuentra la vía de retorno.

Esta vía de retorno la buscan siempre los matemáticos en la aplicación a problemas concretos, pero eso no basta. Hace falta aplicar, sí, pero también hace falta cambiar la idea misma de aplicación, y además, compenetrarse de la relación entre el conocimiento formalizado y el informal. El criterio del cálculo de diferencias finitas de Mathis tiene estas tres características incluso si aún está enteramente por desarrollar.

Será la peor pesadilla para un matemático, pero es incontrovertible que el cálculo moderno ha puesto cabeza abajo los problemas y ha introducido toda clase de manipulaciones heurísticas ilegales cuya metástasis ha llegado a casi todas las ramas de las ciencias y a casi todos nuestros algoritmos. Otra cosa es que exista el valor necesario para hacer frente a esta realidad.

Pero si se quiere estar a la altura del problema de la inteligencia, y conseguir que lo de arriba sea como lo de abajo, no veo más remedio que pasar por esto; de otro modo esta empresa volará con alas pegadas con cera, exactamente igual que Ícaro.

También con la inteligencia artificial, cómo no, la caída se presiente por doquier. Basta pensar que estos sistemas tienen cada día más poder decisorio en la guerra sólo porque son más rápidos. Así y todo, aquí no estamos ante un acto impío contra la naturaleza y la humanidad que aún existen, sino sólo ante el despreciable doble juego de los gobernantes por controlar a los gobernados mientras evaden su responsabilidad. El solo hecho de acordarnos de Ícaro parecería indicar que habríamos dejado atrás la más ominosa sombra de Prometeo. Pero lo que es anterior nunca queda atrás.

Si supiéramos desterrar la tentación biológica, tal vez merecíamos otra oportunidad, o al menos algo más de tiempo para despedirnos dignamente de este planeta. Pero ya sea un caso u otro, el hombre aún tiene la capacidad para cruzar un puente, aunque no ciertamente en dirección al superhombre.

Hay dos grandes modos de la inteligencia[6], que se han llamado de muchas maneras, y que aquí para resumir llamaré la inteligencia recibida y la inteligencia solitaria. Por supuesto ambos no se excluyen más de lo que mutuamente se implican. Toda la inteligencia recibida es inteligencia artificial, y ya sabemos que el lenguaje piensa en gran medida por sí solo. Pero a la vez, mientras hablamos, nos escuchamos hablar, y en general eso es todo lo que en la limitada esfera del lenguaje le dejamos hacer a la inteligencia solitaria.

Más allá del lenguaje, esa inteligencia solitaria hace montones de cosas todo el día sin esfuerzo, y el que no nos demos cuenta no significa que sea inconsciente, como no es inconsciente la carrera del corredor para atrapar la pelota. Que este tipo de cosas incluso tengan un exacto reflejo matemático, es algo que tal vez aprendamos a valorar.

La guerra tecnológica y la tentación cibernética, afiladas ahora en la carrera de la inteligencia artificial, despliegan de forma más explícita una doble dialéctica entre gobernantes y gobernados y entre los dos modos de la inteligencia que como todo lo demás viene de muy lejos.

Es desvergonzado pretender que las aberrantes distorsiones de la tecnociencia obedecen a un orden político u otro porque todos sabemos que se derivan de la escala de nuestra civilización y su correspondiente concentración de poder, que seguirá instrumentalizándolo todo incluso con las ideologías más opuestas.

Muchos creerán que esa inteligencia solitaria de la que hablamos es propia del individuo, mientras que la inteligencia heredada y recibida es un asunto social; pero esta interpretación ya es de por sí una extrema elaboración social. Por el contrario, casi toda la individuación del individuo es efecto social, mientras que la inteligencia solitaria, siempre en retirada, es nuestro aspecto común y el que menos sabe de distinciones ni fronteras.

En definitiva, existe una inteligencia preconceptual y precognitiva que es la que realmente atestigua la identidad de las cosas, y existe un vínculo de esa inteligencia con la inteligencia formal que no es imposible de rastrear en ningún nivel. Pocas cosas nos pueden apartar más de encontrar ese vínculo que pensar que la inteligencia es sólo una mera y servil capacidad de predicción.

Los que dicen que no hay diferencia entre la biología y las máquinas están muy mal informados; todavía estamos esperando una explicación mecánica de las órbitas de los planetas o la de los electrones; y el eterno problema de cómo sabe la Luna dónde está el Sol y cómo «conoce» su masa para comportarse como se comporta sigue siendo un problema de comunicación o información tanto a nivel micro como macroscópico.

Precisamente la relación entre el problema de Kepler y el cálculo finito nos da ya la pauta esencial que le falta a la teoría ortodoxa de la computación, concebida como un sistema lógicamente cerrado entre entradas y salidas, para conectarse de forma concreta y no puramente abstracta con una teoría física de la interacción que no es cerrada y que tiene lugar a muchos niveles.

Pues para lograr sus cuestionables fines, los nuevos ingenieros de la inteligencia necesitan primero poder captar la estela de la inteligencia informal en el dominio cuantitativo, y después entender cómo funcionan los interfaces más elementales en la propia naturaleza —siendo el fácil recurso a la "comunicación" o información tan solo el reverso de la pregunta por el "mecanismo" siempre postergada.

Un científico conservador como Planck aún se preguntaba por la razón de que la física fundamental dependiera de principios variacionales que suponen un recurso teleológico. Nadie ha sabido aún responder a esto, pero ya hemos dicho en otra parte[7] cómo toda la mecánica lagrangiana puede reescribirse como un equilibrio entre la variación mínima de energía y la producción máxima de entropía dentro de una dinámica irreversible.

Es mucho más importante averiguar cómo nuestra llamada "mecánica reversible" puede emerger de un fondo irreversible que pretender lo contrario, como hace la física despreciando la evidencia. El día en que veamos a la luz regresar a la llama por el mismo camino, creeremos en su reversibilidad.

Pero el equilibrio citado plantea algo muy diferente de la teleología. La simultaneidad de acción y reacción es el presupuesto metafísico de cualquier mecánica desde Newton, lo que equivale a la tácita suposición de un Sincronizador Global. Antes de esta sincronización, no cabe hablar de ordenamiento en el tiempo en el sentido que ahora le damos.

Por otro lado, si el orden de la llamada mecánica reversible, incluyendo la mecánica estadística, es ya el resultado de un sistema abierto e irreversible, eso significa que todo el desorden aleatorio de un sistema ya está incluido en el orden apreciable —frente a la racionalización dominante que nos dice que átomos y moléculas producen desorden. Todo esto tiene una relevancia inmediata tanto para la idea general de la física como de la biología —pero también para la teoría del control y la de la información, incluida su versión algorítmica.

Es evidente que en inteligencia artificial hay otros grandes problemas, como la semántica; sin embargo, sean los que fueren, no se pueden enlazar debidamente sin un desnudamiento del cálculo y la comprensión de las interfaces físicas como sistemas abiertos —pues está en el orden mismo del desarrollo de los conceptos. Cabe suponer que, detectada la pista del tesoro, empezará una gran carrera por cercar este pequeño sol con sucesivos "cierres operacionales". Si hasta aquí nos dejamos deslumbrar por las predicciones, acercarnos al foco del intelecto para utilizarlo en nuestro provecho aún nos cegaría más. Y es que sólo pensamos con la inteligencia de otros.

Ahora el rol de la inteligencia solitaria nos parece mínimo en comparación con el de la inteligencia conceptual, sin embargo en otras épocas tuvo que ser muy distinto. ¿Cómo pudieron sobrevivir los primeros homínidos por tanto tiempo con desventajas físicas y un instinto necesariamente debilitado, mucho antes de apropiarse del fuego? Sólo el cielo lo sabe, porque se trata de un enigma aún más impenetrable que el de Prometeo.

La inteligencia segunda es sierva en el mejor de los casos, porque vive de adherirse a ideas y objetos. La inteligencia solitaria no se adhiere ni se separa de nada ni aun en el mayor estado de necesidad, y es así como se hace puerta y punto de entrada.

Si del uso de herramientas se trata, cualquier animal con suficiente inteligencia podría haber evolucionado hasta crear esta civilización; civilización que, con toda su tecnología, no necesita al hombre en absoluto. Lo que sí necesita es succionar y desviar su inteligencia original hacia sus propios fines. Los que ahora abogan por la muerte del hombre para que la naturaleza viva, siguen sirviendo a los intereses más civilizados, los mismos que aferran el control tecnocrático de los recursos.

Sería muy ingenuo pensar que cualquier conjeturado "origen del hombre" es algo relegado al pasado. Provenimos de dos hombres muy diferentes a la vez; pero el uno siempre se hace de ver y el otro queda desapercibido en el trasfondo, como si no supiera extinguirse. Todavía hoy nos contempla.

Alineamiento y etnogénesis

La ciencia ya encontró todo lo que se podía predecir por medios relativamente simples; de ahí en adelante todo es redoblar los esfuerzos con medios cada vez más espurios para rendimientos cada vez menores. Entonces, ¿para qué afanarse como hormigas en sumar cada vez más insignificantes predicciones, si ni siquiera sabemos de dónde vienen las más elementales? El trabajo de la predicción ya está hecho, la verdadera recompensa es aprender a no estar por debajo de ella. Esto solo ya cambia nuestra orientación en el tiempo.

La razón por la que las ciencias progresan es la misma por la que son incapaces de llegar al fondo de nada. Y es que, salvo por malentendidos, ni siquiera lo pretenden, su dinámica propia es aumentar regularmente la masa de conocimientos y el número de disciplinas.

Por otro lado es más que dudoso que el conocimiento pueda llegar al fondo de nada aun con los mejores medios. La cuestión, sin embargo, es que la búsqueda de la rectitud, del equilibrio o nivelación entre predicción y descripción, y entre teoría y práctica, tiende en sí misma a revertir el proceso de proliferación disciplinar y a reconfigurarlo de una forma totalmente distinta e inesperada.

Podemos llamar a esta nuevo tipo de configuración "vertical", por contraste con la multiplicación y proliferación de saberes a lo largo del tiempo; pero eso no significa que sea necesariamente una estructura jerárquica, no al menos en lo más esencial. Pensamos en un alineamiento espontáneo del conocimiento en torno a nuevas nociones más bien coincidentes del equilibrio y la unidad, ya sea a nivel mecánico, biomecánico, biofísico, termodinámico, electrodinámico, algorítmico, o morfológico. Estaría escondido en la más prohibitiva simplicidad, en lo más sutil de la relación circular entre la ciencia y la técnica, en el vínculo entre los dos modos de la inteligencia, en lo más íntimo del cálculo, de la aplicación del análisis real y el complejo, en la falsa alternativa de un caos clásico y un caos cuántico, o en la función zeta de Riemann.

Lo cual significaría también que ha estado aquí todo el tiempo, y por lo mismo, descubrirlo es mucho menos una cuestión de tiempo que de orientación. Y el hecho de compartir un eje común por descubrir tendría que contribuir a otra clase de relación entre los distintos saberes. Que una aproximación así sea muy minoritaria o marginal no es algo que haya que lamentar.

No hace falta buscar enemigos porque ya hemos sido cercados por el enemigo. Seguramente la búsqueda de este realineamiento del saber más allá del criterio utilitario, que ha de parecer quimérico para la mayoría, tiene que ver con las condiciones de este cerco, aunque eso no deja de ser contingente. Entre acción y reacción, hay algo que ni reacciona ni actúa, pero que se va expresando a medida que las condiciones lo permiten.

Nada menos realista que esperar que los poderosos desistan de violar sistemáticamente la vida, y sin embargo, sería mucho peor si nos resignáramos a ello. Si persisten en lo suyo, y la situación se prolonga el tiempo suficiente, aumentarán exponencialmente las condiciones para la ignición de ese tipo de proceso que Gumilev llamó "etnogénesis", y que la ciencia dominante considera, cómo no, altamente improbable.

Según Gumilev, una etnogénesis es un proceso inducido por el entorno, en el que un grupo o pueblo cambia profundamente sus normas de comportamiento para encontrar nuevas formas de adaptarse al terreno. El fuego que enciende este proceso es la *pasionariedad*, en el que las comunidades con más pasión absorben a las que tienen menos. Rasgo distintivo de la pasionariedad es que el impulso hacia una meta puede más que el instinto de autoconservación.

En la etnogénesis según Gumilev, el componente energético o psíquico prevalece sobre el estrictamente racial y biológico, que acaban subordinados al primero. Simondon hubiera hablado de individuación psíquica-colectiva y tecnogénesis, y resulta curioso que los que pugnan permanentemente por modificar el psiquismo de la población crean que la Naturaleza y la conciencia no pueden hacer otro tanto con sus propios medios.

La cuestión sería, más bien, la duración, el alcance, la altura y la profundidad que puede tener un proceso de este tipo, lo que nos devuelve naturalmente a los cambios del entorno, los cambios de conciencia, y el grado de resolución. Sin sospecharlo, el enemigo realiza un trabajo ímprobo por acrecentarlos.

A este respecto sería absurdo especular con lo que pueda suceder en el futuro. Un fenómeno pasionario como la etnogénesis parece en principio lo más opuesto que quepa imaginar a un realineamiento del saber. Sin embargo, ambos procesos comparten algo esencial —su rechazo decidido ante el cerco civilizatorio y su omnímoda agresión.

El término "etnogénesis" evoca lo atávico, pero, una vez más, sería muy ingenuo pensar que ha de venir como los mongoles surcando las estepas a caballo. De lo que se trata es de una "mutación adaptativa" en el interior de un medio, un medio en el que siempre hay que contar con más factores que los de origen humano. Y el «pueblo» del que hablamos también podría ser muy diferente de todos los pueblos hasta ahora conocidos. Lo psíquico está en el centro mismo del principio de instrumentación, y aquí no hemos hablado del advenimiento de nuevas herramientas y máquinas cuyo empleo puede cambiar para siempre la relación que ahora existe entre lo simbólico, lo imaginario y lo real.

El realineamiento del saber-poder del que hablamos, por definición, no quiere tener nada que ver con las prioridades instrumentales de la tecnociencia actual. La inteligencia recibida, creyendo que trabaja para sí, ve el mundo; cuando le devuelve sus dones a la inteligencia solitaria, ve la unidad. Y es de esta unidad de la que en última instancia depende todo, no menos para la acción que para la contemplación. Incluso el odio busca restablecer el equilibrio.

Notas

(Se puede acceder a todos los documentos referenciados en el artículo *Antiprometeo,* en www.hurqualya.net*)*

1. Consultar en Miguel Iradier, *Antiprometeo*, https://www.hurqualya.net/antiprometeo, o bien en https://www.nature.com/articles/nm.3985.pdf?origin=ppub

2. Consultar en Miguel Iradier, *Antiprometeo*, https://www.hurqualya.net/antiprometeo, o bien en https://www.lahaine.org/mundo.php/el-coronavirus-se-modifico-en

3. Consultar en Miguel Iradier, *Antiprometeo*, https://www.hurqualya.net/antiprometeo, o bien en http://mileswmathis.com/monkeybus.pdf

4. Miguel Iradier, *La gran escisión*, https://www.hurqualya.net/la-gran-escision/

5. Consultar en Miguel Iradier, *Antiprometeo*, https://www.hurqualya.net/antiprometeo, o bien en http://www.infinity-theory.com/en/science/Main_pages/The_Great_Puzzle

6. Miguel Iradier, *Odisea IA, física e inteligencia artificial*, https://www.hurqualya.net/odisea-ia-fisica-e-inteligencia-artificial/

7. Miguel Iradier, *Polo de Inspiración: La manzana y el dragón*, https://www.hurqualya.net/polo-de-inspiracion-iv/

EL ÁNGEL DE INTERNET: VALOR Y VANIDAD DE LA RED

2 febrero, 2021

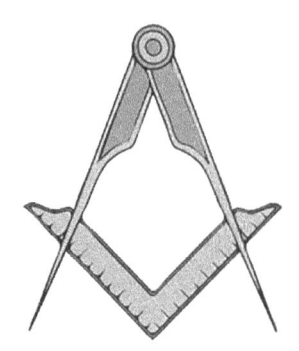

No se miden igual las cosas del Cielo que las de la Tierra, el valor aquilatado del conocimiento, que la vanidad de la cantidad de información, el número de clics o las cifras de audiencia. La censura y la autocensura crecen a pasos agigantados y mientras los discursos dominantes copan el espacio virtual la independencia se retira a archipiélagos y catacumbas.

Desde los primeros meses del 2020, en perfecta sincronía con el ascenso de la plandemia y la furiosa ofensiva de la publicidad comercial, se perciben grandes cambios en internet y en la política editorial de los sitios de noticias. Cada vez es más común que no te publiquen los artículos por considerarlos inapropiados o fuera de tono para lo que demandan los tiempos, y en otros espacios que se pretenden abiertos, cuando te los publican lo hacen mal y les falta el tiempo para quitarlos.

Nada que deba sorprender. Los mal llamados "medios alternativos" con una cierta audiencia ya estaban más que dirigidos, y ahora sólo han consolidado su plena integración. Lo que no deja de tener su lado positivo, ya que así contribuyen a despejar las dudas que podían quedar sobre su grado de control. Hoy en Internet ya no hay casi nada gratis.

Así que en buena hora he decidido dejar de mandar artículos de este sitio a otros soportes. ¿De qué sirve que pueda encontrar más gente tus escritos si se trata de la clase de lectores que se identifican con líneas editoriales ya de por sí tan sospechosas? No merece la pena en absoluto. También he pedido a estos medios que retiren todos mis artículos de sus archivos, ya que, convertidos finalmente en pura propaganda, no quiero que mi nombre tenga nada que ver con ellos.

Los mensajes buscan a sus lectores, y los lectores a sus mensajes, por una lógica aparentemente aleatoria pero que también tiene su medida —y esta medida es justamente la inversa de la dinámica del dinero y de todo lo que se compra. Lo gratuito atrae a los mejores propósitos, y justamente en la medida de la pureza de esos propósitos. Lo gratuito, aquí, no es lo que se puede obtener sin pago previo en internet, sino lo que no ha sido comprado antes.

Hemos hablado repetidamente de la ley de potencias y el principio de Pareto del 80/20 que se presenta en todo tipo de distribuciones sociales y de la naturaleza: en la riqueza, el tamaño de empresas y ciudades, la intensidad de terremotos, y un interminable etcétera. Una quinta parte de la población tiene cuatro quintos de las propiedades, pero a su vez la quinta parte de esa quinta parte pose 4/5 de los 4/5, y así sucesivamente. De esta forma, tres individuos pueden tener tanto como la mitad de la población del planeta.

Algo similar tiene que ocurrir con el conocimiento neto y valor añadido que aportan las fuentes de información y opinión en la red: casi todo lo nuevo lo dicen muy pocos, y la inmensa mayoría lo que aporta es redundancia, amplificación de tópicos y ruido. Hay cientos de millones de páginas, pero al final del día hay muy pocas que merezcan una visita para ver si han publicado algo nuevo.

El dinero compra presencia en la web pero es incapaz de crear nada. Uno obtiene más satisfacción de una comunicación personal con alguien que puede aprovechar lo que dice, que de miles de lectores equivocados que se rascan la cabeza y se preguntan "¿Pero esto, qué es?" Así que nunca hay que lamentar "la pérdida de presencia". El que necesite algo ya aprenderá cómo encontrarlo.

La ciberpolicía, las agencias y los mineros de datos pueden estudiar todo lo que quieran las estadísticas del flujo de información del mismo modo que lo hacen con el del dinero, pero siempre se van a quedar con la parte más externa del asunto. Ven movimiento pero no saben qué se mueve; no tienen la menor pista, ni merecen una estrella que les guíe.

El ángel de internet es el mismo que nos guía por los pasillos de una gran biblioteca, enlazando nuestro interés y un potencial ignoto con el toque impredecible del azar. En principio, sólo cambia la celeridad de sus alas y el ritmo de nuestro parpadeo, aunque en la práctica la redundancia en la red se antoja mucho mayor. Esto obliga a hacer más selectivos los filtros.

Medida por medida, el ángel de internet destila nuestra inteligencia colectiva, la quintaesencia misma de la civilización. Pero esta inteligencia recibida sigue siendo un modo subalterno, y aun dentro del conocimiento elaborado, apunta hacia una inteligencia solitaria que no quiere mediaciones ni busca "contenidos".

ESPÍRITU DEL CUATERNARIO (SEMIOSIS Y CUATERNIDAD)

14 marzo, 2021

La terna Yo-Mundo-Dios de la que habla la no-dualidad permite superar la oposición entre fe y razón. Quien se llama a sí mismo "ateo" no cree en Dios pero cree en la existencia de un Mundo y una Ley independientes del Yo, y por lo mismo supone la existencia de un ego autónomo. Sin embargo la interdependencia de los tres es la misma condición de posibilidad del lenguaje, y, de la lógica dentro de él. Revirtiendo la dirección habitual del pensamiento y el signo se comprende cabalmente su inexistencia como entidades independientes.

1. El principio es la meta

El cientifismo vulgar que hoy impera, su misma concepción de lo positivo y lo objetivo, no es sino la asunción en grado diversos de la independencia del Yo, el Mundo y la Ley. Y es esta misma asunción la que ha originado y reforzado las diferentes concepciones del monoteísmo. Así, monoteísmo y ateísmo coinciden en lo esencial y difieren sólo en los grados y modos de concebir las relaciones entre estos términos que contra toda lógica quiere suponer independientes.

Monoteísmo y cientifismo tienen en todo caso poco que ver con el monismo filosófico, y aún menos con la no-dualidad. Son, como si dijéramos, la externalización extrema de una relación de intimidad que no se remonta a un mítico origen, sino que opera en todo momento de la forma más patente pero menos manifiesta. También suponen la explotación, tan decidida como poco consciente, del potencial de esta intimidad.

Se ha dicho que los cristianos no creen en Dios sino en la Trinidad, y el mismo hecho de que el cristianismo no sea una religión legislativa, como lo son las otras dos fes abrahámicas, sólo confirmaría esta insalvable diferencia con el monoteísmo estricto. El dogma trinitario fue el precio que el monoteísmo tuvo que pagar para poder ser adoptado por el paganismo helenizado; y el nihilismo sería la deriva lógica del cristianismo cuando desde la Reforma ha querido volver al espíritu del Antiguo Testamento.

Si el monoteísmo es una criatura del desierto, se requería su versión más pluralista o politeísta para que el desierto se extendiera por el mundo —aunque eso sólo lograra su pleno efecto con la mutación protestante. Y si hoy los otros dos monoteísmos prosperan, cada uno a su manera y en versiones progresivamente degradadas, es dentro de este nuevo medio ambiente, este desierto que no para de crecer.

El descubrimiento por Peirce de la semiosis o deriva ilimitada de los signos es sin duda el hito más importante de la lógica desde los tiempos antiguos, en gran medida, porque trasciende la esfera de la lógica. Siempre trascendió esta esfera, pero, como no podía ser menos, no ha hecho sino sumar su cauce a la deriva nihilista general, volcada hacia una Ley que sistemáticamente la vacía. Muy en el estilo del siglo XIX, Peirce quiso concebir la semiosis como un proceso irreversible que puede aproximarse asintóticamente a la verdad, en vez de como un proceso reversible que puede alumbrar nuevas e inesperadas síntesis; y lo oportuno de esta reorientación no ha tenido el debido eco entre sus continuadores.

Es evidente que el lenguaje es más que un proceso lógico; es un fenómeno mucho más primario que envuelve a nuestro mundo interno de impresiones, deseos y emociones y nunca termina de desprenderse de él. En principio la semiótica de Peirce creaba un nuevo lugar para todo esto, pero ese lugar resulta evacuado y sus contenidos succionados para procesar lo primario sólo en la medida en que se relaciona con lo terciario, con el código, con lo predecible y regular de la Ley.

No deja de ser la misma deriva, aparentemente inexorable, que envuelve a los sectores primario, secundario y terciario de la economía y el tejido social; o de la ecología del conocimiento, o de la civilización en general. Somos incapaces de concebir una vuelta atrás, porque incluso si quisiéramos reproducir el pasado saldría algo del todo diferente. Pero a esto sólo hay que darle la vuelta: si queremos obtener algo diferente hay que ir en dirección contraria a la deriva general.

El progreso de la modernidad "liberó" el potencial trinitario. Confrontados ahora con el colapso, término real de ese potencial presuntamente ilimitado, muchos se vuelven casi involuntariamente *cuaternarios*, y se apresuran a ver qué podrá salvarse de nuestra civilización cuando fallen los delicados mecanismos que la sustentan. En esta perspectiva, afrontar el futuro y recuperar lo perdido tienden a coincidir aun con todas las incontables incertidumbres. Si la terceridad última se proponía como asintótica estación término impulsándonos siempre más allá, ahora se quiere ir más allá del más allá recobrando el más acá siempre postergado; lo que definiría, en pocas palabras, el Espíritu del Cuaternario.

El mismo Peirce vio bien pronto la rigurosa concordancia entre las tres personas de la Trinidad y la terna semiótica signo-objeto-interpretante: *"El interpretante es evidentemente el Logos Divino o Palabra; y si nuestra anterior asimilación de una Referencia a un interpretante como Paternidad es correcta, éste sería también el Hijo de Dios. El fundamento, siendo aquello cuya participación es requisito para cualquier comunicación mediante el Símbolo, corresponde en su función al Espíritu Santo"*.

Sin duda hubiera sido más fácil hablar de emisor, mensaje y receptor. Cambiando sólo el plano al que se aplica, son conceptualizaciones no más abstractas que las que dirimía rutinariamente la escolástica. Hemos citado este pasaje de 1866 no porque sea muy aclaratorio, sino más bien lo contrario; y es que uno de los rasgos característicos de la neogótica semiótica de Peirce es que cuando más quiere precisar los términos más se complica todo.

La misma idea de Ley y la pluralidad de las leyes es lo que nos separa del Principio, algo mucho más amplio que sólo va desplegándose por la devolución y reintegración del concepto. Este Principio y el acercamiento a él no puede confundirse con la noción de origen en el tiempo y su posible reconstrucción; no está sujeto a devenir sino que es, justamente, el principio de su actividad en todo momento —el soporte de cualquier estado de un proceso.

¿En qué se diferencia entonces de la Ley, por ejemplo de una ley natural de la física? En que la Ley tiende a darnos un concepto del Principio sólo a costa de invertir nuestras relaciones con él. La Ley se empuña y es por eso que no vincula más de lo que separa, mientras que el Principio es siempre elusivo pero nunca excluye nada. Por eso también estamos siempre a tiempo de confrontar la Ley con el Principio hasta lograr su autoabsolución.

A medida que los conocimientos útiles se acumulan mediando todas las relaciones cada vez tenemos menos conocimiento directo de nada. Para Peirce, para la tecnociencia en general, el conocimiento inmediato no tiene lugar, ni siquiera en primera persona, por lo que estamos condenados a depender de expertos, algo que conviene a los cuadros de expertos en primer lugar. Hablar de "conocimiento directo" presupone el objeto, pero existe un conocimiento inmediato que guía tanto al conocimiento directo como al indirecto, y que necesariamente ha de tener muchos grados y capas, aunque no los hayamos explorado. La ciencia también debería mantener algún tipo de contacto consciente con este conocimiento, por sí misma y por lo que está más allá de ella, ya que el contacto inconsciente no lo podría perder ni aunque quisiera.

2. El cuarto

Al final de "*Antiprometeo*" recordábamos que no habíamos hablado de máquinas, y de cómo ellas aún pueden cambiar nuestra ubicación dentro de lo simbólico, lo imaginario y lo real. En verdad, y dado que estas relaciones se están alterando permanentemente, habría que preguntar antes si hay algo en ellas que se mantenga constante. La respuesta, naturalmente, es que no hay nada aislable que cumpla tal condición.

Por supuesto, estábamos pensando en la reorientación del siempre indefinido principio de instrumentación que parece dirigir nuestras máquinas o nuestro uso de las máquinas. Pero, ¿qué sentido tendría hacer "antimáquinas" antes de tener claro cuál es su propósito? ¿Se puede reconducir en sentido contrario la compulsión que sentimos a apoyarnos en máquinas? ¿Sabemos lo que hay detrás de ella? ¿Pretendemos algún tipo de reeducación? ¿Queremos plantear una cuestión mecánica o simbólica?

Con el giro adecuado, la semiótica de Peirce vale tanto para explicar el proceso de objetivación del conocimiento como la emergencia de la subjetividad tal como la planteaba Lacan. O para elaborar una teoría trascendental de la comunicación. Semejante plasticidad ya es sin duda un valor, pero también es significativo que, por lo que uno sabe, ninguna disciplina se haya beneficiado de forma concreta con el uso de sus categorías. Su presunta validez se degrada rápidamente. La semiótica es la lógica de la vaguedad, aunque esta no es incompatible con la precisión; pero a medida que se precisa todo, nos perdemos en la proverbial maraña de grafos.

La reversión de la semiosis que aquí planteamos es diferente de todos los intentos de aplicación o aprovechamiento de sus categorías. No sólo es diferente, va en el sentido contrario. Parece que ir de nuevo en dirección a lo primario sólo puede aumentar la vaguedad; sin embargo, antes de los conceptos hay otras cosas y estados susceptibles de precisarse, o tal vez concretarse. Se ha dicho con razón que la lógica de Peirce no puede desprenderse de su carácter elíptico e involutivo, y sin embargo, de su reversión consciente puede emerger lo inesperado.

El Principio es inconmensurablemente más común que las leyes. De vez en cuando se pregunta a los físicos teóricos qué aspecto podría tener una auténtica Teoría Unificada de todas las fuerzas fundamentales, una "teoría final", y naturalmente ningún físico sensato se atreve a hacer la menor conjetura al respecto. Mucho más insensato, aunque no por ello menos lógico, pienso que una "teoría final" sería aquella en la que no quedaría ni el menor rastro del concepto de Ley, que habría sido absorbido por completo en el Principio. Esto no es imposible en absoluto, sólo requiere que la naturaleza de ese Principio capte nuestro interés igual que lo captó la búsqueda de la Ley en otro tiempo.

La búsqueda del Principio puede realizarse en incontables niveles, pero a diferencia de la proliferación de disciplinas con "leyes" de lo más heterogéneo y una dispersión imparable, apuntan a la unidad de un modo mucho más simple —apuntan de hecho a una inconcebible ultrasimplicidad. Sus avatares se encuentran por doquier, incluso en las clásicas leyes de la mecánica, lo que tendría que ser el prerrequisito de una nueva mecanología.

No es obligado pensar en el futuro y especular con inevitables "nuevos desarrollos". Vamos a dar un ejemplo ya pasado de reversión completa y exitosa de una tecnología; un ejemplo extremo que nunca ha sido reconocido como tal.

Puesto que ahora se asume que la escritura es una tecnología en el sentido más amplio de la palabra, que incluye a la técnica y la teoría de esa técnica. Y no sólo eso, sino que, marcando los comienzos de lo que entendemos como historia propiamente dicha, se asume también que la escritura es la tecnología más internalizada y la que más ha alterado la consciencia humana.

El monograma de la sílaba sagrada del hinduismo y síntesis suprema del Vedanta, OM o AUM, es una forma de encajar toda la cultura alfabética y toda la teología védica en algo que aún es más simple que el más simple de los sonidos. Como es bien sabido, la composición alfabética de esta interjección, tan posterior a su uso oral como queramos pensar, consta de cuatro elementos, las letras A, U, y M más el punto o *bindu* por encima de ellos.

Más hacia Occidente encontramos concepciones íntimamente relacionadas: el Tetragrámaton hebreo (YHVH) o la Tetraktys o tétrada pitagórica. En la cultura China, la gran tríada Cielo, Tierra y Hombre (*Tien-Ti-Jen*) también entra en concordancia cuando se incluye el Camino o Tao, como cuarto término que enhebra a los otros tres. Claro que en los casos más occidentales el cuaternario se concibe como una progresión 1-2-3-4, mientras que en los casos más orientales lo que tenemos es una reversión. "Retorno es el camino del Tao"; y en cuanto al Omkara, se trata implícitamente de una expansión del sonido coincidente con la contracción de sus partes, una secuencia 3-2-1-0.

Por descontado, esta "secuencia" del Omkara es ficticia, siendo sólo un ordenamiento de letras con un símbolo adicional para indicar el silencio, como el aspecto envolvente fundamental. De este modo la reversión es completa. Si la semiosis describe el flujo de la mente como interacciones de signos, y la deconstrucción, llevando al extremo lo terciario, considera el discurso entero como transposición de la escritura, aquí encontramos el caso diametralmente opuesto: el recurso a la escritura está al servicio de lo oral, este se debe al sonido inarticulado, y el sonido inobstruido se debe al silencio.

Si la secuencia es aparente, no menos aparente ha de ser la reversión. Para autores clásicos como Shankara, Omkar tiene una cualidad inherente de progreso y aun de prosperidad, y por otra parte, dinámicamente sólo cabe representarla como la más elemental progresión de una onda esférica en el espacio —que por otro lado no deja de ser una omnicomprensiva deformación continua en cada uno de sus puntos, como el principio de propagación de Huygens demuestra.

La deconstrucción y el análisis semiótico ponen en juego el hueco entre los signos para glosar sus permanentes desplazamientos, mientras que la única operación del Omkara es la desobstrucción del sonido, el regreso a lo vacío tan derecho como los obstáculos permiten —el centro de la diana, es el fin del juego de la mente. La actividad intelectual huye de esto como de la bomba atómica, pues la deja sin nada que hacer; creer y pensar sólo son dos aspectos de la misma explotación de las disposiciones.

Si la escritura es la más internalizada de las tecnologías, y la que más ha afectado a la conciencia, llenándola, moviéndola y manteniéndola ocupada, aquí tenemos el uso más simple posible de dicha tecnología para vaciarla y llevarnos hasta "la otra orilla", según la fórmula del Upanishad. Pero, además, incluso la parte mínima de técnica que pueda tener apunta directamente a lo no técnico, a lo espontáneo o natural. Esto ocurre no sólo con su compendio de lo alfabético, sino hasta en su uso como invocación.

En las escrituras se compara a menudo la Palabra con el palo superior que se frota sobre el inferior para hacer fuego. No es por casualidad que los videntes se complazcan en una imagen tan rudimentaria, que es también una alusión a la primera tecnología privativa del ser humano, la producción controlada del fuego. Se trata de devolver el fuego aparentemente más grosero al fuego original del conocimiento, no manifiesto por naturaleza.

A la invocación ahora se la conoce como *mantra* pero su esencia no está en la repetición. Sabido es que la palabra mantra no significa otra cosa que aquello que atraviesa la mente. Igual que se intenta meditar sólo para comprender que el intento excluye la meditación, a veces se repite la palabra para comprender que la Palabra ya se profiere por sí sola, que es el rastro del silencio mismo desde el lado de quien lo escucha.

A Om se le llama en ocasiones *linga*, signo o símbolo, pero está claro que eso no puede entenderse en el sentido funcional o semiótico ordinario. En el contexto de conclusión última de los Vedas, la Palabra como símbolo supremo ya no es invocación o pregunta, sino respuesta, evidencia, prueba. Evidencia concluyente, prueba definitiva. Una demostración puede ser corta o puede ser larga, y aún se pretende que alcanzar toda la verdad sería un proceso infinito; pero reconocer una prueba no es algo que dependa del tiempo. Sólo requiere caer en la cuenta, si uno se encuentra en la disposición.

La semiosis se queda atascada en el conocimiento y el juego entre lo conocido y lo por conocer. Pero los tres primeros estadios del Vedanta comprenden ya lo conocido, lo desconocido y aun lo incognoscible; y el cuarto estado se sitúa más allá de ellos. ¿Cómo se puede estar más allá de lo incognoscible?, podría preguntar alguien consternado. La respuesta es evidente: no pretendiendo conocerlo todo. Asumiendo lo incognoscible que uno mismo es. El conocimiento es sólo la otra cara de la ignorancia pero es uno con ella; la búsqueda del conocimiento es sólo un síntoma de una no reconocida enfermedad, y la compulsión instrumental que sentimos hacia las máquinas es sólo su reverso.

Este modo de plantear las cosas está más allá de los planteamientos del ateísmo y el agnosticismo, siempre que se esté en condiciones de considerarlo. No nos pide más conocimiento en absoluto, sino tan sólo un imperceptible reconocimiento.

La síntesis retroactiva que el Omkara logra con respecto al universo del orden y el desorden alfabéticos, logros indudablemente artificiales, también es operativa con respecto al movimiento de la mente, dividida siempre entre lo artificial y lo natural, o con respecto al sonido, fenómeno que aun con nuestro gran aporte de cacofonías no deja de ser enteramente natural además de objeto de la física. Aquí la íntima semejanza, si no identidad, entre el sonido y la mente se presupone. OM presupone también la ascensión por ósmosis capilar de cualquier ruido de fondo hasta el silencio que lo soporta. Y este ruido de fondo incluye todo género de actividad también nuestra incierta reserva de vida y energía vital.

Desde una perspectiva libre de objetivaciones como la del Vedanta, esto no es sólo posible , sino inevitable. La Palabra envuelve todo el sonido articulado, el inarticulado y el silencio, dentro y fuera de la secuencia, y aun en los dos sentidos de la secuencia; la conciencia contiene toda mentación, desde la más difusa aspiración hasta el más cerrado reflejo del hábito. Hay aquí una secreta relación entre lo reversible y lo irreversible que la ciencia aún no ha acertado a plantearse nunca. OM es la prueba de lo imposible que está desafiando a nuestra demostración.

Pensemos sólo en algún aspecto imponderable dentro de lo más formal. Absolutamente imponderable, por ejemplo, es el efecto que sobre la matemática moderna, ciencia pura de las formas, ha tenido la introducción del cero en nuestro sistema posicional decimal. Este acontecimiento, gestado durante un largo e impreciso número de siglos, coincide en el tiempo con la epigrafía alfabética del Omkar; y sabido es que la representación original del cero en India no fue con un círculo vacío, sino con un punto superior o *bindu*.

La introducción del cero moderno ha alterado de manera imponderable nuestra concepción de la unidad, y también del cálculo o análisis en el que se basa enteramente nuestra ciencia: pues ya sea en el cálculo infinitesimal original, como en el análisis moderno fundado en límites, aún se cree que se trabaja sobre puntos y velocidades instantáneas, y esto contra toda razón. Hemos hablado repetidamente del tópico, que va ciertamente mucho más allá de las "interpretaciones filosóficas", aunque también debería tener un impacto profundo en ellas. Lo que tuvo un efecto imponderable en el pasado, del mismo modo puede tenerlo en el futuro, y al revés: lo que enfoquemos en el futuro nos dará la medida de lo que podemos reconocer en el pasado.

Es como el multimilenario concepto de igualdad (=), del que sólo en los tiempos más recientes han reparado algunos raros matemáticos en que esconde una infinidad de equivalencias. Pero no vamos a detenernos en este tipo de cosas ahora. Siguiendo puntualmente a Aristóteles, Peirce, cuya semiótica presupone siempre la continuidad, distingue tres figuras básicas del razonamiento: inducción, deducción y abducción o hipótesis, y hoy se admite generalmente que las ciencias se rigen por el método hipotético-deductivo. Fue todo un acierto de Peirce llamar a las hipótesis "abducciones", pues no nos conectan más a la realidad de lo que nos separan de ella. Lejos de ser un término técnico, sigue señalando lo más cotidiano y menos advertido de nuestra condición, pues vivimos en un mundo de abducción permanente. Pero, ¿cuál sería aquí el cuarto aspecto, cuál es el principio parasemiótico que aún es más importante en cualquier tipo de conocimiento? Ya lo hemos dicho casi sin querer, se trata de la *asunción*.

Hay, naturalmente, una continuidad implícita entre suposición y asunción, igual que la hay entre la resonancia de la M final del Omkar y el silencio. La suposición, núcleo y semilla de toda teoría, interpone siempre entre uno y los hechos una nueva combinación de elementos. La asunción es sólo el caso más general de la suposición, en el que uno ni siquiera es consciente de interponer nada. Y este caso general es el fundamento de cualquier realidad particular.

Es evidente que la asunción de unos hechos es anterior a cualquier razonamiento con ellos o cualquier intento de explicación. Lo que no es tan evidente es que esa asunción ya ha reorganizado algo antes de la primera operación lógica: la asunción es la reorganización de uno mismo. Esto se extiende mucho más allá de la lógica de cualquier dominio formal, pues la asunción es justamente el espacio que se abre allí donde lo formal se ha extinguido. Y sin embargo no hay nada más determinante en la vida.

¿Cuál es la palabra destinada por las tres religiones del Libro para expresar la asunción, el "así sea"? Amén. Con las ligeras variantes Amen, Amin, u Omein. La misma palabra "Asunción" se percibe como otra variación de Aum. No puede haber palabra más importante para un creyente, ni más transformadora, porque, sin duda va más allá de la creencia y se hunde en la realidad como no puede hacerlo el conocimiento. Pero está claro que nadie vive ni piensa sin asunción.

Con tiempo suficiente cualquiera puede fabricar teorías, pero nos resulta mucho más difícil vivir sin ellas, pues nuestra vida depende de muchas teorías que ni siquiera hemos elaborado. La diferencia básica entre la filosofía y el Vedanta es que la filosofía se detiene en el cuestionamiento de las suposiciones, mientras que el Vedanta cuestiona la asunción hasta el final. Por otra parte, si la primeridad de Peirce es un *Cogito* sin Yo que la formalidad del discurso filosófico apenas permite explorar, mucho menos se ha sondeado la relación no operacional entre cuaternidad y primeridad, entre la toma de conciencia global que es la asunción y la multiplicidad de estados interiores que nos es connatural hasta que algo en nosotros dice "Yo" obstruyendo su percepción.

La diferencia entre suposición y asunción sería como la que hay entre pensar en algo y pensar desde algo —si tal diferencia pudiera plantearse dentro de los términos del pensamiento. La asunción es más bien el estado global de la conciencia, y puede haber infinitos estados dentro de una misma asunción, y muchas asunciones o estaciones.

* * *

Siempre un poco a regañadientes, Peirce no dejaba de admitir que sus tres categorías coinciden en lo esencial con los tres estadios del pensamiento de Hegel; pero no hace falta forzar ningún tipo de argumento para ver que los deslizamientos de la semiótica atraviesan la historia del pensamiento de principio a fin. Tampoco faltan indicaciones tempranas de la cuaternidad, de eso que tanto puede llamarse plano trascendental como absoluta inmanencia. Fue la cuarta hipótesis sobre lo Uno y lo Otro del Parménides de Platón la que le faltó desarrollar a Plotino para "cerrar el círculo" argumentativo de sus tres hipóstasis; aunque la cuaternidad del Vedanta busque menos cerrar un círculo que abrir un claro en la comprensión.

Guenon, en su estudio clásico sobre las tríadas, que tan enorme papel han jugado en la organización del mundo antiguo, protestaba contra la asimilación abusiva de ternarios que poco o nada tienen en común. Ponía como ejemplo de esto la asimilación entre la Trimurti india y la Trinidad cristiana. Que estas tríadas pertenecen a concepciones muy distintas es más que evidente; sin embargo, entre el Padre, el Hijo y el Espíritu Santo aún existe una indudable correspondencia término a término con Brahma, Vishnu y Shiva, y con las tres letras del Omkar. De aquí se podían haber extraído las más verosímiles consecuencias teológicas, como la de que el Espíritu Santo es santo porque supone la dimensión en la que todo se extingue. Todas las ternas que tienen una estricta correspondencia semiótica apuntan a una unidad más simple que la de cualquier juicio o predicado. Esto comprende una infinidad de implicaciones lógicas imposibles de desarrollar.

Era casi inevitable que el último gran escolástico surgiera en los Estados Unidos. También que el neogótico Peirce se enroscara en un gradual aislamiento dentro del ascendente espíritu pragmático y positivista de sus contemporáneos. Si Hegel ya había rendido la versión laica de la teología occidental, Peirce, apoyándose más bien en Kant, quiso darnos una versión anglosajona que fuera verdaderamente compatible con el pensamiento científico moderno. Tanto Hegel como Peirce eran espíritus industriosos, mercuriales, fatalmente dispuestos a enredarse en los laberintos de la lógica. Lo que Hegel consiguió con su "ciencia del saber absoluto" fue la reprobación casi unánime de la comunidad científica, pero Peirce, que trató de evitar con el mayor de los escrúpulos los inciertos saltos especulativos de la dialéctica, no quedó mucho más cerca de su cometido.

En otro lugar comentamos cómo William Lawvere, uno de los grandes impulsores de la teoría matemática de categorías, ha tratado de verter a dicho lenguaje el Hegel de la *Ciencia de la Lógica* y la unidad de los opuestos. Con Peirce esta tarea parecía en principio mucho más factible, y no han faltado en los años más recientes intentos de diversa fortuna al respecto. Sin embargo, a medida que se avanza por este camino las dificultades se multiplican, como el mismo Peirce ya había advertido entre el asombro y la resignación. Uno no sabe de ningún científico que se sienta cómodo con la diagramación de sus propias formas de razonamiento, y eso que la "gestión de la economía del conocimiento" parece demandarlo cada día más.

La enseñanza de lo fallido de estos intentos tendría que ser evidente; aun si muchos tipos de metaanálisis tienen vigencia y utilidad, y a menudo son inevitables, tratar de eliminar la imprecisión de lo primario mataría la fuente más espontánea e inspiracional de la investigación. Lo que tenemos luego es un cadáver, y no deja de ser curioso ver a los científicos, a los que a menudo acusamos de matar los fenómenos que estudian, sometidos a disección y autopsia. Por otra parte los matemáticos que trabajan en la teoría de categorías rechazan con fuerza la acusación de estar haciendo metamatemática, y en la medida en que siguen haciendo matemática viva tienen toda la razón. Para muchos de ellos, la teoría de categorías es el lenguaje matemático sin más. Y además, su permanente recolección debería favorecer una comprensión sintética de la matemática más necesaria hoy que nunca.

En matemática, como en todo, siempre ha habido una oscilación entre creatividad y reflexión. Por otra parte, se supone que análisis y síntesis van tan de la mano que no tiene sentido dar la primacía a uno sobre el otro. Entonces, ¿por qué todos, científicos y legos por igual, tenemos la abrumadora sensación de un predominio indisputado del análisis? Ya lo hemos dicho repetidas veces: es el enorme sesgo utilitario en favor de la predicción en la matemática aplicada lo que hace imposible el equilibrio. Sólo si se busca por sí mismo el nivelar predicción y descripción se hace manifiesto lo complementario del análisis y la síntesis. Ocurre que la justificación de resultados y aplicaciones, su "fundamentación", ha exportado idéntico sesgo a lo que antes se consideraba como "matemática pura".

No sirve de nada echarle la culpa a una deficiencia de comprensión sintética. Esto nos impide ver el hecho de que el mismo análisis no ha hecho honor a su nombre —no ha sido análisis— ni siquiera en los aspectos más elementales del cálculo, tales como el número de dimensiones con que trabaja. Miles Williams Mathis ha demostrado esto concluyentemente, pero por ahora no sabemos de ningún matemático que se lo haya agradecido. Sólo atreviéndose a sondear las deficiencias más básicas del análisis —cuestionando nuestras más fundamentales asunciones— puede revertirse una tendencia actual que parece tan inexorable. Esto es lo evidente que ahora no se quiere quiere admitir: que los grandes avances en la comprensión sintética sólo pueden llegar con avances similares en el análisis, y que los mayores avances en el análisis serán aquellos que más directamente afecten a los fundamentos.

También los griegos hicieron grandes avances para encontrarle un lugar al cero cuando aún era nada, y la ubicación, contrapunto de la asunción, es el secreto en el misterio del nacimiento de una noción. El mismo Aristóteles muestra ya en su Física estar muy cerca del cero aritmético y plantea la imposibilidad de la división por cero dos milenios antes que los fundadores del cálculo, mientras que ni Brahmagupta ni Bhaskaracharya, el primer gran precursor del cálculo moderno, la excluyen. Todavía en 1770 Euler consideraba al cero, igual que Bhaskara, como el recíproco del infinito. El mero lapso de la gestación nos habla de la magnitud del parto; pero eso no significa que haya quedado establecida la cuestión.

Así que el sueño de formalizar las categorías de Aristóteles tuvo que esperar más de dos milenios para hacerse realidad en matemáticas; y ha sido con la teoría de categorías de orden superior, que se han empezado a superar las limitaciones del signo de igualdad, para empezar a hacer explícitas las infinitas equivalencias subyacentes. En el sentido contrario, Mathis ha terminado con el malentendido que comenzó con el uso por Arquímedes del paralelogramo de velocidades, que en el siglo XVII se interpretó como velocidad instantánea. La rectificación de este malentendido trastoca por completo la relación entre la matemática pura y la aplicada, y entre descripción y predicción.

Estamos hablando de tres mutaciones trascendentales de la matemática, tres transmutaciones por así decir, y cualquiera de las tres ha necesitado más de dos milenios para asomar limpiamente la cabeza. Es imposible saber cual será la incidencia de estos tres cambios en la noosfera del futuro, y a esta escala de tiempo no parece que tenga sentido esperar consecuencias rápidas. Los dos grandes logros de la teoría de categorías cuentan aún con una aceptación muy minoritaria de la comunidad matemática, pero después de todo aún discurren en la dirección imperante del aumento permanente del grado de abstracción.

No es el caso del descubrimiento de Mathis, que al cuestionar el criterio mismo de aplicación del cálculo, piedra de fundación del análisis, no puede estar más a contracorriente de lo contemporáneo. Pero es ese criterio de aplicación de la matemática, de la incidencia del plano de "las ideas puras" en la realidad física, lo que cambia nuestra noción de lo trascendental y lo inmanente. En verdad, si los masivos reordenamientos de la matemática más abstracta quieren tener fruto, no importa la escala de tiempo de que hablemos, ha de ser en la arena de la aplicación, y eso en absoluto lo ignoran los expertos en categorías. No es una cuestión de utilidad, sino como en los tres estadios de Hegel, de descenso y realización: abstracto, negativo y concreto.

Y tendría que saltar a la vista, ya desde el primer momento, que el cálculo finito o cálculo diferencial constante cambia por completo las nociones más básicas de la matemática, por ejemplo, la idea de espacio compacto o del continuo del que ha salido la teoría de conjuntos y toda la axiomática. Sabido es también que la teoría de categorías tiene otra idea más práctica de los fundamentos que prescinde de muchos de los criterios de la axiomática y el conjuntismo. Pero el cálculo finito, si puede extenderse consistentemente al análisis real y el complejo, afecta igual de profundamente a prácticamente todas las ramas imaginables, desde la teoría de la medida y el análisis dimensional a la definición del gradiente, la mecánica lagrangiana y hamiltoniana, el espacio de Hilbert, la teoría analítica de los números, la topología simpléctica y la topología en general. Si los expertos en categorías buscan un punto arquimediano para remover el Cielo y la Tierra matemáticos, las aplicaciones y los fundamentos, no van a encontrar nada como el cálculo finito, en verdad el único cálculo diferencial que no traiciona su nombre.

El equilibrio entre descripción y predicción se rompe definitivamente con el cálculo de Leibniz y Newton; pero en el cálculo, esto es menos una cuestión formal que en cualquier otra parte. Al buscarse las respuestas físicas en la ecuaciones diferenciales, en vez de derivar la ecuación diferencial de las consideraciones físicas, ya se ha operado la Gran Inversión, ya se ha puesto cabeza abajo el Cielo y la Tierra matemáticos. Que no quepa ninguna duda de que esta Gran Inversión es una sola con la "Gran Transformación" que experimenta la sociedad entera desde esa misma época. Reparar este "deslizamiento semiótico" de primera magnitud es la condición indispensable para despejar el camino real de la síntesis en matemática, para que los incesantes esfuerzos de los matemáticos en pos de la unidad se adentren en la profundidad del camino de retorno.

Lo que parece imposible de aceptar se transforma desde el momento mismo en que lo asumimos. Aun si el cálculo diferencial constante está enteramente por desarrollar, los ejemplos elementales que propone Mathis plantean ya de entrada una transformación fundamental de nuestra idea de lo analítico y lo sintético, y aun de su finalidad. También muestra el camino para eliminar las manipulaciones algebraicas ilegales de todo tipo justificadas por motivos heurísticos y que plagan todos los campos del análisis cuantitativo. Esto más parece una pesadilla que una promesa; sencillamente, hay demasiado construido sobre el cálculo para que éste pueda reformarse, al menos, en una escala de tiempo razonable.

Lo que bien podemos llamar *el demonio del cálculo*, que hasta tal punto se ha adueñado de la mentalidad que busca reducirlo todo a cantidad, consiste en creer que una función está construida desde abajo hacia arriba con elementos indivisibles —infinitesimales primero, pasos al límite después—, y no desde arriba hacia abajo, como hace Mathis con su cálculo constante —hay una tasa de cambio indivisible o unitaria en cada caso, pero en ella el numerador ha de encontrar su denominador, que no ha quedado establecido de antemano. Todo el espíritu de la ciencia moderna ha dependido de este espejismo, hasta tal punto, que el mismo Mathis parece seguir creyendo que es posible llegar a la determinación de leyes naturales unívocas mediante el cálculo.

El materialismo y reduccionismo modernos, tan diferentes por ejemplo del atomismo de la antigüedad, más que en cualquier confianza en la idea de materia o del objeto, se apoyan en su fe en que el cálculo determina correctamente y de manera irreductible las tasas de cambio en el movimiento, y con ello en los procesos y fenómenos. Ahora ya es posible desmentir esto, y no sólo desmentirlo sino plantear otra estrategia general para el análisis.

El método científico oscila entre idealizaciones y racionalizaciones y en el cálculo se pasó de los infinitesimales a la teoría del límite, que es sólo una justificación para la enorme masa de resultados obtenidos. La teoría de categorías surgió de la generalización de operaciones de paso al límite —operaciones sintéticas— en problemas complicados del análisis superior, pero aún les queda un largo retorno hasta llegar al quid de la cuestión. Pero no es un secreto, sino más bien un permanente olvido, que el origen de la teoría del límite es que no hay límite para un punto, sino tan sólo para intervalos definidos.

El matemático no debería quitarse de encima los argumentos de Mathis diciendo que tan sólo se trata de cálculo elemental y que su rigidez de criterio impide abordar la mayor parte de los problemas. Todo lo contrario: precisamente porque es tan elemental, y porque el asunto va mucho más allá de cuestiones semánticas, es inexcusable ignorarlo. Y precisamente porque tiene un criterio rígido, marca también un camino recto. Y si hay un camino recto, ¿qué habrá que pensar de los atajos?

La más que lógica oposición a la reforma del cálculo no se superará frontalmente, sino más bien por desbordamientos laterales. Por ejemplo, el método de Mathis parece reproducir numéricamente la misma estimación espontánea y en tiempo real que hace un corredor cuando trata de mantener un ángulo constante de movimiento relativo con una pelota en trayectoria parabólica para atraparla. Si esta coincidencia se confirma como exacta, sería algo verdaderamente extraordinario, no ya porque plantee una conexión directa e íntima entre cálculo, "inteligencia artificial" y "habilidades intuitivas", sino porque más acá de estos empeños utilitarios nos lleva directamente a la cuestión mucho más profunda de la relación entre la inteligencia formal y la informal. En el mismo orden de cosas, permite plantear de modo nítido si, más allá del carácter tentativo y falible de todo lo que se atribuye a la "intuición", existe un *conocimiento no intuitivo inmediato*[1] como el que postuló en su día Jakob Fries.

A comienzos del siglo XX, Leonard Nelson adoptó el postulado de Fries como fundamento de la axiomática en el espíritu de Hilbert; hoy habría que ir más bien en el sentido contrario: nos acercamos a la unidad cuando la forma matemática persigue al conocimiento informal, algo que sólo puede plantearse correctamente en la medida en que tal conocimiento no se confunda con "la intuición". Y el esfuerzo de la matemática más abstracta por descender al mundo empírico es uno solo con esto, aunque aún esté lejos de ser evidente.

Nelson y Fries apelaron al espíritu de Sócrates más que al de Platón. Este último se encargó de interponer toda una ontología y un exuberante despliegue de formas que obstruyen la vía del conocimiento más que la facilitan; sin duda

Sócrates estaba mucho más próximo a la indagación en lo informe que caracteriza al Vedanta. Pero como no sólo nuestro extraordinario despliegue formal parte de Platón, sino que también su metafísica se ha transformado en nuestra matefísica, en que la matemática prescribe de antemano el marco de la experiencia en el mundo físico, no queda más remedio que adoptar el camino inverso: de lo terciario a lo secundario, y de esto a lo primario.

Para el lógico y el matemático el único conocimiento digno de tal nombre es el conocimiento mediado por las formas. Pero si podemos superponer consistentemente el conocimiento terciario —que ya envuelve al secundario- con el que obra en primera persona, también hemos ido más allá de la primeridad y la terceridad. Ese es el camino que intentamos señalar; ese es el sentido de la cuaternidad.

* * *

Pero la misma concepción de la semiosis como un proceso horizontal de interacción ya es totalmente deudora de la escritura y la alfabetización. De lo que habla el Mandukyopanishad es de un denominador común a los tres estados más elementales de la conciencia —la vigilia, el sueño y el sueño sin sueños—, estados de una inmediatez incuestionable en comparación con los cuales las tríadas derivadas en enésima instancia por el pensamiento y sus formalismos han de parecer remotas. Y aun así existe una continuidad.

Las tres fases o estados de la conciencia pueden asimilarse con lo consciente, lo subconsciente y lo inconsciente; siempre que aquí "inconsciente" se entienda literalmente como la inconsciencia total que todas las noches alcanzamos en el sueño profundo. Esta inconsciencia total coincide con lo incognoscible, y sin embargo nada nos es más íntimo. Así que tenemos el mundo externo de la vigilia, el mundo interno de los sueños y la imaginación, y la intimidad que nada sabe de la existencia de los otros dos.

Más allá de ellos está el cuarto estado, *Turya*, denominador común de los tres. Incluso en el lenguaje ordinario la palabra "inconsciencia" está referida a la conciencia y a nada más. Lo único que cambia en la perspectiva no-dual es que esa inconsciencia no se considera como un límite externo, sino que se pone en el centro mismo. De hecho al tercer estado, al sueño profundo, se lo llama *Prajña*, inteligencia, comprensión; algo que, no hay ni que decirlo, para la inteligencia que se apoya en la forma resulta de lo más incomprensible.

Sin embargo el razonamiento formal está haciendo algo enteramente similar dentro de su reducida esfera de terceridad, creando su propia base a través de suposiciones o hipótesis para luego situarlas en lo más alto y descender por deducción, con un amplio espacio intermedio e informal para la imaginación y la inducción.

Aún hoy es común entender el Advaita como una negación categórica de la realidad del mundo o como un idealismo extremo, cuando sólo afirma que el mundo es inseparable del sujeto y es irreal sólo si pretendemos concebirlo sin él. El materialismo busca fundarse en la materia como base estable porque se supone que es inconsciente y porque es mensurable y controlable; pero en el proceso de control y medida se pierde toda la inmediatez de su inconsciencia, de la que nosotros participamos ya directamente y sin necesidad de mediación alguna. El materialismo es un experto en crear distancias que luego pretende colmar.

Lo que reconoce que lo que concebimos como inconsciencia externa está ya en lo íntimo de la conciencia no es ningún desplazamiento semántico en particular sino aquello que está entre ellos y los comprende; lo que no excluye que los ajustes internos puedan concurrir en el reconocimiento. La distinción de este aspecto "más sutil que lo más sutil" queda representada por el bindu del Omkar. Cuando este sí mismo se concibe como más allá de los tres se lo denomina "cuarto estado" o *Turya*, cuando se lo concibe como estando más allá de la separación se lo llama *Turyatita*, que no es un quinto estado en absoluto, sino la desaparición del sentido de lo separado, su retorno fluido a la totalidad.

Aunque no deje de ser una representación como cualquier otra, puede ser útil imaginar el presente, pasado y futuro no ya como una proceso lineal horizontal, ni tampoco como un círculo sin más, sino como un despliegue vertical continuo y siempre presente en el que la base se desplaza permanentemente. Lejos de ser una concepción "más sofisticada" de lo temporal, está mucho más en sintonía con los procesos naturales, que tienen ya lo esencial para entenderse a uno mismo.

Nuestras representaciones conscientes son como el tronco y las ramas de un árbol, nuestro deseo e imaginación como las raíces, nuestra inconsciencia es la tierra de la que se nutren las raíces. La sustancia es convocada por el Sol desde la respuesta de la tierra y las raíces hasta las yemas, las hojas y los frutos, y al límite de su potencia para llegar al Sol, vuelve de nuevo desprendido a la tierra como semilla, como un nuevo y cumplido microcosmos. No se pasa del tiempo lineal y horizontal al tiempo circular sin advertir el despliegue vertical del presente, pasado y futuro, el constante desplazamiento de su base, lo intensivo de su permanente actividad.

La misma lógica superior opera en la autonomía de la vigilia en el mundo animal, y ya Platón habló de las tres almas del hombre, vegetativa, sensitiva y racional; que no pueden verse sino como coexistentes en el tiempo a la vez que saliendo la una de la otra. Las modalidades del samkya indio también tienen una íntima relación con esto, e incluso veremos su relación con los principios de la mecánica con sólo incluir el fondo del que emergen y hacia el que van.

3. Disposición de la mecánica

Para uno mismo, la comprensión no-dual no depende de ningún tipo de conocimiento o saber, como tampoco puede depender de ningún tipo de técnica o tecnología. ¿Por qué ocuparse entonces de las máquinas? Por lo mismo que podemos ocuparnos de la lógica, la ciencia o la filosofía. Porque, dentro de lo que es el conjunto de nuestra cultura, se interponen en el camino del retorno, y por lo tanto son parte de él. Y son parte también de lo que puede ser restituido en el espíritu del Cuaternario.

Lo único que mantiene en Occidente la ilusión de un tiempo irreversible es el progreso de la Tecnociencia, pero este progreso está llamado a colapsar porque los mismos supuestos tecnocientíficos tienen tantas contradicciones que tienden a frenarse y cancelarse mutuamente, no a acelerarse como se pretende. Por otra parte es lógico que haya resistencia a renovar los fundamentos para conservar el impulso hacia adelante, pero esto también conduce inexorablemente al estancamiento —las únicas "ideas nuevas" que se aceptan son las más sofisticadas porque las verdaderas ideas nuevas, que sólo pueden tener relevancia si son básicas, destrozarían los más imprescindibles estándares.

En definitiva, querer el progreso irreversible tiene efectos irreversibles. ¿O será más bien que la deriva general nos fuerza a creer que queremos? Como se puede creer en lo irreversible, pero de una manera muy diferente, vamos a mirar primero hacia atrás; porque no se puede pretender encontrar otra clave en las máquinas sin revisar los fundamentos de la mecánica. Para casi todos, buscar algo nuevo en los principios de la mecánica sería como esperar sacar agua de una roca golpeándola; pues eso mismo es lo que vamos a hacer. Los principios de la mecánica guardan el secreto más recóndito de la modernidad: su propio cierre formal y material.

Disposición de la mecánica y cuarto principio

Los principios de la mecánica —para muchos leyes— de Newton son el marco que dispone cómo y en qué sentido se deben entender las complejas relaciones que pueden mediar entre las partes de un sistema físico o una máquina. Ya discutimos el tema con más detenimiento en el ensayo *La Tecnociencia y el laboratorio del Yo*[2]; aquí haremos un resumen con algunas reflexiones ulteriores.

Los tres principios de Newton, surgidos como enmienda de los propuestos por Descartes, no sólo pertenecen a la física sino que tienen una indudable base común con los niveles más inmediatos de la experiencia humana en general. Lo que no significa que deban confundirse sin más con esa experiencia: cualquiera admitirá que están extraídos y abstraídos de ella, constituyendo la parte que nos parece cuantitativamente más relevante. Suponen por lo tanto un recorte de la realidad.

Así los tres principios, ya sea tomados cada uno por separado, ya sea en conjunto, han de ser considerados como condicionales, lo cual significa que su aplicación o extensión indiscriminada nunca está garantizada. La historia de la física está llena de momentos señalados y encrucijadas en que la aplicación y arbitraje de los tres principios no ha podido ser más problemático, dejando aún mucho espacio libre para interpretaciones erróneas. Sintetizando al máximo:

1- *El principio de inercia* resultó tan difícil de asumir que llevó generaciones interiorizarlo, y siempre de modo superficial. ¿Qué sabemos de la inercia? Lo mismo que del vacío físico, la masa o la gravedad: prácticamente nada. Para que no sea un puro espectro, tenemos que imaginarnos la inercia como una bola que rueda, tal como hizo Galileo. Pero el movimiento de una bola que rueda ha de estar referido a ejes de coordenadas inerciales externos al objeto o sistema, con lo que tenemos un objeto aislado con la propiedad de no estar aislado.

El principio de inercia implica el gran problema del sistema de referencia, y la física moderna lo sigue reduciendo a una cuestión meramente geométrica. Si realmente se tratara de física y no sólo matemática, el origen de coordenadas de un marco de referencia, como reclama Patrick Cornille, debería localizarse siempre en el centro de masa de una partícula puntual, cuyo valor ha de incorporar. Esta conexión es la indispensable precondición para que la descripción formal en términos de espacio y tiempo tome contacto con lo material a través del movimiento. Sin embargo la física moderna elude sistemáticamente esta vinculación.

2- *El segundo principio, que define la fuerza*, no hace explícito que sólo se tienen en cuenta las fuerzas controlables. En física todo lo controlable es medible, pero no todo lo medible es controlable. En mecánica no puede haber cantidades incontrolables, pero en la realidad las hay por todas partes. Piénsese en la ley constitutiva de los materiales, donde es imposible hacer experimentos que midan simultáneamente los tres valores principales de la tensión o de la deformación. Las fuerzas derivadas de rotaciones, sus combinaciones y grupos también pueden presentar este problema. Las cantidades incontrolables en absoluto son privativas de la mecánica cuántica.

Por otra parte, Newton usó la analogía de la honda para las órbitas planetarias, pero fue muy cauteloso en su primera definición de las fuerzas centrales, que no exige que las fuerzas que ligan a los cuerpos dependan sólo de las distancias radiales. Sin embargo todos los físicos desde entonces, incluso el escrupuloso Poincaré, han entendido la cuestión como si estas fuerzas pendieran literalmente de cuerdas. Con todo, cabe igualmente considerar fuerzas que dependan también del tamaño de los cuerpos, de la velocidad y la aceleración como la de Weber, o de fuerzas no centrales, de empuje o periféricas.

3- *El tercer principio de acción y reacción*, tan subestimado y tan esencial, marca precisamente la línea de demarcación entre los sistemas abiertos y cerrados. Curiosamente, Newton parece introducirlo para blindar los muchos aspectos inciertos de la mecánica celeste, aunque sea allí donde menos se puede verificar, como no dejaba de lamentar Hertz, que incluso llegó a proponer otros principios. Como se sabe, en el problema de Kepler no hay materia en el centro de la órbita y el vector apunta a un espacio vacío. En la electrodinámica de Maxwell y Lorentz el tercer principio tampoco se cumple de partícula a partícula, sino que es necesario incluir el siempre nebuloso concepto de campo. Pero es que las teorías de campos en general parecen concebidas para eludir el cumplimiento directo de este principio.

En las fuerzas sin contacto o fundamentales de la física moderna la cantidad conservada es el momento, no la acción y reacción. En estas fuerzas sin contacto se supone entonces un agente o campo que controla o entrega la acción entre un cuerpo y otro. La mecánica newtoniana parte de un tiempo absoluto con simultaneidad de acción y reacción o sincronización global, de tal modo que la mediación local de la información, la forma de comunicación, resulta imposible de especificar por principio; la teoría de la relatividad sigue conservando el principio de sincronización global por más que cambie el procedimiento. Por otro lado también en la mecánica con contactos y la lógica inercial con que evaluamos nuestras máquinas e ingenios empezamos por ignorar el contacto aislando un sistema ideal.

Diversos físicos con espíritu crítico han estudiado estos aspectos con detenimiento en el pasado, aunque, no hay ni que decirlo, sus más que legítimas objeciones no han afectado lo más mínimo a la marcha obligada de su ciencia, que siempre tiene tiene tantas cosas por delante. Pero, además de sus valiosas indagaciones, aquí mi punto de partida es la experiencia directa de la biomecánica del propio cuerpo. Si los principios son realmente primarios tendrían que estar en armonía con la experiencia en primera persona, aun cuando esta por sí sola nunca nos habría permitido llegar a estas conclusiones.

Con un poco de paciencia, y con los más sencillos ejercicios isométricos de equilibrio basados en los tres ejes del espacio, cualquiera puede cerciorarse de que el centro de gravedad de su cuerpo, su marco de referencia físico, admite un juego tan complejo que de hecho comporta todo ese fondo más amplio del que los principios de la mecánica clásica emergen. Cualquier experto en biomecánica admitirá sin reparos que muchos problemas básicos de juegos de fuerzas o tensores en el cuerpo son intratables, a pesar de que nuestro organismo en movimiento los resuelve sin pensar a cada momento.

En un sentido aún por aclarar, esta cotidiana biomecánica que habla elocuentemente en nuestro cuerpo ya es más amplia y profunda que la que intentamos aplicar a todo el universo, aunque ciertamente no se nos antoje la más directa ni la más práctica para tratar problemas externos que son los que constituyen el objeto de la física.

Como ya observó Mach, el concepto de masa y el tercer principio están tan unidos que parecen redundantes; lo que sucede sin embargo es que de los tres principios es en el segundo que recae el peso central —no interrogamos a los cuerpos sino con fuerzas y a través de fuerzas. Entonces, en la mecánica clásica de la que ha partido todo, la fuerza ha sido siempre la interfaz.

¿Que la concreción física del primer principio está en desacuerdo con la idea de covariancia galileana y de la relatividad especial? ¿Que esto se refleja de forma inevitable en el tercero? Pues peor para la covariancia galileana y la relatividad especial. No estamos discutiendo ahora sobre qué es lo más conveniente para la caracterización externa de los problemas, que es el asunto de los físicos. Estamos tratando de ver qué pudiera haber antes de las conveniencias y arbitrajes de la física, en términos de la física misma. Esta contradicción aparente se hace verdaderamente necesaria si queremos terciar de forma significativa en el continuo ciencia-tecnología.

Y aquí es donde llegamos a una circunstancia tan evidente como poco notada. Los tres principios de la mecánica tratan de poner en un mismo nivel tres modos que, por lo demás, siempre pueden estar en niveles lógicos diferentes. El principio de inercia es una posibilidad, el de fuerza un hecho bruto, la acción-reacción —un mismo acto visto desde dos caras— es una relación de mediación o continuidad. Suponen la primeridad, secundidad y terceridad de la lógica y la semiótica de Peirce, las tres personas de la gramática de todas las lenguas.

La física ya es de suyo una semiótica sin la menor necesidad de añadirle nada. Claro que toda la lógica de la ciencia descansa en la separación del sujeto con respecto al objeto, mientras que la actividad de la técnica consiste en la reapropiación de ese objeto transformado por el sujeto. La ciencia siempre ha buscado la nivelación universal, pero nunca ha dejado de aumentar el número de sus niveles; la técnica parte del aprovechamiento oportunista de las conexiones entre niveles diferentes conducentes a esa nivelación universal del uso que ahora llamamos conectividad.

Damos por supuesto que todo lo que sucede en la física sucede en un mismo plano, que sería justamente "el plano de la realidad física", del que se derivaría el "aplanamiento universal" que reduce los diferentes tipos de causas a las causas eficientes. Se ha dicho que, al rechazar en privado el dogma de la Trinidad, Newton fue "el último arriano", pero en realidad toda la física se convirtió a esta fe sin saberlo, y no sólo la física.

Se podría pensar que los deslizamientos semánticos afectan sólo a los «asuntos internos» de la ciencia, a sus razonamientos, pero no a su frente externo, que es el que realmente le importa. Sin embargo, la historia misma es el mejor aval de que tales desplazamientos o corrimientos de tierra son a menudo los hechos más determinantes, dando fe de un doble movimiento de creciente exteriorización e interiorización, de reorientación desde los principios a los fines, y viceversa.

No es casual que haya llevado más de dos mil años perfilar algo tan insondable como el principio de inercia, y que aun Galileo necesitara la ayuda de Descartes para llegar a una formulación medianamente aceptable. Que un cuerpo en movimiento uniforme tenga la misma caracterización física que un cuerpo en reposo no es algo fácil de aceptar, entre otras cosas, porque acaba para siempre con la idea del reposo. De hecho es tan difícil de aceptar como que cuerpos de peso distinto caigan a la misma velocidad.

Desde entonces tenemos *dos estados distintos de reposo*. Pero la cosa no quedó ahí. Volviendo a la idéntica caída de objetos de peso diferente, el principio de equivalencia de la relatividad general —recordemos el famoso experimento mental del ascensor en caída libre— propone o estipula que la fuerza de la gravedad equivale a las fuerzas ficticias de inercia, es decir, no es una fuerza en absoluto. La forma más inmediata de acusar esto es decir que la gravedad no produce deformación en los cuerpos cuando ocasiona movimiento (dejando a un lado las fuerzas de marea de índole geométrica), mientras que sí los deforma cuando algo se opone a su potencial (achatamiento de los cuerpos estáticos). Otra observación no menos digna de estupefacción, aunque ya en 1609 Kepler diera claras muestras de conocer esta equivalencia.

Podemos hablar así de *tres estados de reposo*, cubriendo la entera gama de reposo relativo, movimiento uniforme y movimiento uniformemente acelerado. Desde este punto de vista, todo movimiento sería una transformación interna dentro del reposo.

A menudo, los teóricos contemporáneos en pos de un campo unificado echan de menos un simple principio rector, algo en el estilo del principio de equivalencia relativista. Pero ya Simone Weil se preguntaba, sin ocuparse en absoluto de cuestiones técnicas, por qué hemos dado en pensar en la gravedad como una fuerza que lo mueve todo en lugar de verla como una tendencia al reposo. Si diéramos un paso más tal vez tendríamos que decir que es el reposo mismo visto desde el lado del movimiento y la distribución heterogénea de los cuerpos. En las mismas ecuaciones de campo la energía de la gravedad es negativa y cancela la energía asociada a la materia; como se cancelan las fluctuaciones cuánticas en un espacio plano.

Hemos señalado en otros lugares algunas de los más chocantes deslizamientos, agujeros e incompetencias de nuestras más sonadas teorías y no vamos a volver sobre ello; después de todo, cualquier teoría va a tener siempre sus virtudes y defectos. Volviendo a la mecánica más elemental, aquella primera clasificación que hizo Jacques Lafitte de máquinas pasivas, activas y reflexivas está directamente relacionada con los tres principios, y bastaría devolver estos a su trasfondo original para que pudiéramos ver muchas más cosas en ella.

En cuanto a su espíritu, los tres principios de Newton pueden resumirse en la frase «nada se mueve si no lo mueve otra cosa», o bien que nada se mueve sin una fuerza externa. Sin embargo ya hemos señalado que hay otras formas de disponer la mecánica que hacen las mismas predicciones con principios e interpretaciones diferentes: la mecánica relacional de Assis, que es una continuación de la de Wilhelm Weber, o la que muestra Torassa en varios breves escritos. Estas formulaciones de la mecánica prescinden por entero del principio de inercia y lo sustituyen por el principio de equilibrio dinámico, que en el caso de Torassa supone automoción sin contradicción.

Y así, con una simple modificación de principios, podemos librarnos para siempre de esa cosmovisión que divide al mundo en objetos pasivos y fuerzas que han de venir necesariamente del pasado, con la infinidad de consecuencias que de esto se deriva. Pero, a pesar de que la mecánica relacional tiene obvias ventajas sobre la mecánica newtoniana y su heredera la mecánica relativista, como hacer innecesarios los complicados arbitrajes de los sistemas de referencia, ni siquiera se ha planteado su adopción. Podríamos llamarlo el peso de la Ley; pero no es un peso muerto o una mera herencia del pasado, pues sin duda los inveterados hábitos instrumentales están mucho más en sintonía con los principios de Newton.

Insistamos en lo extraordinario que es el que cambiando de principios tengamos una concepción completamente diferente de la dinámica incluso abarcando los mismos resultados y predicciones; realmente no nos detenemos ni un sólo instante a pensarlo, y nunca hace daño, pues supone una suspensión de la máquina de administrar y asignar que tenemos implantada en el cerebro.

Hoy, para acomodar las variadas circunstancias y fenómenos que se presentan, la relatividad tiene que distinguir entre un principio de equivalencia muy débil, uno débil, uno medio-fuerte y finalmente otro fuerte, que recuerdan inevitablemente a las categorías por pesos del boxeo. Si con el principio de equivalencia la relatividad se deshace de la idea de fuerza como si se tratara de una jugada suprema, para conservar la inercia y golpearse con ella la cabeza, el principio de equilibrio dinámico se libra de la idea de inercia como si nunca hubiera sido más que un estorbo. Pero la mecánica relacional ya contenía esto implícito desde la ley de Weber para la electrodinámica de 1846.

Recordemos el principio de equilibrio dinámico, tal como lo enuncia Assis: *"la suma de todas las fuerzas de cualquier naturaleza actuando sobre cualquier cuerpo sea siempre cero en todos los sistemas de referencia"*. Si se considera en cambio un medio homogéneo del que todo hubiera emergido por cambios de densidad, el equilibrio dinámico estaría representado por la reciprocidad en las densidades y su producto sería siempre la unidad. Ambas representaciones son compatibles pero de entrada implican cosas muy diferentes.

Los tres principios de la mecánica relacional de Assis son la definición de fuerza, el principio de acción y reacción, y el principio de equilibrio dinámico. Nótese que en los principios de Newton la acción-reacción ya define el equilibrio, pero en un sistema cerrado. Entonces, lo que hace el principio de equilibrio dinámico en la mecánica relacional es sustituir el principio de inercia que nos habla de "sistemas aislados que no están aislados" y conectarlo con el tercero de Newton pero de forma tal que el sistema permanezca abierto e incluya todo tipo de fuerzas: *"gravitatorias, eléctricas, magnéticas, elásticas, químicas, de fricción, nucleares…"*. Tenemos pues un bucle y la termodinámica, en vez de ser un subproducto, también es parte implícita de los fundamentos.

Ya en 1897, Poincaré, en su penetrante y concienzuda discusión del nuevo sistema de mecánica de Hertz, había dejado claro que los principios de la mecánica clásica no pueden confundirse con leyes experimentales, sino que se trata de definiciones convencionales en las que masas, fuerzas y reacciones remiten las unas a las otras. Que sean convencionales no significa que sean arbitrarias, sino simplemente que son indemostrables dentro del mismo sistema. Por el mismo motivo, sólo pueden expresar cualquier evento en sus propios términos.

Tal vez sea esto, más que cualquier otra cosa, lo que ha empujado desde siempre a los físicos a creer que Newton había explicado satisfactoriamente el problema de Kepler, a pesar de que es evidente que no es el caso. Hertz insistió correctamente en que en este problema tan general el tercer principio es inverificable, y, un siglo después, aplicándole la ley de Weber, Noskov se dio cuenta de que implicaba una retroalimentación entre los dos cuerpos con un potencial retardado y una velocidad de fase. ¿Qué significa que en el lagrangiano de una órbita la energía cinética y la potencial no sean iguales, cuando tendrían que serlo por definición? Si el lagrangiano tiene una utilidad es porque la diferencia entre estas dos energías no es nulo, ello equivale a admitir que la acción-reacción nunca se cumple de manera inmediata, sino diferida.

Mucho más simple, la versión newtoniana del problema basada en vectores de fuerza no evacúa la ambigüedad sino que la pone más de manifiesto. Desde siempre se ha intentado racionalizar la cuestión apelando al baricentro del sistema, a la variación de la velocidad orbital, o a las condiciones iniciales de los planetas; pero ninguno de estos argumentos por separado, ni la combinación de los tres, permite explicar satisfactoriamente la órbita en términos de fuerzas contemporáneas, tal como el tercer principio demanda.

Puesto que nadie quiere pensar que los vectores están sometidos a un quantitative easing, y se alargan y acortan a conveniencia, o que el planeta acelera y se frena oportunamente por su propia cuenta como una nave autopropulsada, con el fin de mantener cerrada la órbita, se ha terminado finalmente por aceptar la combinación en una sola de la velocidad orbital variable y el movimiento innato. Pero ocurre que si la fuerza centrípeta contrarresta la velocidad orbital, y esta velocidad orbital es variable a pesar de que el movimiento innato es invariable, la velocidad orbital es ya de hecho un resultado de la interacción entre la fuerza centrípeta y la innata, con lo que entonces la fuerza centrípeta también está actuando sobre sí misma. Por lo tanto, y descontadas las otras opciones, se trata de un caso de feedback o autointeracción del sistema entero en su conjunto.

Así pues, habrá que decir que la afirmación de que la teoría de Newton explica la forma de las elipses, es, como mucho, un recurso pedagógico. Sin embargo esta pedagogía nos ha hecho olvidar que no son nuestra leyes las que determinan o «predicen» los fenómenos que observamos, sino que a lo sumo intentan encajar en ellos. Comprender la diferencia nos ayudaría a encontrar nuestro lugar en el panorama general.

Los físicos no suelen preguntarse cuál es la relación precisa entre el potencial retardado de Weber y Noskov y la fase geométrica descubierta por Pancharatnam, si coinciden parcial o totalmente. Pero a los físicos también les gusta decir que la fase geométrica, más conocida ahora como fase de Berry, es un fenómeno privativo de la mecánica cuántica, cuando de hecho es universal y se observa a todas las escalas y aun sobre la superficie del agua.

Por otra parte también se afirma que la fase geométrica no cambia en absoluto la exactitud de la mecánica cuántica, cuando es un hecho que no cabe en el acostumbrado espacio de Hilbert y sólo se incorpora a las descripciones tras añadir un haz suplementario. Pero lo que esto significa, simplemente, es que no pertenece a la dinámica hamiltoniana que define a los sistemas conservativos, y esto es lo fundamental.

La fase geométrica, "cambio global sin cambio local", es seguramente más conocida por el efecto Aharonov-Bohm, que nos muestra cómo una partícula cargada refleja el potencial incluso allí donde los campos eléctrico y magnético son cero. Sabido es que esto produjo un gran desconcierto en los años sesenta del pasado siglo pero con el tiempo se ha hecho patente, tanto por las ecuaciones como por los experimentos, que el fenómeno tiene un origen puramente clásico, estando ya presente en el efecto de inducción de Faraday; sin embargo es muy raro que esto se admita, lo que ya da en qué pensar.

Las múltiples manifestaciones de la fase geométrica siguen siendo una cuestión abierta pero los físicos evitan su interpretación. Que es algo más que geometría es evidente, pues en mecánica cuántica la geometría es lo de menos, y aquí de lo que hablamos es de un efecto perfectamente mensurable y robusto, aunque inexplicado.

No es necesario recordar que todo potencial es puramente geométrico, no siendo otra cosa que la posición. Sin embargo su parte mayor ya está incluida dentro de la teoría y se considera subordinada a la dinámica, mientras que a la parte menor que no estaba contemplada y que refleja la interferencia y la precesión del giro se la llama "fase geométrica". El potencial retardado original de Weber queda referido a la parte dinámica mayor, pero la velocidad de fase y la oscilación interna correlativas que postuló Noskov serían el equivalente de la fase geométrica propiamente dicha además de las ondas de materia de de Broglie.

Hace más de diez años Pinheiro propuso "una cuarta ley del movimiento" que rectificaría "la segunda ley" para fenómenos transitorios. Trataba de generalizar la inducción de Faraday más allá del campo electromagnético, para la retroacción del vacío en efectos de precesión en los sistemas mecánicos en general. El efecto lo puede verificar rápidamente cualquiera incluso con un simple giroscopio de anillo. Según el propio autor, esta cuarta ley coincidiría con la fase geométrica.

Más recientemente el mismo Pinheiro ha propuesto una reformulación de la mecánica y la electrodinámica mediante un nuevo principio variacional y un balance entre el cambio mínimo de energía y la producción máxima de entropía. Los sistemas así descritos permiten la existencia de energía termodinámica libre y la conversión de momento angular en momento lineal con un componente de torsión que siempre cabe interpretar como un cambio de densidad.

Esta reformulación tiene gran interés, porque además de reemplazar el lagrangiano integra la mecánica y la termodinámica; y aún sería más interesante si pudiéramos saber cómo se conecta esta mecánica con la fase geométrica y la citada "cuarta ley". Un indicio de ello está en la explicación que da Pinheiro del célebre experimento del cubo de agua de Newton, que es diferente de todas las posturas tradicionales. *«Lo que importa es el transporte de momento angular (que impone un equilibrio entre la fuerza centrífuga empujando el fluido hacia fuera) contrapesado por la presión del fluido".* Está claro que hay una causalidad mecánica, y no puede tratarse ni del espacio absoluto de Newton ni de las estrellas lejanas de Mach, puesto que al agua le lleva tiempo adquirir su concavidad y la fricción ha de estar por medio.

Sin embargo este hecho tan evidente nunca ha sido apreciado por los físicos, para los que la termodinámica sería sólo un subproducto de una mecánica fundamental. Tratar de ver cómo emerge la mecánica reversible de lo irreversible, en vez de pretender contra toda evidencia lo contrario, altera profundamente nuestra relación con la física y la Naturaleza.

La interpretación de Boltzmann de la entropía como desorden, que todavía tiene tanto peso aun con su patente subjetividad, sólo consigue distorsionar nuestra percepción de la termodinámica. El principio original de máxima entropía de Clausius ya supone una tendencia hacia el orden, pues como dijo Swenson, *«el mundo está en el asunto de la producción de orden, incluida la producción de seres vivos y su capacidad de percepción y acción, pues el orden produce entropía más rápido que el desorden".*

A muchos físicos puede parecerles gratuita la fusión de la mecánica y la termodinámica en una termomecánica, incluso cuando ahora se hacen intentos muy publicitados por derivar la gravedad de la entropía; sin embargo ni siquiera en estos casos se advierte que el problema de Kepler descubre un cabo de esta cuestión del modo más directo y natural: si ya sabemos de antemano que la órbita se conserva, cuando en términos puramente vectoriales debería abrirse, existe una tasa latente de disipación. El lagrangiano, que traduce esta circunstancia a términos de energía, también puede esconder tasas virtuales de disipación, y de hecho lo que Lagrange hizo fue diluir el principio de trabajo virtual de D'Alembert introduciendo coordenadas generalizadas. Pero estamos tan acostumbrados a separar los formalismos de la termodinámica de los de los sistemas reversibles, supuestamente más fundamentales, que cuesta ver lo que esto significa. Sin embargo, el instinto más cierto nos dice que todo lo reversible no es sino pura ilusión, y que los comportamientos reversibles son meras islas rodeadas por un océano sin formas. No hay movimiento sin irreversibilidad; pretender lo contrario es una quimera.

Comprender que "el desorden" de fondo ya está incluido en el orden apreciable, en las órbitas de los átomos y sus fuerzas que responden a "leyes", en lugar de ser un subproducto de su interacción, invierte limpiamente nuestra concepción sesgada tanto de las leyes como del fondo del que emergen, así como los nuevos prejuicios, tan antropocéntricos o más que los que los precedieron, que la física ha introducido con respecto a la idea de finalidad.

Por otro lado, lo que podría ocultarnos el desplazamiento de fase en el fenómeno de la fase geométrica es el mismo deslizamiento interno de los términos en los principios de movimiento. Se admite que la inclusión de esta fase dentro de la electrodinámica implica al conjunto de la teoría electromagnética, es decir, a lo que ahora llamamos las cuatro ecuaciones de Maxwell. En este sentido puramente global, la fase geométrica sería "la quinta ecuación".

Pues bien, en buena lógica lo mismo ha de aplicarse a los principios del movimiento. Más que una "cuarta ley", como la llama tentativamente Pinheiro, puede hablarse de un cuarto principio que no es tal. Que es puramente interno, pero que, si arroja resultados que no eran previsibles, es sólo porque aquí no estamos hablando de un sistema clausurado, tal como el tercer principio estipula. No hay sistemas cerrados en la Naturaleza, ni en mecánica ni en termodinámica; sólo hay sistemas cerrados por la convención misma que faculta a las leyes.

Así pues, lo más probable es que buena parte de las numerosas anomalías de la mecánica, que por necesidad legal hay que atribuir a la fricción o los errores de observación, respondan a este *principio cero de la dinámica* que nos dice que no existen sistemas cerrados y que eso tiene consecuencias. La fase geométrica, que no deja de ser un suplemento añadido a la mecánica, nos garantiza que algunos de estos efectos pueden reproducirse sistemáticamente una y otra vez.

Se dice de este aspecto que es «no dinámico» o "independiente del tiempo" pero también el principio de acción y reacción lo es, además de una sección indefinida del principio de inercia.

Por lo demás este "principio cero" comporta algo absolutamente evidente y sin embargo muy difícil de asumir: que los otros tres principios no son independientes, sino interdependientes. Es decir, si las fuerzas no están bajo control no se puede precisar por medio de qué principio falla el balance de cuentas, si en una inercia o masa variables, en las propias fuerzas, o en la reacción; y aun si se trata de fuerzas controlables sigue habiendo espacio para la ambigüedad entre el primer y el tercer principio. Si se supone que las masas permanecen constantes, es sobre todo para intentar conjurar esta ambigüedad; pero apelando a las definiciones antes que a lo experimental.

En una dinámica como la de Weber o Noskov es imposible que existan singularidades y cantidades infinitas, puesto que el principio de autorregulación que comporta disminuye la fuerza cuando aumenta la velocidad. Uno no debería tener que afirmar que lo infinito no existe en la Naturaleza, y sólo una identificación a ultranza con la teoría empuja a la física a especular con matemáticas que burlan cualquier comprobación.

Esta autorregulación del principio cero que el Sincronizador Global esconde lo asemeja a un bucle o nudo corredizo, y puesto que su deslizamiento impide precisamente la posibilidad de cantidades infinitas, no habría símbolo más adecuado para representarlo que el mismo que Wallis dio al infinito (∞), con un punto encima tal vez. Puesto que el símbolo de Wallis data de 1655 y precede de forma inmediata al cálculo infinitesimal y los principios de la mecánica, su uso nos recordaría precisamente los límites que las propias condiciones de contorno imponen sobre la dinámica. Y, además, es el fondo ilimitado el que asiste para crear un bucle temporalmente cerrado.

La fase geométrica está íntimamente asociada con la interferencia y el giro o torsión del propio patrón de interferencia. Y ya que hemos hablado de la biomecánica en primera persona, también es oportuno apuntar que este fenómeno puede experimentarse directa y regularmente en muchos ejercicios físicos con un componente apreciable de autoinducción, incluso si se hacen muy lentamente. Se trata de una inducción puramente mecánica, no electromagnética, aunque la analogía es bastante apropiada. Es evidente que nuestro cuerpo opera según las leyes biomecánicas, como también es evidente que es un sistema abierto en intercambio con su ambiente.

Por supuesto, expresiones de la fase geométrica están perfectamente documentadas en diversos casos de locomoción animal, como en gatos, serpientes o la propulsión en fluidos de las amebas; y la robótica y la teoría del control también conocen bien el tema. No deja de ser curioso que creamos en los infinitos de las más extremas teorías y seamos incapaces de reconocer algo que podemos generar tranquilamente en nuestro propio cuerpo.

Hay muchos tipos de fase geométrica que afectan a otros tantos tipos de procesos diferentes, por lo que las causas pueden variar tanto como las circunstancias. Está claro que la única opinión consensuada es que no se trata de una "fuerza dinámica", una de las fuerzas de interacción conocidas, pero eso no es decir mucho porque desde el comienzo la diferencia en la acción se asigna al potencial, se sigue suponiendo la pasividad del vacío y el valor constante de las cantidades asociadas a los principios correspondientes. Si la física interroga a la Naturaleza a través de las fuerzas, tendríamos que poder interrogar a los tres principios a través de la fase geométrica. Esto nos daría una concepción diferente sobre qué es lo fundamental.

Como ya notaba Poincaré, en las ecuaciones de Weber, que introducen el cuadrado de la velocidad, no es posible distinguir entre la energía cinética, la potencial y la interna de los propios cuerpos. *Hay algo que permanece constante*, pero nunca puede llegar a saberse exactamente qué. Y como muestra el mismo Poincaré, esta indefinición de fondo no sólo atañe a la mecánica de Weber sino que es inherente a la propia amplitud del concepto de energía, que a fin de cuentas nunca ha sido más que un balance contable. Después de todo, la electrodinámica de Weber permite prácticamente los mismos cálculos y predicciones que las ecuaciones de Maxwell, y de hecho, también hace posibles otros muchos cálculos fundamentales vedados a las dos teorías de la relatividad.

La posición de Poincaré sobre el carácter irremediablemente convencional de nuestras teorías no puede ser superada, sino, como mucho, ignorada. Y es que Ley y Convención son lo mismo, algo en lo que Peirce no deja de insistir a propósito de la terceridad. La diferencia entre un signo ordinario en primer grado y un símbolo en tercer grado es que la correspondencia con su objeto es mera ficción en el primer caso y en cambio en el símbolo con estatus legal se funda o se justifica en su propia naturaleza. Para verlo claramente hay que estar a la vez dentro y fuera de la convención, que es lo que presupone nuestro "cuarto principio", o si se prefiere, nuestros tres principios y medio.

4. Máquinas, antimáquinas, no-máquinas y cuerpos

Por qué nos interesan las máquinas

¿Por qué hoy existe mucho más interés en las máquinas que en la ciencia? De hecho, salvo si se logra una perspectiva realmente desacostumbrada del proceso científico, las cuestiones de ciencia y epistemología han dejado de interesar, por no decir que aburren mortalmente. Incluso a los especialistas aburren, no digamos al resto. Probablemente tenga mucho que ver que las ciencias se mueven ya a tal nivel de especialización que dejan de tener interés general, y el lego no deja de percibir que las rendiciones de la divulgación sólo permiten simplificaciones ilusorias.

Se percibe, incluso sin quererlo, que en la ciencia de hoy todo es absolutamente instrumental, y para eso es mejor ir directamente a las máquinas, que ya son la prueba más concreta de esa instrumentalidad. Y no sólo prueba, sino demostración en movimiento; una demostración que habla y responde con tan solo usarlas. Si al menos en ciencia estuviera permitido plantearse cosas nuevas al nivel más básico; pero es que lo que hoy se ve como más fundamental resulta lo más esotérico de todo, así como el más elaborado.

Por eso es oportuno plantear otro concepto radicalmente diferente y aun opuesto de qué es la ciencia fundamental, que ha de pasar necesariamente por los principios. Esto vale tanto para la matemática como la física, y al estar en juego una "transición de fase" para la inferencia en general, cabe suponer que para el conjunto de las ciencias. Y, seguramente, para nuestra concepción de las máquinas o aparatos y su problemática relación con la Naturaleza.

Si las máquinas desplazan el hueco de diferencia, que las teorías circulan siempre en dirección a una abstracción creciente, en el sentido contrario de la concreción, se supone que el hombre ha de ubicarse en ese hueco por la interacción —con la máquina y con el medio. El "medio" es el entorno, pero este entorno, ya sea natural o social en un número incontable y siempre creciente de grados, aquí se convierte en objeto.

Tanto la religión como la ciencia aspiran a la totalidad mientras que a la vez se mueven dentro de ella, o más bien, de una totalidad peculiar; la primera lo hace en el plano de la subjetividad y la segunda en el de la objetividad, pero esta totalidad objetiva se retira constantemente y aun los expertos tienen gran dificultad en ubicarse en su seno. Por el contrario, a través de lo técnico, todo lo que es asimilable de la ciencia se vuelca en lo particular, de modo tal que lo subjetivo se inserta en lo objetivo. Esta sería la "participación mística" del usuario dentro de un proceso tecnocientífico inabarcable.

Sin embargo el tipo de máquinas y aparatos de los que vamos a hablar aquí ponen en juego una totalidad por derecho propio, porque ya desde el principio apelan a otra disposición de la mecánica y la dinámica. Implican a menudo fases geométricas, que preferimos llamar holonomías en vez de anholonomías porque la segunda expresión se deriva de su no integrabilidad en el cálculo mientras que su carácter global puede apreciarse a simple vista. Por lo demás, es la propia terminología de la mecánica cuántica la que ha abusado de la vaguedad del término "no-local", cuando lo que muestran los experimentos, tanto a nivel clásico como cuántico, es que estas holonomías se inscriben siempre dentro de una configuración global definida, sin perjuicio de que ello implique interacciones no especificadas con el medio.

Cada vez se hará más claro que el término "fase geométrica" se aplica sólo a la *envolvente* de un proceso dinámico, sea o no problemático. En tal sentido lo apropiado sería hablar más bien de la *fase global*, que incluye a la "fase geométrica" y la "fase dinámica", aunque no necesariamente como suma. Puesto que en los casos más importantes se deriva la fuerza del potencial, pero se pretende que es al contrario, no queda sino decir que no tiene nada que ver con las "fuerzas dinámicas"; incluso si hoy se admite que la fuerza tampoco es lo fundamental. En cualquier caso, la "geometría" de la que habla la fase geométrica es *la geometría del ambiente* que atraviesa el transporte paralelo, excluida de antemano por el marco conservativo de la mecánica. De no ser por las contingencias de la historia de la física, podríamos haberla llamado *fase armónica*, o incluso simplemente *movimiento armónico*, en cuanto implica el principio de equilibrio dinámico dentro sistemas abiertos; pero hoy esas denominaciones sólo crearían confusión.

El hombre ha creado todo tipo de máquinas no sólo para delegar actividades o facilitarse la vida, sino también *para poner a prueba los límites*, tanto de lo humano como de la Naturaleza. Por tanto hay aquí mucho más espacio para la especulación y aun para el puro placer de especular, algo que no puede existir cuando es la misma teoría la que obliga a ello, y cuando no hay luego forma de someterlo a concretización.

Sin embargo sabemos positivamente, por una larga experiencia histórica que se reproduce todos los días, que los propios científicos experimentales y los técnicos delegan en los teóricos a la hora de dar la descripción e interpretación definitiva de los hechos. Los teóricos no llegan a predecir ni la mitad de efectos reproducibles y a menudo los declaran imposibles de antemano, pero al final son ellos y no los ingenieros los que nos dicen por qué ha funcionado todo. Los experimentadores están superando continuamente los límites de las teorías pero los teóricos se encargan de redirigirlo todo a la deseada normalidad, así sea con las mayores distorsiones, creación de sospechosas palabras, entidades o pseudo-partículas; y es que la Ley es la Ley, y el estándar, el estándar.

En ciencia se habla de artefactos experimentales para atribuir resultados no asimilables a errores en la técnica o el manejo de los aparatos; pero ante la tergiversación y reorganización masiva y sistemática de los datos en la interpretación de los experimentos sólo cabe hablar de auténticos artefactos teóricos.

Ya lo hemos dicho en otra parte: "Los ingenieros no saben por qué el cálculo funciona, pero esperan que los físicos lo sepan. Los físicos no saben por qué el cálculo funciona, pero esperan que los matemáticos lo sepan. Los matemáticos no saben por qué el cálculo funciona, pero esperan que nadie lo sepa". Si esto ocurre ya con el cálculo elemental, puede imaginarse lo que sucede con la interpretación de fenómenos tan complicados como los del laboratorio moderno.

La fenomenología de la física experimental de hoy es tan variada que no pretendemos ofrecer una perspectiva de conjunto; pero el tipo de reducción teórica, a nivel lógico, ya está perfectamente sintetizada en el arbitraje e interpretación de los tres principios, y su extensión a otras leyes de conservación, con respecto a lo que puede estar fuera de ellos.

Las instancias a las que aludimos se prestan inevitablemente a controversias, pero al menos lo peor de las polémicas puede evitarse siempre que se comprenda que estamos hablando de distintos fines. Sabemos muy bien cuál es la orientación de la ciencia contemporánea; si los científicos que la sustentan saben cuál es la de este trabajo nos ahorraremos disputas La predicción de la energía del vacío, por poner un ejemplo, es la mayor catástrofe teórica en los anales de la ciencia, una catástrofe de 120 órdenes de magnitud; por lo mismo, no tendría que resultar enojoso para nadie que se aduzca la interacción entre el vacío y la materia en condiciones ordinarias y a bajas energías; aparte de que el vacío por sí solo no existe ni puede existir salvo como mera palabra.

Una línea de avance general sin mover la base resulta imposible por definición. Sin duda los principios se vuelven más interesantes cuando se aborda su aplicación, que es lo mismo que explorar en detalle sus implicaciones.

La otra cara del tiempo

Existen muchas diferentes y más o menos vagas nociones del tiempo, pero en la física sólo hay básicamente una, que es la que instituye el Tercer Principio: la simultaneidad de acción y reacción. Del Tercer Principio se derivan también nuestras nociones de los sistemas cerrados y las sucesivas, más generales leyes de conservación. Esta simultaneidad de acción y reacción supone un Sincronizador Global y ni la relatividad especial y general, ni la mecánica cuántica dejan de encajar, con las debidas adaptaciones, en este esquema.

Por tanto el Sincronizador Global es el supuesto tácito más poderoso de la física moderna, el arcano organizador que termina por convertir cualquier acontecimiento natural en un ajuste de relojería. La cuestión, que ya hemos planteado antes, es qué se revela en la naturaleza cuando prescindimos de él. Y lo que la ley de Weber muestra, en el caso prototípico de las órbitas elípticas, es una realimentación que responde a un tiempo propio. El modelo newtoniano también lo contenía, sólo que sepultado en el fondo lógico de su inferencia.

Entonces, un sistema orbital tiene su tiempo interno propio, el de su configuración global; pero esta configuración global es ya un caso particular que emerge de un fondo o potencial, en contraposición al Sincronizador Global que impondría externamente las condiciones. Si esta interpretación ahora nos resulta un tanto forzada, igual se puede decir que es la física la que lo ha forzado todo para encajarlo en su preconcepción barroca del Gran Relojero y su relojería, la máxima perfección que cabía imaginar en esa época.

En esto vemos cómo el desarrollo técnico del reloj, en marcha decidida desde el siglo XIV, ha determinado finalmente el método y la cosmovisión entera. El problema es que una vez que hemos metido el tiempo dentro del reloj, ya no acertamos a ver a qué otra cosa podría estar referido.

En realidad el vórtice en el cubo del famoso experimento de Newton es la más elocuente refutación tanto del espacio y tiempo absolutos de su propia física, como del tiempo puramente relacional de Leibniz, y aun así no deja de ser un «reloj» del tiempo interno del sistema. O un simple giroscopio de anillo con "autoinducción mecánica". Estos y otros muchos sistemas, si no todos, tienen sus propias "agujas" que indican analógicamente un cierto tiempo propio. La cuestión es que para interpretar correctamente estos relojes naturales y su tiempo propio, que es uno con su principio formador, hay que hacer una interpretación más sutil de los tres principios —al mismo Weber le llevó un cuarto de siglo demostrar que su potencial retardado no violaba el principio de conservación de la energía para sistemas cíclicos.

Pero la cosa no termina ahí. Por el contrario, este bucle o nudo corredizo tendría que ser la puerta de entrada hacia el principio formativo general, del que emergen como un comentario las leyes predictivas. Puesto que el reloj ha sido la máquina que ha reducido a su condición al resto de la Naturaleza, parece que ahora nos toca diseñar nuevos relojes que no estén exclusivamente arbitrados desde fuera, hasta que un día lo inconcebible deje de serlo. *Verum index sui et falsi*: los tres principios clásicos como terna independiente no pueden decirnos qué es lo que queda fuera, la interdependencia de los tres principios sí.

Para decirlo en pocas palabras, el potencial retardado no está retardado en absoluto, salvo para el sincronizador global —en realidad no es sino un índice del tiempo propio, el tiempo local del sistema.

Movimiento perpetuo

Es difícil juzgar hasta qué punto los innumerables intentos de fabricar móviles perpetuos a lo largo de la historia han contribuido al efectivo desarrollo y perfeccionamiento de la mecánica; y la propia evolución del reloj mantuvo durante siglos la conexión más estrecha con toda esta constelación de tentativas. De forma nada paradójica, ha sido el mismo triunfo del sincronizador global y la clausura de los sistemas por el Tercer Principio lo que ha venido a convertirlo en un empeño proscrito. Pero en realidad las mismas órbitas de los cuerpos celestes según Newton son un tipo de móvil perpetuo, y por motivos elementales que su análisis no puede considerar, ni mucho menos revelar.

En realidad toda nuestra tecnociencia moderna es hija y herederar de esta empresa, y si acaso fue una locura, no deja de ser la misma locura que hoy nos inclina compulsivamente hacia las máquinas; mientras que, por otro lado, tiene un contacto íntimo con la otra cara del tiempo anterior a nuestros relojes y que evidentemente hemos olvidado. Y si estas no son razones suficientes para merecer nuestra atención, podemos estudiar algunos de estos ingenios simplemente porque existen, y no son objetos complicados, pero los expertos prefieren no tener que ocuparse de ellos. Y aun se podrán encontrar muchos motivos adicionales de interés.

Puesto que, cuando no se trata de simple manía u obsesión, a lo que apuntan estas invenciones es a una "máquina" que no esté aislada de su ambiente; pero una máquina que no está separada de su entorno ya ni siquiera nos parece del todo una máquina, compartiendo un atributo fundamental de los seres vivientes.

Buen ejemplo de ello es el anillo osmótico de Lazarev, analizado en profundidad por Zhvirblis, que también tiene un puntual equivalente electrofísico; sin duda pueden crearse otros dispositivos parecidos con propósitos particulares. En su versión más simple, se trata de nada más que un tubo cerrado en forma de anillo rigurosamente aislado del entorno. El anillo sólo contiene un líquido que ocupa una parte de la capacidad del tubo y una membrana porosa o semipermeable. Si se espera el tiempo suficiente, el líquido da la vuelta completa por sí solo en estrictas condiciones isotérmicas. Las variantes eléctricas permiten ciclos mucho más rápidos y un aporte proporcionalmente mayor de información.

Si el anillo de Lazarev no tiene más literatura disponible que la que aporta Zhvirblis es porque nadie ha sido capaz de desmentir el fenómeno. No vamos a discutirlo ahora, pues es evidente que la única explicación es la imposibilidad de conseguir en la práctica sistemas cerrados, precisamente el supuesto básico de la termodinámica. La misma mecánica cuántica parte de postulados ilegales, que equivalen a la existencia de fuerzas estacionarias en sistemas finitos aislados.

El sistema biestable del anillo osmótico es mucho más que una curiosidad puesto que nos muestra un comportamiento aparentemente reversible emergiendo de un fondo termodinámico irreversible: y tenemos todos los motivos para pensar que ese es el caso general de la Naturaleza en todo lugar donde se aprecia la apariencia de reversibilidad. Lo reversible es un subproducto de una dinámica irreversible, en vez de lo contrario; lo que habría que averiguar es qué condiciones hacen eso posible.

Este tipo de dispositivos, así como los de naturaleza electromagnética, también revelan signaturas de "no-localidad", en realidad configuraciones globales por definir que sólo cabe considerar como una fase geométrica —si es que queremos llamar "desplazamiento de fase" a la completa y cíclica circulación del líquido dentro del anillo.

La física newtoniana y la termodinámica parecían haber metido al mundo en una cámara de descompresión; pero cuando queremos llevarlo a la práctica, con objetos reales y con estructura, resulta que sus principios no se mantienen. En los "relojes inerciales" previos al sincronizador global, tenemos una reacción definida ante fuerzas aplicadas, pero aquí no hay fuerzas controlables de ningún tipo y aún seguimos teniendo movimiento: lo que afecta simultánea y sucesivamente a los tres principios de inercia, fuerza y acción/reacción. Se trata de la aproximación opuesta y complementaria para estudiar lo mismo, desde fuera y desde dentro; por si hubiera alguna duda.

El experimento es inapelable porque es absolutamente no perturbativo y sería absurdo atribuir el movimiento efectivo a la fricción, como se hace tan a menudo ante la presencia de «anomalías». Aquí es obvio que la circulación se puede transformar en trabajo útil, lo que sólo es concebible por el aprovechamiento de energía libre termodinámica, que hay que atribuir al vacío. Por tanto la termodinámica nunca ha proscrito esta posibilidad, sino que sólo se ha clausurado a sí misma, especialmente desde su reformulación como mecánica estadística.

La visión ordinaria de la física desde Demócrito es la de átomos o cuerpos atravesando el vacío; el anillo de Lazarev es la prueba y la demostración del vacío atravesando los cuerpos, de principio a fin, en lo irreversible y en lo reversible. También podría suministrar un ejemplo de triple tiempo, lineal horizontal, cíclico, y vertical con desplazamiento de su base.

Sistemas abiertos por definición como el anillo de Lazarev remiten inevitablemente a las influencias exteriores, incluidas las influencias cosmofísicas. La escuela de Simon Shnoll ha demostrado consistentemente durante muchas décadas *«la ocurrencia de estados discretos durante fluctuaciones en procesos macroscópicos»* del tipo más variado, desde reacciones enzimáticas y biológicas hasta la desintegración radiactiva, con periodos de 24 horas, 27 y 365 días, que obviamente responden a un familiar *"patrón astronómico y cosmofísico"*.

De modo que tampoco la desintegración radiactiva es tan aleatoria como parece, aunque tales regularidades son cribadas y descontadas rutinariamente como «no significativas". Esto nos hace pensar en la función zeta de Riemann, asociada tanto a las fluctuaciones en los niveles de energía del vacío como a órbitas periódicas, así como al llamado "caos cuántico", cuya relación con el caos determinista clásico sigue siendo nebulosa.

Como aspecto crítico de la interacción electromagnética, la fase geométrica se estudia también exhaustivamente en el promocionado campo de la "computación cuántica". Matemáticos y físicos por igual llevan mucho tiempo a la caza de algún sistema especial basado en los electrones que reproduzca el comportamiento de la función zeta. Como ya hemos comentado en otras ocasiones, hay motivos para pensar que habría que partir de la condición natural, y menos restringida, de sistemas abiertos e irreversibles como los que ahora nos ocupan.

B. Binder ya mostró en su día que la función zeta da un punto fijo al atractor fractal de una fase geométrica recurrente en el espacio-tiempo curvo relativista, pero ello ha de ser posible también en el espacio ordinario. Lo importante es la retroacción y retroacoplamiento de la señal del sensor, que puede ser un giroscopio o una partícula como un electrón, el giroscopio natural perfecto. Se trata sólo de la aplicación de un método de regularización pero puede hacernos pensar en otras circunstancias más interesantes.

La cuestión es que mientras la computación cuántica procura explotar los parámetros de la fase geométrica para meterlos dentro del Gran Reloj —no siendo la propia computación sino la última materialización del sincronizador global—, aquí se trata de devolverlas a su ámbito original. Una vez más, parece que lo que no es controlable no interesa, pero no es imposible que nuestros "tres principios y medio" apunten directamente a la línea crítica de la función zeta.

Vuelo e interfaz

El vuelo aéreo se ha convertido hasta tal punto en algo rutinario que pocos se atreverían a sospechar que ni siquiera tenemos una teoría de la aerosustentación sostenible. El ala de un avión es sólo un elemento de una máquina, pero su interacción con el aire lo convierte en una interfaz, el límite de una dinámica sumamente compleja. El estudio de interfaces es cada vez más importante, y por eso se debería conceder la máxima atención a las interfaces mecánicas de apariencia más simple, pues contienen ya la esencia de cualquier interfaz más compleja. Este tercer aspecto nos acerca más a las funciones de lo viviente.

Según un dicho conocido, atribuido generalmente a Sikorsky, «"el abejorro, según los cálculos de nuestros ingenieros, no puede volar en absoluto, pero el abejorro no lo sabe y vuela." Ni que decir tiene que la aerodinámica se ha tomado en serio esta provocación, pero no ha salido mejor parada que la termodinámica con el *koltsar* de Lazarev. En principio, sí, se han urdido, después de tantos años, tentativas de desmentir "el mito del abejorro" que se querían definitivas, tan sólo para que unos años después aparezcan otras explicaciones no menos definitivas sólo que con los mecanismos contrarios. Lo único claro es que no hay nada claro.

La aerodinámica no es una ciencia exacta y todos esperamos que haya menos dudas respecto al vuelo de un avión, aunque tampoco eso está garantizado[3]. Afortunadamente, los ingenieros trabajan con grandes márgenes de seguridad y apoyándose en la experiencia más que en las teorías. Hablábamos antes de la cámara de descompresión que supone nuestra mecánica. Lo que seguramente ignoran los esforzados especialistas en aerodinámica de estos intentos de explicación más recientes es que Juan Rius Camps había realizado estudios sobre el vuelo del abejorro desde 1976 hasta 2008 en los que el insecto vuela normalmente durante uno o dos minutos… en una cámara de descompresión a 13 milibares, es decir, con sólo 1,3% de la densidad atmosférica habitual. Si se mantuvo ese resto fue porque sin un mínimo de vapor de agua el abejorro «hierve» rápidamente por descompresión.

Si para la justificación del vuelo ordinario del abejorro no han alcanzado penosos e innumerables cálculos y descomunales simulaciones por ordenador, en este caso habría que dar cuenta de un efecto de sustentación 80 veces mayor. Esto se halla totalmente fuera del alcance de cualquier teoría, lo que invita a ignorarlo igual que el anillo de Lazarev.

De hecho, esto es propulsión sin reacción a todos los efectos. Rius propone una nueva dinámica irreversible, que es igual que la clásica siempre que "el sistema se comporte como si estuviera inercialmente aislado". Muestra varias máquinas muy simples que evidencian creación y destrucción de momento angular. Pero, dejando aparte las cuestiones de giro e impulso sobre las que vuelven recurrentemente los investigadores de nuevas formas de propulsión —y esta es también una de las motivaciones de Pinheiro—, Rius está identificando fuerzas que no sólo dependen de la aceleración, como las newtonianas, sino también de la velocidad como las de Gauss y Weber. Muestra además el isomorfismo de su dinámica para excepciones como la inducción unipolar de Faraday o la precesión anómala del giróscopo.

Sin duda este del abejorro es uno de los más concretos desafíos para los actuales constructores de máquinas y micromáquinas, y tendría que ser bastante más interesante que viajar a Marte; pero hasta ahora nadie ha querido aceptar el reto, ni de explicarlo, ni de replicarlo. Y está claro que el desafío aún es mayor en el plano teórico que el técnico, pues no es sino la llamativa magnificación de un fenómeno básico de autoinducción omnipresente en los seres vivos y que aún no hemos acertado a plantear.

Es una pena que no se haya querido explicar el vuelo del abejorro por medio de nuestra fase famosa. Y de este modo, si algún día vemos bandadas de cerdos volando con las orejas en una campana al vacío del tamaño de una ciudad, sólo habrá que decir: "¡Tranquilos, es sólo la fase geométrica!"

Resulta evidente que en un caso como el del abejorro tratamos con un sistema no conservativo, incluso con descompresión; pero todos los seres vivientes lo son, y sería absurdo describirlos como sistemas cerrados. A pesar de todo, se los aborda con la perspectiva de la mecánica clásica más una serie de balances de intercambio añadidos —de forma apenas diferente a cómo la física asimila procesos anómalos añadiendo a la parte conservativa una "fase geométrica".

Se trata de una asimilación muy tosca que ignora los aspectos más esenciales de lo vivo y pasa por encima de sus transformaciones internas, transformaciones que también tienen su expresión física inherente y no son ajenas ni a la lógica, ni a la medida, ni al cálculo. Y estas transformaciones apuntan a una dimensión oculta en la transmisión mecánica entre distintos cuerpos o interfaces.

La física desde el cuerpo

Antes de dedicarse a la física y la electrodinámica, Wilhelm Weber realizó con su hermano Ernst los primeros estudios detallados de la hidrodinámica de la circulación en los vasos sanguíneos y la evolución de las ondas en experimentos con tubos elásticos. Al otro lado del Canal, la teoría de Faraday y Maxwell y sus nociones del campo partían de modelos de flujo dentro de tubos como superficies limitantes; se trataba básicamente de una teoría de circulación y corrientes, y una teoría global, puesto que procedía canónicamente del todo a las partes. Las formulaciones posteriores de las ecuaciones de Maxwell han dejado de reflejar este carácter global tan notorio.

Incluso la primera formulación de la primera ley de la termodinámica, la conservación de la energía, surgió directamente de los estudios de la fisiología de la sangre de Mayer. Después de esta gran proximidad entre la física y la fisiología, la medicina, la biofísica o la biomecánica no han acertado a ahondar en estos aspectos globales o "holísticos" que la física y sus medidas brindaban; pero esto no puede sorprender cuando es la física la primera en no valorarlos como debía.

Partir de los aspectos globales de la física hace mucho más viable una conexión genuina y con sentido entre lo cualitativo y lo cuantitativo. Antiguamente los médicos eran capaces de sondear profundamente el estado del organismo sin más que tomarle el pulso a una persona. La semiología del pulso era un saber de gran sutileza, y de hecho, es de la semiología médica que tomó su nombre la semiótica. Hoy se considera que estas antiguas semiologías tienen una base demasiado subjetiva para ser compatibles con la biomedicina moderna; sin embargo, por encima de las convenciones, la Naturaleza permanece igual a sí misma y todavía hay en algo tan "simple" como el pulso claves por descubrir para la física, la endofísica, la semiótica y la medicina.

Después de todo las ecuaciones de Maxwell son un caso particular de las ecuaciones de Euler para fluidos, y el estudio mecánico del pulso se sigue derivando de la llamada ley de Ohm ($V = R \cdot I$) que nos dice que la diferencia de potencial es igual a la intensidad por la resistencia. Los detalles más complejos de la onda del pulso también se derivan de ecuaciones muy bien conocidas pero de eso ya hemos hablado en otro lugar. Lo interesante es que tampoco aquí estamos ante un sistema conservativo, sino abierto, y la influencia de la respiración en el tono global del pulso es esencial.

Consideremos, por ejemplo, la pulsología ayurvédica, que es ternaria y una mera adaptación a la fisiología de las tres grandes modalidades del samkya indio. Las tres cualidades básicas, *Tamas*, *Rajas* y *Satwa*, y sus formas reactivas en el organismo, *Kapha*, *Pitta* y *Vata* se corresponden muy bien con la masa o cantidad de inercia, la fuerza o energía, y el equilibrio dinámico a través del movimiento (o pasividad, actividad y equilibrio). Pero es evidente que en este caso hablamos de cualidades y el sistema al que se aplica ha de considerarse abierto.

Aquí la tercera ley de la mecánica ha de dejar paso a la conservación del momento y admite implícitamente un grado variable de interacción con el medio. En armonía con esto, el Ayurveda considera que *Vata* es el principio-guía de los tres ya que tiene relativa autonomía para moverse por sí solo además de mover a los otros dos. *Vata* define la sensibilidad del sistema en relación con el ambiente, su grado de permeabilidad o por el contrario embotamiento con respecto a él. Es decir, el estado de *Vata* es por sí mismo un índice del grado en que el sistema es efectivamente abierto o cerrado.

En el cuerpo humano la forma más explícita y continua de interacción con el medio es la respiración, y por lo tanto está en el orden de las cosas que Vata gobierne esta función de forma más directa. Aunque los *doshas* son modos o cualidades, encuentran en el pulso una fiel traducción en términos de valores dinámicos y de la mecánica del continuo —siempre que nos conformemos con grados de precisión modestos, pero seguramente suficientes para darnos una idea general de la dinámica y sus patrones más elementales.

Los otros dos modos son lo que mueve y lo que es movido, pero la articulación y coexistencia de los tres puede entenderse de formas muy diferentes: desde una manera puramente mecánica a otra más específicamente semiótica. Sin duda también aquí ha de tener cierto grado de vigencia la condición de indistinción o ambigüedad entre la energía cinética, la potencial y la interna que ya hemos notado en la electrodinámica de Weber.

La ley de Weber es conservativa simplemente porque se aplica a procesos cíclicos que se conservan, igual que se conservan las órbitas; lo que en absoluto excluye que esas órbitas sean el proceso mismo de cierre de una interacción en un medio abierto, del mismo modo que la respiración cierra ciclos en lo abierto. Podemos intentar hacer analogías exactas, recordando siempre que tampoco los lagrangianos que dominan la física son más que analogías exactas. Y podemos intentar aplicar aquí la idea del potencial retardado y las ondas longitudinales de Noskov, teniendo en cuenta que él fue el primero en proponer su lugar en el feedback más elemental y su universalidad; de hecho, tal vez no haya mejor forma de ilustrar estas ondas, y su correlación con ciertas proporciones en un sistema mecánico completo, que el propio sistema circulatorio.

Dado que, en buena medida, se puede considerar la elasticidad de la onda refleja como un potencial retardado de Weber-Noskov dependiente de la distancia, fuerza y velocidad de fase, y comprobar si esto procura un acoplamiento o unas condiciones de resonancia que, incidentalmente, tendieran a cierta proporción continua y discreta de la que ya hemos tratado. El miocardio es un músculo autoexcitable pero a ello también concurre el retorno de la onda refleja, así que tenemos un hermoso ejemplo de circuito de transformaciones tensión-presión-deformación que se realimentan y que no difieren en lo esencial de las transformaciones gauge de la física moderna, en los que también hay un implícito mecanismo de realimentación.

Esta sería una instancia perfecta para explorar estas correlaciones como un proceso «en circuito cerrado», aunque el sistema mantenga una apertura a través de la respiración, lo que no es contrario a nuestro planteamiento porque para nosotros todos los sistemas naturales son abiertos por definición. Permite tanto la simulación numérica como la aproximación por modelos físicos reales creados con tubos elásticos y «bombas» acopladas, de modo que puede abordarse de la forma más tangible y directa.

Conviene sin embargo revisar a fondo la idea de que el corazón es realmente una bomba, siendo como es una cinta muscular espiral, o que el movimiento de la sangre, que genera vórtices en los vasos y el corazón, se debe a su contracción, cuando es la contracción la que es un efecto del primero dentro de un circuito más amplio que incluye a la respiración. En realidad este es un ejemplo magnífico de cómo puede darse una descripción estrictamente mecánica a la vez que se cuestiona radicalmente no sólo la forma sino el mismo contenido de la causalidad. El factor esencial de la presión creada no es el corazón, sino el componente abierto, en este caso, la respiración y la atmósfera. Es la función la que crea al órgano, no al contrario. Y aunque es claro que se trata de casos muy diferentes, esto se haya en consonancia con nuestra idea de los campos gauge y de los procesos naturales en general.

Como no podía ser menos, también habría una memoria de fase en el ciclo respiratorio global que ha de tener relación con el inexplicado ciclo nasal bilateral, que recuerda de suyo a un sistema biestable. Aquí puede verse la fase geométrica como una torsión del ciclo respiratorio del mismo modo que puede verse la torsión como un cambio en la densidad del volumen de aire respirado. La forma más básica de describir esta fase es como la evolución de los parámetros de la onda *en el entorno de un agujero o singularidad en la topología*; lo que recuerda inevitablemente la concepción de la fisiología sutil del yoga con los dos conductos entrelazados en torno al canal central o sushumna. En cualquier caso, en sistemas biológicos la fase geométrica es o tendría que ser una medida del grado de contorsión (forzada) del sistema con respecto a un estado fundamental no forzado.

Volviendo a la semiótica del pulso como ejemplar de la semiótica general, el principio de inercia es una posibilidad, el de fuerza un hecho bruto, la acción-reacción —un mismo acto visto desde dos caras— es una relación de mediación o continuidad. Podemos ponerlos en un mismo plano o ponerlos en planos diferentes, que constituyen una gradación ascendente o descendente, tal como en efecto son las modalidades del samkya, *Tam*, *Raj* y *Sat*.

Siguiendo por este camino pronto se plantearían los típicos enigmas de la filosofía de la mente sobre la ubicación del significado, el fundamento del símbolo, o la propia conciencia. Sin querer entrar ahora en tales aporías, sólo queremos señalar, como no podía ser menos, su conexión elemental con los problemas eternos del movimiento, y, más específicamente, con las limitaciones de las leyes clásicas de la mecánica; lo que en absoluto simplifica estas cuestiones.

* * *

Habiendo planteado suficientemente que toda "ley natural" fundamental esconde un principio de autorregulación siempre más simple pero también más elusivo, podemos ver con otros ojos las distintas máquinas de biofeedback que se han desarrollado. No tanto por su alcance, ciertamente limitado, como por el principio mismo y la inflexión que supone en la historia y finalidad de las máquinas.

El desarrollo del biofeedback y el de la cibernética han coincidido en el tiempo y su marco conceptual es el mismo, divergiendo tan sólo en el propósito. La cibernética es la teoría del control y la estabilidad, pero en el biofeedback pretender ejercer el control sobre una señal biológica propia más bien tiende a perturbar y a desestabilizar la función. Por lo tanto, en la retroalimentación habría que hablar de sintonización con la señal en vez de su control, lo que nos sitúa en el otro lado de la cuestión.

La cibernética, en tanto teoría del control, tiene que ocuparse primariamente y por definición de fuerzas controlables; de ahí que en ella el uso de potenciales y lagrangianos sea mínimo. Esta sería una de las razones por las que Wiener y tantos otros grandes especialistas nunca repararon que los campos gauge contienen un mecanismo básico de feedback. Por otra parte, si nos preguntamos qué señales son más pertinentes para estabilizar una función biológica inestable, de inmediato reparamos en que no pueden ser las que representan fuerzas bajo control directo, sino las que reproducen potenciales. No parece una cuestión de mero grado o matiz, sino de una disposición biológica esencial, y hay buenas razones para ello.

Reflejando un principio sumamente general, todo el organismo, con el sistema nervioso y el cerebro, se divide en un aparato receptor y otro efector, igual que tiene nervios nervios aferentes y eferentes. Se ve de inmediato dónde encajan la capacidad de sintonía neurovegetativa y los impulsos de control dentro de este hecho biológico. Y también se ve de inmediato dónde y cómo encajan las modalidades del samkya y los humores o principios reactivos de la fisiología ayurvédica dentro de este esquema de cosas; puesto que hay un momento pasivo, uno receptivo, y otro mediador.

El momento mediador, que siempre supone un grado de equilibrio, puede jugar un rol tanto descendente como ascendente en función de cómo se disponga con respecto a los otros dos. Tiene un rol descendente, tiende a cerrar el sistema, cuando se inclina del lado activo del control; tiene un rol ascendente, tiende a abrir el sistema y a crear espacio dentro de él, cuando deja de ejercer este control activo —puesto que lo activo fuerza a lo reactivo a su vez. Hay por tanto una escala ascendente y descendente, "una vía del Cielo" y "una vía de la Tierra", por más que en todo momento se presuponga la interacción coordinada de los tres principios. No puede haber pasividad ni actividad pura, pero el mediador es por su propia naturaleza el modulador o gobernador del balance general.

Parece indudable que la cultura, el despliegue entero de nuestro universo virtual y simbólico, ha nacido de la respuesta diferida ante los estímulos, de ese hueco creciente entre lo activo y lo reactivo que crea el espacio para la reflexión. Pero haberlo llenado de símbolos y pensamientos nos impide percibir qué podría ser ese espacio por sí mismo, y es ahí donde la conciencia mediada puede encontrar su camino de retorno a la conciencia inmediata, que es la ubicación fundamental. Esto siempre estará más allá del "camino de la civilización", pero es a lo que la civilización apuntaría si no tuviera esa inexorable tendencia a cerrarse sobre sí misma, por buscar en sí misma todas las respuestas.

A pesar de todo, y precisamente porque la hipótesis cibernética tiene un gran punto ciego mientras las prácticas de control se internalizan y ejercen abusivamente a todos los niveles, nuestra propia naturaleza demanda un movimiento compensatorio. La vía de apertura y cierre de las que hablamos no son procesos abstractos en absoluto: los encarna de la forma más visible la evolución individual de un organismo en sus fases de crecimiento, madurez y envejecimiento. Pero estos aspectos, tan aparentes y exhaustivos, son sólo un índice ejemplar de procesos más amplios e inaprensibles.

Los dos aspecto de percepción y acción que coexisten simultáneamente se separan alternativamente en los estados de conciencia hacia adentro y hacia fuera del sueño y la vigilia. Ambos siguen estando unidos en todo momento en ese espacio vacío que sigue siendo el suelo que nos da la sensación de realidad, más que la interacción con los objetos: el sueño profundo es lo único que nunca duerme. La interacción misma sustituye a la intimidad y tiende a eclipsarla, en nuestra imaginación más bien, puesto que es imposible ocultarla.

La antigua triple división del mundo y el hombre en espíritu, alma y cuerpo sigue estando perfectamente vigente, entendida ahora como inteligencia, deseo-voluntad y cuerpo. Pero no vemos el bucle que hay entre los tres, como no apreciamos la simultaneidad y unidad de los tres estados de conciencia; y así queremos siempre más inteligencia, más deseo, más voluntad, más cuerpo, más futuro, más presente, más pasado, y más más.

5. Sensible e inteligible

Cerca del año mil, los Amigos de la Sinceridad añadieron a las tres hipóstasis de Plotino (Uno, Intelecto, Alma) una cuarta, la Materia Primera, de la que aún saldrían por descenso cinco grados más de esa Creación que sólo fuera del Uno podría parecer existir. Casi sin darse cuenta, la ciencia europea que empieza ya a insinuarse en el siglo XIV adopta, por gradual "desplazamiento de fase", la terna Intelecto-Alma-Materia, alejándose cada vez más del Uno para acercarse a un Creador origen y garante de la Ley.

Al irse volcando sobre la materia, la ciencia intentaba eludir la cuarta hipótesis del Parménides sobre la alteridad negativa —qué es lo Otro respecto de sí mismo— mientras olvidaba de buena gana la primera, la unidad negativa que lo Uno es para sí. Descolgamiento del que se seguiría nuestra vuelta a las otras cuatro hipótesis pluralistas que suponen que lo Uno no es, para que no quedara (casi) nada sin explorar. De estas cuatro restantes, dos son negativas y otras dos plantean una participación en el ser, ya del Uno, ya de las cosas a través de las apariencias.

Si dar cuenta de las apariencias acompaña siempre los primeros pasos de cualquier ciencia experimental, desde el momento en que esta se consolida en teoría, la huida de estas mismas apariencias toma el mando, convertidas ya en entes de razón. Para la física moderna, por ejemplo, no hay nada sensible, nada directamente observable que no sea de orden secundario y derivado. El positivista dice que no pretende conocer las causas de nada, pero sin embargo está convencido de que todo lo que ve es sólo un efecto producido por entidades teóricas mucho más elaboradas y estandarizadas, como fotones, fuerzas y átomos.

Antes de que la ciencia moderna eclosionase hubo un periodo de gestación no menos decisivo en que arte y técnica fueron de la mano para crear el marco en el que luego las ciencias formales de desplegarían. En el mismo siglo XIV se construyen los primeros relojes astronómicos al mismo tiempo que la perspectiva pictórica, aún muy tímidamente, intenta abrirse paso. Fue también en esta época que tuvieron lugar los primeros avances europeos en el cálculo y Oresme concibió las primeras coordenadas o dio la prueba de que la serie armónica diverge.

Las apariencias están en el arranque del proceso de idealización científica, y con su rechazo empieza la racionalización que gravita ya hacia la tumba. Si aún hay alguna esperanza de que el saber renazca en una nueva perspectiva y mentalidad, sólo podrá ser volviendo a tomar contacto directo con esas apariencias de las que ya nada quiere saber, sumergiéndose en esas aguas sobre las que suele soplar el Espíritu. Los fenómenos no son menos infinitos que las matemáticas; buscar la participación de lo sensible en lo inteligible también es favorecer su descenso sobre nosotros.

El plano estético permite que nuestro complejo mundo de representaciones retorne a lo inmediato de la primeridad, a la Naturaleza dentro y fuera de nosotros, reorientando también el flujo de la imaginación, el deseo y la voluntad. Y si tanto la religión como la Ley científica apuntan a lo universal abstracto, mientras que la técnica se aboca a lo concreto, el arte realiza su unión en lo estético como síntesis sobre síntesis: síntesis de la producción humana en intimidad con la síntesis que recrean los sentidos y la sensibilidad.

La no-dualidad no puede coincidir con la ciencia en la medida en que ésta necesita objetos para existir; pero al final cualquier saber, o muere por muerte natural, o vuelve voluntariamente a las aguas primordiales para renovarse. En realidad, y en contra de lo que se cree, toda la física fundamental es global por naturaleza, no sólo la electrodinámica y las teorías de campos, sino la mecánica clásica entera desde Kepler y Newton; sólo que recircula las cosas a su manera y las subordina a unos fines particulares más reducidos, sus codiciadas predicciones.

El plano estético es como la superficie de las aguas primordiales. No es casualidad que la ciencia moderna lo evite escrupulosamente para luego darnos gato por liebre; porque la astrofísica, por ejemplo, compone imágenes multicolores de galaxias invisibles y hasta de agujeros negros, pero no busca inspiración en los muy elocuentes enigmas que tenemos continuamente ante los ojos. Todas las ciencias hacen hoy lo mismo. Ya no se pretende dar razón de los fenómenos, pero se los manipula tanto como se puede para dar verosimilitud a elaboraciones cada vez más alejadas de la realidad.

* * *

La física misma, como modelo de las ciencias experimentales, existe simultáneamente en tres planos diferentes, como *Nomos*, como *Physis*, y como *Aísthesis*; como Ley abstracta, como devenir formativo y como apariencia sensible, aunque originalmente se plantearon en el orden contrario. Uno podría creer que se ha concentrado gradualmente en la Ley pero ni siquiera eso ha sido cierto; porque la trasparencia nomológica y las ecuaciones perfectas suponen puras relaciones entre cantidades homogéneas. La electrodinámica de Weber es de ese tipo, la de Maxwell-Lorentz no. Tampoco lo es la mecánica celeste de Newton o la relatividad general, que a la luz de las fórmulas de Gauss y Weber se evidencian como dos versiones diferentes de la gravitoestática, no de la gravitodinámica.

Sucede además que una formulación homogénea equivale a una pura fenomenología matemática, que pone en cierto contacto directo lo terciario y lo primario sin pasar por la noción de causas y procesos. Parece indudable que si tenemos que expresar las leyes con principios variacionales nunca podremos deducir causas unívocas para los fenómenos, pero incluso si renunciáramos a conocer los porqués, aún tenemos formas de *calibrar* el *cuánto*, el *cómo* y el *qué*.

Otro buen ejemplo de estas cuestiones nos lo brinda el *campo no-unificado* de Miles Mathis, que acertadamente parte de la idea de que no hay que "unificar" las fuerzas porque el lagrangiano de un sistema orbital de dos cuerpos ya lo contiene todo. Algo verdaderamente notable de esta teoría es que parece coincidir muy bien con la *equivalencia óptica*[4] de los planetas, el hecho por todos conocido de que el tamaño aparente del Sol y de la Luna desde nuestro planeta sea prácticamente el mismo, como los eclipses totales nos muestran.

Una golondrina no hace primavera, pero esta muy aproximada equivalencia óptica no es un hecho aislado en nuestro sistema solar, pues también tiene lugar en otros planetas y sus satélites; desde la perspectiva del Sol un buen número de planetas tienen el mismo tamaño aparente, lo que guarda estrecha relación con la secuencia de distribución de Titus-Bode.

Esta múltiple y más que sorprendente coincidencia no requiere ningún tipo de ajuste teórico. Mathis también quiere ver una equivalencia óptica entre el tamaño relativo del "electrón" y el "protón" según la misma lógica de interacción en un campo de carga, pero eso ya supone otras asunciones, que por lo menos permiten explicar físicamente por qué los electrones no se precipitan en el núcleo.

Uno puede pensar lo que quiera de esta teoría, pero el hecho de que sea "no-unificada", y de que dé en la diana de una coincidencia tan extraordinaria sin quererlo, son argumentos a su favor que la ponen en un tapete completamente distinto que los intentos de unificación ordinarios; hay infinitas teorías, pero aquí las apariencias, que también resultan infinitas, se juntan para darnos un solo calibre. Si además una teoría como la de Mathis es tan proporcional como Arquímedes y logra semejantes coincidencias con medidas tan simples como distancia, volumen y densidad, aún hay más motivos para prestarle atención.

El "momento Mathis" del conocimiento y su blanco en la diana de las apariencias es más memorable que el de Newton y su apócrifa manzana, no importa cuánto tiempo lleve reconocerlo. Newton tuvo que recurrir a todo tipo de estratagemas para justificar el problema la órbita de la Luna, pero ahora se cree sin pensarlo siquiera que la cosa cae por su peso. Por el contrario Mathis se acerca a una simplificación extrema de grandes rompecabezas de la mecánica celeste pero ya ni se espera que esos asuntos puedan ser menos complicados. Está claro que vivimos en tiempos diferentes.

Curiosamente, el campo "no unificado" de Mathis también actúa como un lazo corredizo entre el electromagnetismo y la gravedad; un lazo corredizo que es un factor de escala. Además de aportar numerosos argumentos cuantitativos, también arriesga otro punto de cruce para el valor de electromagnetismo y gravedad. Según la física establecida, estas dos fuerzas se igualarían en torno a los 10 nanómetros; dentro de los elementales cálculos de Mathis, el equilibrio ha de ocurrir bien dentro de lo visible, en torno a un milímetro o más —como un grano de arena—, lo que le sirve para explicar diversos fenómenos y ocurrencias naturales, como el ascenso de la savia en los árboles o muchas peculiaridades del extraordinario, etéreo mundo de los insectos. Esto tendría que ser hoy verificable en una variedad innumerable de experimentos, si fuera posible plantear un criterio neutral y sin ambigüedad para los potenciales.

* * *

Pero abandonemos el ámbito siempre enconado de las disputas teóricas. Después de todo, el plano estético siempre nos invita a poner en suspensión la pregunta por lo verdadero con toda su cohorte de exigencias. La apariencia siempre está más acá de las leyes, es por eso que queremos que las leyes miren hacia ellas.

Espacio y tiempo, esos son los límites de cualquier cosmovisión, y dentro de ellos fingimos las múltiples ilusiones de la causalidad. En nuestra cultura fáustica ambos fueron enmarcados dentro de la perspectiva y el reloj. Las máquinas aún pueden expresar frentes radicalmente nuevos del tiempo, sus índices y medidas siempre que nosotros lo busquemos, pero aun así nos faltaría una aprensión estética de estas otras dimensiones de lo temporal. Tal vez en el futuro las formas musicales nos aproximen a ello.

El otro gran principio organizador, la perspectiva, se ha ido a la vez llenando y cerrando a través del espacio del cálculo o análisis, que nos ha creado la ilusión de describir el movimiento en su seno. Puesto que esto es evidentemente falso, tanto del punto de vista del análisis más elemental como del de la conflación estética de planos, la reconstrucción sintética del movimiento según el cálculo diferencial constante también es relevante en este ámbito.

Si hay un movimiento natural digno de estudio, ese es el que describe una onda, una onda esférica cualquiera. Existe el notorio malentendido entre los físicos de que las ondas de luz o electromagnéticas son completamente distintas de las ondas de sonido, pero eso es confundir la estadística con la geometría. En cualquier caso, la luz según el conocido principio de propagación de Huygens ya nos muestra simultáneamente el movimiento más simple, en línea recta, y el más complejo, como una deformación continua en cada punto ocupado; de este modo una onda es ya un vórtice esférico que lo llena todo. La representación de una "simple onda" sigue convocando los problemas más importantes de tiempo y espacio, tanto para el análisis como para la síntesis.

Además, la dualidad onda/partícula no deja de tener algo de esa distinción kantiana entre nóumeno y fenómeno, incluso si tratamos de devolverlo todo a la inmanencia; pero en realidad se trata de una relación más rica e interesante. Los físicos piensan preferentemente en partículas porque, para hablar en los términos de Hertz y Nicolae Mazilu, se busca una partícula indestructible como punto de apoyo para las fuerzas —aunque no se demande lo mismo en la mecánica celeste, por ejemplo. Esto sería la "partícula material" de Hertz, en contraste con el "punto material" que puede tener cualquier escala, como por ejemplo, una onda, y sólo pide que sus partes o partículas materiales estén conectadas entre sí. ¡Un punto material es un conjunto de partículas materiales!

De este modo la partícula, en la teoría actual, existe sobre todo por motivos instrumentales, mientras que la onda, por cuestiones de conocimiento; por otra parte los fenómenos típicos de las ondas, derivados de la interferencia, pueden apreciarse a simple vista, mientras que las fuerzas las inferimos de nuestra acción. Una partícula material puntual es obviamente una idealización que sólo tiene sentido para la aplicación de fuerzas; por otra parte ondas y potenciales se implican mutuamente. De este modo las ondas remiten a un plano mucho más "desinteresado" que el decididamente operativo de las partículas y fuerzas.

Toda la física está construida en torno al concepto general del marco de referencia, y hay todavía incontables aspectos que deben encontrar su ubicación dentro de dicho concepto. Un marco de referencia combina en uno solo los dos elementos primordiales: el reloj y el sistema de coordenadas. El reloj que regulariza nuestra percepción de un cuerpo físico en movimiento, y el sistema de coordenadas, que lo hace con muchos cuerpos. En este sentido, la problemática del marco de referencia se sitúa en el lugar del Yo (primeridad), la interacción experimental con el mundo, con el cálculo y la teoría y práctica de la medida, es la dimensión secundaria, y su regulación por leyes, con su origen en los tres principios de la mecánica, supone la dimensión terciaria de la Ley; conectándose necesariamente lo terciario y lo primario.

Se puede estudiar la Onda Primordial bajo dos perspectivas complementarias: como vórtice esférico universal en expansión, y como cambios de densidad correlativos dentro de un medio inicialmente homogéneo. Guenon ya tocó un caso y otro en obras diferentes, consagradas precisamente, una a la generalización metafísica de la idea de coordenadas, y la otra al fundamento del cálculo infinitesimal. Este autor no observa que lo que ambos casos tienen en común es la idea de torsión inherente a un vórtice, pues si en un medio originalmente homogéneo imaginamos la aparición de una porción más llena y otra más vacía, ambas no podrían surgir sin más sin una torsión o helicidad que las conecte, siendo así torsión y cambio de densidad equivalentes.

El principio de propagación de la luz de Huygens, que subyace a la mecánica cuántica, parte de la condición de la homogeneidad del espacio, mientras que la gravedad presupone un espacio heterogéneo con cuerpos de diferente densidad. En un sentido muy fundamental, concebir la unidad —que no la "unificación"— de ambas teorías pasaría por precisar la conexión entre los dos casos ideales que plantea Guenon.

Por supuesto, la física es mucho más compleja que la geometría y comporta aspectos esenciales que no son reducibles ni a extensión ni a movimiento; aunque estos no pueden dejar de reflejarlo de uno u otro modo, por ejemplo en la densidad o el transporte paralelo de un vector —que nos da el ángulo de la fase geométrica. La torsión de un vector también nos permite generar partículas extensas a partir de un punto. Se ha usado la geometría del absoluto paralelismo o teleparalelismo de Cartan para reformular la relatividad general, pero sin duda tiene otros muchos motivos de interés.

Hoy se sabe que la misma relatividad general puede expresarse en el espacio plano según el criterio de Poincaré de describir la deformación aparente de la luz en vez de postular una deformación del espacio-tiempo; por no hablar de las fuerzas tipo Weber que muestran una continuidad natural entre la dinámica macro y microscópica y evitan la desconexión existente entre relatividad especial y general, sus criterios excluyentes de conservación local y global, y su uso igualmente excluyente de puntos materiales y campos no-puntuales.

Por otro lado, las ondas de la mecánica cuántica, concebidas hoy como ondas de probabilidad, aún admiten una interpretación más obvia y directa, tal como ya notó C.G. Darwin en 1927: ciertamente no se trata de ondas en el espacio ordinario, sino de ondas en el espacio de coordenadas que deberíamos saber transcribir al espacio ordinario. El teleparalelismo de Cartan apunta directamente a esa transformación de las coordenadas, pero el vector de torsión también puede hacerse equivalente con la onda interna al cuerpo extenso que describe la hipótesis de desplazamiento de fase de Weber-Noskov.

Desde nuestro punto de vista, *el solo intento de representación y descripción* de estos procesos ya tiene un alto valor, prototeórico, prototecnológico y protoestético, previo a su uso discrecional por la ciencia o cualquier otra finalidad; son grandes originadores que reorganizan las relaciones entre el razonamiento, la imaginación y la impresión. La prevalencia abrumadora de la predicción sobre la descripción desequilibra el entero proyecto científico y lo desfigura, desconectándolo del resto de las actividades humanas.

* * *

Incluso el mero hecho de tratar de representar el movimiento de una onda según el criterio del cálculo diferencial constante, en lugar del análisis estándar, que nunca deja de ser infinitesimal, permite ver un proceso que creemos conocer con ojos nuevos. No olvidemos que el cálculo de Mathis demanda como mínimo una dimensión más, porque el espacio matemático en el que se resuelven los problemas no representan el espacio físico. Puesto que esto es evidente e irrefutable, bien merece la pena tratar de representar ese espacio físico así como los movimientos naturales más elementales que pueden darse en él, como la onda o el vórtice.

Y esto aún tiene más pertinencia si se considera que lo infinito y lo infinitesimal bien pueden tener su lugar en el cálculo, aunque no precisamente donde ahora lo ubicamos. Desalojándolo del lugar que no le pertenece nos ayudará a encontrarle su lugar natural. De forma nada paradójica, cuando pasamos de una partícula puntual a una partícula extensa, ya estamos redescubriendo el infinito. En la definición de Guenon del equilibrio partiendo de un medio homogéneo, las densidades son recíprocas y su producto es siempre la unidad, aunque las fuerzas asociadas a ellos puedan ser de signo contrario, atractivas o repulsivas. Se trata de evitar los puntos físicos con una fuerza nula puesto que el que no se midan fuerzas no significa que no existan —como nos muestra gráficamente el efecto Aharonov-Bohm y en realidad toda la teoría clásica del potencial.

Así que esta redefinición del equilibrio, aunque podría parecer inocua, también es físicamente relevante. La teoría de categorías superior podría recircular eternamente el álgebra del cero, el infinito y la unidad con sus nuevas distinciones de la igualdad y la equivalencia; pero es sólo cuando aplica esta circulación a los problemas más básicos del cálculo de diferencias finitas, que podría empezar a advertirse su relevancia, su carácter trascendental para la física, la matemática, y la disposición global de nuestro conocimiento.

Otro acercamiento, esta vez puramente morfológico, a la Onda-Vórtice primordial y su conexión interna en el espacio y el tiempo, nos lo da Peter Alexander Venis, al englobar dentro de la noción de vórtice ciertos procesos sin rotación y dar paso a unas coordenadas de dimensiones continuas ,que pueden adoptar cualquier valor real entre la dimensión 0 del punto y la distancia o dimensión 1, y así sucesivamente. El proceso completo de aparición y desaparición de esta onda prototípica tiene lugar entre 0 y 6 dimensiones. Venis infiere estas dimensiones y su secuencia desde la pura lógica de la apariencia —lo que a nuestro juicio no le quita valor, sino más bien lo contrario—, y sería necesario estudiar dónde encajan desde el punto de vista del análisis físico y matemático.

En el Hipercontinuo de Venis las nociones proyectivas son esenciales, pero también está por especificar su relación con la geometría proyectiva propiamente dicha y sus aspectos más restringidos. Decir geometría proyectiva es decir geometría en general, y desde su ausencia de constricciones surgen, por restricciones graduales, la geometría afín o las geometrías con una métrica específica. Venis quiere incluir aquí desde el comienzo la luz y el electromagnetismo pero introduce otro tipo de consideraciones sobre las ondas electromagnéticas, como la presión, que resultan pertinentes.

Si la dualidad electromagnética puede desglosarse como materia separada por espacio para la electricidad, y espacio separado por materia para el magnetismo —algo que al nivel de las partículas sólo se haría literal dentro de una teoría que contemplara partículas extensas—, también puede tratarse como la relación entre un espacio ordinario y un contraespacio que sería el opuesto polar del espacio euclideo y que extendería su perspectiva hacia adentro. Sería necesario precisar estas relaciones aun si hasta ahora las ondas electromagnéticas han resistido todos los intentos de geometrización —no son perpendiculares en un sentido geométrico sino meramente estadístico, que promedia su propagación en el espacio vacío y la materia.

También en la secuencia de Venis sería muy revelador aplicar el doble criterio del análisis para apreciar contrastes: el análisis estándar, que preferimos llamar infinitesimal porque sigue siéndolo, y el análisis diferencial finito o constante que supone la suma de al menos una dimensión más.

El infinito de Venis es en realidad el espacio primitivo homogéneo que no permite marcos de referencia, y del que, a semejanza de un punto, tanto puede decirse que tiene infinitas dimensiones como que no tiene ninguna, y un vector de torsión permite generar el volumen de un vórtice desde un punto y definir la transición entre dimensiones.

Tanto un vórtice como la holonomía de la fase geométrica suponen una superficie de contacto o continuidad entre el exterior y el interior de un cuerpo, una ineludible problemática de interfaz que nunca puede hacerse explícita en las teorías actuales que se ven obligadas a trabajar con partículas puntuales, que, sin el menor género de dudas, suman a una idealización distintas racionalizaciones sin espacio alguno para la mediación. Pero la cuestión de la continuidad se extiende seguramente al problema de las dimensiones en general y a las restricciones matemáticas y físicas que se van agregando a una posición dentro de un espacio sin ninguna cualificación.

El cálculo finito de Mathis permite explicar claramente por qué funciona el cálculo umbral, que durante más de un siglo se ha considerado misterioso, y que ni siquiera trabajos de matemáticos famosos como Rota han desentrañado satisfactoriamente. Puesto que este cálculo constante devuelve las *dimensiones perdidas* en la representación del movimiento físico, y es aplicado a problemas relativistas y de mecánica cuántica sin necesidad de espacio-tiempos curvos ni números complejos, parece que tendría que ser esencial para iluminar *el rol de los propios números complejos en física*, lo que en sí mismo tendría que ser un tema de gran calado pero sólo es objeto de dimisión tanto por parte de físicos como de matemáticos.

El mismo Mathis no pretende explicar este rol dado que rechaza abiertamente su empleo en la física, como rechaza el uso de la mecánica ondulatoria en la mecánica cuántica y el uso de dimensiones espurias.Pero si hemos seguido los apuntes anteriores sobre la verdadera naturaleza de la complementariedad onda-partícula, o el uso de vectores de torsión para generar partículas extensas, aún hay espacio para apreciar simultáneamente los dos lados del problema sin faltar al espíritu de la geometría. Mathis propone un nada abstracto álgebra de rotaciones para partículas extensas.

El álgebra de cuaternios de Hamilton era básicamente un álgebra de rotaciones/orientaciones que su descubridor siempre quiso asociar con la naturaleza del tiempo. El uso de los números complejos en mecánica cuántica está directamente relacionado con la rotación y los grupos que genera, que en la simplificación de Mathis se convierten en varios giros simultáneos aplicados a una misma partícula, que parecen en principio imposibles. El cuaternio unidad es prácticamente lo mismo que el moderno q-bit de la llamada computación cuántica; con los cuaternios y con el álgebra geométrica pude darse una interpretación geometrodinámica de la fase global que comprende a las denominadas fase dinámica y fase geométrica, así como de la onda-vórtice de Venis.

Sabido es que los llamados "números complejos" en realidad simplifican innumerables problemas, y uno de sus primeros usos fue para la representación de ondas y sinusoides; sin embargo incluso en algo tan elemental como la derivada de la función seno Mathis demuestra que no se comprende el alcance de la interdependencia del seno y el coseno en un simple triángulo y la imposibilidad del seguimiento del uno sin el otro. Cosas tales deberían considerarse como las mejores noticias, pues si revelan que físicos y matemáticos se han acostumbrado a aprovecharse de que "hay mucho espacio al fondo", también nos muestran que todo ese espacio y ese tiempo imaginarios los podemos traer de nuevo al frente de una comprensión más directa.

Totalmente a contracorriente de la física y matemática modernas, creemos que lo más importante de considerar coordinadamente esta secuencia de temas —partículas puntuales, partículas extensas, ondas como puntos materiales, rotaciones, grupos de rotaciones, números complejos, dinámica ondulatoria y temporalidad— estriba en el esfuerzo de lograr una representación sensible que sea compatible con el cálculo. Devolver las abstracciones de orden superior a lo primario es la única forma de lograr una síntesis que acceda a estratos más profundos de la subjetividad, y ciertamente el análisis no estaría ocioso en este intento.

* * *

Está aún por definir todo un nuevo campo que explore las relaciones inadvertidas entre lo más básico del sonido y las formas musicales. La música, además, permite elaborar formas cuyo componente esencial está más acá de la representación, en las inmediaciones de la impresión y la emoción.

Si el ritmo es el elemento más básico en la organización del sonido, ya en él tenemos aspectos que no se incluyen en el curriculum ni de la física ni de la acústica que son de importancia primordial. Por ejemplo, las ondas vivas, también conocidas como ondas animadas u ondas de Ivanov, que implican transferencia efectiva de energía. Yuri Ivanov, el descubridor de este fenómeno en los años ochenta del siglo pasado, propuso el término ritmodinámica para el estudio de estos desplazamientos de fase de las ondas, que seguramente es la forma no estándar más directa de acercarse al problema de la fase geométrica desde el punto de vista de los principios de la mecánica.

Las ondas vivas son otro de esos temas relevantes y bien fáciles de verificar experimentalmente sobre los que no existe prácticamente ninguna literatura científica, y si la hay, es convenientemente camuflada y sin dar crédito a su descubridor. Sin duda el tratamiento de Ivanov resulta escandalosamente indiscreto incluso desde el punto de vista teórico, por no mencionar otros motivos. En cualquier caso, las ondas vivas de Ivanov plantean muy simplemente la conexión entre la electrodinámica clásica o física macroscópica —ya sea en la versión de Maxwell-Lorentz o en la relacional de Weber-Noskov— y las ondas de materia predichas por de Broglie y verificadas experimentalmente a todos los niveles de agregación de materia que se han podido someter al debido control, desde partículas y átomos a grandes moléculas biológicas.

O entre la mecánica clásica sin más y la mecánica inherente a la materia, incluyendo su resonancia. Puesto que las resonancias en física constituyen un dominio de gran calado y sin embargo su tratamiento en los vigentes marcos teóricos no puede ser más contingente, las ideas de la ritmodinámica merecen un desarrollo mucho mayor; aunque las ondas de de Broglie tampoco son muy populares entre los físicos teóricos, hasta tal punto que a menudo parece como si no existieran. Sin embargo, a nivel sonoro y musical hoy es muy fácil experimentar con las ondas de Ivanov e intentar reproducir sus relaciones y efectos con todo tipo de mezclas y muestreos.

Una cosa es la experimentación sonora y otra bien distinta la concepción de las formas musicales, que comporta otros niveles de elaboración como la melodía y la armonía, con su integración "horizontal" y "vertical". Sin embargo el ritmo sigue siendo fundamental en la estructura de la melodía y determina sus células mínimas, existiendo una innegable continuidad.

La secuencia de la onda-vórtice de Venis con su despliegue es una prodigiosa matriz de formas equidistante de la física y la biología. El propio Venis, cuyo punto de partida es la morfología y por lo tanto la estética, relaciona directamente estas formas y la altura del sonido con las dimensiones de manifestación de la onda y encuentra diversos fenómenos ignorados por los expertos en acústica.

Está aproximación, aun siendo morfológica, invita a un gran número de experimentos acústicos, no menos que a una elaboración detallada de sus modelos. Por otra parte, puesto que la ritmodinámica de fase conecta directamente con la vorticidad aunque hasta ahora no haya sido directamente asociada con ella, también existen diversos niveles de continuidad con las formas de orden superior que plantea la secuencia de Venis. Hay todo un mundo por explorar aquí.

Por supuesto, melodía, armonía y ritmo, los tres grandes componentes de la música, se conectan naturalmente con las tres percepciones simultáneas del tiempo, horizontal, vertical y cíclico —el de la vigilia animal, el del árbol, y el de la renovación— y su disposición del presente, el pasado y el futuro; también permiten un acceso a la intrasubjetividad mucho más fácil de percibir que bajo los velos del razonamiento científico. La inteligencia estética, con la ayuda del arte, tiende a completar los huecos que no pueden faltar en cualquier descripción. Y hablando de intrasubjetividad, del mismo modo que los tres principios del movimiento presuponen que las fuerzas son externas a cuerpos por definición impenetrables, la ritmodinámica supone un espacio interno de desplazamiento que reubica los tres principios dentro de los ya comentados "tres estados de reposo".

En otros escritos ya hemos tratado de otros aspectos estéticos que pueden ponerse en contacto directo con la vorticidad y con la dinámica en general, como la presencia de la proporción continua en muy diversas instancias. En un plano diferente tendríamos la teoría de la percepción del color, que de ser un esbozo de teoría estética en Goethe, ha evolucionado con autores como Schrödinger y Mazilu hacia un dominio propiamente físico e íntimamente relacionado con el "principio holográfico" original, el de Gabor —que, casualmente, también anticipaba sin saberlo la fase geométrica.

6. La conciencia, punto de fuga y última frontera

Si hay un campo que se nos ofrece como última Thule de los interrogantes científicos, ese es el de la conciencia. Parece involucrarlo todo, de la física a la biología, pasando por la filosofía, la psicología experimental y todos los modelos matemáticos habidos y por haber de la complejidad. Y de hecho las teorías de la conciencia suponen, potencialmente al menos, una reorientación masiva de la tendencia general de las ciencias hacia la complejificación, puesto que aquí los modelos complejos tendrían que "explicar" o "producir" el dato inmediato más simple, indivisible y subjetivo.

Es también un campo donde el paso de lo abstracto a lo concreto revierte el sentido habitual de estas palabras, puesto que aquí el dato concreto es el más intangible, mientras que todas nuestras grandes teorías y grandes agregados de datos experimentales tendrían que ponerse a su servicio. Visto de forma ingenua, ninguna investigación tendría que ser más "pura" y desinteresada que la de la conciencia; en la práctica no podrá evitarse la distorsión y colusión con los intereses de otras disciplinas más pragmáticas y ya de sobra integradas.

En ningún otro área se dan pues tales condiciones para darle la vuelta al guante y asumir aquello de que "el principio es la meta"; por más que en general se parta de la idea de que la conciencia es el producto último de la evolución, no algo que esté en la base de la realidad.

Al menos, los que abordan este tipo de estudios —afortunadamente todavía no hay expertos en conciencia—, suelen ponerse de acuerdo en que ésta no es una cosa, sino en todo caso un proceso. Qué clase de proceso, es la cuestión que se trata de concretar. Algunos neurofisiólogos, como S. Pockett, aún insisten retóricamente en hablar de la conciencia como cosa, en el sentido de que podría reducirse a patrones del campo electromagnético, pero estos patrones ya son procesos en sí mismos, y además suponen un feedback con la actividad que sólo como proceso cabe considerar.

Uno puede preguntarse sobre el sentido que tiene tratar de explicar la conciencia cuando hay tantísimas cosas incomparablemente más objetivas que pueden explicarse y no se atienden, algunas de las cuales ya hemos señalado. Sin embargo siempre hay razones dentro de la locura, que seguramente tienen que ver, aun de una forma velada, con la lógica más secreta del retorno. Tenemos todo tipo de reparos para volver a la simplicidad, que siempre cuestiona nuestra sofisticación, y el sofisticado multiespecialista actual sólo podría hacerlo poniendo muchas capas de complejidad por delante.

En toda la filosofía india clásica, Advaita incluido, se acostumbra a hacer una distinción tajante entre la mente o pensamiento y la conciencia propiamente dicha, que sería su continente. En Occidente esta distinción se transfigura en el moderno teatro de la mente de Descartes, disociado entre una parte extensa y otra inextensa. Ambos planteamientos parecen ser muy distantes pero algo de atención revela que no lo son tanto.

Finalmente dentro del propio teatro cartesiano se operó otra inversión, que empezó con Newton y terminó con las teorías de campos, ya sean electromagnéticos o gravitatorios como en la relatividad general. También el pensamiento debería ocurrir dentro de la materia, y esta dentro del espacio —pero las teorías de campos suponen que no hay materia sin espacio, ni espacio sin materia. Ha habido una más que razonable analogía entre el concepto de campo físico y el de campo perceptivo en la conciencia al menos desde los tiempos de Husserl.

Pero ni en Husserl ni en las teorías de campos modernas se aprecia debidamente cómo espacio y campo se interpenetran; pues una partícula puntual indestructible no es penetrada por nada. Sin embargo las ondas electromagnéticas en Maxwell ya eran un promedio estadístico de propagación en la materia y el espacio, y lo mismo se puede decir de la vibración dentro de los cuerpos que Noskov identificó en la electrodinámica de Weber, y que sería patente en la ecuación del electrón si se quiere describir una partícula extensa.

La fase global que incluye a la fase geométrica está íntimamente asociada con la problemática del campo, como no podía ser menos si ya está presente en el espacio interno de los principios de la mecánica. Es más, lo que hoy llamamos fase geométrica, y que se asocia rutinariamente con la propia "conexión del espacio", está tanto fuera del espacio dinámico con sus variables físicas como dentro de ellas. Este es el "más allá que está más acá" de las presentes teorías, y que admite diversas representaciones parciales fuera de la corriente principal, en Weber-Noskov, Mazilu, Ivanov o Mathis, por citar algunos ejemplos.

Y algo similar puede decirse respecto al "grado cero de la conciencia", que en el Advaita está representado por el sueño profundo, y que envuelve por completo al campo fenoménico de la vigilia o el sueño, y los lapsos o intervalos que existen entre los sucesivos pensamientos o cogniciones. La psicología experimental va reconociendo poco a poco que las representaciones mentales requieren estados discretos para que efectivamente haya cognición, bien que aún sigue siendo objeto de intensos debates; pero textos clásicos indios como el Tripura Rahasya ya enfatizaban la importancia del hecho para comprender directamente la naturaleza de la mente. Hecho que se resume en que lo más importante de las cogniciones es el silencio o fase entre ellos. Pues está claro que para tener una cognición clara y distinta lo primero es no tenerla, no es posible pasar de una cognición a otra sin interrupción; los momentos de cognición presuponen su carácter discreto.

Se trata ante todo de una evidencia directamente accesible para la atención, que la psicología experimental trata de asimilar a pesar de las resistencias, incluso cuando tal evidencia parezca, a juicio de muchos, favorecer el computacionalismo, algo por lo demás infundado.

Lo ha entendido mejor un físico experimental como Anirban Bandyopadhyay, que trata de desarrollar modelos operativos de consciencia más allá de la máquina de Turing. Pretender que el cerebro y la conciencia se fundan en este tipo de máquinas es lo mismo que decir que todo lo que ocurre dentro de ella se puede transcribir como una serie de pasos lógicamente definidos. En realidad, la fe en el "paradigma computacional" no es sino la confianza en la potencia del cómputo cuyo aumento está sostenido por una enorme industria.

Bandyopadhyay lo entiende todo en términos de ritmo y resonancia, no de bits. Los modelos pioneros de sincronización mutua en la actividad biológica fueron los de Arthur Winfree. En la estela de Winfree, el papel fundamental que ha de jugar la resonancia o coherencia en las funciones del cerebro se ha ido convirtiendo en un motivo recurrente para explicar la conciencia, incluso en las primeras tentativas reduccionistas como la de Koch y Crick. Pero el rol de las resonancias y su orquestación demanda otra idea de la sincronización —los resonadores, en principio moléculas biológicas, no pueden estar simplemente sincronizados desde fuera sino que han de tener su propio ciclo interno.

En los ordenadores habituales todo gira en torno al número de bits procesados, en los resonadores orgánicos que según Bandyopadhyay pueden tener hasta 12 niveles distintos y 350 tipos de cavidades, como en nuestro cerebro, sólo habría un bit, y luego bits dentro de él en una cascada fractal —claro que esto es sólo una traducción al lenguaje de la computación. En realidad no hay bits, sino ciclos temporales o ritmos unos dentro de otros que concurren en un ritmo global y un solo ciclo de tiempo.

No es improbable que este tipo de estrategia consiga mucho antes máquinas inteligentes que la computación clásica. Se trata por lo demás de negocios distintos: los resonadores acoplados tratan de destilar la inteligencia de los campos de la materia organizada sin ningún tipo de puertas lógicas, mientras que la computación tradicional procura enlatar la inteligencia ya destilada simbólicamente en los procesadores. Pero no todos los niveles que propone Bandyopadhyay son editables ni transferibles a otros soportes físicos.

Para no ser ciegos, estos niveles de resonancia, que son interfaces mutuos, deben contar con un feedback natural con las actividades externas que dan sentido a sus funciones. En cualquier caso, la verdadera "información" no se encuentra en los momentos conscientes que asociamos con la cognición, sino en los intervalos de silencio que contienen la fase y con ella la forma geométrica de un ciclo determinado.

Una rueda de resonancias con 12 bandas de frecuencias como la de Bandyopadhyay requiere tanto una artesanía en detalle con la materia como variados cálculos sobre sus relojes internos hechos de tripletes, su acoplamiento, y las dimensiones pertinentes a su geometría, topología y evolución temporal. Además de las teorías clásica y cuántica de la información, deudoras de sus respectivas mecánicas, aquí se propone una mecánica y una información fractal asociadas a los niveles de fases y frecuencias, con una métrica de fase basada en los números primos. En las nuevas no-computadoras, esta métrica nos libraría incluso del código y la programación. Se trata sin duda de una gran aventura especulativa, pero es el tipo de especulación que puede someterse permanentemente a prueba y ser objeto de continuas mejoras.

Las llamadas teorías emergentes suponen que la conciencia emerge como un fenómeno irreducible de la complejidad en la organización de materia inconsciente. Las teorías de la resonancia no necesitan establecer una diferencia radical entre planos pues la consciencia está distribuida en todos los niveles. Por un lado, los campos ya incorporan un feedback aun en sus relaciones más simples, las órbitas entre dos cuerpos. Por otro lado, la inconsciencia ya está siempre referida a la consciencia. En tercer lugar, esa inconsciencia sigue siendo la base en todo momento para los momentos "emergentes" de cognición, donde la emergencia tiene un sentido completamente distinto al del aumento de la complejidad.

Bandyopadhyay y su equipo de Tsukuba están trayendo al frente todo un nuevo mundo para la biología, hasta ahora reducida a la genética y la biología molecular. Las posibilidades de la no-computación son como mínimo tan grandes como las de la computación y la digitalización, el gran embudo y horizonte de sucesos de nuestra compulsiva deriva. Aunque aún se encuentre en sus rudimentos, este enfoque tiene mucho que decir en todo tipo de modelos dinámicos donde no encontramos ninguna lógica, lo que incluye gran parte de los fenómenos naturales y no naturales, desde los terremotos al tiempo, los eventos sociales o económicos.

Cabe preguntar si sería ético crear máquinas inteligentes en el caso de que fuera posible. Y creo que la única respuesta posible es que si esas máquinas demuestran ser seres sintientes, seres con sensibilidad, no se debería seguir por ese camino —puesto que no tenemos ningún derecho a exponer a otros seres al sufrimiento sin necesidad. Ahora bien, que sea posible la inteligencia sin sensibilidad es algo que parece bastante dudoso; pero en la vía más convencional de la inteligencia artificial casi se presupone una inteligencia insensible, mientras que dentro de un modelo de materia en resonancia es difícil pensar que la sensibilidad no esté presente. Si en algún momento de estas investigaciones se empieza a manifestar claramente sensibilidad como capacidad de sufrimiento, tendrían que abandonarse este tipo de proyectos; sin embargo estas ideas siguen teniendo un gran interés por derecho propio incluso si no se abordan por la vía experimental.

* * *

Hoy toda la investigación avanzada combina necesariamente altos grados de sofisticación formal, complejidad y especulación —e incluimos en la especulación conocimientos que se consideran bien fundados pero que teóricamente están en el aire, al justificarse sólo por sus resultados. Lo peor que hoy puede pasar es que se trabaje rutinariamente con cosas como la fase geométrica, en computación cuántica por ejemplo, sin llegar a preguntarse nada sobre su auténtica naturaleza. Pero es la tónica general: desde el cálculo a la manipulación genética, bastante hay con ocuparse de los resultados, ya de por sí sorprendentes. El mismo Bandyopadhyay, que hace de la fase geométrica un aspecto importante, si no central, ya tiene demasiado trabajo en intentar organizar tan vasto material y modular sus efectos como para ocuparse de su estatus teórico. Hay siempre tanto por hacer.

Para Winfree, una "singularidad de fase" es el tiempo de estímulo durante el cual no es posible asignar una fase a un proceso. Las singularidades de fase de las que se habla Bandyopadhyay son los lugares en los que se rompe la simetría y aparece un nuevo reloj, aunque el cálculo estándar podría estar omitiendo una o más dimensiones. Esto puede implicar una transición de escala, algo que los sistemas de coordenadas al uso no detectan. Un sistema de coordenadas completo debería incluir la escala con su posibilidad de transición, es decir, una suerte de "enfoque de escala". Habría que estudiar cuidadosamente la relación de esto con la fase geométrica —si es cierto que equivale localmente a una función exponencial fraccional— y las teorías no estándar aquí mencionadas.

Cada vez es más necesario distinguir entre Ciencia en general, con sus posibilidades siempre intactas, y la Gran Ciencia de las instituciones con todos sus compromisos e inercias. Ni que decir tiene que la Gran Ciencia es una parte muy pequeña de la Ciencia como posibilidad, y sin embargo es la que capitaliza toda o casi toda la atención, invirtiendo con su solo peso la percepción general. Pongamos sólo dos ejemplos de la física teórica, que podrían extenderse, con mucha más razón, a cualquier campo de la ciencia aplicada.

Sabido es que el último gran colisionador se construyó sobre todo para detectar, al menos a un determinado nivel de energía, la "partícula", o por mejor decir la excitación del campo escalar que sería responsable de la masa de las partículas. No deja de ser irónico que a una ciencia que se precia de reduccionista no le quede otro recurso que apelar a un campo que estaría en todas partes, como el antiguo éter, para explicar aquello que hace a la materia ponderable. Finalmente y tras muchos años de descomunal proyecto se afirmó haber detectado la "partícula" famosa, pero más de ocho años después, no hay ni un solo experto que pueda decirnos ni una sola cosa más sobre la naturaleza de la masa.

Sin embargo Mathis había mostrado incluso antes una serie de cosas mucho más instructivas usando tan solo sus métodos finitos de cálculo simplificado. Por ejemplo, que basta tomar las propias ecuaciones de Newton para ver que la masa de una partícula esférica puede escribirse como la aceleración de su radio. De este simple hecho se derivan gran cantidad de consecuencias, se resuelve el famoso "enigma del radio del protón" que seguía igual de vigente después del supuesto descubrimiento del bosón escalar, y se aprecian muchas otras claras relaciones: por ejemplo, que igual que tiempo y distancia, masa y gravedad son funcionalmente lo mismo.

Es de sentido común que cuanto más homogéneas sean las cantidades que se utilizan, más transparentes y múltiples sean las relaciones entre ellas; mientras que por el contrario las cantidades altamente heterogéneas que caracterizan las ecuaciones modernas suponen nudos sobre nudos que sólo desatando pueden hacerse inteligibles. El análisis dimensional parece estar hecho para el cálculo de diferencias finitas, y viceversa.

Otro ejemplo de las modernas teorías de campos serían los intentos desesperados de cuantizar la gravedad, como si ese fuera el único problema pendiente. Pero ninguna cuantización va a explicarnos el rasgo más elemental de la órbita planetaria, que salta a simple vista, y que es que ninguna fuerza central, en el sentido asumido por todos después de Newton, puede generar las elipses que observamos. Y así, la necesidad de fuerzas no centrales que no dependan sólo de la distancia, que tendría que ser el gran tema de la gravedad, ni siquiera se plantea, ni ahora ni en tiempos de la relatividad general. Simplemente se presupone que el teorema de Bertrand dejó zanjado este problema cuando ni siquiera respeta la definición de una fuerza central en los Principia.

En definitiva, los expertos tienden irremediablemente a buscar las soluciones allí donde éstas demandan conocimientos siempre más elaborados que confirman la necesidad de hacerse aún más expertos, del mismo modo que tienden a ignorar lo que *simplifica innecesariamente* sus problemas.

La perspectiva del nuevo multiespecialista es sin embargo diferente. Enfrentado a una complejidad sobreabundante, no le hace ascos a las simplificaciones siempre que funcionen. Toda simplificación es bienvenida, cualquier simplificación es poca si es capaz de aportar algo más de orden. El multiespecialista sí está dispuesto a remontar el río.

No puede dejar de haber una estrecha relación entre la noción de un campo físico y la noción de la conciencia, puesto que después de todo ambas tratan de subsumir la evolución de eventos particulares dentro de la totalidad más amplia concebible. Como no pueden dejar de tener una influencia decisiva el papel que en esta concepción se atribuya a lo continuo y a lo discreto, al punto y al infinito, a lo finito y lo infinitesimal.

Bandyopadhyay propone una serie de ruedas o esferas concéntricas para reproducir las resonancias y acoplamientos entre las distintas capas del cerebro, de cuya transición de fase global, de naturaleza fractal, saldría lo que entendemos como conciencia individual. Seguramente no hace falta mucha más imaginación para intentar concebir los estratos que determinan una conciencia colectiva, y aquí la cuestión es si no están ya todos en un solo cerebro, pues el cerebro ya es una gran sociedad. En cuanto a los estratos que determinan una teoría física o matemática, eso es mucho más fácil de determinar y para eso tenemos la historia, pero por lo que parece, también es lo más difícil de modificar.

Desde el punto de vista del principio, el único campo relevante es el medio homogéneo primitivo con una densidad unidad, y cualquier modificación transitoria, que no deja de ocurrir en su seno, es sólo un detalle técnico. En el fondo, y no sólo en el fondo, esta también es la posición de Bandyopadhyay, que asume que cualquier campo, por más heterogéneos que puedan resultar sus materiales, tiene que rendir la unidad en la conciencia, lo indivisible por definición.

Bandyopadhyay es bien consciente de las relaciones y trata de concretar técnicamente la concepción recurrente del tiempo en el hinduismo con sus mundos dentro de mundos. El tiempo interno de cada reloj no es sino *Rita*, la expresión local del orden cósmico; pero lo peculiar de este tiempo no se puede apreciar dentro del sincronizador global, el tiempo externo que aplana toda diferencia. *Pranava*, la vibración de un sí-mismo que no vibra, es lo inobstruido en todo proceso de experiencia que va siempre más allá de los sentidos; las experiencias en sí mismas son intransferibles e irrepetibles, aunque admiten múltiples réplicas parciales que sólo se podrán recuperar en nuevas condiciones locales.

El mundo digital es justamente la esfera de lo absolutamente repetible e intercambiable, usado por sujetos irrepetibles. A largo plazo podríamos evolucionar hacia una simbiosis entre las máquinas que computan y las resonantes y vivas no-computadoras. La nueva no-computación analógica trata de extraer las posibilidades de resonancia de las organizaciones biológicas más específicamente relacionadas con la información, dejando a un lado las relativas a la nutrición y otras funciones; pero la vibración primordial abarca indistintamente cualquier nivel de organización o desorganización.

La no-computación según Bandyopadhyay es una geometría musical de la vibración y del silencio; también una geometría de la confusión. Hacer un cerebro artificial con biomoléculas no es inteligencia artificial, porque el trabajo más específico del cerebro consiste en componer su propia música. Ahora que se presuponen programas y algoritmos para cualquier tarea o decisión, no puede haber empresa científica más apasionante que salir de la caja tonta de Turing para tratar de averiguar cómo un cerebro, natural o artificial, funciona sin ninguna necesidad de rutinas participando en la cadena de resonancias del universo.

Si hay métricas de fase basadas en primos para modular las resonancias de campos tan heterogéneos, también ha de existir en última instancia una conexión con la función zeta de Riemann. Se ha visto que la función zeta aún podría tener un imprevisible impacto en la moderna teoría de la información, toda vez que se incluyan ciertos criterios en el cálculo, el análisis y la medida de la entropía. Si estos criterios tienen validez para los niveles de energía del vacío y la termodinámica irreversible en los resonadores, además de para la "singularidad" topológica y la transición de fase global del sistema, tal vez algún día se tienda un gran puente entre la computación y la no-computación.

Otro fenómeno estrechamente asociado y presente en muchos sistemas físicos y biológicos es lo que se conoce como resonancia estocástica. Una señal por debajo del umbral de detección de un sensor puede potenciarse aumentando el ruido blanco con todo tipo de frecuencias. El ruido es por tanto señal por derecho propio, así como una fuente de energía libre. El ruido óptimo no es un ruido cero, lo que plantea varias cuestiones. La resonancia estocástica puede ser adaptativa, y a este respecto podrían hacerse interesantes experimentos de biofeedback.

Los físicos como Bandyopadhyay seguramente tienden a sobrestimar la capacidad de las matemáticas para captar los estados de consciencia incluso cuando hablan de "una geometría de la confusión", pero esto es algo vocacional y casi inevitable. Hacemos con gran facilidad y placer cosas que desde el punto de la vista del análisis matemático son casi inabordables, e incluso suele haber un grado de dificultad inverso: calcular el equilibrio de una bicicleta es factible si está casi parada pero demasiado complicado con cierta velocidad; pero estando sobre dos ruedas es al contrario.

Si el biofeedback desplaza la atención de la acción a la autointeracción, incluso el control, con toda su vasta teoría, queda subsumido en la idea de autocontrol, que lejos de ser un caso particular, parece el caso más indefinido y general. Efectivamente, además de ciclos de acción y percepción, aquí hay una autoobservación, incluso si es mediada por señales. ¿Pero no ocurre esto también en cualquier tipo de actividad? Lo único nuevo del biofeedback a este respecto es que nos ofrece un reflejo monitorizado, un espejo con una señal que puede cuantificarse —una interfaz entre las funciones vivas y las funciones del cálculo.

En todo caso, el grado de autopercepción hace la diferencia entre la frescura de la inteligencia natural y el enrutamiento del hábito o la inteligencia procesada. Supone el lugar de la apertura, y deberíamos seguir siempre su estela. Si el control aplicado a seres humanos busca cerrar el ciclo entre acción y percepción, obstruyendo la autoobservación, habrá que abrirlo de alguna manera. Crear espacio dentro y fuera tal vez no sea tan diferente como a menudo se cree.

La rueda de frecuencias concéntricas, anidadas, de la actividad cerebral y otros ritmos orgánicos, capa por capa y en conjunto, supone una configuración de señales óptima para el biofeedback, la sintonización y la sincronización. No todas las señales han de depender de electrodos o medidas directas, y algún día no muy lejano tal vez tengamos las claves de tiempo, ritmo, acoplamiento y geometría que pueden sintonizarse a través de señales indirectas. ¿Es posible que algo tan simple como la conciencia pueda abarcar tal complejidad de ritmos? Si sólo podemos concebir mediaciones, parece algo imposible. Pero si el único denominador común de todos esos ritmos es la propia conciencia, la respuesta tendría que ser afirmativa.

No hay resonancia sin cooperación. Si la resonancia está en la base de las moléculas biológicas, y aun de cualquier organización, como la de un átomo o partícula, eso también pone a la cooperación en la base de la vida y de cualquier orden; tal vez sea esa la razón por la que trabajos pioneros como el de Winfree no han logrado todavía el reconocimiento que merecen. Pero esto puede y debe aplicarse al mismo principio de individuación, a la persona y a la propia conciencia, como está mostrando Bandyopadhyay. Incluso la autoconciencia demanda cooperar con uno mismo.

La articulación ritmodinámica de los tres estados de reposo permite la articulación interna de los tres principios del movimiento junto a otro principio también interno de sincronización que no deja de estar totalmente conectado con lo que entendemos como "causalidad" física o externa. Esta es la gran diferencia. El acoplamiento por resonancia debería incluir la faceta "termomecánica", esto es, la emergencia de la regularidad mecánica de un fondo termodinámico. Esto, contando siempre con la acción ubicua del medio, puede dar cuenta de forma más consecuente la evolución molecular prebiótica.

Cualquier tipo de percepción supone la sensación, y la sensación supone un sensorio común completamente indiferenciado, indistinguible del primitivo medio homogéneo. Olvidarnos de él no es más lógico que olvidarnos de que las cogniciones surgen intermitentemente de un fondo sin cognición. Si, además de su propio ciclo respiratorio, el ciclo nasal bilateral se hace eco en su propia escala de tiempo de los ciclos del cerebro, y evoluciona en torno a un agujero, entonces, igual que se puede hablar de doce capas concéntricas de frecuencias, podría hablarse igualmente de doce grados del silencio, tal como han hecho algunas tradiciones.

* * *

El conocimiento busca dentro de sí la existencia extramental de la que emerge recurrentemente y siempre cambiado. Saber retornar a ella sin descomponerse es saber, lo demás son sólo saberes. Saber retornar a ella es saber entrar en la corriente.

El triple tiempo es autoconciencia diferida: creamos el futuro como un escape para el presente, y en menor medida, para el pasado. El futuro se convierte así en la dimensión virtual de nuestra huida, que libera en esa dirección energías que sospechamos podrían resultar en una presión insoportable confinadas al presente. El único presente sin futuro es para nosotros la muerte, de ahí todas las ultramundanas elaboraciones de la religión; aunque igual nos resistimos a que el pasado termine realmente.

La misma subjetividad es ya un producto de la temporalidad, y esa presión insoportable de un "presente confinado" no es menos imaginaria que un futuro o un pasado cuyo sentido pueden cambiar hasta el mismo momento de la muerte. Somos nosotros los que nos metemos presión, los que no nos perdonamos muchas cosas o los que nos absolvemos de ellas; sin embargo ese "uno mismo" que hace todo esto por fuerza tiene que ser algo más que la mente que salta de rama en rama. Al Yo le convendría reconciliarse con él antes que con cualquier término último que prometa un paso al límite en el futuro, por más que los infinitos y los límites también tengan su lugar legítimo en las matemáticas, y en nosotros, aunque no sea el que damos por supuesto.

¿Qué es lo inobstruido a lo que se refiere la Palabra? La conciencia es lo inobstruido, por definición y sin definición. ¿Dónde y para quién existe la obstrucción? ¿Qué es lo que impide el paso, y de qué? En la India, en una cultura superpoblada de dioses, después de nombrarlos a todos se buscó el Nombre autorreferente de la propia conciencia, y se encontró que su sonido se escucha incluso sin oídos, sin esfuerzo, y aun sin cognición.

De un medio homogéneo y sin límites igual puede decirse que está completamente lleno o completamente vacío; lo mismo podría decirse de él que es conciencia pura o pura inconsciencia, o las dos, o ninguna de las dos. O que es existencia plena, o plena inexistencia. O que es vida pura, que no conoce la muerte, o preexistencia que nunca ha conocido la vida. Pero si todo lo que apreciamos aquí, ha podido salir de ahí, nada de lo de aquí puede serle ajeno. La conciencia sería la homogeneidad que atraviesa lo heterogéneo, el fugaz aroma de armonía que escapa de cualquier desorden.

Parece ser que se necesita la gravedad para que se muevan por sí solas las masas; pero un análisis elemental muestra que masa y gravedad son sólo nombres diferentes de lo mismo. Para eso no hacían falta espacio-tiempos curvos. ¿Habría algo que no fuera correlativo en un campo puramente relacional, descrito con cantidades homogéneas? ¿Y no sería lo mismo para la conciencia y la materia, si no fuera porque nosotros hemos invertido nuestra consciencia en su inconsciencia, justamente a través de la medida?

Queda sin embargo un residuo sin asimilar con manifestaciones múltiples, un desfasamiento, ángulo o curvatura atribuido a "la propia conexión del espacio"; pero desde Galileo, en física no hay espacio sin movimiento. En la mecánica de Galileo y en la relatividad en general no hay tercer principio y este se sustituye por el principio de covariancia, pero como ya observó en su día Brillouin esto es contradictorio y sólo se resuelve si el marco de referencia está anclado a una partícula de masa infinita.

Desde el "cuarto principio", las proposiciones científicas tienen otro sentido; el de la totalidad más amplia del que han sido separados. Recuperar esa totalidad no tiene por qué ser contrario a la razón, cuando las proposiciones vigentes ya la pretenden, sólo que extendiendo sin la menor garantía la validez de sus postulados. Que se hagan tantos cálculos correctos con unas bases tan dudosas sólo podría sorprendernos si olvidáramos que ello sólo se consigue con todo tipo de infracciones para llegar a los resultados conocidos.

La voluntad de creer sigue siendo más fuerte que cualquier otra cosa, en ciencia como en todo lo demás; no es algo privativo de la religión, pues la ubicua propaganda lo explota tanto como puede a cada momento. El camino de la civilización permite la duda privada pero exige creencias compartidas.

En física el concepto de acción parece más fundamental que la fuerza pero como notaba Planck siempre tiene una connotación de finalidad que se prefiere eludir. En las teorías de campos modernas surge inevitablemente el concepto de "autoenergía" y "autointeracción" que aún parecen más extravagantes, pero sólo porque no se ha hecho frente a lo que implica la acción en los casos más elementales. Y porque, en definitiva, tampoco se puede separar la partícula del campo. Una transición explícita de la partícula puntual a la partícula extensa y la onda, estos dos últimos entendidos como configuración, haría esto más evidente.

El cuarto corolario de la relatividad general para aproximarse al "principio de Mach" dice que un cuerpo en un universo que por lo demás estuviera vacío no tendría inercia. Ahora bien, ese ya es el caso siempre en la mecánica relacional, donde sólo rige el principio de equilibrio dinámico, y cualquier movimiento, sea el que sea, es natural. Evidentemente, también en partículas cargadas, como un electrón. Pero este principio de equilibrio permanente puede verse no sólo como sustituyendo al de inercia, sino también como moderando la acción de las fuerzas y el tiempo de reacción, tal como en la electrodinámica de Weber.

Y es también interesante porque brinda un paralelismo bastante pertinente entre el par conciencia/acción del campo y el par autoconciencia-autointeracción.

* * *

Objeto y sujeto, pensamiento y pensador son efectos de la actividad del pensar que los abarca pero no es atrapada en el juego; esa actividad es el Logos creador, y si absolutamente todo tiene su parte de sujeto igual que tiene de objeto, ha de obrar a todos los niveles.

Puesto que ni el pensamiento ni el pensador lo alcanzan, lo mejor que pueden hacer es hacerle un hueco. La conciencia, joya suprema, es ya la síntesis viviente de sujeto, objeto y percepción, y como síntesis viviente que es, no admite fondo ni límites. Es realmente el espacio de la libertad, y tal vez pronunciemos tanto esa palabra porque no estamos dispuestos a explorarlo.

La continuidad que suponía Peirce en la transformación de los signos es una continuidad lógica, que presupone que algo que no es el Cogito impulsa los desplazamientos y determina sus momentos, creando una temporalidad de la que el Yo es parte. Naturalmente, la lógica, como cualquier otra ciencia, es sólo un caso particular.

Todas las ternas lógicas con la que podamos analizar y sintetizar el mundo y nuestro lugar en él, del primer al enésimo grado, no son sino contracciones de la conciencia, que las envuelve tanto como las atraviesa. Hasta el principio de no contradicción presupone que hay un ser, y ese ser no puede ser distinto de la conciencia.

La única forma apropiada de explorar la conciencia en su altura, amplitud y profundidad forzosamente ha de ser la conciencia misma; si ella no es adecuada para ello, ningún otro modo lo será. Sin embargo la ciencia, o al menos una parte de ella, aún puede beneficiarse grandemente de su estudio, si está dispuesta a reorientar sus fines, medios y principios.

Ciertamente los estudios de la conciencia tienden a quedarse en la parte más accesible, como sus correlatos cerebrales y los aspectos funcionales más acotables por la medida, el experimento y el concepto: aspectos tales como la reacción a estímulos, el control del comportamiento, el enfoque de la atención, o las diferencias entre estar despierto y dormido.

Todo esto es más bien relativo a la consciencia de algo o conciencia intencional, pero no se debería subestimar la incidencia que estas investigaciones pueden tener en la psicología aplicada y ciencias del comportamiento. La conciencia intencional es inseparable de la autoconciencia, y estos dos modos de la inteligencia son suficientes para operar cualquier contracción y tejer las nociones de un mundo y todos los mundos.

Así que puede preverse que el estudio de la conciencia también termine proyectando una alargada sombra sobre la sociedad y su control, si no lo está haciendo ya. Forma parte del camino descendente con el que las ciencias ya llevan largo tiempo comprometidas. De todas formas, es inconcebible que aumente el conocimiento de la conciencia intencional a un nivel institucional y no haya un aumento correlativo de la autoconsciencia a nivel individual, pero ambos procesos pueden transcurrir por caminos muy diversos además de divergentes.

La conciencia individual es un caso muy particular de la conciencia, pero ambas no pueden estar separadas. El individuo no es el fondo de nada, sino que a él le da fondo un proceso de individuación con diversas instancias, de las cuales las biológicas y las sociales son las más evidentes.

El individualismo cree sentirse por encima de criterios personales pero no trasciende su esfera, sino que simplemente la reduce a su mínima expresión. El hecho de que no pueda concebir la conciencia fuera del individuo, y que una conciencia inorgánica le parezca algo absurdo, sólo demuestra hasta qué punto su conciencia está confinada. Por lo demás el nominalismo no deja de ser burdamente anticientífico, como Peirce gustaba de recordar con elementales argumentos.

Frente a los "individualistas" están los personalistas, que dicen que la persona es más que el individuo. Pero si no pueden concebir la conciencia impersonal, que es el centro mismo de la conciencia, están jugando con las palabras, e ignoran no sólo qué hay más allá y más acá del individuo, sino también en qué sentido una persona puede estar más allá de las contingencias. Si algo de singular se presume en el individuo, tendrá que ser la conciencia, pero para saber si ésta es singular habrá que acudir directamente a ella, antes de emitir juicios sobre su naturaleza.

Ya sea para el individuo o la persona, la conciencia es el último criterio. Y si la conciencia es algo sin fondo, también lo son todos los grandes problemas filosóficos que vuelven recurrentemente. En cuanto a la física y las matemáticas, hay que distinguir entre hechos y pruebas, y hoy todos los hechos están atrapados en una malla de axiomas y postulados que no sólo pueden cambiar como ya lo han hecho otras veces en el pasado, sino que deberían cambiar para no ser sepultados por su peso estático. Este peso aumenta en nombre de la Ley, y ésta dicta que la regularidad observada tiene que ser analítica en última instancia, aun si los hechos de la Naturaleza no son verdades de razón. Como trabajo permanente sobre hipótesis cambiantes, también los problemas matemáticos y físicos carecen de fondo y son potencialmente infinitos.

* * *

No hay interpretante final, pero tampoco hay interpretante como la búsqueda permanente del mejor principio y el intento de conectar tan estrechamente como sea posible el conocimiento mediado con el metaprincipio. Sólo esta retroprogresión podría dar vida y sentido a una ciencia a la que irremediablemente se le escapan.

Nuestra idea de la Ley es determinante para los individuos, sus relaciones mutuas y sus relaciones con la Naturaleza. La misma idea de ley natural, surgida primero del derecho y aplicada a lo no humano en general, contiene ya una doble idea de dominación. Pero no hay ley natural que no sobredetermine los hechos, forzándonos a suponerles causas, a la vez que crea barreras artificiales entre lo necesario y lo contingente.

La ley de la gravedad, antigua o moderna, asume la existencia de una constante con dimensiones. Según el principio de homogeneidad de una teoría relacional en la línea de la de Weber, este tipo de constantes, que parecen inherentes a nuestras leyes, no deberían existir, sino ser sólo una función de condiciones macro o microscópicas. Ahora bien, estas teorías más relacionales no son menos restrictivas ni capaces de brindar conocimiento, sino que a menudo nos permiten explicar directamente cosas que son consideradas "históricas" o "contingentes" por las leyes —por ejemplo, una ley de Weber aplicada a la gravedad no permite cualquier órbita, y la "teoría no-unificada" de Mathis, tampoco, acercándose bastante más a una explicación de los casos particulares.

Así pues, retirarse de las leyes en dirección a los principios no supone necesariamente una pérdida de conocimiento y una vuelta a la mera generalidad, e incluso puede resultar en lo contrario. Esto es algo que también la matemática debería atender con la mayor atención y cuidado, porque, junto al cálculo, insinúan una inversión a gran escala de la relación entre teoría y aplicación, y entre principios y fines.

Así, el principio de equilibrio dinámico, que se antoja demasiado poco restrictivo como para definir nada, en realidad nos permite ser más específicos y afrontar los casos particulares con mucho menos peso muerto que perder. Nos lleva al menos en la buena dirección, opuesta siempre a la sobredeterminación de la Ley. Para empezar, un principio que permite prescindir de inmediato de la inercia, la masa inercial, el espacio absoluto, y el marco de referencia ya afecta directamente al estrato más profundo de cualquier ley o teoría y no se debería subestimar. Por otra parte hay mucho por estudiar con respecto a su criterio de aplicación, pues no es lo mismo aplicarlo a partículas puntuales que a volúmenes, además de consideraciones de escala, termodinámicas, termomecánicas, etcétera.

Pero el sólo hecho de poner en suspensión la idea de inercia es algo sobre lo que la conciencia apenas puede mantenerse un instante, de modo que tiene que recurrir a mediaciones teóricas para recolectar y "atraer hacia sí las consecuencias". En este sentido, este principio de equilibrio, aun aplicándose a conocimientos particulares, se encuentra en armonía y aun en intimidad con la tácita unidad del ser y la conciencia. Pero si el principio de equilibrio dinámico permite precisar el contorno en que se cierra un sistema abierto, como la órbita de un planeta en torno al Sol, es también un principio de individuación.

7. Dividiendo por cero

Algunos se sorprenden de que usando la división por cero se puedan conseguir todo tipo de resultados importantes en análisis real y complejo de un modo consistente, pero esto no debería extrañar a nadie, puesto que era la intención original del cálculo de Bhaskara a Euler. Ya se ha rehabilitado la noción de infinitesimal en el análisis no estándar, y ahora empiezan a surgir abogados para la cuarta operación con el cero en la aritmética y el álgebra, puesto que genera nuevas e interesantes estructuras algebraicas, como la rueda, una extensión del anillo conmutativo y el semianillo, además de sus módulos y derivados. Naturalmente, muchos se preguntarán que interés puede tener "inventar de nuevo la rueda".

Igual que hay varias alternativas con los nuevos infinitesimales, hay diversas álgebras con función inversa completa. Algunas de ellas, como plantean Tucker y Bergstra, pueden tener relevancia para el tratamiento de los números racionales, que después de todo son el dominio general de la medida finita y los resultados observables en física, y afectan directamente a la integración de la computación continua y discreta. Pero no vamos a tratar ahora de intereses prácticos.

A estas alturas debería estar más que claro que no hay un sólo método para el cálculo sino muchos, y en este sentido al menos, reivindicaciones tan categóricas como las de Mathis son sólo contraproducentes. Sin embargo su polémica va mucho más allá de las cuestiones de procedimiento e impugnan también los resultados, la asignación de variables, y la relación general entre la matemática aplicada y el mundo físico.

No terminamos de ponderar adecuadamente lo paradójico de la situación de las ciencias contemporáneas, históricamente comandadas por la física. Y la paradoja consiste en que incluso con el grado de positivismo, nominalismo, y operacionalismo imperante, el peso de la actitud platónica, reflejado en nuestro exceso de confianza en la aplicación del conocimiento matemático, no es menos extremo. Puesto que lo segundo ha sido lo primero históricamente, obliga a pensar que también ha sido el factor originador.

Los teoremas matemáticos importantes suelen encontrar con las generaciones y los siglos sucesivas formulaciones más simples, pero eso no significa necesariamente que se alcance una comprensión más clara de su contenido, sino más bien que con el paso del tiempo se van contemplando desde nuevos ángulos y nuevos supuestos. Nunca llegan a hacerse "triviales", como algunos matemáticos pretenden.

Avanzamos entonces una lectura diametralmente opuesta a la del platonismo tácito de físicos y matemáticos: un teorema matemático va comprendiéndose mejor en la medida en que va tomando contacto con nuestra interpretación del mundo físico, lo que es algo totalmente distinto de su mera aplicación a la solución de problemas en física.

Lo curioso de esta afirmación es que es indemostrable precisamente porque los físicos han utilizado la matemática para encontrar soluciones a sus problemas, no interpretaciones. De lo que hablamos entonces es que la matemática misma, empleada de otra forma, podría ser un soporte para la interpretación y por lo tanto para la subjetividad, lo que sin duda era la intención original de Platón. Está claro, pues, que el "platonismo" que adjudicamos a la matefísica moderna consiste en la sustitución de lo sensible por intelecciones cada vez menos inteligibles. Un platonismo invertido pero ciertamente desencadenado.

Esta inversión del platonismo se adecua perfectamente al poder, no hay más que ver cómo se promociona la matemática para los usos que ahora alcanzan su apogeo, y que es mejor no calificar. En tales condiciones, revertir esa inversión parece una tarea imposible, pero esto también es olvidar que Platón fue el primero en hacerse reo de la mistificación y era ya víctima predestinada.

Volvamos al presente y al futuro. ¿Por qué tiene semejante interés la función zeta de Riemann? Porque, aparte de todas sus implicaciones matemáticas, aquí el platonismo invertido encuentra a su vez un punto de inversión. La ciencia busca estructuras matemáticas en la realidad física, pero aquí por el contrario tendríamos una estructura física reflejada en una realidad matemática. Los números primos son ya lo de menos, la cuestión es saber qué rayos significan los ceros no triviales de la función. Saber si la hipótesis es cierta o falsa, tendría que ser secundario en comparación.

Pero para entender esto haría falta comprender primero el rol de los números complejos en física, cuestión no menos misteriosa pero totalmente a nuestro alcance y que como ya hemos señalado requiere un acercamiento totalmente diferente a los problemas del análisis. El estudio de la función zeta con métodos de diferencias finitas probablemente todavía tiene recorrido por delante, pero las correspondencias mucho más generales del plano complejo con las "dimensiones perdidas" del análisis es algo que puede plantearse de inmediato.

El mismo análisis complejo, como es bien sabido, supone divisiones por cero en la esfera de Riemann justificadas mediante un argumento proyectivo. Es algo que no tiene incidencia directa en el cálculo de la función zeta, pero cuya lógica se extiende en el álgebra de ruedas. Una de las formas más poéticas de captar la hipótesis de Riemann, según Lapidus, es decir que el campo de los números racionales Q yace tan armónicamente como es posible dentro del campo de los números reales R; pero no existe otro criterio para definir esa armonía que la propia línea crítica de la función.

Grandes cuestiones aparte, lo que se aprecia históricamente es que la división por cero es el impulso original del cálculo, y el primer impulso es el que cuenta, incluso si luego la operación ha sido proscrita por motivos de conveniencia y consistencia. Desde el momento en que se cree trabajar con puntos, lo más que puede hacerse es ocultar o reprimir la cuestión; sólo un cálculo finito como el de Mathis no tiene ese problema.

La proscripción explícita de la división por cero empieza a ser un lugar común entre autores como Martin Ohm, hacia 1828, por los mismos años en que Abel y Galois crean las bases del álgebra moderna. Se trata ante todo de una cuestión de consistencia y conveniencia para la manipulación algebraica, más que de un asunto íntimo del cálculo, aunque tampoco es casual que por esos años Bolzano y Cauchy perfilaran la teoría del límite y el francés creara la teoría de funciones complejas. Es justo la época en que la ciencia pasa definitivamente de la idealización a la racionalización, aunque ni mucho menos de forma homogénea ni en todos sus frentes a la vez.

La proscripción de la división por cero se presentaba como una convención absolutamente necesaria para la higiene matemática, y sin embargo las infracciones algebraicas en el nuevo cálculo refundado no son simplemente numerosas, sino sistemáticas. Uno está tentado de pensar que aun dividiendo por cero no habría aumentado su número, porque se sigue pretendiendo exactamente lo mismo.

Las heurísticas reglas del cálculo pueden verse como un gran rodeo para evitar la división por cero, pero eso no significa que adoptar esta operación simplifique las cosas. Hay después de todo buenas razones para eludir esta división, empezando por el hecho de que no hay un solo criterio, sino varios. En la primera etapa del cero en la India se presentaron básicamente tres criterios diferentes.

Para Brahmagupta, el valor de cualquier número $n/0 = 0$. Para Mahavira, $n/0 = n$, es decir, el número permanece constante. Para Bhaskar, como ya hemos dicho, $n/0 = \infty$. Este último criterio, sostenido por el mismísimo Euler, parece ser connatural al desarrollo histórico del cálculo, aun si muchos de los matemáticos que contribuyeron en la primera etapa eludieron la cuestión. Y visto en retrospectiva, también parecía apuntar al futuro desarrollo del análisis complejo.

Tiwari ha intentado unir los tres criterios diciendo que el valor de X/Y para cualquier valor positivo o negativo tiende a infinito cuando Y tiende a cero, pero que cualquier número dividido en última instancia por cero da cero como el cociente y al mismo número como resto. En la ya citada teoría de ruedas, que incorpora la esfera de Riemann en la aritmética, uno partido por cero es infinito sin signo, pero 0/0 es nulo. En cualquier caso, la única forma de dirimir estas cuestiones es a través de la física y sus resultados mejor contrastados.

En el cálculo estándar las tasas de cambio, como la velocidad por ejemplo, son relaciones ya establecidas dentro de la recta real, mientras que en el cálculo diferencial constante de Mathis la recta numérica tiene por definición un intervalo unidad y el numerador está "esperando a su denominador". Visto así, el problema del cálculo estándar no es el cero en el denominador, sino en el numerador, puesto que representa a un punto. La identidad de Bhaskar es (a0/0 = a) o bien (0/0 = 1).

Digamos entonces que el cálculo infinitesimal tiene su "verdad ideal", no surgida propiamente de la física, sino de su aplicación original a gráficos de curvas geométricas, que con el tiempo quedó aparentemente "superada" por la generalización algebraica del análisis. Pero en realidad no quedó superada en absoluto. Esta fase de interpenetración de lo ideal y lo convencional supone también la inversión definitiva del platonismo en la que aún nos encontramos.

En los últimos tiempos se ha hablado de "teorías transalgebraicas", inspiradas en los argumentos, infundados para el nivel actual, de Euler, Galois, Cauchy o el propio Riemann; pero si se quiere llegar rectamente al núcleo y talidad de lo transalgebraico habría que ir más atrás para luego volver de un salto al presente y ver qué se acepta y se evita en él.

Algunos matemáticos actuales como Ufuoma, calculan las famosas series de Euler o incluso valores de la función zeta de Riemann siguiendo el "infalible principio de Bhaskara"; pero esto, siguiendo un poco la historia del cálculo, tendría que resultarnos natural. Ufuoma distingue claramente entre un cero intuitivo y un cero numérico; pero el principio de Bhaskar por sí solo no ayuda en absoluto a identificar la geometría pertinente al problema físico.

El cálculo de Bhaskar a Euler bien puede calificarse de "premoderno"; el cálculo de Mathis, que rechaza el uso de los números complejos en física, como "antimoderno" e incluso "antimodernista". Al cálculo premoderno podemos calificarlo como "trascendente", al de Mathis, para el que el cálculo es siempre y ante todo aplicación al mundo físico, "inmanente". Y al cálculo moderno, que en su furia analítica no conoce más barrera en sus principios que la exclusión de la división por cero, dentro de este contexto bien podemos calificarlo de "intrascendente", aun cuando no ha podido tener mayor incidencia en todos los órdenes de la vida. Intrascendente porque a pesar de haber afectado a todo no se ha comprometido con nada, permaneciendo en una tierra de nadie que no es sino la de los matemáticos; intrascendente porque no quiere ni puede llegar al fondo de nada, y menos a su propio fondo, aunque sí quiere resolver todos tipo de problemas, estén o no dentro de su alcance.

Para Platón el mundo sensible es falso pero hay un mundo verdadero donde lo que aquí son sombras matemáticas adquiere cuerpo. Para la física desde Kepler y Galileo la forma de descubrir la verdad del mundo de las apariencias, que es falso, es gracias a las matemáticas, con lo que asistimos a la creación de un nuevo "mundo físico" donde existen leyes pero se renuncia a dar cuenta de los procesos más directamente observables. De este modo, la física se hace mundana por su vocación de manipulación, y ultramundana al refugiarse en la matefísica. Para antimodernos como Mathis, llegados tras la ciencia postmoderna, la predicción matemática se simplifica justamente cuando se atiende a la descripción de la realidad física de la que surge, en vez de cuando se abstrae irremediablemente de sus condiciones como hace el cálculo.

Se plantea entonces un experimento y ejercicio mental más que interesante para desenredar lo que ya parece enredado sin remedio. Se puede probar a trabajar con algunos problemas básicos de cálculo según el principio de Bhaskar, que en retrospectiva no deja de ser un "principio de desobstrucción", para luego abordar esos mismos problemas con el antagónico cálculo de diferencias finitas o cálculo diferencial constante de Mathis. Se pueden contrastar ambos enfoques en problemas físicos elementales con números complejos, mecánica ondulatoria o rotaciones/orientaciones expresadas con cuaternios, por ejemplo. La misma esfera de Riemann tiene múltiples aplicaciones en física y sus puntos dan, por ejemplo, los valores de los estados de polarización de los fotones y rotaciones de partículas en general.

Puesto que el cálculo finito y el cálculo "premoderno" parecen abiertamente incompatibles, uno puede preguntarse qué es lo que podría haber en medio. ¿El cálculo estándar actual, quizás? Esto es más que dudoso. Queda entonces la tarea de averiguar, del gran número de infracciones del cálculo estándar, justificadas siempre por los fines, cuáles se deben a un análisis físico incorrecto y cuáles a la elusión del principio de Bhaskar. Los estudiosos del análisis tienen aquí una cuestión apasionante que va mucho más allá de las reconstrucciones históricas.

¿Qué criterio es mejor para la división del cero, si hubiera que elegir alguno? Tendría que ser aquel que da respuestas con sentido en una descripción física completa. En este caso, el que mejor encajara en el análisis dimensional de Mathis, que procura no eliminar dimensiones físicas relevantes. Por otra parte, como ya hemos dicho, este tipo de análisis brinda la posibilidad, si es que existe alguna, de explicar por qué correspondencia los números complejos son pertinentes en tantos problemas físicos. Esto aportaría un hilo común dentro de una muy vasta estructura de casos.

Se ha dicho que las álgebras de división del cero podrían suponer una transformación para la matemática igual que la que supuso en su día la introducción de los números imaginarios, pero esto es más que improbable sin una revisión a fondo del cálculo, que más tendría que parecerse a una restricción que a la enésima expansión de su campo. El cálculo moderno se considera válido sobre todo por su ingeniería inversa a partir de los resultados conocidos, mientras que su fundamentación sigue llenando las grandes lagunas de sus manipulaciones mediante isomorfismos y argumentos de teoría de conjuntos análogos a los argumentos proyectivos.

El estudio de las correspondencias más básicas entre estas formas de cálculo no puede ser trivial desde el momento en que también hay hondas divergencias; lo que está por ver es si puede alcanzar la suficiente distancia con respecto al cálculo moderno y hasta qué punto permite reubicar su lógica global —vale decir, su racionalidad.

8. Metanoia, continuo y cuaternidad

Dejemos por un momento la ciencia y volvamos a una perspectiva más general.

Fue probablemente en una reacción contra el idealismo intrínseco al símbolo trinitario que una serie de pensadores de estilo muy variado se volvió en el siglo XX, y especialmente tras la posguerra, hacia los esquemas cuaternarios como símbolos de la totalidad. Quizás fue Jung el primero en percibir la necesidad de este giro, seguido luego por autores tan conocidos como Heidegger con su cuaternidad tierra-cielo-celestes-mortales, o el Schumacher de la excelente «Guía para perplejos» con su cuádruple campo de conocimiento: yo interno, mundo interno, yo externo, mundo externo, opuestos dos a dos como determinantes de la experiencia, la apariencia, la comunicación y la ciencia.

Raymond Abellio presentó otro modelo cuaternario de la percepción y por ende del conocimiento, en el que la mera relación entre el objeto y el órgano de los sentidos es siempre sólo una parte de una proporción mayor —una relación de relaciones— , puesto que el objeto presupone al mundo y la sensación del órgano a un cuerpo completo que lo organiza y le da un sentido definido:

$$\frac{\text{objeto}}{\text{mundo}} = \frac{\text{sentido}}{\text{cuerpo}}$$

Lo más importante de esta exactante proporción es la ignorada pero siempre presente continuidad entre los extremos "mundo" y "cuerpo", donde el mundo no es meramente una suma de objetos, ni el cuerpo de órganos, partes o entidades. El fondo sobre el que aparecen es el primitivo medio homogéneo de referencia para cualquier fenómeno, movimiento o fuerza, puesto que ya sabemos de antemano que cualquier movimiento o cambio de densidad, ya sea expresado como suma o como producto, es sólo una manifestación del principio de equilibrio dinámico.

El cuerpo desde dentro es el sensorio común indiferenciado del que han salido los diferentes órganos, y sin el cual no habría sujeto ni "sentido común". En armonía con esto, puede hablarse de dos modos de la inteligencia, uno que parece moverse y seguir a su objeto, y otro inmóvil que nos permite escuchar nuestras propias mentaciones, y sin el cual no podrían existir. Hágase la prueba de pensar sin escucharse a uno mismo y se verá que esto es imposible: la misma compulsión a pensar no es sino el deseo de escucharse.

Abellio propuso una "estructura absoluta" del espacio a la que estarían igualmente referidos los "movimientos de la conciencia", y que no serían sino los ejes del espacio plano ordinario con las seis direcciones tradicionales. Otros autores habían propuesto ya ideas muy similares, cada cual dentro de su foco de interés propio.

La relación de los movimientos del cuerpo con respecto a su centro de gravedad como origen de coordenadas es similar a los movimientos de la inteligencia orientada a objetos con respecto a la inteligencia inmutable. Ciertamente el "espacio de la mente" no parece extenso en absoluto, pero para comprobar su íntima conexión con lo físico basta con poner en práctica cualquiera de esos ejercicios isométricos en los que uno permanece de pie y se ahueca simplemente para percibir el balance en los micromovimientos necesarios para mantener la postura. Si lo íntimo es la interpenetración de lo interno y lo externo, tenemos aquí tanto un ejercicio físico como para la inteligencia, que permite comprobar la íntima, trascendental relación entre movimiento e inmovilidad a través de la propiocepción.

Según Abellio, «la percepción de relaciones pertenece al modo de visión de la conciencia «empírica», mientras que la percepción de proporciones forma parte del modo de visión de la conciencia "trascendental": esto se aplicaría a los cuatro aspectos de la cuaternidad. Como buen heredero de Husserl, Abellio hace un gran esfuerzo por ir más allá de los esquemas conceptualistas pero aún sigue dentro de la servidumbre del conocimiento. La toma de conciencia global o "conciencia de la conciencia" no es objeto de una regresión infinita sólo en virtud de una suerte de "paso al límite" en última instancia que sigue recordándonos cosas como el "interpretante último" de Peirce.

El dilema último de la comprensión, tal como lo puso Siddharameshwar, es que sin desapego no hay conocimiento, y sin conocimiento no hay desapego. Ahora bien, este desapego no es la mera separación que tomamos con respecto al objeto, sino algo que toca más hondamente a la voluntad. Se supone que queremos saber, ¿pero saber qué? Ni siquiera sabemos eso, ni tal vez queremos saberlo tampoco. Los científicos se afanan en buscar la solución de problemas heredados, pero vale más saber dejar a un lado las preguntas que no se ha hecho uno mismo.

El yo empírico no puede ser el operador de la conciencia global o conciencia sin objeto, y el "yo trascendental" es sólo un nombre para aquello que nunca dice "yo" ni lo necesita: para ese continuo mundo-cuerpo dentro del cual aparecen objetos de los sentidos. Ese continuo a veces nos concede algo de conocimiento, si aspiramos a merecerlo, tal vez con el sólo objeto de que se produzca el desprendimiento de la inteligencia y el yo que normalmente son conscientes de la adhesión y la separación y viven de su alternancia, pero pierden el suelo en el punto intermedio.

Así que podría decirse que todo conocimiento global es simplemente una gracia de la que el yo empírico es objeto para facilitar su desprendimiento y darle alguna aptitud; y está perfectamente dentro de la lógica que sólo pueda surgir más allá del deseo de conocimiento particular —la gracia es idéntica al ser, lo no particular por excelencia. Pero también hay en torno a esta palabra neutra, "ser", una transubstanciación de intelecto y voluntad, y del sentido mismo que a tales términos concedemos.

La cuádruple proporción de Abellio apunta a una sucesión de umbrales, de perspectivas cada vez más amplias, pero que no deberíamos ver sólo como ángulos del conocimiento, sino como grados de participación en el ser, surgidos de un doble movimiento de asunción y encarnación. Por supuesto, ese doble movimiento también se da en el conocimiento científico, pero mientras la Naturaleza sea tan sólo objeto hablamos de dos tipos de conocimiento que ni siquiera son comparables.

En este contexto la *metanoia* o metacognición no puede dar de ningún modo lugar a un regreso infinito, porque lo que en realidad supone es una repetida transformación de lo mudable o aparente con respecto a lo inmutable que nunca se deja ver.

Por otra parte el "giro hacia el cuerpo" de la filosofía más reciente es demasiado parcial como para no ser fácil presa de la instrumentalización —mucho se ha hablado del sexo y de "máquinas deseantes" pero lo cierto es que el deseo, que es una agencia femenina, está más en el alma o incluso en el espíritu que en el cuerpo; mientras que la voluntad, que desde un punto de vista relativo sí está mucho más literalmente encerrada en los cuerpos y es un agente masculino, se ignora sistemáticamente. En el fondo se sigue viendo al cuerpo como objeto, aunque por otro lado la ciencia nos prevenga de considerar a una Naturaleza externa deseante, que es Naturaleza naturante.

Considerando "la parte del cuerpo" es obligado mencionar la ambigüedad fundamental de la mecánica relacional inaugurada por Weber con respecto a las tres energías —cinética, potencial, interna—, que aunque es una mera consecuencia de sus ecuaciones no deja de resultar natural, y que habría que tener en cuenta al respecto de ciertos balances y proporciones.

Las vibraciones longitudinales internas a los cuerpos en movimiento de Noskov, postuladas precisamente para justificar la conservación de la energía que en Weber era meramente formal —ni más ni menos que en las otras mecánicas— son una parte esencial del mismo tema, y es fácil ver cómo deberían "encajar" dentro de los datos de la mecánica clásica, cuántica y la relatividad —y en el transporte paralelo de la llamada fase geométrica. En general, en cualquier campo, al distinguir entre partícula y el campo tenemos un problema de *auto-interacción* bajo aceleraciones que coincide cuantitativamente con la oscilación de Noskov. Esta interpretación en términos de resonancia está mucho más en armonía con las concepciones más antiguas, y mucho más intemporales, de la Naturaleza.

Tal como ya hemos visto en diferentes lugares, el potencial retardado y las oscilaciones correspondientes no sólo estarían presentes a nivel micro, sino también en sistemas orgánicos complejos como la respiración y la circulación sanguínea.

El Verbo Solar, el suscitador, *Savitr*, es totalmente incomprensible en nuestra representación objetiva de la Naturaleza sin las nociones gemelas de vibración interna y resonancia externa; y estas nociones se conectan naturalmente cuando ponemos fuerza y potencial sobre una misma base. Para obtener otra visión del Continuo físico, habría que tratar otras cuestiones de gran importancia, como las transiciones de escala en espacio y tiempo, pero eso nos devolvería de lleno al dominio de la complejidad, y en cualquier caso ya hemos sugerido algunas relaciones.

"Ayúdame y te ayudaré", nos dice hoy como siempre la Naturaleza. La ciencia moderna, tan imponente como resulta, no sabe nada de esta continuidad que pasa de inmediato por el propio cuerpo pero que se extiende hasta los límites del Mundo.

* * *

La ciencia griega fue una ciencia de la observación, mientras que para llegar a la ciencia experimental, en la que el hombre une la manipulación física y la matemática para adueñarse de la Naturaleza, hay que esperar a la ciencia árabe con autores como Alhazen, de cuya magna obra se cumplen ahora mil años y que prefigura nítidamente a Galileo con seis siglos de antelación —si bien es evidente que ha sido en Occidente donde este estadio experimental ha alcanzado su apogeo.

Aunque hoy la inmensa mayoría de los científicos permanecen confinados dentro de este estadio, el único con interés para el aparato social y los poderes que lo gobiernan, para algunos el dominio sobre la Naturaleza expresado en Leyes que permiten la predicción representa sólo el límite más externo posible del conocimiento.

Hoy estamos en condiciones de arribar a un tercer estadio de la razón científica fundado en la auto-observación, que reintegre la matemática y la observación variable de los fenómenos en la universalidad del Sí-mismo, el campo indiviso, homogéneo e indiferenciado que es la base de toda intelección. La auto-interacción presente en ese campo apunta claramente al aspecto reflexivo en el principio de equilibrio del que puede derivarse toda la mecánica.

Este tercer estadio de la razón podrá manifestarse en la medida en que comprendamos que no hay ley natural que no dependa de la auto-interacción, del mismo modo que no hay consistencia ni tautología ni circularidad en las teorías físicas actuales que no sea expresamente elaborada. El concepto de auto-interacción tendría que ayudarnos a ver en cambio cómo y en qué medida un sistema físico es efectivamente abierto o cerrado.

En el camino reflexivo de esta auto-observación, la matemática, como "forma pura", aún puede encontrar otro modo de dotarse de contenido cuando la propia matemática y la física buscan el equilibrio entre descripción y predicción. Y cabe esperar que esto tienda a suceder espontáneamente, en la medida en que se van eliminando las obstrucciones creadas por la justificación unilateral de un propósito determinado.

El cálculo es el mejor ejemplo de esto, y dado que es el análisis mismo el que ha llevado hasta el actual extremo el dominio de la cantidad, que no es sino la aplicación desde arriba de la idea de infinita división combinada con una construcción desde abajo basada en elementos indivisibles, hemos contrapuesto dos vías alternativas para el cálculo basadas en las otras dos formas extremas de lo indivisible: el intervalo unidad y la división por cero. Ambas nos devolverían a un continuo en algún lugar entre las actuales concepciones del continuo físico y matemático.

Por otra parte, no puede ser más significativo el hecho de que, ahora que el modelo cibernético o de control se generaliza hasta adueñarse por completo de la racionalidad científica y social, encontremos el principio de realimentación en la base misma de los "sistemas" naturales regidos por "fuerzas fundamentales". Esto nos sitúa frente a otro aspecto esencial de las ecuaciones diferenciales, las condiciones de contorno, que también son condiciones de interfaz del sistema.

Todo el cálculo moderno desde el problema de Kepler es una ingeniería inversa sobre el contorno global de un sistema, lo que también supone una inversión de la relación entre lo que se concibe como el "centro" y la "periferia" del mismo—el dominio interno de la función y sus condiciones de contorno. Pero, desde un punto de vista estrictamente descriptivo, es el llamado contorno el que ha dado forma a la dinámica, y la integral, a lo que bien puede llamarse un pseudo-diferencial; y sólo el poder de predicción y la magia de la manipulación de las variables nos han llevado a olvidar este hecho.

La misma lógica de la usurpación opera en la ahora indiscriminada aplicación de la "razón cibernética" de la que todos somos objeto. Sin embargo, aplicando la lógica relacional a un sistema como la circulación sanguínea y el corazón según el potencial retardado de Weber-Noskov, la diferencia entre margen y centro se desvanece, y en un caso donde tal distinción no podría ser más relevante.

Tiene entonces un especial valor tratar de devolver los problemas de la dinámica al dominio reflexivo de una evolución desprendida de un medio homogéneo pero todavía dependiente de él, puesto que toda retroalimentación sólo puede obrar por el contraste de algo heterogéneo con su fondo. Aunque la cuestión crucial sería comprobar cómo la función matemática está conectada al aspecto directamente funcional del principio regulador, por ejemplo, a través del biofeedback.

El caso ya indicado de la onda del pulso podría servir como una ilustración perfecta de algo mucho más general. Lo esencial del biofeedback aquí no es su capacidad de modificación, siempre tan limitada; de hecho, idealmente esta capacidad tendría que ser nula, pues de lo que se trata es de *la interpolación del propio sujeto en una realidad funcional objetiva*. Aun cuando pueda inducirse la modificación de funciones orgánicas, incluso entonces eso sirve sobre todo para ver que su principio de acción o regulación no puede ser calificado ni como consciente ni como inconsciente, ni como voluntario ni como involuntario, ya que cualquiera de esas caracterizaciones se revela contradictoria.

Hablamos además de un sistema atravesado por un potencial retardado que es abierto pero tiende tanto como puede a estabilizarse como un sistema cerrado, y que por lo tanto debería exhibir rasgos asintóticos.

Normalmente se asume que el comportamiento asintótico es la simplificación de un caso particular más complicado; pero podemos verlo también desde el extremo opuesto. Pues todo aspecto asintótico, como exponente de una discontinuidad, define unas condiciones de contorno más limitadas con respecto a un caso más general, del que se desprende. En tal sentido, el análisis asintótico sigue aun sin saberlo el rastro de la universalidad del Sí-mismo.

Matemáticos aplicados y físicos tan competentes como Kurt Friedrichs o Martin Kruskal han sostenido que la descripción asintótica no sólo es una herramienta apropiada para el análisis de la Naturaleza, sino que apunta a algo más fundamental, y aquí no podemos estar más de acuerdo. Sin duda el interés de este campo crece sostenidamente en la era de la computación, dado que la asintótica es el mediador natural entre los métodos numéricos y los del análisis clásico; siendo el análisis numérico más cuantitativo y el asintótico más cualitativo. Pero incluso si hablamos aparentemente de un método de matemática aplicada, no podemos dejar de advertir en él un componente simbólico más evocador y profundo que en la matemática pura.

El objeto de la asintótica, en tanto heurística, son los casos límite; pero todo el análisis está permeado por la heurística en cuanto que es aplicación. Sería entonces de gran interés ver qué nuevos desarrollos puede adquirir al análisis asintótico entre los dos polos de lo indivisible que hemos indicado. El cálculo diferencial constante, como método de diferencias finitas basado en una tasa de cambio unitario, parece mucho más cercano al análisis numérico, pero permite, junto al criterio relacional de homogeneidad, profundizar mucho más en el análisis dimensional y el contorno de un problema. También presenta una consistencia mucho más básica que la del cálculo estándar.

De modo que la "asintotología", como la llamó Kruskal, aún tiene mucho por ganar en consistencia, profundidad y unidad, y no sólo en virtud de las nuevas perspectivas que puedan abrir las formas alternativas del cálculo. Hay buenas razones para creer en ello, más allá del hecho de que la consistencia del análisis clásico es de resultados más que de proceder: porque apunta tan directamente como se puede a la simplicidad desde el punto de vista del límite, y lo más simple suele ser lo que más pliegues y dimensiones inadvertidas esconde; porque se encuentra en la base de la teoría de campos, del potencial y la termodinámica, porque tiende a conectar diferentes teorías y a definir la transición entre las diversas escalas, porque conecta con los argumento proyectivos más generales de la geometría y está en el centro mismo de la aritmética pura además del cálculo más elemental, y porque es una signatura propia de la auto-interacción, el equilibrio y la estabilidad.

"Análisis asintótico" es prácticamente todo lo que hace el matemático aplicado cuando no está haciendo análisis numérico. Por razones históricas se asocia a la asintótica con la teoría de perturbaciones —primero en la mecánica celeste y luego también en mecánica cuántica—, así como el estudio de las singularidades. Sin embargo el cálculo diferencial constante permite tratar la mecánica celeste prescindiendo del enfoque perturbativo, y las fuerzas dependientes de la velocidad en la gravitodinámica relacional hacen inviables los agujeros negros. Al igual que muchas otras ramas, el surgimiento del análisis asintótico en teoría de perturbaciones tiene mucho de contingencia, reflejando el hecho puntual de haber sido la primera cuestión importante en mecánica fuera del alcance directo de los métodos convencionales de cálculo.

A lo largo del siglo XVIII, en la estela de Newton, se quiso ver el espacio absoluto como el elemento de contacto entre lo condicionado y lo incondicionado, entre las cosas del Mundo y su Creador. En contraste Leibniz, el otro fundador del cálculo, exponía la idea del espacio como un conjunto de relaciones, y ambas nociones influyeron de forma decisiva en la doctrina trascendental kantiana del carácter ideal del espacio y el tiempo, que intentaba proponer una síntesis. Sin embargo Pinheiro ha mostrado concluyentemente que ninguna de estas dos posiciones sirve para explicar algo tan básico como el torbellino de agua en el cubo del experimento de Newton.

Los rasgos asintóticos serían esenciales, y no meramente incidentales, en la medida en que todo sistema observable es una separación del continuo o medio homogéneo en el que dejan de ser discernibles espacio, tiempo, materia y movimiento. A falta siempre de una caracterización completa, nos muestran algunos de los aspectos más notorios de su relativa diferenciación, algunas de sus "capas límite", para emplear la expresión consagrada en mecánica de fluidos.

Así, ciertos aspectos de la evolución asintótica serían tanto un índice de individuación de los sistemas como el más hiperbólico símbolo del absoluto que se encuentra en medio de todo y no tiene contacto con nada. Gaudapada hablaba en su Mandukya Karika de la unión "sin contacto", *asparsha*, si bien parece claro que lo que no admite el contacto tampoco requiere la unión. Y sin embargo la Naturaleza busca a su manera y de todas las maneras lo inalcanzable que no se resiste a nada —seguramente para compensar el hecho de haberse separado de ello. Una secuencia morfológica como la de Venis también se hace eco de esta evolución como proceso de individuación, y no es una cuestión menor el que lo asintótico se adentre en el hipercontinuo proyectivo de las apariencias.

Volvamos al circuito del pulso sanguíneo visto como un potencial retardado con una onda interna en el estilo de Noskov. Recordemos que para Noskov estas oscilaciones lo penetran todo, muy en el estilo del pneuma estoico que vehicula el logos: *"es la base de la estructura y estabilidad de núcleos, átomos, sistemas planetarios y estelares. Es la razón principal de la ocurrencia del sonido (de las voces de las personas, los animales y los pájaros, del sonido de los instrumentos musicales, etcétera), de las oscilaciones electromagnéticas y la luz, de los torbellinos, pulsaciones en el agua y ráfagas de viento. Explica, por fin, el movimiento orbital elíptico..."*

Ciertamente estas son grandes reivindicaciones para algo a lo que ni siquiera se le ha reconocido entidad propia —salvo por, ay, esas ondas de materia de de Broglie tan fielmente verificadas en todas las escalas de masa experimentadas. El mucho más masivo predicamento de la relatividad, y la irreductible ambigüedad de las tres formas de energía en estas ecuaciones, bastan y sobran para explicar la inadmisión. Sin embargo parecen encajar perfectamente en el proceso conocido de la onda de presión arterial, que además es susceptible de interpolación subjetiva vía biofeedback.

La fase geométrica, ya lo dijimos, es un índice de la "geometría ambiental", de cómo el sistema no es reducible a la idealización conservativa de la teoría; no es casualidad que Berry sea un especialista en métodos asintóticos y aproximaciones semiclásicas, que también ha intentado aplicar al problema central de la teoría de los números. La idea que se presenta es que la geometría ambiental del potencial retardado atraviesa como oscilación justamente la apertura efectiva que el sistema tiene con respecto a un sistema conservativo cerrado, y que es por esta apertura que el sistema tiende a parecer conservativo o cerrado. Al menos en un sistema manifiestamente abierto como nuestro organismo, con la dependencia del latido cardíaco del efecto que sobre la circulación tiene la respiración, la idea de autoinducción adquiere pleno sentido.

Puesto que va de suyo que en un sistema cerrado la autoinducción es nula y está de más: ese es el elemento tautológico que se presupone en un concepto como el de "mecánica". Y sin embargo las ecuaciones de Maxwell, proverbial exponente de una simetría tautológica, dan pie a la autoinducción. Es sólo con Noskov que el sistema se cierra en el interior de los propios cuerpos, que lo que ha sido ignorado fuera, y relegado a la conveniente nebulosidad del campo, queda literalmente incorporado.

Pero ya hemos dicho que la inducción electromagnética puede considerarse legítimamente como un mero caso particular de inducción mecánica —aunque no se haya sabido ubicar debidamente la harto reproducible evidencia experimental. El corazón entonces es una "bomba", pero no una bomba mecánica: no es una "bomba de vacío", sino una bomba en el vacío ordinario, que no es sino el entorno ambiente. Hablamos del vacío físico fundamental —no hay otro—, que evidentemente nada tiene que ver con los desaforados cálculos de niveles de energía de la física teórica.

Y dado que este vacío nunca lo vamos a medir sino en los cuerpos, toda la mecánica tiene que ser, por definición, promedio de lo que ocurre entre los cuerpos y el vacío. No hay escapatoria posible para esto, y sin embargo somos incapaces de asumirlo. La palabra "mecánica" ha adquirido tonos indeseables debido al dominio restringido que le hemos impuesto, igual que a la palabra "automático", que Aristóteles aún usaba como sinónimo de espontáneo, de aquello que se mueve "por sí mismo". Es al nivelar fuerza y potencial que mecánica y dinámica se hacen términos equivalentes, como estudio de la relación entre los cuerpos y el vacío que nunca puede reducirse al mero movimiento. Esta es la principal salvedad que hay que hacerle a una "mecánica relacional" pobremente entendida.

Las pulsaciones del Sol y las demás estrellas, área de estudio siempre en expansión, también plantean la misma cuestión que el corazón: que su cuerpo entero es atravesado por las resonancias u oscilaciones no uniformes del potencial de Noskov. Sólo que aquí podemos identificar muy claramente las principales fuentes de variación del potencial en los planetas —aunque la evaluación de la densidad interplanetaria suscite otro tipo de interrogantes. En cualquier caso, e incluyendo una serie de factores como la relación de la esfera solar con el baricentro del sistema, estas resonancias se asociarían al retroacoplamiento del cuerpo central con el campo global; a algunos les sorprenderá que ni siquiera se considere una interpretación que no puede ser más directa.

La moderna idea de la mecánica, en sintonía con la tendencia general, consiste en reducir "lo otro" a "lo mismo"; aquí queremos indicar al menos cómo "lo mismo" que no se contempla es el principio genuino de diferenciación, de las formas y perfiles directamente apreciables y medibles. Una mismidad, una aseidad que, lejos de de reducir nada, ni a condiciones analíticas ni de ningún otro tipo, sería la condición de apertura por la que respira cualquier entidad.

Entonces, la "interpolación" del sujeto en un sistema mecánico autoinducido es tan sólo un rodeo para abarcar algo ya plenamente presente y operante, pues la mecánica entera, y no sólo la de los organismos biológicos, es un balance reflexivo que incluye el entorno en cualquier momento. Las simetrías de conservación se remiten en penúltima instancia al Tercer Principio, pero, en última instancia al Primero de inercia, el mismo que nos propone "un objeto aislado pero que no está aislado". Con sólo prescindir de la idea de inercia, y sustituirla por la de equilibrio dinámico, todo esto dejaría de parecer extraño.

Que la realidad organizada que observamos, de la luz a los átomos, a las complejas moléculas biológicas, las células, organismos, sistemas planetarios y galaxias, pueda subsistir ni por un sólo instante sin este principio reflexivo de equilibrio que está presente en todo, me sigue pareciendo una quimera. La idea de inercia, o la de acumulación a lo largo del tiempo de eventos biológicos sintetizados en la herencia, son puros fantasmas *sin un principio inmediato de actualización*, que evidentemente no puede consistir en "fuerzas ciegas". En este balance espontáneo estaría ya incluida de entrada la mecánica estadística y la entropía, tal como lo implica la reformulación termomecánica de Pinheiro.

Estudiado como sujeto biomecánico, la dinámica del sistema circulatorio nos permite provocar un cortocircuito entre nuestras nociones mecánicas adiestradas por el hábito y la conciencia anterior al pensamiento. Esto ya sería todo un logro. Por añadidura, el pensamiento tiene en este ejemplo muchas cuestiones para mantenerse ocupado.

Por ejemplo, el hecho aparentemente anecdótico de que tanto la razón entre los intervalos de tiempo de la diástole y la sístole en humanos y otros mamíferos se aproxime mucho a la razón entre la presión máxima sistólica y la mínima diastólica, la proporción continua 0.618/0.382, permite conectar directamente el análisis asintótico y el numérico, la física de eventos discretos y valores continuos, un bucle de feedback para los propios métodos numéricos y continuos, o una optimización con una particular ratio recursiva para la algoritmia y la teoría de la medida. Nos invita además a conectar todos estos aspectos con una descripción termomecánica que incluya la entropía como la de Pinheiro.

Puesto que el corazón aquí funciona antes como regulador que como una bomba, y su acción es efecto del movimiento global antes que causa del mismo, puede apreciarse de forma diáfana en qué sentido es el "reloj interno" que más que marcar indica el tiempo propio del sistema: tal es el sentido del tiempo propio de los sistemas dinámicos que tendría que reemplazar al "sincronizador global" de la vieja mecánica. Esta devolución de la medida local a su configuración efectiva es algo generalizable y de gran alcance, pues para percibir el poder creativo que se expresa en la Naturaleza hay que retroceder más acá del sincronizador global.

Una descripción de este tipo pone de manifiesto que las dos propuestas habituales para explicar el orden observable, metafóricamente el artífice o "relojero" de los complejos sistemas biológicos, sea el mecanicismo aleatorio recortado a lo largo del tiempo por la selección natural, o sea el "diseño inteligente" atribuido a un creador ultramundano, parecen hechas tal para cual a la hora de alejarnos de lo esencial, el principio espontáneo de organización que también es el principio de actualización inmediato. Es siempre desde la inmediata apertura con respecto al medio que se alcanzan islas de organización y estabilidad.

Este mismo sujeto biomecánico nos permite definir hasta donde sea posible la relación entre la onda arterial del pulso, ilustración biológica palpable y concreta de la hipótesis de Noskov, la apertura efectiva del sistema con respecto al caso conservativo y la aproximación asintótica correspondiente. También debería permitir definir el tono interno del sistema, el elemento esencial de la inexistente definición de la salud, e investigar las cantidades que permiten su caracterización.

Hemos visto también que las tres *gunas* del samkya, ese peculiar sistema de coordenadas, parecen corresponderse también con los tres principios de la mecánica extrapolados a sistemas abiertos con conservación del momento. Su aspecto más tangible, aunque sea reactivo o derivado, los *doshas* de la pulsología, pueden servir para investigar la relación con la triple manifestación de la energía y lo que llamamos su "ambigüedad relacional". ¿Cuál es la lógica que preside la escala recursiva de las tres cualidades de la naturaleza material dentro de un dominio cuantitativo preciso pero abierto? ¿Qué condiciones de interfaz están definiendo?

No hace falta decir que el samkya, en la medida en que es un sistema "dualista", tiene un carácter genuinamente asintótico: las *gunas* o modalidades de la Naturaleza marcan una tendencia, una vía de ascenso y descenso sin que de ningún modo puedan entrar en contacto con *Purusha*, "el espíritu puro" o conciencia, el mismo que el Rig Veda describe como un gigante de cuyo desmembramiento salieron las partes del cosmos. Sólo el equilibrio total, no dinámico, de las tres modalidades produciría su fusión con lo absoluto. Bajo una lógica enteramente similar, también la relación conjunta de los tres pies o letras de la sílaba sagrada apunta asintóticamente al cuarto pie.

La asintótica, como tantas otras formas de análisis, ha ofrecido su propio "principio de incertidumbre" entre la simplicidad y la exactitud vía localización, que como no podía ser menos es él mismo pura aproximación. Por otra parte, la mecánica clásica es la primera aproximación asintótica de la mecánica cuántica pero esta no se puede definir sin referencia a la primera: ejemplo inmejorable de que hay en lo asintótico algo fundamental. Sería oportuno investigar a fondo la conexión entre lo indistinguible de las tres energías en la mecánica relacional y las diversas relaciones de indeterminación —pues no hay una, sino muchas— de la mecánica cuántica, desarrollando el razonamiento de Noskov.

* * *

El continuo relativista, en cualquiera de sus dos versiones, es notorio por sus perfiles asintóticos, a los que debe gran parte de su fascinación e impulso especulativo. No habría entonces más que contrastar cómo se desvía de tales aspectos la mecánica de Weber y Noskov, (por no hablar ahora de la de Pinheiro), para empezar a ver el otro lado de la cuestión: lo asintótico no como aproximación al infinito sino como relativo, parcial desprendimiento de la unidad.

Lo mismo puede decirse del llamado "principio holográfico" originado en las consideraciones sobre la entropía en las condiciones de frontera de una singularidad o agujero negro, que reduciría el universo entero a su proyección en una mera superficie bidimensional. Este principio no puede dejar de ser verdadero *en la medida en que nada conocemos que no sea a través de la luz*, el mediador universal. Pero, obviando el hecho de que tal principio se debe a la misma pertinencia y universalidad de la fase geométrica, está claro que la cuestión no requiere de singularidad alguna: Mazilu ya advirtió que incluso la superficie de cualquier partícula extensa como el electrón, el día que se intente describir su efímera configuración, tendrá que reflejar estos límites, tan intrínsecos como el mismo giro de la partícula.

En tal sentido es ocioso pensar en lo que pueda ocurrir en el interior de los cuerpos, de cualquier cuerpo. Y sin embargo la luz refleja fielmente la interacción de cada cuerpo con el vacío en el que se alojan los demás cuerpos —su pulsación más íntima, si así queremos llamarla, si el vacío y los cuerpos no pueden existir por separado.

Disfrutemos por un momento de esta suprema ironía de la historia de la física. Los físicos que han insistido en que la fase geométrica es sólo un pequeño apéndice de la mecánica cuántica sin la menor entidad fundamental, ahora apelan a este mismo "fenómeno" en su última frontera para envolver en una fina película la totalidad y erigirlo en principio magno con el que por lo demás no se sabe ni qué hacer. Tanto se ha discutido sobre los límites de la densidad de información, sobre fluctuaciones cuánticas de posición, sobre gravedad cuántica y ruido holográfico; y tantas formas de verificarlo han sido propuestas, experimentos de sobremesa incluidos.

Y uno puede preguntar divertido, ¿por qué buscar "agujeros negros a escala cuántica" para verificar un fenómeno que por definición ha de abarcar absolutamente todo, desde el latido del corazón a mi percepción de los colores? "Porque de poco sirve un argumento global si no permite predecir cosas nuevas", nos diría de inmediato cualquier experto teórico o experimental tan bien adiestrado desde joven para hacer predicciones. Claro que todas las teorías de campos, y no sólo la del campo electromagnético y la luz, se han construido desde fuera hacia adentro —desde las condiciones de contorno hacia el "cuerpo de la teoría", las ecuaciones que permiten calcular. Separar luego el cuerpo de la teoría de sus condiciones, para convertirlo en Ley natural, nos lleva a olvidar su mutua dependencia.

Las predicciones ciegan si se obvia esta circunstancia. ¿Por qué se discute tanto sobre el rango de energías para verificar experimentalmente este principio holográfico? Porque no hay ninguna certeza sobre el fondo que determina su escala, y la misma escala de Planck es una gigantesca extrapolación. Ni siquiera la indeterminación de la energía de un fotón tiene nada que ver con ella, como muestra el análisis más elemental, puesto que no cambia en absoluto si cambiamos el valor de la constante; lo que no impide que se la use para hacer análisis dimensional del universo entero. Si la estimación de la energía del vacío ha resultado tamaño desatino, nadie se atreverá a decir que ofrece muchas garantías. Esto trae a la memoria otro principio global famoso, diana merecida de tantas chanzas: el llamado "principio antrópico" propuesto para responder al enigma del ajuste fino en la magnitud de las grandes constantes. Ni estimaciones ni predicciones sirven para arrojar luz sobre el contexto. El principio de homogeneidad nos dice que las constantes con dimensiones no son universales, sino el subproducto de un recorte arbitrario sobre el fondo, una "emancipación" de las condiciones ambiente —que es justamente lo que refleja la fase geométrica, madre del principio holográfico. No hay otro otro "vacío fundamental" que el entorno ambiente.

La fase geométrica y la misma estructura de los campos gauge sugieren un nudo corredizo en las constantes y escalas de energía, y diversas teorías que se ignoran mutuamente parecen apuntar en tal dirección. Sin hablar de que la hipótesis del agujero negro pretende darnos a la vez "contornos últimos", singularidades, y procesos que van más allá de la singularidad, lo que es como querer regalar un pastel, tenerlo y comérselo: no ya dos, sino tres cosas incompatibles al mismo tiempo.

"Hay mucho espacio al fondo", pero seguramente no donde se espera, apurando hasta el límite la escala de Planck. Por otra parte, si hoy sabemos por la teoría gauge de la gravedad que podemos prescindir del espacio-tiempo curvo para describir su campo, con mucha más razón se puede prescindir del elemental continuo de Minkowski. Lo cual tendría que hacer pensar más en las teorías surgidas de Weber, que se convierten en descripciones de campo con sólo integrar sobre el volumen y no requieren ni un continuo con dos sabores ni dimensiones adicionales.

Tendría que estar claro que las teorías centradas en la predicción arrojan al mar la llave para describir las transiciones de escala, que son el mismo "fondo" del que se querría apropiar la palabra "fundamental". Nottale, y luego Mazilu y Agop, han propuesto una meritoria teoría de la "relatividad de escala", pero también se puede prescindir de la propia relatividad con argumentos mucho más directos. El desarrollo de Mazilu y Agop es expresamente neoclásico, y sin embargo se adentra en la selva de la geometría fractal y el continuo no diferenciable: un buen ejemplo de que se pueden tener ideas simples que den sin embargo cabida a la superabundante complejidad de la Naturaleza.

"A la Naturaleza no le importan las dificultades analíticas": pocas palabras más ciertas que las de la inmortal frase de Fresnel. Si el continuo no diferenciable es posible, puede estarse seguro de que la Naturaleza lo usa con verdadera profusión; y las mismas integrales de camino de la luz serían el mejor exponente de ello. Mazilu lo emplea directamente para tratar de crear un modelo operativo del cerebro basado en la inagotable geometría de la luz y la mecánica ondulatoria de de Broglie, que recuerda vivamente la "mecánica fractal" de Bandyopadhyay pergeñada con el mismo propósito. En cualquier caso, el uso que hacen Nottale o Mazilu de la escala de Planck merece cierto examen, pues debería ser claro que el empleo que acostumbra a hacerse de ella como si fuera una regla no es sino la extensión del sincronizador global a todos los dominios más amorfos de la física. La Naturaleza simplemente se evapora allí donde rige este cronómetro, lo que nos confía la tarea de tratar de imaginarla fuera de restricciones no menos imaginarias. Un lazo que ciña su talle le sienta mucho mejor que una regla rígida.

Lo triste es que el principio holográfico se haya visto incluso como una "confirmación" de la idea de que el universo es un gigantesco ordenador, para llevar el imperio del sincronizador global a su apoteosis. Y si embargo, uno puede estar bien seguro de que si el mundo fuera un ordenador no hubiera durado ni siquiera para estallar en pedazos, no digamos ya para recalentarse. Si esto en lo que estamos metidos y participamos "funciona" en alguna medida, tendrá que ser en la medida en que no es un ordenador ni se basa en nuestra idea del cómputo. Y sin embargo la misma "computación cuántica", entendida como la modulación más exquisitamente minimalista de eso que ahora llaman "estados cuánticos individuales", aun si no hay nada individual en ese dominio y precisamente por ello, está en el quicio mismo del asunto que estamos tratando, haciendo un trabajo extraordinario para ignorarlo. Basta con seguir cuidadosamente el hilo que lleva de la predicción local a la descripción global para que la fase geométrica pase de ser un parámetro de control a que empiece a tener impacto y resonar en la esfera completa del conocimiento.

Si hay algo "automático" en el universo, ha de ser justamente en el sentido de la espontaneidad, de aquello que se mueve por sí mismo *en lo abierto*: el principio de equilibrio dinámico ya lo garantiza con sólo prescindir de la inercia. Y sin embargo esta nadería, aparentemente un mero juego de definiciones, nos lleva tan lejos como podamos caminar, pues aun si se puede prescindir de la inercia en términos absolutos, nada nos impide contar aún con ella en términos relativos. Los "tres principios y medio" parecen algo más que una broma.

La relatividad de escala se mueve entre dos escalas asintóticas invariantes bajo dilatación —la longitud de Planck y una longitud cosmológica máxima asociadas a la transformación de Lorentz— de modo que la resolución requiere variables explícitas. Reelaborada por Mazilu y Agop, se convierte además en una teoría de lo infrafinito, lo finito y lo transfinito sin salir del dominio de la luz. Se trata como mínimo de una idea de gran interés con fuertes reminiscencias de la mónada de Leibniz, si bien está claro que no ha tenido el suficiente desarrollo. Y aunque sin duda sea especulativa, aún lo es mucho menos que las sagas de los agujeros negros, que gozan del mayor predicamento incluso si violan escandalosamente la convención fundamental del género, pretendiendo entre otras imposibilidades que lo físico vaya más allá del último límite matemático. La función zeta de Riemann se ha usado frecuentemente para regularizar los niveles de energía del vacío y series divergentes en el horizonte de sucesos de estos agujeros, incluidas las integrales de camino de la luz, por una expansión asintótica de la evolución de la temperatura bajo transformaciones de escala de la métrica de fondo. Esto puede sonar a pura relatividad de escala pero en realidad es su opuesto desde la perspectiva de la sincronización global.

Las sobrecogedoras diferencias de escala entre las partículas y el tamaño del universo, o incluso entre este y la longitud de Planck, son insignificantes en comparación con la diferencia entre cualquier número que pueda calcular nunca un ordenador y el infinito numérico que constituye la integridad de la función zeta de Riemann. Uno podría decir incluso que son absolutamente insignificantes, pero eso sería desdeñar la evidencia acumulada con tanto trabajo por los matemáticos. En todo caso, si la minúscula evidencia de los ceros de la función computados tiene algún sentido, sería precisamente porque la función entera y su "dinámica" subyacente comportan algún tipo de relatividad de escala en su interior, aunque para enfocarla y dar con su resolución habría que tener en cuenta una serie de factores que aquí no podemos ni siquiera enumerar.

Es un teorema que, si la hipótesis de Riemann es cierta, la función zeta permite aproximar cualquier función analítica de las infinitas posibles con cualquier grado de resolución. De hecho, la función sería una representación concreta de cualquier texto y acumulación de conocimiento que pueda lograr el ser humano o cualquier ser inteligente, que además estaría repetido en ella un número infinito de veces. Puesto que el continuo no diferenciable también contiene "todo eso", pero la propia función zeta es infinitamente diferenciable y e incomparablemente más estructurada, cabe suponer que esta función y su gran familia de funciones asociadas constituirían el puente más ancho y más estrecho entre lo diferenciable y lo no diferenciable —aunque qué es diferenciable y qué no, también depende crucialmente del criterio del cálculo que usemos. Dado que el mayor problema de esta función es relacionar la información local con la condición global, si hay alguna forma de acotar gradualmente su dinámica, aun si se trata de un proceso indefinido, tendría que ser revirtiendo la relación que desde siempre la física y el cálculo han planteado entre la derivada y las condiciones de contorno. Al menos el giro en la orientación no debería plantear tantos problemas, siempre y cuando se admita que el cálculo moderno tal como se emplea es ya el producto de una exhaustiva inversión.

La llamada relatividad de escala es un principio muy general que de momento usa la física en boga simplemente como guía, pero es incomparablemente más sencillo empezar por el contraste entre la relatividad y las ecuaciones de

Noskov cuando los llevamos a los supuestos límites, partiendo siempre de la diferencia del lagrangiano en el problema de Kepler, auténtica clave de arco de la física moderna; no es muy recomendable tratar de engullir la Totalidad cuando no entendemos de modo cabal ninguna de las totalidades infinitamente más modestas que existen por doquier.

Ya hay algo lo bastante singular en la evolución de cualquier entidad en relación con el fondo del que emerge, en el que se mantiene, y al que vuelve: si somos capaces de ver esto, aun cuando sólo sea con la imaginación, ya habremos logrado mucho. De hecho, es por no comprender lo inobstruido de esta "singularidad" efímera y autosostenida que nos lanzamos de cabeza buscando atravesar singularidades que son no-agujeros por definición. Se habla tranquilamente de "la función de onda del universo", y el mismo principio holográfico hace pensar en un frente de onda de complejidad inconcebible; pero la más simple onda en tres dimensiones ya es un desafío para la imaginación.

Piénsese otra vez en la genial ingenuidad de la onda-vórtice de Venis, quien no ha hecho el menor uso de la física o las matemáticas para desvelar la más "simpléctica" de las morfologías. Aunque su proceso también parece mostrar un frente de onda como característico fenómeno de superficie, sus trémulos límites fluctúan entre lo lleno y lo vacío con más delicadeza que el trazo del mejor pincel. Pero, ¿cómo es que una onda que se supone ha de existir en un número infinito de dimensiones, incluyendo las fraccionarias, aún exhibe un perfil tan reconocible en seis dimensiones, y en tres, y hasta en dos? La única respuesta concebible es que la totalidad que escapa a nuestra percepción sigue reflejándose en un punto de equilibrio dinámico, que es una línea o un plano de equilibrio, etcétera.

La secuencia de Venis muestra sin profanar en qué sentido la Naturaleza es igual a sí misma: fugaz como el torbellino e inmutable como la esfinge. Entre un aspecto y otro hay infinitas capas. ¿Qué es ese abombamiento a modo de gota que se insinúa en todas partes, se muestra en el contorno y se esconde en su centro? Esas superficies y perfiles están más allá de la medida —son de naturaleza puramente proyectiva—, y sin embargo se reflejan en todo tipo fenómenos que también se dejan medir. Siguiendo las curvas de la secuencia uno puede adivinar cuando este flujo imaginario se acelera o se hace lento, más lento, y más lento todavía, hasta que el frente de onda brama y rompe y estalla en medio del silencio.

La luz entre lo lleno y lo vacío; entre el espacio y la materia, lo luz. Ya hemos indicado por qué la separación tajante entre la vibración del sonido y la luz se debe antes que nada a un malentendido. Ahora bien, ¿puede escucharse la luz? Es una buena pregunta, aunque según el principio holográfico sería fácil juzgar más bien al contrario: lo luz no sería sólo principio de expresión o actualización, ahora también se nos presenta como órgano global de percepción y omniabarcante tímpano en el que resuena la materia. Pero, en cuanto vibración, ¿quién o qué podría escucharla? Nada que pueda exponerse, nada que esté manifiesto; lo que tal vez concierna a los cuerpos, al vacío, a ambos, o a ninguno. Hay un punto desde el que todo eso retrocede hasta no significar nada, y sin embargo aún hay un largo nudo corredizo no sólo relacionado con la escala de energía sino también con la ambigüedad inherente a su triple manifestación.

Ese "relativo desprendimiento de la unidad" es una cuestión omnipresente y en absoluto se reduce a la física o la matemática, que pueden sin embargo reflejarla. Para la lógica formal que busca la autoconsistencia, la unidad sólo nos reafirma en lo tautológico; pero desde el punto de vista de la matemática aplicada, a la que pertenece todo el cálculo, la unidad no es nunca una cuestión formal dada, y en pos de ella mucho conocimiento viejo puede transformarse en algo nuevo. Desde el momento mismo en que se asuma que el cálculo o análisis procede necesariamente del todo a la parte y desde arriba hacia abajo en vez de lo contrario habrá cambiado la disposición general de las ciencias.

* * *

Heredero en gran medida de de Broglie, David Bohm hizo una interpretación de la física abiertamente a contrapelo del reduccionismo imperante y habló, entre marcados extremos de elocuencia y vaguedad, de "la totalidad y el orden implicado". No se le puede reprochar a Bohm el ser teóricamente conservador, pues ya fue lo bastante heterodoxo entre sus contemporáneos; y sin embargo un discurso como el suyo encuentra hoy mucho menos eco incluso si en todo este tiempo pasado se ha ganado una perspectiva inapreciable.

Bohm no fue realmente muy consciente de la universalidad de la fase geométrica y su relevancia para la mecánica clásica —aunque ya hemos visto que los teóricos actuales no están en mejor situación. Tampoco concibió el efecto de los potenciales como una vibración o resonancia que atraviesa por entero la materia, sino, siguiendo en esto el espíritu del tiempo, como un campo no dinámico de información. El segundo aspecto es importante para la interpretación; el primero tiene aún innumerables consecuencias por explorar. Por otra parte, Bohm vio la importancia del problema de la medida pero nunca pudo plantear sus relaciones generales con el cálculo o análisis tal como hoy puede hacerse con meridiana claridad. Finalmente, en su trabajo se echa de menos una verdadera discusión de los principios fundamentales de la física.

En términos proporcionales, el universo está casi enteramente vacío; no sólo en las inmensidades intergalácticas sino incluso en nuestro propio cuerpo. Claro que este vacío físico aún dista mucho de ser mero espacio vacío, revelándose ante la inspección más atenta como un tenue mar de radiaciones. Para la relatividad general, el espacio le dice a la materia dónde tiene que ir y la materia le dice al espacio cómo tiene que curvarse; pero el continuo del espacio-tiempo no es espacio vacío e incondicionado, sino un animal dinámico completamente diferente sometido a una disciplina métrica.

Ya comentamos que Poincaré, primer proponente claro del principio de relatividad, prefería pensar que es la luz la que se curva en vez del espacio, y por lo menos ahora se admite que las teorías de campos, gravedad incluida, pueden formularse en el espacio plano. Después de todo, a la luz siempre se la vio doblarse en el agua, pero al espacio nunca, y no había necesidad de condicionar artificiosamente lo que siempre se había percibido como incondicionado.

La densidad del vacío físico con radiación es casi nula con respecto a la materia, pero la densidad del espacio realmente plano, sin la menor traza de energía en su seno, es estrictamente nula con respecto al vacío físico radiante. Las ondas se atenúan indefinidamente, y por otra parte, incluso una partícula de materia como un electrón tiende a dilatarse sin límite cuando no hay otras partículas y átomos en su vecindad, como se ha comprobado una y otra vez. Tendríamos así tres escalones asintóticos, de la materia a la radiación y de esta al espacio sin la menor restricción métrica.

Para el Vedanta el espacio puro no tiene cualidades y ni siquiera dimensiones; en la moderna geometría lo más cercano que tenemos sería el espacio proyectivo primario. El espacio puro es el símbolo perfecto del espíritu en muchas tradiciones, pero está claro que el espacio no es un ser sintiente que se perciba a sí mismo. Así que el sentido de aseidad que me es inherente ha de proceder de algo diferente de ese espacio anterior a los conceptos del que sin embargo aún tengo noción.

Hoy se acostumbra a llamar "partículas" a las excitaciones del campo —en los aceleradores, por ejemplo—, pero no se suele llamar "onda" a la relajación de un electrón que puede extenderse metros o kilómetros, o hasta el infinito si el entorno y los cuerpos vecinos no lo impiden. Hay de este modo un muy humano prejuicio en favor de las altas energías que nos lleva a obviar una poderosa tendencia fundamental. Por lo demás, esta tendencia de la materia a la relajación en función del entorno late al unísono con la interpretación más elemental de la entropía, pues también las moléculas tienden a extenderse tanto como pueden, yendo de las regiones más calientes a las más frías y ocupando regularmente el espacio vacío disponible.

En este sentido, tan diferente al de la relatividad, *el espacio sí le está diciendo a la materia dónde tiene que ir, pero la materia no le dice nada al espacio, porque el espacio, tanto en el límite como en términos absolutos no tiene curvatura*. Del mismo modo que yo conozco a mi cuerpo pero mi cuerpo no me conoce a mí, aquí no hay reciprocidad posible. Hay sin embargo una indudable reciprocidad entre materia y radiación, lo que es algo completamente diferente. En realidad el espacio-tiempo relativista engloba las relaciones dinámicas del vacío físico basadas en interacciones, y su teoría del potencial queda en una tierra de nadie sin definir: por eso mismo hay alternativas en el espacio plano como las derivadas de Weber o la moderna teoría gauge de la gravedad.

Dicho de otro modo, la relatividad prescinde del espacio absoluto pero mantiene el tiempo absoluto del sincronizador global —cuando con la teoría del "potencial retardado" puede hacerse lo contrario: mantener el espacio absoluto sin mayores cualificaciones y permitiendo que todo se rija por su tiempo interno propio, que implica la variación ambiental de las fuerzas y constantes que ahora se postulan como fijas.

El espacio absoluto aún puede "hablarle a la materia" con dos lenguajes diferentes: el de la tendencia asintótica de la materia y radiación a expandirse en función del entorno, lo que supone un modo mediado y dinámico que incluye también a la termodinámica, y el lenguaje inmediato del potencial, que se deriva simplemente de la posición. Y este último lenguaje supone la vibración íntima de la materia.

Recordemos que casi toda la producción de radiación se despacha como "emisión espontánea", lo cual viene a ser lo más opuesto que pueda proponerse a una explicación mecánica. Y sin embargo esta emisión espontánea no sería sino la forma manifiesta de la vibración interna del cuerpo de la partícula. En este sentido, igual podría hablarse de "absorción espontánea", aunque digamos simplemente absorción.

Tenemos entonces una circularidad entre lo inmediato o instantáneo, completamente independiente del movimiento, puesto de manifiesto por la posición o potencial, y los aspectos dinámicos o mediados de la interacción entre materia y la radiación. Esto resuelve la aporía que presentan tanto el Vedanta como el samkya: cómo lo absoluto y lo condicionado pueden coexistir sin el menor problema. También el dualismo de la época moderna puede verse con otros ojos.

El espacio absoluto sin cualidades ni dimensiones corresponde a Prajña, el estado de sueño profundo en el que desaparece toda determinación. Sin embargo uno sabe que su aseidad aún está más acá de eso, que hay algo aún más general que lo más indiferenciado, lo que en buena lógica comporta que tampoco eso esté separado del resto, de aquello que se manifiesta. Por eso nos hemos permitido hablar de un medio homogéneo primitivo como algo un tanto diferente del espacio indiviso. En la respuesta espontánea de materia y radiación a algo que por definición no se mueve tenemos una forma muy simple de captar en qué sentido el cosmos no es creación sino manifestación, siendo sin embargo la manifestación algo verdaderamente espontáneo y creativo.

Si la física es inagotable es porque nunca puede reducirse a cuestiones de movimiento o extensión. Querer explicarlo todo por el movimiento o la extensión es, además de la más acabada expresión de nihilismo, completamente trivial. La *res extensa* cartesiana nació ya como puro teatro para el movimiento, en la misma época en que para Galileo el reposo dejaba de tener entidad. Hablamos, justamente, de los dos padres del principio de inercia. Y sin embargo, cuando retomamos la percepción original del espacio como lo inmóvil por definición, lo independiente de cualquier dinámica, lo interno y lo externo vuelven a compenetrarse e interpenetrarse.

Se trata tan sólo de ver el reposo en el movimiento, para luego ver el movimiento en el reposo. Para conseguir tales proezas, que muchos creerán milagros, basta con sondear debidamente la teoría del potencial, que nos llevará a aguas tan profundas como queramos. La mayoría puede protestar y aducir que un potencial nunca es independiente de la dinámica, pero los físicos llamaron a la fase geométrica con tal nombre precisamente para separarla del ámbito de las fuerzas o interacciones, y en esto hubo un consenso cerrado. Tal como ya apuntamos, incluso si quisiéramos insertarla dentro de los principios de la dinámica tendría que ser mediante la articulación interna de "los tres estados de reposo" con el principio de equilibrio dinámico en su centro, lo que según los casos puede ser lo mismo o algo muy diferente del múltiple y complicado criterio del principio de equivalencia relativista.

Verdaderamente, del mismo problema de Kepler para abajo, hay todo tipo de casos importantes en física macroscópica que no están bien cubiertos por las actuales teorías de campos, pero incluso obviando ahora eso, tenemos el hecho de que el entrelazamiento cuántico exhibe correlaciones instantáneas, y la fase geométrica, que aparece a todas las escalas, es sólo una expresión con menor resolución del mismo orden de correlaciones. La propia gravedad, si realmente no es una fuerza, podría encontrarse perfectamente en este caso. Entonces, incluso la relatividad general, que tampoco considera a la gravedad como una fuerza, estaría describiendo sólo interacciones desde el punto de vista del principio holográfico —que ya sabemos de dónde procede. Parece ser que los físicos tampoco saben qué hacer con este razonamiento.

La relatividad sería una pura teoría de las superficies, pero el cuadro de las interacciones en la mecánica cuántica también. La correlación instantánea ha de ser el verdadero y genuino sincronizador global —un sincronizador independiente de la interacción, pero del que cualquier interacción se hace eco. Esto revela hasta qué punto son inoperantes las comparaciones del universo con un gran ordenador. El auténtico sincronizador global es tan inaprensible como el espacio predinámico; su traducción local en mecánica ondulatoria es la hipótesis del "reloj interno" de la partícula de de Broglie, una oscilación sin duda, que sí admite confirmación experimental indirecta pero apenas atrae interés. Bien puede decirse que el único sincronizador global es aquel que no necesita sincronizar ni tomar medidas de nada, pero en el que todo resuena.

He mostrado, del modo más general, en qué sentido "lo de arriba" puede guiar a "lo de abajo" sin necesidad de contacto; porque, por lo demás, eso que nos figuramos arriba también está siempre por debajo y al fondo de lo que aparece. He indicado también qué tipo de cambios facilitan que la mentalidad científica pueda sentirse cómoda con esta idea que hunde sus raíces en algo anterior al pensamiento. El problema de la finalidad, que la física eludió siempre tanto como pudo, y que malinterpretó proyectando desde arriba sus propias sombras, tiene una solución muy simple que sin embargo presenta dos caras.

* * *

Según lo dicho, el tiempo es un fenómeno más superficial que el espacio sin cualidades, y si llega a parecernos subjetivo, e incluso si a Kant pudo parecerle forma pura, es precisamente por que fluye continuamente a través de ese dominio independiente del movimiento que está en la base de la subjetividad. Sólo que casi toda nuestra atención está pendiente de las innumerables variaciones de los contenidos de la experiencia en el tiempo, mientras que lo otro, aun siendo invariable, determina la vibración inmediata de la novedad.

Para el sueño pertinaz que es la vigilia, la subjetividad ha de residir en la variación y novedad de sus elementos; pero el sueño profundo no sólo no sueña, sino que ni siquiera duerme. Está ya plenamente presente en medio de esta vigilia atareada —salvo, por supuesto, por mi falta de atención. Basta entonces la atención para que ese tercer estadio que está siempre al fondo se convierta en el cuarto que no está en ningún lugar de la secuencia.

En física el deslinde de estos planos superpuestos de la experiencia y el tiempo tendría una pauta similar; aunque la incompatibilidad entre las dos grandes teorías dominantes, además de sus propias contradicciones y paradojas internas, hace todo mucho más difícil de arbitrar. La universalidad de la fase geométrica la convierte en un puente natural entre lo micro y macroscópico, pero el sincronizador global, que con el principio de inercia da forma a todo el relato de la física, impide la traducción local de lo que implican las conversiones de escala.

Para hacerse la más mínima idea sobre esto es obligado salir de las teorías imperantes. Ya hemos señalado varias a modo de contraste y ahora traeremos a colación otra, que ni siquiera parte de consideraciones físicas o matemáticas, sino puramente morfológicas. La secuencia de ondas-vórtices en el hipercontinuo de Venis se basa en argumentos puramente proyectivos pero no puede evitar verse reflejada en planos tan variados como los seres vivos o las grandes formaciones cósmicas.

Siguiendo la apremiante lógica de sus vórtices, Venis llega a la conclusión de que el desplazamiento al rojo cosmológico no indica una expansión general del universo sino tan sólo una contracción local por un gradual desplazamiento en la dimensión de la agrupación: si nosotros encogiéramos no lo notaríamos en nosotros mismos, sino que veríamos tan sólo aumentar el tamaño del entorno. Este desplazamiento tendría una velocidad que puede estimarse, pero comportaría un tiempo interno que sólo podría verificarse saliendo de la formación en cuestión, sea el sistema solar o la galaxia, y pasando a otra rama temporal para volver de nuevo al lugar de origen.

Esto es simplemente una especulación —como casi todo en cosmología—, pero sirve perfectamente para ilustrar el abismo que media entre las exigencias del sincronizador global y una física que se tome en serio las circunstancias del ambiente. Seguramente las inmensidades estelares no existen para que todo sea como se ha medido en el rincón de un laboratorio; pero, así y todo, para una ciencia tan matemática como la física, superar sus propias varas de medir representa un desafío extraordinario.

Pero no es necesario salir de la galaxia para comprobar cómo el entorno modifica a la regla en vez de lo contrario: los "potenciales retardados" ya nos lo dicen a cualquier escala. La espiral que trazan los planetas del sistema solar sólo se desvía de un perfil exacto por el mismo orden de diferencias que el valor del lagrangiano de cada órbita, lo que ya es elocuente, y esta espiral aproxima el plano de un vórtice. Y así podemos seguir hacia abajo, hasta los átomos y las órbitas de los electrones, ellos mismos ondas-vórtices. A todas las escalas encontramos entrelazamiento del potencial, al que de ningún modo hace falta secundar con el parcial calificativo de "cuántico".

El antropocentrismo o inmodestia que supone hablar de constantes universales bien podría calificarse de cómico si no fuera por lo difícil que resulta salir, tanto de la lógica de la sincronización global, como de la legitimación de la apariencia en nombre de lo irreductible de la posición del observador; y en este caso ambas cosas se justifican mutuamente. Incluso los que son más conscientes de lo infundado de esta pretensión tienen las mayores dificultades para imaginar qué implicaciones tendría el que no haya sincronización en un sentido tan obviamente antropocéntrico y qué pueda haber al otro lado.

Hoy el famoso desplazamiento al rojo de la luz de las galaxias se asocia directamente con la radiación de fondo de microondas para reforzar el relato de la gran explosión. Lo que no suele contar la historia es que la predicción del explosionista Gamow de 1952 no fue ni la primera ni la más precisa, y que un buen número de físicos ya habían estimado su temperatura con mayor exactitud, con muchos años de antelación y muchos menos datos, desde Guillaume en 1896, a Regener, a Nernst, a Herzberg o a Max Born, entre otros. Todos ellos contaban con un universo en equilibrio dinámico.

También Venis presupone un equilibrio dinámico entre la expansión y contracción locales, pero invoca el tercer principio de acción-reacción a la hora de justificar el balance. Sin embargo, el tercer principio por sí sólo no enmienda al de inercia, que es el fondo que domina toda esta narrativa. Efectivamente, si lo que se observa por doquier es movimiento, y con las tres leyes de Newton nada se mueve sin haber sido movido por otra cosa, estamos obligados a creer que todo procede de un impulso original, sin importar que sea la más grandiosa violación del principio de conservación de la energía.

Para tomar conciencia de hasta qué punto los principios determinan el plano de contacto entre la física y la metafísica, basta recordar el contraste que Roger Boscovich, el gran precursor de las teorías de campos, propuso para el postulado de magnitudes absolutas: *"Un movimiento que es común a nosotros y al mundo no puede ser reconocido por nosotros —incluso si el mundo en su totalidad aumentara o disminuyera de tamaño en cualquier factor arbitrario"*. Aun si el mundo entero se encogiera o se expandiera en cuestión de días, prosigue Boscovich, con una variación idéntica en las fuerzas, no habría ningún cambio en nuestras impresiones ni en la percepción de nuestra mente. El cambio conjunto no tiene rango de experiencia, para ella sólo las diferencias cuentan.

Por supuesto, esto no tendría nada que ver con la gran explosión si en ella no hay una evolución conjunta de las constantes. Pero si las constantes modificaron su relación mutua en el pasado, ¿por qué no lo hacen ahora mismo? De hecho, desde hace muchos años se nos asegura que la "expansión del universo" se está acelerando.

Venis distingue obviamente velocidad de movimiento y velocidad de flujo en el tiempo, pero tampoco sabe cómo pueda establecerse la correlación, ni qué otros factores estarían implicados. Incluso tras más de un siglo de relatividad, el que pueda haber distintas velocidades temporales determinadas desde fuera —lo que no tiene nada que ver con los "viajes en el tiempo"— parecerá algo imposible para muchos. Ahora bien, lo que aquí se ha dicho es que el fondo de toda experiencia, incluida la experiencia del tiempo, no tiene nada que ver con el movimiento y sus infinitas posibles relaciones. Una velocidad en el tiempo sí, ya se trate de un tiempo físico mensurable o se trate del tiempo subjetivo que en sueños puede contraerse o dilatarse sin la menor tasa aparente.

En definitiva, el fondo de la experiencia es completamente informe y común a todos los seres, ya sean dioses, humanos, galaxias, planetas o átomos; no tiene nada de individual, pero es lo que hace sujeto al sujeto. Esa es la gran diferencia entre la no-dualidad y las variantes del idealismo moderno. En cambio el tiempo propio sí es parte de la individuación de los seres, es más, está incorporado en su forma y la de su cuerpo, eso que Venis llama "materia residente".

Puede verse entonces que Venis, casi sin quererlo, está proponiendo una estrategia de largo alcance para ver el tiempo más allá, o más acá, de la ficción del sincronizador global y su universal aplanamiento. Y no importa que la conexión de su morfología con la física y la matemática esté enteramente por explorar, puesto que su fundamento está en el propio espacio proyectivo anterior a métricas y determinaciones. Incluso como fenomenología pura, brinda una conexión entre el entendimiento, la imaginación y la visión que ya quisieran para sí las ciencias actuales.

Por añadidura, la secuencia de transformaciones de Venis plantea bellos y profundos problemas al cálculo y el análisis matemático, puesto que exhibe una evolución suave y diferenciable en el hipercontinuo, que puede adoptar cualquier número real entre los números enteros de las dimensiones. Hoy se trabaja con dimensiones "fraccionales" en incontables áreas del análisis aplicado, y se los conoce comúnmente como fractales; sin embargo estos fractales no son diferenciables. Por otra parte, sólo muy recientemente se está empezando a encontrar un puente entre la geometría fractal tan común en la Naturaleza y el llamado "cálculo fraccional" que no está restringido a los operadores con números enteros. Los fractales pertenecen al espacio, pero los operadores fraccionales inciden en el dominio temporal.

En definitiva, el cálculo fraccional cubre dominios temporales intermedios en procesos de todo tipo, incluidos los ondulatorios. Los fractales son no lineales, mientras que la dinámica fraccional gobierna procesos lineales, —y sin embargo supone una inquietante anomalía para el cálculo: exhibe una dependencia no local de la historia e interacciones espaciales de largo alcance. Y así, el propio cálculo fraccional suscita un enorme problema de interpretación que ni físicos ni matemáticos han podido zanjar. Igor Podlubny propuso distinguir entre un tiempo cósmico inhomogéneo y un tiempo individual homogéneo. Podlubny admite que la geometrización del tiempo y su homogeneización se deben ante todo al cálculo, y advierte que los intervalos de espacio pueden compararse simultáneamente, pero los de tiempo no, pues sólo podemos medirlos en secuencia. Lo que puede sorprender es que este autor atribuya la no homogeneidad al tiempo cósmico, en lugar de al tiempo individual, puesto que en realidad la mecánica y el cálculo se desarrollan al unísono bajo el principio de la sincronización global. En su lectura, el tiempo individual sería una idealización del tiempo creado por la mecánica, lo que es ponerlo todo del revés: en todo caso sería el tiempo de la mecánica el que es una idealización.

Está claro que los matemáticos tampoco aciertan a elevarse sobre estas aporías puesto que el cálculo no es meramente cómplice de la sincronización sino su principal agente. Los fractales son una expresión geométrica de leyes de potencia invariantes a escala igualmente ubicuas, pero los operadores de la dinámica fraccional gobernarían su evolución y lo que se llama su "memoria" temporal. Ahora bien, los vórtices de Venis evolucionan suave y linealmente a través de las dimensiones fraccionarias mientras que describen una evolución temporal que lleva tras de sí a la lógica, a la intuición y a la imaginación, mostrando un hilo conductor en medio de una impenetrable selva de cifras. Las envolventes capas límite de sus perfiles invitan además a una competición entre las diversas modalidades de cálculo por ver cuál ciñe mejor sus contornos.

Dado que el concepto de vórtice de Venis engloba no sólo a los torbellinos, sino a cosas tan amorfas como un bulbo esférico o gota, lo informe se está perfilando como lógica y proceso dentro de algo mucho más informe todavía. Es por esto que cabe pensar en un alcance morfológico universal, aun asumiendo que las formas no dejan de ser huidizos fantasmas, apariciones en el dominio de lo impermanente. Y aunque Venis ha recibido una indudable inspiración de la filosofía extremo oriental, su fenomenología no deja de ser, como él mismo la llama, una "teoría del infinito", heredera de ese inconfundible impulso occidental por ver más allá de cualquier límite. Aquí sin embargo se tiende a percibir el infinito en los propios límites de las formas concretas.

La mayoría de los procesos reales, por ejemplo las tensiones y deformaciones de un material o su fractura, son altamente no polares, es decir, no pueden caracterizarse como los campos en términos de vectores, desplazamientos y fuerzas, ni muestran eje detectable alguno en su evolución; los fractales, en cambio, son aptos para describirlos. Por otra parte, la dinámica fraccional sí permite retener la polaridad matemática de los campos, de modo que la conexión de ambos es una forma, todavía hoy muy abstracta, de explorar la transición del caos al orden. Los vórtices, por otro lado se presentan en todas las fases de la materia y la luz, y definen la transición más visible entre el caos y el orden, entre la turbulencia y la forma.

La función zeta, con su polo en la unidad y su abismal recta crítica, se asocia al llamado "caos cuántico" que resultaría más suave, pero como en cualquier otra circunstancia, nunca se ha podido precisar la frontera de su transición. No deja de ser extraordinario que un "objeto matemático" tan universal como esta función mantenga tal aislamiento con respecto a cualquier geometría visible, por no hablar de la lógica; las múltiples analogías con la física avanzada o los innumerables gráficos analíticos de la función no pueden hacer olvidar su riguroso ensimismamiento en la aritmética, dominio puro del tiempo. Este "tiempo puro" no es sino el tiempo absorto y sin relación externa alguna, lo más opuesto que podamos concebir al tiempo que experimentamos. Puesto que las ondas-vórtices de Venis también son de una universalidad extraordinaria, y tienen un vínculo profundo y de incontables capas con el tiempo y la entropía, es imposible que no tengan una conexión con esta función, y una conexión estrecha, además, aun cuando nadie haya explorado el tema todavía.

El intelecto que percibe objetos nunca se percibe a sí mismo; por eso no es el sí-mismo, justamente, pues de otro modo ambos tienden inevitablemente a confundirse. Este hecho tan irreductible también se reproduce, cómo no, en el simple acto de contar, fundamento de toda la aritmética. La verdadera geometría siempre es sintética y elemental; la aritmética, cuando no es meramente trivial, siempre tiene profundidad analítica. En este sentido bien puede hablarse de un orden explicado y un orden implicado, aunque en un sentido bien diferente al que le diera Bohm; Poincaré prefirió simplemente decir que la geometría es a posteriori y la aritmética a priori. Los geómetras lucían buen pelo y los analistas de raza eran calvos, tal era la regla infalible en otra época. Pero los que se vuelcan en la teoría de los números vuelven a tener pelo, y hoy hasta a los algebristas y lógicos les sale; a tal punto ha llegado la interconexión entre todas las ramas de la matemática que uno ya no sabe qué ocurrirá en el cuero cabelludo de sus practicantes.

Los vórtices de Venis están inevitablemente anidados unos dentro de otros a muy diversas escalas, lo que no hace una tarea sencilla identificar la "sustancia" del flujo temporal. En este sentido, serían tan evanescentes como las propias formas, aun cuando no se confundan con ellas en ningún sentido trivial. Si pensamos un poco en esta circunstancia, nos damos cuenta de que de aquí está emergiendo un tiempo que es a la vez material y formal, en un sentido distinto a los que ha manejado hasta ahora la física y la filosofía. Incluso si entendemos que la subjetividad de su flujo no depende en última instancia de ningún movimiento.

Es muy posible que la hipótesis de Riemann nunca llegue a probarse, como es muy posible que no se prueben nunca otras muchas conjeturas de la aritmética incomparablemente más simples, como la conjetura de Collatz. Sin embargo la función zeta ya ha intrigado bastante a los matemáticos, y lo hará aún mucho más, y en ese sentido habrá cumplido su misión; pero de momento sólo ha convocado al álgebra y el análisis, que apenas le han ofrecido contraste. En vez de seguir tanteando la oscuridad de la boca de la cueva, debería avanzarse confiadamente de espaldas aprovechando la luz de la entrada, la geometría en cualquier caso. Incluso la geometría elemental es infinita, cuando sabe encontrar sus problemas. El cálculo moderno, por el contrario, es una máquina trituradora que da predicciones, pero apenas sabe nada de la geometría física de los problemas.

Puede preverse entonces algo harto más probable pero mucho más perturbador que la demostración de esta hipótesis: su toma de contacto con la geometría y su ingreso en la imaginación humana, y no sólo en la imaginación matemática. Algunos analistas ya han detectado ondas espirales en el dominio de la función y se ejercitan en tratar de imaginar su morfogénesis, pero pautas tan abstractas requieren todavía muchos grados de descompresión para tomar contacto con lo genuinamente geométrico. Para eso se requiere un cambio radical en la orientación del cálculo, siguiendo algunas de las líneas apuntadas.

Lo razonable es pensar que la hipótesis de Riemann es sólo la consecuencia del comportamiento asintótico de los números primos tendiendo al infinito, lo que bien poco tiene que ver con su demostración; pero este no es el principal interés de su función. Sí hay, en cualquier caso, una geometría absolutamente elemental de los primos dentro de la recta, descrita por las curvas periódicas desde el origen que intersecan a cada número y sus múltiplos, y siendo los primos cortados sólo por su propia curva y la de la unidad. Incluso de esta representación tan simple emergen gradualmente patrones sorprendentes, a medida que aumenta la complejidad en la superposición de las curvas al hundirnos en las profundidades de la recta numérica. Los patrones más básicos sólo pueden verse extrayéndolos de la recta y desplegándolos como mínimo en dos o tres dimensiones. No tardan en emerger los primeros motivos espirales. Habría que seguir en 4, 5, o 6 a la manera de Venis, y en los dominios intermedios, modulando los posibles componentes dinámicos. Después de todo, también son infinitas las dimensiones que se pliegan y comprimen en la recta numérica o en la función zeta.

El tiempo-forma que acompaña al tiempo-materia no sólo está en los vórtices que describen las partículas o las galaxias, sino un poco en todas partes y en ninguna. Cuando una onda es rota aparece una onda espiral que persiste y excluye todos los anillos concéntricos; esta fue precisamente la sencilla observación de Arthur Winfree al empezar a modelar la geometría y las resonancias del tiempo biológico. Se pueden encontrar ondas espirales hasta en el movimiento del corazón.

La secuencia de transformación de los vórtices de Venis es un juego de equilibrio entre la contracción y la expansión; estos son los "tres pies" de su visión. El cuarto pie ha de estar necesariamente más allá de las formas aunque en medio de ellas. En cualquier caso, el equilibrio visto sólo en función de la acción-reacción no nos saca de las limitaciones del principio de inercia: nos da el orden explicado de un sistema cerrado, no el orden que un sistema abierto implica. Pues, efectivamente, el equilibrio dinámico es orden implicado por definición, "holomovimiento" en la lengua de Bohm, aun si nunca pueden extraerse sus implicaciones. La fase geométrica, por otro lado, puede describirse como una torsión o desplazamiento en la dimensión, que de este modo adquiere una connotación no sólo geométrica sino también morfológica; aunque se sobreentiende que es lo dinámico lo que se deforma, no el espacio o el potencial.

El astrofísico Eric Chaisson ha observado que la densidad de la tasa de energía es una medida mucho más decisiva e inequívoca para la métrica de la complejidad y su evolución a todas las escalas que los distintos usos del concepto de entropía, y sus argumentos son muy simples y convincentes. Contra lo que uno pudiera pensar, esta tasa, medida en ergios por gramo y segundo, tiene un promedio de 0,5 en en la Vía Láctea, 2 en el Sol, 900 en las plantas, 40.000 en los animales y 500.000 en la sociedad humana; se echa de menos aquí el valor relativo en un átomo o molécula. Esta densidad de flujo de energía, como decimos, no sólo indica la complejidad, sino también la evolución individual de una entidad, su transformación a lo largo del proceso de nacimiento, madurez, envejecimiento y muerte. Ha de estar ligada por tanto a lo que comúnmente se entiende por "flujo subjetivo del tiempo" aunque no deje de ser un trasiego, un intercambio con el ambiente dentro de algo ajeno al movimiento. Sin duda esta tasa de flujo puede aplicarse a los vórtices de Venis si se les asignan valores físicos, puesto que ellos también reflejan la evolución de entidades individuales, o su apariencia, si se prefiere. Como en el torbellino de la vida, la restricción creciente en las entidades, esencia del envejecimiento, es en sí misma una cuestión de gran sutileza y múltiples capas concéntricas que sólo gradualmente se desvelan. El estudio en profundidad del tema permitiría ver hasta qué punto estamos hablando de un tiempo encarnado, un tiempo en la materia y en la forma. Volviendo al mundo físico, otra cuestión sería tratar de ver cómo se relaciona esta tasa con el principio de máxima entropía o con el equilibrio termomecánico que puede dar cuenta de los diversos lagrangianos de átomos, órbitas planetarias y galaxias.

La restricción creciente es la piedra de toque de la evolución individual de una entidad y su envejecimiento, que tan poca atención ha merecido todavía a pesar de que sus perfiles estén siempre ante nuestros ojos. Incluso en la casi insuperable abstracción de la teoría de los números pueden encontrarse múltiples dominios y órdenes de restricción creciente, contrapunto de las diversas medidas de entropía numérica, mucho más irreductibles y singulares que lo que en cálculo se entiende por "aproximación" y "acotación"; pues el cálculo sólo usa la aritmética como instrumento, mientras que la teoría de números busca en ella su propia fisionomía. La entropía es una propiedad extensiva proporcional al logaritmo de estados; la cantidad de números primos es inversa al logaritmo de los números enteros, y los mismos ceros no triviales de la función zeta en la recta crítica con valor real exacto de 1/2, reflejarían el dominio principal de una restricción creciente que envuelve como un producto a la suma total de los números primos hasta el infinito. La ley de Fechner nos dice que la intensidad de la sensación es proporcional al logaritmo del estímulo, y el tiempo de la vida y la memoria se desenrosca con ritmo de espiral logarítmica. Como Tolstoi dejó escrito, no hay más que un paso del niño de cinco años hasta el que soy ahora, pero del niño de cinco años al recién nacido hay una distancia inmensa, un abismo del recién nacido al embrión, y lo inconcebible entre el embrión y el no ser.

Parece contrario a nuestra intuición el que la densidad del flujo de energía sea muy superior en una brizna de hierba que en la atmósfera incandescente del Sol; pero esto se relaciona estrechamente con el hecho ya mencionado de que la entropía tiende al máximo y el orden produce más entropía. Ambos hechos delatan que hay cosas muy fundamentales que estamos viendo desde el lado equivocado, por no hablar de la más que posible contribución de la entropía al orden mismo de la dinámica. También en todo esto habría que situarse de espaldas a la mina para apreciar la luz que inunda la cueva. En cualquier caso estas consideraciones nos permiten ver que incluso aspectos del tiempo que creemos altamente subjetivos pueden tener expresiones físicas y matemáticas con entidad propia; y ni que decir tiene que en la morfología de Venis hay muchos más motivos que las espirales.

Considerando la relatividad especial, se ha venido diciendo desde Pearson que un observador que viajara a la velocidad de la luz no percibiría movimiento alguno y viviría en un «eterno presente»; pero está claro que la luz se transmite y se mueve, e incluso pulsa con más precisión que el mejor reloj, luego esto es sencillamente falso. Sabemos además por el principio de Huygens que su propagación implica una deformación continua en cada punto, lo más opuesto a lo intemporal expresado del modo más gráfico. Precisamente para la relatividad, no hay otra forma de concebir el tiempo que el movimiento, luego esta pretensión contradice sus propios supuestos, aunque expresa inmejorablemente cómo el principio de sincronización global quisiera estar por encima de toda contingencia y aun del propio tiempo que se complace en imponer. Es de suponer que los físicos han renunciado a este tipo de ilustraciones, que sólo consiguen dejar a la teoría en evidencia. Si algo físico ha de estar fuera del movimiento y del tiempo, ciertamente no puede ser esto.

Los múltiples marcos de referencia inerciales de la relatividad general no consiguen sino crear una confusión permanente, incluso sobre el mismo significado de la palabra inercia, lo que ya habla por sí solo. Ver y considerar, con los ojos muy abiertos, que no existe la inercia en este mundo: no puede haber mejor suspensión de lo mecánico aprendido, ni más profunda meditación. La más intensa, también, que la permanente agitación del pensamiento ni por un momento soporta. Cuesta tanto asumir que no existe la inercia en este mundo, entender que el danzante principio de equilibrio dinámico nos está diciendo que todo está interpretando su posición a cada instante espontáneamente y con todo su ser, más allá de la libertad y la necesidad.

Venis admite de buen grado que aún no sabemos casi nada sobre cómo, si sólo existe un espacio hipercontinuo de infinitas dimensiones, nuestra percepción está tan severamente limitada al espacio tridimensional. También el espacio de Hilbert de la mecánica cuántica es inicialmente infinito-dimensional, pero, ¿hablamos en este caso de abstracciones? Las inferencias de Venis pueden ser muy arriesgadas, y sin embargo tienen la peculiaridad, hoy más que nunca excepcional, de estar guiadas casi en exclusiva por el espíritu de la forma. Las infinitas dimensiones de un espacio abstracto nos dejan indiferentes, pero lo que aquí se insinúa es que las dimensiones de las formas concretas en el espacio físico son sólo una mínima sección de dominios enteramente sin forma, mucho más cercanos a nosotros de lo que creemos; claro que tampoco la realidad física se ha dejado nunca reducir a lo visible. En cualquier caso, cualquier dominio supraformal o infraformal ha de estar conectado con el mundo de la forma por un mismo hilo y principio.

¿Hay un proceso físico en la reducción de dimensiones, o nunca dejará de ser para nosotros algo puramente imaginario? Ambas cosas no son incompatibles, pero dependen del punto de partida; los físicos necesitan medir, la imaginación es un ejercicio individual que no requiere instrumentos. Finalmente, siempre podemos contar con aquello que ni siquiera necesita de imaginación.

Nuestra cultura hipercinética no puede concebir nada fuera del movimiento; así, a la fase geométrica se le otorga un estatus sumamente abstracto y derivado cuando refleja de la forma más inmediata el lugar desde el que miramos, que por cierto no es ningún marco inercial. Sin embargo, es la descripción de la dinámica la que se ha enrarecido hasta no representar prácticamente nada. Dado que para el físico lo inmediato tampoco vale nada, no queda más remedio que aportar otro tipo de argumentos.

Se supone que la dinámica de un sistema controla a la fase geométrica, que juega un rol enteramente pasivo; y este es el papel que ahora se le asigna rutinariamente en el laboratorio. La pregunta inevitable es, ¿cómo puede ser independiente del movimiento algo que se limita a seguirlo? Pero, por otro lado, una correlación instantánea no puede asociarse con movimiento alguno. ¿Cómo decidir la cuestión? Hay múltiples formas de asomarse a este nuevo abismo, lo único que se requiere es cambiar la idea de lo que hay que medir.

Tampoco hace falta machacar partículas en gigantescos aceleradores, sino tan sólo entrar en sintonía con la exquisita sensibilidad de los potenciales en las teorías de campos y más allá de ellas. En principio, la diferencia entre un potencial ordinario y un potencial "anómalo" como el de la fase geométrica parece muy clara; en la práctica, como siempre que hablamos de energía, la cuestión es mucho más delicada y sutil. El mal llamado "principio de incertidumbre" de Heisenberg ha sido desmentido innumerables veces y sus diversas relaciones son objeto de sucesivas correcciones en función del marco experimental. No sólo experimentos de alta precisión, incluso frecuencímetros sensitivos a la fase de televisores muestran una precisión decenas de veces superior. Pero, siguiendo la sugerencia de Binder, y más allá de este maltrecho principio tan necesitado del más simple análisis dimensional, pueden diseñarse todo tipo de dispositivos con bucle de enganche de fase para crear una realimentación o retroacoplamiento entre la fase dinámica y la geométrica, y estudiar dónde reside su equilibrio y cuál es la condición de contorno de la fase total. Binder interpreta que es la fase geométrica la que controla la intensidad y signo de las constantes de acoplamiento de las fuerzas fundamentales, e incluso concibe escenarios en que la escala de Planck se desplaza hasta el rango nuclear. Según Binder, lo que variaría y se "curvaría" sería el espacio-tiempo dinámico; pero la velocidad instantánea de la fase geométrica no puede curvarse. La velocidad es la magnitud fundamental de la física, el espacio y tiempo físicos son nociones derivadas de su medida.

Sabemos muy bien el poco caso que se hace de propuestas como la de Binder, y también sabemos por qué. Pero, sencillamente, lo que es instantáneo no puede ser secundario con respecto a lo que le lleva tiempo operar; lo que es acto puro no puede ser pasivo con relación a aquello a lo que le lleva tiempo actualizarse. Esta simple reflexión hace pensar que la física ha estado invirtiendo todo este tiempo las nociones de acto y potencia, pero llevará largo tiempo calibrar de nuevo su relación, y tal vez más tiempo asimilar sus consecuencias. Toda la materia está interpretando, recreando espontáneamente ese puro acto. La luz es vibración emancipada de la materia, pero trascender el sincronizador global es tanto como salir fuera de cualquier orden temporal ligado al movimiento, ya sea el del sistema solar, nuestra galaxia o el entero cosmos observable y por observar. Los físicos, los científicos en general, aún puede elegir entre el control y la sabiduría; entre cerrarse sobre el hombre y la Naturaleza, o abrir para ellos el más vasto de los horizontes.

Todo lo que se mueve no es más que un reflejo de lo que no se mueve, una ondulación sobre sus aguas. No son los potenciales los que se está retardando, son las fuerzas no fundamentales las que están variando. No sabemos si la gravedad tiene un límite de velocidad o no lo tiene, ni sabemos cómo se comportarían otras fuerzas completamente diferentes que pueden existir a otras escalas, en las galaxias o más allá; pero sí sabemos que lo que es instantáneo no se retrasa y es la referencia para lo que exhibe limitaciones de velocidad. Como algunos gustan de decir, "no puedes superar eso", aunque sí puedes ignorarlo. Y, después de dejar que se hunda la cuestión hasta posarse, uno podría añadir: "tú eres eso".

Referencias

Henri Poincaré, Nicolae Mazilu, *Hertz's Ideas on Mechanics* (1897)

Nikolay Noskov, *The phenomenon of retarded potentials*

Nikolay Noskov, *The theory of retarded potentials against the theory of relativity*

K. T. Assis, *Relational Mechanics and Implementation of Mach's Principle with Weber's Gravitational Force* (2014)

A. K. T. Assis, *History of the 2.7 K Temperature Prior to Penzias and Wilson* (1995)

Alejandro Torassa, *On classical mechanics* (1996)

Koichiro Matsuno, *Information: Resurrection of the Cartesian physics* (1996)

Nicolae Mazilu and Maricel Agop, *The Mathematical Principles of the Scale Relativity Physics I. History and Physics* (2019)

V. E. Zhvirblis, *Stars and Koltsars* (1995)

Mario J. Pinheiro, *A reformulation of mechanics and electrodynamics* (2017)

Miles Williams Mathis, *A Re-definition of the Derivative (why the calculus works—and why it doesn't)* (2004)

Igor Podlubny, *Geometric and Physical Interpretation of Fractional Integration and Fractional Differentiation* (2001)

Salvatore Butera, Mario di Paola, *A physically based connection between fractional calculus and fractal geometry* (2014)

Juan Rius Camps, *La nueva dinámica irreversible y la metafísica de Aristóteles* (2010)

Patrick Cornille, *Why Galilean mechanics is not equivalent to Newtonian mechanics* (2018)

Yuri N. Ivanov, *Rythmodynamics* (2007)

Anirban Bandyopadhyay et al., *A Brain-like Computer Made of Time Crystal: Could a Metric of Prime AloneReplace a User and Alleviate Programming Forever?* (2018)

Bandyopadhyay, Tam Hunt, *Resonance chains and new models of the neuron* (2019)

Jan Bergstra, *Division by Zero: A Survey of Options* (2019)

Okoh Ufuoma, *Exact Arithmetic of Zero and Infinity Based on the Conventional Division by Zero 0/0= 1* (2019)

Raymond Abellio, *La structure absolue, Essai de phénoménologie génétique*, París, 1965

K. O. Friedrichs, *Asymptotic phenomena in mathematical physics* (1955)

Peter Alexander Venis, *Infinity-theory —The great Puzzle*

E. J. Chaisson, *Energy Rate Density as a Complexity Metric and Evolutionary Driver* (2010)

Bernd Binder, Berry's *Phase and Fine Structure* (2002)

Miguel Iradier, hurqualya.net

Notas

(Se puede acceder a todos los documentos referenciados en el artículo *Espíritu del cuaternario: semiosis y cuaternidad,* en www.hurqualya.net)

1. Miguel Iradier, *El cálculo y el mundo*, 2021. https://www.hurqualya.net/el-calculo-y-el-mundo/

2. Miguel Iradier, *La tecnociencia y el laboratorio del yo*, 2021. https://www.hurqualya.net/wp-content/uploads/2020/04/TECNOCIENCIA.pages-1.pdf

3. https://www.scientificamerican.com/article/no-one-can-explain-why-planes-stay-in-the-air/

4. http://milesmathis.com/third9.html

ASTRONOMÍA, ASTROLOGÍA Y ASTROFÍSICA
22 marzo, 2021

Memoria de fase, trasporte paralelo y marco de referencia

El físico teórico y aplicado Nicolae Mazilu observó en su momento que si la astrología seguía siendo un tema denigrado era porque no había sabido plantear correctamente la cuestión del marco de referencia y sus transformaciones. Efectivamente, una persona que ha nacido en una fecha y hora concretas en un determinado lugar sigue manteniendo el "reloj interno" de su nacimiento incluso si se traslada al lugar más alejado del globo. Y por otra parte, a quien no está familiarizado con la complejidad propia de lo astrológico le puede parecer absurdo que los mismos planetas, que en tiempo real están en las mismas posiciones del cielo para todos los que están en un mismo lugar, puedan influir de forma completamente diferente para cada persona, pues cada persona es un cielo y un microcosmos particular.

La astrología es sólo uno más de los sistemas simbólicos que expresan la interdependencia universal, pero es el más directamente ligado al nacimiento de la física moderna, con la que sin embargo no tiene casi nada ver. Este contraste y esta proximidad ha creado sentimientos de agravio mutuo. Emilio Saura y Raymond Abellio distinguen tres niveles en la astrología: una astrología influencial o primaria que trata de relacionar configuraciones celestes y "hechos" terrestres, una astrología simbólica que atiende más a las propensiones y las resonancias, y finalmente una astrología orientada hacia lo absoluto que busca subsumir la multiplicidad aparente en la conciencia del "Yo trascendental".

No pretenderé hacer en tan breve espacio justicia a tan vasto e incierto saber. Sí en cambio quiero subrayar el hecho de que, aunque la astronomía física y la astrología tienen hoy propósitos diametralmente opuestos que de ningún modo pueden coinicidir, inevitablemente han de tener una base común que aún no ha sido debidamente explorada por *ninguna* de las dos partes.

Toda la física está construida en torno al concepto general del marco de referencia. Un marco de referencia combina en uno solo los dos elementos primordiales: el reloj y el sistema de coordenadas. El reloj que regulariza nuestra percepción de un cuerpo físico en movimiento, y el sistema de coordenadas, que lo hace con muchos cuerpos. Pero la astrología tampoco es diferente en esto, sólo que, en vez de orientar todo su aparato hacia la predicción cuantitativa, lo lleva hacia la interpretación, y en el lugar mismo del marco de referencia sitúa al propio Yo, ya se trate del yo empírico preocupado por los asuntos del mundo o del yo trascendental que es la condición de posibilidad de la experiencia.

Así pues, la física, como ciencia objetiva en tercera persona, relega a un segundo plano la descripción e interpretación de los procesos en beneficio de su predicción, mientras que la astrología, como saber subjetivo que pone a la primera persona en el centro, sólo prioriza la predicción cuando se convierte en práctica degradada, mientras que la interpretación debería ser siempre su foco genuino. La astronomía ve objetos fuera y se ocupa de movimientos de materia y fuerzas, la astrología se ocupa de ciclos, potenciales e incluso potencias, e intenta ver finalmente al mundo como el propio dintorno de uno mismo.

La astronomía debería ocuparse del análisis, aunque el valorar la predicción en exceso ha impedido incluso hacer un análisis consecuente de problemas tan básicos como el de Kepler, mientras que la piedra de toque de la astrología es la composición global de un todo y su percepción y juicio sintéticos, mucho más parecidos a la composición y percepción de un cuadro u otra creación artística.

Esta diferencia diametral tendría que bastar para que cada disciplina se contentara con lo suyo y dejara tranquila a su hermana. Sin embargo el yo que se proyecta sobre el mundo no quiere contemplar la idea de que el mundo se proyecte sobre el yo y lo afecte. Preferimos pensar que la Naturaleza está siempre ahí fuera, aunque sea en forma de genes y moléculas, con tal de que podamos manipularlo; pero si existe la posibilidad de que la Naturaleza actúe sobre nosotros en modos que no podemos controlar, optamos por ignorarlo, puesto que cuestiona nuestro rango y posición. Por añadidura el gran monstruo de lo social es sumamente celoso y no está dispuesto a admitir que nada de lo que lleva en su seno pueda referirse a otra cosa que a sí mismo.

* * *

Cuando la física habla de fuerzas, se refiere ante todo a las fuerzas controlables, puesto que también hay fuerzas medibles pero no controlables, como nos lo muestra algo tan terrenal como la ley constitutiva en la ciencia de los materiales. Las que no son controlables se interpretan, en todo caso, en función de las fuerzas controlables, y así por ejemplo aplicamos las tres leyes del movimiento de Newton a los cuerpos celestes a pesar de que, por ejemplo, el tercer principio no es verificable en una órbita dado que el vector de fuerza apunta a un lugar vacío, y no al cuerpo del Sol. Esto al propio Newton tuvo que parecerle de lo más embarazoso, pero con el tiempo la gente hasta se olvidó del hecho.

Una fuerza controlable es una fuerza proyectada, pero una fuerza incontrolada, no. El agujero de la teoría newtoniana se tapó luego con la mecánica de Lagrange basada en los potenciales, y se pensó que estos potenciales eran sólo un auxiliar o suplemento matemático para la descripción completa de fuerzas que siguen siendo incontrolables, pero se suponen de idéntico tipo que las controlables. La teoría de Newton, razonaron Gauss y Weber entre 1830 y 1846, es una gravitoestática, no una gravitodinámica, y podía ser que las fuerzas, empezando por la electrodinámica que entonces tenían entre manos, dependieran no sólo de las distancias, sino también de las velocidades y aceleraciones relativas. Esto también implicaba un fenómeno conocido como "potencial retardado".

La teoría de Weber fue reemplazada por la de Maxwell pero mucho después, su heredera la mecánica cuántica empezó a comprender, para el desconcierto general de los físicos, que los potenciales cuánticos eran algo más que auxiliares matemáticos. El efecto Aharonov-Bohm certificaba que un electrón acusaba la presencia de un campo magnético incluso cuando la intensidad del campo en su posición era cero. Luego Berry, en 1983, generalizó este tipo de fenómenos a procesos adiabáticos sin intercambio de calor, y en pocos años aún se generalizó mucho más a todo tipo de condiciones físicas.

El fenómeno en cuestión, que hoy conocemos como "fase geométrica", había sido detectado por vez primera por Pancharatnam en 1956 en experimentos de interferencia óptica. Respecto a este fenómeno completamente universal de la fase geométrica la mayoría de los físicos siguen sosteniendo dos afirmaciones falsas: que se trata de algo exclusivo de la mecánica cuántica, y que en nada afecta al carácter completo y exacto de dicha teoría.

Lo cierto es que la fase geométrica puede darse a cualquier escala y se detecta en experimentos eléctricos macroscópicos tan conocidos como la inducción de Faraday, en la precesión del péndulo de Foucault o incluso sobre la superficie del agua. Y por otro lado, sí requiere que se le añada un haz suplementario al espacio proyectivo de Hilbert en el que se formaliza la mecánica cuántica, lo que implica que no pertenece a la dinámica hamiltoniana que define a los sistemas conservativos o cerrados. Luego algo se le escapaba a la mecánica cuántica, y no hay más que ver hasta qué punto quedaron fuera de juego los físicos durante décadas, hasta que Berry "formalizó" la embarazosa situación.

El mismo David Bohm, que tan elocuentemente habló del *orden implicado*, no pareció haber comprendido del todo la universalidad de la llamada fase geométrica; pero tampoco ahora es diferente la situación, cuando dicha fase entra rutinariamente en los cálculos de los ingenieros que se afanan por lograr la "computación cuántica" o manipular átomos a nivel individual.

A la fase geométrica, "cambio global sin cambio local", también se la conoce como *memoria de fase*, puesto que supone la sujeción o "esclavización" del sistema a ciertos parámetros adicionales; consecuentemente se la estudia en robótica y teoría del control, y también se ha observado en sistemas disipativos y en movimientos de los animales, como el reflejo de enderezamiento de los gatos en caída libre o el ondulante avance de las serpientes.

La interpretación de este fenómeno universal sigue estando completamente abierta, por más que la mayoría de los físicos prefiera ignorar la cuestión. Decir que los sistemas tienen una fase dinámica y otra geométrica es sólo un compromiso, pero, en cualquier caso, y sin necesidad de especular, ¿de qué clase de geometría estamos hablando? La respuesta a esto sí es clara: se trata de *la geometría del ambiente* que atraviesa el transporte paralelo que se llega a medir. Es decir, es una medida indirecta del ambiente mismo, de cómo el sistema no está perfectamente e idealmente cerrado tal como la mecánica por puro principio pretende.

Existe además un lenguaje matemático extremadamente elegante para describir estos fenómenos de transporte paralelo: la geometría diferencial desarrollada por Cartan, además de la también muy compacta álgebra geométrica iniciada por Grassman e impulsada en tiempos más recientes por Hestenes. Desgraciadamente ninguno de estos formalismos tiene gran predicamento entre los físicos, que seguramente por inercia siguen aferrados a la formulación vectorial, con una descripción más pobre y plana que supone también una menor información.

Hablando de información, que como ya decimos suele estar recortada en los formalismos vectoriales, a menudo se explica la fase geométrica como una pura e inmaterial transmisión de información sin relación alguna con la dinámica. Por un lado tendríamos "fuerzas ciegas", y por otro lado, "pura información" sustentada por nada; ciertamente no parece una descripción coherente ni creíble, pero después de todo el problema de la "comunicación" ha estado ahí desde siempre: nadie ha dicho cómo la Luna sabe dónde está el Sol y qué masa tiene para moverse como se mueve.

La mecánica celeste, en definitiva, sigue teniendo enormes agujeros, que la relatividad general, que apenas hace otra cosa que complicar las ecuaciones, de ningún modo es capaz de cubrir. Por no hablar de la teoría de perturbaciones de Laplace y sus "resonancias", que, aparte de que nunca se nos dice cómo puedan ser físicamente posibles, nos obligan a creer que la gravedad puede tener además un efecto *repulsivo*, lo que no deja de tener su mérito.

La fase geométrica nos muestra simplemente la indudable presencia de los potenciales, aun cuando no se sepa cómo explicar su acción, y su asociación con las fuerzas "controlables", con justificadas comillas porque nadie ha controlado hasta ahora la gravedad. Y si la astrología es completamente incapaz de justificar ningún tipo de influencia planetaria en términos de fuerza, en términos de potenciales y sus desfases la mecánica celeste no se encuentra en una situación mejor.

Como decimos, el planteamiento puramente relacional de la dinámica propuesto por Gauss y Weber, que al menos pone a fuerzas y potenciales sobre una idéntica base, era bastante más lógico. Esta era la verdadera teoría de la relatividad, mucho antes y con menos postulados y complicaciones, por no hablar de innecesarios espacio-tiempos curvos. Pero la dinámica relacional ni siquiera necesitaba del principio de inercia y todos los escolásticos arbitrajes asociados con la distinción de marcos de referencia inerciales.

La mecánica de Newton se resume en la frase "nada se mueve si no lo mueve otra cosa", pero con el principio de equilibrio dinámico, que sustituye al de inercia, nada necesita ser movido por nada, sino que cualquier estado de movimiento o reposo de un cuerpo ya es el resultado de la suma de todas las fuerzas del universo sobre él. De este modo, el principio de equilibrio dinámico, clave de la mecánica relacional, se encuentra en perfecta armonía y consonancia con el principio de interdependencia universal, e incluso puede decirse que no es sino otra forma de expresarlo.

Es más, el principio de equilibrio dinámico, sin dejar de ser neutral, puede interpretarse directamente como que *los cuerpos se mueven por su propio impulso*, tal como hace por ejemplo Alejandro Torassa, sin romper en lo más mínimo con la interdependencia, y sin que ello altere el comportamiento de las ecuaciones y sus predicciones. Entonces, realmente no se necesitan nuevas teorías ni nuevos postulados ni nuevas partículas, sino tan sólo una nueva forma de contemplar el Principio y los principios.

Esto no significa que un buen principio explique causas o influencias, sino algo seguramente más importante, que deja de hacerlas necesarias. Si incluso todas las leyes físicas fundamentales están soportadas por principios variacionales, y el lagrangiano que los soporta no es sino una analogía exacta que puede responder a una infinidad de explicaciones causales diferentes, la astrología nunca podría pretender ir más allá de las correlaciones estadísticas.

Es también cierto que incluso en el campo de la estadística la física juega con cartas marcadas e ignora muchos datos cuando le interesa. Por ejemplo, la escuela de Shnoll ha demostrado durante muchas décadas «la ocurrencia de estados discretos durante fluctuaciones en procesos macroscópicos» del tipo más variado, desde reacciones enzimáticas y biológicas hasta la desintegración radiactiva, con periodos de 24 horas, 27 y 365 días, que obviamente responden a un familiar "patrón astronómico y cosmofísico".

De modo que tampoco la desintegración radiactiva es tan aleatoria como se pretende, pero tales regularidades son cribadas y descontadas rutinariamente como «no significativas". Por otra parte aún se promueve la llamada "interpretación de Copenhague" de la mecánica cuántica porque se supone que es la que menos dosis de interpretación contiene, pero ni siquiera eso es cierto, ya que según Copenhague la función de onda responde a un sistema individual, lo que no deja de ser una innecesaria fabricación ontológica, y sería mucho más lógico pensar que sólo se aplica a un conjunto estadístico, y que las ondas son *ondas en el espacio de coordenadas*. Esto facilitaría grandemente la conexión con la mecánica clásica macroscópica y con los argumentos de naturaleza global que hacen posible la fase geométrica.

Tan elementales consideraciones harían mucho más sencilla la inclusión de los aspectos cosmofísicos, pero sería inconsecuente esperar cambios rápidos al respecto. La evidencia experimental para este tipo de correlaciones sólo se puede acumular muy lentamente, a una escala de siglos, y por otra parte la creciente autofagia de lo social no quiere extraños sentados a su mesa. Por supuesto la astrología ha acumulado su propio tipo de evidencia durante milenios, pero no es la clase de evidencia que la ciencia moderna está dispuesta a considerar.

Está claro que se puede presentar legítimamente la astrología mediante elegantes argumentos proyectivos y de correlación global sin entrar en la cuestión de la causalidad física, pero esto no equivale a negar su posibilidad. La influencia física de la Luna, por ejemplo, no es ciertamente difícil de concebir, ni, para muchos, de sentir, pero si otros tantos niegan incluso la posibilidad de tal influencia también es por una cuestión de sentimiento, aunque en sentido inverso: el yo de muchos se siente más fuerte si se imagina autónomo. Claro que es la propia sociedad la que inculca semejantes idea de la "independencia"; una sociedad que intenta convencernos de que inteligencia es sinónimo de embotamiento, en vez de sensibilidad.

Mucho más evidente es el influjo del Sol. En general han sido astrólogos y estudiosos de los ciclos los que han apuntado a la poderosa influencia de los grandes planetas, Saturno y Júpiter, y en especial este último, en el ciclo de las manchas solares y la actividad magnética del gran astro, tan críticos para el equilibrio de la vida en la Tierra. Aparte de que el periodo solar y el de Júpiter son casi iguales, 11 y 11,86 años, hay también una razón astrofísica de peso: la contribución del Sol al momento angular total de su sistema se estima en un 0,3%, mientras que tan sólo Júpiter tiene más del 60%. Los otros planetas explicarían la pequeña diferencia en el ciclo. Se pueden buscar otras razones más específicamente físicas *fuera de las teorías en boga*[1] pero no vamos a entrar ahora en ello.

Y aquí de nuevo se comprueba la sobredeterminación de lo social que todo lo quiere referir a sí mismo: los medios hacen una campaña continua para convencernos de un cambio climático del que apenas tenemos otra cosa que vagas y opinables correlaciones estadísticas, mientras se ignora sistemáticamente la base absoluta de la que depende el clima, la radiación del Sol y sus más que conocidas variaciones. Pero está claro que los gobernantes pueden sacar mucho más provecho y tienen más espacio para maniobrar tratando de convencernos de lo decisivo del "factor antropogénico".

* * *

La mayor parte de las "refutaciones" de la astrología es de tan bajo nivel que no merece comentarios. Por otra parte, toda interpretación tiene su parte de especulación y aun de desvarío, y la física en absoluto es ajena a esto; tal vez por eso haya intentado reducir sus interpretaciones a un mínimo o incluso prescindir de ellas, lo que en la práctica, además de absurdo es simplemente imposible. Toda aplicación técnica o experimental parte ya de una interpretación. En astrología, por la otra parte, la interpretación misma es ya la aplicación, por lo que no se puede prescindir de ella ni en teoría ni en práctica.

La misma idea de que la física fundamental está constituida por "teorías locales" es pura interpretación, y muy poco acorde con la realidad. El lagrangiano de un sistema es por definición global, otra cosa es que se utilice para derivar a discreción y obtener respuestas locales. Lo mismo pasaba ya con la "explicación" de Newton de la elipse de Kepler; y es que el problema de Kepler contiene ya en sí toda la problemática de los campos gauge, basados en la invariancia del lagrangiano. Así que lo de las "teorías locales" ya es pura interpretación —sólo que al servicio de la predicción. Y la prueba es que nunca se aclara ni puede elucidarse la causalidad física, que es a lo tendría que apuntar realmente una teoría local digna de tal nombre.

Entonces, también en física lo local es resultado de lo global, aunque no se quiera reconocerlo. Sólo algunos físicos anticuados y honestos, como Planck, se preguntan por qué todas las leyes fundamentales dependen de principios de acción, que son globales y suponen una finalidad. La asimilación de la entropía con el desorden, perpetrada por Boltzmann, es otro ejemplo de interpretación demasiado humana que sin embargo ha pasado durante generaciones como modelo de neutralidad positivista.

El principio original de máxima entropía de Clausius ya supone una tendencia hacia el orden, pues como dijo Swenson, «el mundo está en el asunto de la producción de orden, incluida la producción de seres vivos y su capacidad de percepción y acción, pues *el orden produce entropía más rápido que el desorden"*. Pero además los lagrangianos de la física fundamental se pueden reformular como un balance entre el cambio mínimo de energía y la producción máxima de entropía, con lo que obtenemos un cuadro totalmente diferente de la mecánica, la dinámica y la finalidad.

Cualquier interpretación es parcial, pero pretender que no interpretamos porque le damos la última palabra a lo cuantitativo es peor además de más falso. Pues lo peor que puede suceder es que científicos y técnicos manipulen las cosas sin preguntarse siquiera qué están manipulando, pero eso es justamente lo que este sistema espera de ellos, y ellos lo han interiorizado hasta el tuétano. También se espera que el resto los sigamos.

* * *

Nada hay más mundano ni profano que leer el periódico por las mañanas: toda una selección de noticias calculadas para masajear los resortes íntimos del lector. Y a pesar de su nunca suficientemente ponderada necedad, uno no puede evitar reaccionar a esas noticias con los mismos reflejos cada día, con apenas ligeras variantes. Lo mismo sucede a lo largo de la jornada, e incluso en sueños, pues las sombras de nuestros planetas sólo dejan de proyectarse cuando se extingue definitivamente la luz de la conciencia y alcanzamos el fondo del sueño.

En detalles como nuestras crónicas reacciones a las noticias se ve claramente que "los astros" no son tanto influencias como impulsos que nos salen de dentro; que estos impulsos requieran estímulos externos para avivarse, que adopten la forma de reacciones, no tiene nada de extraordinario. "La materia de la que están hechos los sueños" es la "sustancia astral", que no es sino una "dimensión cromática" o tonal del continuo homogéneo del que hemos salido y en el que aún nos encontramos. Existen las tonalidades astrales igual que existen los timbres de los distintos metales al tañerlos. Estas tonalidades, que tienen muchos matices diferentes en cada individuo, nos envuelven en capas concéntricas, como una cierta música de las esferas, que una astrología que aspirara a ser científica tendría que recomponer.

La astrología tiene sin duda una estructura invariante que no puede cambiar a lo largo de las edades, puesto que simplemente conecta acontecimientos en el espacio y el tiempo mediante una cierta proyección. En este sentido es mucho menos veleidosa que otras disciplinas que se pretenden ciencias, como la psicología, la economía o la sociología, aunque sin duda la casi infinita "plasticidad" de estas últimas les da una gran ventaja para adaptarse a las necesidades del poder. Si no fuera porque la economía trata del dato contable por antonomasia, el dinero, y termina reduciéndolo todo a su mismo patrón cuantitativo, nadie soñaría siquiera con llamarla ciencia; pero en cualquier caso ocuparse sólo de cantidades no es algo que otros saberes tengan que envidiar.

En cambio la astrología siempre fue consciente de su gran afinidad con la sociología y la psicología, mucho antes de que estas adquirieran pretensiones científicas; sólo que sus presupuestos trascienden por completo la visión reductiva y confinada de dichas especialidades. Lo que no se le perdona es que tenga una parte cuantitativa trasparente y de primer orden, a diferencia de la matemática heurística y a menudo espuria de estas exitosas nuevas ricas.

El arte de Urania puede adaptarse a estos tiempos, pero en muchos sentidos es mejor que no lo haga. Si se preocupa por la ciencia, no es para recibir su legitimidad de nadie, sino por su deseo de encajar algunas de las más importantes piezas sueltas, por pura aspiración interna a la unidad.

Las elipses que descubrió Kepler se pueden interpretar, siguiendo a Weber y a Nikolay Noskov, por medio del potencial retardado y una velocidad de fase que produce un movimiento ondulatorio o vibración en el interior de los propios cuerpos —lo que supone una lectura muy directa de la fase geométrica. Recordemos que en la mecánica de Weber, aun siendo perfectamente operativa, no permite discernir entre la energía cinética, la potencial y la interna de los cuerpos —lo que nos parece simplemente natural, dado que la energía no es sino la forma humana de hacer balance de cuentas.

Pensemos sólo un poco. El problema de Kepler no sólo está en la mecánica celeste, está en la base de la mecánica cuántica y el átomo. La misma ecuación de Schrödinger tiene un término que corresponde a una ondulación en un cuerpo, sólo que la mecánica cuántica, por las limitaciones de la relatividad especial, es incapaz de describir partículas (efímeras configuraciones) extensas con volumen. La electrodinámica de Weber no tiene esas limitaciones. Pero no es sólo Schrödinger, las ondas electromagnéticas con las que Hertz pareció dar la razón a Maxwell no son trasversales por geometría, sino por un mero promedio estadístico entre el espacio vacío y la materia.

Podemos ver entonces la materia, *cuando deja un lugar a los cuerpos*, —algo que no sucede en la versión estándar de la mecánica cuántica—, como una nube difusa o estadística atravesada por distintos tonos (la fase interna), que están ya incluidos dentro del cuadro probabilístico de la mecánica cuántica estándar. Hay ciertas *propensiones* dentro de las "nubes de probabilidad", que tendrían una estructura con capas como los propios átomos —lo que explicaría los estados discretos atestiguados fielmente por la escuela de Shnoll durante más de cuarenta años. No veo esta interpretación en absoluto forzada, y es fácil de integrar dentro de la gran masa de evidencia experimental, a pesar de que ésta nunca es indiferente al marco teórico que la contiene.

*

Paracelso dijo que sin la impresión astral el hombre no está en condiciones ni de remendar sus pantalones. Esta *impressio* es la propensión o disposición que nos inclinan a hacer ciertas cosas en vez de otras por propia iniciativa y aun sin coacción externa. El gran médico y viajero suizo sabía obviamente de qué hablaba, y había sondeado la naturaleza humana y la del gran mundo con medios, no sabemos si más profundos pero desde luego mucho más directos que nuestra burocrática ciencia actual, que se ajusta bien los anteojos para mejor no ver qué pueda haber a los lados.

Los aspectos más importantes de la astrología son más de orden simbólico que físico, y sin embargo ese simbolismo encaja perfectamente dentro de las determinaciones espaciales y cíclicas del movimiento de nuestro planeta dentro de su entorno astronómico. Es en definitiva una cualificación de los tres ejes del espacio y sus seis direcciones, el esquema más simple para nuestra percepción física e intelectual, al que Abellio, intentando conferirle el máximo grado de dignidad gnoseológica, designó como "la estructura absoluta".

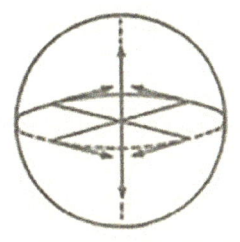

Abellio también abogó por un modelo cuaternario de la percepción y por ende del conocimiento, en el que la mera relación entre el objeto y el órgano de los sentidos es siempre sólo una parte de una proporción mayor —una relación de relaciones— , puesto que el objeto presupone al mundo y la sensación del órgano a un cuerpo completo que lo organiza y le da un sentido definido:

$$\frac{\text{objeto}}{\text{mundo}} = \frac{\text{sentido}}{\text{cuerpo}}$$

Lo más importante de esta exactante proporción es la ignorada pero siempre presente continuidad entre los extremos "mundo" y "cuerpo", donde el mundo no es una suma de objetos, ni el cuerpo de órganos, partes o entidades. En definitiva, el primitivo medio homogéneo de referencia al que por fuerza han de conectarse las llamadas "fuerzas fundamentales", puesto que ya sabemos de antemano que cualquier movimiento o cambio de densidad es sólo una manifestación del principio de equilibrio dinámico, ya sea como suma o como producto.

El cuerpo desde dentro es sólo el sensorio común indiferenciado del que han salido los diferentes órganos, y sin el cual no habría sujeto ni "sentido común". En armonía con esto, puede hablarse de dos modos de la inteligencia, uno que parece moverse y seguir a su objeto, y otra absolutamente inmóvil que nos permite escuchar nuestras propias mentaciones, y sin la cual no podrían existir. Hágase la prueba de pensar sin escucharse a sí mismo y se verá que esto es imposible: la misma compulsión a pensar no es sino el deseo de escucharse.

La relación de los movimientos del cuerpo con respecto a su centro isométrico u origen de coordenadas es similar a los movimientos de la inteligencia orientada a objetos con respecto a la inteligencia inmutable. Ciertamente el "espacio de la mente" no parece extenso en absoluto, pero para comprobar su íntima conexión con lo físico basta con hacer uno de esos ejercicios isométricos en que uno permanece de pie y se ahueca simplemente para percibir el balance en los micromovimientos necesarios para mantener simplemente la misma postura. Si lo íntimo es la interpenetración de lo interno y lo externo, tenemos aquí tanto un ejercicio físico como para la inteligencia, que permite comprobar la íntima, trascendental relación entre movimiento e inmovilidad.

En cuanto a todas las tonterías que se han dicho sobre que la astrología es contraria al libre arbitrio, tendría que bastarnos con la conocida frase de Schopenhauer: *"Un hombre puede hacer lo que quiere, pero no puede querer lo que quiere"*. La astrología no niega la libertad más profunda, la única en verdad trascendental, que sólo puede tener lugar más allá de las pasiones y las inclinaciones. En la práctica, muy pocos llegan a este lugar, o lo hacen en grados muy modestos. Es decir, en la práctica seguimos estrechamente los surcos labrados por las inclinaciones y hábitos.

En otras épocas las pasiones de los seres humanos tenían raíces mucho más hondas, pero también se hacían grandes esfuerzos por superarlas. En el urbanita moderno todo es incomparablemente más superficial, hasta tal punto que ya ni se cree que haya nada que superar. Las plantas se adaptan a las cualidades del terreno, pero dependen ante todo de su propia semilla. Hay cambios en el vigor o intensidad, pero no en la naturaleza de los motivos.

* * *

Tal vez, después de todo, no hagan falta siglos para ordenar y consolidar una "evidencia estadística" del influjo astral en, por ejemplo, la meteorología. En mi tierra aún se habla de "el astro" para referirse a la disposición momentánea del clima, lo que ahora llamamos de forma completamente vacía y abstracta "el tiempo". La astrometeorología tuvo bastante consideración durante cerca de dos milenios, y aún recibe crédito en países como la India, cuyas cosechas dependen hasta tal punto de la generosidad y puntualidad de la lluvia.

Kepler mismo defendió la influencia planetaria en el clima de una forma puntual y que debería ser fácil de confirmar o refutar: la conjunción del Sol con Saturno produciría bajadas de las temperaturas, etcétera. Como estos eventos tienen lugar cada año, aunque en circunstancias altamente variables, existe una base estadística con una estructura mucho más limpia y definida que en montones de las aplicaciones modernas del análisis y minería de datos: estas sí que son verdaderamente neobabilónicas en el peor sentido del término.

Pero todos sabemos hasta qué puntos son opinables y manipulables las estadísticas. Los datos de la escuela de Shnoll, a pesar de ser muy sólidos, jamás han sido tenidos en cuenta en física o en biología, y no vemos a los herederos de Bohr diciendo que ciertos picos de desintegración radiactiva puedan haberse debido a un tránsito de Urano. Idem con la meteorología, que ya tiene su propio coto cerrado de principios, métodos y problemas.

Cornille, Naudin, y otros han desarrollado "sensores del clima espacial"[2] rectificando tan sólo el experimento de Trouton y Noble de 1903. Ellos los llaman "sensores de deriva del éter" y aquí no tenemos reservas con esas palabras, siempre que se entienda cabalmente cuál es el aspecto constitutivo del problema del éter en Maxwell y su relación con la electrodinámica de Weber. Como con los famosos experimentos de Miller y otros, se pueden medir variaciones estacionales, y si se buscara el tipo de experimento adecuado, incluso se podrían detectar los puntos de equilibrio e inversión en los solsticios y equinoccios. Esta es una clave necesaria, pues la Naturaleza juega más con las estaciones que con la eternidad.

Se tiende a optimizar aquello que más se mide, por eso la econometría y la sociometría se prestan desde el comienzo a ser herramientas del poder. La astrología es transversal a estos intereses, aunque no completamente, pues no hay nada que tarde o temprano, si alcanza alguna relevancia, no pueda ser instrumentalizado. En cualquier caso, la astrología, a diferencia de otras muchas ramas de la estadística, cuenta con una sólida referencia natural y una estructura invariante, lo que le da una gran ventaja a la larga en la carrera de la inferencia estadística generalizada a la que asistimos con los nuevos algoritmos de aprendizaje automático.

Dicho de otro modo, en esta Nueva Babilonia estadística la antigua Babilonia aún podría tener mucho espacio para crecer, pero eso sólo representaría la enésima desnaturalización de un saber que debería estar comprometido ante todo con las cualidades.

* * *

Newton no tuvo ningún interés particular en la astrología, como a veces se dice sin el menor fundamento, aunque sí es cierto que lo tuvo, y muy intenso, en algo aún mucho más oscuro y farragoso en sus textos como lo es la alquimia. También se ha querido interpretar la gravitación universal como una versión renovada y matemática del principio de interdependencia universal, pero esto no puede ser más superficial y engañoso. Ciertamente Newton *invierte* la cuestión, lo que por lo demás es característico de todas sus investigaciones, pero este auténtico vuelco, lejos de reintegrar al hombre al cosmos, lo que hace es aislarlo en uno de sus planos, que sin embargo puede expandirse sin límite aparente.

Pues el universo como gran obra de relojería de Leibniz y Newton —los dos padres del cálculo— es ciertamente diferente del gran animal del Timeo platónico o el cosmos orgánico de Plotino. La gravedad universal de Newton se supone que opera entre *sistemas cerrados*, puesto que el Tercer Principio introducido por el físico inglés pretende definir precisamente un sistema cerrado —incluso si en el problema de Kepler tal principio es imposible de verificar. Es más, de acuerdo con el espacio y tiempo absolutos, la acción y reacción tienen lugar siempre de forma simultánea, lo que supone tácitamente un *Sincronizador Global*, algo que por lo demás también está implícito en la relatividad especial y general aun cuando apenas se somete a escrutinio la aplicación del Tercer Principio.

La idea tradicional de la interdependencia, que ciertamente nunca se hizo explícita porque se daba por supuesta y porque ni siquiera se había planteado la idea de una "mecánica universal", la idea, en fin, del gran animal o cosmos orgánico, asumía por el contrario que n*o hay en la Naturaleza sistemas cerrados;* y dado que no se concebía tal cosa como un "Sincronizador Universal" o Gran Relojero, suponía, por defecto, que cada cosa tenía su propio principio de organización interno, lo que ahora nosotros definiríamos como "su propio reloj". Las mismas mónadas de Leibniz no habrían estado muy apartadas de dicha noción si éste no las hubiera definido como "espejos sin ventanas".

La diferencia es que la mónada de Leibniz es una noción abiertamente metafísica, mientras que el sincronizador global de Newton, no menos metafísico, se ha convertido en el supuesto tácito de toda la física moderna. Incluso el probabilismo mecano-cuántico queda encajado en su seno. Es otro exponente más de la inadvertida inversión newtoniana.

Por tanto ambos tipos de universalidad se tienen que percibir, con la más profunda pero desapercibida razón, como incompatibles. Sin duda la interdependencia universal antes de Newton no aludía a nada mecánico, sino a una resonancia o paralelismo; sólo que nunca terminamos de asumir que la gravitación universal *tampoco puede ser mecánica, al menos en el sentido habitual que damos a los tres principios y a las fuerzas centrales.*

Podría hablarse de una teoría del campo del absoluto paralelismo o teleparalelismo, no en el sentido que le dio Cartan a su geometría para dar acomodo a la relatividad general —y que por otra parte ha evolucionado mucho desde entonces— sino más cerca del trasporte paralelo en la geometría ambiental de la fase geométrica. Esta fase o potencial retardado nos está dando justamente el reloj interno que es verdaderamente el alma del animal en el macro y microcosmos.

En la mecánica de Newton tiempo y distancia son funcionalmente idénticos. Pero, por otra parte, basta tomar las propias ecuaciones de Newton para ver que la masa de una partícula esférica como el protón puede escribirse como la aceleración de su radio, según lo cual, masa y gravedad también son funcionalmente lo mismo. ¿Qué significa esto?

Todo hace pensar que el fondo de verdad de esta teoría es puramente relacional —como la misma fase geométrica— en lugar de mecánico, y que la confusión parte de la infundada presunción de que los tres principios se aplican idénticamente en nuestras máquinas que en las fuerzas fundamentales o naturales. Por lo demás, se admite que lo que gobierna los campos es la conservación del momento, no el tercer principio.

Este principio de conservación ampliado también rige probablemente en funciones orgánicas tan fundamentales como la circulación sanguínea regulada por el corazón y el ciclo bilateral de la respiración —hemos supuesto al menos que sus potenciales retardados equivalen a una fase geométrica, lo que no requiere ninguna asunción extraordinaria. Ciertamente, esto sí nos aproxima mucho más a la fisiología del gran animal de la antigüedad, habiendo incorporado tan sólo la parte mejor del "espíritu geométrico" moderno —ese que busca la geometría en el problema físico, en vez de reducir la geometría a la ingeniería inversa del cálculo.

La manzana de Newton debería su brillo al absoluto paralelismo, pero si éste no parece tener cabida en nuestro mundo físico, es porque tampoco le hemos dado cabida a los cuerpos al excluir la posibilidad de partículas extensas, no ideales. La gravedad no sería otra cosa que el peso del absoluto paralelismo y su flujo dentro de los cuerpos, flujo que nuestras teorías excluyen y bloquean, y que en última instancia puede estar modulado por la propia autogravedad del cuerpo.

¿Por qué? Sencillamente porque, a diferencia de la dinámica de Weber, todas las teorías de campos que provienen de Maxwell, al definirse en los términos de la relación partícula-campo, no pueden cumplir el tercer principio directamente, sino sólo mediante una auto-interacción. La onda longitudinal interna de Noskov, análoga al "movimiento trémulo" o *zitterbewegung* mecanocuántico, sería la auto-interacción planteada desde el interior del propio cuerpo de una partícula extensa. Todos saben que la gota se funde en el Océano, pero pocos quieren saber cómo el Océano se funde en la gota.

El origen de coordenadas de un marco de referencia, como reclama Patrick Cornille, tendría que localizarse siempre en el centro de masa de una partícula puntual, cuyo valor debería incorporar. De otro modo el criterio no es físico, sino meramente matemático, y sin embargo esto es habitual en la física moderna. Por otra parte un centro de masa no es una cuestión meramente geométrica, y si comporta cambios de densidad también puede envolver una *transición de escala*. Gran parte de la física se basa en las transiciones de escala tanto en el tiempo como en el espacio, y sin embargo no se contempla un principio general de transformación. En astrología esto debería tener una importancia primordial.

* * *

El *tono* es la cuestión fundamental que conecta la física y la astrología, pero no vemos cómo ese denominador común pueda plantearse de otra forma que con las vibraciones longitudinales internas a los cuerpos de Noskov. Su interpretación del potencial retardado, que es también una interpretación física de la fase geométrica sin necesidad de proponer una causalidad trivial, era simplemente una forma de darle contenido a la conservación de la energía que es meramente formal en Weber, y también en la mecánica en general.

Noskov insistió además en que estas vibraciones atraviesan todo tipo de fenómenos naturales, desde la estabilidad de los átomos y sus núcleos, al movimiento elíptico orbital, el sonido, la luz, el electromagnetismo, el flujo del agua o las ráfagas de viento: la viva actualización del pneuma, vehículo del *logos* en la cosmología estoica. Dada la ambigüedad fundamental de la energía en Weber, debería hacerse un cuidadoso análisis dimensional de los valores de la masa y la triple manifestación de la energía en la mecánica relacional, lo que podría llevarnos a un buen número de sorprendentes interpretaciones y conclusiones también en el núcleo mismo de la física.

Referencias
> Nikolay Noskov, *The phenomenon of retarded potentials*

Notas
(Se puede acceder a todos los documentos referenciados en el artículo *Astronomía, Astrología y Astrofísica* en www.hurqualya.net*)*
> 1. http://milesmathis.com/tilt.html
> 2. https://www.researchgate.net/publication/234879690_Simple_electrostatic_
> aether_drift_sensors_SEADS_New_dimensions_in_space_weather_and_their_possible_consequences_on_passive_field_propulsion_systems

EL OSO Y EL POLO

23 marzo, 2021

Hace poco tiempo un lector chino me preguntó por qué identificaba el ejercicio denominado "Oso Constante» (*xiong jing*) con el Polo (*Taijitu*) cuando sus ideogramas son enteramente diferentes. La pregunta me chocó, ya que ni siquiera se me había ocurrido pensar en la filología o los caracteres chinos, y pensaba sólo desde el lenguaje corporal y la mecánica y dinámica del cuerpo. Y me ratifica hasta qué punto casi todos nosotros, también los practicantes de artes marciales y otras ejercitaciones físicas, seguimos pensando más en los términos del lenguaje heredado que en lo que nos dice el propio cuerpo.

El simple movimiento de ese ejercicio evoca una rotación dual y coordinada de lo lleno y lo vacío en torno a un eje común, que es lo que refleja el símbolo del Gran Polo. Incluso en el plano horizontal sobre el suelo se hace patente la semejanza, aunque se figure de forma más completa en las tres dimensiones y las seis dirección tradicionales. Este ejercicio es de evidente raigambre taoísta, pero ilustra a la perfección el viejo dicho budista de que el camino medio no tiene alto ni bajo, derecha ni izquierda, delante ni detrás —todos se hacen uno, como en un giroscopio rotando libremente en las tres dimensiones. El símbolo gráfico del *Taijitu* que todos conocemos no es sino su sección plana o bidimensional.

El Oso se ha visto desde antiguo como un símbolo del Norte y en general del Polo o *Axis Mundi*. En Occidente la asociación ya sólo se mantiene por cosas como el nombre de las constelaciones septentrionales, la Osa Mayor y la Osa Menor, que contiene a la estrella polar (Polaris), pero incluso entre culturas que le han dado otros nombres a estas constelaciones, como la propia china, la gente ha sido consciente de esta conexión. ¿Por qué?

Bueno, supongo que la razón no puede ser más concreta: otros mamíferos, como los simios, pueden ponerse derechos por algún tiempo, pero estar derecho aún no significa mantenerte sobre tus pies. Para esto necesitas equilibrar una fuerza hacia arriba con otra fuerza que se le oponga hacia abajo —esto es, necesitas *dejar que se hunda tu propio peso* en la porción media del cuerpo, y de aquí a las plantas de los pies. Esta doble fuerza equilibrada es la signatura íntima del Polo, y el hombre la conquistó, y también el Oso la alcanza por unos momentos, pero no los monos y los otros mamíferos.

El oso parece torpe y rígido desde fuera pero se permite una holgura en su interior, de modo tal que puede equilibrarse sin esfuerzo. Es un rasgo que a los antiguos, tan atentos a la idiosincrasia de cada animal, no pudo pasarles desapercibido. En cualquier caso, el viejo ejercicio del Oso Constante gira en torno a ese quicio interior a todos nuestros movimientos.

¿Por qué el Oso logra esta inapreciada hazaña y no lo hacen otros animales aparentemente mucho más ágiles, como los felinos? Es una cuestión de complexión, sin duda: un centro de gravedad más bajo, patas más cortas y fuertes, plantas muy extendidas. Volveremos en un instante sobre eso. Pero aún podríamos preguntar otra cosa: ¿Por qué no ha sido capaz de mantener esa postura, como el hombre, si durante un lapso de tiempo puede incluso hacerlo mejor?

Probablemente los antiguos nos habrían contestado que porque el Espíritu Oso no quería tal cosa, y no deja de ser una respuesta satisfactoria, pues el espíritu también es la inteligencia-voluntad que habita en una complexión. Después de todo, nadie hace nada para "evolucionar", y desde luego el oso no aspira a ser algo diferente de lo que es.

Sin embargo el *plantarse de pie* del oso pudo tener una honda resonancia en los más que inciertos orígenes del hombre, y en cualquier caso tiene una intemporal afinidad. Al menos para mí no tiene sentido decir que el hombre desciende del mono, pero en cambio sí tiene sentido decir que el oso nos ha indicado siempre el camino del medio, que incluye el ascenso y el descenso. ¿Cómo justificar esto?

Un motivo muy antiguo, la Rueda de la Fortuna, adoptó una interesante iconografía bajo-medieval: un mono desciende contra su voluntad por el lado izquierdo de la rueda mientras levanta la cabeza, un perro asciende por la derecha a punto de librarse de su collar, y en una plataforma sobre la rueda, un ser parecido a una esfinge alada con una espada de dos filos preside la escena.

El espíritu del Oso, que no deja de ser un cinomorfo, nos recuerda en primera instancia la elevación por alerta del perro; pero en un sentido escondido es también la esfinge, puesto que une en sí dos tendencias contrapuestas. Después de todo, como ya notó Lafferty, el Oso no es sino Dios disfrazado de payaso: una máscara perfecta. Y ese ser coronado con la espada no es sino la expresión del cubo de la rueda.

Se dice rutinariamente que la postura erecta permitió a nuestros ancestros el uso libre de herramientas, pero, ¿cómo se consolidó la postura erecta, para empezar? El secreto está en el Oso, no en el Mono; pero no tiene mucho que ver con nuestras fantásticas ideas sobre la evolución. El mono representa en realidad la involución de la mente, su descenso a la materia por medio de la imitación. Es imposible subestimar la importancia de la imitación en el desarrollo de la cultura, pues toda la mente, en tanto pensamiento, es imitación y reproducción del acto prensil, pero por sí sola, y sin el necesario contrapeso, no deja de ser involutiva.

Tal vez sea por esto que nuestros famosos primatólogos y primatólogas ingleses, no menos que las instituciones que tan generosamente los promueven, se sienten tan fascinados por el potencial de la *reductio ad simium*. ¿Pero por qué se quiere explicar desde fuera lo que sólo se puede comprender desde dentro? Decíamos en la entrada anterior a propósito del continuo que mantienen el cuerpo y el mundo por debajo de los objetos y los sentidos:

"El cuerpo desde dentro es sólo el sensorio común indiferenciado del que han salido los diferentes órganos, y sin el cual no habría sujeto ni "sentido común". En armonía con esto, puede hablarse de dos modos de la inteligencia, uno que parece moverse y seguir a su objeto, y otra absolutamente inmóvil que nos permite escuchar nuestras propias mentaciones, y sin la cual no podrían existir. Hágase la prueba de pensar sin escucharse a sí mismo y se verá que esto es imposible: la misma compulsión a pensar no es sino la compulsión a escucharse.

La relación de los movimientos del cuerpo con respecto a su centro isométrico u origen de coordenadas es similar a los movimientos de la inteligencia orientada a objetos con respecto a la inteligencia inmutable. Ciertamente el "espacio de la mente" no parece extenso en absoluto, pero para comprobar su íntima conexión con lo físico basta con hacer uno de esos ejercicios isométricos en que uno permanece de pie y se ahueca simplemente para percibir el balance en los micromovimientos necesarios para mantener simplemente la misma postura. Si lo íntimo es la interpenetración de lo interno y lo externo, tenemos aquí tanto un ejercicio físico como para la inteligencia, que permite comprobar la íntima, trascendental relación entre movimiento e inmovilidad".

JUDÍOS, CRISTIANOS Y FENICIOS (SATURNO, JÚPITER, MERCURIO Y MARTE)

31 marzo, 2021

Otro punto de vista

Por una vez vamos a buscar una referencia extrahumana y extrasocial para algunos asuntos de nuestra especie, concretamente para la llamada "cuestión judía" y su relación con otros pueblos, y en particular con los grandes imperios. Apelar a un elemento metahistórico, no significa, naturalmente que podamos prescindir de interpretaciones que siempre serán altamente subjetivas y humanas. En todo caso, con sólo que nos permita adoptar otro ángulo y tomar otra distancia, ya resultaría saludable.

Las antiguas cosmografías eran mucho menos complejas que las actuales pero también menos reductivas. Los siete "climas" bajo los que vivían los pueblos a lo largo y ancho de la geografía también podían tener distintas influencias y estar bajo diversos polos de ascendencia espiritual; esos climas y polos podían estar representados, por añadidura, por los siete planetas, sin necesidad de confundirse con ellos: "el ángel mueve a la estrella", se dijo para aludir a las remotas potencias.

A finales del 2020, justo en la puerta del solsticio de invierno, tuvo lugar la última conjunción de Júpiter y Saturno que acontece cada veinte años y sigue una curiosa pauta cíclica escandida entre los cuatro elementos. Estas conjunciones han sido muy estudiadas desde siempre en la astrología mundial como grandes puntos de referencia de lo que ahora llamamos "relaciones internacionales", y también se han asociado, incidentalmente, con las grandes plagas y epidemias que surgen recurrentemente. Por poner sólo un caso, la famosa peste de Atenas del 430, 429 y 425 se ha vinculado con la también célebre conjunción del 424 antes de nuestra era.

Si hubiera que expresar en dos palabras qué significan Júpiter y Saturno —cuyos planetas suman casi todo el momento angular de nuestro sistema solar— bastaría decir que son los grandes arcontes de la expansión y contracción, del espacio y el tiempo; una traducción muy elemental que sin embargo ayuda a comprender muchas cosas.

Los judíos, "el pueblo del sábado", sólo podían estar asociados con Saturno, y la verdad es que esta conexión va mucho más allá de la elección de un día de la semana como periodo de especial observancia. El pionero sionista Leo Pinsker sólo se hacía eco de un lugar común dentro y fuera de los suyos cuando decía que los judíos eran "el pueblo elegido para el odio universal", y desde luego, Saturno es el más detestado de los planetas, puesto que también es el representante de "la odiosa vejez", y en general, de todo lo que se deteriora bajo la acción del tiempo y su guadaña. También ha sido el planeta tradicionalmente asociado con la caída y la desgracia.

Todo imperio, al menos mientras se expande, está bajo el signo de Júpiter; y todo poder, cuando ya se alcanzado el límite de su onda expansiva, se instala definitivamente en el tiempo e involuciona bajo el signo de Saturno. Estas tendencias son tan correlativas como abarcar y apretar. Lo que reviste un interés especial es que pueblos distintos concurran en una misma empresa imperial con funciones y cometidos diferentes.

Los descendientes de Jacob vivieron a mitad de camino de las dos primeras grandes civilizaciones e imperios, Egipto y Babilonia, y, si se juzga por las propias Escrituras, bien pronto se las arreglaron para alcanzar el favor del poder, hasta el punto de dárseles, como en el caso de José, libertad de mando. El motivo se repite con el imperio persa que termina con Babilonia, y luego con el proyecto cristiano que cava la tumba del Imperio Romano y la Antigüedad.

La verosimilitud de muchas de estas historias de lo que los cristianos llaman "Antiguo Testamento" es más que dudosa, pero el hecho de que las intrigas por la infiltración y la toma de poder se presenten como historias ejemplares para el pueblo ya nos dice bastante. Pero este motivo se repetirá en la Edad Media con los monarcas carolingios y con los reinos cristianos en general, y de forma más acusada cuando éstos daban más claras muestras de pujanza y expansión.

A partir de la Reforma, con la ascenso de los estados del norte, la atención se dirige al nuevo credo protestante y en particular al calvinismo y el puritanismo, tan impacientes siempre por terminar con las limitaciones a la usura. Luego, desde Cromwell, se sella la gran alianza del anglosionismo que tanto éxito ha tenido hasta nuestros días, y que ha mostrado por más de tres siglos como el principal vector de los asuntos del mundo. Dado que esta larga hegemonía atraviesa un momento crítico, y se presiente su final, sería más que oportuno hacer un cierto balance.

Un balance histórico no es que lleve demasiado tiempo, es que no termina nunca. Así que intentaremos, si es que eso es posible, desplazar nuestra percepción a otras esferas. Todavía hoy, el término "anglosionismo" suena extravagante para muchos, que ignoran que el sionismo fue un engendro del puritanismo mucho antes de ser adoptado por los propios judíos. Lo que nos lleva a la tercera categoría de nuestro título, tras los judíos y los cristianos: los "fenicios", que no son sino la alianza que en lo alto del poder han tenido los judíos y cristianos más ricos a expensas del resto de la población, y en nombre del libre comercio, las guerras, la extracción de impuestos y la usura o el crédito; puesto que cosas tan diversas en apariencia han demostrado demasiado a menudo estar bajo el signo de Marte.

Siendo Mercurio el dios del comercio y los ladrones, uno diría que el sistema de la banca moderna y su forma de crear y distribuir el dinero, la madre de todas las estafas, tendría que esta bajo el influjo de su planeta correspondiente. Pero Mercurio, estando tan cerca del Sol, no hace gran diferencia en los acontecimientos señalados, esos que llamamos "históricos"; su ámbito es demasiado cotidiano, como cotidiano es el papel de la estafa y el robo en los asuntos del dinero, la bolsa y el casino global.

Para expandir mercados a lo grande, saquear a gran escala, aumentar los impuestos, y disparar la deuda pública hace falta el impulso guerrero de Marte, y si las guerras no estallan, que por lo menos parezcan una amenaza creíble. Si nuestro fraudulento dinero es la gran estafa cotidiana, tan ordinaria que nos encuentra ya insensibilizados, la guerra es la gran estafa de los momentos críticos, donde ya no queda más remedio que los que ya han sido bien exprimidos, paguen además con su vida, sus libertades y sus penurias.

Hace mucho tiempo que en Occidente no se libran grandes guerras sin el beneplácito de la banca y los señores del dinero, así que buscar otras explicaciones no es sólo ocioso sino descarada distracción. Si esto tiene rango de certidumbre para los últimos dos o tres siglos, con más razón ha de estar ligado a los futuros movimientos, ahora que la guerra económica y monetaria alcanza nuevas dimensiones.

Por ejemplo, si con las nuevas monedas digitales China, Rusia y otros países pueden sortear las sanciones económicas, al parecer la única diplomacia que le queda al imperio, cabe esperar una intensificación de la guerra informática y los ciberataques no sólo a esos países sino dentro de los dominios imperiales para sembrar el pánico y mantener a las ovejas dentro del propio corral monetario. Hasta el Foro Económico y la muy ejercitada Dirección Cibernética de Israel nos anuncian ya a las claras una inminente "Ciberpandemia".

Hay que reconocer que lo de llamar "fenicios" a la selecta clase parasitaria imperial está bastante bien elegido: no son "judíos" ni "gentiles" pero ciertamente quedan bastante más cerca de Jerusalén que de Atenas. No es simplemente que la mitad de las grandes fortunas sean judías, es que la otra mitad, que les ha concedido todos sus privilegios y que además suele ser abiertamente pro-sionista, está siempre pendiente de su iniciativa. La relación entre el engaño y la fuerza sigue siendo la de maestro y discípulo.

¿Porqué los judíos han sido los iniciadores e incitadores de los poderosos? Porque en Occidente los que llegaron al poder por la fuerza carecían de talento para explotar a fondo a su presa; de ahí que los reyes dejaran en sus manos la tesorería y la recaudación fiscal. Esto, en cuanto al ordeñado económico de la población. Y en cuanto a la política, los adiestraron en el arte de los manejos graduados, pues casi no hay cosa a la que gente no se acostumbre si se hace con la debida gradación —he ahí el verdadero sentido de la expresión "tomar medidas".

La guerra se basa en gran medida en el engaño, y más aún para el más débil. Según sus propias escrituras, los judíos están llamados a dirigir a todas las naciones, pero un pueblo mucho más pequeño sólo puede prevalecer por el engaño sistemático, que en este caso no sólo está permitido sino prácticamente santificado, con tal de que sirva a la Misión. Los rabinos le dieron el sentido de misión a la mentira, lo que en los oídos del poderoso ha de sonar a música celestial. De ahí la atracción del sionismo para una ralea que no tiene más meta que mantener sus privilegios. Naturalmente, el empleo sistemático del engaño presupone que se está en guerra con los que no son de la tribu, una perspectiva también muy conveniente para la "élite" gentil.

Resumo sólo los motivos de esta profunda simbiosis, que desde hace tanto apuntaba a la consolidación de "un estado dentro del Estado"; porque la verdad es que tengo muy pocas ganas de detenerme en los detalles de esa abyecta intrahistoria. Los diálogos del fatuo Fausto y el solícito Mefistófeles de Goethe dan cierto tono literario a la cuestión, pero la realidad es infinitamente más fea.

* * *

En otros artículos hemos hablado de la ley de potencias que radiografía la pirámide invertida de la riqueza, en que 1/5 de la población se lleva 4/5 de la riqueza, y así sucesivamente; también notábamos que el hecho de que en este proceso iterativo de acumulación, se diera un reparto 50/50 entre judíos y gentiles, 2/5 para cada uno, suponía una "radiografía de la radiografía". ¿Será entonces pura casualidad que la ratio entre el periodo de Saturno y el de Júpiter, poco menos de 30 y 12 años, sea casi exactamente 2/5?

Bueno, tal vez la cosa sea menos esotérica de lo que parece, con sólo recordar que Saturno representa la acción continua del tiempo —y el interés compuesto— y Júpiter las fases cíclicas de expansión, en este caso del crédito y los ciclos de negocio. Puesto que ya dábamos casi por descontado que esta acumulación extrema, que lleva a unas 3 familias a tener la mayor parte del excedente en poder de compra, tenía que estar relacionada con la estructura de la deuda engrosada a lo largo de muchas generaciones.

El crédito para hacer guerras, y las intrigas para instigarlas, no sólo hicieron mucho más ricos a los usureros sino que les fueron dejando en la mano las palancas del poder. Los estados democráticos aún eran mucho más vulnerables, ya que los acreedores siempre podían cobrar en especie con bienes públicos, siendo esta la razón de más peso para su decidida promoción. Únicamente en la fase de ultraimperialismo monetario del dólar se llegó a saturar la posibilidad de crédito para el conjunto de la población, hasta tal punto que sólo destruyendo selectivamente franjas de la economía se puede hacer espacio para el exceso de capital. Es lo que ocurre ahora mismo, por ejemplo.

Los que ya lo tienen casi todo no pueden tener mucho que ganar, en términos absolutos, pero en términos relativos aún pueden aumentar grandemente la dependencia y sujeción de las masas. El miedo a ser derrocados pone en marcha una lógica implacable. ¿Quién no puede comprender esto? ¿No hicieron ya cosas mucho peores en el siglo pasado? ¿Y acaso no ha aumentado grandemente desde entonces su palanca de poder?

El Foro en cuestión, mera fachada para los que no dan la cara, descaradamente nos sondea: "dentro de diez años no tendrás nada… y serás feliz".

* * *

Imposible ponerse de acuerdo con los hombres. Sin embargo estamos condenados a llegar a un arreglo con potencias mucho más remotas, que sólo por la gracia literaria del mito hemos revestido de rasgos humanos. Y estamos condenados porque tales potencias ya llegaron a un arreglo con nosotros al nacer.

Se odia al judío porque Saturno resulta odioso, no al revés. Así es, al menos en una importante parte. Sin embargo de Saturno no conocemos nada, más que algunas manifestaciones odiosas, como si estas hubieran robado algo a su origen. Los planetas son sólo astillas de un orden fracturado, y dando vueltas hacen lo mejor que pueden para indicar el principio del que emanan.

Santayana decía que el protestantismo era antiascético y el judaísmo también. Es una aguda observación; lo que no sabía es que los católicos llegarían a ser mucho más antiascéticos que los protestantes y judíos que él conoció. Después de todo muchos judíos observan fielmente el sábado, y ayunan al menos un día al año; apreciar la inactividad y ayunar de vez en cuando tuvieron que ser cosas inevitables en la "religión natural" anterior a revelaciones y leyes. ¿Pero quiénes lo hacen hoy entre los cristianos, sean protestantes o católicos?

Aborrecemos los majestuosos campos de Saturno, no soportamos ni siquiera el exquisito aburrimiento de una tarde de domingo. Y el que no llega a su propio acuerdo con Saturno, encarnación del Karma, tendrá que darle de comer como a un intruso indeseado. Lo mismo ocurre con Shiva, dios tan diferente en muchos sentidos. Negar la muerte nos mata a diario, y son otros los que se ocupan de nuestra destrucción. Se supone que es uno mismo el que debería hacerse cargo de estas cosas.

No le he dedicado tiempo a estos asuntos, pero a veces me pregunto si el ritual del chivo expiatorio arrojado al desierto descrito en el Levítico no ha sido usado de la forma más desvergonzada y abusiva. Todo lo que se ha considerado sagrado o impuro y acaba sirviendo como pretexto termina teniendo consecuencias funestas.

El postmoderno huye de Saturno con los resultados que observamos. ¿Pero qué decir hoy de Júpiter? Pues que en las últimas cuatro décadas apenas es más que la expansión del crédito, un impulso que tenía que venir de "América". Es decir, Júpiter ya había sido absorbido por la banca antes de transmitirnos "la nueva jovialidad".

¿Han aprovechado los judíos el momento favorable en cada vaivén imperial o lo han incitado ellos mismos? Para Wiesenthal no fue casualidad que Colón zarpara para América justo con el vencimiento del decreto de expulsión, un 3 de agosto de 1492; pero, naturalmente, no ha sido el primero en notarlo. Ya viniera de Génova, de Pontevedra, de Mallorca o donde fuera, lo único que puede explicar las incógnitas de tan dudoso almirante es la misma naturaleza de su origen. Claro que Wiesenthal dice lo que quiere, y no nos habla del notorio aspecto judío de Eichmann, que incluso hablaba hebreo y yiddish.

Y eso ocurría tras la supuesta "limpieza de sangre" de España y las colonias. Una buena parte de las grandes fortunas criollas de Hispanoamérica, probablemente la mitad, pertenecen a familias con abundante sangre judía. ¿Qué no habrá ocurrido dentro del filojudaico ambiente puritano, sea en Inglaterra o en los Estados Unidos? La Compañía de las Indias Orientales y la Milla Cuadrada han sido los cuarteles generales de la Armada Fenicia, y aún hoy sigue siendo el nido predilecto de los ladrones del mundo. Hilario Belloc ya notó que a principios del siglo XX había en Inglaterra más aristócratas con linajes hebraicos que sin ellos; era el único resultado posible de tan rendida admiración.

En toda la expansión imperial de Occidente los cristianos han puesto la fuerza y los judíos, siempre por delante, la previsión y la inteligencia. Esto sería un mero truismo de no ser por la vanidad de unos y la justificada cautela de los otros. Claro que mi intención aquí no es ajustar las cuentas a nadie, puesto que estos temas ya han sido tratados en profundidad por todo tipo de autores, sino plantear la pregunta de cómo serían estas dos arcanas potencias de expansión y contracción si tratáramos con ellas directamente y sin facilitadores.

* * *

Es totalmente imposible comprender el dinamismo de Occidente y la modernidad sin comprender la dualidad inherente a unos pueblos cristianos expansivos y conquistadores y unas comunidades judías con vocación de exilio y diáspora. Pues es evidente que la sinagoga eligió el exilio como una estrategia de máximo crecimiento a la vez que de máximo control sobre su comunidad. Si hay un genio judío en la organización, la distancia con respecto a todas las cosas y la psicología con respecto a los que no las guardan, se deriva enteramente de haber elegido estas circunstancias especiales, inspiradas sin duda por el polo saturnino a través del cual se relacionaron con el Principio.

La dirigencia judía ha procurado conducir el exceso de fuerzas de pueblos más jóvenes en beneficio propio; pero la relación con esos pueblos ha sido básicamente de arriba para abajo. No son esos pueblos los que han dado la bienvenida a estas gentes que iban buscándose la vida, sino las cúpulas del poder, a los que los rabinos se han dirigido directamente para proponerles tratos ventajosos —crédito o promesas de engrosar las arcas a cambio de privilegios y concesiones como la recaudación de impuestos. Como observa Guyenot, en general es falso que a los judíos no se les haya permitido otro modo de vida que la usura, y por el contrario a menudo se les han concedido privilegios vedados al grueso de la población.

Para ahorrarnos argumentos, sólo podemos remitir al lector interesado a los escritos de Laurent Guyenot, Michael E. Jones, Israel Shamir, Simone Weil, Douglas Reed, Roger Dommergue, Robert Faurisson, Miles Mathis y muchos otros. No hace falta compartir todo lo que dicen ni mucho menos para darse cuenta de que lo que están en general es mucho mejor informados, y al contrario: si la gente aún cae masivamente en manos de la propaganda es por su pasmosa ignorancia de la historia y las escrituras, además de por puro masoquismo y debilidad mental.

En la iconografía tradicional se ha considerado al escorpión como símbolo de la Sinagoga y del pueblo judío en general, lo que es fácil entender como una alusión al signo zodiacal de Escorpio, domicilio nocturno y acuático del planeta Marte. El hecho de que un planeta ígneo se encuentre en un signo de agua se asocia directamente con el fermento, el veneno y la ponzoña además de con la muerte. Esto redunda en la asociación ya mencionada con Saturno y las divinidades de lo deletéreo; y sin duda el Jehová que describen las escrituras más que celoso parece un psicópata extasiado con la destrucción, en particular la de los pueblos no elegidos que son todos menos uno.

En cualquier caso es claro que la expansión de Occidente es una sola cosa con su pérdida de cohesión interna, algo que todo imperio está llamado a comprobar; los Estados Unidos son sólo el último exponente de un proceso una y otra vez repetido. Sin embargo lo característico de los imperios occidentales es la simbiosis o connivencia mucho más íntima de dos intereses diferentes en la dirección del poder, algo sólo mitigado en la medida en que la parte más autóctona e irreflexiva termina asumiendo la iniciativa de la parte más previsora. No hace falta recordar que Júpiter y Saturno representan el dominio del espacio y el tiempo.

* * *

Esta "simbiosis" tan íntima sólo fue posible gracias al cristianismo y su aceptación del Antiguo Testamento como libro sagrado. Sin duda se puede alcanzar cierto grado de conocimiento con independencia de cuál sea la religión de uno, pero no todo en el hombre es conocimiento. Tampoco es mi intención aquí atacar a ninguna fe, puesto que ya son demasiado agredidas y ofendidas tanto por la estupidez ambiente de los medios como por sus campañas dirigidas. Si las religiones son tan acosadas, algo bueno tendrán, es lo primero que uno piensa; pues no hay religión más mezquina ni estrecha que la de creer que todo es social.

Sin embargo esto no nos puede impedir ver el papel funesto que el cristianismo ha tenido como caballo de Troya frente a la integridad de la naturaleza humana y como infección moralizante; no le falta razón a Guyenot cuando lo llama un "santo anzuelo". No puede haber mayor conquista ni colonización más profunda que el que uno mismo se esfuerce en poner una anomalía en el centro de su ser; desde ese momento bien puede decirse que su suerte está echada.

De nada sirve que en los últimos siglos la gente haya perdido la fe, pues desde entonces aún se ha hecho más vulnerable a la propaganda y al moralismo barato: a las nuevas religiones laicas del marxismo, el holocaustismo y el calentismo, siendo las dos primeras judías hasta la médula y la tercera simplemente fenicia. Si uno tiene dudas sobre el calentamiento global o sobre las cámaras de gas, automáticamente se convierte en "negacionista"; y a estos indeseables se ha sumado ahora un tercer grupo, los que tienen serias dudas sobre la presente epidemia y su origen.

Pero está claro que en vista de la clase de gente que usa el término, ser considerado un "negacionista" es lo más cercano a un elogio que puede esperarse. Pues es la clase de descalificación invariablemente esgrimida por los cobardes que sólo se apoyan en el número y la fuerza de la corriente de opinión, no en argumentos ni reflexiones. Igual de cobarde y falso que el uso del término "antisemita": no deja de ser extraordinario que nadie hable de la existencia de una "raza semita" y que sin embargo se habla continuamente de "antisemitismo" como una forma de racismo.

Evidentemente, los calificados como "antisemitas" no parecen tener nada particular en contra de los hablantes de lenguas semíticas, que son más de 330 millones, en su mayoría del árabe, incluidos los palestinos. ¿Cuál es entonces la razón de que haya hecho fortuna este palabro de Steinschneider, no ya sólo entre los judíos, sino entre el grueso de la población? ¿Porqué no se habla nunca de antijudíos, que sería el término simple y apropiado? La única razón posible es que se quiere evitar que el término "judío" y sus derivaciones esté permanentemente en boca de los que mantienen controversias.

Ya que "antisemitismo" es un término necio, falso y cobarde —que ahora se oye y lee incluso en los discursos de la ultraderecha— lo único que hay que hacer es llamar a las cosas por su nombre y no caer en los condicionamientos de los dueños del discurso. Lo mismo puede decirse sobre las famosas cámaras de gas. ¿Cómo es posible que en todas las memorias de Eisenhower, Churchill y De Gaulle, que ocupan más de 7.000 páginas y fueron publicadas entre 1948 y 1959, no haya ni una sola mención a las famosas cámaras?

No nos detendremos en temas que ya han sido bien tratados por algunos de los autores citados. Está claro que hemos asistido a la creación de una nueva religión para condicionar la memoria de las masas y lobotomizar a pueblos enteros como el alemán. Pero cuando vemos a los mayores sinvergüenzas políticos en cualquier rincón del planeta recordándonos que es el "Día Internacional de Conmemoración del Holocausto", sabemos lo que cabe esperar.

Figuras en el cielo

Según Wolfram von Eschenbach, Kyot aseguró que Flegetanis había encontrado los misterios del Grial escritos en las estrellas. Sin duda también hoy podría leerse más de un secreto en las figuras y configuraciones del cielo, pues tanto lo de arriba como lo de abajo demanda serios ajustes, en estos tiempos como en cualquier otro, pero en cada uno a su manera.

Lo extremado de la pirámide invertida de la riqueza, esa diáfana estructura matemática que los economistas y sociólogos tan bien ignoran, sólo puede mantenerse a condición de dividir a la población igualmente hasta grados extremos. Dividirla, envenenarla, neutralizarla, domesticarla y castrarla hasta donde sea posible, con todos los recursos del control, los medios de comunicación y la ciencia a su servicio.

Esta acumulación extrema tiene dos aspectos básicos: dinámica y estructura, que también se corresponden con las funciones respectivas de Júpiter y Saturno. Como dinámica, hoy se traduce sobre todo en la regulación del flujo monetario; como estructura, se trata de la misma distribución autosimilar que exhibe la ley de potencias, que entraña de arriba a toda una cadena socioeconómica de servidumbres y favores cuyo funcionamiento en vano buscaremos entre los llamados expertos. Por supuesto la dinámica, usurpada por la banca desde hace siglos, está abrumadoramente al servicio del mantenimiento de esta estructura, con su enorme peso muerto proyectado desde arriba. Se entiende por sí solo que el llamado "dinamismo del capital" sea cada vez menos y menos dinámico, pues todo el movimiento aparente, y en particular la permanente "revolución tecnológica", también está cada vez más al servicio del control del aparato social.

Saturno domina las cumbres pero también comporta el miedo a la caída, que alienta un vértigo o paranoia proporcional al índice de la pendiente. En el zodíaco las cumbres están representadas por Capricornio, puerta del invierno, domicilio de Saturno, detrimento de la Luna, exaltación de Marte y caída de Júpiter: la constelación del poder por excelencia. Del poder trabajado, se sobreentiende.

La mayor vulnerabilidad del capital es su propia concentración: bastaría con que se hicieran públicos los nombres que hay detrás de las tres o cuatro mayores fortunas, y que fueran objeto de la misma vigilancia a la que ahora se somete al grueso de la población, para que la relación de poder cambiara de modo decisivo. Todo lo que esta gente tiene se lo debe al ocultamiento y la mentira, y no puede sobrevivir sin ellos; se parecen tanto a los vampiros que se deshacen en el aire con la primera luz. Sin embargo mucha gente vela para que eso no ocurra.

Su crónica dependencia de la mentira a todos los niveles intoxica a la sociedad entera, permanentemente inoculada con los más variados venenos. Hoy no hay prácticamente nada que esté libre de la propaganda y las operaciones psicológicas, en un grado cercano a la saturación. Es imposible recuperar la salud sin acabar con esta intoxicación crónica, y la única forma concebible es desarticulando la cúpula, como con cualquier banda criminal.

* * *

Existe un ser fabuloso que aúna las características de Saturno, Júpiter y aun de Marte: el Dragón, especialmente en su versión china. China es hoy la única gran amenaza para la hegemonía fenicia anglosionista, y los intentos para infiltrarla y reducirla al vasallaje han fracasado estrepitosamente. Hasta ahora, no se ha dado una sola trasferencia de la hegemonía sin esos grandes ajustes tectónicos que solemos llamar guerras. ¿Pero hasta dónde estará dispuesta Fenicia a llevar las hostilidades?

Dependerá de los lineamientos geopolíticos, aunque la guerra híbrida blanda y no tan blanda ya está en pleno desarrollo. El Reino Unido salió de la Unión Europea, pero ésta no rompe con el atlantismo, que es el instrumento de la dominación militar americana. Estados Unidos no parece dispuesto a permitir que haya buenas relaciones entre Rusia y Alemania, y el gobierno germano se ve empujado a repetir los errores de siempre. Los anglosajones siempre azuzaron a Alemania contra Rusia para dividir y vencer, y a estas alturas deberían haber aprendido algo.

Está demostrado que los banqueros de Estados Unidos y de Inglaterra financiaron intensivamente a Hitler[1], hasta el punto de poseer una buena parte de la industria alemana. Alemania nunca pretendió hacer la guerra a los anglosajones, pero éstos no tenían ninguna duda sobre lo que hacían. ¿Alguien puede sorprenderse del resultado final?

Londres fue un caballo de Troya para la Unión e incluso fuera de ella sigue siendo su enemigo, ahora con más libertad de maniobra. En verdad, la mercurial capital de Inglaterra aún resulta insustituible en los esquemas de Fenicia, pues no sólo es el centro histórico de la trama, sino también el refugio de último recurso. Pero seguro que mientras Estados Unidos trata de separar a Europa de Rusia y China en contra de sus intereses, Inglaterra se dispone a beneficiarse de ello.

Decir que el sector financiero londinense estaba a favor de la permanencia en la Unión pero que la voluntad popular eligió salir no es más que una broma. No hay nada importante en Inglaterra que no haya pasado directamente por la Milla desde hace más de trescientos años; pero afirmando lo contrario, aún pueden echarle a la población la culpa de las consecuencias. A pesar de la intensa competencia, Londres sigue estando en forma como capital mundial de la mentira.

Estados Unidos se está hundiendo estrepitosamente, y si le siguen sus vasallos es porque no encuentran margen de maniobra. Si China es una amenaza, lo es ante todo para el estatus de los más privilegiados, que al parecer sí tienen mucho que perder. La mayoría ya no puede estar más vendida. Claro que los intereses de clase parecen estar muy por encima de los intereses nacionales.

Masculino, femenino y neutro

Dejemos la política barata y las cuestiones de actualidad para rozar siquiera algunas cuestiones de más calado. Si consideramos la dinámica interna de Occidente, con sus dos polos en Atenas y Jerusalén, o en Júpiter y Saturno, o la expansión y contracción, una buena pregunta es quién ha jugado un papel masculino y quién un papel femenino en esta intensa relación.

Y la primera respuesta no debería dejar lugar a dudas: es la cultura judía la que ha desempeñado un papel masculino, al impregnar a la cultura gentil, una vez que la cultura pagana fue destruida. Es decir, Occidente, más allá de su frente expansivo, es femenino y reactivo con respecto al fermento que lo hincha e impulsa. Sin duda lo esencial de esta complexión se debe a la implantación del cristianismo entre pueblos jóvenes y sin civilizar.

La lectura de más baja estofa atribuye la animosidad de los cristianos contra los judíos a su culpabilización por la muerte de Jesucristo, Judas y todo lo demás. No hace falta considerar semejantes argumentos, más propios del folklore que otra cosa, y que ni siquiera contemplan el otro lado de la animosidad. Pero creo que, a un nivel mucho más profundo, contra lo que se han intentado revelar siempre los pueblos jóvenes es contra la impregnación de un cuerpo extraño, contra ese embarazo indeseado que puede llevar a los extremos de la locura.

No escribo para resultar políticamente correcto, sino como parte de un Occidente que intenta llegar a un grado superior de autoconciencia. Una palabra tan falsa como "antisemitismo" ni siquiera ha sido diseñada para detener los golpes contra a los judíos, sino sobre todo contra su casta dirigente y los fenicios. Por lo demás, son estos fenicios los primeros en haber traicionado a los judíos menos favorecidos cuando lo han juzgado oportuno, igual que luego han intentado compensarlo del único modo que saben para acallar su conciencia. Al menos esto es lo que se colige de los tiempos más recientes y las últimas grandes guerras.

La estupidez infinita pero no gratuita de los medios aún se pregunta por las causas que podría haber tras "el ascenso del antisemitismo", pero sólo a alguien que no le tomara el pulso a esos mismos medios podría parecerle misterioso. Pues, aparte de que ellos y su basura ya hacen suficientemente odioso todo aquello de lo que nos intentan persuadir, tampoco es nada misterioso que se deteste una serie de cosas, como la mentira sistemática, la usura, el control del discurso, la culpabilización directa e indirecta, y, para colmo, hasta el intento de control del propio odio. Como también es particularmente odioso el hecho de tener que admitir que a uno lo han engañado como a un primo.

Realmente esta gente no tiene medida ni saben lo que significa la palabra "contraproducente". Seguramente el judío promedio es incapaz de ser inocente con respecto al no judío, pero en su egoísmo aún hay una enorme dosis de ingenuidad que no deja de sorprender. Alguien podría llamarlo su "punto ciego", y sabido es que nadie alienta sin tener uno. Pero en cuanto a los fenicios que resultaron de la mezcla, dudo de que quede en ellos el menor rastro de inocencia ni de ingenuidad.

Si la "crítica" moderna intenta hoy tan a menudo minimizar y relativizar la importancia de la raza, del género, o de la religión, se puede estar seguro que no es por casualidad o ignorancia, sino por mera estrategia en las modernas guerras de la opinión. Si aquí he escogido otra clave de contraste completamente ajena a las que ellos manejan, no es porque no crea que las otras no tienen importancia —aparte de que dentro de tales condicionantes habría que incluir cosas que ahora ya ni se contemplan, puesto que tampoco la raza es una mera cuestión de "genética", por ejemplo.

En cualquier caso, para que no quede ninguna duda, diremos que tampoco el simbolismo astrológico se reduce a una laxa cuestión de psicología, ya sea superficial o profunda, y que verdaderamente muestra una correspondencia cronológica con los hechos de la historia y las pasiones e inclinaciones del hombre, e incluso con sus componendas y tramas. Como ejemplo, propongo que se estudien las expulsiones y persecuciones de judíos, cuyo número compone una "base estadística" de unos cuantos cientos de eventos perfectamente datados, a la luz de las claves planetarias y zodiacales aquí apenas indicadas.

Hay muchos datos objetivos y subjetivos encajados en las constelaciones del antijudaísmo, pero si realmente nos interesaran, ciertamente nos habríamos empleado más a fondo. Lo poco que hemos dicho en contra de la versión ahora dominante es simplemente para compensar de algún modo el permanente diluvio de la más desvergonzada propaganda, financiada generalmente con el dinero de los perjudicados.

Volvamos ahora al tema, bastante más interesante, del género de determinadas influencias o tropismos, como el de Júpiter y Saturno. Hemos aventurado que el espíritu judío, su inteligencia, habría desempeñado un papel activo con respecto a unas almas pasivas —respecto a ese fondo ya de por sí machihembrado de voluntad y deseo. Esto mismo ya sugiere que la cosa es mucho más complicada de lo que pueden abarcar unas pocas palabras y merecería un estudio aparte, aunque aquí sólo señalaremos algo esencial.

En realidad, la inteligencia utilitaria es una inteligencia reactiva y por lo tanto derivada; es el espíritu inquieto al servicio de la vida que escapa, no ese espíritu que no necesita del movimiento para reunir las aspiraciones de la vida. Entre ambos hay tanta diferencia como entre la Tierra y el Cielo. En otro plano, uno puede preguntarse en qué sentido la contracción y la expansión de Saturno y Júpiter son femeninas y masculinas, y en qué sentido son lo contrario.

Este es un tema recurrente que ya tocábamos en un libro dedicado al Polo, recordando que los chinos y japoneses daban a menudo un sentido opuesto a los términos *yin* y yang en lo relativo a la contracción y expansión así como lo lleno y lo vacío. Este tipo de discusiones sobre cualidades pueden parecer especiosas e interminables, pero en realidad sólo piden una clarificación del contexto, ya que pueden emplearse en dominios claramente diferentes.

Así, como ya hemos notado repetidamente, Júpiter y Saturno representan la expansión y la contracción pero lo hacen en los dominios completamente diferentes del espacio y el tiempo. Por lo demás está claro que Júpiter es plétora material que busca expandirse, mientras que Saturno es amplitud de espacio en tanto que vacío material. Tenemos aquí ya tres categorías diferentes, espacio, tiempo y materia. En física y matemáticas existen formas bien conocidas de tratar dualidades en tales términos, aunque no vamos a detenernos ahora en ello.

Daremos en cambio una clave más acorde con el espíritu de este artículo, que concierne al tono fundamental de cada planeta. El septenario o semana de los planetas contiene, en consonancia con los siete metales tradicionales y sus matices cromáticos, tres astros masculinos, tres femeninos y uno neutro. Los masculinos son, en orden ascendente de pureza, Marte (hierro), Venus (cobre) y Sol (oro); mientras que los femeninos son, en idéntico orden, Saturno (plomo), Júpiter (estaño) y Luna (plata). Otro arreglo dispone del lado masculino a Júpiter, Marte, y Sol, y del femenino a Saturno, Venus y Luna.

Lo más relevante de cualquiera de estas dos disposiciones es el rol mediador que otorga a Mercurio como planeta neutral y eje de simetría que conecta a los demás.. Digamos que Mercurio, que también representa al movimiento y al intelecto, guarda el secreto de la transición entre lo masculino y lo femenino de las potencias, así como de su reversibilidad.

Decimos esto con la debida cautela puesto que sabido es que no hay conocimiento que no termine por emplearse para lo peor, lo que resulta particularmente cierto ahora. Aspectos mundanos de Mercurio son el dinero, el comercio y los medios de comunicación —los grandes moduladores de la vida cotidiana. Por supuesto, el hecho de que hoy hablemos mucho más de los medios de comunicación que de la comunicación en sí ya revela hasta dónde llega la instrumentalización de los actos más ordinarios.

Está completamente dentro del orden normal de cosas el que Mercurio, el gran modulador, sea el más desapercibido de los planetas; del mismo modo que nada es menos advertido por la inteligencia que su propia naturaleza. Ambos determinan y son determinados continuamente, pero somos incapaces de seguir la línea que describe su verdadera neutralidad, y sin duda es sólo en ese sentido que pudo verse a Mercurio como el espíritu de la sabiduría.

El Thoth egipcio, numen de la escritura, era un dios lunar; la escritura pasó con los griegos a ser un fenómeno mercurial, y hoy estamos a punto de convertirlo en un atributo de Urano, patrón de la era electrónica y «octava superior de Mercurio» al decir de muchos, que sin embargo ya sabemos fue castrado por Saturno; y es que para que las cosas adquieran su debida forma hay que recortar un poco las posibilidades. Sin embargo, el mercurio sabio, el mercurio neutral, conoce la ruta hacia el Verbo solar, y nada salvo la inconsciencia puede obstruir su paso: hay un poder supraviril en el precursor del Sol.

Notas

1. https://www.voltairenet.org/article187569.html

Metanoia, continuo y cuaternidad

4 abril, 2021

Capítulo final, corregido y aumentado, del ensayo «Espíritu del Cuaternario»

Dejemos por un momento la ciencia y volvamos a una perspectiva más general.

Fue probablemente en una reacción contra el idealismo intrínseco al símbolo trinitario que una serie de pensadores de estilo muy variado se volvió en el siglo XX, y especialmente tras la posguerra, hacia los esquemas cuaternarios como símbolos de la totalidad. Quizás fue Jung el primero en percibir la necesidad de este giro, seguido luego por autores tan conocidos como Heidegger con su cuaternidad tierra-cielo-celestes-mortales, o el Schumacher de la excelente «Guía para perplejos» con su cuádruple campo de conocimiento: yo interno, mundo interno, yo externo, mundo externo, opuestos dos a dos como determinantes de la experiencia, la apariencia, la comunicación y la ciencia.

Raymond Abellio presentó otro modelo cuaternario de la percepción y por ende del conocimiento, en el que la mera relación entre el objeto y el órgano de los sentidos es siempre sólo una parte de una proporción mayor —una relación de relaciones— , puesto que el objeto presupone al mundo y la sensación del órgano a un cuerpo completo que lo organiza y le da un sentido definido:

$$\frac{objeto}{mundo} = \frac{sentido}{cuerpo}$$

Lo más importante de esta exactante proporción es la ignorada pero siempre presente continuidad entre los extremos "mundo" y "cuerpo", donde el mundo no es meramente una suma de objetos, ni el cuerpo de órganos, partes o entidades. El fondo sobre el que aparecen es el primitivo medio homogéneo de referencia para cualquier fenómeno, movimiento o fuerza, puesto que ya sabemos de antemano que cualquier movimiento o cambio de densidad, ya sea expresado como suma o como producto, es sólo una manifestación del principio de equilibrio dinámico.

El cuerpo desde dentro es el sensorio común indiferenciado del que han salido los diferentes órganos, y sin el cual no habría sujeto ni "sentido común". En armonía con esto, puede hablarse de dos modos de la inteligencia, uno que parece moverse y seguir a su objeto, y otro inmóvil que nos permite escuchar nuestras propias mentaciones, y sin el cual no podrían existir. Hágase la prueba de pensar sin escucharse a uno mismo y se verá que esto es imposible: la misma compulsión a pensar no es sino el deseo de escucharse.

Abellio propuso una "estructura absoluta" del espacio a la que estarían igualmente referidos los "movimientos de la conciencia", y que no serían sino los ejes del espacio plano ordinario con las seis direcciones tradicionales. Otros autores habían propuesto ya ideas muy similares, cada cual dentro de su foco de interés propio.

La relación de los movimientos del cuerpo con respecto a su centro de gravedad como origen de coordenadas es similar a los movimientos de la inteligencia orientada a objetos con respecto a la inteligencia inmutable. Ciertamente el "espacio de la mente" no parece extenso en absoluto, pero para comprobar su íntima conexión con lo físico basta con poner en práctica cualquiera de esos ejercicios isométricos en los que uno permanece de pie y se ahueca simplemente para percibir el balance en los micromovimientos necesarios para mantener la postura. Si lo íntimo es la interpenetración de lo interno y lo externo, tenemos aquí tanto un ejercicio físico como para la inteligencia, que permite comprobar la íntima, trascendental relación entre movimiento e inmovilidad a través de la propiocepción.

Según Abellio, «la percepción de relaciones pertenece al modo de visión de la conciencia «empírica», mientras que la percepción de proporciones forma parte del modo de visión de la conciencia "trascendental": esto se aplicaría a los cuatro aspectos de la cuaternidad. Como buen heredero de Husserl, Abellio hace un gran esfuerzo por ir más allá de los esquemas conceptualistas pero aún sigue dentro de la servidumbre del conocimiento. La toma de conciencia global o "conciencia de la conciencia" no es objeto de una regresión infinita sólo en virtud de una suerte de "paso al límite" en última instancia que sigue recordándonos cosas como el "interpretante último" de Peirce.

El dilema último de la comprensión, tal como lo puso Siddharameshwar, es que sin desapego no hay conocimiento, y sin conocimiento no hay desapego. Ahora bien, este desapego no es la mera separación que tomamos con respecto al objeto, sino algo que toca más hondamente a la voluntad. Se supone que queremos saber, ¿pero saber qué? Ni siquiera sabemos eso, ni tal vez queremos saberlo tampoco. Los científicos se afanan en buscar la solución de problemas heredados, pero vale más saber dejar a un lado las preguntas que no se ha hecho uno mismo.

El yo empírico no puede ser el operador de la conciencia global o conciencia sin objeto, y el "yo trascendental" es sólo un nombre para aquello que nunca dice "yo" ni lo necesita: para ese continuo mundo-cuerpo dentro del cual aparecen objetos de los sentidos. Ese continuo a veces nos concede algo de conocimiento, si aspiramos a merecerlo, tal vez con el sólo objeto de que se produzca el desprendimiento de la inteligencia y el yo que normalmente son conscientes de la adhesión y la separación y viven de su alternancia, pero pierden el suelo en el punto intermedio.

Así que podría decirse que todo conocimiento global es simplemente una gracia de la que el yo empírico es objeto para facilitar su desprendimiento y darle alguna aptitud; y está perfectamente dentro de la lógica que sólo pueda surgir más allá del deseo de conocimiento particular —la gracia es idéntica al ser, lo no particular por excelencia. Pero también hay en torno a esta palabra neutra, "ser", una transubstanciación de intelecto y voluntad, y del sentido mismo que a tales términos concedemos.

La cuádruple proporción de Abellio apunta a una sucesión de umbrales, de perspectivas cada vez más amplias, pero que no deberíamos ver sólo como ángulos del conocimiento, sino como grados de participación en el ser, surgidos de un doble movimiento de asunción y encarnación. Por supuesto, ese doble movimiento también se da en el conocimiento científico, pero mientras la Naturaleza sea tan sólo objeto hablamos de dos tipos de conocimiento que ni siquiera son comparables.

En este contexto la *metanoia* o metacognición no puede dar de ningún modo lugar a un regreso infinito, porque lo que en realidad supone es una repetida transformación de lo mudable o aparente con respecto a lo inmutable que nunca se deja ver.

Por otra parte el "giro hacia el cuerpo" de la filosofía más reciente es demasiado parcial como para no ser fácil presa de la instrumentalización —mucho se ha hablado del sexo y de "máquinas deseantes" pero lo cierto es que el deseo, que es una agencia femenina, está más en el alma o incluso en el espíritu que en el cuerpo; mientras que la voluntad, que desde un punto de vista relativo sí está mucho más literalmente encerrada en los cuerpos y es un agente masculino, se ignora sistemáticamente. En el fondo se sigue viendo al cuerpo como objeto, aunque por otro lado la ciencia nos prevenga de considerar a una Naturaleza externa deseante, que es Naturaleza naturante.

Considerando "la parte del cuerpo" es obligado mencionar la ambigüedad fundamental de la mecánica relacional inaugurada por Weber con respecto a las tres energías —cinética, potencial, interna—, que aunque es una mera consecuencia de sus ecuaciones no deja de resultar natural, y que habría que tener en cuenta al respecto de ciertos balances y proporciones.

Las vibraciones longitudinales internas a los cuerpos en movimiento de Noskov, postuladas precisamente para justificar la conservación de la energía que en Weber era meramente formal —ni más ni menos que en las otras mecánicas— son una parte esencial del mismo tema, y es fácil ver cómo deberían "encajar" dentro de los datos de la mecánica clásica, cuántica y la relatividad —y en el transporte paralelo de la llamada fase geométrica. En general, en cualquier campo, al distinguir entre partícula y el campo tenemos un problema de *auto-interacción* bajo aceleraciones que coincide cuantitativamente con la oscilación de Noskov. Esta interpretación en términos de resonancia está mucho más en armonía con las concepciones más antiguas, y mucho más intemporales, de la Naturaleza.

Tal como ya hemos visto en diferentes lugares, el potencial retardado y las oscilaciones correspondientes no sólo estarían presentes a nivel micro, sino también en sistemas orgánicos complejos como la respiración y la circulación sanguínea.

El Verbo Solar, el suscitador, *Savitr*, es totalmente incomprensible en nuestra representación objetiva de la Naturaleza sin las nociones gemelas de vibración interna y resonancia externa; y estas nociones se conectan naturalmente cuando ponemos fuerza y potencial sobre una misma base. Para obtener otra visión del Continuo físico, habría que tratar otras cuestiones de gran importancia, como las transiciones de escala en espacio y tiempo, pero eso nos devolvería de lleno al dominio de la complejidad, y en cualquier caso ya hemos sugerido algunas relaciones.

"Ayúdame y te ayudaré", nos dice hoy como siempre la Naturaleza. La ciencia moderna, tan imponente como resulta, no sabe nada de esta continuidad que pasa de inmediato por el propio cuerpo pero que se extiende hasta los límites del Mundo.

* * *

La ciencia griega fue una ciencia de la observación, mientras que para llegar a la ciencia experimental, en la que el hombre une la manipulación física y la matemática para adueñarse de la Naturaleza, hay que esperar a la ciencia árabe con autores como Alhazen, de cuya magna obra se cumplen ahora mil años y que prefigura nítidamente a Galileo con seis siglos de antelación —si bien es evidente que ha sido en Occidente donde este estadio experimental ha alcanzado su apogeo.

Aunque hoy la inmensa mayoría de los científicos permanecen confinados dentro de este estadio, el único con interés para el aparato social y los poderes que lo gobiernan, para algunos el dominio sobre la Naturaleza expresado en Leyes que permiten la predicción representa sólo el límite más externo posible del conocimiento.

Hoy estamos en condiciones de arribar a un tercer estadio de la razón científica fundado en la auto-observación, que reintegre la matemática y la observación variable de los fenómenos en la universalidad del Sí-mismo, el campo indiviso, homogéneo e indiferenciado que es la base de toda intelección. La auto-interacción presente en ese campo apunta claramente al aspecto reflexivo en el principio de equilibrio del que puede derivarse toda la mecánica.

Este tercer estadio de la razón podrá manifestarse en la medida en que comprendamos que no hay ley natural que no dependa de la auto-interacción, del mismo modo que no hay consistencia ni tautología ni circularidad en las teorías físicas actuales que no sea expresamente elaborada. El concepto de auto-interacción tendría que ayudarnos a ver en cambio cómo y en qué medida un sistema físico es efectivamente abierto o cerrado.

En el camino reflexivo de esta auto-observación, la matemática, como "forma pura", aún puede encontrar otro modo de dotarse de contenido cuando la propia matemática y la física buscan el equilibrio entre descripción y predicción. Y cabe esperar que esto tienda a suceder espontáneamente, en la medida en que se van eliminando las obstrucciones creadas por la justificación unilateral de un propósito determinado.

El cálculo es el mejor ejemplo de esto, y dado que es el análisis mismo el que ha llevado hasta el actual extremo el dominio de la cantidad, que no es sino la aplicación desde arriba de la idea de infinita división combinada con una construcción desde abajo basada en elementos indivisibles, hemos contrapuesto dos vías alternativas para el cálculo basadas en las otras dos formas extremas de lo indivisible: el intervalo unidad y la división por cero. Ambas nos devolverían a un continuo en algún lugar entre las actuales concepciones del continuo físico y matemático.

Por otra parte, no puede ser más significativo el hecho de que, ahora que el modelo cibernético o de control se generaliza hasta adueñarse por completo de la racionalidad científica y social, encontremos el principio de realimentación en la base misma de los "sistemas" naturales regidos por "fuerzas fundamentales". Esto nos sitúa frente a otro aspecto esencial de las ecuaciones diferenciales, las condiciones de contorno, que también son condiciones de interfaz del sistema.

Todo el cálculo moderno desde el problema de Kepler es una ingeniería inversa sobre el contorno global de un sistema, lo que también supone una inversión de la relación entre lo que se concibe como el "centro" y la "periferia" del mismo—el dominio interno de la función y sus condiciones de contorno. Pero, desde un punto de vista estrictamente descriptivo, es el llamado contorno el que ha dado forma a la dinámica, y la integral, a lo que bien puede llamarse un pseudo-diferencial; y sólo el poder de predicción y la magia de la manipulación de las variables nos han llevado a olvidar este hecho.

La misma lógica de la usurpación opera en la ahora indiscriminada aplicación de la "razón cibernética" de la que todos somos objeto. Sin embargo, aplicando la lógica relacional a un sistema como la circulación sanguínea y el corazón según el potencial retardado de Weber-Noskov, la diferencia entre margen y centro se desvanece, y en un caso donde tal distinción no podría ser más relevante.

Tiene entonces un especial valor tratar de devolver los problemas de la dinámica al dominio reflexivo de una evolución desprendida de un medio homogéneo pero todavía dependiente de él, puesto que toda retroalimentación sólo puede obrar por el contraste de algo heterogéneo con su fondo. Aunque la cuestión crucial sería comprobar cómo la función matemática está conectada al aspecto directamente funcional del principio regulador, por ejemplo, a través del biofeedback.

El caso ya indicado de la onda del pulso podría servir como una ilustración perfecta de algo mucho más general. Lo esencial del biofeedback aquí no es su capacidad de modificación, siempre tan limitada; de hecho, idealmente esta capacidad tendría que ser nula, pues de lo que se trata es de *la interpolación del propio sujeto en una realidad funcional objetiva*. Aun cuando pueda inducirse la modificación de funciones orgánicas, incluso entonces eso sirve sobre todo para ver que su principio de acción o regulación no puede ser calificado ni como consciente ni como inconsciente, ni como voluntario ni como involuntario, ya que cualquiera de esas caracterizaciones se revela contradictoria.

Hablamos además de un sistema atravesado por un potencial retardado que es abierto pero tiende tanto como puede a estabilizarse como un sistema cerrado, y que por lo tanto debería exhibir rasgos asintóticos.

Normalmente se asume que el comportamiento asintótico es la simplificación de un caso particular más complicado; pero podemos verlo también desde el extremo opuesto. Pues todo aspecto asintótico, como exponente de una discontinuidad, define unas condiciones de contorno más limitadas con respecto a un caso más general, del que se desprende. En tal sentido, el análisis asintótico sigue aun sin saberlo el rastro de la universalidad del Sí-mismo.

Matemáticos aplicados y físicos tan competentes como Kurt Friedrichs o Martin Kruskal han sostenido que la descripción asintótica no sólo es una herramienta apropiada para el análisis de la Naturaleza, sino que apunta a algo más fundamental, y aquí no podemos estar más de acuerdo. Sin duda el interés de este campo crece sostenidamente en la era de la computación, dado que la asintótica es el mediador natural entre los métodos numéricos y los del análisis clásico; siendo el análisis numérico más cuantitativo y el asintótico más cualitativo. Pero incluso si hablamos aparentemente de un método de matemática aplicada, no podemos dejar de advertir en él un componente simbólico más evocador y profundo que en la matemática pura.

El objeto de la asintótica, en tanto heurística, son los casos límite; pero todo el análisis está permeado por la heurística en cuanto que es aplicación. Sería entonces de gran interés ver qué nuevos desarrollos puede adquirir al análisis asintótico entre los dos polos de lo indivisible que hemos indicado. El cálculo diferencial constante, como método de diferencias finitas basado en una tasa de cambio unitario, parece mucho más cercano al análisis numérico, pero permite, junto al criterio relacional de homogeneidad, profundizar mucho más en el análisis dimensional y el contorno de un problema. También presenta una consistencia mucho más básica que la del cálculo estándar.

De modo que la "asintotología", como la llamó Kruskal, aún tiene mucho por ganar en consistencia, profundidad y unidad, y no sólo en virtud de las nuevas perspectivas que puedan abrir las formas alternativas del cálculo. Hay buenas razones para creer en ello, más allá del hecho de que la consistencia del análisis clásico es de resultados más que de proceder: porque apunta tan directamente como se puede a la simplicidad desde el punto de vista del límite, y lo más simple suele ser lo que más pliegues y dimensiones inadvertidas esconde; porque se encuentra en la base de la teoría de campos, del potencial y la termodinámica, porque tiende a conectar diferentes teorías y a definir la transición entre las diversas escalas, porque conecta con los argumento proyectivos más generales de la geometría y está en el centro mismo de la aritmética pura además del cálculo más elemental, y porque es una signatura propia de la auto-interacción, el equilibrio y la estabilidad.

"Análisis asintótico" es prácticamente todo lo que hace el matemático aplicado cuando no está haciendo análisis numérico. Por razones históricas se asocia a la asintótica con la teoría de perturbaciones —primero en la mecánica celeste y luego también en mecánica cuántica—, así como el estudio de las singularidades. Sin embargo el cálculo diferencial constante permite tratar la mecánica celeste prescindiendo del enfoque perturbativo, y las fuerzas dependientes de la velocidad en la gravitodinámica relacional hacen inviables los agujeros negros. Al igual que muchas otras ramas, el surgimiento del análisis asintótico en teoría de perturbaciones tiene mucho de contingencia, reflejando el hecho puntual de haber sido la primera cuestión importante en mecánica fuera del alcance directo de los métodos convencionales de cálculo.

A lo largo del siglo XVIII, en la estela de Newton, se quiso ver el espacio absoluto como el elemento de contacto entre lo condicionado y lo incondicionado, entre las cosas del Mundo y su Creador. En contraste Leibniz, el otro fundador del cálculo, exponía la idea del espacio como un conjunto de relaciones, y ambas nociones influyeron de forma decisiva en la doctrina trascendental kantiana del carácter ideal del espacio y el tiempo, que intentaba proponer una síntesis. Sin embargo Pinheiro ha mostrado concluyentemente que ninguna de estas dos posiciones explica satisfactoriamente algo tan básico como el torbellino de agua en el cubo del experimento de Newton.

Los rasgos asintóticos serían esenciales, y no meramente incidentales, en la medida en que todo sistema observable es una separación del continuo o medio homogéneo en el que dejan de ser discernibles espacio, tiempo, materia y movimiento. A falta siempre de una caracterización completa, nos muestran algunos de los aspectos más notorios de su relativa diferenciación, algunas de sus "capas límite", para emplear la expresión consagrada en mecánica de fluidos.

Así, ciertos aspectos de la evolución asintótica serían tanto un índice de individuación de los sistemas como el más hiperbólico símbolo del absoluto que se encuentra en medio de todo y no tiene contacto con nada. Gaudapada hablaba en su Mandukya Karika de la unión "sin contacto", *asparsha*, si bien parece claro que lo que no admite el contacto tampoco requiere la unión. Y sin embargo la Naturaleza busca a su manera y de todas las maneras lo inalcanzable que no se resiste a nada —seguramente para compensar el hecho de haberse separado de ello. Una secuencia morfológica como la de Venis también se hace eco de esta evolución como proceso de individuación, y no es una cuestión menor el que lo asintótico se adentre en el hipercontinuo proyectivo de las apariencias.

Volvamos al circuito del pulso sanguíneo visto como un potencial retardado con una onda interna en el estilo de Noskov. Recordemos que para Noskov estas oscilaciones lo penetran todo, muy en el estilo del pneuma estoico que vehicula el logos: *"es la base de la estructura y estabilidad de núcleos, átomos, sistemas planetarios y estelares. Es la razón principal de la ocurrencia del sonido (de las voces de las personas, los animales y los pájaros, del sonido de los instrumentos musicales, etcétera), de las oscilaciones electromagnéticas y la luz, de los torbellinos, pulsaciones en el agua y ráfagas de viento. Explica, por fin, el movimiento orbital elíptico..."*

Ciertamente estas son grandes reivindicaciones para algo a lo que ni siquiera se le ha reconocido entidad propia —salvo por, ay, esas ondas de materia de de Broglie tan fielmente verificadas en todas las escalas de masa experimentadas. El mucho más masivo predicamento de la relatividad, y la irreductible ambigüedad de las tres formas de energía en estas ecuaciones, bastan y sobran para explicar la inadmisión. Sin embargo parecen encajar perfectamente en el proceso conocido de la onda de presión arterial, que además es susceptible de interpolación subjetiva vía biofeedback.

La fase geométrica, ya lo dijimos, es un índice de la "geometría ambiental", de cómo el sistema no es reducible a la idealización conservativa de la teoría; no es casualidad que Berry sea un especialista en métodos asintóticos y aproximaciones semiclásicas, que también ha intentado aplicar al problema central de la teoría de los números. La idea que se presenta es que la geometría ambiental del potencial retardado atraviesa como oscilación justamente la apertura efectiva que el sistema tiene con respecto a un sistema conservativo cerrado, y que es por esta apertura que el sistema tiende a parecer conservativo o cerrado. Al menos en un sistema manifiestamente abierto como nuestro organismo, con la dependencia del latido cardíaco del efecto que sobre la circulación tiene la respiración, la idea de autoinducción adquiere pleno sentido.

Puesto que va de suyo que en un sistema cerrado la autoinducción es nula y está de más: ese es el elemento tautológico que se presupone en un concepto como el de "mecánica". Y sin embargo las ecuaciones de Maxwell, proverbial exponente de una simetría tautológica, dan pie a la autoinducción. Es sólo con Noskov que el sistema se cierra en el interior de los propios cuerpos, que lo que ha sido ignorado fuera, y relegado a la conveniente nebulosidad del campo, queda literalmente incorporado.

Pero ya hemos dicho que la inducción electromagnética puede considerarse legítimamente como un mero caso particular de inducción mecánica —aunque no se haya sabido ubicar debidamente la harto reproducible evidencia experimental. El corazón entonces es una "bomba", pero no una bomba mecánica: no es una "bomba de vacío", sino una bomba en el vacío ordinario, que no es sino el entorno ambiente. Hablamos del vacío físico fundamental —no hay otro—, que evidentemente nada tiene que ver con los desaforados cálculos de niveles de energía de la física teórica.

Y dado que este vacío nunca lo vamos a medir sino en los cuerpos, toda la mecánica tiene que ser, por definición, promedio de lo que ocurre entre los cuerpos y el vacío. No hay escapatoria posible para esto, y sin embargo somos incapaces de asumirlo. La palabra "mecánica" ha adquirido tonos indeseables debido al dominio restringido que le hemos impuesto, igual que a la palabra "automático", que Aristóteles aún usaba como sinónimo de espontáneo, de aquello que se mueve "por sí mismo". Es al nivelar fuerza y potencial que mecánica y dinámica se hacen términos equivalentes, como estudio de la relación entre los cuerpos y el vacío que nunca puede reducirse al mero movimiento. Esta es la principal salvedad que hay que hacerle a una "mecánica relacional" pobremente entendida.

Las pulsaciones del Sol y las demás estrellas, área de estudio siempre en expansión, también plantean la misma cuestión que el corazón: que su cuerpo entero es atravesado por las resonancias u oscilaciones no uniformes del potencial de Noskov. Sólo que aquí podemos identificar muy claramente las principales fuentes de variación del potencial en los planetas —aunque la evaluación de la densidad interplanetaria suscite otro tipo de interrogantes. En cualquier caso, e incluyendo una serie de factores como la relación de la esfera solar con el baricentro del sistema, estas resonancias se asociarían al retroacoplamiento del cuerpo central con el campo global; a algunos les sorprenderá que ni siquiera se considere una interpretación que no puede ser más directa.

La moderna idea de la mecánica, en sintonía con la tendencia general, consiste en reducir "lo otro" a "lo mismo"; aquí queremos indicar al menos cómo "lo mismo" que no se contempla es el principio genuino de diferenciación, de las formas y perfiles directamente apreciables y medibles. Una mismidad, una aseidad que, lejos de de reducir nada, ni a condiciones analíticas ni de ningún otro tipo, sería la condición de apertura por la que respira cualquier entidad.

Entonces, la "interpolación" del sujeto en un sistema mecánico autoinducido es tan sólo un rodeo para abarcar algo ya plenamente presente y operante, pues la mecánica entera, y no sólo la de los organismos biológicos, es un balance reflexivo que incluye el entorno en cualquier momento. Las simetrías de conservación se remiten en penúltima instancia al Tercer Principio, pero, en última instancia al Primero de inercia, el mismo que nos propone "un objeto aislado pero que no está aislado". Con sólo prescindir de la idea de inercia, y sustituirla por la de equilibrio dinámico, todo esto dejaría de parecer extraño.

Que la realidad organizada que observamos, de la luz a los átomos, a las complejas moléculas biológicas, las células, organismos, sistemas planetarios y galaxias, pueda subsistir ni por un sólo instante sin este principio reflexivo de equilibrio que está presente en todo, me sigue pareciendo una quimera. La idea de inercia, o la de acumulación a lo largo del tiempo de eventos biológicos sintetizados en la herencia, son puros fantasmas *sin un principio inmediato de actualización*, que evidentemente no puede consistir en "fuerzas ciegas". En este balance espontáneo estaría ya incluida de entrada la mecánica estadística y la entropía, tal como lo implica la reformulación termomecánica de Pinheiro.

Estudiado como sujeto biomecánico, la dinámica del sistema circulatorio nos permite provocar un cortocircuito entre nuestras nociones mecánicas adiestradas por el hábito y la conciencia anterior al pensamiento. Esto ya sería todo un logro. Por añadidura, el pensamiento tiene en este ejemplo muchas cuestiones para mantenerse ocupado.

Por ejemplo, el hecho aparentemente anecdótico de que tanto la razón entre los intervalos de tiempo de la diástole y la sístole en humanos y otros mamíferos se aproxime mucho a la razón entre la presión máxima sistólica y la mínima diastólica, la proporción continua 0.618/0.382, permite conectar directamente el análisis asintótico y el numérico, la física de eventos discretos y valores continuos, un bucle de feedback para los propios métodos numéricos y continuos, o una optimización con una particular ratio recursiva para la algoritmia y la teoría de la medida. Nos invita además a conectar todos estos aspectos con una descripción termomecánica que incluya la entropía como la de Pinheiro.

Puesto que el corazón aquí funciona antes como regulador que como una bomba, y su acción es efecto del movimiento global antes que causa del mismo, puede apreciarse de forma diáfana en qué sentido es el "reloj interno" que más que marcar indica el tiempo propio del sistema: tal es el sentido del tiempo propio de los sistemas dinámicos que tendría que reemplazar al "sincronizador global" de la vieja mecánica. Esta devolución de la medida local a su configuración efectiva es algo generalizable y de gran alcance, pues para percibir el poder creativo que se expresa en la Naturaleza hay que retroceder más acá del sincronizador global.

Una descripción de este tipo pone de manifiesto que las dos propuestas habituales para explicar el orden observable, metafóricamente el artífice o "relojero" de los complejos sistemas biológicos, sea el mecanicismo aleatorio recortado a lo largo del tiempo por la selección natural, o sea el "diseño inteligente" atribuido a un creador ultramundano, parecen hechas tal para cual a la hora de alejarnos de lo esencial, el principio espontáneo de organización que también es el principio de actualización inmediato. Es siempre desde la inmediata apertura con respecto al medio que se alcanzan islas de organización y estabilidad.

Este mismo sujeto biomecánico nos permite definir hasta donde sea posible la relación entre la onda arterial del pulso, ilustración biológica palpable y concreta de la hipótesis de Noskov, la apertura efectiva del sistema con respecto al caso conservativo y la aproximación asintótica correspondiente. También debería permitir definir el tono interno del sistema, el elemento esencial de la inexistente definición de la salud, e investigar las cantidades que permiten su caracterización.

Hemos visto también que las tres gunas del samkya, ese peculiar sistema de coordenadas, parecen corresponderse también con los tres principios de la mecánica extrapolados a sistemas abiertos con conservación del momento. Su aspecto más tangible, aunque sea reactivo o derivado, los doshas de la pulsología, pueden servir para investigar la relación con la triple manifestación de la energía y lo que llamamos su "ambigüedad relacional". ¿Cuál es la lógica que preside la escala recursiva de las tres cualidades de la naturaleza material dentro de un dominio cuantitativo preciso pero abierto? ¿Qué condiciones de interfaz están definiendo?

No hace falta decir que el samkya, en la medida en que es un sistema "dualista", tiene un carácter genuinamente asintótico: las *gunas* o modalidades de la Naturaleza marcan una tendencia, una vía de ascenso y descenso sin que de ningún modo puedan entrar en contacto con *Purusha*, "el espíritu puro" o conciencia, el mismo que el Rig Veda describe como un gigante de cuyo desmembramiento salieron las partes del cosmos. Sólo el equilibrio total, no dinámico, de las tres modalidades produciría su fusión con lo absoluto. Bajo una lógica enteramente similar, también la relación conjunta de los tres pies o letras de la sílaba sagrada apunta asintóticamente al cuarto pie.

La asintótica, como tantas otras formas de análisis, ha ofrecido su propio "principio de incertidumbre" entre la simplicidad y la exactitud vía localización, que como no podía ser menos es él mismo pura aproximación. Por otra parte, la mecánica clásica es la primera aproximación asintótica de la mecánica cuántica pero esta no se puede definir sin referencia a la primera: ejemplo inmejorable de que hay en lo asintótico algo fundamental. Sería oportuno investigar a fondo la conexión entre lo indistinguible de las tres energías en la mecánica relacional y las diversas relaciones de indeterminación —pues no hay una, sino muchas— de la mecánica cuántica, desarrollando el razonamiento de Noskov.

* * *

El continuo relativista, en cualquiera de sus dos versiones, es notorio por sus perfiles asintóticos, a los que debe gran parte de su fascinación e impulso especulativo. No habría entonces más que contrastar cómo se desvía de tales aspectos la mecánica de Weber y Noskov, (por no hablar ahora de la de Pinheiro), para empezar a ver el otro lado de la cuestión: lo asintótico no como aproximación al infinito sino como relativo, parcial desprendimiento de la unidad.

Lo mismo puede decirse del llamado "principio holográfico" originado en las consideraciones sobre la entropía en las condiciones de frontera de una singularidad o agujero negro, que reduciría el universo entero a su proyección en una mera superficie bidimensional. Este principio no puede dejar de ser verdadero *en la medida en que nada conocemos que no sea a través de la luz*, el mediador universal. Pero, obviando el hecho de que tal principio se debe a la misma pertinencia y universalidad de la fase geométrica, está claro que la cuestión no requiere de singularidad alguna: Mazilu ya advirtió que incluso la superficie de cualquier partícula extensa como el electrón, el día que se intente describir su efímera configuración, tendrá que reflejar estos límites, tan intrínsecos como el mismo giro de la partícula.

En tal sentido es ocioso pensar en lo que pueda ocurrir en el interior de los cuerpos, de cualquier cuerpo. Y sin embargo la luz refleja fielmente la interacción de cada cuerpo con el vacío en el que se alojan los demás cuerpos —su pulsación más íntima, si así queremos llamarla, si el vacío y los cuerpos no pueden existir por separado.

Disfrutemos por un momento de esta suprema ironía de la historia de la física. Los físicos que han insistido en que la fase geométrica es sólo un pequeño apéndice de la mecánica cuántica sin la menor entidad fundamental, ahora apelan a este mismo "fenómeno" en su última frontera para envolver en una fina película la totalidad y erigirlo en principio magno con el que por lo demás no se sabe ni qué hacer. Tanto se ha discutido sobre los límites de la densidad de información, sobre fluctuaciones cuánticas de posición, sobre gravedad cuántica y ruido holográfico; y tantas formas de verificarlo han sido propuestas, experimentos de sobremesa incluidos.

Y uno puede preguntar divertido, ¿por qué buscar "agujeros negros a escala cuántica" para verificar un fenómeno que por definición ha de abarcar absolutamente todo, desde el latido del corazón a mi percepción de los colores? "Porque de poco sirve un argumento global si no permite predecir cosas nuevas", nos diría de inmediato cualquier experto teórico o experimental tan bien adiestrado desde joven para hacer predicciones. Claro que todas las teorías de campos, y no sólo la del campo electromagnético y la luz, se han construido desde fuera hacia adentro —desde las condiciones de contorno hacia el "cuerpo de la teoría", las ecuaciones que permiten calcular. Separar luego el cuerpo de la teoría de sus condiciones, para convertirlo en Ley natural, nos lleva a olvidar su mutua dependencia.

Las predicciones ciegan si se obvia esta circunstancia. ¿Por qué se discute tanto sobre el rango de energías para verificar experimentalmente este principio holográfico? Porque no hay ninguna certeza sobre el fondo que determina su escala, y la misma escala de Planck es una gigantesca extrapolación. Ni siquiera la indeterminación de la energía de un fotón tiene nada que ver con ella, como muestra el análisis más elemental, puesto que no cambia en absoluto si cambiamos el valor de la constante; lo que no impide que se la use para hacer análisis dimensional del universo entero. Si la estimación de la energía del vacío ha resultado tamaño desatino, nadie se atreverá a decir que ofrece muchas garantías. Esto trae a la memoria otro principio global famoso, diana merecida de tantas chanzas: el llamado "principio antrópico" propuesto para responder al enigma del ajuste fino en la magnitud de las grandes constantes. Ni estimaciones ni predicciones sirven para arrojar luz sobre el contexto. El principio de homogeneidad nos dice que las constantes con dimensiones no son universales, sino el subproducto de un recorte arbitrario sobre el fondo, una "emancipación" de las condiciones ambiente —que es justamente lo que refleja la fase geométrica, madre del principio holográfico. No hay otro otro "vacío fundamental" que el entorno ambiente.

La fase geométrica y la misma estructura de los campos gauge sugieren un nudo corredizo en las constantes y escalas de energía, y diversas teorías que se ignoran mutuamente apuntan en tal dirección. Sin hablar de que la hipótesis del agujero negro pretende darnos a la vez "contornos últimos", singularidades, y procesos que van más allá de la singularidad, lo que es como querer regalar un pastel, tenerlo y comérselo: no ya dos, sino tres cosas incompatibles al mismo tiempo.

"Hay mucho espacio al fondo", pero seguramente no donde se espera, apurando hasta el límite la escala de Planck. Por otra parte, si hoy sabemos por la teoría gauge de la gravedad que podemos prescindir del espacio-tiempo curvo para describir su campo, con mucha más razón se puede prescindir del elemental continuo de Minkowski. Lo cual tendría que hacer pensar más en las teorías surgidas de Weber, que se convierten en descripciones de campo con sólo integrar sobre el volumen y no requieren ni un continuo con dos sabores ni dimensiones adicionales.

Tendría que estar claro que las teorías centradas en la predicción arrojan al mar la llave para describir las transiciones de escala, que son el mismo "fondo" del que se querría apropiar la palabra "fundamental". Nottale, y luego Mazilu y Agop, han propuesto una meritoria teoría de la "relatividad de escala", pero también se puede prescindir de la propia relatividad con argumentos mucho más directos. El desarrollo de Mazilu y Agop es expresamente neoclásico, y sin embargo se adentra en la selva de la geometría fractal y el continuo no diferenciable: un buen ejemplo de que se pueden tener ideas simples que den sin embargo cabida a la superabundante complejidad de la Naturaleza.

"A la Naturaleza no le importan las dificultades analíticas": pocas palabras más ciertas que las de la inmortal frase de Fresnel. Si el continuo no diferenciable es posible, puede estarse seguro de que la Naturaleza lo usa con verdadera profusión; y las mismas integrales de camino de la luz serían el mejor exponente de ello. Mazilu lo emplea directamente para tratar de crear un modelo operativo del cerebro basado en la inagotable geometría de la luz y la mecánica ondulatoria de de Broglie, que recuerda vivamente la "mecánica fractal" de Bandyopadhyay pergeñada con el mismo propósito. En cualquier caso, el uso que hacen Nottale o Mazilu de la escala de Planck merece cierto examen, pues debería ser claro que el empleo que acostumbra a hacerse de ella como si fuera una regla no es sino la extensión del sincronizador global a todos los dominios más amorfos de la física. La Naturaleza simplemente se evapora allí donde rige este cronómetro, lo que nos confía la tarea de tratar de imaginarla fuera de restricciones no menos imaginarias. Un lazo que ciña su talle le sienta mucho mejor que una regla rígida.

Lo triste es que el principio holográfico se haya visto incluso como una "confirmación" de la idea de que el universo es un gigantesco ordenador, para llevar el imperio del sincronizador global a su apoteosis. Y si embargo, uno puede estar bien seguro de que si el mundo fuera un ordenador no hubiera durado ni siquiera para estallar en pedazos, no digamos ya para recalentarse. Si esto en lo que estamos metidos y participamos "funciona" en alguna medida, tendrá que ser en la medida en que no es un ordenador ni se basa en nuestra idea del cómputo. Y sin embargo la misma "computación cuántica", entendida como la modulación más exquisitamente minimalista de eso que ahora llaman "estados cuánticos individuales", aun si no hay nada individual en ese dominio y precisamente por ello, está en el quicio mismo del asunto que estamos tratando, haciendo un trabajo extraordinario para ignorarlo. Basta con seguir cuidadosamente el hilo que lleva de la predicción local a la descripción global para que la fase geométrica pase de ser un parámetro de control a que empiece a tener impacto y resonar en la esfera completa del conocimiento.

Si hay algo "automático" en el universo, ha de ser justamente en el sentido de la espontaneidad, de aquello que se mueve por sí mismo en lo abierto: el principio de equilibrio dinámico ya lo garantiza con sólo prescindir de la inercia. Y sin embargo esta nadería, aparentemente un mero juego de definiciones, nos lleva tan lejos como podamos caminar, pues aun si se puede prescindir de la inercia en términos absolutos, nada nos impide contar aún con ella en términos relativos. Los "tres principios y medio" parecen algo más que una broma.

La relatividad de escala se mueve entre dos escalas asintóticas invariantes bajo dilatación —la longitud de Planck y una longitud cosmológica máxima asociadas a la transformación de Lorentz— de modo que la resolución requiere variables explícitas. Reelaborada por Mazilu y Agop, se convierte además en una teoría de lo infrafinito, lo finito y lo transfinito sin salir del dominio de la luz. Se trata como mínimo de una idea de gran interés con fuertes reminiscencias de la mónada de Leibniz, si bien está claro que no ha tenido el suficiente desarrollo. Y aunque sin duda sea especulativa, aún lo es mucho menos que las sagas de los agujeros negros, que gozan del mayor predicamento incluso si violan escandalosamente la convención fundamental del género, pretendiendo entre otras imposibilidades que lo físico vaya más allá del último límite matemático. La función zeta de Riemann se ha usado frecuentemente para regularizar los niveles de energía del vacío y series divergentes en el horizonte de sucesos de estos agujeros, incluidas las integrales de camino de la luz, por una expansión asintótica de la evolución de la temperatura bajo transformaciones de escala de la métrica de fondo. Esto puede sonar a pura relatividad de escala pero en realidad es su opuesto desde la perspectiva de la sincronización global.

Las sobrecogedoras diferencias de escala entre las partículas y el tamaño del universo, o incluso entre este y la longitud de Planck, son insignificantes en comparación con la diferencia entre cualquier número que pueda calcular nunca un ordenador y el infinito numérico que constituye la integridad de la función zeta de Riemann. Uno podría decir incluso que son absolutamente insignificantes, pero eso sería desdeñar la evidencia acumulada con tanto trabajo por los matemáticos. En todo caso, si la minúscula evidencia de los ceros de la función computados tiene *algún* sentido, sería precisamente porque la función entera y su "dinámica" subyacente comportan algún tipo de relatividad de escala en su interior, aunque para enfocarla y dar con su resolución habría que tener en cuenta una serie de factores que aquí no podemos ni siquiera enumerar.

Es un teorema que, si la hipótesis de Riemann es cierta, la función zeta permite aproximar cualquier función analítica de las infinitas posibles con cualquier grado de resolución. De hecho, la función sería una representación concreta de cualquier texto y acumulación de conocimiento que pueda lograr el ser humano o cualquier ser inteligente, que además estaría repetido en ella un número infinito de veces. Puesto que el continuo no diferenciable también contiene "todo eso", pero la propia función zeta es infinitamente diferenciable y e incomparablemente más estructurada, cabe suponer que esta función y su gran familia de funciones asociadas constituirían el puente más ancho y más estrecho entre lo diferenciable y lo no diferenciable —aunque qué es diferenciable y qué no, también depende crucialmente del criterio del cálculo que usemos. Dado que el mayor problema de esta función es relacionar la información local con la condición global, si hay alguna forma de acotar gradualmente su dinámica, aun si se trata de un proceso indefinido, tendría que ser revirtiendo la relación que desde siempre la física y el cálculo han planteado entre la derivada y las condiciones de contorno. Al menos el giro en la orientación no debería plantear tantos problemas, siempre y cuando se admita que el cálculo moderno tal como se emplea es ya el producto de una exhaustiva inversión.

La llamada relatividad de escala es un principio muy general que de momento usa la física en boga simplemente como guía, pero es incomparablemente más sencillo empezar por el contraste entre la relatividad y las ecuaciones de Noskov cuando los llevamos a los supuestos límites, partiendo siempre de la diferencia del lagrangiano en el problema de Kepler, auténtica clave de arco de la física moderna; no es muy recomendable tratar de engullir la Totalidad cuando no entendemos de modo cabal ninguna de las totalidades infinitamente más modestas que existen por doquier.

Ya hay algo lo bastante singular en la evolución de cualquier entidad en relación con el fondo del que emerge, en el que se mantiene, y al que vuelve: si somos capaces de ver esto, aun cuando sólo sea con la imaginación, ya habremos logrado mucho. De hecho, es por no comprender lo inobstruido de esta "singularidad" efímera y autosostenida que nos lanzamos de cabeza buscando atravesar singularidades que son no-agujeros por definición. Se habla tranquilamente de "la función de onda del universo", y el mismo principio holográfico hace pensar en un frente de onda de complejidad inconcebible; pero la más simple onda en tres dimensiones ya es un desafío para la imaginación.

Piénsese otra vez en la genial ingenuidad de la onda-vórtice de Venis, quien no ha hecho el menor uso de la física o las matemáticas para desvelar la más "simpléctica" de las morfologías. Aunque su proceso también parece mostrar un frente de onda como característico fenómeno de superficie, sus trémulos límites fluctúan entre lo lleno y lo vacío con más delicadeza que el trazo del mejor pincel. Pero, ¿cómo es que una onda que se supone ha de existir en un número infinito de dimensiones, incluyendo las fraccionarias, aún exhibe un perfil tan reconocible en seis dimensiones, y en tres, y hasta en dos? La única respuesta concebible es que la totalidad que escapa a nuestra percepción sigue reflejándose en un punto de equilibrio dinámico, que es una línea o un plano de equilibrio, etcétera.

La secuencia de Venis muestra sin profanar en qué sentido la Naturaleza es igual a sí misma: fugaz como el torbellino e inmutable como la esfinge. Entre un aspecto y otro hay infinitas capas. ¿Qué es ese abombamiento a modo de gota que se insinúa en todas partes, se muestra en el contorno y se esconde en su centro? Esas superficies y perfiles están más allá de la medida —son de naturaleza puramente proyectiva—, y sin embargo se reflejan en todo tipo fenómenos que también se dejan medir. Siguiendo las curvas de la secuencia uno puede adivinar cuando este flujo imaginario se acelera o se hace lento, más lento, y más lento todavía, hasta que el frente de onda brama y rompe y estalla en medio del silencio.

La luz entre lo lleno y lo vacío; entre el espacio y la materia, lo luz. Ya hemos indicado por qué la separación tajante entre la vibración del sonido y la luz se debe antes que nada a un malentendido. Ahora bien, ¿puede escucharse la luz? Es una buena pregunta, aunque según el principio holográfico sería fácil juzgar más bien al contrario: lo luz no sería sólo principio de expresión o actualización, ahora también se nos presenta como órgano global de percepción y omniabarcante tímpano en el que resuena la materia. Pero, en cuanto vibración, ¿quién o qué podría escucharla? Nada que pueda exponerse, nada que esté manifiesto; lo que tal vez concierna a los cuerpos, al vacío, a ambos, o a ninguno. Hay un punto desde el que todo eso retrocede hasta no significar nada, y sin embargo aún hay un largo nudo corredizo no sólo relacionado con la escala de energía sino también con la ambigüedad inherente a su triple manifestación.

Ese "relativo desprendimiento de la unidad" es una cuestión omnipresente y en absoluto se reduce a la física o la matemática, que pueden sin embargo reflejarla. Para la lógica formal que busca la autoconsistencia, la unidad sólo nos reafirma en lo tautológico; pero desde el punto de vista de la matemática aplicada, a la que pertenece *todo* el cálculo, la unidad no es nunca una cuestión formal dada, y en pos de ella mucho conocimiento viejo puede transformarse en algo nuevo. Desde el momento mismo en que se asuma que el cálculo o análisis procede necesariamente del todo a la parte y desde arriba hacia abajo en vez de lo contrario habrá cambiado la disposición general de las ciencias.

* * *

Heredero en gran medida de de Broglie, David Bohm hizo una interpretación de la física abiertamente a contrapelo del reduccionismo imperante y habló, entre marcados extremos de elocuencia y vaguedad, de "la totalidad y el orden implicado". No se le puede reprochar a Bohm el ser teóricamente conservador, pues ya fue lo bastante heterodoxo entre sus contemporáneos; y sin embargo un discurso como el suyo encuentra hoy mucho menos eco incluso si en todo este tiempo pasado se ha ganado una perspectiva inapreciable.

Bohm no fue realmente muy consciente de la universalidad de la fase geométrica y su relevancia para la mecánica clásica —aunque ya hemos visto que los teóricos actuales no están en mejor situación. Tampoco concibió el efecto de los potenciales como una vibración o resonancia que atraviesa por entero la materia, sino, siguiendo en esto el espíritu del tiempo, como un campo no dinámico de información. El segundo aspecto es importante para la interpretación; el primero tiene aún innumerables consecuencias por explorar. Por otra parte, Bohm vio la importancia del problema de la medida pero nunca pudo plantear sus relaciones generales con el cálculo o análisis tal como hoy puede hacerse con meridiana claridad. Finalmente, en su trabajo se echa de menos una verdadera discusión de los principios fundamentales de la física.

En términos proporcionales, el universo está casi enteramente vacío; no sólo en las inmensidades intergalácticas sino incluso en nuestro propio cuerpo. Claro que este vacío físico aún dista mucho de ser mero espacio vacío, revelándose ante la inspección más atenta como un tenue mar de radiaciones. Para la relatividad general, el espacio le dice a la materia dónde tiene que ir y la materia le dice al espacio cómo tiene que curvarse; pero el continuo del espacio-tiempo no es espacio vacío e incondicionado, sino un animal dinámico completamente diferente sometido a una disciplina métrica.

Ya comentamos que Poincaré, primer proponente claro del principio de relatividad, prefería pensar que es la luz la que se curva en vez del espacio, y por lo menos ahora se admite que las teorías de campos, gravedad incluida, pueden formularse en el espacio plano. Después de todo, a la luz siempre se la vio doblarse en el agua, pero al espacio nunca, y no había necesidad de condicionar artificiosamente lo que siempre se había percibido como incondicionado.

La densidad del vacío físico con radiación es casi nula con respecto a la materia, pero la densidad del espacio realmente plano, sin la menor traza de energía en su seno, es estrictamente nula con respecto al vacío físico radiante. Las ondas se atenúan indefinidamente, y por otra parte, incluso una partícula de materia como un electrón tiende a dilatarse sin límite cuando no hay otras partículas y átomos en su vecindad, como se ha comprobado una y otra vez. Tendríamos así tres escalones asintóticos, de la materia a la radiación y de esta al espacio sin la menor restricción métrica.

Para el Vedanta el espacio puro no tiene cualidades y ni siquiera dimensiones; en la moderna geometría lo más cercano que tenemos sería el espacio proyectivo primario. El espacio puro es el símbolo perfecto del espíritu en muchas tradiciones, pero está claro que el espacio no es un ser sintiente que se perciba a sí mismo. Así que el sentido de aseidad que me es inherente ha de proceder de algo diferente de ese espacio anterior a los conceptos del que sin embargo aún tengo noción.

Hoy se acostumbra a llamar "partículas" a las excitaciones del campo —en los aceleradores, por ejemplo—, pero no se suele llamar "onda" a la relajación de un electrón que puede extenderse metros o kilómetros, o hasta el infinito si el entorno y los cuerpos vecinos no lo impiden. Hay de este modo un muy humano prejuicio en favor de las altas energías que nos lleva a obviar una poderosa tendencia fundamental. Por lo demás, esta tendencia de la materia a la relajación en función del entorno late al unísono con la interpretación más elemental de la entropía, pues también las moléculas tienden a extenderse tanto como pueden, yendo de las regiones más calientes a las más frías y ocupando regularmente el espacio vacío disponible.

En este sentido, tan diferente al de la relatividad, *el espacio sí le está diciendo a la materia dónde tiene que ir, pero la materia no le dice nada al espacio, porque el espacio, tanto en el límite como en términos absolutos no tiene curvatura.* Del mismo modo que yo conozco a mi cuerpo pero mi cuerpo no me conoce a mí, aquí no hay reciprocidad posible. Hay sin embargo una indudable reciprocidad entre materia y radiación, lo que es algo completamente diferente. En realidad el espacio-tiempo relativista engloba las relaciones dinámicas del vacío físico basadas en interacciones, y su teoría del potencial queda en una tierra de nadie sin definir: por eso mismo hay alternativas en el espacio plano como las derivadas de Weber o la moderna teoría gauge de la gravedad.

Dicho de otro modo, la relatividad prescinde del espacio absoluto pero mantiene el tiempo absoluto del sincronizador global —cuando con la teoría del "potencial retardado" puede hacerse lo contrario: mantener el espacio absoluto sin mayores cualificaciones y permitiendo que todo se rija por su tiempo interno propio, que implica la variación ambiental de las fuerzas y constantes que ahora se postulan como fijas.

El espacio absoluto aún puede "hablarle a la materia" con dos lenguajes diferentes: el de la tendencia asintótica de la materia y radiación a expandirse en función del entorno, lo que supone un modo mediado y dinámico que incluye también a la termodinámica, y el lenguaje inmediato del potencial, que se deriva simplemente de la posición. Y este último lenguaje supone la vibración íntima de la materia.

Recordemos que casi toda la producción de radiación se despacha como "emisión espontánea", lo cual viene a ser lo más opuesto que pueda proponerse a una explicación mecánica. Y sin embargo esta emisión espontánea no sería sino la forma manifiesta de la vibración interna del cuerpo de la partícula. En este sentido, igual podría hablarse de "absorción espontánea", aunque digamos simplemente absorción.

Tenemos entonces una circularidad entre lo inmediato o instantáneo, completamente independiente del movimiento, puesto de manifiesto por la posición o potencial, y los aspectos dinámicos o mediados de la interacción entre materia y la radiación. Esto resuelve la aporía que presentan tanto el Vedanta como el samkya: cómo lo absoluto y lo condicionado pueden coexistir sin el menor problema. También el dualismo de la época moderna puede verse con otros ojos.

El espacio absoluto sin cualidades ni dimensiones corresponde a Prajña, el estado de sueño profundo en el que desaparece toda determinación. Sin embargo uno sabe que su aseidad aún está más acá de eso, que hay algo aún más general que lo más indiferenciado, lo que en buena lógica comporta que tampoco eso esté separado del resto, de aquello que se manifiesta. Por eso nos hemos permitido hablar de un medio homogéneo primitivo como algo un tanto diferente del espacio indiviso. En la respuesta espontánea de materia y radiación a algo que por definición no se mueve tenemos una forma muy simple de captar en qué sentido el cosmos no es creación sino manifestación, siendo sin embargo la manifestación algo verdaderamente espontáneo y creativo.

Si la física es inagotable es porque nunca puede reducirse a cuestiones de movimiento o extensión. Querer explicarlo todo por el movimiento o la extensión es, además de la más acabada expresión de nihilismo, completamente trivial. La *res extensa* cartesiana nació ya como puro teatro para el movimiento, en la misma época en que para Galileo el reposo dejaba de tener entidad. Hablamos, justamente, de los dos padres del principio de inercia. Y sin embargo, cuando retomamos la percepción original del espacio como lo inmóvil por definición, lo independiente de cualquier dinámica, lo interno y lo externo vuelven a compenetrarse e interpenetrarse.

Se trata tan sólo de ver el reposo en el movimiento, para luego ver el movimiento en el reposo. Para conseguir tales proezas, que muchos creerán milagros, basta con sondear debidamente la teoría del potencial, que nos llevará a aguas tan profundas como queramos. La mayoría puede protestar y aducir que un potencial nunca es independiente de la dinámica, pero los físicos llamaron a la fase geométrica con tal nombre precisamente para separarla del ámbito de las fuerzas o interacciones, y en esto hubo un consenso cerrado. Tal como ya apuntamos, incluso si quisiéramos insertarla dentro de los principios de la dinámica tendría que ser mediante la articulación interna de "los tres estados de reposo" con el principio de equilibrio dinámico en su centro, lo que según los casos puede ser lo mismo o algo muy diferente del múltiple y complicado criterio del principio de equivalencia relativista.

Verdaderamente, del mismo problema de Kepler para abajo, hay todo tipo de casos importantes en física macroscópica que no están bien cubiertos por las actuales teorías de campos, pero incluso obviando ahora eso, tenemos el hecho de que el entrelazamiento cuántico exhibe correlaciones instantáneas, y la fase geométrica, que aparece a todas las escalas, es sólo una expresión con menor resolución del mismo orden de correlaciones. La propia gravedad, si realmente no es una fuerza, podría encontrarse perfectamente en este caso. Entonces, incluso la relatividad general, que tampoco considera a la gravedad como una fuerza, estaría describiendo sólo interacciones desde el punto de vista del principio holográfico —que ya sabemos de dónde procede. Parece ser que los físicos tampoco saben qué hacer con este razonamiento.

La relatividad sería una pura teoría de las superficies, pero el cuadro de las interacciones en la mecánica cuántica también. La correlación instantánea ha de ser el verdadero y genuino sincronizador global —un sincronizador independiente de la interacción, pero del que cualquier interacción se hace eco. Esto revela hasta qué punto son inoperantes las comparaciones del universo con un gran ordenador. El auténtico sincronizador global es tan inaprensible como el espacio predinámico; su traducción local en mecánica ondulatoria es la hipótesis del "reloj interno" de la partícula de de Broglie, una oscilación sin duda, que sí admite confirmación experimental indirecta pero apenas atrae interés. Bien puede decirse que el único sincronizador global es aquel que no necesita sincronizar ni tomar medidas de nada, pero en el que todo resuena.

He mostrado, del modo más general, en qué sentido "lo de arriba" puede guiar a "lo de abajo" sin necesidad de contacto; porque, por lo demás, eso que nos figuramos arriba también está siempre por debajo y al fondo de lo que aparece. He indicado también qué tipo de cambios facilitan que la mentalidad científica pueda sentirse cómoda con esta idea que hunde sus raíces en algo anterior al pensamiento. El problema de la finalidad, que la física eludió siempre tanto como pudo, y que malinterpretó proyectando desde arriba sus propias sombras, tiene una solución muy simple que sin embargo presenta dos caras.

* * *

Según lo dicho, el tiempo es un fenómeno más superficial que el espacio sin cualidades, y si llega a parecernos subjetivo, e incluso si a Kant pudo parecerle forma pura, es precisamente por que fluye continuamente a través de ese dominio independiente del movimiento que está en la base de la subjetividad. Sólo que casi toda nuestra atención está pendiente de las innumerables variaciones de los contenidos de la experiencia en el tiempo, mientras que lo otro, aun siendo invariable, determina la vibración inmediata de la novedad.

Para el sueño pertinaz que es la vigilia, la subjetividad ha de residir en la variación y novedad de sus elementos; pero el sueño profundo no sólo no sueña, sino que ni siquiera duerme. Está ya plenamente presente en medio de esta vigilia atareada —salvo, por supuesto, por mi falta de atención. Basta entonces la atención para que ese tercer estadio que está siempre al fondo se convierta en el cuarto que no está en ningún lugar de la secuencia.

En física el deslinde de estos planos superpuestos de la experiencia y el tiempo tendría una pauta similar; aunque la incompatibilidad entre las dos grandes teorías dominantes, además de sus propias contradicciones y paradojas internas, hace todo mucho más difícil de arbitrar. La universalidad de la fase geométrica la convierte en un puente natural entre lo micro y macroscópico, pero el sincronizador global, que con el principio de inercia da forma a todo el relato de la física, impide la traducción local de lo que implican las conversiones de escala.

Para hacerse la más mínima idea sobre esto es obligado salir de las teorías imperantes. Ya hemos señalado varias a modo de contraste y ahora traeremos a colación otra, que ni siquiera parte de consideraciones físicas o matemáticas, sino puramente morfológicas. La secuencia de ondas-vórtices en el hipercontinuo de Venis se basa en argumentos puramente proyectivos pero no puede evitar verse reflejada en planos tan variados como los seres vivos o las grandes formaciones cósmicas.

Siguiendo la apremiante lógica de sus vórtices, Venis llega a la conclusión de que el desplazamiento al rojo cosmológico no indica una expansión general del universo sino tan sólo una contracción local por un gradual desplazamiento en la dimensión de la agrupación: si nosotros encogiéramos no lo notaríamos en nosotros mismos, sino que veríamos tan sólo aumentar el tamaño del entorno. Este desplazamiento tendría una velocidad que puede estimarse, pero comportaría un tiempo interno que sólo podría verificarse saliendo de la formación en cuestión, sea el sistema solar o la galaxia, y pasando a otra rama temporal para volver de nuevo al lugar de origen.

Esto es simplemente una especulación —como casi todo en cosmología—, pero sirve perfectamente para ilustrar el abismo que media entre las exigencias del sincronizador global y una física que se tome en serio las circunstancias del ambiente. Seguramente las inmensidades estelares no existen para que todo sea como se ha medido en el rincón de un laboratorio; pero, así y todo, para una ciencia tan matemática como la física, superar sus propias varas de medir representa un desafío extraordinario.

Pero no es necesario salir de la galaxia para comprobar cómo el entorno modifica a la regla en vez de lo contrario: los "potenciales retardados" ya nos lo dicen a cualquier escala. La espiral que trazan los planetas del sistema solar sólo se desvía de un perfil exacto por el mismo orden de diferencias que el valor del lagrangiano de cada órbita, lo que ya es elocuente, y esta espiral aproxima el plano de un vórtice. Y así podemos seguir hacia abajo, hasta los átomos y las órbitas de los electrones, ellos mismos ondas-vórtices. A todas las escalas encontramos entrelazamiento del potencial, al que de ningún modo hace falta secundar con el parcial calificativo de "cuántico".

El antropocentrismo o inmodestia que supone hablar de constantes universales bien podría calificarse de cómico si no fuera por lo difícil que resulta salir, tanto de la lógica de la sincronización global, como de la legitimación de la apariencia en nombre de lo irreductible de la posición del observador; y en este caso ambas cosas se justifican mutuamente. Incluso los que son más conscientes de lo infundado de esta pretensión tienen las mayores dificultades para imaginar qué implicaciones tendría el que no haya sincronización en un sentido tan obviamente antropocéntrico y qué pueda haber al otro lado.

Hoy el famoso desplazamiento al rojo de la luz de las galaxias se asocia directamente con la radiación de fondo de microondas para reforzar el relato de la gran explosión. Lo que no suele contar la historia es que la predicción del explosionista Gamow de 1952 no fue ni la primera ni la más precisa, y que un buen número de físicos ya habían estimado su temperatura con mayor exactitud, con muchos años de antelación y muchos menos datos, desde Guillaume en 1896, a Regener, a Nernst, a Herzberg o a Max Born, entre otros. Todos ellos contaban con un universo en equilibrio dinámico.

También Venis presupone un equilibrio dinámico entre la expansión y contracción locales, pero invoca el tercer principio de acción-reacción a la hora de justificar el balance. Sin embargo, el tercer principio por sí sólo no enmienda al de inercia, que es el fondo que domina toda esta narrativa. Efectivamente, si lo que se observa por doquier es movimiento, y con las tres leyes de Newton nada se mueve sin haber sido movido por otra cosa, estamos obligados a creer que todo procede de un impulso original, sin importar que sea la más grandiosa violación del principio de conservación de la energía.

Para tomar conciencia de hasta qué punto los principios determinan el plano de contacto entre la física y la metafísica, basta recordar el contraste que Roger Boscovich, el gran precursor de las teorías de campos, propuso para el postulado de magnitudes absolutas: *"Un movimiento que es común a nosotros y al mundo no puede ser reconocido por nosotros —incluso si el mundo en su totalidad aumentara o disminuyera de tamaño en cualquier factor arbitrario"*. Aun si el mundo entero se encogiera o se expandiera en cuestión de días, prosigue Boscovich, con una variación idéntica en las fuerzas, no habría ningún cambio en nuestras impresiones ni en la percepción de nuestra mente. El cambio conjunto no tiene rango de experiencia, para ella sólo las diferencias cuentan.

Por supuesto, esto no tendría nada que ver con la gran explosión si en ella no hay una evolución conjunta de las constantes. Pero si las constantes modificaron su relación mutua en el pasado, ¿por qué no lo hacen ahora mismo? De hecho, desde hace muchos años se nos asegura que la "expansión del universo" se está acelerando.

Venis distingue obviamente velocidad de movimiento y velocidad de flujo en el tiempo, pero tampoco sabe cómo pueda establecerse la correlación, ni qué otros factores estarían implicados. Incluso tras más de un siglo de relatividad, el que pueda haber distintas velocidades temporales determinadas desde fuera —lo que no tiene nada que ver con los "viajes en el tiempo"— parecerá algo imposible para muchos. Ahora bien, lo que aquí se ha dicho es que el fondo de toda experiencia, incluida la experiencia del tiempo, no tiene nada que ver con el movimiento y sus infinitas posibles relaciones. Una velocidad en el tiempo sí, ya se trate de un tiempo físico mensurable o se trate del tiempo subjetivo que en sueños puede contraerse o dilatarse sin la menor tasa aparente.

En definitiva, el fondo de la experiencia es completamente informe y común a todos los seres, ya sean dioses, humanos, galaxias, planetas o átomos; no tiene nada de individual, pero es lo que hace sujeto al sujeto. Esa es la gran diferencia entre la no-dualidad y las variantes del idealismo moderno. En cambio el tiempo propio sí es parte de la individuación de los seres, es más, está incorporado en su forma y la de su cuerpo, eso que Venis llama "materia residente".

Puede verse entonces que Venis, casi sin quererlo, está proponiendo una estrategia de largo alcance para ver el tiempo más allá, o más acá, de la ficción del sincronizador global y su universal aplanamiento. Y no importa que la conexión de su morfología con la física y la matemática esté enteramente por explorar, puesto que su fundamento está en el propio espacio proyectivo anterior a métricas y determinaciones. Incluso como fenomenología pura, brinda una conexión entre el entendimiento, la imaginación y la visión que ya quisieran para sí las ciencias actuales.

Por añadidura, la secuencia de transformaciones de Venis plantea bellos y profundos problemas al cálculo y el análisis matemático, puesto que exhibe una evolución suave y diferenciable en el hipercontinuo, que puede adoptar cualquier número real entre los números enteros de las dimensiones. Hoy se trabaja con dimensiones "fraccionales" en incontables áreas del análisis aplicado, y se los conoce comúnmente como fractales; sin embargo estos fractales no son diferenciables. Por otra parte, sólo muy recientemente se está empezando a encontrar un puente entre la geometría fractal tan común en la Naturaleza y el llamado "cálculo fraccional" que no está restringido a los operadores con números enteros. Los fractales pertenecen al espacio, pero los operadores fraccionales inciden en el dominio temporal.

En definitiva, el cálculo fraccional cubre dominios temporales intermedios en procesos de todo tipo, incluidos los ondulatorios. Los fractales son no lineales, mientras que la dinámica fraccional gobierna procesos lineales, —y sin embargo supone una inquietante anomalía para el cálculo: exhibe una dependencia no local de la historia e interacciones espaciales de largo alcance. Y así, el propio cálculo fraccional suscita un enorme problema de interpretación que ni físicos ni matemáticos han podido zanjar. Igor Podlubny propuso distinguir entre un tiempo cósmico inhomogéneo y un tiempo individual homogéneo. Podlubny admite que la geometrización del tiempo y su homogeneización se deben ante todo al cálculo, y advierte que los intervalos de espacio pueden compararse simultáneamente, pero los de tiempo no, pues sólo podemos medirlos en secuencia. Lo que puede sorprender es que este autor atribuya la no homogeneidad al tiempo cósmico, en lugar de al tiempo individual, puesto que en realidad la mecánica y el cálculo se desarrollan al unísono bajo el principio de la sincronización global. En su lectura, el tiempo individual sería una idealización del tiempo creado por la mecánica, lo que es ponerlo todo del revés: en todo caso sería el tiempo de la mecánica el que es una idealización.

Está claro que los matemáticos tampoco aciertan a elevarse sobre estas aporías puesto que el cálculo no es meramente cómplice de la sincronización sino su principal agente. Los fractales son una expresión geométrica de leyes de potencia invariantes a escala igualmente ubicuas, pero los operadores de la dinámica fraccional gobernarían su evolución y lo que se llama su "memoria" temporal. Ahora bien, los vórtices de Venis evolucionan suave y linealmente a través de las dimensiones fraccionarias mientras que describen una evolución temporal que lleva tras de sí a la lógica, a la intuición y a la imaginación, mostrando un hilo conductor en medio de una impenetrable selva de cifras. Las envolventes capas límite de sus perfiles invitan además a una competición entre las diversas modalidades de cálculo por ver cuál ciñe mejor sus contornos.

Dado que el concepto de vórtice de Venis engloba no sólo a los torbellinos, sino a cosas tan amorfas como un bulbo esférico o gota, lo informe se está perfilando como lógica y proceso dentro de algo mucho más informe todavía. Es por esto que cabe pensar en un alcance morfológico universal, aun asumiendo que las formas no dejan de ser huidizos fantasmas, apariciones en el dominio de lo impermanente. Y aunque Venis ha recibido una indudable inspiración de la filosofía extremo oriental, su fenomenología no deja de ser, como él mismo la llama, una "teoría del infinito", heredera de ese inconfundible impulso occidental por ver más allá de cualquier límite. Aquí sin embargo se tiende a percibir el infinito en los propios límites de las formas concretas.

La mayoría de los procesos reales, por ejemplo las tensiones y deformaciones de un material o su fractura, son altamente no polares, es decir, no pueden caracterizarse como los campos en términos de vectores, desplazamientos y fuerzas, ni muestran eje detectable alguno en su evolución; los fractales, en cambio, son aptos para describirlos. Por otra parte, la dinámica fraccional sí permite retener la polaridad matemática de los campos, de modo que la conexión de ambos es una forma, todavía hoy muy abstracta, de explorar la transición del caos al orden. Los vórtices, por otro lado se presentan en todas las fases de la materia y la luz, y definen la transición más visible entre el caos y el orden, entre la turbulencia y la forma.

La función zeta, con su polo en la unidad y su abismal recta crítica, se asocia al llamado "caos cuántico" que resultaría más suave, pero como en cualquier otra circunstancia, nunca se ha podido precisar la frontera de su transición. No deja de ser extraordinario que un "objeto matemático" tan universal como esta función mantenga tal aislamiento con respecto a cualquier geometría visible, por no hablar de la lógica; las múltiples analogías con la física avanzada o los innumerables gráficos analíticos de la función no pueden hacer olvidar su riguroso ensimismamiento en la aritmética, dominio puro del tiempo. Este "tiempo puro" no es sino el tiempo absorto y sin relación externa alguna, lo más opuesto que podamos concebir al tiempo que experimentamos. Puesto que las ondas-vórtices de Venis también son de una universalidad extraordinaria, y tienen un vínculo profundo y de incontables capas con el tiempo y la entropía, es imposible que no tengan una conexión con esta función, y una conexión estrecha, además, aun cuando nadie haya explorado el tema todavía.

El intelecto que percibe objetos nunca se percibe a sí mismo; por eso no es el sí-mismo, justamente, pues de otro modo ambos tienden inevitablemente a confundirse. Este hecho tan irreductible también se reproduce, cómo no, en el simple acto de contar, fundamento de toda la aritmética. La verdadera geometría siempre es sintética y elemental; la aritmética, cuando no es meramente trivial, siempre tiene profundidad analítica. En este sentido bien puede hablarse de un orden explicado y un orden implicado, aunque en un sentido bien diferente al que le diera Bohm; Poincaré prefirió simplemente decir que la geometría es a posteriori y la aritmética a priori. Los geómetras lucían buen pelo y los analistas de raza eran calvos, tal era la regla infalible en otra época. Pero los que se vuelcan en la teoría de los números vuelven a tener pelo, y hoy hasta a los algebristas y lógicos les sale; a tal punto ha llegado la interconexión entre todas las ramas de la matemática que uno ya no sabe qué ocurrirá en el cuero cabelludo de sus practicantes.

Los vórtices de Venis están inevitablemente anidados unos dentro de otros a muy diversas escalas, lo que no hace una tarea sencilla identificar la "sustancia" del flujo temporal. En este sentido, serían tan evanescentes como las propias formas, aun cuando no se confundan con ellas en ningún sentido trivial. Si pensamos un poco en esta circunstancia, nos damos cuenta de que de aquí está emergiendo un tiempo que es a la vez material y formal, en un sentido distinto a los que ha manejado hasta ahora la física y la filosofía. Incluso si entendemos que la subjetividad de su flujo no depende en última instancia de ningún movimiento.

Es muy posible que la hipótesis de Riemann nunca llegue a probarse, como es muy posible que no se prueben nunca otras muchas conjeturas de la aritmética incomparablemente más simples, como la conjetura de Collatz. Sin embargo la función zeta ya ha intrigado bastante a los matemáticos, y lo hará aún mucho más, y en ese sentido habrá cumplido su misión; pero de momento sólo ha convocado al álgebra y el análisis, que apenas le han ofrecido contraste. En vez de seguir tanteando la oscuridad de la boca de la cueva, debería avanzarse confiadamente de espaldas aprovechando la luz de la entrada, la geometría en cualquier caso. Incluso la geometría elemental es infinita, cuando sabe encontrar sus problemas. El cálculo moderno, por el contrario, es una máquina trituradora que da predicciones, pero apenas sabe nada de la geometría física de los problemas.

Puede preverse entonces algo harto más probable pero mucho más perturbador que la demostración de esta hipótesis: su toma de contacto con la geometría y su ingreso en la imaginación humana, y no sólo en la imaginación matemática. Algunos analistas ya han detectado ondas espirales en el dominio de la función y se ejercitan en tratar de imaginar su morfogénesis, pero pautas tan abstractas requieren todavía muchos grados de descompresión para tomar contacto con lo genuinamente geométrico. Para eso se requiere un cambio radical en la orientación del cálculo, siguiendo algunas de las líneas apuntadas.

Lo razonable es pensar que la hipótesis de Riemann es sólo la consecuencia del comportamiento asintótico de los números primos tendiendo al infinito, lo que bien poco tiene que ver con su demostración; pero este no es el principal interés de su función. Sí hay, en cualquier caso, una geometría absolutamente elemental de los primos dentro de la recta, descrita por las curvas periódicas desde el origen que intersecan a cada número y sus múltiplos, y siendo los primos cortados sólo por su propia curva y la de la unidad. Incluso de esta representación tan simple emergen gradualmente patrones sorprendentes, a medida que aumenta la complejidad en la superposición de las curvas al hundirnos en las profundidades de la recta numérica. Los patrones más básicos sólo pueden verse extrayéndolos de la recta y desplegándolos como mínimo en dos o tres dimensiones. No tardan en emerger los primeros motivos espirales. Habría que seguir en 4, 5, o 6 a la manera de Venis, y en los dominios intermedios, modulando los posibles componentes dinámicos. Después de todo, también son infinitas las dimensiones que se pliegan y comprimen en la recta numérica o en la función zeta.

El tiempo-forma que acompaña al tiempo-materia no sólo está en los vórtices que describen las partículas o las galaxias, sino un poco en todas partes y en ninguna. Cuando una onda es rota aparece una onda espiral que persiste y excluye todos los anillos concéntricos; esta fue precisamente la sencilla observación de Arthur Winfree al empezar a modelar la geometría y las resonancias del tiempo biológico. Se pueden encontrar ondas espirales hasta en el movimiento del corazón.

La secuencia de transformación de los vórtices de Venis es un juego de equilibrio entre la contracción y la expansión; estos son los "tres pies" de su visión. El cuarto pie ha de estar necesariamente más allá de las formas aunque en medio de ellas. En cualquier caso, el equilibrio visto sólo en función de la acción-reacción no nos saca de las limitaciones del principio de inercia: nos da el orden explicado de un sistema cerrado, no el orden que un sistema abierto implica. Pues, efectivamente, el equilibrio dinámico es orden implicado por definición, "holomovimiento" en la lengua de Bohm, aun si nunca pueden extraerse sus implicaciones. La fase geométrica, por otro lado, puede describirse como una torsión o desplazamiento en la dimensión, que de este modo adquiere una connotación no sólo geométrica sino también morfológica; aunque se sobreentiende que es lo dinámico lo que se deforma, no el espacio o el potencial.

El astrofísico Eric Chaisson ha observado que la densidad de la tasa de energía es una medida mucho más decisiva e inequívoca para la métrica de la complejidad y su evolución a todas las escalas que los distintos usos del concepto de entropía, y sus argumentos son muy simples y convincentes. Contra lo que uno pudiera pensar, esta tasa, medida en ergios por gramo y segundo, tiene un promedio de 0,5 en en la Vía Láctea, 2 en el Sol, 900 en las plantas, 40.000 en los animales y 500.000 en la sociedad humana; se echa de menos aquí el valor relativo en un átomo o molécula. Esta densidad de flujo de energía, como decimos, no sólo indica la complejidad, sino también la evolución individual de una entidad, su transformación a lo largo del proceso de nacimiento, madurez, envejecimiento y muerte. Ha de estar ligada por tanto a lo que comúnmente se entiende por "flujo subjetivo del tiempo" aunque no deje de ser un trasiego, un intercambio con el ambiente dentro de algo ajeno al movimiento. Sin duda esta tasa de flujo puede aplicarse a los vórtices de Venis si se les asignan valores físicos, puesto que ellos también reflejan la evolución de entidades individuales, o su apariencia, si se prefiere. Como en el torbellino de la vida, la restricción creciente en las entidades, esencia del envejecimiento, es en sí misma una cuestión de gran sutileza y múltiples capas concéntricas que sólo gradualmente se desvelan. El estudio en profundidad del tema permitiría ver hasta qué punto estamos hablando de un tiempo encarnado, un tiempo en la materia y en la forma. Volviendo al mundo físico, otra cuestión sería tratar de ver cómo se relaciona esta tasa con el principio de máxima entropía o con el equilibrio termomecánico que puede dar cuenta de los diversos lagrangianos de átomos, órbitas planetarias y galaxias.

La restricción creciente es la piedra de toque de la evolución individual de una entidad y su envejecimiento, que tan poca atención ha merecido todavía a pesar de que sus perfiles estén siempre ante nuestros ojos. Incluso en la casi insuperable abstracción de la teoría de los números pueden encontrarse múltiples dominios y órdenes de restricción creciente, contrapunto de las diversas medidas de entropía numérica, mucho más irreductibles y singulares que lo que en cálculo se entiende por "aproximación" y "acotación"; pues el cálculo sólo usa la aritmética como instrumento, mientras que la teoría de números busca en ella su propia fisionomía. La entropía es una propiedad extensiva proporcional al logaritmo de estados; la cantidad de números primos es inversa al logaritmo de los números enteros, y los mismos ceros no triviales de la función zeta en la recta crítica con valor real exacto de 1/2, reflejarían el dominio principal de una restricción creciente que envuelve como un producto a la suma total de los números primos hasta el infinito. La ley de Fechner nos dice que la intensidad de la sensación es proporcional al logaritmo del estímulo, y el tiempo de la vida y la memoria se desenrosca con ritmo de espiral logarítmica. Como Tolstoi dejó escrito, no hay más que un paso del niño de cinco años hasta el que soy ahora, pero del niño de cinco años al recién nacido hay una distancia inmensa, un abismo del recién nacido al embrión, y lo inconcebible entre el embrión y el no ser.

Parece contrario a nuestra intuición el que la densidad del flujo de energía sea muy superior en una brizna de hierba que en la atmósfera incandescente del Sol; pero esto se relaciona estrechamente con el hecho ya mencionado de que la entropía tiende al máximo y el orden produce más entropía. Ambos hechos delatan que hay cosas muy fundamentales que estamos viendo desde el lado equivocado, por no hablar de la más que posible contribución de la entropía al orden mismo de la dinámica. También en todo esto habría que situarse de espaldas a la mina para apreciar la luz que inunda la cueva. En cualquier caso estas consideraciones nos permiten ver que incluso aspectos del tiempo que creemos altamente subjetivos pueden tener expresiones físicas y matemáticas con entidad propia; y ni que decir tiene que en la morfología de Venis hay muchos más motivos que las espirales.

Considerando la relatividad especial, se ha venido diciendo desde Pearson que un observador que viajara a la velocidad de la luz no percibiría movimiento alguno y viviría en un «eterno presente»; pero está claro que la luz se transmite y se mueve, e incluso pulsa con más precisión que el mejor reloj, luego esto es sencillamente falso. Sabemos además por el principio de Huygens que su propagación implica una deformación continua en cada punto, lo más opuesto a lo intemporal expresado del modo más gráfico. Precisamente para la relatividad, no hay otra forma de concebir el tiempo que el movimiento, luego esta pretensión contradice sus propios supuestos, aunque expresa inmejorablemente cómo el principio de sincronización global quisiera estar por encima de toda contingencia y aun del propio tiempo que se complace en imponer. Es de suponer que los físicos han renunciado a este tipo de ilustraciones, que sólo consiguen dejar a la teoría en evidencia. Si algo físico ha de estar fuera del movimiento y del tiempo, ciertamente no puede ser esto.

Los múltiples marcos de referencia inerciales de la relatividad general no consiguen sino crear una confusión permanente, incluso sobre el mismo significado de la palabra inercia, lo que ya habla por sí solo. Ver y considerar, con los ojos muy abiertos, que no existe la inercia en este mundo: no puede haber mejor suspensión de lo mecánico aprendido, ni más profunda meditación. La más intensa, también, que la permanente agitación del pensamiento ni por un momento soporta. Cuesta tanto asumir que no existe la inercia en este mundo, entender que el danzante principio de equilibrio dinámico nos está diciendo que todo está interpretando su posición a cada instante espontáneamente y con todo su ser, más allá de la libertad y la necesidad.

Venis admite de buen grado que aún no sabemos casi nada sobre cómo, si sólo existe un espacio hipercontinuo de infinitas dimensiones, nuestra percepción está tan severamente limitada al espacio tridimensional. También el espacio de Hilbert de la mecánica cuántica es inicialmente infinito-dimensional, pero, ¿hablamos en este caso de abstracciones? Las inferencias de Venis pueden ser muy arriesgadas, y sin embargo tienen la peculiaridad, hoy más que nunca excepcional, de estar guiadas casi en exclusiva por el espíritu de la forma. Las infinitas dimensiones de un espacio abstracto nos dejan indiferentes, pero lo que aquí se insinúa es que las dimensiones de las formas concretas en el espacio físico son sólo una mínima sección de dominios enteramente sin forma, mucho más cercanos a nosotros de lo que creemos; claro que tampoco la realidad física se ha dejado nunca reducir a lo visible. En cualquier caso, cualquier dominio supraformal o infraformal ha de estar conectado con el mundo de la forma por un mismo hilo y principio.

¿Hay un proceso físico en la reducción de dimensiones, o nunca dejará de ser para nosotros algo puramente imaginario? Ambas cosas no son incompatibles, pero dependen del punto de partida; los físicos necesitan medir, la imaginación es un ejercicio individual que no requiere instrumentos. Finalmente, siempre podemos contar con aquello que ni siquiera necesita de imaginación.

Nuestra cultura hipercinética no puede concebir nada fuera del movimiento; así, a la fase geométrica se le otorga un estatus sumamente abstracto y derivado cuando refleja de la forma más inmediata el lugar desde el que miramos, que por cierto no es ningún marco inercial. Sin embargo, es la descripción de la dinámica la que se ha enrarecido hasta no representar prácticamente nada. Dado que para el físico lo inmediato tampoco vale nada, no queda más remedio que aportar otro tipo de argumentos.

Se supone que la dinámica de un sistema controla a la fase geométrica, que juega un rol enteramente pasivo; y este es el papel que ahora se le asigna rutinariamente en el laboratorio. La pregunta inevitable es, ¿cómo puede ser independiente del movimiento algo que se limita a seguirlo? Pero, por otro lado, una correlación instantánea no puede asociarse con movimiento alguno. ¿Cómo decidir la cuestión? Hay múltiples formas de asomarse a este nuevo abismo, lo único que se requiere es cambiar la idea de lo que hay que medir.

Tampoco hace falta machacar partículas en gigantescos aceleradores, sino tan sólo entrar en sintonía con la exquisita sensibilidad de los potenciales en las teorías de campos y más allá de ellas. En principio, la diferencia entre un potencial ordinario y un potencial "anómalo" como el de la fase geométrica parece muy clara; en la práctica, como siempre que hablamos de energía, la cuestión es mucho más delicada y sutil.. El mal llamado "principio de incertidumbre" de Heisenberg ha sido desmentido innumerables veces y sus diversas relaciones son objeto de sucesivas correcciones en función del marco experimental. No sólo experimentos de alta precisión, incluso frecuencímetros sensitivos a la fase de televisores muestran una precisión decenas de veces superior. Pero, siguiendo la sugerencia de Binder, y más allá de este maltrecho principio tan necesitado del más simple análisis dimensional, pueden diseñarse todo tipo de dispositivos con bucle de enganche de fase para crear una realimentación o retroacoplamiento entre la fase dinámica y la geométrica, y estudiar dónde reside su equilibrio y cuál es la condición de contorno de la fase total. Binder interpreta que es la fase geométrica la que controla la intensidad y signo de las constantes de acoplamiento de las fuerzas fundamentales, e incluso concibe escenarios en que la escala de Planck se desplaza hasta el rango nuclear. Según Binder, lo que variaría y se "curvaría" sería el espacio-tiempo dinámico; pero la velocidad instantánea de la fase geométrica no puede curvarse. La velocidad es la magnitud fundamental de la física, el espacio y tiempo físicos son nociones derivadas de su medida.

Sabemos muy bien el poco caso que se hace de propuestas como la de Binder, y también sabemos por qué. Pero, sencillamente, lo que es instantáneo no puede ser secundario con respecto a lo que le lleva tiempo operar; lo que es acto puro no puede ser pasivo con relación a aquello a lo que le lleva tiempo actualizarse. Esta simple reflexión hace pensar que la física ha estado invirtiendo todo este tiempo las nociones de acto y potencia, pero llevará largo tiempo calibrar de nuevo su relación, y tal vez más tiempo asimilar sus consecuencias. Toda la materia está interpretando, recreando espontáneamente ese puro acto. La luz es vibración emancipada de la materia, pero trascender el sincronizador global es tanto como salir fuera de cualquier orden temporal ligado al movimiento, ya sea el del sistema solar, nuestra galaxia o el entero cosmos observable y por observar. Los físicos, los científicos en general, aún puede elegir entre el control y la sabiduría; entre cerrarse sobre el hombre y la Naturaleza, o abrir para ellos el más vasto de los horizontes.

Todo lo que se mueve no es más que un reflejo de lo que no se mueve, una ondulación sobre sus aguas. No son los potenciales los que se está retardando, son las fuerzas no fundamentales las que están variando. No sabemos si la gravedad tiene un límite de velocidad o no lo tiene, ni sabemos cómo se comportarían otras fuerzas completamente diferentes que pueden existir a otras escalas, en las galaxias o más allá; pero sí sabemos que lo que es instantáneo no se retrasa y es la referencia para lo que exhibe limitaciones de velocidad. Como algunos gustan de decir, "no puedes superar eso", aunque sí puedes ignorarlo. Y, después de dejar que se hunda la cuestión hasta posarse, uno podría añadir: "tú eres eso".

Referencias

Henri Poincaré, Nicolae Mazilu, *Hertz's Ideas on Mechanics* (1897)

Nikolay Noskov, *The phenomenon of retarded potentials*

Nikolay Noskov, *The theory of retarded potentials against the theory of relativity*

K. T. Assis, *Relational Mechanics and Implementation of Mach's Principle with Weber's Gravitational Force* (2014)

A. K. T. Assis, *History of the 2.7 K Temperature Prior to Penzias and Wilson* (1995)

Alejandro Torassa, *On classical mechanics* (1996)

Koichiro Matsuno, *Information: Resurrection of the Cartesian physics* (1996)

Nicolae Mazilu and Maricel Agop, *The Mathematical Principles of the Scale Relativity Physics I. History and Physics* (2019)

V. E. Zhvirblis, *Stars and Koltsars* (1995)

Mario J. Pinheiro, *A reformulation of mechanics and electrodynamics* (2017)

Miles Williams Mathis, *A Re-definition of the Derivative (why the calculus works—and why it doesn't)* (2004)

Igor Podlubny, *Geometric and Physical Interpretation of Fractional Integration and Fractional Differentiation* (2001)

Salvatore Butera, Mario di Paola, *A physically based connection between fractional calculus and fractal geometry* (2014)

Juan Rius Camps, *La nueva dinámica irreversible y la metafísica de Aristóteles* (2010)

Patrick Cornille, *Why Galilean mechanics is not equivalent to Newtonian mechanics* (2018)

Yuri N. Ivanov, *Rythmodynamics* (2007)

Anirban Bandyopadhyay et al., *A Brain-like Computer Made of Time Crystal: Could a Metric of Prime AloneReplace a User and Alleviate Programming Forever?* (2018)

Bandyopadhyay, Tam Hunt, *Resonance chains and new models of the neuron* (2019)

Jan Bergstra, Division by Zero: *A Survey of Options* (2019)

Okoh Ufuoma, *Exact Arithmetic of Zero and Infinity Based on the Conventional Division by Zero 0/0= 1* (2019)

Raymond Abellio, *La structure absolue, Essai de phénoménologie génétique,* París, 1965

K. O. Friedrichs, *Asymptotic phenomena in mathematical physics* (1955)

Peter Alexander Venis, *Infinity-theory —The great Puzzle*

E. J. Chaisson, *Energy Rate Density as a Complexity Metric and Evolutionary Driver* (2010)

Bernd Binder, *Berry's Phase and Fine Structure* (2002)

Miguel Iradier, hurqualya.net

POLO DEL DESTINO
16 junio, 2021

¿Efectos del cambio climático? Nosotros somos el efecto, o al menos uno de ellos. Pero no estamos hablando del "efecto invernadero" ni de otros brebajes preparados y agitados por los medios. Hablaremos, sí, de la inversión de los polos en el sistema solar, en nuestro planeta, e incluso en nuestra no-sociedad; y de lo más importante de todo, de la reorientación con respecto al Principio.

Que el "efecto invernadero" es una auténtica memez, eso ya lo sabíamos hace mucho. Habría que averiguar también cómo es que un gran colectivo de científicos se permite ser objeto, no ya del descrédito, sino del ridículo más puro y duro.

Pero no es tan difícil de averiguar, dado que esta gente se cree más allá del ridículo, o al menos, a cubierto de él. Al poder le interesó crear un escenario alarmista dentro del cual gestionar nuevas arbitrariedades e intervenciones, además de desviar la atención de asuntos más apremiantes; y sirviendo a esos intereses, un colectivo de expertos podía a su vez ganar ascendiente y obtener más fondos. La ciencia moderna siempre se ha arrimado al poder, con los resultados que cabía esperar.

Claro que no todo es poder y colusión; para llegar lejos hay que tener buenas intenciones y aquí lo bienintencionado alcanzó nuevos niveles. Siempre se puede hacer más, en cualquier asunto, y para algunos tuvo que ser muy halagüeño verse a sí mismos como salvadores del planeta.

En general es preferible ni hablar de asuntos tan manufacturados como el cambio climático, y desde que usan a niños para "crear conciencia entre los mayores", el tema ya está irremediablemente contaminado de puerilidad —lo que también es otra forma de blindarlo contra el debate. Sin embargo, la lectura de una traducción al español del libro de Paul de Métairy *Cambio Climático: la verdad de lo que se nos viene encima,* me ha sugerido algunas ideas nuevas al respecto.

El título original dice literalmente *"Clima: ¡no culpables!"*, y su subtítulo *"Las revelaciones de los que no tienen la opción de hablar"*. La traducción española cubre la parte científica, pero con ello basta. Se trata de un texto muy breve y se lee fácilmente de un tirón. Es altamente recomendable para todo aquel que busque ideas claras y una perspectiva más amplia sobre uno de los mayores bulos en el siglo de las mentiras más descaradas e increíbles. Sólo hacia el final tiene algunos despropósitos, como decir que Galileo acabó en la hoguera, que no afectan en todo caso a su diagnóstico. Por supuesto, hoy se pueden encontrar en la red muchos otros sitios con información sobre este gran fraude.

Métairy deshace en muy pocos párrafos la superchería del efecto invernadero con una lógica elemental, pero aún contempla escenarios con subidas de temperaturas, aunque por causas muy diferentes. En contraste, hay climatólogos serios que consideran la posibilidad de que nos encaminemos rápidamente hacia una nueva glaciación, y aducen argumentos dignos de atención; pero cualquier debate real es imposible dentro de un discurso y una disciplina entera secuestrados por el Panel Intergubernamental del Cambio Climático y quienes lo amparan.

Que este Panel tenga su sede en Ginebra ya nos dice bastante, aunque, con un poco menos de disimulo igual podría haber estado en Basilea, en Davos o en el mismo Wall Street. ¿Acaso no se trafica profusamente con los "créditos de carbono? Pero Ginebra no está mal, y aparte de ser la capital de la diplomacia, también es sede de otros incalificables montajes científicos como el colisionador de hadrones del CERN.

No repetiré los muy básicos y concluyentes argumentos de Métairy contra el efecto invernadero porque para eso está su libro. Sin embargo, el objeto principal del autor francés no es tanto la descalificación de una teoría risible como situarnos ante un panorama más probable de la evolución del clima a medio y largo plazo. Naturalmente, los plazos de la geología y el clima nada tienen que ver con los de la histeria cultivada por los medios, pero así y todo ya nos afectan lo bastante.

* * *

Métairy parece escribir en el 2012 o en el 2013, cuando la Agencia Espacial Europea lanzó los tres satélites de la misión SWARM para estudiar con más detalle el campo magnético terrestre y su al parecer creciente inestabilidad. El SWARM es un ejemplo de un proyecto de alto interés para la especie y con un costo, 236 millones de euros, razonable dentro de lo que es la Gran Ciencia actual.

El escenario que plantea este autor es el de la probable inversión del campo magnético terrestre y lo que supondría su previo e inevitable paso por cero. Esto sí que sería un *Gran Reinicio* en toda la regla, y no lo que quiere instaurar la plutarquía. La sabiduría convencional de ahora nos dice que sin la protección del campo magnético terrestre las partículas cargadas del viento solar nos acribillarían y desencadenarían todo tipo de cánceres y mutaciones con la mayor celeridad. Y en cuanto a los dispositivos electrónicos que constituyen el sistema nervioso de esta civilización, uno ya se puede imaginar su suerte.

Pero claro, Métairy no está diciendo que el paso por cero vaya a suceder mañana. La frecuencia promedio de estos sucesos es de unos 200.000 años, pero la última tuvo lugar ya hace 780.000, lo que haría más probable una inversión relativamente cercana. A estas escalas de tiempo, "cercana" podría ser todavía decenas de miles de años; sin embargo, parece haber indicios de que la inestabilidad actual se está acentuando.

Los especialistas en geomagnetismo hablan de un periodo promedio de entre 1.000 y 3.000 años de magnetismo en torno a cero antes de consolidarse la inversión del campo. Un periodo en el que el magnetismo es casi nulo, o en cualquier caso tan débil como para dejar pasar casi todo el viento de iones que nos llega desde el Sol y otras estrellas y que normalmente es detenido por la magnetosfera. Las estimaciones de estos especialistas se basan en múltiples múltiples análisis de muestras de roca y árboles fósiles.

Sin embargo, mucho antes de que se produzca esta "puesta a cero" del sistema, tiene lugar un debilitamiento paulatino del campo del planeta que hace las veces, para los seres vivos, de escudo protector. ¿Tenemos indicios fundados de que tal debilitamiento ya esté teniendo lugar? Para Métairy y algunos expertos, sí; esto podría estar ocurriendo desde hace unos 300 años.

Cualquier perspectiva mínima sobre el llamado cambio climático debería considerar que apenas estamos saliendo de una "pequeña Edad de Hielo" que tuvo su máximo hacia mediados del siglo XVII pero que duró hasta fines del XIX o principios del XX. En esta miniglaciación, las temperaturas se hundieron de manera acusada por debajo de las medias anteriores o posteriores, lo que siempre debe tenerse presente cuando se habla de "subidas alarmantes de la temperatura". El ascenso posterior de las temperaturas podría tener tan poco que ver con la actividad humana como el descenso inmediatamente anterior. Esto sin contemplar siquiera las ineludibles consideraciones físicas y químicas que

Métairy nos recuerda con tanta razón, y que algo llamado "divulgación" esquiva sistemáticamente.

Como siempre, no se pueden mantener mistificaciones sin apropiarse de las evidencias y crear asociaciones indisolubles entre hechos patentes e ideas vacías. Los cánceres de piel, y no sólo los de piel, aumentan a un ritmo llamativo. ¿Se relaciona esto con la destrucción de la capa de ozono? No menos podría tener que ver con el aumento vertiginoso de la intoxicación crónica debida a una alimentación cada vez más artificial, por mencionar sólo uno de los variados factores cancerígenos de la vida moderna; y sin embargo parece cierto que la luz solar es cada vez más nociva. Pero, en todo caso, la creación y destrucción del ozono tiene su propio ciclo físico y químico sin apenas relación con la actividad humana o los famosos clorofluorocarbonos, y sí, mucho más, con su equilibrio con la ionosfera-termosfera. ¿Por qué si no el agujero principal está en el polo sur, siendo con enorme diferencia el área y el hemisferio con menos contaminantes?

Da hasta vergüenza recordar estas cosas, pero la confusión, aunque burda, se fabrica a escala industrial. Y en cuanto al aprovechamiento político de la confusión prefabricada, es simplemente lo que cabe esperar.

* * *

Tratemos por un momento de ver algo más allá de esta confusión y esta superficialidad que lo invaden todo. El retroceso de los glaciares se había empezado a observar en el Himalaya ya hacia 1780, lo que obviamente no podía tener que ver con la Revolución Industrial, que apenas estaba comenzando entonces en la pequeña y remota Inglaterra. Métairy enumera una serie de fenómenos, desde la fusión del hielo ártico a las deformaciones o mutaciones en pájaros e insectos, que se están acelerando pero que no han empezado ayer, ni se deben seguramente a la actividad humana.

Tal vez llame la atención que este autor remonte el comienzo de estos cambios a hace 300 años, lo que viene a coincidir con aquello que Polanyi denominó *la Gran Transformación* del tejido social que puso las condiciones para la Revolución Industrial. Ahora bien, dado que algunos de estos fenómenos a menudo asociados y confundidos son de origen natural y no pueden atribuirse al hombre, merecería la pena formular la pregunta que Métairy no ha acertado a plantear.

Efectivamente, bien puede ser que haya un cambio en el clima independiente de "factores antropogénicos"; de hecho, lo cómico es ignorar el rol geofísico de la Tierra y su relación con el Sol, cuando son los únicos factores de peso. Pero, yendo un poco más allá, habría que preguntarse si "la Gran Transformación" de la sociedad humana no es sino un efecto concomitante de la transformación de las circunstancias físicas de la Tierra, y en particular de su campo magnético, que no deja de ser su aura o aspecto más sutil.

Esto, ciertamente, no pretende negar la realidad específica de la cultura y la historia humanas; de lo que se trata, más bien, es de concebir el peso de lo imponderable, el medio, tan desapercibido para nosotros como el agua para el pez. Hay un cierto paralelismo entre la actividad eléctrica del córtex cerebral y la ionosfera y termosfera; aunque el aumento de la actividad cerebral en el hombre moderno nos parece mucho más vertiginoso, cuantitativamente, que el posible recalentamiento de esas regiones tan tenues y alejadas de nuestras cabezas.

Pero nosotros estamos en nuestra propia piel, no en la termosfera; y mucho más que en nuestra piel, en una "realidad extendida" de carácter tecnológico que bien parece una realidad progresivamente amputada. Está claro que un recalentamiento en las capas altas no induce a las abejas a desplegar antenas de 5G por todo el planeta, ni tampoco a una sociedad humana arcaica. Pero, ¿nos damos cuenta que cuando más desarrollo material tiene una civilización, cuando más se basa en "el conocimiento", más reactiva es? Lo estamos viendo todos los días; nuestra hiperactividad ya es pura reacción a grandes sobredosis de conocimientos casi siempre mal ubicados.

Claro que hay una correlación; de hecho no puede dejar de haberla. Pero las mutaciones que un cambio global induce en los pájaros y en una civilización con hipertrofia material, aun teniendo un denominador común, son prácticamente inconmensurables.

* * *

Aumento exponencial del cáncer y las mutaciones genéticas, esterilidad creciente de la población, la obligación de vivir de noche, retorno a las cuevas y las minas de sal, vida en cubículos subterráneos sin otra ventana que una webcam siempre que todavía funcione, disparo de la demanda del plomo y las escafandras, espectaculares alteraciones climáticas e hidrográficas... Métairy no se recrea en absoluto en la película de terror que este futuro supone, tan sólo nos recuerda, con muy pocas palabras, la increíble trampa en la que vivimos y nuestra dependencia de factores hasta hoy casi impensados.

Se ha especulado con que la erupción del volcán de Toba en Sumatra hace 75.000 años, de una potencia equivalente a la explosión de muchas miles de bombas atómicas, pudo reducir la población humana a menos de un uno por ciento. Aun si esta hipótesis fuera cierta, una erupción de este tipo en ningún caso habría afectado al acervo genético de la especie, tal como deberían hacerlo las fases de inversión del campo magnético.

Tal vez sea este el mecanismo del que se sirve la Tierra, o mejor el sistema Tierra-atmósfera-Sol, para su renovación periódica; o en cualquier caso esta sería uno de sus efectos. Según diversas tradiciones, ha habido en este planeta muchos adanes antes de Adán, y muchas otras "humanidades" antes de esta con la que ahora nos identificamos y que podría estar escribiendo los últimos párrafos de su guión. Por otra parte, desde Heráclito y los estoicos hasta los Puranas, se ha hablado del fuego como el agente de esa renovación; un fuego que no parece ser de llama, sino cósmico en su origen.

Sin duda la adversidad tiene un valor para la evolución biológica, y no sólo biológica. Las mutaciones adaptativas existen, y no hay más que ver la pasión con que la ortodoxia neodarwinista persigue esta idea para saber que guarda una verdad importante. Por el contrario, es la llamada "síntesis neodarwinista" la que exhibe impúdicamente su propia impotencia para hallar el sentido de la novedad; pero a sus defensores no les interesa entender la vida, sino convertirla en un mecano. En cualquier caso, más allá del azar y la necesidad, no hay actividad que no sea adaptativa, la expresión local de un desequilibrio global. Una de esas expresiones locales sería nuestra presente civilización.

La misma actividad humana es una forma de diluir esa presión que nos llega del medio, de desviarla en vez de simplemente padecerla. Alguien realmente capaz de no hacer nada, como algunas almas vigilantes o contemplativas, puede ser capaz de percibir esas capas de presión, que se extienden mucho más allá de las finas barreras de la sociedad, sin necesidad de satélites e instrumentos; aunque nadie le haya hablado jamás de vientos solares y campos electromagnéticos. Ese podía ser el caso de muchos seres humanos antes del Neolítico.

* * *

Nadie pensará que el equipo del SWARM esté ocultando información, puesto que la incertidumbre de los datos hasta ahora reunidos no resulta comprometedora para nadie. Ahora bien, sería algo digno de verse la reacción de los distintos organismos, centros y agencias si en algún momento futuro se encendiera la luz roja de alarma. Políticos y ejecutivos han invertido a fondo en otras narrativas, justamente aquellas con las que ahora nos machacan, y tendría que pasar bastante tiempo antes de que desplazaran sus apuestas. Pero estos elementos siempre llegan muy tarde y para usar la situación en su provecho; son claramente parte del problema, no de su solución.

Tal vez lo más interesante de un caso como este es que no tendría solución, aunque cueste imaginarnos resignados. Pero parece que estamos concediendo que el escenario esbozado por Métairy es inevitable y aun prácticamente inminente, lo que no podría ser más prematuro. Los intervalos entre inversiones geomagnéticas no muestran la menor regularidad, y la duración media es sólo eso, una media matemática deducida de las muestras de roca. También han quedado registradas "excursiones" de los polos, es decir, grandes desplazamientos que no terminaron en inversión pero que casi eliminaron el campo magnético, reduciéndolo a una pequeña porción. La última gran excursión fue el llamado evento Laschamp de hace 41.000 años, en que cayó a un 5 % de su intensidad habitual por varios siglos. Sin embargo no parece que esto afectara de forma importante a la biosfera o la población humana.

No existe realmente un patrón en la inversión de los polos. ¿Estamos condenados a una total incertidumbre sobre el tema? Lo estaríamos, efectivamente, si sólo contáramos con la teoría hoy dominante del magnetismo terrestre, conocida como "teoría del dinamo" creado por la convección del núcleo líquido planetario; pero esta teoría, además de ser altamente especulativa, tiene muy poco poder explicativo y plantea más problemas de los que resuelve. Las ciencias modernas, cada vez más burocratizadas, gravitan hacia modelos estándar que imponen un consenso forzado eliminando la oposición, privándose así de un mínimo de contraste para sus ideas. Veamos un buen ejemplo de ello.

Miles Mathis lleva un buen número de años proponiendo un modelo alternativo del electromagnetismo y el campo de carga fundamental. Ya antes diversos autores habían insistido en que la idea de una "carga elemental" pegada a los electrones y los protones como si fuera una etiqueta sólo puede ser una convención útil, o si se prefiere, otra más de nuestras impagables supercherías; pero Mathis ha ido conectando con los años más y más niveles de evidencia que dan a sus ideas otra dimensión.

Para Mathis el electromagnetismo y los dipolos son sólo un epifenómeno de un campo de carga fundamental compuesto únicamente por fotones. Este campo de carga se recicla por los polos de las partículas y los cuerpos celestes, como el Sol o los planetas. Sabemos de planetas muy cercanos, como el propio Venus, que no tienen magnetosfera pero detienen las partículas de alta energía del viento solar —lo que sólo puede explicarse por un campo de carga similar al que propone Mathis. Pero el modelo de Mathis explica además muchas otras cosas que son completamente ininteligibles en esta y otras teorías estándar.

Por ejemplo, el ciclo magnético solar y su relación con los grandes planetas o el núcleo galáctico. Mathis observa agudamente que la llamada "inversión periódica" del campo magnético del Sol cada 9-12 años no es tal, ni tiene que ver con su núcleo, sino con el acoplamiento o reconexión con el campo de carga de los grandes planetas —Júpiter, Saturno, Urano y Neptuno—, inversamente proporcional a la cuarta potencia del radio ($1/r^4$). Estas circunstancias son altamente predecibles.

Por el contrario, la verdadera inversión de los polos afecta simultáneamente a todos los astros del sistema solar, puesto que no depende de lo que ocurre en el interior de sus cuerpos, sino de las regiones por las que pasa en su viaje en torno al núcleo galáctico, con sus diferencias impredecibles en el flujo local de fotones y antifotones, es decir, de fotones que vengan en una u otra dirección, con la orientación de su giro cambiada.

La inclinación axial de los diversos planetas también puede explicarse con sólo tres números: masa, densidad y distancia. La presente "explicación" por colisiones no puede ser más contingente y chapucera; pero esto se puede extender al cuadro global de la mecánica celeste y su teoría de perturbaciones.

Aunque obviamente Mathis prefiere ignorar cualquier posible conexión con la astrología, esta gran diferencia también permite entender el "doble criterio de uso" de la primera enciclopedia de la humanidad, los antiguos zodiacos: el de los tropicalistas, basado ante todo en las relaciones planetarias, y el de los siderialistas, centrados en la influencia estelar y el ciclo de precesión de los equinoccios conocido como Gran Año —si bien el ciclo en torno al núcleo galáctico es unas diez mil veces más largo, en torno a 240 millones de años.

No se le puede pedir a la teoría de Mathis, producto de un sólo individuo, el mismo grado de "refinamiento formal" que tienen las teorías estándar desarrolladas colectivamente por miles de ellos con mucho más tiempo y dedicación. Y a pesar de todo, Mathis hace predicciones muy concretas y supera una y otra vez al modelo dominante en las áreas más diversas. Por poner sólo otro ejemplo, nunca se ha explicado por qué el viento solar actúa de forma tan diferente para los iones positivos y los negativos.

Muy recientemente, la llamada "ciencia del cambio climático" se ha superado a sí misma y ha alcanzado nuevas cotas de estupidez afirmando que el "calentamiento global" y la fusión de los hielos es la causa más probable del desplazamiento de los polos[1] observado a mediados de los 90 del pasado siglo; a pesar de que se sabe perfectamente que los polos siempre han estado oscilando. Mathis lo relaciona[2] con el campo de carga y la libración de los cuatro grandes planetas dado que sigue la misma pauta que el ciclo solar —algo que los especialistas parecen no haber notado—, y extrapolando sobre los datos conocidos, estima que el desplazamiento tendría una varianza del orden de… unos 300 años. Por lo demás esta oscilación alcanzó su máximo hacia el 2005.

La misión SWARM no está en absoluto entre los proyectos científicos más costosos de estas décadas, pero aún se podría saber mucho más y con mucho menos gasto si los expertos tuvieran el coraje de contrastar diferentes teorías y buscaran sin miedo la falsación de todas ellas; es decir, si la competencia fuera real y no una mera palabra. Ya existe una enorme y variada masa de datos, lo decisivo para sacar conclusiones es poder someterla a ángulos de visión contrapuestos. De otro modo seguimos tanteando en la oscuridad.

* * *

Así que, probablemente, la temible Edad de Plomo nunca llegue a efecto. ¿Pero cómo podríamos saberlo, si no se levanta la veda a la caza de las teorías? Cualquier experto en geomagnetismo admitirá que la teoría del dinamo del núcleo terrestre es provisional, e incluso altamente provisional; pero cuestionar la teoría clásica y cuántica del electromagnetismo, sobre la que reposa toda nuestra tecnología, es algo muy diferente. Y sin embargo, tampoco las ecuaciones de Maxwell o las de la electrodinámica cuántica son otra cosa que un desarrollo heurístico.

Muchos aducen: ¿cómo puede ser heurística una teoría como la QED, que logra una precisión de hasta doce decimales? Precisamente, porque la teoría se ha optimizado a todo lo largo del camino para hacer predicciones cada vez más precisas, desdeñando todo lo demás. De hecho, los números clave de esta teoría deben meterse a mano y no se tiene la menor de idea de cómo justificarlos; por no mencionar que la mecánica cuántica ni siquiera es capaz de predecir el colapso de la función de onda. ¿Y qué decir de la predicción de la energía del vacío, un error de 120 órdenes de magnitud? Pero incluso la teoría clásica de Maxwell tiene enormes agujeros.

Mathis, por ejemplo, encuentra una justificación muy directa para muchos de estos enigmáticos números; pero lo hace dentro de un modelo que nada tiene que ver con el modelo estándar —lo que impide que sus argumentos sean tenidos en cuenta, cualquiera que sea su valor. Las teorías dominantes son el neopositivismo en acción, que dice que el marco descriptivo es accesorio y lo decisivo es la predicción; sin embargo, cuando una teoría alternativa obtiene mejores predicciones, se dice que su descripción es improcedente.

El modelo estándar de partículas sabe de cuatro fuerzas fundamentales, pero aunque supiera de cuarenta o cuarenta mil y las conociéramos todas con doce decimales de precisión, nuestra ciencia seguiría siendo un prodigioso despliegue de ignorancia. Por el contrario, está claro que sería mucho peor, porque sólo aumentaría nuestra confusión. Más nos valdría conocer bien una sola fuerza que cuarenta mil a la manera de ahora. ¿Por qué? Mathis cree que la física puede y debe conocer las causas de los fenómenos, pero yo creo que esto es simplemente otra ilusión, aunque una ilusión útil.

No es que podamos conocer las causas, sino que una teoría con más equilibrio entre la descripción y la predicción pone en evidencia a las teorías en que ambas partes están más disociadas. El equilibrio es el fiel de la balanza, la brújula que permite navegar en los mares de nuestra ignorancia. Y como el modelo de Mathis es mucho más equilibrado, aunque nunca pueda llegar a identificar las causas, sí puede poner en evidencia las causas falsas de otros modelos que pretenden estar más allá de la causalidad pero en realidad se identifican con todo tipo de palabras vacías. Nada más desequilibrado que la visión instrumental de la ciencia que hoy impera.

Mathis no encuentra uso para los potenciales de los campos, ya que todo se debería al efecto directo del bombardeo de partículas extensas y con giro ordinario. Ciertamente, hablar de los fotones como si fueran canicas puede parecer muy burdo en el mundo de enrarecidas abstracciones de la física al uso, pero esta visión "ingenua" sirve para acotar problemas, a veces con resultados completamente inesperados. Porque no es cuestión de ser sumamente "original" y "creativo", tal como hoy se demanda de los físicos teóricos, y aun de los aplicados, sino más bien de lo contrario: ningún truco sacado de la más grande de las chisteras puede compararse con la simple rectitud.

Hay algo en lo que el gran autor americano sí coincide con el modelo imperante: no hay fuerzas a distancia, la causalidad ha de sustentarse en la descripción local. El mismo Newton no se resignaba a la idea de una fuerza a distancia, y de haber podido hubiera impulsado decididamente las ideas de campos que luego se desarrollaron. Pero la electrodinámica cuántica dice ser local y sin embargo bien poco tiene de causal. Estamos hablando de espejismos. La acción a distancia es el dato inmediato; los campos, la localidad y la causalidad son elaboraciones mentales nuestras.

No hemos sido capaces de comprender remotamente ni siquiera el electromagnetismo, la única fuerza que podemos manipular y manipulamos a nuestro antojo en toda clase de aparatos. Lo que ya habla sobradamente del nivel de nuestra ciencia y de la idea que tenemos de ella, como habla también de la abismal diferencia que puede existir entre la manipulación y predicción, con toda su cohorte de "maravillosamente simétricas" ecuaciones por una parte, y el entendimiento, por otra. Y habrá que recordar una vez más que la interpretación de la física no es un lujo filosófico, sino que marca también los límites de las aplicaciones tecnológicas; lo que por supuesto da en qué pensar.

*　*　*

No han faltado físicos que han pensado que el geomagnetismo terrestre y recolecciones de datos como la del SWARM podrían ser un camino interesante para buscar "nueva física". Por ejemplo, para encontrar un "momento monopolar" en el campo que permita definir mejor las condiciones de existencia del famoso monopolo magnético, ese unicornio de la física teórica salido de la imaginación de Dirac. Sabido es, por ejemplo, que todas las modernas teorías basadas en la "supersimetría" necesitan monopolos, que no se han encontrado nunca.

Pero, como dice Mathis, si el campo electromagnético no es un dipolo, para empezar, mucho menos hacen falta unidades de carga magnética. Nicolae Mazilu, siguiendo a E. Katz, razona que no hay ninguna necesidad de completar la simetría, puesto que en realidad ya existe una simetría más básica pero más significativa: los polos magnéticos sólo aparecen separados por porciones de materia, y los polos eléctricos sólo se presentan separados por porciones de espacio vacío. No hay ningún tipo de polaridad sin estas condiciones. Pero la ecuación relativista del electrón de Dirac, precisamente por ser relativista, sólo funciona para partículas puntuales inextensas, de ahí la postulación de esta partícula tan perfectamente innecesaria.

En realidad, el único "monopolo" posible es justamente el campo de carga de Mathis, así que ya deberían saber dónde buscar si quieren encontrar animales fabulosos; y sin embargo sigo pensando que los campos no son sino metáforas. Los físicos llaman "partículas" a la excitación del campo; yo llamo campo a la excitación o actualización del potencial —pero en todo caso, y como ya hemos mencionado en otras partes, habría que analizar con más cuidado la diferencia entre la energía cinética, potencial e interna de un cuerpo.

No, no creemos como Mathis que sea posible hacer física sólo con fuerzas, o que los problemas de la mecánica ondulatoria puedan resolverse con partículas con "giros apilados" y sin recurrir a números complejos, lo que parece francamente imposible. Pero así y todo el modelo de Mathis permite una interpretación mucho más penetrante y menos ciega de múltiples fenómenos hoy atribuidos a los campos.

Según Mathis todos los cuerpos esféricos, desde las estrellas y planetas a las partículas extensas, están absorbiendo este campo de carga de la luz por ambos polos y emitiéndolo por el ecuador; y es de suponer que nuestro propio organismo hace algo similar. Esto tiene una gran semejanza con las antiguas ideas del prana, el chi o el pneuma, aunque las predicciones y descripciones de Mathis son estrictamente físicas y no exploren la coincidencia. Como ya decía Harald Maurer, no es la luz la que está dentro del campo electromagnético y la camisa de fuerza de las ecuaciones de Maxwell, sino que por el contrario este campo es para la luz como el agua de la piscina de un crucero en relación al océano que lo circunda.

Si el campo fundamental de la luz ya tiene semejante relevancia en la formación de átomos y moléculas, igualmente lo ha de tener en las moléculas biológicas más complejas, como las proteínas globulares o enzimas, que aunque no se reconozca son ya por derecho propio una forma de vida; y más aún en orgánulos, células y organismos completos.

Mathis intenta dar una "explicación local" para fenómenos, como las órbitas elípticas y los campos, que siempre han sido globales por naturaleza. Poincaré ya observó que cualquier ley expresada con un principio variacional admite un número infinito de explicaciones mecánicas, que por lo mismo no pueden dejar de ser fútiles. Pero el mismo principio variacional puede ser un factor de escala, un nudo corredizo, y esto nos sitúa ante otro tipo de consideraciones.

Si el monopolo es un ser fabuloso, no por ello deja de tener gran interés, al estar estrechamente ligado a fenómenos tan omnipresentes en la Naturaleza como la vorticidad o la fase geométrica detectada inicialmente en la polarización de la luz y el campo magnético del electrón. La fase geométrica, "cambio global sin cambio local", es seguramente más conocida por el efecto Aharonov-Bohm, que nos muestra cómo una partícula cargada "siente" o refleja el potencial *incluso allí donde los campos eléctrico y magnético son cero*.

Curiosamente, la fase geométrica fue detectada en 1956 y 1958, mientras que el descubrimiento de la magnetosfera y la idea del viento solar también datan del 58, en los albores de la carrera espacial.

* * *

En la cuestión del campo magnético terrestre lo cósmico y lo telúrico coinciden, lo que también hace pensar en que lo geofísico también puede trastocar lo geopolítico. Todos sabemos dónde se descubrió la brújula, y qué consecuencias tuvo finalmente para el mundo cuando se generalizó su uso en la navegación; pero aún nos queda por descubrir un muy simple principio que nos ayudará a navegar las edades futuras, caiga o no el cielo sobre nuestras cabezas.

Aunque resulte imposible de verificar con certeza, se estima que los picos máximos de exposición a radiación electromagnética de origen humano son hoy entre quince y dieciocho órdenes de magnitud superiores a los del campo electromagnético natural del planeta Tierra. Un diez seguido de quince-dieciocho ceros. Comparativamente, la contaminación atmosférica y la emisión de CO_2 humanas sólo habría aumentado en una ridícula fracción con respecto a la generada por el ciclo natural de incendios de la masa forestal.

Por si esto fuera poco, con la implantación de la 5G esta exposición aún se multiplicará decenas o centenas de veces. En otra parte apuntamos[3] cómo la fase geométrica puede servir para investigar la incidencia en los organismos de la polución electromagnética, ya que aunque no podemos medir directamente los potenciales, sí podemos medir su efecto en movimientos celulares y en el acortamiento de los telómeros de las hebras de ADN, que también exhiben fases geométricas. Siendo esta fase equivalente a un componente de torsión, puede verse como una medida del grado de contorsión forzada del sistema con respecto a un estado fundamental no forzado, lo que la hace robusta frente a las diversas clases de ruido. Incluso en nuestro ciclo nasal bilateral puede detectarse una memoria de fase de este tipo que se puede comparar con las variaciones del potencial electromagnético, para establecer una conexión biofísica tan rigurosa como sea posible.

Ya hemos hablado repetidamente de la fase geométrica y su incierto estatus en la física moderna. Puesto que su descubrimiento es más reciente que el desarrollo de la mecánica cuántica, se intenta clasificar como un mero apéndice de ella, aunque en realidad no responde a la mecánica conservativa, hamiltoniana, propia de los sistemas cerrados. La fase geométrica lo que justamente refleja es *la geometría del ambiente*, el "trasporte paralelo" de aquello que ha quedado fuera de las idealizaciones de las que dependen las teorías de campos, sea poco o mucho. Por tanto su importancia estratégica en la física teórica tendría que ser evidente, si no fuera porque, más allá del horizonte de sistemas cerrados propio de la "física fundamental", todo se considera secundario.

Se trata de un grave error que la física teórica ha pagado muy caro. Del mismo modo que la fase geométrica añade una suerte de "quinta ecuación" a las cuatro convencionales de Maxwell, puede decirse también que permite añadir un "cuarto principio" a los tres principios de la mecánica de Newton. Hemos visto recientemente que esta fase geométrica permite hablar de una inducción puramente mecánica que es más general que la inducción electromagnética, y que puede verificarse fácilmente en diversos dispositivos e incluso en nuestro propio cuerpo pero que no ha encontrado todavía su ubicación adecuada en el marco teórico.

La fase geométrica es un fenómeno universal a todas las escalas y no es privativo de la mecánica cuántica como falsamente se dice; por tanto tendría que haber permitido ya franquear el umbral entre la mecánica clásica y la cuántica si no fuera por la inaptitud de los modelos asumidos para hacer tal cosa. Y por otro lado, nos permite salir de la caja de la teoría electromagnética y ver qué hay más allá de ella —tanto en la teoría como en la práctica.

Este desplazamiento no dinámico de la fase geométrica, en la base del llamado "principio holográfico" e interpretado por Bohm como un "campo de información", está además directamente ligada a la mal llamada "teoría del potencial retardado" de la electrodinámica de Weber, muy anterior a la de Maxwell, que también puede usarse para explicar la ocurrencia general de las elipses. Y aunque una teoría basada en el potencial resulta a primera vista incompatible con una perspectiva como la de Mathis, no hará falta recordar que el grado de polarización y la entropía de un haz de luz son conceptos equivalentes, lo que de hecho añade una conexión a nivel fundamental con la termodinámica del mayor alcance.

El "cuarto principio", aún por definir, aún por convenir, envuelve a los otros tres como un término de autoinducción: este es el nudo corredizo del que antes hablábamos. Esa autoinducción está ligada a la relación entre los cuerpos y el vacío ambiente ordinario. En las teorías de campos aparece lo que se denomina autoenergía y autointeracción debido a la aceleración de las cargas. A la fase geométrica se la llama así para distinguirla de la fase surgida de las interacciones o fuerzas, pero eso no significa que sea pasiva con respecto a ellas. ¿Cómo podría ser pasiva una correlación instantánea con respecto a algo a lo que le lleva tiempo y movimiento actualizarse? Tendría que ser al revés, y nos parecería lo más evidente si no fuera porque la física ya ha invertido todas las relaciones en función del movimiento, y de una determinada manera de calcularlo y determinarlo, que hemos llamado el "sincronizador global".

En realidad, todo lo que hoy llamamos "leyes físicas" de la Naturaleza no son sino pálidos y muy restringidos reflejos de un principio guía que más nos evade cuando más nos aferramos a la Ley y a la letra en vez del espíritu del que dimana.

Para el moderno físico teórico, "nada es más práctico que una buena teoría", dado que aquí la teoría se ha puesto desde el principio al servicio de la predicción. Pero lo que vamos a comprender muy pronto, por el contrario, es que nada tiene más profundidad teórica que una buena práctica; y eso, dentro de la Tecnociencia actual, también significa que ha de llegar a concretarse en forma de máquina, o, si se prefiere, en una forma nueva de relacionarse con las máquinas.

Toda nuestra mecanología depende tácitamente de los tres principios de la mecánica, pero hasta ahora estos principios nos han servido para encerrar y recircular cosas que eran ajenas a ella. Ya aquella primera clasificación que hizo Jacques Lafitte de máquinas pasivas, activas y reflexivas se relacionaba de forma muy directa con los tres principios, y bastaría devolver estos a su trasfondo original para poder romper el círculo del hechizo y verlo todo de otra forma.

Puesto que las teorías dominantes se muestran incapaces de superar la inercia de sus triunfos y han muerto ya de éxito, será en las máquinas donde tendrá lugar la síntesis, nunca más conscientemente a contracorriente de esa misma teoría que confisca a posteriori la explicación de lo que es incapaz de predecir. Esta vez no será así, porque la máquina estará expresamente concebida para destruir la teoría y el loco espíritu que la habita.

* * *

La llamada fase geométrica, identificable en la locomoción animal y que hoy también se usa abundantemente en la robótica y la teoría del control, permite establecer interfaces entre máquinas y seres humanos a muchos niveles diferentes, y seguramente también permite la conversión y transición entre esos diferentes niveles. En este sentido, supone un peligro extremo, puesto que a la vista está que hoy Control quiere cerrar definitivamente su puño sobre el hombre y la Naturaleza. La hipótesis cibernética tenía y sigue teniendo un enorme agujero, pero este discreto asistente es capaz de irlo cubriendo grado por grado sin que apenas nos demos cuenta de lo que está sucediendo. ¿Acaso no se usa la fase geométrica como un parámetro rutinario en la tecnología punta sin que apenas nadie se pregunte sobre su significado? Nada más preocupante que esta irreflexión.

Para decirlo más claramente: aquello que se utiliza hoy como factor de rectificación en la teoría del control, e incluso en la llamada "computación cuántica", es algo que ha tenido siempre la Naturaleza "de fábrica", de las elipses de los planetas a las de los electrones; sin embargo, se nos sigue diciendo que todo esto está gobernado por "fuerzas ciegas". Aquello que hoy se usa sistemáticamente para puentear la brecha entre lo humano y lo natural estrechando el cierre tecnocrático es la mismísima condición de apertura que conecta a los supuestos "sistemas cerrados" con su fuente.

Ya hemos visto en otros escritos que «las tres leyes del movimiento» pueden transformarse profundamente al sustituir el principio de inercia por el de equilibrio dinámico, conservando la masa de datos y predicciones de la física actual. Pero la fase geométrica, perfectamente compatible con el equilibrio dinámico, también permite modificar profundamente la idea del "sincronizador global", fundada en el concepto de simultaneidad de acción y reacción, introduciendo un tiempo propio de cada sistema. El verdadero sincronizador global no puede estar dentro de la dinámica, sino fuera de ella, precisamente en la correlación instantánea de la fase geométrica. Es la dinámica la que reacciona, y es todo lo que se mueve lo que tiene un tiempo propio. Las ideas de localidad y causalidad se deben justamente a esto, no al contrario, como hoy se piensa.

No podemos captar aún las consecuencias de esta transposición porque nuestra propia subjetividad se ha incorporado a este esquema mecánico, y el Sincronizador Global es el guardián de todo el capital material-simbólico acumulado. Ir más allá de este demonio equivale a liberar al hombre y a la Naturaleza; pero, ¿queremos realmente la liberación? No es que las máquinas puedan liberarnos, sino que podemos liberarnos de las máquinas, de nuestra compulsión instrumental, por vías más graduales o más directas, aunque siguiendo una misma orientación. Pero toda esta ruta está llena de peligros y de engaños, empezando por la ilusión de poder tenerlo todo a la vez sin el menor sacrificio.

Aunque tendría que ser evidente y dé reparo decirlo, no está de más recordar que en la práctica es imposible una liberación del hombre por el hombre si nuestra idea de la Naturaleza no trasciende el umbral instrumental, puesto que las técnicas del uso y explotación de la Naturaleza acaban siendo las mismas que se aplican al uso y explotación de los hombres. Máquinas, aparatos, dispositivos e instituciones son "espíritu coagulado", para emplear la imagen de Weber, y el espíritu no suelta su presa sin otras disposiciones. Ahora bien, los, para muchos, "neutros" tres principios de la mecánica definen la disposición general y los límites de nuestro mundo, la economía simbólica en la relación de nuestra civilización con el ignoto fondo natural. Ni la relatividad, ni la mecánica cuántica, han cambiado esto en lo más mínimo.

* * *

René Guenon dejó dicho en alguna parte que, en otro tiempo, el hombre era receptivo con respecto al Principio pero activo con respecto a la Naturaleza, mientras que el hombre moderno se ha vuelto de espaldas al Principio mientras se ha hecho reactivo en relación al mundo natural. No es esta la percepción que los modernos, que creen enseñorearse del mundo exterior, tienen de sí mismos, sin embargo el dictamen de Guenon en más fiel a la realidad. La naturaleza respecto a la cual ese hombre era activo no era otra que la suya propia, y ese era ante todo su jardín. Y, efectivamente, hacer de la naturaleza algo externo nos lleva indefectiblemente a que nuestro interior se vuelva reactivo con respecto a nuestra creciente injerencia en el mundo exterior. Así el Principio se convierte en Ley de hierro para los que lo ignoran.

Si equilibráramos la parte predictiva y la parte descriptiva de la física, algo que ahora ni remotamente sucede, pronto veríamos que la cuestión del eje polar y la orientación de la materia nos lleva por el camino más corto de las leyes al elusivo pero omnipresente Principio. Para esto no se requieren gigantescos proyectos científicos sino sólo un cambio de mentalidad. Para un gran número de experimentos cruciales ni siquiera se necesitan satélites; algunos sensores, muy básicos, se derivan directamente de pruebas como la de Trouton-Noble de 1901 y 1903, o de otras parecidas. No es cuestión de tecnología punta, sino otra orientación de la inteligencia. El mayor obstáculo, por supuesto, es la enorme inercia de la Gran Ciencia, su aplastante burocracia y la miserable, interesada estrechez de criterios que impone.

Los tres principios de la dinámica y el movimiento, incluso en su versión convencional, están ligados estrechamente a esos "tres escalones asintóticos" en la estructura del mundo físico y el modo en que lo percibimos: la materia, la luz o radiación, el espacio vacío. Entre materia y radiación hay cierta reciprocidad, que ahora interpretamos ordinariamente en las teorías de campos, con un espacio métrico y curvatura. Más allá del espacio plano o vacío está el medio primitivo homogéneo, con densidad unidad, que no se ha ido a ninguna parte porque está fuera de cualquier movimiento o determinación. De un medio tal no puede decirse ni que tenga cero ni infinitas dimensiones, ni que sea lleno ni vacío, consciente ni inconsciente.

La relación de esos tres escalones o estadios con el cuarto define la conexión de lo mensurable con el Principio inmensurable. Estos tres estadios tienen una correspondencia no trivial con la idea india de los tres cuerpos: el denso, el sutil y el causal, superpuestos al Sí-mismo. Efectivamente, lo que llamamos "luz" y "fotones", con sus espectros de absorción y de emisión, y con muchas otras peculiaridades que aún no hemos investigado, no son simplemente partículas viajando por el espacio, idea que ya tiene mucho de cómica. Son parte de nuestra interioridad, y del ruido estocástico integrado con la señal en los niveles de la vigilia y el sueño, aunque aún no sean eso que denominamos "subjetividad", que no puede tener relación con el movimiento ni el tiempo, sino que es propiamente su trasfondo.

* * *

La radiación electromagnética que ahora nos invade es "no ionizante", y está claro que nada tiene que ver con las deletéreas partículas cargadas de alta energía del viento solar. En la jerga convencional de la ciencia que ahora manejamos, esta radiación de origen humano está hecha sólo de "fotones", partículas sin masa y de muy baja energía. Puedo escuchar las risas si digo ahora que esos fotones forman ya parte de nuestra interioridad y de nuestro trasfondo mental; pero creer que los fotones están viajando de una parte a otra "ahí fuera" me parece aún más risible e inapropiado. Para decidir qué está "fuera" y qué está "dentro", si es que tales cosas tienen sentido, habría que analizar con cuidado la relación entre los tres estadios, de estos con los principios, y de estos con el Principio.

Aún hay todo tipo de dudas sobre el efecto que pueda tener esta radiación sobre los organismos, entre otras cosas porque la imparcialidad se ha vuelto imposible y ya sabemos de qué lado está el dinero; así que cada cual tendrá que juzgar por su propia experiencia si es capaz de agudizar su observación. Pero es evidente que es una aberración saturar la atmósfera hasta tales extremos y que deberíamos oponernos frontalmente a ello. Hay alternativas y soluciones técnicas de sobra, y tampoco necesitamos en absoluto tanto estúpido tráfico de datos cuyo uso principal es aumentar la vigilancia de la población hasta la náusea. Los que empujan las nuevas generaciones inalámbricas a cualquier precio, pagarán caro su error. Aún están a tiempo de redefinir sus no-estrategias.

Por lo demás, cuestiones aquí aludidas como el campo de carga fundamental y los múltiples niveles de manifestación de la fase geométrica son también de una enorme relevancia para la biología: recordemos que esta fase denota el acoplamiento de "un sistema" con la geometría del ambiente, o como dice la jerga contemporánea, con su información.

El estado actual de las ciencias no es casual y pocas cosas están más cuidadosamente dirigidas desde arriba. Su clausura e inercia extremas, su marcada necrofilia, responden estrictamente a una situación de hegemonía global amenazada, además de a una evolución histórica y un proceso gradual de toma de mando por las burocracias públicas y privadas. En todos los países los rezagados descomponen el paso para intentar hacer "ciencia competitiva", pero nada hay menos competitivo y abierto al debate que la ciencia actual.

Todos los países harían bien en desenganchar sus objetivos y prioridades de esta "ciencia" globalizada, que en verdad no va a ninguna parte, salvo a donde unos pocos quieren. Ya que la situación actual responde a un impasse geopolítico, esperemos al menos que aquí y allá, las cabezas con más discernimiento se nieguen a hacer el trabajo sucio que se reclama desde muy contados centros de poder. Que en países como China, Japón, India, Irán, Brasil, Australia, Alemania, Francia o la misma España, exista la personalidad suficiente para no dejarse embaucar por un modelo de investigación, sin competencia y cada vez más incompetente, que otros consiguen imponer para su propio prestigio e interés. O incluso en los mismos Estados Unidos, a los que sus medios tratan como a otra nación conquistada.

No todo depende del dinero, y en la ciencia tampoco, o de otro modo ya estaría completamente muerta; pero es evidente que cuando más fondos se vierten en ella más profundamente se entierra la verdad. Parece ya casi cantado que en torno al 2026, cumpliéndose los cuatrocientos años de la publicación de aquella fábula inconclusa de Bacon, asistiremos al hundimiento de la *Nueva Atlántida*, y con ello también a la descomposición de toda su red de influencias. La ciencia ha sido un fenómeno político de primer orden al menos desde que en

1703 Newton asumió la presidencia de la Royal Society, el primer *think tank* de los tiempos modernos.

A la colusión ciencia-poder le importa muy poco la Naturaleza, puesto que si le importara, lo primero que harían sería cambiar radicalmente la idea de la ciencia y la idea de lo natural. Y lo mismo vale para todos nosotros: no se puede querer "salvar el planeta" mientras se abraza una ciencia de lo muerto y de la muerte. Pretender la superioridad moral sin cuestionar la cosmovisión imperante es sólo política barata, puesto que la idea que se tiene de la Naturaleza y nuestra naturaleza es totalmente inasumible para empezar. Hoy "la Ciencia" sirve ante todo para legitimar el paso de una democracia ya casi ni formal a la más opaca y tecnocrática de las tiranías.

Donde hay una barrera hay una forma de cruzarla. Un sólo "dispositivo" puede cortocircuitar para siempre la disposición de la mecánica y lo que creemos que es mediado e inmediato dentro y fuera de nosotros.

* * *

Pero no podemos quedarnos de brazos cruzados esperando. La única inversión de los polos al alcance de todos es la que media entre el dominador y el dominado, con un creciente empleo, eso sí, de toda suerte de argumentos pseudocientíficos. Y la única forma que tenemos de alterar esa relación es no dando crédito a sus ubicuas mentiras y negándonos a obedecer los mandatos de una dirección no sólo indigna sino claramente criminal.

Recordemos una vez más la ley de potencias o regla de Pareto del 80/20 que define la distribución de la riqueza en el mundo: una quinta parte de la población tiene cuatro quintos de las propiedades, pero a su vez la quinta parte de esa quinta parte posee 4/5 de los 4/5, y así sucesivamente. Reiterando hasta el absurdo esa sucesión, se concluye que tres individuos o familias poseen tanto como la mitad del planeta, y lo que es más importante, la mayor parte del excedente de poder de compra, que sirve justamente para garantizar la sujeción de quienes están por debajo en la jerarquía.

Esta ineludible ley de potencias, que los economistas y sociólogos tienen el gran mérito de ignorar, es precisamente el hecho fundamental de la economía y la sociología dentro de nuestra no-economía y no-sociedad, la estructura y la dinámica que define la concentración real de poder, su jerarquía, y los entresijos reales de las obediencias y tratos de favor en el tecnofeudalismo realmente existente. Esta concentración extrema sólo puede sostenerse en el anonimato, pues la exposición pública de la cúspide de la pirámide la haría extremadamente vulnerable —y no hay ni que decir que el núcleo de la plutarquía, necesariamente una criptarquía, no está constituido por los potentados vicarios que dan la cara en los medios y aparecen en las listas de las principales fortunas.

Nada de lo que ahora sucede con la plandemia o la nefasta campaña de vacunación masiva puede tener lugar sin la voluntad de esa minúscula cúpula, clave de arco de toda la estructura de la deuda mundial. Igual que el capital, el poder está calculadamente distribuido para evadir cualquier responsabilidad; lo que ha permitido un aumento sostenido en la escala del crimen, hasta llegar a lo que ahora presenciamos. Sin embargo la estructura y la concentración permanece, mientras nosotros somos incapaces de identificar a tres elefantes en el cuarto de la lavadora; aunque ciertamente no hay lavanderías como los bancos, las sociedades anónimas y los fondos de inversión.

Existe una proporción directa[4] entre esta acumulación inducida y bombeada por el sistema de deuda, y reflejada en las sucesivas iteraciones de la ley de potencias, y los ciclos de contracción y expansión de la deuda y los mercados que a su vez se hacen eco de ciclos astronómicos. Ciclos que conciernen a Júpiter y Saturno, y por lo tanto al Sol y a nuestro planeta, y que se han ido decantando y adquiriendo impulso durante los tres últimos siglos. La estructura de la deuda y de la usurpación del poder de creación del dinero público es una escultura en el tiempo, jalonada por el fraude, la corrupción, la guerra y el crimen generalizados.

También se puede establecer un paralelismo algo más que superficial entre la teoría estándar del electromagnetismo y su carga eléctrica "intrínseca", por un lado, y la idea que todavía hoy impera sobre la creación del dinero, y que se atribuye a los bancos centrales en vez de los bancos privados —si bien en última instancia quienes realmente lo crean son quienes piden y amortizan los créditos. ¿Superaremos algún día estas mistificaciones y engaños?

El dinero crea espacio para su imprescindible expansión destruyendo: es la "destrucción creativa" de Schumpeter, que con el presente desequilibrio ha adquirido una nueva dimensión. Pero los que no tienen el dinero, sólo pueden crear espacio para ellos mismos no creyendo, no obedeciendo y no asintiendo. Sólo desde ese espacio creado y esa libertad para no hacer puede surgir una iniciativa digna de tal nombre.

Referencias

Paul de Métairy, *Cambio Climático: la verdad de lo que se nos viene encima*

Miles Mathis, http://milesmathis.com

Miguel Iradier, http://hurqualya.net

Notas

1. htttps://phys.org/news/2021-04-climate-shifted-axis-earth.html

2. http://milesmathis.com/wander.pdf

3. Miguel Iradier, 2021. *Stop 5G, medida por medida*. https://www.hurqualya.net/stop-5g-medida-por-medida/

4. Miguel Iradier, 2021. *Sjudíos, cristianos y fenicios. Saturno, Júpiter y Marte*. https://www.hurqualya.net/judios-cristianos-y-fenicios-saturno-jupiter-y-marte/

LA LEY DEL 80/20 Y EL CÓDIGO SIÓN/BABILONIA

6 julio, 2021

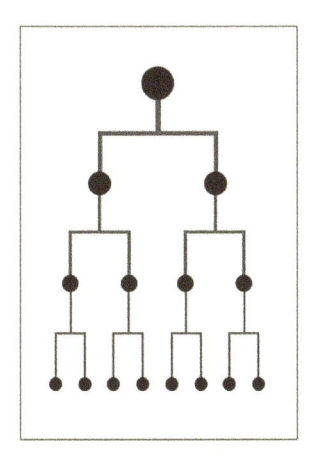

Todos han oído hablar de la ley de potencias o regla de Pareto del 80/20 que gobierna la distribución de la riqueza en el mundo: una quinta parte de la población tiene cuatro quintos de los bienes, pero a su vez la quinta parte de esa quinta parte posee 4/5 de los 4/5 (un 64% es del 4%), y así sucesivamente.

Todos han oído hablar de ello, y casi todos lo olvidan rápidamente, entre otras cosas, porque la mayor parte de los falsos problemas con que los medios dominantes tratan de jodernos la mente hasta el fondo, desde el cambio climático o el coronavirus hasta el trasgenderismo y la teoría crítica de la raza, se recalientan todas las mañanas para que nos olvidemos de este hecho y no le prestemos la suficiente atención.

Así que no nos queda más remedio que metérnoslo entre ceja y ceja y no mover nuestro punto de mira hasta que comprendamos cabalmente lo que esta distribución significa. Y aunque aquí no voy a desentrañar completamente la cuestión, ni mucho menos, ya habré cumplido con llamar debidamente la atención de los espíritus más independientes.

Hace más de un año un amable lector me comentaba que, más perturbador que las sucesivas potencias de la ley de Pareto en la distribución de los ingresos, le parecía el proceso de informatización/digitalización del ser como "proyecto de control y dominio consumados". Supongo que mucha gente comparte esta misma opinión, aparentemente justificada, que sin embargo revela una comprensión demasiado superficial de lo que esta ley de distribución implica.

Y lo que esta ley implica es mucho más que la manida y para muchos escandalosa desigualdad de la riqueza, con tanta frecuencia resumida en la frase "tres fortunas poseen tanto como la mitad más pobre del planeta" —la mayoría dice 60 o 62 en lugar de 3 ó 4, pero si se comprende bien el espíritu de la ley uno sabe que lo segundo es mucho más real. Porque si realmente asistimos a algo que se parece tanto a un proyecto de control consumado, y que ahora algunos llaman "convergencia biodigital", es precisamente debido al hecho de que esta descomunal acumulación no es algo amorfo, sino altamente estructurado e integrado en el tejido social y las instancias del poder. Hay un acelerado proyecto de dominio porque ya hay una situación de dominio abrumador que a la vez supone un enorme desequilibrio, no al contrario. Esta doble circunstancia tiene una forma matemática reflejada en la sociedad y es precisamente la de esta distribución.

Volvemos una y otra vez sobre este punto de buena gana y con la mejor de las razones: si los economistas y los sociólogos ignoran sistemáticamente el rasgo más llamativo de nuestra no-economía y nuestra no-sociedad, o lo tratan con una ligereza indigna incluso de animadores culturales, podemos estar seguros de que aún es más importante de lo que parece. Su silencio es doblemente informativo, y mi orden de prioridades no depende de lo que ellos consideren importante, sino más bien todo lo contrario.

Para no repetirme demasiado, me remito a lo escrito sobre esta distribución aquí[1], aquí[2], y en otros muchos artículos. Todos sabemos intuitivamente que una pirámide de riqueza invertida es potencialmente más inestable a medida que aumenta la pendiente de desigualdad; sin embargo los gráficos e ilustraciones de esta pirámide invertida, que facilitan los mismos bancos, esconden mucho más de lo que revelan.

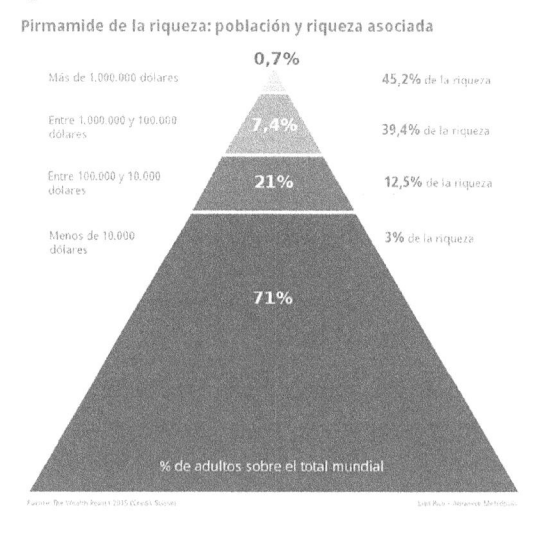

Pirmamide de la riqueza: población y riqueza asociada

Categoría	% población	% riqueza
Más de 1.000.000 dólares	0,7%	45,2% de la riqueza
Entre 1.000.000 y 100.000 dólares	7,4%	39,4% de la riqueza
Entre 100.000 y 10.000 dólares	21%	12,5% de la riqueza
Menos de 10.000 dólares	71%	3% de la riqueza

% de adultos sobre el total mundial

El gráfico de arriba, por ejemplo, no dice absolutamente nada sobre las dinámicas subyacentes, y uno podría pensar que la riqueza tiene una tendencia natural a subir hacia arriba, mientras que los grandes beneficiarios en la cumbre, mágicamente aislados, nada quieren tener que ver con los de abajo. Hay en esto dos medias verdades que sirven para tapar las verdaderas enteras.

La ley o regla del 80/20 tiene una estructura autosimilar o fractal, como la que existe por ejemplo en los vasos sanguíneos de nuestro cuerpo: es por tanto una estructura que responde a una función optimizada y con un alto grado de organización. No hace falta rascarse la cabeza para adivinar qué tipo de "flujo" es el que aquí se está optimizando, pues en efecto, estamos hablando de una gran bomba de succión que llega hasta lo capilar en el detalle. Sólo el dinero, y en particular el dinero-deuda, pueden alcanzar en nuestra sociedad tamaño grado simultáneo de concentración y diversificación.

La distribución de Pareto tiene mucho más que ver con una jerarquía fractal como la de abajo, aunque las que aquí mostramos son mucho más simples y sin la debida proporción; por no hablar de que la mera estructura nada nos dice sobre la evolución temporal.

Ya hemos dicho en otras ocasiones que esta pirámide invertida es ante todo una gran jerarquía, un filtro altamente selectivo en ambos sentidos, hacia arriba y hacia abajo, que determina, posiciones, prioridades, favores, y obediencias. Se nos dice que vivimos en un "mundo líquido" y horizontal pero apenas se habla de los conductos que usan la fachada de "los mercados" en beneficio del Gran Sifón, la iniciativa hidráulica vertical que funciona literalmente a todas las escalas.

Es esta "realidad paralela", que tan evidente sería en otras circunstancias, la que explica la muy gradual transición de las ficciones del libre mercado al tecnofeudalismo realmente existente. Lo que al poco avisado le resulta un fenómeno nuevo se ha estado fraguando sostenidamente desde hace siglos. Esta lenta fragua ha sido hasta ahora la garantía de su estabilidad, igual que puede serlo de su colapso pasado ya el umbral del no retorno.

* * *

El principio de Pareto permanece como un mero hecho constatado por la observación, colgado como un cuadro en el aire, sin ninguna razón aparente que lo justifique. Ante la mirada curiosa del naturalista, esto multiplica su interés. Porque este principio o ley, según se mire, no sólo gobierna la distribución de los ingresos o la riqueza, sino de una lista casi innumerable de actividades humanas y procesos naturales por igual, desde el tamaño de las ciudades o las corporaciones, a los terremotos, los granos de arena y las estrellas.

Hay dos cosas notables en este principio: por un lado, que no tenga explicación, por otro, que se presente tanto en los productos de la Naturaleza y la Cultura, que creemos separados por una brecha insalvable.

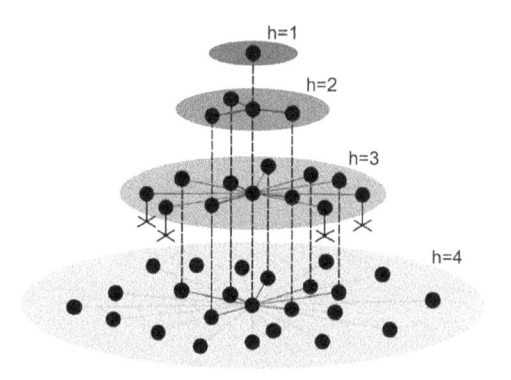

Pero el número de veces que se reitera la ley de potencias, la pendiente y el espectro de desigualdad, depende enormemente del contexto, o como dicen los analistas, de las constantes, variables y parámetros del "sistema". Algunos han querido esgrimir el principio de Pareto como prueba irrefutable de que la desigualdad humana es sólo un reflejo de la desigualdad y diversidad natural, y hasta cierto punto, eso puede ser cierto. ¿Pero hasta qué punto?

La desigualdad en cómo están repartidos los dones y talentos es innegable, y sólo los más mediocres podrían soñar con la igualación universal. Sin embargo, está claro que la distribución de la riqueza es incomparablemente más desigual que la de los talentos, porque nadie es mil millones de veces más listo o más fuerte o más rápido que los más impedidos, y muy a menudo se comprueba que los que más tienen a duras penas alcanzan el promedio. ¿Entonces?

El tamaño de los seres humanos tiene una distribución normal o en forma de campana, porque hay límites obvios a lo que uno puede engordar. Pero es característico de la ley de potencias el que pueda presentarse a todas las escalas, porque no hay límites apreciables para su crecimiento.

Sin embargo sí hay límites para lo que pueden crecer las fortunas, y ya se acercan peligrosamente a ellos. Hay límites tanto por el tamaño del mundo como por el hecho de que la monetización es relativa: si tienes todo, no tienes a nadie a quien venderlo, y por lo tanto tus propiedades no tienen precio, aunque tengan todo el valor.

Por otra parte, la regla del 80/20 no es la del 70/20 ni la del 80/10, y dice tanto que el 20 por cien tiene el 80, como que el 80 tiene el 20 por cien; es decir, al menos idealmente, una curiosa asimetría en la reciprocidad y una redonda reciprocidad en la asimetría, para que todos queden contentos. Se parte del todo y la cuestión es cuántas veces se repite la broma y cómo se acumula el saldo.

Parece obvio que la "libertad de escala" que el capital ha tenido para crecer, la condición para su permanente acumulación, es, antes incluso que la herencia, la apropiación de los mecanismos de creación del dinero y el crédito —pues también es obvio que la pirámide invertida de la riqueza tiene como contrapunto la montaña de deuda acumulada por nuestras economías.

Las escuelas de negocios americanas se desviven por darnos una idea diferente de la ley de potencias. Nassim Taleb asegura e incluso demuestra que es lo que cabe esperar de sistemas altamente "dinámicos"; por ejemplo, la mayor parte de las empresas de la lista de Fortune 500 no son las mismas que hace unas décadas. Por lo tanto, la ley nos da "ganadores a lo grande", pero estos grandes ganadores cambian con el tiempo, como debe ser en sociedades donde prima la igualdad de oportunidades.

Cabe verlo de otra forma. Hacia 1835, una sola familia de banqueros controlaba la deuda pública y las finanzas de las principales potencias europeas, del Banco de Inglaterra para abajo. Esa familia se hizo con los resortes de los bancos nacionales, y por otro lado, no se sabe que dilapidara ni dividiera de cualquier manera su herencia, ni fuera objeto de expropiaciones ni exacciones.

Así que es sumamente improbable que esta fortuna menguara sostenidamente con el tiempo, mientras que sí es altamente probable que hiciera lo contrario, especialmente si se tiene en cuenta que no tenía ninguna necesidad de apuestas arriesgadas, y que el nombre del juego no es "innovación", sino el aprovechamiento más frío e implacable de cualquier ventaja conseguida.

Por otra parte es trivialmente cierto que en un mundo en perpetua "destrucción creativa" siempre están surgiendo nuevas oportunidades, y que el que las explota consiguiendo el suficiente respaldo financiero puede crecer mucho más rápido. Entonces, los grandes excedentes financieros siempre están buscando nuevas posibilidades de inversión para diversificar y minimizar riesgos mientras salen discretamente de escena a la vez que procuran respaldar situaciones de monopolio u oligopolio porque son las más rentables. Esta "sinergia" permite explicar mucho más fácilmente el irresistible ascenso de imperios corporativos como el de la Standard Oil en el XIX o Amazon en el XXI.

Expertos en "ingeniería del riesgo" como Taleb tendrían que saberlo mejor. El casino bursátil es casi todo fachada, y las grandes compañías, especialmente desde que cuentan con el apoyo directo del banco central, son otros tantos artefactos de succión intensiva de fondos para hacer más ricos a los de dentro a expensas de los incautos de fuera; en estas condiciones es normal que los nombres de las compañías cambien, pues no están hechas para durar. Pero con las fortunas personales las cosas son muy distintas.

* * *

Las estadísticas revelan una y otra vez que la mitad de las grandes fortunas de Estados Unidos, Europa o Rusia pertenecen a individuos de origen judío, un hecho realmente notable teniendo en cuenta que vienen a ser en torno a un 3 por ciento de la población. Si la ley del 80/20 y sus sucesivas potencias nos brinda la radiografía más reveladora del estado de cosas en la sociedad, esta oficiosa "ley del 50/50 por ciento" nos da una radiografía de la radiografía, una penetración adicional en la complexión de eso que, de forma tan convenientemente anónima, se ha llamado siempre "el capital".

Estructuralmente, no tiene importancia que los titulares de esas fortunas sean judíos o no; pero históricamente sí. Especialmente, si se tiene en cuenta que la mayor parte de ellos, judíos o no, se alinean con la causa del sionismo o procuran obstaculizarla lo menos posible. El discípulo siempre sigue al maestro, dice el adagio, y lo que se mueve a lo que no se mueve. La ley del 50/50 refleja la fisiología interna de este engendro, y el delicado equilibrio entre la violencia y el engaño que le ha permitido imponer sus reglas. Lo que parece un resultado es por el contrario la causa.

La ley de potencias no es relevante para nuestra sociedad porque 3 tengan tanto como 3.500 millones. Después de todo, en el esquema general los desposeídos no cuentan prácticamente para nada, mientras que la punta de la pirámide cuenta tanto más cuanto menos se deja ver. Lo decisivo no es la relación de la cima con la mitad inferior, sino con la mitad superior, y más a medida que se sube en el escalafón. La clave de arco cuenta con la mayor parte del excedente de poder de compra, que no puede ser de los que están en deuda sino de los acreedores.

En cambio, los testaferros que aparecen continuamente en los medios y cuyos nombres todos conocemos sin duda están entre los que deben favores, y dar la cara por otros es parte del precio que deben pagar. La mera estructura recursiva de la deuda, que opera a todos los niveles y escalas, hace la conclusión forzosa; tanto como la mera lógica histórica en el desarrollo del capital. Cleptócratas pueden ser todos, pero entre la oligarquía famosa y la criptarquía plutárquica hay algo más que diferencias cuantitativas.

¿Por qué la causa de Sión sirve de aglutinante entre los más ricos de los judíos y los goyim? Porque el Antiguo Testamento provee de la más vieja y acrisolada narrativa supremacista y puede justificarlo todo en nombre de la Misión. Y dado que el sionismo se gestó en la Inglaterra puritana, hablar de Anglosionismo es cualquier cosa menos una extravagancia.

Esta minoría o "élite", por aquello de creerse elegidos, no puede verse a sí misma como una cleptocracia, sino como la verdadera creadora de la riqueza. Para ellos, la ley del 80/20 es la de "los pocos indispensables y los muchos triviales" (o prescindibles), pero siempre hay unos más indispensables que otros.

El modo en que se mide la riqueza lleva a pensar que "crea más riqueza" el que tiene más talento para explotar. Pero para explotar más y mejor hay que encargarse, antes incluso de extraer plusvalías, de que quien se emplea tenga que trabajar para su subsistencia muchas veces más de lo que hubiera hecho en otras condiciones. Deben combinarse los beneficios de la división del trabajo, gran reclamo de la sociedad, con un encarecimiento del nivel de vida que sea aprovechable desde unas estructuras de succión. El dinero y su sistema de creación y distribución cumple los requisitos para desempeñar este doble papel, pues el dinero es dual por naturaleza.

80 partido por 20 da 4; 20 partido por 80 da un cuarto (1/4), con lo que tenemos una diferencia de 16. Esta diferencia estaría bastante cercana a la que puede haber entre el valor real del trabajo y los salarios percibidos: en otro lugar[3] dijimos que dicha diferencia debería estar en "algún lugar intermedio" entre 1 y 100, probablemente cercano a un factor de 10. La enorme, y para muchos increíble diferencia, sólo puede crearse con la manipulación a máxima escala del dinero, el crédito y los precios, y por la deuda agregada e invisible presente a todos los niveles. Esto a su vez facilita el fraude y el saqueo a gran escala, que conducen a un mayor endeudamiento. La plusvalía siempre fue una cuestión menor.

Si las proporciones de la succión y la desigualdad extrema de la pirámide de la riqueza ya son un escándalo, igual de malo o peor es la dosis masiva de cizaña e intoxicación colectiva que requiere para su justificación o incluso para su mera subsistencia. Semejante desequilibrio y desigualdad numérica sólo puede compensarse con el debilitamiento extremo de la población que reduzca al mínimo su capacidad de reacción —y con una organización de los pocos sólo comparable con la desorganización de los muchos.

El código Sión/Babilonia no es otro que el viejo "divide e impera", pero con un acento propio y un instinto infalible para corromper y envenenarlo todo, transfiriendo a otros el propio sentido de la culpa. En otro tiempo el virus se transmitió con la religión y hoy han tomado el relevo un sesgo muy definido sobre todo tipo de cuestiones sociales. Sión es la fortaleza del espíritu y el artificio que tanto más se eleva cuanto más se hunde el resto en la disolución y en la anomia: de nuevo la oposición entre lo vertical y lo horizontal, entre el aparato de extracción y el depósito de circulante.

Por descontado que esta variante del "espíritu", ocupado permanentemente en convertir todo lo que no es él mismo en objeto y en materia, no es sino la inversión más cumplida de lo que en otras culturas se ha entendido como tal: la antítesis de cualquier elevación. Sin embargo esta bajeza tiende a proyectarse en "Babilonia": se siembra el fermento del caos y luego sus efectos se atribuyen a la confusión del "estado natural".

El "divide y gobierna", la Operación Caos y el empujarlo todo hacia la disyuntiva orden/desorden de tal forma que "la élite" se presente como polo de salvación son sólo distintas palabras para lo mismo.

* * *

El código Sión/Babilonia desemboca inevitablemente en un síndrome, en el que una minoría muy reducida justifica cualquier medio con tal de mantener su posición crecientemente amenazada —aunque sin duda más por sus propios actos e iniciativa que por cualquier otra cosa.

Nada sería más incruento, para desactivar esta situación, que identificar a las contadas personas que constituyen la cúpula. El mero hecho de terminar con su anonimato cambiaría de modo decisivo la relación de fuerzas. Por el contrario, todos los intentos de excitar las bajas pasiones, de buscar chivos expiatorios y el derramamiento de sangre en nombre de la "revolución" apestan a subversión organizada por los más poderosos para aplacar la ira del populacho y desviar la atención de los verdaderos responsables. Ya lo hemos visto demasiadas veces, y no hay más que ver quiénes manejan "el activismo" en los países occidentales y en los Estados Unidos en particular, para saber qué puede esperarse de ellos. En cambio, si apenas se sabe nada de la oposición a las medidas de confinamiento, a las campañas masivas de pseudo vacunación, o la demencial, descerebrada y repugnante ingeniería genética es porque nada de esto está patrocinado.

La guerra a gran escala contra la Naturaleza que se ha emprendido desde arriba coincide absolutamente con la guerra contra nuestra propia naturaleza; ya operaba a todos los niveles y ahora se está cumpliendo de la forma más concreta y literal con la manipulación genética. Cualquier naturaleza es "Babilonia" para los que pretenden darle forma y reglas.

Es preciso saber el nombre y apellidos de los que están más arriba, porque después de todo, aunque la responsabilidad se distribuya muy orgánicamente entre el 1 por ciento que decide o el 10 por ciento que sirve para administrar el Sifón, la estructura de esta Organización apunta con claridad meridiana hacia arriba. Y es imprescindible porque el mismo anonimato necesario para la impunidad del capital es el punto más frágil de este empinado castillo de naipes. Si todo se ha ido pudriendo desde la cabeza hacia abajo, si la iniciativa de esta guerra ha partido de la cúpula, sólo cabe proceder con total frialdad y precisión quirúrgica. Habría que ver el efecto dominó de esta pirámide invertida y apalancada hasta el extremo si caen las fichas más altas.

* * *

En el modelo o simulación que hacía Bruce Bogoshian sobre la cinética de la riqueza conforme a la ley de Pareto, el sistema tendía a una singularidad en la que todo acababa en manos de un solo propietario mientras el resto de la población terminaba completamente desposeído. Pero creo muy poco en la pertinencia de las singularidades matemáticas para el mundo real; la realidad es más "retorcida e interesante", y a lo que asistimos es, en virtud de los mecanismos de deuda que ni siquiera se mencionan en su estudio, a una transmutación de la riqueza en influencia y sujeción de arriba hacia abajo. El efecto del Gran Sifón es mucho más profundo y desnaturalizador que el que resultaría de dejarnos a todos sin nada.

En verdad, la combinación de la Cifra y el Verbo, de la pauta matemática de la regla 80/20 con su evolución temporal en "condiciones próximas al mundo real", lo tiene todo para desarrollar el más absorbente de los juegos de estrategia: idea que propongo desde ya, y que espero que se extienda como la pólvora y sirva para adquirir conciencia de nuestra situación y verdadero problema en lugar de distraernos con los pseudoproblemas promovidos expresamente para alejarnos de la cuestión. ¿Instruir deleitando? Yo creo que es más bien aprender con el asco, porque aún hay que sentir mucho más asco por lo que está pasando antes de poder obrar en consecuencia. Este juego y su metajuego ayudarán; al menos hablaremos de ello.

Desarrolladores de juegos, tomad nota. Tenéis aquí todo un mundo de posibilidades para emular la sordidez existente logrando al mismo tiempo de una perspectiva incomparable que no dará ninguna escuela de negocios. ¿Habéis pensado alguna vez en cuántas veces se itera el 80/20 desde lo más bajo hasta lo alto? Dejo al lector el fácil cálculo, que le servirá para saber en qué lugar está dentro de la jerarquía, cuántos "escalones" tiene por debajo o por encima, cuáles son sus perspectivas de trepar o hundirse, etcétera.

Sabido es que la regla de Pareto es de naturaleza continua y no tiene otros "escalones" que sus sucesivas potencias; sin embargo las fortunas son concretas y de naturaleza discreta, como cualquier número de individuos. De esta circunstancia se deriva toda una cascada de posibilidades para el juego, que los desarrolladores sabrán usar con sagacidad.

Por supuesto puede haber muchas variantes, modalidades y niveles en el juego del 80/20 y su "Código Sión/Babilonia", unas más centradas en la averiguación histórica de hechos e identidades, otras en las tácticas sistemáticas de división, diversión y desinformación (3D), otras en el Asalto a la Fortaleza, otras en los métodos de contra-organización frente a la Organización, otras en los mecanismos de creación del dinero-deuda y sus alternativas… todas pueden ser extraordinariamente instructivas, y el denominador común es la estructura iterada del 80/20 y la exploración exhaustiva de sus implicaciones en todos los órdenes. Y es que esta estructura es literalmente la quintaesencia del sistema.

En previsión del éxito arrollador que preveo para este "entretenimiento educativo", hay que contar desde ahora con los sucedáneos, las versiones sesgadas y las más descaradas adulteraciones. Los bancos, las agencias de inteligencia y hasta el Pentágono ya tienen montones de desarrolladores a su servicio, y pronto veremos "versiones mejoradas" que nos lleven a pensar que la desigualdad extrema nos protege del desorden, o que ésta se debe al patriarcado y a la insuficiente vacunación, o que el sufrimiento de los judíos es tan incomparable como la posición de privilegio que detentan.

Tampoco parece muy recomendable jugar a este juego en línea por el alto grado de infiltración y vigilancia a que estaría sometido; es mil veces preferible compartir el mismo espacio y evitar intrusos indeseados. Además, su dialéctica no sólo nos enseña cuestiones de cálculo, sino también y muy especialmente sobre las personas y el instinto que en ellos predomina: el del arribista y el explotador nato, o el del que tiende a nadar contracorriente. Entre ambos se sitúa la mayoría, que sólo busca adaptarse ahorrándose en lo posible esfuerzos innecesarios.

Autoconciencia es el nombre del juego; autoconciencia social, naturalmente, porque la otra, mucho más amplia y descuidada, no sabe de cálculos ni estructuras. Pero desde el punto de vista estructural, el nombre del juego es asimetría. Los opresores aprovechan la asimetría con una lógica hidráulica, aplastante; los que quieren el cambio tienen que valerse de su movilidad para la lucha asimétrica y aprovechar hasta el fondo la profunda incapacidad para el cambio real del orden establecido, cuyo aluvión de "innovaciones" termina fluyendo siempre en la misma dirección.

* * *

La escenificación de la pandemia ha servido para demostrarnos hasta qué punto eso que llamamos "Ciencia" es arma masiva y muralla defensiva para el poder. Incluso los que ya sabíamos hace décadas qué puede esperarse de la Gran Ciencia o de los medios en estos tiempos que vivimos, seguimos sin poder dar crédito a los niveles de propaganda y supresión que se han alcanzado en los dos últimos años.

Las ciencias hoy son meras prostitutas al servicio de muy exclusivos intereses, y esto no sólo pasa en la medicina y la biología, la economía o la sociología. Es absolutamente general, y afecta de lleno incluso a las mismas matemáticas, que en principio no deberían depender de recursos para proseguir sus investigaciones.

Buen ejemplo de ello es la misma ley de Pareto o de potencias. El lector poco informado puede creer que esta distribución no deja de ser algo episódico, otra más de las incontables curiosidades de la matemática. Pero, lejos de ser algo episódico, este principio es una de las máximas estrellas del análisis masivo de datos o *Big Data* intensivamente filtrado por los gigantes tecnológicos y las grandes agencias gubernamentales. Está por todas partes, desde las clasificaciones de Google al tráfico de datos, la logística, la gestión y administración, el marketing, deudas, impagos, etcétera, etcétera —porque, efectivamente, es *clave en la eficiencia de la explotación de recursos.*

Incluso dejando a un lado por un momento su papel maestro en la fisiología del llamado cuerpo social, aún sigue teniendo toda suerte de aplicaciones cruciales en detalle para la estadística y la selección de datos, clientes y problemas. Y sin embargo los artículos científicos disponibles sobre el tema en internet no son ni muy numerosos, ni muy profundos, ni muy reveladores.

La impresión inevitable es que, como en muchas otras disciplinas, estamos ante una "materia reservada" o sensible en la que cada institución o corporación se guarda lo mejor que puede sus averiguaciones. Si los datos masivos son "el nuevo oro negro", las formas de extraerlos y refinarlos aún han de estar más celosamente vigiladas.

El interés particular, una vez más, prevalece sobre la aspiración general al conocimiento; ese viejo ideal de la ciencia que hoy más que nunca parece una quimera. Y sin embargo también aquí tenemos una gran oportunidad, en el sentido más contrario al oportunismo que quepa imaginar.

Efectivamente, deberíamos crear alguna suerte de plataforma abierta para la discusión de la naturaleza matemática de esta distribución y sus restricciones en del tiempo y las variables físicas o de cualquier otro tipo. No se requieren premios ni dotaciones económicas, porque habrá gente con motivación de sobra para hacer contribuciones, sea con sus nombres o con seudónimos. El problema puede parecer demasiado especioso y falto de concreción, pero existen unas pocas líneas maestras que no deben perderse de vista.

Esta discusión debería estar tan alejada como sea posible de las instituciones y sus secuaces. De paso hay que decir no se necesitan las grandes masas de datos y de computación de agencias y corporaciones para conseguir nuevas revelaciones sobre el tema, sino una visión independiente de los fundamentos de las cosas, que ellos nunca tendrán jamás; lo que nos brindará otra oportunidad de demostrar la insignificancia de sus medios y la inoperancia de sus criterios.

Por otro lado, muchos matemáticos tendrán la mejor oportunidad de desquitarse por tener que emplear su talento en trabajos indignos, estériles y no sólo sin sentido sino radicalmente opuestos a cualquier ideal.

La distribución de ley de potencias parece en principio un asunto trivial pero tiene en realidad un valor trascendental para la civilización y la cultura, puesto que no sólo plantea la cuestión de la continuidad entre Sociedad y Naturaleza, sino también cómo y en qué medida se produce el alejamiento, amplificando y llevando ciertas desigualdades hasta el límite.

O hasta qué punto y grado las jerarquías, aspecto inherente la civilización, son inevitables, necesarias, o procesos patológicos y degenerados. También ha tener relaciones profundas con la dinámica de poblaciones, la estabilidad general, y muchos otros ámbitos que nos conciernen a todos y que no deberían ser objeto de secretismo sino estar expuestos a la más franca discusión en el dominio público.

En la ciencia actual no existe ninguna conexión sólida entre naturaleza y sociedad. El darwinismo y el neodarwinismo deben su éxito precisamente a ser una mera narrativa a caballo entre lo natural y la social, pero el hecho de no tener la menor signatura matemática evidencia su escasa o nula entidad para el conocimiento: la selección natural siempre ha servido para todo y para nada. Aquí en cambio tenemos una estructura matemática aún por explicar y que es crucial en la la ecología de poblaciones.

Por lo demás, las llamadas élites nunca han creído realmente ni en el darwinismo ni en la competencia, ideologías expresamente creadas para las masas. Pensaron siempre en términos de explotación de nichos y ecosistemas, y el marketing moderno o la minería de datos son sólo una puesta al día de dicha mentalidad: este es el hilo que conecta al feudalismo medieval con la sociedad postindustrial y el neofeudalismo digital.

La expresión "el pez grande se come al chico" tiene sentidos muy diferentes según el eje de coordenadas en que nos movamos. La ecología horizontal de nuevo cuño nos hace un flaco favor si ignora la ecología vertical del elitismo que había llegado mucho antes y había demarcado territorios. Código Sión/Babilonia en acción: el eje vertical administra los recursos y crea escasez artificial, mientras que en el horizontal se pelean por ellos.

* * *

La forma discreta, y por lo tanto más concreta, de la distribución de Pareto es la ley de Zipf o distribución zeta truncada, tan usada en el tráfico de datos. Se ha dicho que si se resolviera la hipótesis de Riemann sobre la función zeta se podrían romper todos las claves de criptografía y ciberseguridad, lo que no deja de ser pura especulación, pues nadie ha precisado cómo eso podría conducir a métodos de factorización más rápidos. Sin embargo, tal vez sí se pueda usar la ley de Zipf para rastrear los movimientos financieros, desde los flujos anónimos de los mercados y fondos, hasta las fortunas de origen —incluso con las indescriptibles tramas financieras, el capital sigue necesitando transacciones para apreciarse, y ese movimiento lo delata.

Por supuesto, las grandes corporaciones y los propios estados harán cuanto puedan por obstaculizar el acceso a los datos, siendo siempre cómplices de los más poderosos por pasiva y por activa. Son los mismos que quieren tener absoluto control de cada uno de nuestros movimientos y están a uno o dos pasos de conseguirlo. Nunca se debería aceptar un dinero digital con semejantes niveles de asimetría incorporados.

Para ser tratada en profundidad, la distribución 80/20 debe conectarse de la forma más natural posible con el dominio del tiempo. Esto nos conduciría a hablar no sólo del dominio de frecuencias y el ruido $1/f$, sino también de consideraciones fundamentales sobre el cálculo y la entropía que están fuera del propósito de este artículo, pero que tienen gran potencial para cambiar nuestra idea de la Naturaleza, y aun de la información.

Por ejemplo, aquí y allí se ha asociado esta regla con el principio de máxima entropía, lo cual es plausible pero demasiado vago y general. Si incluso con la energía es imposible determinar unívocamente las causas, mucho menos podrá hacerse con la entropía. Además, sigue persistiendo la idea vulgar, originada en Boltzmann, de que entropía es igual a desorden, cuando es el orden el que produce más entropía, lo que está de acuerdo con el citado principio.

Hemos recordado en otras ocasiones, citando a Eric Chaisson, que la tasa de densidad de energía es una métrica de la complejidad mucho más inequívoca que la entropía y puede aplicarse a la evolución temporal de todo tipo de sistemas con una gran amplitud de escalas, desde los seres vivos a las estrellas. También indicábamos[4] que el bucle creado entre el flujo de densidad de energía, mínima acción y tamaño máximo genera leyes de potencias; pueden hacerse simulaciones de este bucle con una simple CPU.

Cabe argumentar que la regla de Pareto no tiene una causa definida, que "ocurre porque sí". El dinero llama al dinero, del mismo modo que las masas de las moléculas de hidrógeno atraen a otras moléculas hasta formar estrellas. Sólo que, para empezar, las moléculas de hidrógeno no pueden aglutinarse para hacer una estrella sin condiciones adicionales; y en cuanto al dinero, no hay "dinero en sí", sino que éste ya es puro dispositivo, pura organización. Una cosa es que no se puedan determinar unívocamente las causas de una distribución estadística, con lo cual estoy de acuerdo, y otra muy diferente que no se pueda avanzar mucho en su comprensión.

La matemática aplicada aún es muy joven, pero eso no significa que todo tenga que hacerse siempre más complicado e ininteligible. Al contrario, sólo hay avances reales si las cosas se hacen más simples —pero no es ese el camino actual del *big data* y sus expertos, que amparados en tecnicismos siempre crecientes y dependiendo de intereses particulares tienden, como todo lo demás, a una opacidad exponencial. Estas son sólo algunas de las razones de la presente torre de Babel de las ciencias.

En la nueva ciencia del tratamiento de datos, otra palabra para las estadísticas masivas, "la correlación reemplaza a la causación". Pero la estadística y la probabilidad han evolucionado con el cálculo. En distribuciones como la de Pareto, se intuye la importancia que el grado tiene en la Naturaleza, pero en las leyes fundamentales de la física los grados no tienen entidad propia. Este es un enorme agujero que sólo puede cubrirse satisfactoriamente con formas alternativas de cálculo que den otro sentido a la relación entre lo continuo y lo discreto en el cambio o movimiento, algo de lo que ya hemos hablado en numerosas ocasiones. Aunque cualquier acercamiento al cálculo tiene sus ventajas e inconvenientes, ni el análisis estándar ni el no estándar están hechos para abordar este problema[5], no digamos clarificarlo.

* * *

Para Lao-tse, gobernar una gran nación no difiere de freír un pequeño pescado; seguramente estaba aludiendo aquí a la importancia de la gradualidad en las medidas, aún secundaria con respecto a la Virtud, que consiste en interferir lo menos posible. Para Heráclito todo es hijo del conflicto, pero la tensión es el mismo principio de equilibrio dinámico visto desde el otro lado.

La misma creciente ineficiencia de la Gran Ciencia, sus rendimientos siempre decrecientes, pueden evaluarse con la regla de Pareto y sus potencias sucesivas; aunque está claro que, desde el otro punto de vista, los que tienden a optimizar los grandes proyectos es la extracción de fondos. Si algo se puede hacer con mil millones, sería de tontos hacerlo con diez, y además lo que no mueve dinero ni siquiera cuenta. La cuestión, sin embargo, no es que haya rendimientos decrecientes, sino que la objetividad y el debate dejan de tener sentido en semejante contexto. Dinero y calidad de investigación son inversamente proporcionales.

Pero si la "ciencia barata" no cuenta para nada en el cuadro actual, aún es más importante para los que tampoco queremos tener nada que ver con ese cuadro. Hoy los expertos tienden a complicar hasta lo más simple para su propio interés; otros en cambio sólo tenemos interés en la complejidad porque esconde cosas más simples. Habrá que ver quién tiene la última palabra.

La ciencia moderna es de una naturaleza tal que no puede aprovechar el conocimiento sin una montaña acumulada de mediaciones y complejidad, haciendo del conocimiento y la simplicidad polos opuestos. Esto es así porque el conocimiento está al servicio del gobierno y control de lo ajeno, mientras que la virtud reside en el gobierno de lo propio.

El biofeedback o interacción con señales biológicas parece un tema bastante inocuo, y sin embargo nos da el reverso o antítesis de la teoría del control, puesto que el rango de control posible no pasa por la acción voluntaria. Cabría hablar, más bien, de una capacidad de sintonía o receptividad.

Nuestro propio organismo genera muchas señales con un espectro $1/f$, la expresión en el tiempo de la ley de potencias. Y la actividad espontánea del cerebro es una fuente ideal[6] de este tipo de "ruido", que también aparece en las fluctuaciones de tono de casi cualquier tipo de música. Es en extremo curioso que una pauta que aparece espontáneamente en nuestro cerebro y continuamente en la música resulte "contraintuitiva" para los matemáticos. Por otra parte, la resonancia estocástica, que puede ser adaptativa, nos dice que el nivel óptimo de ruido no es un ruido cero y que el mismo ruido es señal por derecho propio. El ruido $1/f$ parece responder al principio de máxima entropía de la información, mientras que la resonancia estocástica lleva la entropía al mínimo.

El biofeedback es una modesta pero significativa indicación de cómo se puede "hacer sin hacer" y "saber sin saber"; si conectamos debidamente ese tipo de "acción" y "saber" con el conocimiento formal que nos brinda la física y las matemáticas, se habrá conseguido algo extraordinario.

* * *

Tener muchas posesiones hace imposible disfrutarlas, mientras que al que tiene verdadera receptividad todo le llega aun sin quererlo. "En el 2030 no tendrás nada y serás feliz", nos dice cierto foro. Hay que ver cómo se preocupan de aligerar nuestra carga los mismos que han hecho bandera de la privatización y el saqueo, y cómo se preparan para llevarla sobre sus hombros. Absolutamente lógico.

Pero no deberían ser tan altruistas. La carga se puede repartir mucho más equitativamente y podemos aliviarles de tamaña responsabilidad. Después de todo, son ellos los que necesitan aprender a vivir más que nadie.

La variante del 80/20 que gobierna nuestro sistema es obviamente un caso degenerado, como son degenerados los criterios econométricos que se usan para ocultarlo. Pero queda precisar respecto a qué es degenerado. La estructura monetaria que se ha optimizado para acaparar debe terminar y ser sustituida por otra completamente diferente, y esto no presenta ninguna dificultad técnica; ellos son la única dificultad.

Si hoy la economía es tan importante es sólo por cómo ha creado escasez artificial, y porque en simbiosis con lo digital ha devenido la forma más "eficaz" de control. Sin embargo, si tienen que intervenir hasta tal punto en todo y propiciar toda suerte de crisis, no hay eficacia en absoluto, sino sólo la forma más difusa pero omnímoda de opresión.

Lo que está optimizado para una sola cosa seguramente está pesimizado para todo lo demás. Si el poder real interviene cada vez más en todo, es porque realmente lo hace sin costo, e incluso obtiene beneficios, mientras aún disocia y trastorna más a la población.

Si se ha empujado el péndulo hasta el extremo, lo normal es que la dirección se invierta —si es que es verdad que el retorno es el camino del Tao. Operando tanto a nivel "interno" como "externo", parece que la "ley del 50/50" tiene más significados prácticos que el que hemos indicado, y uno en particular en el que coinciden la dialéctica, la Naturaleza y el cálculo. La ciencia moderna hace todo lo posible para impedir que lo veamos.

Notas

1. https://www.hurqualya.net/caos-y-transfiguracion/

2. https://www.hurqualya.net/arte-y-teoria-de-la-reversibilidad/

3. https://www.hurqualya.net/el-pacto-de-los-cacahuetes/

4. https://www.hurqualya.net/polo-de-inspiracion-xiii/

5. http://milesmathis.com/are.html

6. https://www.researchgate.net/publication/43020262_Spontaneous_brain_activity_as_a_source_of_ideal_1_f_noise

BALANCE CERO
2 agosto, 2021

1. Conciencia, sincronización, precesión de fase y fase geométrica

La conciencia como último reducto

Leía hace unos días un breve pasaje de Geidar Dzhemal[1] en torno a la diferencia entre conocimiento e información. En ella, el autor ruso invocaba la inviolabilidad que aún tenía la conciencia de los obreros en la época de Dickens, que "volvían a sus casas a dormir y en la noche encontraban el camino de vuelta a su corazón".

Para Dzhemal, como para tantos otros, la sociedad de la información, que tiende a abolir la diferencia entre lo interno y lo externo, destruye así los últimos baluartes defensivos de nuestra "fortaleza interior". No es fácil desestimar este tipo de lamentos, cada vez más habituales, ya que la invasión de la conciencia por las nuevas tecnologías, con su incontenible diluvio de trivialidad, no es un aspecto menor, sino tal vez el más notorio de nuestra época.

Sin embargo se puede estar seguro de que, mientras alcancemos el estado de sueño profundo todas las noches, aún no hemos olvidado el camino de vuelta; sólo la vigilia tiende a alejarse de ese estado fundamental, y ello ya por su misma naturaleza, con independencia de lo invasivas que sean nuestras tecnologías.

¿Y qué es lo más característico del estado de sueño profundo, tan imprescindible para la vida como dado por supuesto? El equilibrio o indistinción entre lo interno y lo externo, precisamente. Tenemos entonces una doble paradoja, si así queremos llamarlo: los estados de vigilia o sueño con ensueños existen por una suerte de desequilibrio o equilibrio dinámico, y el hecho de que este equilibrio dinámico no se perciba conscientemente estando despiertos hace más necesario el retorno a la inconsciencia como única forma de experimentar cierto estado de reposo.

Dzhemal opone el conocimiento como "comprensión del yo" a la información como reconocimiento, igual que contrapone una verdad interior "auténtica" a una verdad externa meramente operativa; y esto también parece admisible y entendible. Pero si no queremos que, no ya nuestra idea de la verdad, sino incluso la misma sensación de realidad se bata en retirada, es nuestro reconocimiento el que debe avanzar: reconocimiento de nuestra proyección en el mundo, y reconocimiento de la acción del mundo en uno mismo anterior a esa comprensión del yo que autores como Dzhemal reivindican.

En definitiva, la conciencia entendida como último reducto siempre tiene las de perder, su tesitura está hecha para las derrotas heroicas. Lo que puede darle su encanto en un mundo donde prima el éxito irreflexivo, pero eso no es suficiente; las perspectivas de éxito o derrota tendrían que ser completamente secundarias respecto a nuestra apreciación de la realidad.

La conciencia como sistema de navegación

Pocas cosas más curiosas que el intento de las ciencias analíticas por acotar la conciencia, o, ante lo prohibitivo de esta tarea, los correlatos neuronales de las diversas actividades con un componente "cognitivo". El problema es que pueden encontrarse todo tipo de correlatos neuronales que encajen en un modelo cognitivo sin que la actividad objeto de estudio requiera en absoluto que tenga lugar la cognición, salvo en el más trivial de los sentidos: capturamos una pelota alta no mediante algún tipo de predicción o cálculo de trayectoria, sino moviéndonos simplemente de forma que se mantenga el mismo ángulo —sin pensar siquiera en ello. De forma nada sorprendente, la explicación más simple es la que tiene siempre más implicaciones, que afectan incluso a la naturaleza misma del cálculo diferencial, pero no vamos a volver sobre cosas ya tratadas.

Una de las revelaciones de los últimos tiempos en las ciencias neurocognitivas es el fenómeno conocido como precesión de fase: un adelantamiento progresivo en el disparo de las neuronas del hipocampo relacionadas con la memoria espacial. Dicho fenómeno se apreció primero en ratas de laboratorio y murciélagos, y sólo recientemente se ha verificado en los seres humanos. Hoy se especula sobre si no será la clave de un "código universal" del cerebro humano más allá de tareas específicas, ya que también se ha detectado en otras áreas cerebrales y en relación no sólo con la autoubicación en el espacio sino también con el procesamiento de sonidos y olores, el aprendizaje y la organización de la memoria a largo plazo —entrando de lleno en lo que se consideran funciones superiores.

En un artículo reciente[2] se habla de estos procesos como de una "negociación humana con su ambiente". En espera de que se confirme la universalidad del fenómeno, Josh Jacobs procura imaginar aplicaciones: "Entonces, podemos comenzar a comprender mejor cómo puede usarse este mecanismo de codificación neuronal para interfaces cerebro-máquina, y para la estimulación cerebral terapéutica".

No podía esperarse menos. Buscando otra profundidad teórica, cabe observar que si la precesión de fase es de gran relevancia no es tanto porque pueda mostrar algún tipo de "código universal" específico sino porque es una expresión más de un problema muy general pero insuficientemente apreciado: la necesidad de la asincronía local en el procesamiento de la información.

Lo que justamente nos indica la precesión de fase es la importancia de la sincronización en las actividades del cerebro: pero si esta sincronización no fuera activa tampoco habría actividad propiamente dicha. Por ejemplo, en las CPU ordinarias las operaciones están sometidas a un ciclo de reloj que ya implica una sincronización global, un principio de organización que gobierna los resultados de las partes; esto es sincronización pasiva, diseñada desde arriba.

En el cerebro no hay "sincronizador global", ni en las moléculas, ni en la Naturaleza en general. Sin embargo, como notó en su día Koichiro Matsuno[3], las leyes de la física sí implican una sincronización global, de la mano del tercer principio del movimiento de Newton, que da por hecho la simultaneidad de la acción y reacción. De este modo la transmisión de señales, y por tanto de información, pierde toda relación con el tiempo local y su contribución a un tiempo global interno.

Dicho de otro modo, el tiempo absoluto Newtoniano es externo y metafísico, pero ni la relatividad, ni la mecánica cuántica, ni la entropía tal como se interpreta en la mecánica estadística y la teoría de la información, modifican el concepto atemporal de interacción. Así el rol activo que pueda tener la asincronía local para construir un tiempo interno global se evapora, y nunca se puede recuperar de forma apropiada si no encuentra cabida al nivel de los principios.

Por supuesto, no se puede esperar que disciplinas muy recientes y derivadas como las neurociencias enmienden la plana de otras mucho más generales y antiguas como la física, pues no es así como funcionan las cosas. Y sin embargo permanece el hecho elemental: para igualar algo primero tiene que haber desigualdad.

Las disciplinas derivadas se contentan con hablar de tiempos críticos de acción o de estímulo; por ejemplo, para Arthur Winfree, el gran pionero en el estudio de la resonancia y la sincronización en biología, una "singularidad de fase" era el tiempo de estímulo durante el cual no es posible asignar fase a un proceso.

Para adquirir otra perspectiva tendríamos que poder encajar los tiempos críticos de las ciencias descriptivas dentro de los principios fundamentales de la física. En *Espíritu del Cuaternario*[4] ya hablamos del tema, pero la precesión de fase nos permite contemplarlo desde otros ángulos. Por supuesto, nunca vamos a encontrar una forma de darle "sustancia" física al paso del tiempo porque seguramente no puede dejar de ser una sensación subjetiva e interna a la conciencia.

De hecho, si la precesión de fase parece tan importante en la secuenciación de la memoria, bien podría ser porque ella misma contribuye de forma clave a crear nuestras nociones de espacio, tiempo y causalidad —siendo la causalidad sinónimo de ordenación espacio-temporal. Esto no quiere decir meramente que nuestras ideas al respecto se reduzcan a determinados procesos neurológicos, porque esas ideas ya son la manifestación interna más específica de un perfil temporal explícita e implícitamente planteado como externo, pero en el plano de la medida o mediación.

Por lo demás, y desde el punto de vista más inmediatamente externo, si es que aspiramos a una perspectiva más o menos completa nunca debería perderse de vista el planteamiento ambiental o poscognitivo de James Gibson: no tiene sentido especular sobre qué hay en nuestra cabeza sin ponderar en qué está nuestra cabeza metida. Pero aunque Gibson fue un empirista radical, no dejó de insistir en que lo más directamente relevante del entorno no son las formas o los colores sino las invariantes, que no operan a un nivel matemático abstracto sino con una irreducible efectividad. La citada invariancia del ángulo o "cancelación óptica" a la hora de capturar la pelota propuesta por McBeath[5], esa forma de "hacer cálculo sin cálculo" que todos tenemos sin saberlo, está claramente inspirada en la psicología poscognitiva de Gibson.

Este ejemplo muestra, por añadidura, que incluso el empirismo radical puede conectar directamente con la matemática, y lo que aún es más importante, lo hace de una forma opuesta al enfoque computacional que trata de reducir cualquier proceso a cálculos dentro de una métrica y su álgebra. Lo que nos permite "invertir" la perspectiva sin forzar nada en realidad, puesto que es el cálculo humano el que ha forzado los datos en su propio lecho de Procusto.

Parece evidente que una precesión de fase como la que se produce en los disparos de neuronas en el hipocampo u otras áreas no tiene nada que ver con la llamada "fase geométrica" que se presenta en multitud de sistemas físicos, salvo por el mero hecho de afectar a fases y potenciales; además la primera nos habla de una anticipación, mientras que la segunda suele implicar un potencial retardado. Sin embargo ambos fenómenos, de estatus todavía problemático, comparten como denominador común el problema de la asincronía local previa a las exigencias del sincronizador global.

La fase geométrica, por lo demás, no se limita a dar una "curvatura suplementaria" a sistemas cíclicos, adiabáticos y conservativos como se supone que son los de la óptica, área en la que se descubrió, sino que también puede darse en sistemas no cíclicos y disipativos, como los biológicos, y en la propia locomoción animal —su propio género de universalidad ha hecho de ella un aspecto importante de la robótica y la teoría del control. Y aunque a menudo se presente, erróneamente, como privativa de los fenómenos de interferencia de la mecánica cuántica, lo dicho evidencia que puede presentarse a cualquier escala suponiendo un elemento de continuidad en la transición de escalas y dominios físicos diferentes.

Aunque no parece haber sido objeto de estudios específicos, la memoria de fase debería poder estudiarse en sus ciclos de percepción y acción en movimientos rítmicos coordinados, tal como el famoso modelo Haken-Kelso-Bunz[6] u otros parecidos adaptados específicamente a este propósito. Y es que a la fase geométrica se la denomina así por reflejar la geometría del ambiente y la incidencia de aspectos no dinámicos (descritos a menudo como "información") en la evolución dinámica global —"cambio global sin cambio local". No hace falta recordar que la dinámica se refiere a las fuerzas, mientras los potenciales se refieren a la posición.

Pero lo que la fase geométrica exhibe, ya desde los primeros casos de estudio con partículas polarizadas, es la *orientación* global o "interna" del sistema, que sin embargo ha quedado fuera de su descripción dinámica "externa", necesariamente cerrada. Y el hecho de que esta cuestión se presente a cualquier escala y en todo tipo de sistemas sólo le añade interés.

La fase geométrica hoy se concibe como un suplemento para la dinámica pero en realidad también permite modificar las mismas leyes del movimiento y su sentido; y así hemos hablado de un "cuarto principio" e incluso de "tres principios y medio", aunque basta con tres principios consecuentemente articulados.

La física y la mecánica recortan el sustrato natural básicamente a través del primer y el tercer principio. El principio de inercia, que para no ser puramente ideal sólo puede concebirse con una bola que rueda, demanda "un sistema aislado que a la vez no esté aislado"; y el principio de acción y reacción, una simultaneidad en la dinámica que es en el mejor de los casos metafísica. En una mecánica relacional, como la que introdujo Wilhelm Weber o ha reivindicado Assis, el principio de equilibrio dinámico sustituye al principio de inercia, mientras que el tercer principio adquiere un sentido completamente diferente al depender del potencial.

El principio de equilibrio dinámico tal como lo formula Assis dice que *la suma de todas las fuerzas de cualquier naturaleza actuando sobre cualquier cuerpo es siempre cero en todos los sistemas de referencia*. Por otra parte, el cumplimiento del tercer principio en la mecánica relacional implica los llamados "potenciales retardados" similares a la fase geométrica —pero se entiende que sólo son retardados con respecto al sincronizador global implícito en la mecánica newtoniana y sus herederas. Es perfectamente lícito pensar que tendría que ser al contrario: si existe la sincronización global, debe ser ajena a la dinámica, pues toda interacción requiere tiempo. Se piensa que la fase geométrica o el potencial retardado son pasivos con respecto a las fuerzas, pero una correlación simultánea nunca puede ser reactiva con respecto a algo a lo que le lleva tiempo cambiar, sino al contrario.

Esto tiene infinidad de implicaciones que ni siquiera hemos empezado a extraer. Para empezar, no existen fuerzas ciegas en la Naturaleza, porque ni siquiera existen fuerzas de naturaleza constante: el feedback está incorporado "de fábrica" incluso en las órbitas de los electrones, en cualquier extensión del viejo problema de Kepler. Decir que Newton explicó las trayectorias elípticas de los planetas es, en el mejor de los casos, un mero recurso didáctico.

Los potenciales retardados nunca son un "bucle trivial", incluso si no parecen añadir nada a la conocida solución de una ecuación diferencial, como en el problema de Kepler. En realidad estas ecuaciones, desde un punto de vista puramente descriptivo, no son realmente diferenciales ni definen estrictamente la conservación local, sino que la descuentan siempre a partir de la conservación global, de manera que la sucesión local del tiempo se deduce de la condición general y no al contrario como se supone. Ya hemos hablado repetidamente de esta inversión radical que conlleva el cálculo estándar[6] y de algunas de las posibles alternativas. Pero el cálculo mismo, no menos que los principios de la mecánica, vela el problema de la sincronización y la relación entre el tiempo global y el local, del que hemos derivado nuestra presente idea de universalidad.

Volviendo a los tres principios del movimiento, sin la citada modificación del primer y tercer principio, e indirectamente del segundo, cualquier proceso de sincronización gira sin tracción como una rueda en el vacío. A esos es precisamente a lo que la física ha querido reducir la Naturaleza. Se advierte ahora que el cerebro tiene un "sistema de navegación" mucho más "sofisticado" que los creados por el hombre, pero, ¿en qué consiste propiamente dicha "sofisticación"? ¿Acaso no hay algo más fundamental que la complejidad de las conexiones neuronales?

Estado actual de las ciencias

Hablar de las relaciones entre ciencia y poder resulta de mal gusto, un poco como hablar de dinero o de política en la mesa; pero es que en la ultraburocratizada ciencia actual ya no hay otras relaciones que esas. Lo que hoy suena ridículo es plantear la relación entre tecnociencia y verdad.

Otra cuestión de la que apenas se habla es el secretismo. Hasta la matemática pura se resiente profundamente de ello, para impedir dar cualquier ventaja a "colegas" que en realidad sólo se ve como competidores. Es cierto que la cosa no viene de ahora, pues ya en la época de los "colegios invisibles", e incluso mucho antes, se jugaba a los enigmas y se mostraba información con cuentagotas; pero ahora, al echar el resto en las aplicaciones, todo ha adquirido otra dimensión.

Probablemente incluso una demostración plausible de la hipótesis de Riemann encontraría hoy obstáculos a su difusión ante el temor de que pudiera servir para romper los códigos de seguridad, incluso si nadie ha dicho cómo podría conducir a métodos de factorización más rápidos. Y aunque no hay que preocuparse mucho por esa posibilidad, permanece el hecho de que hoy importan mucho más las consecuencias del conocimiento que el conocimiento en sí mismo. Esto, a su vez, tiene más consecuencias que las propias consecuencias del conocimiento. Sin embargo, cuando más ominosas pueden ser las consecuencias, como en la biotecnología por ejemplo, menos se cuestiona públicamente su investigación.

Evidentemente, si la ocultación invade hasta la matemática pura, no hace falta imaginar los niveles de opacidad en ciencias con intereses mucho más definidos, de la física a la biología, la economía, la sociología, la matemática aplicada, la estadística y el análisis de datos, las ciencias del comportamiento, etcétera, etcétera.

Frente a quienes aún presentan la ciencia como una exploración independiente y atrevida del mundo, sólo cabe reír; y sin embargo, no deja de ser cierto que Occidente busca agotar sus posibilidades en un sentido muy concreto, con exclusión de todos los demás. En eso es sin duda coherente.

Dicho sentido es el proyecto de dominación de la Naturaleza y su completa sustitución o eliminación. Y es en tal sentido que no se le puede permitir triunfar, pues su triunfo comporta la destrucción de todos nosotros. Lo cual no significa que "la Ciencia" busque destruirnos, pues el mayor triunfo del poder rampante y la mayor derrota del pensamiento es creer que no puede haber otra ciencia que la actual.

Las ciencias actuales, y el apunte hecho sobre la precesión de fase es meramente un ejemplo, no pueden dejar de combinar un alto grado de tecnicismo y sofisticación formal con un empirismo que en realidad sólo es oportunismo, y donde se habla de comprensión en un sentido puramente instrumental. Su presunta superioridad técnica o de medios sólo esconde una incompetencia teórica inevitable, puesto que el sentido de la teoría se limita a su capacidad de predicción.

Se ha discutido a veces, por ejemplo, si "el problema de la conciencia" podría implicar aspectos exóticos como la coherencia cuántica. La mayoría de físicos y neurocientíficos consideran esto una posibilidad remota, si no pura charlatanería. Claro que la mecánica cuántica no es universal, pero la mecánica clásica tampoco. En cambio la fase geométrica sí es universal, y está presente a todas las escalas, pues todo potencial está entrelazado con independencia de la mecánica en que se inscriba.

El logos occidental sigue sin salir del callejón sin salida creado entre Descartes y Newton, y no sale de él, antes que nada, porque no quiere, porque la disposición que lo impulsa es la oposición radical entre la inercia infinita del mundo material y una conciencia como un agujero o singularidad independiente. Sin esta oposición no hubiera llegado nunca tan lejos, para empezar, por lo que no dejará de reclamar sus derechos.

La modificación de los principios de la mecánica que hemos apuntado termina radicalmente con la separación o aislamiento de la Naturaleza, no menos que de la conciencia. La suma de fuerzas en cualquier punto es siempre cero, pero además la suma de cualquier número de ceros también es cero. Carece de sentido pensar que la conciencia puede localizarse: lo que es inalcanzable en el interior de uno mismo, mucho menos podría serlo fuera; y sin embargo la mecánica relacional permite hacer las mismas o parecidas predicciones a las que llegó la física moderna por muy diferentes vías.

Es muy probable que una física basada en el equilibrio dinámico nunca hubiera alumbrado la hipertrofia de la tecnociencia actual, que si ha llegado tan lejos ha sido a fuerza de grandes tensiones y desequilibrios. Pero llegados aquí, no deja de ser cierto que es capaz de trasvasar toda la masa de conocimientos acumulada a un nuevo lenguaje y una nueva disposición, sin tener siquiera que hacer transformaciones abruptas que en ciencia nunca tienen sentido

Hay pez o no hay pez

La antítesis de la moderna teoría del control es el biofeedback, puesto que se aplica al gobierno interno en lugar del externo y supone un rango de control que no pasa por lo voluntario.

Se plantean varias preguntas de extremo interés e íntimamente relacionadas que aquí solo cabe esbozar. Queda para los investigadores iluminar debidamente la relación entre los desplazamientos de fase, positivos y negativos, y la sincronización cerebral o la coordinación motriz. Por otro lado, aún están por identificar claramente presumibles memorias de fase biológicas, que también puede afectar hasta cierto punto al cerebro, como la del ciclo nasal bilateral, y su conexión con la volumetría respiratoria o las fases del sueño. Además, puede estudiarse la relación entre fases geométricas en sistemas biológicos, sus señales pertinentes, y el biofeedback.

Pero en primer lugar habría que diseñar experimentos en los que la fase geométrica adquiera relieve dentro de ciclos de acción y percepción humanos. Se trata de estudiar si la presencia de esta memoria de fase puede emerger en la conciencia, y las condiciones para que la conciencia pueda apreciarla.

El equilibrio dinámico, su balance cero, está en todas partes y en ninguna. Por tanto, aunque pueda admitirse su presencia en cualquier movimiento, no hay nada específico que permita identificarlo o reconocerlo. ¿Es reconocible la fase geométrica por la conciencia, si tiene lugar en los movimientos de nuestro cuerpo? ¿Evidencia alguna propiedad, más allá de las relaciones cuantitativas? Son preguntas que pueden parecer muy extrañas, si se olvida la ambigüedad irreducible que ha acompañado a este fenómeno en física desde su detección.

El equilibrio dinámico es indiscernible, pero un exponente tan estudiado de la fase geométrica como el efecto Aharonov-Bohm nos muestra claramente cómo una partícula cargada "siente" o refleja el potencial incluso allí donde los campos eléctrico y magnético son cero. ¿Puede un electrón percibir fielmente esta circunstancia y que sea sin embargo inaccesible a mi conciencia? Por descontado que no hablamos de escalas microscópicas, sino del transporte paralelo en sí mismo.

En función del caso físico, su descripción e interpretación, una fase geométrica puede verse como un trasporte paralelo, como una autoinducción, como una curvatura o flujo de la forma simpléctica, como una intersección cónica entre superficies potenciales de energía, como una transición entre dimensiones, como una torsión o un cambio en la densidad, como una transición de fase, como un punto de degeneración, como un potencial retardado, como la diferencia del lagrangiano, como una resonancia, como una interferencia holográfica, como un bucle, como un principio de esclavización, como un agujero o singularidad de la topología del movimiento, como un tiempo propio o línea temporal, como una memoria, como una interfaz o incluso de otras maneras que no tienen por qué ser excluyentes. Cuando mayor sea el equilibrio entre predicción y descripción, sin que una prime sobre la otra, más crédito merecerá la interpretación de este o cualquier otro fenómeno.

La contribución de la fase geométrica a la fase global suele ser menor que la de la fase dinámica. Esto, junto al hecho de su reconocimiento tardío, ha hecho casi inevitable que se la subordine a unas ideas mecánicas que ya habían consolidado su prioridad. Sin embargo hemos visto algunos casos, incluso en el ámbito de los seres vivos, en que la contribución no dinámica —al menos en el sentido habitual— puede ser muchas veces mayor que la contribución dinámica estándar. Sería interesante ver si también en el organismo humano hay lugar para tamaños «desfases», y si la respuesta es positiva, qué cabe concluir de ellos.

¿Hay algo no mecánico dentro de lo mecánico? ¿Pero qué podría significar que algo no es mecánico? Esto puede tener muchas respuestas que nada tienen que ver con las habituales discusiones sobre el determinismo y el indeterminismo. Si podemos eliminar el principio de inercia y sustituirlo por el principio de equilibrio dinámico, buena parte de lo que entendemos por "mecánica" desaparece de un plumazo, e incluso cabe interpretar que los cuerpos se mueven por su propio impulso sin incurrir en contradicción. No se olvide además que este segundo principio es mucho más económico y nos libra de una vez por todas de los escolásticos arbitrajes de los marcos de referencia y las convenciones que aparejan.

Sin embargo la esencia de la mecánica no es la inercia, sino la constitución de un sistema o circuito cerrado; y no hay sistemas cerrados sin el tercer principio. En los campos lo que se cumple no es el tercer principio sino la conservación del momento o cantidad de movimiento.

En una mecánica relacional como la de Weber el tercer principio de acción-reacción se cumple automáticamente y por definición. La ley de Weber no describe un campo pero se transforma fácilmente en un campo integrando sobre el volumen. Es obvio que en las elipses de los electrones o los planetas el tercer principio no puede verificarse, luego siempre queda la duda de por qué se observan órbitas estables y cerradas. La respuesta, tal como lo vio Nikolay Noskov[7], estaría en la *resonancia*, pero esta no excluye la interacción —la emisión y la absorción—, sino que más bien definiría sus condiciones. La correlación es la madre de la interacción, y el acoplamiento por resonancia el principio efectivo de sincronización cuando no existe la sincronización global impuesta desde arriba.

La analogía entre un campo físico y el campo de la conciencia no es del todo gratuita. Pero por campo físico se entiende una porción de espacio en la que tiene lugar una determinada evolución en el tiempo; mientras que la conciencia, tal como la hemos entendido en nuestros escritos, implica un contraste con el fondo indiferenciado —el medio absolutamente homogéneo, con densidad unidad, de la que resultan todas las modificaciones momentáneas. Esto podría llevarnos a otros aspectos diferentes del equilibrio y su formulación.

En cualquier caso, y en el presente estado de cosas, no es necesario llevar muy lejos la analogía ni intentar cerrarla, puesto que, para la conciencia, el asunto se reduce a si es capaz de percibir memorias de fase, directa, indirectamente o como fuere. Cuando se tenga una respuesta cierta para eso podrán plantearse o no otras preguntas. El tema es de indudable hondura puesto que permite cuestionar nuestras ideas sobre la causalidad y su representación. También supone un desafío encontrar su relación con el sonido y la música.

Hay incontables formas de equilibrio y para resumir nos hemos venido refiriendo al equilibrio de suma cero, al de un producto unidad, y al que puede exisitir entre la variación mínima de energía y la producción máxima de entropía. En primera instancia, el primero afecta al movimiento mismo, el segundo a la densidad con respecto al medio homogéneo, el tercero a un modo alternativo al lagrangiano para las ecuaciones generales de la mecánica. La relación entre estos tres tipos de equilibrio pueden ser infinitas pero encontrar su eje común no depende tanto de igualdades o equivalencias algebraicas como del intangible equilibrio metodológico entre descripción y predicción. Ni que decir tiene, ninguno de estos cuatro modos de equilibrio recibe mucha consideración en la física y la matemática modernas. La mecánica, como estudio del movimiento en sistemas cerrados, es una ciencia genuinamente mercurial, es decir, supone un reflejo virtual de algo que no se mueve ni es extenso. Si no fuera por esto, ni sería inagotable ni tendría el menor interés. Y es mercurial no por una vaga analogía, sino enteramente y por la más profunda necesidad. El movimiento ya es espíritu desapercibido, que como sistema cerrado se ha separado de algo previo a la medida: este es el camino del descenso. Y el camino opuesto del ascenso es lo que antaño se denominaba la obra del Sol, por más que esta abarque uno y otro.

La verdadera obra del Sol, lo más iluminador y recóndito de todo, es la conciencia misma, y si esto ni siquiera se sospecha no se ha podido ajustar mucho su ascenso y su descenso.

* * *

A estas alturas, el secretismo de baja estofa en la ciencias parece casi el menor de sus problemas, que por otra parte no vamos a pretender solucionar. Pero, para mí al menos, la ciencia en su conjunto carece de cualquier valor si no tiene una íntima y genuina conexión con nuestro mundo interior; tampoco la predicción por sí sola tiene valor para lo que aquí se entiende por conocimiento. Con todo no se trata de convertir las ciencias en algo más subjetivo, puesto que la misma idea de lo mecánico ya tiene en nosotros un exceso de subjetividad, de compulsión y celo civilizador sólo compensados por el creciente embotamiento.

Ya se ha dicho, contemplar directamente que no existe la inercia en el mundo, comprobar que es básicamente una sobredeterminación, es una meditación tan profunda como pueda haberla, que no requiere por lo demás de ningún soporte ni instrumento, ni ningún conocimiento especial.

¿Cómo puede uno sentir siquiera que existe, si siempre hay un balance cero de fuerzas?, cabe preguntar. Pero también cabe preguntar: ¿necesita uno ser empujado para sentir que existe? Evidentemente, no; sin embargo el balance cero existe tanto si nos empujan como si no.

Hablamos de "Naturaleza" en singular pero igual podríamos hablar de infinitas naturalezas. Nuestros principios tienden a reducir esa infinitud a un solo plano, del mismo modo que tratan de hacer de ese plano una nueva infinitud "a la medida del hombre"; pero el hombre ya contiene en su interior todas esas naturalezas sin necesidad de reducirlas. El control de la Naturaleza como algo exterior nos esclaviza y resulta en un descenso permanente y sin límite a la vista; sólo su armonización en nuestro interior nos eleva y da nuestra verdadera medida.

Debería estudiarse el problema planteado con exquisito cuidado y el mayor de los detenimientos. El hecho de que la fase geométrica sea despachada en física con semejante displicencia ya sienta un precedente claro sobre el tema. Lo nuevo se subordina y se procura subordinar a lo viejo incluso cuando presenta la mejor oportunidad de replantear una cuestión. La misma teoría del electromagnetismo nos demuestra de forma ejemplar que se puede utilizar una fuerza fundamental con el mayor virtuosismo técnico no sólo sin comprender la mitad de su asunto, sino sin tener siquiera interés por lo que haya podido quedar fuera.

Lo mismo vale para nuestra biología, nuestra ingeniería o nuestra mecanología. Está claro que la moderna tecnociencia no trabaja para la emancipación de lo humano, sino para su integración con las máquinas dentro de un esquema ya definido; y por qué tendría que hacerlo si los que estamos fuera de sus intereses tampoco nos preocupamos de ello, ni acertamos a dar con la raíz de la cuestión.

Tanto el pensamiento como en el principio de instrumentación del que surge la técnica pueden verse bajo un esquema ternario muy anterior al nacimiento de la mecánica moderna; sin embargo ésta define un horizonte en el que el intento de colmar sus vacíos y contradicciones, ni siquiera conscientes, cierra el círculo de compulsión en el que nos movemos. Disolver ese cerco hoy no puede depender más de la teoría que de la práctica.

Tampoco conviene olvidar que la simple conducta humana y su observancia consciente es superior a cualquier tecnología, que no tiene por sí sola el poder de menoscabarla. Pero a falta de consciencia, las tecnologías se emplean tanto para tapar los agujeros en la conducta como para agrandarlos.

La unidad agente-ambiente es anterior a la "interacción" entre uno y otro concebidos como aspectos separados. Hay una gran distancia entre el yo que aparece en el niño de 4 ó 5 años y el yo cartesiano dispuesto a medir el mundo, pero ambos marcan etapas diversas de una oposición entre el yo y lo otro que se retroalimenta. Reencontrar el no-yo que no necesita reafirmarse frente a nada en el seno de una lógica que parece diseñada para eliminarlo abre una perspectiva que sólo pueden valorar aquellos decididos a triunfar sobre esta civilización material.

Notas

1. https://www.geopolitica.ru/es/article/conocimiento-e-informacion

2. https://www.engineering.columbia.edu/press-release/jacobs-brain-timing-is-everything

3. Miguel Iradier, *Espíritu del cuaternario*. https://www.hurqualya.net/espiritu-del-cuaternario-semiosis-y-cuaternidad/

4. https://www.researchgate.net/publication/15474292_How_baseball_outfielders_determine_where_to_run_to_catch_fly_balls

5. http://avant.edu.pl/wp-content/uploads/SGAW-Gibson-s-ecological-approach.pdf

6. Miguel Iradier, *Polo de inspiración*. https://www.hurqualya.net/polo-de-inspiracion-xvi/

7. http://bourabai.ru/noskov/delay.htm

EL MULTIESPECIALISTA, LA MECANOLOGÍA Y EL CONOCIMIENTO EN CUARTA PERSONA

30 octubre, 2021

Esta es una entrevista concedida recientemente para el blog de ciencia y tecnología de Ivan Stepanyan[1]:

¿Por qué crees que las ciencias atraviesan ahora un momento especialmente crítico?

Las ciencias ya están acostumbradas a tener crisis periódicas en sus modelos desde hace mucho tiempo, pero ahora, como fiel reflejo de lo que ocurre en nuestras sociedades, los problemas acumulados han alcanzado un punto extremo.

Por un lado, el ocaso del mundo unipolar pone en jaque la hegemonía del modelo de ciencia anglosajón, que ha impuesto unas narrativas y unos modos de hacer tan asumidos que ya ni nos damos cuenta. Si realmente pasamos a un mundo multipolar, países con un gran potencial científico como Rusia, China, India, Japón y otros replantearán sus líneas generales de investigación. Sin embargo esto por sí solo no va a suponer un cambio radical de prioridades, porque las grandes instituciones tienen una inercia proporcional a su tamaño y además desde el poder apenas se cuestiona la premisa básica del modelo actual, que es que lo esencial en el conocimiento científico es la predicción.

Lo que está inclinando la balanza es que la fusión de ciencia y poder a nivel institucional ha llegado a tal punto que se ha eliminado el debate en todo lo que importa, que poco tiene que ver con lo que reflejan los grandes medios. La opacidad, el consenso y la desinformación se manufacturan a escala industrial, lo que hace que la gente con más talento, que suele ser la más inconformista, huya de las instituciones y se pregunte qué puede hacer con todos los conocimientos que ha adquirido. Pero nadie quiere hablar de este profundo descontento.

Has hablado del nuevo rol que están llamados a jugar los multiespecialistas en este panorama

Sí. Los multiespecialistas o pluriespecialistas, gente que se ha formado en varias especialidades y no sienten especial lealtad por las reglas de ninguna, son un espécimen nuevo, un agente inédito que introduce nuevas dinámicas en la ecología del conocimiento. No hablamos ya de la investigación multidisciplinar o interdisciplinar, sino de una clase diferente de sujeto que tiene otro tipo de distancia y perspectiva sobre lo que hoy es la tecnociencia. Están tanto en el ápice del descontento como de la capacidad de innovación. No es fácil definir su posición, y muchos de ellos buscan activamente su independencia y se alejan tanto como pueden de la lógica institucional.

Entonces tenemos un panorama de creciente vacío en el liderazgo de las ciencias, porque el presente modelo está muriendo de puro éxito, ha agotado su potencial y las ideas se repiten una y otra vez con vueltas de tuerca bastante predecibles. Y tenemos una nueva especie tecnocientífica que está repensando muchas cosas pero está alejada de los centros de mando y busca su propio lugar en un entorno aparentemente muy competitivo pero férreamente controlado desde arriba, desde unas pocas instituciones cuyos nombres todos conocemos.

Y encima de todo esto, tenemos una organización que nos habla de reiniciar el sistema rumbo a la fusión hombre-máquina y la modificación genética de la humanidad por su propio bien y para proteger su salud. Una organización sin ninguna autoridad legal pero que parece dictarle el guión a la propia ONU, que utiliza sus declaraciones oficiales para secundarla. Parecería que en vez de hablar de ciencia y tecnología nos estamos deslizando hacia la política, pero sólo estamos recordando lo que los medios dominantes repiten sin descanso. Este es el fondo de escenario que permite entender algunas de las cosas inesperadas que pueden ocurrir.

Esto puede sonar a ejercicio de futurología.

La futurología es entretenida, pero todo esto es demasiado actual. Ahora bien, lo que evidencian todas estas declaraciones hechas desde arriba es que no se tiene nada nuevo que ofrecer, todo es más de lo mismo y lo único que cambia cualitativamente son los grados crecientes de control.

Hay un divorcio total entre ciencia y cultura porque poder e inspiración son cosas que no pueden mezclarse, y sólo hay cultura cuando la savia sigue ascendiendo espontáneamente desde abajo, no cuando se ofrece desde arriba hacia los de abajo bajo la forma de productos de consumo.

La Tecnociencia me interesa como aquello que hoy parece definir los límites de nuestro mundo. La técnica no sólo versa sobre las máquinas, originalmente se ocupó más de la producción artística. ¿Por qué ahora se quiere reducir a las máquinas y sus múltiples niveles de organización? Obviamente es una reducción, pero parece una reducción de carácter fatal e irreversible. No tiene porqué serlo; sin embargo, para pasar "al otro lado" sin desintegrarnos, tenemos que crear una apertura dentro de la propia mecánica. Si no lo hacemos nosotros, nadie lo va a hacer en nuestro lugar.

Y en este contexto abordas el tema de la mecanología. ¿Qué giro nuevo está proponiendo dentro de este campo del saber? Hasta donde sé, la mecanología es una rama de la filosofía que no ha alcanzado nunca el carácter de ciencia.

La mecanología surgió a mediados del siglo XX en Francia como un intento de clasificación de las máquinas. Lafitte hizo una tipología de las máquinas según los niveles de función, Ruyer según los niveles de información, y Simondon según los niveles de organización. Sus reflexiones pioneras son muy valiosas y meritorias, pero es llamativo que se haya dejado intacta la premisa fundamental, a saber, los mismos principios de la mecánica, que cristalizaron en Newton.

Hoy deberíamos sentirnos obligados a preguntar: ¿puede existir algo que no sea mecánico? Pues la fuga incontenible de las máquinas, con la inteligencia artificial y todo lo demás, es una articulación apenas consciente de esa pregunta. Y sin embargo haríamos mejor en preguntar: ¿existe realmente algo mecánico? Y, naturalmente, ya que hemos vertido toda nuestra visión del mundo en el molde de la mecánica, la respuesta dependerá de qué entendemos por esa palabra.

La mecánica de Newton se resume en que nada se mueve sin que lo mueva otra cosa. Pero en Alemania, en el siglo XIX, Gauss, Weber y Hertz (por no hablar de las ideas de Leibniz y Mach) intentaron crear una mecánica relacional muy diferente de la newtoniana aunque ampliamente compatible con sus predicciones y con la experiencia. En nuestra época diversos teóricos de los fundamentos como Kulakov, Aristov, Vladimirov, Assis, Mazilu, Noskov, y muchos otros han intentado desarrollar este programa relacional en algunos de sus múltiples aspectos, pero los conceptos newtonianos aún prevalecen.

¿No es hoy sabiduría convencional que la relatividad y la mecánica cuántica han superado la mecánica newtoniana?

Han superado muchos de sus aspectos, pero no prestamos suficiente atención a los que no han cambiado, que siguen siendo los más importantes. Y hay un aspecto fundamental inalterado por cada uno de los tres principios: nos seguimos adhiriendo al principio de inercia, a la idea de que en la Naturaleza hay fuerzas constantes y universales que sólo dependen de la distancia pero no del ambiente ni de la velocidad de los cuerpos, y finalmente, a la simultaneidad en la acción-reacción, que define tanto lo que es un sistema cerrado como la sincronización universal de todas sus partes.

¿Qué sabemos del principio de inercia? Nada, pero sigue siendo la base de la mecánica. El principio de inercia nos pide que creamos en un sistema cerrado que a la vez no está cerrado. Es decir, nos pide que creamos en algo contradictorio, que además genera todo tipo de distinciones escolásticas con los marcos de referencia. Ahora bien, con el principio de equilibrio dinámico, que dice que la suma de todas las fuerzas de cualquier naturaleza actuando sobre cualquier cuerpo es siempre cero en todos los sistemas de referencia, podemos despedirnos de la idea de inercia para siempre, e incluso cabe interpretar que los cuerpos se mueven por su propio impulso sin incurrir en contradicción.

En una mecánica relacional como la de Weber las fuerzas pueden depender del ambiente, o de factores como la velocidad y la aceleración. Esto origina lo que se denomina "potencial retardado", que en realidad sólo está retardado con respecto al "sincronizador global" implícito en la tercera ley. Sin embargo, se supone que en la mecánica de Weber el tercer principio se cumple automáticamente y por definición, mientras que en las teorías de campos como la de Maxwell este no es el caso y hay que atenerse a la conservación del momento. Esto genera diversas confusiones y malentendidos.

En realidad el potencial retardado nos está hablando del tiempo propio de un sistema, pero siendo el sincronizador global un supersistema —en realidad una instancia metafísica— , eso se vuelve irrelevante.

Propones incluir la fase geométrica dentro de los principios de la mecánica. ¿Cómo es eso posible?

A veces hablamos de un "cuarto principio de la mecánica", o de "tres principios y medio", pero en realidad no se trata tanto de añadir principios como de contemplar la apertura o espacio interno que los principios clásicos tienen. La clave de arco de la física moderna sigue siendo el problema de Kepler, tan importante para la macro como para la micro física. Como sabemos la afirmación de que la teoría de Newton provee una explicación para la forma de las elipses es sólo un recurso didáctico, pero la mayoría de los físicos se ha conformado con eso. Hertz se lamentaba de que ahí el tercer principio no se puede verificar y propuso distinguir entre partícula material, como punto de apoyo de una fuerza, del punto material que puede tener un volumen indefinido, pero todavía hoy se siguen confundiendo ambos conceptos.

Para Nikolay Noskov, el potencial retardado de Weber sí permitía explicar satisfactoriamente la elipse, con una velocidad de fase y una onda longitudinal en los cuerpos en movimiento que coincide con la onda de materia de de Broglie y tiene una resonancia. Ahora bien, ¿qué diferencia hay entre un potencial retardado y la fase geométrica generalizada por Berry para la mecánica cuántica? La única diferencia es que en la elipse de un cuerpo en movimiento ya está incluida en la ecuaciones conocidas, mientras que en el desplazamiento "anómalo" de la fase geométrica no. Y, a pesar de lo que suele decirse, sabemos que la fase geométrica ocurre tanto a micro como a macro escala, siendo realmente universal —algo que no puede decirse ni de la mecánica clásica ni de la cuántica.

La fase geométrica se considera un mero apéndice de la mecánica cuántica sólo porque fue reconocida más tarde y porque su contribución a la fase total suele ser claramente menor que la de la fase dinámica; sin embargo, podemos ver que ya existía mucho antes como potencial retardado, y, por otra parte, también hay sistemas, incluyendo los de seres vivos, en que su contribución puede ser mucho mayor que la de la propia fase dinámica, tal como se entiende la dinámica hoy. La misma onda del pulso en la pared arterial sería otra de sus manifestaciones, y por otra parte, hoy se la incluye rutinariamente en robótica y teoría del control; sólo que cada caso se considera aparte.

Desde este punto de vista, ¿la fase geométrica sería clave en la sincronización espontánea entre diferentes sistemas?

Sí, porque si existe sincronización entre los cuerpos, ni puede estar determinada desde arriba de modo absoluto, ni puede pertenecer al dominio de la dinámica, que es el dominio de la interacción. Debido al orden de desarrollo de nuestros conceptos, pensamos que la fase dinámica asignada a las fuerzas es el elemento activo y la fase geométrica el elemento pasivo; Pero lo que es instantáneo no puede ser secundario con respecto a lo que le lleva tiempo operar; lo que es acto puro no puede ser pasivo con relación a aquello a lo que le lleva tiempo actualizarse. La física ha invertido nuestra percepción de muchas cosas, incluida nuestra idea de acto y potencia. Las consecuencias de todo esto llegan hasta hoy.

Parece que todo esto afecta directamente a los fundamentos. ¿Es hoy posible modificar los fundamentos de ciencias tan establecidas como la física, o es obligado mirar hacia delante?

En física tocar los fundamentos ni se contempla, aunque en países como Rusia las cosas son diferentes porque hay otro tipo de inquietudes teóricas. Sin embargo los problemas siguen estando allí donde fueron encontrados por primera vez. Los cambios más profundos sólo pueden venir de los fundamentos mismos, pero hay demasiado construido sobre ellos.

Así que hay que concebir otras estrategias. La física no se va a reconstruir desde abajo, pero lo que está en juego es algo más que un dominio teórico. Lo que verdaderamente está en juego es la relación hombre-naturaleza-máquina; pero esa relación no puede aclararse sin saber qué es no mecánico. La Naturaleza es amecánica, pero desde que la física la estudia a la luz del principio de inercia, y de los otros dos principios coordinados, la Naturaleza deviene una máquina más.

Pero la Naturaleza no es sólo lo que está ahí fuera, está igualmente dentro de nosotros, incluso en nuestros pensamientos. Ha de existir una forma de salir de este atolladero antropológico. Y la mecanología, cuando vuelve a tomar contacto con los fundamentos de la mecánica, cierra un círculo al que a veces llamo "Tao de la Tecnociencia".

¿Cómo definiría ese círculo tecnocientífico?

Poincaré, en su análisis de la mecánica de Hertz, ya vio claramente que los principios en física están basados en la experiencia pero no pueden ser invalidados por ella. Pero en física, como en casi todo, tenemos principios, medios y fines. Los principios son los axiomas que determinan los elementos, el método básico es el cálculo o análisis matemático y los fines son las interpretaciones. Las interpretaciones no son un lujo filosófico para el final del día, porque la interpretación, junto a la descripción y representación, perfilan el ámbito de las aplicaciones técnicas.

Los físicos teóricos se llevan el crédito de la mayoría de las aplicaciones prácticas, sin embargo los experimentales y los ingenieros hacen a menudo grandes avances a pesar de que la teoría dice que no son posibles; sin embargo, luego los estándares teóricos confiscan la explicación de estos avances y tienen la última palabra.

Incluso el cálculo matemático, tal como hoy se concibe, es una modalidad de ingeniería inversa sobre resultados conocidos. Pero hay otra forma de ir de los principios a los fines y otra vez de vuelta, que es abierta y crea otra dinámica. Y la clave es no pensar que la predicción es la justificación última de la física o el cálculo. Cuando mayor sea el equilibrio entre predicción y descripción, más profundizaremos en la realidad.

¿Y cómo puede definirse ese equilibrio entre estos dos elementos? Hay incontables interpretaciones de una ley física, lo que indica que son subjetivas; por eso los físicos las consideran secundarias.

Sí, son indudablemente subjetivas, pero imprescindibles para nuestro uso práctico de las ciencias. Y si esas interpretaciones pueden afectar directamente a los métodos del cálculo, y a los principios mismos, todo cambia.

Muchos investigadores todavía creen que la física debe explicar las causas, los porqués de los fenómenos; otros piensan que el mundo es sólo fenómeno, y que lo que necesitamos es describirlo bien. Por otra parte, los positivistas que sólo piensan en predicciones y desestiman los porqués albergan pocas sobre dudas el carácter causal de muchos de sus conceptos. Pero aun si sólo podemos aspirar a descripciones veraces y más o menos redondeadas, la ilusión de la causalidad a veces sirve para mejorar la descripción misma. Posiblemente, cuanto mayor sea el equilibrio entre predicción y descripción, más tenderá a desaparecer el espejismo de las causas eficientes, de las causas operando en el tiempo. Pero hoy, creer en la realidad física es creer en la realidad de las causas eficientes.

No actuamos según nuestras ideas, sino que nuestras ideas son conformadas por lo que hacemos y queremos hacer. Esto vale para todo, también para la física. En el siglo XVII el mundo se convirtió en un Gran Reloj porque supuestamente era lo mejor que podíamos hacer. ¿Y qué es lo mejor que podríamos hacer hoy? Encontrar qué hay más allá y antes de la Máquina. Pero, obviamente, uno no puede encontrar nunca eso si sólo se preocupa de lo predecible.

La idea de causa eficiente ya es suficientemente problemática en la ciencia actual, pero, ¿debemos contentarnos con meras correlaciones de datos? ¿Hay sitio para algo más?

Sabido es que las causas finales fueron desacreditadas durante la revolución científica y sustituidas por las causas eficientes. Yo por el contrario creo que las causas finales son más importantes y desde luego más ciertas que las eficientes. La fuerza que importa en la física no es la fuerza medible, sino la fuerza controlable. La finalidad es real, pero no primariamente como diseño, no como máquina: eso es precisamente lo que ha creado nuestros demasiado humanos malentendidos.

Podemos retomar la entropía de Clausius, antes de Boltzmann; la entropía ya no es un subproducto de la mecánica, sino una tendencia espontánea hacia un máximo. Claro que se puede reformular la mecánica como ha hecho Pinheiro y sustituir el lagrangiano por un balance entre el cambio mínimo de energía y la producción máxima de entropía. Entonces, la entropía está ya dentro de las propias leyes "fundamentales"; puesto que lo "más ordenado" produce más entropía que lo que es menos ordenado, esto invierte completamente la cuestión y los tópicos vulgares sobre desorden, entropía y finalidad. También debería tener una incidencia profunda en nuestra idea de la información, el equilibrio y la evolución.

Hay algo en el hombre que sólo se puede liberar si liberamos primero lo que está encerrado en nuestra idea de la Naturaleza. Desbloqueando esto liberaremos también nuestra propia naturaleza, que nunca puede reducirse a un objeto. Asumir esta meta será una fuente inagotable de inspiración.

En tus escritos sugieres una relación elemental entre la matemática, la física y la conciencia. ¿Puedes hablarnos algo de ello?

Para la ciencia moderna, la conciencia sería una suerte de última frontera en la que confluyen todas las disciplinas más sofisticadas: el jardín supremo para el multiespecialista. Pero la conciencia no es un objeto, ni siquiera un proceso como dicen ahora.

Cualquiera que observe atentamente sus pensamientos se dará cuenta de que vienen de fuera, de que él no los produce. ¿Pero de fuera de qué? Fuera de la conciencia; poco importa que vengan del cerebro o de la pantalla del ordenador. La conciencia lo sabe porque está vacía y no se mueve. ¿Cómo podría percibir el movimiento si no estuviera quieta? Sin embargo la conciencia es también el continente indiferente donde todo esto tiene lugar.

Desde este punto de vista, la conciencia se nos antoja un absoluto sobre el que nada puede decirse. Pero lo mismo podría afirmarse de un medio primitivo homogéneo con densidad unidad en el que materia y espacio no están separados, y que puede igualmente estar lleno o vacío, tener cero o infinitas dimensiones. Sin embargo, de un medio así se pueden derivar formalmente distintos tipos de equilibrio. El espacio de Hilbert en mecánica cuántica también parte de infinitas dimensiones, sin embargo no incluye la fase geométrica, que es sólo un reflejo de la "geometría del ambiente", lo que sea que esto signifique. Esta fase añadida puede tener muchas interpretaciones, como transporte paralelo, interferencia, resonancia, transición entre escalas, dimensiones, etcétera, pero supone siempre una apertura con respecto a los sistemas conservativos, cerrados, de la mecánica hamiltoniana. No sólo eso, sino que también podría ser el bucle que cierra el contorno de un sistema cerrado partiendo de un fondo abierto, si el primero depende de una resonancia. El medio primitivo homogéneo siempre es abierto e indeterminado, exactamente igual que la conciencia; pero la fase geométrica representa una conexión peculiar entre la dinámica y lo que está más allá.

Has hablado de un "conocimiento en cuarta persona". ¿Puedes decirnos algo más sobre este concepto?

Tenemos el conocimiento en primera persona o subjetivo, y tenemos conocimiento en segunda persona por interacción directa con los objetos y el mundo. El conocimiento en tercera persona es la generalización de los dos primeros por medios formales que nos da el sentido de la Ley, de lo regular. ¿Puede existir un conocimiento en cuarta persona? Sí, y en el mismo sentido en que hablamos de "un cuarto principio de la mecánica"; son aspectos de lo mismo.

De hecho las leyes de la mecánica son sólo una aplicación particular de las leyes del pensamiento y la deriva de los símbolos. La cuestión es, qué ocurre si revertimos totalmente esta dirección hacia la primera persona y aún mantenemos las herramientas formales de la matemática y la interacción con objetos físicos. Entonces entraríamos en un terreno completamente desconocido, impensado, que no pertenece a ninguna de las "tres personas" de nuestra economía intelectual.

Pero esto no puede hacerse de cualquier manera, como cuando se dice "vamos a estudiar la conciencia con todos los medios a nuestro alcance, no se nos puede escapar". En realidad, tenemos que empezar por asumir que se nos va a escapar siempre, que lo que se va a transformar por completo son nuestros medios y prioridades.

¿De qué tipo de transformación hablamos?

De una transformación muy profunda pero muy sutil en la visión de los principios, las interpretaciones, y el cálculo mismo. El análisis moderno es una construcción impresionante, pero se ha preocupado de la justificación de las predicciones, no de la descripción de la geometría física de los problemas. A menudo no ha hecho ni siquiera honor a su nombre, ya que, buscando el rigor para soluciones ya conocidas, ni siquiera ha hecho un análisis correcto de las dimensiones físicas, que no matemáticas, de los problemas. Tenemos también la comentada confusión entre punto material y partícula material, que nos impide avanzar en la descripción de las partículas reales, que son cuerpos con extensión. Esto tiene todo tipo de consecuencias, puesto que nos da el marco indispensable para concebir la individuación no-singular de cuerpos y procesos. Y una serie de equilibrios muy importantes que apenas se consideran en la física y matemática modernas. Y está la proliferación imparable de cantidades altamente heterogéneas en las ecuaciones fundamentales en física, que son otros tantos nudos inextricables que habría que desenredar.

Sin buen análisis no puedes tener buena síntesis; sin abordar directamente estas cuestiones, entre otras, el conocimiento no se puede destilar adecuadamente, porque tiene demasiadas mezclas e impurezas. Si las abordamos sí podemos encontrar otro horizonte de comprensión; y una convergencia que es a la vez formal e informal no sólo entre distintas disciplinas, sino entre diversos enfoques de cada una de ellas.

El conocimiento en cuarta persona ya existe virtualmente en el interior de los otros tres, sólo que no le prestamos atención y es eclipsado por nuestras asunciones y generalizaciones abusivas. Las tres leyes del movimiento de Newton, inspiradas en las anteriores tres leyes de Descartes, parecen un gran logro pero también son un nivelador universal. Traducen, vehiculan en forma de movimiento algo diferente de él —si la física fuera sólo movimiento, sería enteramente trivial. ¿Pero porqué estas tres leyes no son reducibles a un solo principio? Pues el conocimiento en cuarta persona se despliega en la misma medida en que somos capaces de subsumir distintas leyes, así sean sólo tres, en un solo principio. Y en este mismo sentido, las leyes de Newton encierran un potencial desconocido que hay que saber desbloquear.

Mi impresión es que la actual filosofía de la tecnología les deja a los ingenieros y científicos las cuestiones técnicas para centrarse en los aspectos más humanos del uso y el sentido. ¿No es así?

Está claro. Y se supone además que de la tecnociencia sólo podemos cuestionar el futuro pero no los fundamentos. Asumiendo esto, los tecnólogos quedan en una situación de debilidad extrema, limitados a hacer reflexiones y crónicas de un presente que siempre les supera. Por otra parte, en un mundo digitalizado, tendemos a creer que la información ha superado las categorías mecánicas y materiales, cuando no hace más que reproducirlas a otro nivel. Todo esto es muy superficial, pero aún se cree que buscar algo nuevo en los tres principios del movimiento es como pretender que brote agua de una roca. Y sin embargo esta roca tiene agua en abundancia.

No nos damos cuenta del doble sentido que todo esto tiene. Tenemos ciencias predictivas, como la física, y tenemos ciencias descriptivas o narrativas, como la cosmología o la teoría de la evolución, sin la menor capacidad de predicción, pero que intentan colmar el enorme vacío de las ciencias predictivas a la hora de explicar las apariencias y formas que observamos. Entre una y otra no hay un pequeño hueco, sino un abismo infranqueable que sólo la estadística y la probabilidad tratan de salvar. Pero esta división funciona en ambos sentidos. Sin embargo algo "tan simple" como los principios del movimiento son una precondición tanto para la consistencia de la predicción como de la descripción; por no hablar de que contienen de forma resumida las tres dimensiones del discurso.

No hay nada más poderoso que el tácito concepto del "sincronizador global" instaurado por el Tercer Principio. Y sin embargo tiene los pies de barro, es sólo un fantasma metafísico que nos está ocultando la verdadera sincronización entre múltiples agentes, la realimentación natural y la relación amecánica que existe entre lo global y lo local. Pero es que además toda la tecnología entera, incluso antes de la escritura, pertenece al orden terciario. Si admitimos la existencia de otro tipo de relación terciaria en la misma Naturaleza, su repercusión en la cultura humana puede ser incalculable. Claro que eso no puede ocurrir de forma aislada, sino dentro de un contexto mucho más amplio.

Pero muchos sí piensan que las tecnologías de la información han superado definitivamente el mecanicismo. ¿Es realmente mecanicista una máquina de Turing?

Aún se discute sobre eso. A Turing le preguntaron qué era un procedimiento mecánico y él dijo que era aquello que puede ser hecho por una máquina; así que para él su máquina sí era algo claramente mecánico, aunque no en el sentido mecanicista, sino en el funcional de la palabra. Por otra parte, el mismo criterio de Turing es irrelevante para el funcionamiento efectivo de una computadora moderna, no siendo más que un artefacto metaanalítico. Pero la pregunta mucho más básica que deberíamos hacer es, ¿son mecanicistas los principios de la mecánica? Pues los tres principios de la mecánica ya son una máquina simbólica universal. Y la respuesta es no, pues su aplicación no es una cuestión mecánica de reglas fijas, sino algo sumamente delicado que requiere gran discernimiento; de hecho las nuevas teorías siempre han surgido de confeccionar a medida modificaciones en sus muchas posibles vertientes.

No existe lo mecánico sin intención. Pero ocurre que las máquinas son exteriorizaciones exitosas de esa intención, porciones de espíritu congeladas en la materia. En medio del triángulo de la mecánica siempre hay un gran Ojo asignando la articulación de sus momentos; ese es el pequeño secreto que ese interventor, nada divino, preferiría que no viéramos.

Alguien dijo que "el software se comió al mundo y ahora tiene indigestión"; bueno, antes ya se lo había comido la mecánica, pero no nos dimos ni cuenta porque las ciencias predictivas encuentran su expansión y su coartada en las ciencias narrativas que las suplementan y en las que hay barra libre para la especulación. Pero todas esas narrativas también se derivan de la logística de la mecánica, en la que, por así decir, se funden software y hardware.

Para terminar, ¿pueden encontrar estas ideas aplicación en la práctica?

Seguro, pero no me interesan si para empezar no cambiamos la idea misma de "aplicación". El cálculo diferencial constante, por ejemplo, cambia profundamente la idea de qué es la matemática aplicada, y con ello, de qué es la física misma, la teoría de la medida, el análisis dimensional, la probabilidad, etcétera. Pero aún está enteramente por desarrollar. Al cambiar nuestra idea de la matemática aplicada, también cambia la idea de la realidad física, de la aplicación técnica e incluso de la matemática pura, al modificarse nuestros estándares de descripción de los objetos matemáticos. Es imposible hacer cosas realmente nuevas sin cambiar los fundamentos; todo lo que se construye sobre los fundamentos conocidos, por pura inercia histórica, va ya encauzado en la misma dirección.

Lo prioritario es arrojar nueva luz sobre la mecánica, nuestro concepto de "máquina" y nuestra relación con ella. Podemos buscar diseños concretos muy simples que apenas requieren medios y que son más elocuentes que montones de teorías. No se trata de "falsar" los viejos principios, ya que eso no es posible, sino de crear "máquinas" y "funciones" que ilustren de forma clara y lúcida esta nueva perspectiva amecánica. Una vez que esto se abra paso en nuestra mente, no querremos volver a lo de antes. ¿Por qué? Porque queremos salir de la mecánica, y la mecánica es sólo un lenguaje exitoso que ha creado nuestra mente. Desde un cierto punto de vista, toda la música se reduce a mecánica, pero cuando nos atraviesa y le prestamos atención es algo vivo y muy diferente. Sin duda ha de existir una relación importante entre la fase geométrica y la música que hasta ahora hemos ignorado, del mismo modo que obviamos su presencia en la biomecánica y los seres vivos. El feedback y el biofeedback adquieren un interés del todo distinto si el desplazamiento del potencial define el contorno de un bucle. Igual que ahora se usa la fase geométrica en robótica para el control, podemos usarla para la sintonización, cambiando decisivamente su sentido.

¿A dónde nos lleva todo esto? Que intente imaginarlo el que tenga imaginación. El descontento con la presente orientación de la tecnociencia crece y crece, y los investigadores inconformistas buscan otro sentido y otra salida para sus esfuerzos. Ha llegado el momento de que los multiespecialistas unan sus fuerzas y su espíritu para traer algo nuevo al mundo.

¿Eres tú mismo un multiespecialista?

No, no tengo ningún conocimiento especial; estoy interesado en reorientar diferentes aspectos del conocimiento hacia una cierta perspectiva.

Desde los *Principia* de Newton el conocimiento en todas las ramas se ha multiplicado por unos cuatro millones; y sin embargo los mismos físicos han malentendido varios pasajes cruciales de ese oscuro libro, precisamente por especializarse demasiado y restringir su sentido mientras a la vez generalizaban su alcance sin medida. Los multiespecialistas tienen la libertad de perspectiva y la competencia técnica para hacer cosas, y un buen número de ellos busca otro sentido y otra meta.

Notas

1. https://all-andorra.com/category/blog/modern-science/

MÁS ALLÁ Y ANTES DE LA MÁQUINA

7 diciembre, 2021

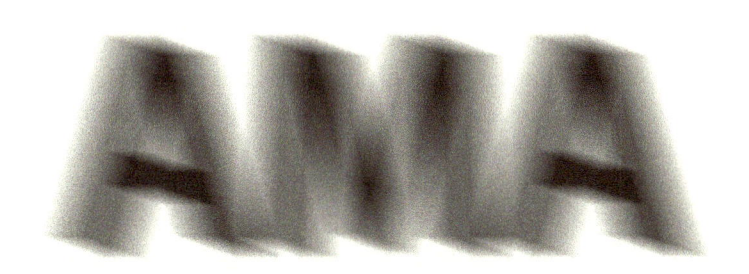

Hay algo en el hombre que sólo se puede liberar si liberamos primero lo que está encerrado en nuestra idea de la Naturaleza. Desbloqueando esto liberaremos también nuestra propia naturaleza, que nunca puede reducirse a un objeto. Asumir esta meta será una fuente inagotable de inspiración.

¿Pueden usarse máquinas para romper el cerco de las máquinas? Ciertamente, hoy es muy poco lo que puede el hombre desnudo contra ellas, o eso es al menos lo que parece. Pero tampoco las máquinas pueden nada por sí mismas, sino sólo como parte de un extenso entramado tecnológico en el que interactúan con los humanos.

Todo lo histórico es en última instancia contingente. El sistema que hoy impera, lo mismo que las teorías científicas dominantes, son sólo una de las muchas versiones posibles de desarrollos que ni son universales ni necesarios. Lo mismo puede decirse del actual despliegue tecnológico. Un mismo cuerpo de conocimiento puede dar lugar a las más diversas aplicaciones técnicas, pero por otra parte también teorías distintas pueden alcanzar aplicaciones prácticamente indistinguibles.

En la tecnociencia, como en el poder, cabe reconocer al menos tres niveles básicos: el simbólico, el estructural y el funcional o instrumental. No vamos a tratar aquí exhaustivamente ninguno de ellos ni mucho menos, pero sí vamos a indicar, del modo más esquemático posible, aspectos ampliamente ignorados de esos niveles que tienen especial interés y que están contenidos dentro de otro que no es en absoluto técnico pero sí es su indispensable trasfondo.

* * *

Cuando hablamos de máquinas ya no pensamos en algo tan básico como las tres leyes de la mecánica de Newton, y sin embargo en ellas se encuentra ya plenamente realizado el principio instrumental que aún guía a esta civilización. Las máquinas son muy anteriores al nacimiento de la física matemática, pero solo con esta se alcanza la presunción de que el cosmos entero es un sistema cerrado que tiene en el reloj a su modelo. Menos de un siglo después, Occidente ya había inventado "la Naturaleza" como nostalgia de aquello sin separación.

Se pone el máximo de inteligencia en el diseño de máquinas para que su uso requiera el mínimo de ingenio; este desnivel entre el lado de la creación y el del uso no deja de crecer, y los mecanismos del poder hacen todo lo posible para aprovecharlo. Antes de la física moderna, nada parecía más estúpido que una máquina. Después del reloj de péndulo y el cálculo, se empezó a dudar de si el hombre imitaba a la Naturaleza o la Naturaleza imitaba al hombre. Y más tarde, cuando se ha visto que las máquinas pueden interactuar con el medio en una medida creciente y sin límite definido, muchos se inclinan a creer que no hay nada en la Naturaleza que las máquinas no puedan finalmente superar.

La inteligencia artificial amplía gradualmente la complejidad de sus ciclos de retroalimentación con el entorno; en tal sentido, no solo no crea sistemas cerrados sino que su rango de operación se abre cada vez más. Sin embargo, aún mantenemos la idea de que el soporte físico que la hace posible, con sus átomos y partículas dentro de sus campos, es un sistema cerrado por definición —es un sistema mecánico.

Se ha prestado mucha más atención a las grandes diferencias entre la física actual y la de Newton que a lo que tienen en común, que como corresponde a lo menos notado acostumbra a ser lo más importante. Por otra parte, se tiende a creer, sin la menor justificación, que un sistema predecible es un sistema cerrado; y como además se ha inculcado la idea de que la esencia de la inteligencia es la capacidad de predicción, esta combinación de prejuicios, intereses y malentendidos dirige la entera fuga de las máquinas cualquiera que sea su nivel de organización.

Todos saben que Newton no pudo explicar nuestro sistema solar como un mecanismo ni lo ha conseguido nadie después; y sin embargo aún juzgamos el movimiento de los cuerpos celestes en función de sus tres leyes de la mecánica. Estas leyes permanecen como el esquema irreductible de cualquier sistema cerrado, y prefiguran todas las leyes de conservación que dan su carácter fundamental a todas las teorías posteriores.

Las mismas tres leyes de Newton, verdadera piedra de fundamento de la tecnociencia moderna, comportan simultáneamente esos tres niveles —simbólico, funcional y estructural respecto a las teorías más recientes— que hemos mencionado, y sin hendir esa roca y hacer brotar el agua de ella nunca conseguiremos salir de su círculo encantado.

* * *

Mucho se ha hablado del dispositivo como esencia de la técnica pero aún sigue sin evaluarse la disposición de la mecánica moderna que está en su base. Tampoco puede haber una mecanología cabal sin considerar debidamente los tres principios de la mecánica, pero ya que se dan universalmente por supuestos, es obligado recapitular lo que ya hemos dicho en diversas ocasiones. La física posterior ha introducido cambios dramáticos uno tras otro, pero sigue habiendo un aspecto fundamental inalterado por cada uno de los tres principios: nos seguimos adhiriendo al principio de inercia y los sistemas de referencia inerciales, a la idea de que en la Naturaleza hay fuerzas constantes y universales que sólo dependen de la distancia pero no del ambiente ni de la velocidad de los cuerpos, y finalmente, a la simultaneidad en la acción-reacción, que define tanto lo que es un sistema cerrado como la sincronización universal de todas sus partes.

Por tanto hay aquí un principio de referencia, otro de acción y otro de regulación. Se trata de tres niveles completamente diferentes que sin embargo quedan situados sobre el mismo plano y que pueden aplicarse tanto en el dominio continuo como en el discreto. No tardó en notarse, por ejemplo, que el tiempo absoluto newtoniano era simplemente un principio metafísico; pero una teoría posterior como la relatividad no cambia realmente este estado de cosas, puesto que se funda de forma explícita en la simultaneidad de los eventos y por tanto en su sincronización global.

Apoyándose en el criterio relacional de que el tiempo físico no es sino la medida del movimiento, se ha argumentado a menudo que la física no sería ni siquiera posible sin asumir la constancia de las fuerzas o la igualdad del fondo y de los sistemas de coordenadas; sin embargo es desde criterios puramente relacionales como se deduce de la ley de Weber que puede prescindirse tanto del principio de inercia como de la constancia de las fuerzas, o de la sincronización universal, si se interpreta debidamente el concepto de potencial retardado.

Una mecánica relacional de este tipo está de acuerdo con las observaciones y predicciones conocidas, por más que también permita divergencias importantes. Puede aducirse además que su consistencia lógica interna es mayor, puesto que el principio de inercia nos obliga a considerar un "sistema cerrado que no está cerrado", lo que es obviamente contradictorio. En cambio el principio de equilibrio dinámico que lo hace innecesario sólo afirma que la suma de todas las fuerzas de cualquier naturaleza actuando sobre cualquier cuerpo es siempre cero en todos los sistemas de referencia. Las leyes de Newton pueden resumirse en que nada se mueve sin que lo mueva otra cosa; pero en la mecánica relacional se puede interpretar que los cuerpos se mueven por su propio impulso sin incurrir en contradicción.

Podría pensarse que dos sistemas de mecánica que conducen a las mismas predicciones sólo plantean una cuestión de formalismos, pero el hecho de que permitan extraer sentidos radicalmente opuestos incluso siendo generalmente compatibles ya debería llamar poderosamente nuestra atención. Y nos recuerda que los principios de la mecánica no son unívocos ni siquiera en los casos más básicos, por no hablar de los más complicados que demandan grados crecientes de discernimiento en su aplicación.

Un sistema nos dice que sin uniformar las medidas no es posible hacer física, mientras que otro, sin uniformar ni el tiempo, ni las fuerzas ni los sistemas de referencia, permite alcanzar las mismas predicciones con menos artificios. La problemática es casi la misma que se planteó al pasar de la electrodinámica clásica a la relatividad; sin embargo en la mecánica relacional no hace falta postular un espacio-tiempo cuatridimensional. Es otra forma de ver que hay un espacio dentro de los principios mismos. Hay mucho espacio al fondo, pero no donde muchos piensan.

* * *

Las teorías de campos modernas aún están en el mismo lugar intermedio que ya ocupaba Newton entre Descartes y Leibniz, es decir, entre la mecánica descrita en términos de geometría y la mecánica puramente relacional —o entre la causalidad puramente mecánica y la descripción acausal o amecánica de los fenómenos. La física conocida se puede verter en un molde relacional, pero para la mayoría, si un marco no lleva a nuevas predicciones, es básicamente innecesario; si por el contrario trae consigo demasiadas predicciones nuevas se vuelve indeseable.

Sin embargo el solo hecho de superar el principio de inercia tendría que ser para nosotros al menos tan importante como todas las predicciones, puesto que elimina de un plumazo, en el seno de la misma teoría, la separación artificial que hemos creado entre nosotros y la Naturaleza. Seguramente necesitaríamos otros tres o cuatro siglos, como los que han pasado desde la introducción de este principio, para comprender que implica su superación.

Desde un punto de vista relacional, está claro que se puede hacer física sin el principio de inercia, otra cosa es detenerse en lo que eso significa. Pero desde la perspectiva opuesta, se puede retomar la física cartesiana de forma consistente, como algunos investigadores recientes han hecho, aceptando que todo movimiento es rotación y comporta una aceleración. En este caso no se suprime la idea de inercia, pero sí la idea de sistema de referencia inercial, de modo que todas las fuerzas son expresiones diversas de las "fuerzas inerciales" internas.

Si se observa con suficiente precisión el desplazamiento de un automóvil, puede verse que no existe una velocidad realmente uniforme, y que las fuerzas de tracción y de fricción nunca se compensan exactamente. La construcción de relojes plantea el mismo problema. En la mecánica relacional, se encuentre un cuerpo en movimiento o en reposo, existe siempre un equilibrio perfecto de fuerzas; en la nueva mecánica geométrica de corte cartesiano, no hay movimiento sin desequilibrio; y sin embargo ambas prescinden del sistema de referencia inercial. Contrastar a fondo ambas perspectivas y buscar su coincidencia tendría que ser iluminador.

Esta y otras muchas observaciones posibles muestran que no sabemos nada sobre la inercia. La inercia es la base de toda la física moderna, pero por fuerza tiene que ser insondable para esa misma física que se ha construido sobre ella. Los físicos no pretenden saber qué es la realidad, pero si hoy se cree generalmente que la realidad tiene naturaleza física, o se cree en la realidad de la materia, es sólo porque creemos en la realidad de la inercia. Y si se cree que este universo ha surgido de una explosión hace 13.000 millones de años, no es tanto por las evidencias experimentales como por buscar una justificación para el simple hecho de que todo esté en permanente movimiento.

El principio de inercia, por su definición misma, parece el punto de corte decisivo entre la Naturaleza ajena al control y las leyes que el hombre postula a su respecto. Pero para que la autonomía de las leyes humanas se haga definitiva es necesario que los otros dos principios estén en sintonía y formen un circuito cerrado, tal como consiguió finalmente Newton. La química orgánica es solo la parte de la química que trata de las moléculas más complejas, definición que ya está en deuda con consideraciones físicas. ¿Es concebible una física orgánica? Aquí habría que proceder al contrario: la "física inorgánica" conocida sería una mera parte de esa "física orgánica" más general. Se trataría, en cualquier caso, de una física en que el principio de inercia no se encuentra blindado.

Y, para sorpresa de muchos, puede verse que la nueva mecánica cartesiana, considerada siempre como epítome del mecanicismo rudimentario, es cuando menos la expresión más geométrica de esa física orgánica. El mejor exponente de la inercia es una bola que rueda; pero la mecánica newtoniana no contempla ni tan siquiera la dinámica de un punto orientado que pueda girar sobre sí mismo. Cuando se incluyen sus variables, tenemos seis dimensiones para el movimiento dentro del espacio euclídeo ordinario. Un punto que puede revolverse sobre sí mismo mientras se desplaza en el espacio genera vórtices, y los vórtices son el único engranaje natural que conoce la naturaleza. Permiten además el paso de puntos ideales sin extensión a cuerpos reales con extensión en el espacio, origen de tantos malentendidos en la física y en nuestra representación en general.

Según la mecánica relacional, el sistema geocéntrico de Ptolomeo y el heliocéntrico de Copérnico son dinámicamente equivalentes en todos sus aspectos, incluyendo las fuerzas de Coriolis o el péndulo de Foucault; pero, como es sabido, este no es el caso para la mecánica newtoniana. El hábito formado inclina a pensar que en el marco relacional tiene que faltar algo específicamente físico que lo convierte en un mero ejercicio de cinemática. Sin embargo, desde el punto de vista de la mecánica geométrica, el aparente movimiento retrógrado de los planetas y los epiciclos de Ptolomeo también tienen un significado físico que no se considera en la mecánica newtoniana.

La mecánica clásica ni siquiera describe bien el movimiento de rotación; pero esto no debe sorprender porque la mecánica clásica nunca se ha ocupó mucho de las descripciones, sino de blindar sus predicciones. Está claro que las modernas teorías de campos y la física de partículas violan las leyes de la mecánica clásica de muchas maneras diferentes, pero a pesar de todo, se tratan de encajar en el marco de nuestra experiencia ordinaria, y se da la circunstancia de que confundimos ese marco con el de las tres leyes de Newton.

¿Cómo es que leyes mucho más complejas encuentran acomodo dentro de las tres leyes del movimiento? De la única forma posible: reduciendo a un mismo plano cosas que pueden estar en planos muy diferentes. Y así, estas tres leyes siguen teniendo un poder y un peso incomparable, porque sólo ellas permiten mantener el espejismo de que existe un solo plano de causalidad eficiente. Nuestros antepasados no pudieron creer demasiado que la Tierra fuera plana porque, en general, ni siquiera se preocuparon del tema. Somos nosotros los que intentamos reducir todo a un mismo plano de causalidad, aun sabiendo que se trata de una tarea imposible.

La inercia es a la vez el suelo y velo de la física, y es velo justamente cuando tiene la ilusión de ser suelo. Como principio de referencia, es obligadamente reflexivo; pero el salto de lo ideal a la presunción de realidad es automático, pasándose a negar que haya forma alguna viable de cuestionarlo a pesar de que cabe interpelarlo desde extremos opuestos.

* * *

Los tres principios de la mecánica clásica no sólo han sido un fundamento para la física sino que han actuado como principio general de reducción de la experiencia para llevarla a un solo plano; conforman una línea de descenso que en sí misma no puede tener fin.

Esta deriva de la mecánica ha ido asimilando cosas que le eran en principio ajenas, tanto en el dominio de la física como en la tecnociencia en general. En este sentido opera como una gran máquina simbólica universal traduciendo procesos externos a su propio lenguaje. Todas las máquinas simbólicas posteriores terminan en su embudo, puesto que sólo en los principios de la mecánica confluyen software y hardware.

El análisis fenomenológico de la temporalidad entre la memoria y la anticipación distingue una retención primaria de las percepciones y una retención secundaria en la imaginación. Se ha argumentado luego que las distintas tecnologías, incluyendo el lenguaje entre ellas, constituyen una esfera de retención terciaria que actúa sobre las dos primeras. Sin duda los tres principios de Newton comportan otras tantas retenciones en un plano mucho más elaborado, a la vez formal y operativo, que sin embargo retroactúa sobre los niveles anteriores.

Del mismo modo que la conciencia no percibe el tiempo, sino que crea la temporalidad con su propia actividad, las leyes de la mecánica no son una simple generalización del plano físico, sino que son ellas mismas las que terminan creando "la realidad física" partiendo de un fondo de experiencia más indeterminado. Ambos tipos de movimiento resultan inconmensurables a pesar de estar íntimamente conectados. En el movimiento de la conciencia, por más condicionado que pueda estar, nunca se extingue la espontaneidad interna; mientras que la mecánica, mediante un corte lleno de consecuencias, se instala decididamente en el exterior.

Hay otras formulaciones de la dinámica no inerciales compatibles con la mecánica y la física modernas, y uno puede preguntarse si adoptarlas podría suponer a estas alturas alguna diferencia para lo heterónomo de la deriva actual; pero esta no es ahora la cuestión. La técnica moderna busca siempre liberar energías en la naturaleza para hacerla trabajar; aquí sin embargo sólo buscamos liberar a la naturaleza de la inercia y contemplar lo que se manifiesta en su lugar. Aunque suenen parecido, se trata de cosas diametralmente opuestas.

Se cree que la ingeniería inversa sobre la Naturaleza es algo propio de la esfera de las aplicaciones técnicas, no de la teoría, cuando la realidad es más bien lo contrario: la teoría, empezando por su gran instrumento, el cálculo, es una ingeniería inversa sobre datos conocidos de la Naturaleza; pero estando sus descripciones tan subordinadas a los resultados, supone tal alejamiento de la geometría física que en general los diseños de máquinas siguen una lógica completamente independiente.

* * *

La mecánica es el control de fuerzas a través de otras fuerzas, lo que obliga a descartar otras cantidades que pueden ser medibles pero no controlables. Esto marca definitivamente los límites tanto de la mecánica como de la teoría del control clásica.

En nuestros escritos hablamos a menudo de la llamada fase geométrica no sólo como un desplazamiento no estándar del potencial sino como un virtual corrimiento de los tres principios de la mecánica desde una perspectiva relacional; por eso hablamos también de un cuarto principio o de "tres principios y medio", sin que pensemos con ello en añadir ninguno más. La holonomía y las fases geométricas, reconocidas primero en la óptica y luego identificadas en los contextos más variados, incluida la locomoción animal, son ahora corrientes en robótica y teoría del control, donde sólo cabe contemplarlos con el más instrumental de los propósitos.

El fenómeno de la fase geométrica no puede ser más ambiguo y está abierto a todo tipo de interpretaciones. Su contribución a la fase total suele ser menor que la de la fase dinámica pero también puede ser mayor. Puesto que sólo se la ha reconocido tardíamente, se le ha asignado un papel puramente pasivo y auxiliar, como siempre correspondió a los potenciales en mecánica. Pero lo que es instantáneo no puede ser secundario con respecto a lo que le lleva tiempo operar; lo que es acto puro no puede ser pasivo con relación a aquello que depende de las interacciones y necesita tiempo para actualizarse.

La velocidad tiene una importancia suprema para las interacciones, pero ninguna para lo que no depende de ellas. Para eso, tampoco puede tener ninguna importancia el tiempo en el sentido moderno, que depende de la idea de velocidad. La mecánica y su control interrogan al mundo a través de las fuerzas, que son reinterpretadas por los tres principios; luego esas fuerzas pueden desviarse a múltiples fines, encauzados y mediados por todo tipo de categorías lógicas o asociadas a la información.

Sin embargo lo que ahora nos interesa son las formas más básicas de relación entre una fuerza o una energía cinética y un potencial cuando la conciencia se sitúa en medio de ellas. La antítesis de la moderna teoría del control es el biofeedback, puesto que se aplica al gobierno interno en lugar del externo y supone un rango de control que no pasa por lo voluntario. El biofeedback, el empleo de máquinas para sintonizar con estados internos y funciones del propio organismo, parece algo muy limitado e inocuo, sin embargo es un umbral para explorar esta relación y un punto de inflexión para invertir su sentido: usando de modo minimalista las fuerzas para sondear el potencial.

La holonomía, el cambio global sin cambio local, es la huella o signatura que el fondo ambiente imprime sobre un sistema presuntamente cerrado —cuando hablamos de fase geométrica, nos referimos a esa geometría del ambiente que la evolución de un sistema cerrado es incapaz de incluir, y que por ello mismo revela. Sin embargo, este factor también puede estar presente en las mismas interacciones fundamentales: si aplicamos la mecánica de Weber al problema de Kepler, lo que tenemos es una fuerza variable y un potencial retardado, con un feedback entre la longitud de la interacción y su fuerza. La diferencia es que en el primer caso el factor no está incluido en las ecuaciones y en el segundo está encubierto por ellas.

Una cosa es como quiera ver la física fundamental esta cuestión, y otra cómo puede ser percibida directamente por nosotros. La mecánica newtoniana está sin duda extraída de la experiencia, pero eso no significa que la contenga completa, ni siquiera al nivel de la mecánica, ni mucho menos que pueda ser invalidada por ella. Partimos de la idea de que el origen de las llamadas leyes fundamentales siempre ha sido la evolución global, y que sólo las predicciones tienen carácter local; es la ingeniería inversa del cálculo lo que ha hecho que pensemos lo contrario.

También presuponemos que cualquier fenómeno puede verse como una variación efímera o equilibrio dinámico dentro de un medio primitivo homogéneo de densidad unidad donde no caben distinciones entre espacio y materia, conciencia y objeto, movimiento y tiempo, vacío o plenitud, cero dimensiones o un número infinito de ellas: este medio homogéneo es el soporte de cualquier acontecer. Pero esto no excluye relaciones cuantitativas de densidad o equilibrio dinámico en marcos físicos más restringidos. Puesto que incluso en las teorías de campos la homogeneidad del espacio es más fundamental que las fuerzas, aunque se trate de una homogeneidad secundaria o derivada por así decir, en todo momento ha de existir una conexión entre este medio primario y cualquier evolución dinámica análoga a la conexión de la fase geométrica si esta puede tratarse como una torsión o cambio de densidad.

Análogamente existiría también una conexión directa entre cualquier estado de consciencia intencional, conciencia de algo determinado, y la conciencia indiferenciada. La pregunta que se ha hecho siempre el hombre es qué puede ganar su consciencia condicionada uniéndose a esa otra conciencia indiferenciada. Y la respuesta sólo puede ser nada; al contrario, en esa dirección sólo tiene cosas que perder. Sin embargo, también aquí podría aplicarse la inversión de potencia y acto que la física ha llevado a cabo entre interacción y potencial.

* * *

Algunas funciones orgánicas, como el pulso sanguíneo, parecen tener el mismo tipo de feedback que implica un potencial retardado en la física fundamental. Probablemente, también el ciclo nasal bilateral de la respiración exhibe una memoria de fase holonómica. Si salimos fuera del marco inercial y la sincronización global, los potenciales retardados deberían ser ubicuos en la naturaleza y en el cuerpo humano, y tan solo habría que identificarlos. Los potenciales retardados sólo pueden parecerlo desde la óptica del intangible sincronizador global, pero más allá de ella, y puesto que operan en régimen abierto, han de ser índices de la geometría ambiental y de la conexión entre diversos sistemas.

La cibernética y la inteligencia artificial reproducen a muchos niveles ciclos de acción y percepción que ya se encuentran en los organismos y que en el sistema nervioso se corresponden con los impulsos eferentes y aferentes del aparato sensoriomotor. Simplificando, podemos ver el paralelismo con la partición de la mecánica en interacciones y potenciales, con una conexión mediando entre ambas que puede ser un índice de una cierta densidad temporal, un tiempo específico o propio. Si todas expresan la influencia del medio a diversos niveles, debería existir una escala continua en estas mediaciones.

Las leyes de la mecánica basadas en la inercia operan como un principio nivelador o reductor que por compensación tiende a explicar todo lo que se el escapa en términos de complejización material: en este sentido se comportan como un principio de descenso material, incluso si en última instancia ni siquiera existe tal cosa como la materia. La cuestión no es ya qué es la materia, sino que todo lo que queda bajo nuestro control, ya sea efectivamente o virtualmente en función de la predicción, queda reducido a objeto. El principio de instrumentación está ya inscrito hasta tal punto en los principios, que ninguna aplicación tiene ya necesidad de justificarse.

Es posible transmutar el mismo principio de instrumentación y su blindaje teórico, que no deja de ser un blindaje legal; tan importantes son el uno como el otro. Pero aquí se trata también y muy especialmente de lo simbólico, pues esa máquina simbólica que es la mecánica reduce el potencial simbólico del hombre a un solo plano en perpetuo proceso de construcción.

Vistos con cierta perspectiva, los principios de Newton son una gran trampa cósmica de la que aún no hemos acertado a salir. El "cuarto principio" o principio cero de las leyes de Newton estaría ya incluido en la misma ley de la gravitación —o por extensión en cualquier ley fundamental de interacción- que debía ser justificada mediante los otros tres principios, aunque su aplicación en la mecánica celeste no podía ser más dudosa. "Trampa cósmica" no porque nos aísle del cosmos, sino de su fondo. Y el principio de equivalencia —y ambivalencia— entre la masa gravitatoria y la inercial, que ya era conocido por Kepler y Galileo, cierra esa trampa cuya puerta sólo se descorre al eliminar el marco de referencia inercial.

Podemos usar la diferencia interna y externa que suponen los potenciales retardados o fases geométricas como un hilo para salir de esa trampa, yendo en un sentido contrario al de su actual explotación tecnológica para el control o los intentos de computación cuántica. Tenemos dos modos básicos de inteligencia, el que está creando continuamente la temporalidad, y el que simplemente se da cuenta; el que procede por identificación y el que descubre la identidad. El segundo está en todo momento fuera del tiempo subjetivo, pero siendo la inteligencia una sola, no se pueden tener los dos a la vez por más que sea lo que casi siempre pretendemos.

No existe lo mecánico sin intención. Esta es la realidad que hace posible que exterioricemos nuestro espíritu en las máquinas. Y hay que decir espíritu porque no se trata sólo de nuestra inteligencia, sino también de nuestro propósito o voluntad. Ese espíritu coagulado de las máquinas hace posible a su vez que ambos, entendimiento y voluntad, se vayan haciéndose más y más divergentes para sus usuarios.

En algo tan sencillo como el biofeedback acción y percepción convergen y tienden a confundirse, en lo que bien puede llamarse auto-acción, y también, auto-percepción. Por más limitado que sea siempre su alcance, no se puede negar que esta confluencia existe; pero también la holonomía de una fase geométrica es una auto-interacción del sistema en su conjunto. En las teorías de campos, donde rige la conservación del momento en vez de la tercera ley, tampoco se puede eliminar la auto-energía y auto-interacción, que sólo parecen chocantes si nos empeñamos en separar la partícula del campo. Del mismo modo, el feedback que se colige en un movimiento orbital solo es chocante porque nuestras ecuaciones están recortadas del fondo; en realidad no hay feedback, lo que hay es simplemente unidad, pero la física no hubiera llegado muy lejos quedándose en ese concepto.

Puesto que aquí no se trata de lograr más predicciones o aplicaciones, tiene perfecto sentido aplicar un método retroprogresivo que vaya de lo relativamente complejo a lo simple. De este modo la inteligencia mediada por el pensamiento podría aspirar a cumplir aquello que a menudo solo ha pretendido, calar la vacuidad del tiempo: un tiempo cero que nada tiene que ver con los estándares de la física actual, y que sin embargo puede ser el objeto último de la física fundamental, tan diferente y aun opuesta a la extremadamente especulativa física teórica con la que muchos la confunden.

* * *

El horizonte de fusión hombre-máquina que se quiere imponer desde arriba parte de la creencia de que no hay distinción entre la vida natural y las máquinas, puesto que todo sería mecánico. Nosotros sabemos que ni siquiera la mecánica clásica es estrictamente mecánica, pero la administración mecánica de la Naturaleza separa a esta sin remedio de su realidad básica forzándola a depender de otras instancias bajo control. Es evidente que se trata siempre de un mismo proyecto de dominación.

Lo que se predica de una supuesta Naturaleza externa está condenado a cumplirse en nuestra propia naturaleza. Es realmente increíble que la idea de que la Naturaleza es mierda muerta en movimiento se haya considerado aceptable, cuando no excelsa; pero en eso estamos todavía, y no vemos ninguna inquietud por cambiar la idea de fondo incluso cuando puede hacerse sin perder nada y ganando mucho en universalidad, puesto que sólo abandonando el principio de inercia puede describirse el movimiento de un cuerpo del mismo modo en cualquier marco de referencia.

En los últimos tiempos, las nanotecnologías y los grandes avances en la manipulación, modulación y sintonización de estados cuánticos individuales ofrecían el marco experimental idóneo para reescribir la física atómica y arrojar otra luz sobre la controvertida zona de transición entre el dominio clásico y el cuántico, pues precisamente la distancia entre la manipulación y la modulación/sintonización ya expone plenamente toda la problemática de la relación entre ambos dominios. Al fin puede pasarse de la obtusa falta de perspectiva de los aceleradores de partículas a la interrogación más exquisitamente minimalista de las energías desde todos los ángulos concebibles.

Emergen una tras otra nuevas especialidades experimentales como la medida cuántica continua o el feedback cuántico, y apenas se comienzan a explorar las posibilidades, interrelaciones y bifurcaciones: hace tiempo que se habla de self-feedback o autorretroalimentación para casos en que un resonador interactúa no ya con un sistema controlable sino con un ambiente con muchos cuerpos. Pero en vez de aprovechar esta afortunada circunstancia para reformular la teoría, lo que se hace es exhibir resultados diciendo lo menos posible sobre cómo se ha llegado a ellos. Así, la tecnociencia en su conjunto ha llevado la ya tradicional opacidad sobre sus medios a una nueva dimensión de secretismo, de esoterismo en el peor de los sentidos. Los ocultistas de antaño divagaban sobre lo oculto, mientras que los nuevos relojeros son adeptos de la ocultación —especialmente a la hora de ocultarse la verdad a sí mismos.

Si el conocimiento que se suponía era de dominio público es cada vez más privado, en buena reciprocidad también se hace más probable que conocimientos que antes eran irreductiblemente privados encuentren vías de acceso cada vez más abiertas. Lo que no significa, ni mucho menos, que sean de interés para todos.

Sabido es de todos que los principios de acción tienen un descarado componente teleológico que nunca se ha sabido explicar. El lagrangiano es sólo una analogía matemática exacta, y sin embargo es la base de las modernas teorías de campos. Existe sin embargo la posibilidad de emplear analogías exactas en la dirección opuesta a la predicción de estados de movimiento en el tiempo. El movimiento por sí solo es insignificante, y el tiempo definido según el movimiento también. Bien puede decirse que todo lo que se mueve es sólo símbolo de otra cosa que no se mueve, pero la física sólo concibe explicar esa otra cosa a través del movimiento y la interacción.

Si se usa la palabra "mecánica" como sinónimo de sistema consistente y racional, está claro que puede prescindirse del principio de inercia y conservar todas las connotaciones racionales de la mecánica y probablemente alguna más; pero por otra parte, sin la inercia y los otros principios que garantizan su clausura, la palabra "mecánica" pierde toda la pesadez que se le asocia, y lo que tenemos es una dinámica pura. Esto demuestra que la transformación del primer principio, en orden genealógico, puede modificar radicalmente tanto el significado como el sentido, si también se reorientan los medios y fines.

Contemplar la ausencia de inercia es una forma excelente de poner en suspenso el mundo y nuestra relación con él, tanto si se hace al nivel más inmediato, como si se hace dentro de la reflexión teórica más meticulosa. No debería extrañar que tenga tal poder de reorientación, cuando el mismo principio de inercia, como marco de referencia, delimita la interfaz primaria entre la autoposición del yo y lo que el yo pude medir del mundo.

Se ha hablado demasiado del rol del observador en la física moderna y hasta se ha pretendido que con su inclusión se cerraría la brecha abierta con la mecánica clásica, pero dado que el principio de inercia no se ha tocado esto es manifiestamente falso. Al contrario, se han introducido factores subjetivos donde no hacía falta además de provocar otras rupturas y degradaciones innecesarias de la continuidad clásica de las ecuaciones.

* * *

Ni la mecánica clásica ni la mecánica cuántica son universales, pero la fase geométrica sí, y esto por sí solo la convierte en puente ineludible entre ambas. Uno puede pensar que la zona de transición estaría más o menos al nivel molecular, pero la realidad es más sencilla, más elusiva y más interesante: puesto que no puede haber separación entre ambos dominios más que en nuestros formalismos, ha de existir un nudo corredizo entre los extremos parciales de ambas teorías.

Pero físicos aplicados y técnicos procuran puentear los dos dominios sin detenerse en lo que tienen en común, lo que no deja de ser extraordinario. Se trata de explotar recursos ignorando tanto como se pueda la unidad, como si se temiera que esta pueda ser una amenaza para nuestros designios. Algo muy similar ocurre con los intentos de establecer la conexión directa entre cerebros y máquinas, donde se procura traducir, transmitir y reproducir impulsos obviando siempre el inaprensible fondo de la experiencia que lo contiene.

Si no se puede decir que la mecánica clásica nos dé el lado "externo" de lo mecánico, ni la mecánica cuántica el "interno", es, entre otras cosas, porque también la mecánica cuántica asume un determinismo del movimiento local; es decir, se asume que la consistencia global deriva de la integración de lo local a pesar de que la sincronización del tiempo es dada de antemano. Para la gran mayoría de los neurocientíficos, el desafío de entender las funciones superiores del cerebro no pasa en absoluto por la mecánica cuántica, sino por cuestiones de complejidad y organización a diversas escalas dentro del dominio clásico; sin embargo, en cualquier caso se sigue sin explicar cómo se produce la sincronización, lo que es el verdadero nudo del problema.

Nunca debimos aceptar el principio de inercia incluso si, pasado el largo momento de su laboriosa construcción, parecía el camino más fácil para avanzar. Deberíamos haberlo rechazado desde el principio y, nunca mejor dicho, por principio. Pero el anzuelo fue tragado hasta el fondo, y ahora que observamos ampliamente sus implicaciones, solo queda aplicar a fondo el método retroprogresivo de las interpretaciones a los medios, y de estos a los principios, para, dentro de los principios, ir de los posteriores en orden histórico a los primeros.

Ciertamente, dentro de toda la retención terciaria de la conciencia que existe en la forma materializada de la tecnología, hay una muy especial en el principio de sincronización global implícito en la tercera "ley"; del mismo modo que hay una "retención secundaria" en nuestra imagen de la interacción que corresponde a la segunda, y una "retención primaria" al nivel más inmediato en relación con la primera. Incluso si es cierto que en el proceso civilizador el sector terciario tiende siempre a envolver al secundario y al primario, esto mismo ocurre al nivel de los principios y aquí tenemos la mejor oportunidad de calibrarlo.

Lo global y lo local son nociones recurrentes tanto del poder como de la física, pero se entienden en el sentido del espacio, no del tiempo. Los potenciales retardados parecen indicar que el sincronizador global deja líneas temporales en la sombra. No hay que ir muy lejos en la Naturaleza para hacerse una idea más precisa de lo que esto significa: el modelo está encima de nuestras cabezas, en el cielo que envuelve a todo el planeta.

Los que nos empujan hacia un horizonte de convergencia biodigital intentarán usar la conexión que supone la holonomía como un "recurso" para enchufarnos a la red tan directamente como puedan, ignorando tanto como puedan su significado e implicaciones; exactamente igual que ya se hace, excusados por los mismos principios adoptados, con todo tipo de manipulaciones biológicas. Y en buena reciprocidad, otros usaremos esa misma conexión para tomar más contacto con esa "realidad física" de la que se nos quiere separar.

Hay desde luego otro horizonte y depende de nosotros ampliarlo y mantenerlo despejado. La vía de la sujeción o vía descendente conlleva la complejización incesante, el tecnicismos sin cuento y la creciente opacidad; la vía de ascenso deberá buscar tanto como pueda la simplicidad, la universalidad y la inteligibilidad relegadas. Y, por supuesto, aún hay algo más acá de estas dos vías que en ningún momento ha de olvidarse.

Así que deberíamos investigar, por ejemplo, las relaciones más básicas de la fase geométrica y el potencial retardado con el movimiento del cuerpo humano, las funciones orgánicas, la acústica o la creación musical, y finalmente con la propia conciencia dentro de una perspectiva amecánica.

¿Cómo es que todavía no se han explorado las relaciones entre la fase geométrica y la música? Cualquiera pensaría que algo presente al aparcar en paralelo o enroscar una bombilla carece de cualquier interés, y sin embargo, debidamente contemplado y conectado, puede llevarnos desde lo más trivial hasta lo más sublime.

* * *

Para intentar captar la realidad desnuda cualquier tipo de artificio técnico o concepto nos sobra. Empero vemos que hay un camino de retorno que puede retomar las mediaciones y la complejidad del discurso científico rumbo a lo más simple y desnudo. Este camino retroprogresivo tiene inevitablemente sus propias reglas, justificadas por el hecho de que ni sus prácticas ni sus objetivos coinciden con los de la presente tecnociencia.

Se ha escrito mucho sobre las máquinas y el deseo pero aquí hemos apuntado al biofeedback como un exponente de una inflexión posible. En él se insinúa una voluntad de signo opuesto a esa "voluntad de voluntad" gobernada por la compulsión; y también se insinúa un continuo perceptivo interno adaptable que también juega un papel activo en otro orden. Aunque cualquier señal externa tenga un rango muy limitado de acción, en determinados casos puede ser suficiente para establecer ciertas condiciones de equilibrio y la idea de un balance general que podría ser de gran alcance, ya sea por analogía exacta o bien por trasposición analógica más allá de lo cuantitativo. La fase geométrica de la señal sería el ojo de la aguja entre ciclos de acción/percepción variables.

Dentro de este contexto pueden hacerse diversos experimentos de feedback con señales biológicas y físicas y concebirse ciertas "aplicaciones" hasta ahora impensadas. Frente a las tecnologías de ilimitadas posibilidades, impulsadas por la plasticidad digital, hay otras tecnologías de los límites reales que no se prestan al escapismo ni a las fugas del dataísmo, incluso si sus señales ya están mediadas por procedimientos digitales. Analógico o digital, lo importante no es que cace ratones, lo importante es hacia dónde mira. Hay además en lo digital y lo analógico otra vida y otro impulso que el que conocemos.

El biofeedback es simplemente un rodeo que nos permite el uso de las máquinas para volver a la realidad de nuestro organismo físico, igual que nos permite usar señales gráficas que no son sino representaciones para sintonizar funciones que existen con independencia de la representación. Nuestro mismo organismo, al nivel más básico, da muestras de algo que no se deja reducir a las estructuras aferentes y eferentes de los ciclos de percepción y acción, y la liberación de las estructuras es precisamente el camino a seguir, tanto en las tecnologías como fuera de ellas.

El enfoque retroprogresivo hace posible conectar el conocimiento formal con el conocimiento informal en cuarta persona, que para el pensamiento lógico sólo puede concebirse en el mismo sentido que cabe hablar de un "cuarto principio de la mecánica", o en la misma medida en que sus "tres leyes" convencionales se funden en un solo Principio sin costuras ni clausuras.

Puesto que el tercer principio de acción y reacción ya implica directamente el equilibrio igual que el primero de equilibrio dinámico que sustituye al de inercia, no debería haber nada que pueda impedir su conexión más directa y fluida salvo la forma de describir la fuerza o el principio de acción. Y por otra parte, ya hemos visto que también se pueden definir las fuerzas por un desequilibrio entre movimientos de rotación y traslación, y que esto también tiene implicaciones para el tiempo y para el espacio que ocupa la materia.

También puede definirse el principio de acción lagrangiano como un balance entre el cambio mínimo de energía y la producción máxima de entropía. Así, la entropía está ya dentro de las propias leyes "fundamentales", y dado que lo "más ordenado" produce más entropía que lo "menos ordenado" y la entropía tiende espontáneamente al máximo, se invierte completamente la cuestión y los tópicos vulgares sobre desorden, entropía y finalidad, y podemos tener otra idea del equilibrio, la "información", el "diseño" y la evolución de los sistemas naturales.

Hemos hablado de dos grandes modos de la inteligencia, y estudiar la inteligencia sin finalidad de la Naturaleza reconduce nuestro intelecto utilitario a ese intelecto intemporal; la misma física ha pretendido esto procurando ocultar su enorme sesgo utilitario. Pero no es posible engañarse al respecto: donde hay "leyes universales" no queda espacio para la inteligencia natural. De modo inevitable, algunos de nosotros partimos de un cierto conocimiento a priori que tiene poco interés por los resultados de la experiencia, mientras que para otros los resultados son todo mientras que el conocimiento es más bien una presunción.

El conocimiento en cuarta persona, como continuidad, existe siempre y no lo vamos a inventar nosotros; lo único que podemos modificar es la conexión entre esta conciencia y los otros tres momentos del conocimiento, en primera persona o subjetivo, en segunda persona por interacción con los objetos y el mundo, y en tercera persona por el lenguaje y la generalización. La mente pensante, la conciencia de objetos, es discreta por su propia naturaleza; luego cualquier continuidad que exista no depende de ella. Para el pensamiento, la "conciencia en sí misma" es a la vez conjunto vacío y la última síntesis posible, exactamente como el medio homogéneo primario e indiferenciado que subyace a todo y no se puede producir. Ambos son el Alfa y el Omega cuya suprema identidad hay que encontrar.

Hoy se habla mucho de la infinidad digital, discreta, inaugurada con el lenguaje y que con el código queremos llevar hasta las últimas consecuencias; pero nunca hay últimas consecuencias para lo que ya ha establecido un corte arbitrario con la realidad, por más que luego quiera engullirla y asimilársela, puesto que es el corte mismo lo que provoca su apetito insaciable.

Entre lo continuo y lo discreto tenemos lo finito, pero el cálculo diferencial, por poner un ejemplo, aun habiendo encontrado un fundamento en el límite sigue siendo básicamente un método infinitesimal, no un método de diferencias finitas. Y sin embargo el análisis de diferencias finitas está mucho más en sintonía con el ideal relacional de la homogeneidad en las cantidades de las ecuaciones y permite acercarse a él si se sustantiva y aplica sistemáticamente en el análisis dimensional y la teoría de la medida. Si ya se ha dicho que no hay mejor forma de ahondar en la matemática pura que refinar el método de sus aplicaciones físicas, aquí tendríamos un buen ejemplo.

En la secuencia continuo→finito→discreto→ del cálculo y el tratamiento de datos, y su contraparte discreto→finito→continuo, lo finito nunca ha tenido un rol sustantivo, sino puramente contingente. Y sin embargo es sólo devolviéndole ese carácter sustantivo en el seno mismo del cálculo que podemos ver mejor, no ya el continuo matemático, sino la homogeneidad que está más allá del continuo físico como su aspecto más indiferenciado. Aparte de que el continuo físico puede tener propiedades que la misma física no acostumbra a considerar, como la no-diferenciabilidad, la relatividad de escalas para las fuerzas o el número fraccional de dimensiones. Lo homogéneo, lo más indiferenciado, contiene siempre a cualquier orden de complejidad, y así se puede concebir una secuencia homogéneo←continuo←finito←discreto←homogéneo.

Matemáticamente, la homogeneidad no significa nada. Pero desde el punto de vista físico la homogeneidad física sería anterior y posterior a cualquier orden de complejidad concebible en el continuo físico. Por otro lado la idea misma de ley a la que el pensamiento se aferra es una búsqueda permanente de la continuidad que a este le falta en su misma naturaleza; búsqueda que también por su propia naturaleza no se puede completar. Pero el sentido de esta incompleción también cambia radicalmente si invertimos el objeto de la búsqueda. Del mismo modo, conceptos lógico-matemáticos básicos como identidad, igualdad y equivalencia se transforman por completo cuando se aplican a los múltiples equilibrios físicos posibles y estos a su vez tienden también al máximo de homogeneidad. Si hay un método retroprogresivo en el continuo física-matemática también ha de haber, en términos de código, una retroprogramación que nada tiene que ver con el uso de reliquias de programas.

La medida es una síntesis de cualidad y cantidad, pero la cualidad tiene precedencia sobre la cantidad. El aumento de la homogeneidad en las cantidades físicas de las ecuaciones facilita la trasparencia de las relaciones, y con ella, la emergencia de proporciones, que son relaciones de relaciones, devolviendo en cierto modo lo cuantitativo a lo cualitativo. Todo esto habría que verlo bajo el prisma del cálculo finito o cálculo diferencial constante, y, más allá de él, de la homogeneidad, pues es en la homogeneidad sin cualidades donde las cualidades se abren sin obstrucciones.

Asumimos también que existe siempre un conocimiento no intuitivo inmediato que es idéntico al conocimiento en cuarta persona. La estrecha correspondencia entre el método del cálculo diferencial constante y la ejecución de tareas sin saber cómo se realizan, como por ejemplo la captura de una pelota alta en carrera, nos muestran que este conocimiento no intuitivo inmediato es algo que subyace en todo momento y no algún tipo de ideal inalcanzable.

La dificultad entonces no está en alcanzar la "intuición", pues sabemos que esta no es sino una extensión de nuestros hábitos más allá de su alcance ordinario; sino en conectar nuestras intuiciones con este otro conocimiento constante. La vía para esto no puede ser la axiomática, con su idea obstructiva de los fundamentos; no se trata de derivar razonamientos del principio sino de reconducirlos hacia él. La verdadera inteligencia está en ver en lo indiferenciado, lo diferenciado ya lo puede ver cualquiera.

Podemos ver la Naturaleza como una danza interminable en torno a un punto ajeno a cualquier movimiento, y también en torno a un punto de equilibrio dinámico que estaría en todas partes. Esto permite establecer una doble analogía: una analogía exacta, del mismo tipo que las que usa la física para sus predicciones, y una trasposición analógica más allá de toda medida, en que la conciencia—medio usa las descripciones y representaciones físicas como un símbolo de sí misma y para sí misma. Para esto no se requieren modelos complejos, sino eliminar ciertas presuposiciones sobre la naturaleza de la realidad física.

En el presente estado de la tecnociencia, una teoría extremadamente compleja y tortuosa demanda por definición aplicaciones "aparatosas", esto es, aplicaciones que tienen que concretarse a través de máquinas igualmente sofisticadas y con tantas capas apiladas como las propias teorías. Pero si nuestra idea del retroprogreso tiene recorrido en profundidad, entre saber y poder ha de existir una forma de práctica con objetivos, ángulos y una intención inconmensurable con las ideas de la técnica actual. Aún hoy la idea de práctica en las artes sigue siendo un modelo, y lo mismo podría decirse de muchas "técnicas" antiguas, sin ignorar que ahora partimos de unas condiciones bien diferentes. Es fundamental crear nuevos ejemplos, pero la práctica, en el sentido superior del término, siempre debe guiar la técnica y la teoría.

Unos puede tomar el camino de vuelta hacia lo más simple con un gran bagaje de conocimiento formal y otros pueden dar de forma inmediata en la diana con su atención más íntegra; pero mientras unos tiran y otros empujan es excelente que ambos puedan compartir una misma orientación. Unir el conocimiento formal y el informal ha sido imposible desde los comienzos de la revolución científica.

* * *

Gran parte de las ideas científicas que indicamos procede de los trabajos de André Assis, Gennady Shipov, Mario Pinheiro, Miles Mathis, Nicolae Mazilu, Nikolay Noskov, Peter Alexander Venis y otros investigadores de los que ya he dado referencias en escritos anteriores. Estos trabajos apuntan, desde ángulos diversos, a una transformación de nuestra visión de la física matemática desde sus fundamentos que al parecer no tiene cabida en una disciplina que sólo se permite crecer hacia delante, hacia el sector especulativo de la física teórica.

Y, naturalmente, el horizonte último de la física teórica sólo puede ser la unificación de las fuerzas de la Naturaleza, al nivel de sus leyes y de su evolución en el tiempo. Pero cualquier intento de unificación sin la debida atención al fundamento es como querer producir la unidad sin tener que pasar por ella —igual que se querría desentrañar "el misterio de la conciencia" sin tener que pasar por la autoconciencia, y viceversa. Sin embargo, la siempre inapreciada unidad de la vida es infinitamente más importante que cualquiera de nuestras teorías, y el sólo hecho de que estas nuestras pobres teorías busquen la sintonía con ella ya eleva mucho su valor.

Esperamos abrir pronto un nuevo sitio en la red con espíritu colaborativo y la intención de destilar esa conciencia en cuarta persona contenida en, entre y más allá de las otras tres. Para empezar será un espacio virtual, pero el objetivo es crear una comunicación de un orden diferente al que hoy impera en la comunidad científica o la propia red en general. Más bien se trata de encontrar una comunión en la aspiración y el conocimiento, no por la adhesión sino por una orientación común que cuenta con la propia meta como medio eficaz.

El Principio es la meta, y sólo el mismo Principio tiene la capacidad para alinear esfuerzos que de otra forma serían altamente divergentes. Y es bueno, y es inevitable, que tengamos que volver a mirar hacia el Principio desde la complejidad de perspectivas múltiples. Hemos notado el rol que en estas circunstancias está llamado a desempeñar el multiespecialista, antípoda del actual "experto", como conocedor de varias especialidades que no está maniatado por los intereses corporativos de ninguna de ellas. Sólo él tiene hoy la libertad de perspectiva y la competencia técnica para crear un nuevo cauce en un panorama tecnocientífico totalmente controlado y burocratizado.

Los matemáticos igualmente tienen un importante papel que jugar. Ellos también tienen competencia técnica y una libertad de perspectiva frecuentemente frustrada al tener que ofrecer sus servicios para fines demasiado a menudo indignos de un intelecto sin compromisos, que es justamente lo que caracteriza a la matemática. De alguna forma tendrán que desquitarse de la hoy claramente perversa malversación de sus talentos. O los programadores del mundo, por ejemplo, incluidos los programadores gráficos. Pero la necesidad de dirigir nuestros talento en otra dirección es general.

Tengamos presente además que la relación entre la matemática pura y la aplicada hoy está mediada por una herramienta por antonomasia, el cálculo, que ha invertido la relación natural entre las predicciones y la geometría física de los problemas, razón por la cual tiene una enorme importancia recuperar un punto de vista menos instrumentalizado. El equilibrio entre predicción y descripción es crítico para la profundidad de nuestra visión, y dicho equilibrio se rompió de forma brusca con el establecimiento del cálculo diferencial e integral. Sin embargo este equilibrio se puede recuperar y existen alternativas que ofrecen soluciones.

Propondremos para empezar una serie de ideas, temas e hilos argumentales ya apuntados en escritos anteriores para que puedan ser elaborados y desarrollados por aquellos que sientan interés. Trataremos de plantear problemas con sentido y una orientación necesariamente a contracorriente, y en los que se pueda avanzar pronto sin necesidad de medios especiales. Algunos de los temas de interés serán la morfología y la filosofía natural, el retroprogreso, el conocimiento en cuarta persona, la mecánica ondulatoria, la conexión entre ondas y vórtices, la conexión entre la luz y el sonido, el hipercontinuo de las dimensiones dentro de un medio homogéneo, el proceso de individuación, las relaciones de indeterminación y el análisis dimensional, los aspectos ignorados del cálculo diferencial, la "música anholonómica», la relación entre el potencial retardado y la fase geométrica, los números primos y la función zeta de Riemann, la conciencia y el número, las leyes de potencias, la retroprogramación, la diagramatología, la relación entre termomecánica y termodinámica, el equilibrio, nuevos vínculos entre la reversibilidad y la irreversibilidad, la reversión de la ingeniería inversa en la práctica y la teoría, la experimentación con biofeedback, o una teoría general de la salud y el envejecimiento que sólo por poderosas razones sigue sin existir.

Todo puede encontrar aquí otro valor, tanto las contribuciones con un elevado nivel técnico, como las conexiones entre múltiples temas, la emergencia de una nueva idea de la aplicación práctica y la funcionalidad o la nunca suficiente apreciación de los diversos niveles simbólicos de cualquier lógica u objeto de conocimiento. Precisamente con la mecánica moderna empieza la reducción de nuestra idea del acontecer a causas eficientes que no son menos imaginarias que otras pero que pulimentan la tabula rasa del permanente proceso de desimbolización.

* * *

Sabemos que el arte y el asombro están al otro extremo de la técnica y la ciencia teórica modernas. Pensemos lo que han conseguido hacer la música y las artes plásticas con dos de nuestros sentidos, el oído y la vista, y pensemos en la presente teoría física de la luz y el sonido. Según esta teoría, las ondas de la luz y el sonido son más disímiles que iguales, sin que se pueda establecer una verdadera conexión entre ambas. Y sin embargo esta misma teoría no lo tenía nada difícil para revelar una continuidad fundamental entre ambos tipos de ondas que se ha hundido en la sombra, esperando a que alguien la rescate. Una continuidad que puede además establecerse a varios niveles sin el menor perjuicio del rigor teórico.

Hablar de la relación entre luz y sonido es en gran medida hablar de la relación entre el espacio y la materia, esas otras dos grandes incógnitas en nuestra representación del mundo. Pero ya hemos visto que todavía hoy se ignoran las relaciones más básicas de combinación entre movimientos de rotación y traslación, y entre rotores y osciladores, a pesar de que están en la base misma de toda nuestra técnica. Y aún esta combinación de ondas y vórtices, en el sentido más amplio del término, genera la infinidad de formas orgánicas que advertimos en la Naturaleza. Ha sido precisamente el exceso de utilitarismo de la teoría, su oportunismo y cortedad de miras, el que ha impedido abrirnos a la contemplación de las seis dimensiones del espacio en nuestra experiencia ordinaria y los extraordinarios prodigios que su equilibrio despliega.

En 1820, Oersted descubrió de forma muy simple la relación existente entre electricidad y magnetismo, y ya se ha visto lo que aún sigue saliendo de ahí. Recuperar los nexos entre luz y sonido que nuestras propias teorías han enterrado, y seguirlos hasta su fuente con la debida disposición podría tener consecuencias iguales o mayores aunque en un sentido casi opuesto. No se olvide además que ni siquiera del electromagnetismo, la fuerza natural que mejor creemos conocer, tenemos otro concepto que el más elementalmente utilitario.

Cuando en la tecnociencia hablamos de principios, medios y fines, deberíamos tener presente que el fin de la teoría, la interpretación, es el punto de partida del experimento y la aplicación. La interpretación, lejos de ser un lujo filosófico que se permite el físico al final del día, perfila con su descripción y representación el ámbito de las aplicaciones técnicas. En 1956 Bohr y von Neumann llegaron a Columbia para decirle a Charles Townes que su idea de un láser, que requería el perfecto alineamiento en fase de un gran número de ondas de luz, era imposible porque violaba el inviolable Principio de Indeterminación de Heisenberg. El resto es historia. Sin embargo ahora lo que se dice es que la mecánica cuántica predice y hace posible el láser.

Esto es más la regla que la excepción. Los teóricos son especialistas en confiscar los logros experimentales y tener la última palabra sobre ellos; pues casi siempre se encuentra una forma de que la teoría "prediga" finalmente los resultados que están a la vista. Claro que una teoría que puede llegar a predecir cualquier cosa a posteriori no es una gran teoría, sino una gran racionalización, y esto vale para cualquier tipo de estándar teórico, cuya principal virtud consiste, justamente, en proporcionar un estándar de cálculo. Piénsese por ejemplo en una teoría tan "restrictiva" como la electrodinámica cuántica, que resta infinitos de infinitos en ciclos recurrentes de cálculo hasta llegar al resultado esperado. Hoy todo se justifica en nombre de la predicción, pero también los epiciclos de Ptolomeo tenían una capacidad predictiva insuperable para su época.

Podría argumentarse que, en el peor de los casos, la teoría no está obstruyendo la consecución de nuevas aplicaciones técnicas. Esto puede ser verdad hasta cierto punto; pero téngase presente que la divergencia entre Bohr y Townes, entre la teoría y la aplicación innovadora promedio, es mínima en comparación con la que podría darse si el técnico partiera desde el comienzo de otra interpretación, otros medios y otros principios —puesto que también podrían concebirse otros objetivos y usos apenas conmensurables con los actuales. De principios a fines, pasando por los medios, hay un viaje de ida y vuelta, una doble dirección que crea el continuo entre ciencia y técnica, pero la amplitud del círculo de la tecnociencia posiblemente pasa por el grado de reversibilidad, o de inobstrucción, entre principios y fines. Por otra parte, si nuestra mirada pudiera ver sin obstrucciones desde la interpretaciones hasta los principios a través de los medios, seguramente no echaríamos en falta el conocimiento formal, ni tampoco las mediaciones técnicas.

Superar el principio de inercia dentro de la mecánica equivale a dar el primer y más importante paso en este proceso de desobstrucción. La misma división entre principios, medios y fines dentro de un continuo existe ya en el propio seno de los tres principios de la mecánica, y no es pequeña cosa comprender que el tercer principio, con su cierre sistemático y su sincronización global, es todo el horizonte a que puede aspirar la mecánica clásica en su economía simbólica, el límite de su interpretación; pues si se viera esto de antemano, tal vez se buscaría entender de otro modo las cosas. Pero también existe una correspondencia entre estos tres principios y los tres momentos de la temporalidad o los tres aspectos, estructural, funcional y simbólico, que hemos distinguido en la propia técnica.

Todo esto nos remite a cuestiones simbólicas y semióticas fundamentales. La misma división ternaria del hombre en cuerpo, alma y espíritu, y otras análogas que se aplicaban a la cosmología en las culturas que nos precedieron, aún se encuentran en correspondencia con los principios modernos incluso si su intención y rango de aplicación no pueden estar más alejados. Descontado algún lógico excéntrico como Peirce, tal vez el último con alguna consciencia de esta correspondencia fue quien más hizo por establecer su definitiva separación, el mismo Isaac Newton.

Esta recurrencia no es producto de la recursividad lógica sino efecto de una "resonancia simbólica" que no está inscrita en el lenguaje sino que más bien lo circunscribe. Y, ni que decir tiene, su consideración es del todo irrelevante, si no contraproducente, para los modos de razonamiento de la ciencia moderna. En un contexto de causas eficientes, detenerse en ellas sólo podría crear "interferencias destructivas", para seguir con el símil ondulatorio. Y sin embargo, más allá de este limitado contexto, permiten contemplar "interferencias constructivas" entre diversos niveles que también pueden tener su propio sentido.

El pensamiento por correspondencias es anterior al desarrollo de la lógica y en tal sentido aún nos envuelve sin que nos demos cuenta; lo que no quita para que la correspondencia misma sea una de las ideas más básicas y fecundas de la propia lógica, la matemática, la física o la teoría de la verdad. Por otra parte diversas teorías de la emergencia de la conciencia en el cerebro se basan en la resonancia neuronal y su problemática sincronización. Sin embargo, los mismos tres principios de la dinámica en clave relacional contienen un ajuste temporal local de los potenciales en la que ya están conectados ambientalmente diversos niveles. Dejamos abierta esta paralogía para los que quieran ahondar en ella.

El conocimiento en cuarta persona no ha de confundirse con la inteligencia colectiva que emerge de la discusión y mediación, en la propia tecnociencia por ejemplo, puesto que tal inteligencia colectiva se agota siempre en el mismo orden terciario. Si asumimos que existe siempre y en todo momento, lo único que podemos hacer es tratar de conectar nuestras representaciones terciarias con eso, por analogías más o menos rigurosas; o de conectar nuestras siempre incompletas intuiciones con un conocimiento que no intuimos pero ya está dado de inmediato. Como existe una estrecha sintonía entre este conocimiento y el "cuarto principio de la mecánica", el análisis y síntesis de la operación de este último sirve para hacerse una idea del primero.

En otro lugar hemos visto como la evolución en el tiempo de una onda esférica en las seis dimensiones del espacio sirve como un modelo muy simplificado de individuación de una entidad; y también hemos visto que considerar seis dimensiones no es un obstáculo para la intuición de formas orgánicas sino más bien todo lo contrario. Igualmente pueden presentarse modelos análogos para el conocimiento, ya sea al nivel más reductivo de la información, o en cualquier otro más amplio; si por un lado una onda u oscilador permite la emisión, transmisión y recepción de un mensaje, por el otro podemos aplicarle directamente la interferencia o transporte paralelo que caracteriza a la fase geométrica —y que hoy se intenta explotar para cosas como la llamada "computación cuántica".

La diferencia es que mientras que el tecnólogo intenta sacar un rendimiento de operaciones cuya representación física le resulta indiferente, desde el punto de vista de este otro conocimiento la correspondencia entre la representación de la evolución y el medio que la envuelve tiene un valor crítico para el alcance de su resonancia en el campo mismo del conocedor. No hace falta decirlo, usamos aquí la palabra "campo" por analogía, en un sentido mucho más simple, general y naturalista que las presentes teorías de campos. De este modo puede crearse un horizonte de conocimiento radicalmente diferente del actual, capaz de destilar su propia cualidad de convergencia.

Aunque el modelo de la onda-vórtice es absolutamente general y no pretende tratar las complejas cuestiones de la electrodinámica, no está de más recordar que la ortogonalidad de las ondas electromagnéticas no es un aspecto geométrico sino un promedio estadístico entre el espacio y la materia; ni está de más recordar la distinción de Hertz entre partícula material, como punto de apoyo para las fuerzas, y punto material, como volumen que puede contener un número cualquiera de partículas materiales —y que ambos comprenden ya la dualidad onda-partícula que luego se pondría de relieve en la mecánica cuántica. O recordar que las ondas de materia de De Broglie implican una vibración interna a los cuerpos, que la teoría no puede encajar debidamente porque tampoco se contempla que las partículas materiales tengan volumen.

Teniendo en cuenta estas cosas, entre otras, se puede estar más cerca de comprender cómo puede ser que las interacciones de materia y luz, en el laboratorio no menos que en nuestra experiencia común, tengan lugar dentro de un medio homogéneo y por lo demás inmutable, y que si esto es comprensible es porque uno mismo es ese medio que no está en ninguna parte ni en ningún tiempo.

La secuencia de Venis conectando ondas y vórtices también evoluciona en seis dimensiones combinando oscilación y rotación, pero en este caso no se trata de un modelo mecánico sino de una morfología fenomenológica independiente de cualquier métrica o proceso de medida. En su espacio proyectivo de dimensiones continuas puede contemplarse no sólo el infinito devenir de las formas sino también su permanente conexión con el medio que lo envuelve.

No deja de ser extraordinario que seamos incapaces de hacernos una idea cabal de la evolución de una onda esférica en tres dimensiones, que implica una deformación continua en todos los puntos como en el principio de Huygens de propagación de la luz, y que sin embargo podamos "intuir" retrospectivamente, con la inestimable ayuda de la lógica, su evolución en seis. Pero lo que también se intuye en toda esta representación, sin acabar nunca de abarcarlo, es la pura fugacidad y el carácter necesariamente superficial de su manifestación.

El "principio holográfico" original, el de Gabor, ya incluía sin saberlo el bucle de la fase geométrica. Sin embargo, resulta una ironía suprema que la ultraespeculativa física teórica solo le ha ya concedido el rango de principio al deducirlo del horizonte último de una supuesta singularidad gravitacional, también conocida como "agujero negro". Así que el "principio holográfico" del horizonte especulativo de la física dice que cualquier evento o información posibles del mundo físico está contenido en una superficie bidimensional, lo que no ha dejado de sembrar toda clase de perplejidades, cuando desde siempre habíamos tenido que saber, más aún si hablamos de la astronomía, que no tenemos más conocimiento que el que nos brinda la luz.

Por supuesto, en una mecánica relacional en la que los potenciales retardados son ubicuos y por lo tanto también están presentes en la gravedad, una singularidad de este tipo es imposible porque al aumentar la velocidad de las masas disminuye la fuerza que las liga. Hay que llegar hasta un extremo teórico como un agujero negro para ver claramente cómo la relatividad general sigue pagando tributo al tiempo absoluto y las fuerzas absolutas independientes del entorno. Pero si aquello que para la teoría sólo surge en el extremo ya es patente en cualquier momento y condición, no debería existir ninguna necesidad interna de ponerlo de manifiesto. Aquí lo irreversible está en la evolución del propio horizonte teórico, no en la Naturaleza. Pero esto contiene algo aún más problemático, cuando la física se precia de que sus leyes fundamentales son reversibles mientras que en un medio abierto no tiene sentido que algo lo sea.

Cualquier sistema cerrado que esté poseído por un dinamismo absoluto tiene que conducir a una singularidad: no puede tener otro horizonte teórico. Y aquí el contrapunto para las creaciones humanas no puede faltar, en forma de "singularidad tecnológica". Sin embargo una fase geométrica también puede ser vista como un hueco o singularidad en la topología del movimiento, pero no en este sentido patológico, sino en el mucho más elemental de no ser integrable en el contorno de un sistema cerrado.

Y este contorno no cerrado concurre con el «principio de individuación» de las formas tan maravillosamente reflejado en la secuencia de Venis. Y aunque no habría que decir que el proceso de individuación es anterior al individuo, aún se hace necesario en un tiempo que ha pretendido que el individuo es el único principio de todo; un individuo que sería tan cerrado y atómico como las leyes que él asumido y aplicado con la máxima generalidad. Digamos, por lo demás, que cualquier partícula tiene que ser una configuración efímera independientemente de su duración o estabilidad, por el mero hecho de que no se hace patente sin interacción.

La fase geométrica es la interfaz por excelencia y a cualquier nivel entre sistemas que por lo demás se definen como cerrados: este es su insustituible carácter estratégico, que sólo puede hacerse patente cuando, en primer lugar, se considera que todo lo "fundamental" es cerrado, y, en segundo lugar, empieza a proliferar la "conectividad" entre cada vez más "sistemas cerrados" o "atómicos". Pero dado que está excluido de nuestros principios, no deja de ser otra contingencia más.

En un sentido más bien opuesto aunque no excluyente, la fase geométrica también puede interpretarse como una transición de escalas, además de como una transición entre dimensiones. Independientemente de que la secuencia de Venis sea solo un despliegue proyectivo aún sin contacto con el dominio cuantitativo de la física, nos ofrece un vínculo inestimable y aún enteramente por desarrollar entre la física moderna como dominio del nomos y el devenir de la physis eclipsado por la Ley. Incluso en el dominio de la geometría diferencial y el cálculo plantea una serie de cuestiones que no han conocido todavía la confrontación entre nuestra intuición y nuestra razón. En cualquier caso, la comprensión de la evolución de una entidad individual en cuanto tal es algo infinitamente más interesante que las especulaciones forzadas y las aplicaciones ciegas.

En función del caso físico, su descripción e interpretación, una fase geométrica puede verse como un trasporte paralelo, como una autoinducción, como una curvatura o flujo de la forma simpléctica, como una intersección cónica entre superficies potenciales de energía, como una transición entre dimensiones, como una torsión o un cambio en la densidad, como una transición de fase, como un punto de degeneración, como un potencial retardado, como la diferencia del lagrangiano, como una resonancia, como una interferencia holográfica, como un bucle, como un principio de esclavización, como un agujero o singularidad de la topología del movimiento, como un tiempo propio o línea temporal, como una memoria, como una interfaz o incluso de otras maneras que no tienen por qué ser excluyentes.

¿Por qué admite tantas interpretaciones una fase geométrica? Poincaré ya notó que cualquier "ley fundamental" que se exprese mediante un principio de acción admite un número ilimitado de causas posibles, que por lo mismo vendrían a ser irrelevantes. La fase geométrica, por el contrario, admite un número ilimitado de formas globales de ver el hueco en la causalidad local.

Puesto que la sincronización global, por definición, no puede estar dentro de la dinámica entendida como dominio de la interacción, con respecto al potencial es la propia dinámica la que reacciona, y es en ella donde tendría que hablarse de un tiempo propio entre cada acción y reacción: las ideas de localidad y causalidad se deben justamente a esto, no al contrario, como hoy se piensa.

El diseño global de la máquinas humanas tiene una causalidad y sentido bastante unívocos a pesar de que las fuerzas naturales en que se fundamentan, como la gravedad o la electricidad, nunca pueden tenerlo. Así pues, nuestra idea de causalidad se fundamenta en la sincronización de las partes (fin), la aplicación de fuerzas (medio) y los materiales (principio).

Desde este punto de vista, está claro que la creación del reloj mecánico en la Edad Media es con mucho el principal desarrollo de la técnica moderna, aquel que realmente define su espíritu. La revolución industrial lo que añade es la explotación de las fuerzas, y la revolución digital impulsada por el ordenador va inscribiendo cada vez más profundamente en la materia ese espíritu a través de un control cada vez más minimalista de las fuerzas. Y el límite último de esta tendencia sería la explotación de los potenciales cuánticos; pero esta ofuscación con cosas que sólo pueden ofrecer rendimientos decrecientes nos impide ver el extremo libre de la cuestión.

Si ignoramos la eficiencia del medio físico, la misma disposición de la mecánica nos obliga a creer en las causas eficientes incluso cuando se renuncia a identificarlas, y a las fuerzas del tipo que sea corresponde llenar este hueco; en la medida en que contamos con ella, ya lo llamemos medio homogéneo, vacío o como que se prefiera, podemos contemplar los procesos físicos más allá de la causalidad y ver al mismo tiempo cómo insertamos en ellos nuestras humanas ideas de causas. Esta coincidencia de lo causal y lo acausal, que sin duda puede comprenderse a muchos niveles diferentes, apunta ella misma al conocimiento en cuarta persona.

* * *

Para ir terminando necesitamos valorar qué significa el movimiento retroprogresivo en general y en qué consiste su virtud dentro de la coyuntura presente. Por un lado, el retroprogreso es parte integral del permanente volver sobre sí de la conciencia reflexiva; por otro, desde un punto de vista natural, forma parte de la necesidad animal de reapropiarnos las posibilidades que ofrece el medio ambiente. Pero hoy ambos movimientos se encuentran sistémica y sistemáticamente obstruidos en esta fase terminal de un cierto proceso civilizador, y los escapes que se disponen para esta retención cada vez más violenta son solo sucedáneos patéticamente burdos.

Hoy ni las ciencias teóricas se pueden permitir el lujo de evaluar libremente sus propios fundamentos, ni las tecnologías pueden revisar los estándares sobre los que están construidas. Un ejemplo típico de estándar que ha mostrado ser irreversible es la disposición de las letras en el teclado, concebida expresamente para que la máquina de escribir no fuera demasiado rápido y entrechocaran las letras; hoy esa limitación no tiene sentido en el ordenador, sin embargo nadie ha podido cambiarla. Pero las mismas teorías se han definido a sí mismas como estándares, y no es por casualidad que hoy hablamos del modelo estándar de física de partículas o del modelo cosmológico estándar. Hay además toda una sedimentación histórica de estándares en múltiples capas tanto a nivel teórico como técnico. Esta sedimentación o acumulación, esta obstrucción sistémica de la posibilidad de retorno, es la "viva" imagen de la inercia de la civilización, o para decirlo mejor, lo irreversible en la acreción de su estructura.

Y todo hace pensar que nos encontramos en las postrimerías de un largo ciclo de acumulación que tiene ya más de medio milenio; aunque este periodo sería bien poco si no hubiera rehecho a su imagen a todo lo anterior, y sus ciclos más vastos, lentos y seguramente también más poderosos. Saber y poder fueron los dos pies sobre los que creyó erguirse el fatuo hombre del Renacimiento, pero en la primera fase de su despliegue el mismo proceso de expansión del conocimiento impedía ver el movimiento del poder en sentido contrario; ahora, al final de este proceso, no hay conocimiento que no se sienta como un ejercicio de poder, y un poder deliberado. También el primer liberalismo se presentaba como una supresión de fronteras; pero en realidad lo que hizo fue destruir las estructuras existentes para imponer las suyas propias, que ahora, colonizado todo el territorio, ya sólo se perfeccionan en el control y el cierre sobre sí mismas. Que los llamados liberales de hoy hagan justo lo contrario de lo que siempre predicaron habla elocuentemente del cumplimiento del ciclo.

Saber y poder se equilibran recíprocamente con el balance más exquisito incluso allí donde más descompensada parece su proporción, de esto sí podemos estar seguros con la más apodíctica de las certezas, pues el mundo, cualquier mundo, no tiene otra salvaguardia. Para muchos puede resultar fuera de lugar que cuestionemos cosas tan bien asentadas como los principios de la mecánica, pero aparte de que aquí se trata de una necesidad absoluta, nos sitúa en una línea de mínima resistencia y máxima oposición, que es a la vez línea de oposición mínima y resistencia máxima. Y el eje del ciclo del que hablamos gira en la confluencia entre la inercia histórica, la inercia física y nuestra idea de ambas.

Las últimas consecuencias de la idea de la inercia física las tenemos en la violación sistemática de todas las barreras entre especies por las biotecnologías. A pesar de la gran montaña de evidencia empírica que dice lo contrario, aún se consideran los genes como portadores de un código digital. Y en última instancia se piensa que tienen que ser un lenguaje, porque se supone que sin él las biomoléculas serían inertes y estúpidas. Pero también aquí, una vez más, la realidad es casi la inversa: para ser un vehículo fiable de la herencia, el ADN tiene que ser por necesidad una molécula sumamente estable, y por lo mismo, pasiva. Las que realmente juegan un papel activo son las proteínas globulares y enzimas, en verdad el primer nivel de vida organizada por derecho propio, que son capaces de construir al ADN y a todo tipo de proteínas con una respuesta variable en función de su ambiente. La vida ha hecho al ADN y no el ADN a la vida.

Los biotecnólogos no pueden alegar ignorancia de esta y otras muchas realidades elementales de la biología molecular, y sin embargo hablan y actúan como si tales realidades no existieran. Mucho más que un lenguaje para los planos de un edificio, los genes son ellos mismos material de construcción, que, eso sí, puede estar más en sintonía con unas formas y funciones u otras, que en cualquier caso vienen, de dónde si no, del entorno externo a esas masivas y torpes moléculas. Pero eso no se deja reducir tan fácilmente a código, y la idea del código y su programa sigue teniendo un atractivo irresistible para aquellos que sólo buscan combinar y recombinar.

No actuamos según nuestras ideas, sino que nuestras ideas se adaptan a lo que hacemos y queremos hacer. Esto siempre es así, pero ahora que la tecnociencia ya es indistinguible de la política y hemos entrado de lleno en la tecnopolítica y el tecnofeudalismo digital, podemos verificar en primera persona lo que eso significa. Lo cual no quita para que semejante ignorancia voluntaria sea criminal, especialmente cuando hablamos de la manipulación de la vida a gran escala.

El globalismo es el mayor enemigo del planeta, y quienes lo impulsan son los últimos que podrían hablar de salvarlo. Su suerte no les importaría lo más mínimo sino fuera porque aún tienen que convivir con sus problemáticos habitantes. El globalismo ve el planeta como una cartera de activos y a la vida entera como reserva de recursos genéticos potencialmente útiles. Y la mejor muestra de hasta qué punto desprecian la vida, está en la misma teoría y las mismas prácticas biológicas que impulsan y publicitan de la forma más decidida. Frente a eso, cualquier amenaza fabricada palidece.

Todo poder que sigue manchándose con la adulteración meticulosa y deliberada de la vida está destinado a caer, pues no se confunden impunemente el Árbol de la Vida y el Árbol del Conocimiento; especialmente cuando no puede estarse más de espaldas a lo que es la Vida en general. Tales poderes atraen las peores desgracias sobre el género humano y el resto de las especies, cosas más indeseables que la extinción. Y los que estamos presenciando todo esto no podemos permanecer callados, porque la pérdida de dignidad del hombre ya ha ido demasiado lejos, y callando nos preparamos para indignidades mucho mayores todavía.

Se dice que sólo luchamos verdaderamente por nuestros intereses inmediatos pero eso no es cierto. No hay que preocuparse sólo por las consecuencias que para uno puedan tener las estúpidas maquinaciones de quienes pretenden ser señores de la vida, hay que empezar por rechazar todo su programa y sus repugnantes medios de comienzo a fin y de la forma más radical. Puesto que la interesada premisa de la que parten, que los seres vivos y nuestras máquinas son lo mismo, es manifiestamente falsa incluso para un niño, y lo más que puede alcanzar el desarrollo de tal planteamiento es un perfeccionamiento de los simulacros; en una palabra, de la mentira y el engaño a todos los niveles.

De modo que su punto de partida es sencillamente inaceptable; no diremos sus principios porque es obvio que no los tienen. Además es inaceptable no solo moralmente sino también desde el punto de vista teórico y técnico. Y lo primero que hay que tener para rechazar a este poder es rechazar sus asunciones y pseudoprincipios, lo cual ya es la mitad del camino para tener principios propios.

Gran parte de los técnicos y científicos no se dan cuenta de hasta dónde llega la colonización de sus mentes porque tampoco les importa, pues ya se sienten satisfechos con poder trabajar en un marco con reglas establecidas y dentro de una comunidad que parece dar un sentido a su esfuerzo; pero los mejores de entre ellos tienen poco que hacer dentro de la presente mediocridad. Las ciencias han creado toda una narrativa de inconformistas, revolucionarios e incomprendidos profetas, pero lo cierto es que hoy, incluso con todas esas pretendidas "tecnologías disruptivas", tienen más inercia y cosas que ocultar que la Iglesia que procesó a Galileo. Las tornas han cambiado por completo.

Puede estarse seguro de que los únicos que están conduciendo a la ciencia al más completo desprestigio no son los que la critican, sino los mismos científicos que han permitido que llegue hasta este estado. Y, por una parte, incluso eso podría resultarle útil al poder, como le resulta útil la erosión y desprestigio de la política. Ya ha previsto escenarios donde el grueso de la población da la espalda al conocimiento científico para que una pequeña casta organizada pueda trabajar aún más libremente —y eso es lo que ya casi sucede. Cabe preguntar con qué se legitimará el poder en un momento dado, cuando ya nadie escuche a sus sacerdotes. Pero aunque hayan conseguido degradar todos los ángulos del conocimiento concebibles, no impedirán que la razón tenga la última palabra, y desde luego nosotros no vamos a renunciar a la razón.

Se ha repetido que lo que caracteriza a la tecnocracia no es la persecución de fines sino su énfasis en los medios y su eficacia; pero este no es un juicio muy certero, y menos aún en las actuales circunstancias. En las mismas ciencias con mayor limpieza teórica, como la física, vemos que los medios, las predicciones del cálculo, se convirtieron en fines desde el comienzo y de la forma más descarada posible; qué puede esperarse entonces de todo lo demás. Pero precisamente el hecho de elaborar teorías ad hoc ha hecho que sean el camino más recto para una cosa y el peor para todo lo que ignoran.

Nuestras teorías físicas más celebradas, o el propio cálculo, demuestran a menudo una gran ineficacia para tareas que se pueden resolver de forma mucho más simple por otros medios. Y cuando se intenta conectar diferentes estratos teóricos entre sí, la ineficacia combinada puede crecer exponencialmente porque cada marco se ha optimizado para un tipo de problema a expensas de todos los otros. Y lo mismo suele ocurrir con las tecnologías y el intento de solución técnica para muchos problemas del mundo real. Ahí tenemos la gran eficacia de nuestro modelo económico para una sola cosa, y su enorme efecto destructivo para casi todo lo demás. El mito de la eficacia al que la tecnocracia se agarra es ya objeto de escarnio; la absorción por unos fines cada vez más estrechos hace tiempo que terminó con él.

* * *

Si el retroprogreso no nos parece la dialéctica natural es, más que nada, por la propia exageración unilateral de la idea del progreso moderno. Un tipo de progreso que aún se nos quiere hacer tragar con embudo aun si no tenemos el menor interés por él. Lo que no se pondera todavía es hasta qué punto la ciencia, en pos de sus predicciones y soluciones, ha invertido la percepción de los problemas; como tampoco se ha ponderado ni remotamente que exista una forma más simple de tratarlos sin renunciar en absoluto a la razón y a la simplicidad, sino más bien todo lo contrario. El retroprogreso sigue esa línea de dimisión de la razón buscando su restitución.

Para mantener esta ficción de progreso irresistible e irreversible, se nos venden las más ridículas líneas de fuga y escape, cuando lo único que queremos es un poco de inadulterada realidad. Tampoco ignora casi nadie que esos cambios drásticos e irreversibles que se quieren forzar se escenifican precisamente no para que cambie lo que importa sino todo lo contrario: se pretende modificar a toda la población para que el pequeño grupo de perpetradores quede intacto. En una palabra, cualquier atractivo que pudiera quedarle al progreso ha sido enterrado definitivamente por sus últimos promotores, en los que progreso desbocado y reacción extrema coinciden como nunca.

Como ya hemos dicho muchas veces, la auténtica megamáquina del globalismo, la que envuelve e impone su sentido a todo lo demás, es la pirámide invertida de distribución de la riqueza con su ley de potencias 80/20 reiterada casi hasta el límite, y según algunas simulaciones tendente a otra "singularidad" en la que toda la riqueza sería de un titular y el resto no tendría absolutamente nada. Este Gran Sifón o aparato de extracción y bombeo de riqueza desde la base física de recursos hasta lo alto de la cúpula tiene una elemental estructura matemática en la que sin embargo están inscritas muchas cosas. A pesar de lo simple de esta estructura, que además juega un papel fundamental en toda la minería y análisis de datos, logística, marketing, gestión, administración, y un largo etcétera que se resume en optimizar la explotación de recursos, su estudio a escala máxima es sistemáticamente ignorado por todas las prédicas de economistas y sociólogos incluso cuando se habla del "problema de la desigualdad".

Lo que demuestra otra vez hasta qué punto las ciencias, ya sean naturales o humanas, con sus "formidables recursos analíticos", son discursos controlados e integrados en las narrativas oficiales. Y lo que demuestra también hasta qué punto este discurso público tiene poco que ver con el auténtico análisis técnico de datos que se hace rutinariamente de puertas para dentro.

Si al discutir la técnica es ineludible contrastar Máquina y Naturaleza, aquí tenemos un caso de particular interés, puesto que las leyes de potencias y su manifestación en el dominio de frecuencias también son ubicuas en toda clase de procesos físicos y biológicos, incluido nuestro propio cerebro, una forma bien compleja de sociedad. Algunos han querido ver esto como una evidencia de que la desigualdad es algo simplemente "natural", pero parece obvio que la "libertad de escala" que el capital ha tenido para crecer, la condición para su permanente acumulación, es, antes incluso que la herencia, la apropiación de los mecanismos de creación del dinero y el crédito —pues también resulta obvio que la pirámide invertida de la riqueza refleja la montaña de deuda agregada y acumulada por nuestras economías.

En el Gran Sifón se integran los mecanismos monetarios, digitales, mediáticos, estatales y de otras grandes instituciones de una forma que es a la vez jerárquica y no jerárquica, tan vertical como la pendiente de desigualdad y tan horizontal y "anónima" —en un anonimato proporcional a la cantidad— como el flujo del dinero; y si bien la distribución en sí misma es continua, el número de elementos entre los que se distribuye es siempre un conjunto discreto. Es evidente que no se publica todo lo que se va aprendiendo sobre esta ley de potencias, pero hay aquí una gran clave sobre la relación —y la divergencia— entre Naturaleza y civilización, y entre la supuesta liquidez del dinero y las más verticales jerarquías. Harán falta estudios independientes para desentrañar este vínculo, pero no es este uno de esos problemas intratables. Contrastar el sistema hidráulico de deuda con los límites de los procesos naturales hará que la luz del Sol entre en esta enrarecida cripta.

Toda la ingeniería monetaria, la ingeniería financiera, la ingeniería social, la concertación mediática, la ingeniería del conocimiento, la ingeniería genética, etcétera, están en deuda directa con la estructura del Gran Sifón y trabajan para protegerla, puesto que no solo acumula en la parte superior casi todo el excedente de poder de compra sino que también lo canaliza. Cualquier sociedad que se respete a sí misma tendrá que hacer todo lo necesario para que semejante estructura de succión masiva y optimización del colapso no vuelva a repetirse jamás, pues tal monumento a la disfuncionalidad no sólo genera una desigualdad grotesca sino que corrompe todo lo que toca, moldeándolo a su imagen y semejanza. Esto es lo que debe terminar.

Cualquier verdad importante puede entenderse a muchos niveles diferentes, y por el contrario, si un proceso sólo se conoce al nivel de la predicción, como tantos en física o en probabilidad, o se comprende muy mal o no se comprende en absoluto —por más que sus ecuaciones se manejen con la mayor solvencia. Puesto que las leyes de potencias se presentan igualmente tanto en la Naturaleza como en los procesos humanos —desde leyes físicas fundamentales al tamaño de las ciudades, las corporaciones, los terremotos, los granos de arena y las estrellas— y se ha acumulado una enorme masa de información estadística al respecto, el grado de conocimiento que los mejores expertos pueden tener sobre ella se encuentra seguramente a mitad de camino entre la comprensión efectiva y la ignorancia predictiva. Se tiene casi todo para comprender el fenómeno cabalmente, menos la disposición necesaria para asimilarlo.

No es necesaria ninguna matemática para saber que en cualquier grupo humano quienes llevan la iniciativa son una pequeña fracción, y que su proporción e influjo se extiende de un modo más o menos continuo en la medida en que lo permite la cifra de la población. Tampoco es necesaria la matemática para entender que la ventaja sacada de esta iniciativa se puede acumular y amplificar en el tiempo a través de la herencia y de la apropiación de privilegios y de los mecanismos más vitales para el funcionamiento del conjunto.

Esto lo comprendemos sin dificultad por nuestra propia experiencia en la interacción social así como por la experiencia acumulada en la historia misma. En este caso, los elementos matemáticos críticos son la proporción 1/5—4/5 de la "ley de los pocos indispensables" y el número de veces que se reitera la potencia, lo que forzosamente ha de depender de la escala. Porque es innegable que esta tendencia también existe en las comunidades pequeñas, y lo que le va confiriendo sus implicaciones monstruosas es la extensión sin restricción de su escala.

A esta expansión sin restricciones en el espacio se oponen restricciones crecientes en el tiempo. Un aspecto muy básico del aumento de la complejidad es el aumento correlativo de restricciones del sistema: esta restricción creciente, esta fragilización, es algo tan básico como el propio proceso de envejecimiento que experimentamos en nuestro cuerpo, y sin embargo es algo ignorado de la forma más genérica en las descripciones y análisis del desarrollo. Lo que no es de extrañar si se advierten sus implicaciones.

Al ciclo de expansión le sucede otro de contracción: pero aquí no hablamos ya de ciclos económicos sino de ciclos vitales. En realidad todo este ciclo de concentración de riqueza que empieza con la expansión de Europa hasta dejar de serlo y convertirse en "Occidente" es un ciclo de disipación de energías que se habían acumulado durante al menos otros quinientos o mil años. Esta primera fase creció hacia dentro y destiló cualidades, mientras que la segunda fase creció hacia fuera expandiendo el dominio de la cantidad hasta sus últimas fronteras. Ya dentro del ciclo expansivo unos pocos despertaban el entusiasmo y aprovechaban los enormes excedentes de energía interior de la población, mientras que ahora el sistema lo que aprovecha para subsistir es la falta de energía, canalizando como puede los escasos excedentes.

Evidentemente tampoco aquí va a coincidir el colapso con ningún tipo de singularidad, puesto que todo el excedente de riqueza acumulado arriba de alguna manera tiene que comprar la adhesión de todo eso que queda por debajo; pero esa compra masiva de voluntades se traduce mayormente en servidumbre, corrupción generalizada, aumento de las restricciones y la ineficacia, y la sedación y pérdida permanente de energía tan necesaria para poder tomar otro curso.

Por eso ahora se pone más énfasis que nunca en lo irreversible de los cambios tecnológicos: lo que es irreversible es el final de este ciclo civilizatorio, pero los que pretenden guiarlo prefieren que desaparezca el hombre antes que desaparecer ellos mismos. No quieren tener testigos de su fin.

Hay muchos niveles de comprensión para la ley de potencias y el principio de desarrollo; incluso la evolución de una onda esférica en seis dimensiones aporta un conocimiento valioso de lo autodual de la expansión y contracción. Pero cualquiera que sea el nivel de conocimiento que adquiramos, se trata de un conocimiento inútil, si no contraproducente, para las necesidades de mantenimiento de este sistema. Así que, como en todo lo demás, lo que nos debería ocupar es ver qué valor puede tener para las comunidades que construyamos, ahora todavía en los márgenes, y luego algún día fuera.

Hoy la estructura de dominación es fundamentalmente económica como en otros tiempos fue sacerdotal o militar. Aunque el objetivo ha de ser que no exista ninguna, seguimos sin saber hasta qué punto es eso posible, porque hasta el día de hoy sigue siendo un hecho que no existe organización sin jerarquía. La única forma de minimizar este hecho es la reducción drástica de escala.

Lo opuesto a la muerte no es la vida sino el nacimiento, la vida en sí misma no tiene opuesto. Teniendo esto en cuenta comprendemos mejor la omnipresencia de las fuerzas de muerte en marcha, que no pretenden ser directamente homicidas, sino que son la encarnación misma de una resistencia a morir que coincide con la oposición al nacimiento. Y nuestra relación con las máquinas, ese espíritu coagulado, también concreta a su esquizoide manera la resistencia y la contracción de lo que se resiste a morir. Porque lo cierto es que las máquinas siguen teniendo una irrompible conexión con nosotros aunque nos esté estrangulando el cordón umbilical.

* * *

Los que fuerzan contra natura la irreversibilidad de los cambios actuales hacen daño a todos los que los padecen pero también y muy especialmente a ellos mismos. Ciertamente aún tienen la tracción de los engranajes del poder, pero es lo único que ven de un eje mucho más largo. Insistiendo en la irreversibilidad de los cambios multiplican exponencialmente la oposición cortándose además la posibilidad de retirada. No importa cuántos falsos desafíos y falsas alarmas fabriquen para hacerse imprescindibles, todos saben que ellos no son la solución sino el problema. Hasta para "reinventarse" de forma mínimamente creíble necesitarían cosas radicalmente nuevas que ellos son los últimos en poder crear.

La idea de la vida y el conocimiento que aquí se sostiene es diametralmente opuesta a la de quienes creen en la irreversibilidad del progreso, pues tal irreversibilidad no es sino la acumulación inerte de sus muchos estratos. Todos sabemos sin saberlo que la plenitud de la vida reside en la liberación de estructuras, pero la tecnología moderna tiende por el contrario a su proliferación y ocultación sistemáticas. ¿Y qué poder y qué conocimiento son esos que necesitan tantos aparatos?

Si la idea de la biología que hoy se tiene no es más que la precipitación postrera de una forma de entender el mundo físico, hay en la física, que sería la ciencia holística por antonomasia si ello se contemplara en sus principios, un potencial todavía inédito para describir satisfactoriamente los aspectos más importantes de la biología, la evolución y la salud; y también para confrontarse al menos con la cuestión de la conciencia. Es fama la "irrazonable ineficacia de las matemáticas" para la biología, pero esto no tendría que haber extrañado a nadie puesto que, para empezar, la misma "irrazonable eficacia" de la matemática para la física no ha sido sino una concatenación de operaciones de ingeniería matemática inversa con unos fines sumamente específicos. Por esto mismo, hay aquí también otro camino inverso hacia la simplicidad, que apenas está oculto, y que esperamos poder mostrar.

A pesar de todas sus deficiencias, la física matemática aún mantiene una conexión con el linaje más noble del conocimiento. La biología molecular, precisamente por ignorar los prodigios entre los que continuamente se mueve, en su estado actual no es más que un fruto condensado. Este juicio sonará a maniqueísmo extremo, y sin embargo es a la física a la que corresponde reparar el agravio. La suma del conocimiento de cien mil expertos en biología molecular queda en ridículo ante lo que sabe hacer una ínfima enzima; si algún día están a su altura, tal vez se les quiten las ganas de hacer experimentos. Y así y todo, ese saber de la enzima depende más de lo que se ha ignorado en la física fundamental que de todo el deletreo biomolecular.

No es el hombre lo que tiene que ser superado, sino la ciencia, y más aún la tecnociencia en su concepto actual; el Hombre seguirá siendo una incógnita a mitad de camino entre el Cielo y la Tierra, entre lo que es capaz de captar de la infinita esfera del conocimiento y lo que es capaz de concretar con él. Pero no creo que este planeta permita a estas alturas la coexistencia de dos civilizaciones diferentes, una dedicada a la manipulación a su antojo de la vida y otra condenada a padecerla sin poder hacer nada.

No, eso no va a ocurrir; no lo permitirá la tensión entre el Cielo y la Tierra, ni la que existe entre nuestro conocimiento y nuestra acción. Por lo tanto, o bien toda esta carrera tiene un fin rápido y violento que ataja los experimentos impíos, o emerge pronto un oponente capaz de equilibrar esta situación extrema. Pueden apreciarse lineamientos de fuerzas del planeta contrapuestas a las fuerzas de la globalización; pero en la escena del conocimiento aún no existe nada parecido, y sin esta guía, cualquier oposición está vencida de antemano.

Lo que no significa que una nueva orientación de la ciencia, la técnica y la práctica requieran del apoyo de ningún poder, sino todo lo contrario. Si no es capaz de surgir espontáneamente y por sus propios medios, tampoco merecerá la pena —si se trata de oponer una simplicidad que sea al menos tan penetrante, tan envolvente, como la complejidad con que las modernas tecnologías nos cercan. Dar con ello no es algo que esté al alcance del dinero.

No son pocos los que han buscado liberarse de las estructuras en el dominio del pensamiento, pero hasta ahora permanecía sin cuestionar el dominio de la cantidad que ha dado a este sistema toda su capacidad de control. Sin embargo la supuesta superioridad técnica de sus analistas tiene mucho de imponente fachada, y uno mismo puede comprobar que ni siquiera se han analizado correctamente las dimensiones físicas de problemas de cálculo elemental. Sin buen análisis no puede haber buena síntesis, pero eso siempre fue secundario para el crecimiento de las especialidades. Hoy el panorama del conocimiento es sencillamente indescriptible y no sólo por problemas técnicos e históricos sino porque, al depender cada vez más poder y ciencia el uno del otro, el número de cosas que los expertos deben ignorar para mantenerse en sus puestos neutraliza el conocimiento acumulado que acaparan.

Nuestra percepción de la realidad es siempre muy superficial. Antes notábamos la concurrencia de los discursos del poder y de la física en ciertos conceptos, aunque, por otra parte, nadie ignora que existe una decisiva diferencia entre fuerza y poder. También notábamos que el movimiento, y cualquier estado físico, puede describirse de forma consistente tanto por el equilibrio como por el desequilbrio. Pero, ¿ cómo percibe uno de la forma más inmediata el poder, ya sea dentro o fuera de sí? Cualquiera dirá que como un desequilibrio, puesto que el poder tiende fatalmente a ejercerse en su totalidad, a pesar de que la otra forma de verlo, como un equilibrio dinámico permanente y también como un permanente compromiso, ha de ser igualmente cierta. Sin embargo este último aspecto puede evadir en grados muy amplios la conciencia, puesto que si el equilibrio existe siempre, y la suma de fuerzas siempre es cero, no hay cambio que podamos apreciar. Así pues, sin pretenderlo, la física fundamental parece conducirnos a un insospechado arcano del poder, un arcano que, curiosamente, tendría un punto ciego inaccesible a la física y la mentalidad reinantes.

Desde que hay historias se nos ha hablado de la lucha entre dioses y titanes, devas y asuras, por el dominio del cosmos y el hombre; y a este respecto nada sería hoy más fácil que establecer una narrativa que no andaría muy lejos de la realidad. Sin embargo lo más verdadero de estos mitos siempre presentes es algo que no se deja captar por el tiempo aunque pone en marcha los resortes de la ficción. Al final no vencerá ni quien más engañe ni quien menos se deje engañar, sino quien más cercano se encuentre al Principio.

Hay virtud en lo retroprogresivo, una virtud que el fascismo de lo irreversible hace cada vez más evidente pero también otra virtud más elusiva y profunda que hace girar la rueda entera del acontecer. Esa virtud no se adhiere a nada pero permite que todo le siga su rastro; incluso al poder le es dado seguirla, pues basta con buscarla para que ella abra un camino donde parece que no existe ninguno.

IRONÍA Y TRAGEDIA EN LA HIPÓTESIS DE RIEMANN

22 febrero, 2022

¿Sabíais este secreto? Lo peor es que la belleza no sólo es terrible, sino también un misterio. Dios y el Diablo luchan en ella, y su campo de batalla es el corazón del hombre.

Fiódor Dostoyevski

Mei Xiaochun publicó hace 3 años un artículo[1] en el que afirmaba que la hipótesis de Riemann ni siquiera tiene sentido porque para empezar ya hay cuatro inconsistencias graves en el texto de 1859. En un artículo posterior[2], utiliza un método estándar para probar que la función zeta de Riemann no tiene ni un solo cero no trivial. Cero ceros. No hace falta recordar que, según la opinión matemática reinante, se han calculado billones de ellos.

Mei Xiaochun no está tratando de encontrarle cinco pies al gato. Las inconsistencias de las que habla son muy básicas, incumplen incluso las propias ecuaciones de Cauchy-Riemann que están en la base del análisis complejo. No soy matemático y prefiero diferir mi juicio sobre la relevancia de sus argumentos, pero creo que, como mínimo, merecen una atención y una respuesta; aunque difícilmente la encontraremos en ninguna parte. Si algún matemático se dignara responder, probablemente diría algo así como que la continuación analítica tiene principios que el autor parece ignorar, pero nadie ignora que crear nuevos principios según convenga es la forma más elegante de no tenerlos.

Mei es un físico del Institute of Innovative Physics en Fuzhou. Ojeando una lista de su producción científica se aprecia fácilmente que se ha especializado en la crítica de aspectos altamente especulativos de la ciencia moderna que pasan por ciencia normal: la relatividad general, los agujeros negros, el LIGO y el LHC, o incluso el electromagnetismo. Respecto a este último tiene una serie de trabajos sobre la interacción electromagnética retardada que me parecen particularmente interesantes, puesto que la vincula con la irreversibilidad temporal en ciertos procesos y en esta página hemos hablado repetidamente de la teoría del potencial retardado y también de la irreversibilidad en la física fundamental.

Independientemente de lo acertado o errado de sus afirmaciones, lo que está claro es que en Occidente no se puede pertenecer a una Universidad o a ninguna institución oficial de investigación y publicar artículos como los de Mei. No merecería la pena ni intentarlo, ya que el rechazo estaría garantizado de antemano. Que en China esto se permita sólo pone de manifiesto lo que ya sabemos, y es que la ciencia occidental no es asumida allí como algo propio, sino sólo como una herramienta de enorme poder que es imposible ignorar.

Por lo demás Mei no está intentando "deconstruir Occidente"; sus argumentos son totalmente pertinentes y legítimos, y lo realmente revelador es que ningún científico occidental integrado en las instituciones pueda permitirse decir estas cosas. Tal vez el último investigador en nómina que pudo hacerlo fue el canadiense Paul Marmet, e ignoro si cuando publicó *Absurdities in Modern Physics,* en 1993, aún trabajaba en la Universidad de Ottawa.

¿Qué pueden hacer los matemáticos de *aquí* con los argumentos de Mei? Habrá que preguntarles a ellos. A mí me han dicho alguna vez que las cosas que he escrito sobre la función zeta son "totalmente especulativas", y sólo faltaría que no lo fueran, si ni siquiera he pretendido hacer matemáticas. El caso es que la misma hipótesis de Riemann es "totalmente especulativa" desde el principio, y lo único preocupante sería que los matemáticos no se dieran cuenta de ello.

Para empezar, nunca he creído en que la hipótesis pueda resolverse, que es lo que al parecer motiva a la mayor parte de los matemáticos; pienso que esta función especial es interesante en sí misma con independencia de la hipótesis, aunque eso incluya naturalmente los ceros de la línea crítica. Al menos aquí hemos planteado dudas sobre la corrección de los métodos de cálculo, dudas que se suscitan incluso antes de entrar en el análisis complejo, en el cálculo diferencial más elemental. Nos hemos remitido una y otra vez al trabajo de Miles Mathis[3], que ha puesto en evidencia las sistemáticas manipulaciones algebraicas ilegales para llegar a los resultados conocidos. En fin, hemos hablado de la ingeniería inversa del cálculo aplicado a la física, y lo llamativo es que en el caso de la función zeta la circunstancia es la contraria: la física y en particular sistemas cuánticos con muchos cuerpos reproducirían algunos de los patrones de esta función. Pero, ni que decir tiene, todo eso no es menos "totalmente especulativo". Coincido completamente con Mathis en su apreciación de que el cálculo es matemática aplicada, no matemática pura; lo que no sé es cómo alguien podría pretender lo contrario. ¿Porqué si no se siguen calculando ceros?

La hipótesis de Riemann "sólo dice" que los números primos son tan ordenados como pueden serlo porque si fueran más ordenados dejarían de ser números primos. Es decir, es una condición más restrictiva pero aún sumamente incierta sobre la hipótesis de Legendre y Gauss que luego se convirtió en teorema gracias justamente a la función zeta de Riemann. Ponemos "sólo dice" entre comillas puesto que esto mismo se puede formular de otras mil y una maneras y tiene otras tantas resonancias distintas en los campos más diversos de la matemática. Es comprensible que la mayoría de matemáticos deseen que sea cierta, puesto que aportaría un criterio de orden de un alcance inmenso, y lo contrario, que la pauta de los números primos empiece a ser diferente a partir de números muy grandes, además de ser inimaginable, tendría efectos devastadores. Además, no hay ninguna esperanza de poder refutar la hipótesis con la fuerza bruta del cómputo, patéticamente impotente en casos como este.

Claro que aquí estamos suponiendo que existen esos ceros no triviales de la función y que tienen una relación cierta e inequívoca con los números primos y su distribución; pero esto justamente es lo que Mei Xiaochun niega. Las mentes de los matemáticos, laboriosas por naturaleza, siempre escogerán tener algo con lo que trabajar. Si un analista se encontrara en el limbo, en el cielo o en el infierno, y tuviera que elegir entre pasar la eternidad ociosamente, o pasarla calculando sin descanso, no se lo pensaría dos veces.

No hace falta mucho humor para concluir que la demostración de la hipótesis de Riemann, sin hablar ya de sus implicaciones, resulta inconcebible, y que su refutación, sin necesidad de tocar sus implicaciones, también es igual de inconcebible; y que en medio de esas dos inconcebilidades, entre el cero y el uno, y el cero y el infinito, se encuentra la línea crítica con un valor real igual a 1/2.

Bien considerado, se comprende que las justas objeciones de Mei no obran en detrimento de Riemann, sino que, involuntariamente, revelan como nunca el genio del más profundo de los matemáticos. También los grandes matemáticos, como los escritores y los filósofos, apenas hacen algo más que explotar y amplificar hasta donde pueden el alcance de una sola idea, por la que son más o menos poseídos. Todo el mundo lo hace, pero el éxito de forzar una idea encuentra pronto sus límites en la realidad y en el crédito que otros están dispuestos a darnos.

El XIX es ante todo el siglo de la variable compleja y Riemann es su máximo exponente. Se admite que el origen de la función zeta compleja está en la teoría de funciones y no en la teoría de los números. Riemann sabía que el análisis complejo simplifica grandemente muchos problemas del análisis real, como sabía igualmente que los números complejos proporcionan una enorme libertad para moverse. Riemann buscaba definir mejor esa idea, aún hiperbólicamente inmanejable e imprecisa, de que "los números primos son tan ordenados como pueden serlo porque si fueran más ordenados dejarían de ser números primos". Lo que hizo entonces fue buscar el tipo de manipulaciones que podían expresar esa idea en el plano complejo partiendo de la fórmula de producto de Euler y combinando los grandes avances de Cauchy y los suyos propios en análisis complejo con los imprescindibles de Gauss, Dirichlet y Chebyshev en aritmética. Riemann buscaba un criterio simplificador y finalmente dio con uno que parecía serlo en extremo a expensas de hacer cuatro operaciones prohibidas. El criterio lo daba un cálculo sui generis que era en sí mismo una nueva modalidad pero que milagrosamente alineaba los ceros de la función en una recta crítica. Riemann no podía dejar de ser consciente de lo precario de sus manipulaciones y por eso dejó caer su hipótesis casualmente y como una cuestión secundaria. Pero sólo ahora se hace evidente que la hipótesis fue desde el comienzo la motivación de todo su trabajo en torno a la función.

¿Y qué importancia podían tener cuatro operaciones injustificadas cuando lo que emergía era algo tan extraordinario? A los matemáticos les llevó tiempo empezar a vislumbrar las nuevas posibilidades que se abrían con la hipótesis de Riemann, pero una vez que aceptaron el juego, les resultó imposible renunciar a ese inopinado y tentador paraíso. Se admite de buen grado que Riemann no fue precisamente un modelo de rigor, pero nadie pone en duda lo atrevido y concienzudo de sus planteamientos. Es imposible que no supiera lo que estaba haciendo; simplemente juzgó que estaba justificado porque daba paso a una verdad de un orden superior. Sin embargo los matemáticos que han venido después han dejado de ser conscientes de esto porque bastante tienen con justificar de algún modo sus nuevas y cada vez más enrarecidas suposiciones.

No tengo el menor deseo de menoscabar ni el trabajo de Riemann ni el de todos los que han seguido su estela. Podemos sentir simpatía por sus formas de proceder, precisamente porque cabe verlas como debilidades humanas, y es de necios indignarse con nuestra debilidad. Creo que la hipótesis de Riemann es simplemente sublime, y sin embargo también creo que Mei tiene razón y las manipulaciones del matemático alemán son en rigor ilegales —incluso para los estándares de Riemann, que ya eran bastante permisivos. Uno está tentado de decir que la hipótesis de Riemann es sublime incluso si es absurda, y que hasta el absurdo le daría la razón si pudiera.

Claro que no se trata sólo de la humana debilidad, porque si alguna grandeza hay en la vida de un científico está en el hecho de que sus descubrimientos no se deban meramente a su inteligencia, sino a una fe que avanza a oscuras y a la perseverancia frente a la adversidad. La física y la matemática han tenido dosis sobradas de esto, aunque muchos no se den cuenta de ello.

Estoy convencido de que lo dicho se ajusta a la realidad de los hechos porque la entera historia del cálculo nos da todo tipo de evidencias en el mismo sentido, que se transparentan a pesar de la parcialidad triunfalista con la que hoy se juzga su fundamentación. Siendo desde sus mismos orígenes una serie de recetas heurísticas, para cuando llegó Riemann los analistas llevaban casi dos siglos practicando el oportunismo sistemático sin más imperativo inmediato que ampliar el dominio del cálculo a toda costa, repitiendo cada dos por tres aquello tan socorrido de que "una prueba rigurosa sería deseable". En esto Riemann sólo se sumaba a una práctica ya convertida en tradición.

Un matemático sagaz alcanza a menudo a resultados sin saber cómo ha llegado a ellos; la hipótesis de Riemann sería sólo el caso más extremo de este tipo de anticipación. La comunidad matemática nunca ha justificado el proceder de Riemann, sino que lo ha aceptado sin más, y aceptándolo literalmente, tiene que justificarlo por la vía de una demostración que promete ser infinitamente complicada e igual de insignificante. Sin embargo, hay en la inverosímil anticipación de Riemann oscuras razones generales y razones específicas que han sido borradas por esa desmemoria típica que cualquier presente necesita para hacerse la ilusión de existir.

Se dice que la fundamentación del cálculo dio el deseado rigor al magno edificio del análisis. Pero la fundamentación volvió a ser una justificación de los resultados conocidos, sólo que con un grado más alto de generalización. Si antes se llegaba a un resultado correcto por medios erróneos, ahora se afirmaba que lo hacía por las razones correctas, pero, ¿cómo puede funcionar una matemática errónea para empezar, y cómo es eso de que la matemática correcta no cambia en absoluto los resultados de la matemática equivocada? Y claro, el problema con la hipótesis de Riemann es que no se basa en resultados conocidos, o si lo hace es a través de una conexión tan inasible como problemática.

El mismo hecho de que las matemáticas se expandan aceleradamente en todas las direcciones garantiza que aumenten los huecos también en todas sus partes. Si sus conocimientos, como en el resto de las ciencias, se duplican cada 15 años, también se duplican sus lagunas, funambulismos y castillos en el aire. En cincuenta años se decuplican, y en 150 se multiplican por mil. Han pasado más de ciento sesenta años desde la hipótesis de Riemann, de modo que, con un cálculo somero, puede estimarse que muchos trabajos actuales sobre esta función podrían implicar retroactivamente del orden de 6.000 infracciones. Esto hace de la crítica seria una tarea casi imposible, y además, nadie tiene la culpa de esta descomunal acumulación de conocimientos. ¿De qué hablamos entonces cuando hablamos de rigor?

Se ha discutido siempre si las matemáticas o las grandes leyes físicas se descubren o se inventan. No tengo la menor duda de que se inventan, y el caso que nos ocupa me parece bien elocuente; lo que más que restar mérito, se lo añade a la obra Newton, Riemann y tantos otros científicos ilustres. No se descubre nada sin la voluntad de avanzar en una cierta dirección. Sin embargo los continuadores tienden fatalmente a dar por hechas cosas que los creadores vieron con la más extrema y justificada de las cautelas.

Del plano inclinado de Galileo a los guisantes de Mendel, toda la historia de la ciencia está sembrada de argumentos forzados frente a evidencias experimentales que no dan lo bastante de sí pero deberían hacerlo. Se supone que la matemática es la más rigurosa de todas las ciencias, pero, una vez más y visto lo visto, ¿de qué hablamos cuando hablamos del rigor? Hemos tenido sobradas ocasiones de comprobarlo por todas partes y en esta época como nunca: el rigor no es nada frente al impulso de los programas de investigación y el efecto colectivo que generan. Demasiados científicos se han convertido en especialistas en revestir las más descabelladas ideas con la máscara del rigor, la opacidad y el aburrimiento.

* * *

Esto puede traer a la memoria aquel lejano libro de Sokal y Bricmont[4] sobre las imposturas intelectuales. Sin duda ya en los noventa había toda una patulea de autores y supuestos filósofos que estaban diciendo cosas ridículas, y con algunos nombres famosos, la burla era incluso demasiado fácil. Por lo demás, cualquiera aprueba las llamadas a separar el conocimiento de las guerras culturales y políticas, algo que en épocas menos insensatas ni siquiera hubiera sido necesario. Pero en realidad Sokal y Bricmont, un matemático y un físico teórico, también estaban haciendo su particular y muy oportuna guerra cultural, desviando la atención de la desbordante proliferación de incoherencias en sus propias disciplinas. Y esto además sí lo conocían de primera mano.

¿Queremos sugerir aquí que la hipótesis de Riemann es una impostura intelectual? La pregunta me parece del máximo interés, pero no para chapotear en la sociología de la ciencia y las guerras culturales, sino por el núcleo matemático de la cuestión. Personalmente no creo que esta hipótesis ni la actual forma de calcular la función sean una impostura ni una mera ilusión colectiva, al menos por dos motivos: porque, incluso si ha surgido de una manipulación infundada, y especialmente si ese fuera el caso, todos esos ceros siguen reclamando una explicación, antes que una solución; y porque su ensalzada belleza también es en sí misma problemática.

Se ha hablado mucho sobre la belleza en matemática y es un tema del que no se puede sacar nada en limpio, pero no porque no sea importante sino que porque excede la competencia del matemático. El matemático no puede decir nada significativo sobre la belleza, sólo puede, en el mejor de los casos, crear belleza matemática, y más por sí misma que pensando en aquellos que puedan apreciarla. Pero la belleza en matemáticas no es sólo un resultado, sino una instancia generadora y productiva. Se busca la simplicidad, y entre tanto, se trata de simplificar continuamente, lo que es uno solo con el proceso de abstracción, de destilación de materiales heterogéneos.

La historia de la matemática es fascinante porque refleja cosas de nosotros que no se pueden ver en ningún otro espejo. Hay un nivel expresivo, fisiognómico en la matemática, que puede apreciarse sin necesidad de conocer los meticulosos entresijos de esta ciencia; igual que un buen conocedor puede juzgar el carácter, el ánimo y el estado de salud por el semblante sin tener que saber nada de fisiología. La matemática no sólo tiene su fisiología propia sino que también está mostrando involuntariamente una fisiología histórica en su propio plano, una lógica de desarrollo interna de la que el "estado social" sería, en el mejor de los casos, sólo una instantánea que dejaría su única cifra precisa en la cronología. Hay un plano estético del objeto matemático aislado, y otro plano estético de la relación de todos los objetos matemáticos en su interacción en un momento dado; y las aplicaciones de la matemática a la física son una parte crucial de esta constelación.

Poincaré juzgó con buen criterio que la aritmética es *a priori* y la geometría *a posteriori* y por tanto una cuestión de experiencia; otros matemáticos han dicho que no hay parte de esta ciencia, por abstracta que resulte, que no pueda llegar a reflejar aspectos relevantes de la Naturaleza. Aquí querríamos sugerir además lo contrario: no hay cognición de la Naturaleza por nuestra parte que no pueda emigrar e *ingresar* en el compacto monolito de la aritmética —siempre que uno sepa lo suficiente sobre teoría de los números. Este camino retrógrado o posterior es mucho menos consciente que el descenso de la aritmética a la geometría en las aplicaciones a través del álgebra y el cálculo, y aunque en teoría tendrían que ser recíprocos, en la práctica están muy lejos de serlo debido a las variadas contingencias en su desarrollo.

Riemann dedicó a la física teórica y experimental, especialmente en compañía de Wilhelm Weber, tanto tiempo al menos como el que dedicó a las matemáticas; Euler y Gauss también se entregaron a la física con el mejor de sus empeños. Riemann, nadie lo duda, fue un gran analista, un gran geómetra y un gran teórico de la aritmética, siendo el álgebra su punto ciego o al menos su área más indiferente. Esto es muy característico, y de algún modo permite excusar las libertades que se tomó siempre en sus operaciones. Siendo una mente tan absorta en la teoría, y teniendo una vida corta y con mala salud, sorprende comprobar la paciencia con que atendió los detalles de repetitivos protocolos experimentales; especialmente cuando reparamos en que todas sus grandes contribuciones tienen lugar en nueve años, entre 1851 y 1859, siendo la última de ellas el trabajo sobre la función zeta, apenas cumplidos los 33.

La breve memoria de ocho páginas *Sobre el número de primos menores que una cantidad dada* de Bernhard Riemann se publicó en noviembre de 1859, el mismo mes en que aparecía *El origen de las especies*. Ese mismo año también conoció el arranque de la mecánica estadística con un trabajo pionero de Maxwell, y el punto de partida de la mecánica cuántica con la espectroscopia y la definición del cuerpo negro por Kirchhoff. La mecánica estadística es la madre de la teoría de la información, y, por otro lado, Riemann también estuvo interesado en la termodinámica que estaba en la fragua en esos mismos años. Siempre he tenido la impresión de que la función zeta representa por sí sola un contrapunto, y quién sabe si también una antítesis, a la puja triunfante en esa época por explicarlo todo en la Naturaleza con conceptos como el azar, la entropía o la selección natural. Riemann buscaba en todo la unidad subyacente, y, con la venia de Leibniz, puede aventurarse que nunca un analista ha tenido una orientación tan fuertemente sintética. En sus escritos se aprecia cómo su mente oscilaba entre la intuición y la imaginación abstractas, dos facultades muy diferentes que sólo ocasionalmente coinciden. Esta inteligencia tan sintética dedicó también mucho tiempo a la filosofía natural, a los prodigios mecánicos de la audición, a la conducción del calor, o al electromagnetismo, la luz y la gravedad dentro de una teoría del éter; y aunque esas inquietudes y trabajos, con un inconfundible sello de profundidad, no tuvieron el fruto deseado, de algún modo se vertieron en la única síntesis que le fue dado lograr —donde menos cabía esperarla, en su único trabajo en la teoría de los números.

Creo también que al formular su hipótesis, a Riemann no lo movió el deseo de ampliar el poder predictivo del cálculo sino el afán de simplificación o de síntesis, y es por eso que aquí la belleza tiene un carácter, nunca mejor dicho, funcional, y, a la vez, el menos obvio que se haya podido nunca imaginar. Porque, ¿realmente simplifica algo las cosas, o sólo estamos ante otro espejo cuya relación con los números nunca se acaba de cerrar?

Autores como los ya mencionados se escandalizan por el uso abusivo de las matemáticas por parte de algunos filósofos para construir las más ineptas metáforas. Tampoco aquí les falta razón, y muchos de los ejemplos que exponen al escarnio realmente lo merecen; pero, de nuevo, todo esto es demasiado patente como para dedicarle tiempo. Sin embargo no nos dicen nada interesante sobre el uso y abuso de las metáforas en las llamadas ciencias duras contemporáneas. Se ha dicho que qué sería de la ciencia sin metáforas, y en verdad, las metáforas son inextirpables, no ya de la divulgación dedicada a los legos, sino del mismo corazón de la actividad científica. Y también es elocuente que, en medio de tanto abuso por parte de unos y otros, la hipótesis de Riemann, tan exaltada en su belleza, sea igual de refractaria a las metáforas.

El infinito potencial no es una metáfora, pero el infinito actual sí, y sin embargo es aceptada tranquilamente por casi todos los matemáticos contemporáneos. De hecho el infinito actual es, como bien la llaman Lakoff y Núñez, la "Metáfora Básica" de nuestra presente matemática, y sin duda está muy relacionada con la idea de que la hipótesis de Riemann tiene que tener solución. Claro que el infinito potencial no es infinito en absoluto, sino sólo una serie finita indefinida. El mismo Riemann aún pensaba en términos de infinito potencial, pues como sabemos el infinito actual sólo se empezó a contemplar, y no sin fieras resistencias, después de los trabajos de Cantor. Si el infinito actual es hoy tan comúnmente aceptado, ello se debe a la típica hipertrofia del álgebra y su indiferencia simbólica por lo real.

La teratología, el catálogo de metáforas monstruosas y absurdas, empieza por las mismas ciencias duras, y si en la matemática lo aberrante y patológico queda siempre más allá de nuestras recreaciones sensibles, con la física entra de lleno en el imaginario. Este uso anómalo arranca históricamente con el cálculo infinitesimal y el álgebra que la asiste en la aplicación de las matemáticas al cambio. Ocurre tan sólo que nos hemos acostumbrado a estos desajustes y saltos por encima de la realidad.

Ahí tenemos por ejemplo a los agujeros negros, tan bien diseccionados por Mei Xiaochun y por otros muchos autores antes de él. ¿Porqué no los critican los profesionales del escepticismo y los artesanos del escándalo, cuando es tan fácil ver su absurdo? Más que fácil, pues pretender que una singularidad matemática pueda tener realidad física es absurdo, pero querer encima que la física-matemática vaya más allá de una singularidad puramente matemática, ya es épicamente ridículo. Y sin embargo, se entiende que el que cada día nos desayunemos con la noticia de que han descubierto dos o tres nuevos agujeros negros no sólo tiene que ver con la industria cultural y del entretenimiento, sino que también es la consecuencia de un desarrollo lógico de la misma teoría que viene de muy atrás.

Pero por más que sea la consecuencia lógica de una serie de malentendidos, no hay ninguna belleza en un agujero negro, ni ningún misterio de porqué existen más allá del misterio de la credulidad humana. Eso sí, una vez que se han superado las inhibiciones frente al absurdo y el ridículo, la sensación de misterio y profundidad están garantizadas. Sokal y Bricmont hablaban de intelectuales postmodernos y de *fashionable nonsense*, pero la ciencia postmoderna, que en los tiempos de su libro estaba en pleno apogeo, rampaba ya en los sesenta con "la edad de oro de los agujeros negros", y en el zoo de partículas con entidades tales como los quarks, cuyo sólo nombre ya lo dice todo. Por cierto, que el rasgo decisivo de la fuerza nuclear, la relevancia de las fuerzas no centrales en la Naturaleza, queda totalmente eclipsada por algo tan aséptico como la celebrada libertad asintótica que la encubre.

La relatividad general no era lo bastante loca e inconsistente, incluso con la relatividad especial, y había que derribar el único muro de contención teórica que le quedaba: el veto a los agujeros negros. En un sistema que no permite volver atrás y reconsiderar seriamente los fundamentos, lo único que queda es huir hacia delante, y darle realidad física a las singularidades era el pasaporte definitivo para la tierra de Nunca Jamás. Esto se hacía aprovechando la curvatura que Riemann había ideado en sus atrevidas generalizaciones geométricas y cuya aplicación a la física era por entonces sólo una remota posibilidad. De hecho Riemann esbozó una teoría de partículas de materia como sumideros del éter y consideró espacios con y sin curvatura. El cauto y escrupuloso Poincaré, medio siglo después, vio que, si se asumía la relatividad especial, quedaban dos vías para la relatividad general: curvar el espacio-tiempo o curvar la luz. Era mucho más sencillo lo segundo, además de acorde con nuestra experiencia; que eso era perfectamente viable, lo siguen demostrando teorías actuales como la llamada gravedad gauge.

La ciencia postmoderna es autoirónica por mero reflejo defensivo, pues sabe muy bien que no puede tomarse ninguna idea demasiado en serio. No ya los agujeros negros, que tomamos sólo como ejemplo, sino casi todo en la ciencia contemporánea está destinado a una ironía suprema, producto de sus giros y atajos en el doble movimiento de acumulación y enrarecimiento del saber. Y esa ironía suprema será muy distinta de las pequeñas ironías espolvoreadas ahora por doquier. El que no tiene el menor dejo de ironía hablando es Mei Xiaochun, la más inesperada encarnación de la franqueza.

Y algo de esa ironía suprema que se avecina se puede ya vislumbrar en las revueltas de la propia teoría en sus múltiples manifestaciones. La senda del exceso también conduce a la sabiduría, si se sabe llegar hasta el final. Cosas como el llamado "principio antrópico" en cosmología ya delataban hace tiempo el grado de desorientación de la física especulativa, pero aquí sólo mentaremos el principio holográfico por estar más cercano a nuestro asunto ya que surgió de la termodinámica de los agujeros negros.

En un agujero negro confluyen la mecánica relativista, la mecánica cuántica y la termodinámica, y por tanto también la teoría de la información. Llevar las diversas teorías al último límite concebible y tratar de ver qué ocurre en su forzoso contacto: esto sí es interesante, incluso si se plantea en el entorno desquiciado y patológico de la ultrasingularidad. La función zeta de Riemann está ya implícita en los primeros cálculos de Planck sobre la radiación de cuerpo negro, y por lo tanto en aspectos muy básicos de la mecánica cuántica como los niveles de energía del vacío. Por otra parte se ha utilizado esta función para regularizar la termodinámica de los agujeros negros y obtener resultados finitos, lo que es tan sólo un método entre otros que no implica una conexión necesaria entre los dos.

El principio holográfico ya es una ironía suprema de la teoría por diversos motivos. Primero, porque después de haber elevado el número de dimensiones para una teoría de la gravedad a cuatro y para las teorías de cuerdas a diez o a veintiséis, se nos termina diciendo que cualquier evolución física con toda su información es reducible, no ya a un volumen, sino a una superficie. Lo que no puede dejar de crear la mayor perplejidad, cuando se suponía que procesos como la gravedad o el principio de Huygens de propagación de la luz no pueden operar en dos dimensiones. Pero esa aún es una ironía menor. La mayor sería que el principio holográfico se basa en la fase geométrica, que es un suplemento a la mecánica cuántica pero no pertenece propiamente a ella: un bucle o curvatura añadida a la evolución unitaria, cerrada, del hamiltoniano. La fase geométrica no pertenece al espacio proyectivo de Hilbert, sino que refleja la geometría del ambiente que no está incluida en la definición de un sistema cerrado. Y esta apertura de un sistema cerrado a su ambiente es lo que se supone que ahora define los límites de nuestra experiencia del mundo.

Dicho de otro modo, la fase geométrica, un mero apéndice de una mecánica cuántica que se pretende completa pero que claramente no puede serlo, nos daría el grano fino de la piel del universo. La fase geométrica, el desplazamiento anómalo del potencial, no forma parte del esquema de las interacciones dinámicas y por eso se lo considera totalmente secundario. La historia de la dinámica subordina el potencial a la fuerza. La fuerza es lo determinante y el potencial, en tanto que mera posición, sólo se entendía como un auxiliar pasivo; pero no puede ser que aquello que tiene una acción instantánea, como la mecánica cuántica demuestra, sea pasivo con respecto a aquello a lo que le lleva tiempo reaccionar.

Es como si la física hubiera invertido hasta cierto punto las ideas de acto y potencia; y la verdad es que no es lo único que ha invertido ni mucho menos. Pero lo que es del todo ilusorio es pretender que la fase geométrica es privativa del mundo cuántico, cuando está presente a todos los niveles y en las teorías mejor conocidas bajo la engañosa denominación de "potencial retardado" — otro de los temas recurrentes en los trabajos de Mei Xiaochun. Los potenciales retardados aparecen por vez primera en la física en 1848 con la electrodinámica de Weber, el fiel amigo y estrecho colega de Riemann; y de un modo distinto, también en la propia electrodinámica de Riemann de 1858 cuya publicación él mismo retiró. Si se aplican potenciales retardados a la gravedad, los agujeros negros se hacen imposibles porque con el aumento de velocidad disminuye proporcionalmente la fuerza.

* * *

Analizando la mecánica relacional de Weber y algunos de sus continuadores más recientes como Nikolay Noskov y André Assis se llega a la conclusión de que el llamado "potencial retardado" no es tal sino que simplemente expresa la diferencia temporal entre acción y reacción cuando salimos del principio implícito de la sincronización global que domina toda la mecánica clásica incluyendo la relatividad, y en la que se intenta encajar la "causalidad" local de la mecánica cuántica. Recordemos brevemente, una vez más, que en una mecánica relacional como las citadas, generalmente compatibles con la observación, podemos sustituir el primer principio de inercia por el de equilibrio dinámico, en el segundo principio la fuerza deja de ser constante y depender sólo de las distancias y en el tercer principio deja de haber simultaneidad entre acción y reacción.

Esta modificación, cuyo origen se remonta a Gauss, parece en principio sólo un leve desvío pero pronto advertimos que puede abrir paso a una idea del tiempo muy desacostumbrada y difícil de concebir. Cada cosa tiene su tiempo propio, y si hay un "sincronizador global", que tal como sale de Newton y como siempre se ha concebido no deja de ser un mero principio metafísico, no puede estar en el dominio de la dinámica y las interacciones, sino en el potencial, eso que siempre nos ha parecido pasivo. Con respecto a algo instantáneo, la interacción dinámica sólo puede ser paso de la potencia al acto, pero lo que dirige la acción sigue siendo el potencial.

Wolfgang Smith, matemático y físico de orientación aristotélica, ha propuesto para la mecánica cuántica la idea de una *causalidad vertical*. Este concepto me parece no sólo útil sino tal vez necesario para el problema que nos ocupa, pero en un sentido muy distinto que el que Smith le da. Smith se adhiere a la interpretación de Copenhague, asume la diferencia radical entre macro y microfísica y depende del colapso de la función de onda para una interpretación deliberadamente verticalista y trascendente. Por el contrario aquí no vemos que haya ninguna diferencia irreductible entre potenciales clásicos y cuánticos, y la llamada causalidad vertical sería una relación de otro orden entre los distintos tiempos propios que tienen los procesos que normalmente consideramos en el mismo plano. Tal causalidad vertical sí podría tener una relación con la función zeta de Riemann.

Evidentemente, esta "verticalidad" no tiene nada que ver con que la línea crítica se represente en paralelo al eje de ordenadas, lo que es una mera convención; sino que ha de relacionarse con la no separabilidad de los potenciales, el alineamiento de sus respectivos equilibrios dinámicos, la conexión entre distintas líneas de tiempo propio y la relación elemental, irreductible pero inespecífica, que la aritmética tiene con la temporalidad —del mismo modo que la función zeta tiene una intrínseca relación con la complejidad no porque use números complejos, sino por su relación con problemas de interacción entre muchos cuerpos.

Esta idea de la causalidad vertical, que puede concretarse mejor siguiendo los lineamientos propios de teorías físicas hoy relegadas al olvido —y efectivamente se olvida que la mecánica relacional de Weber, que arroja fuerzas no centrales, hacía innecesarias muchas innovaciones relativistas—, me parece cuando menos inspiradora. No hay que entenderla de manera literal puesto que la idea de que existe una causalidad horizontal que se extiende virtualmente sin límites sería simplemente otra ilusión. No hay ni horizontal ni vertical con respecto a un medio primitivo homogéneo e indiferenciado, que por lo demás, es el único infinito verdadero; el contraste sólo surge cuando asumimos que puede haber una sincronización global en la dinámica, lo que además de metafísico envuelve una contradicción en los términos. La causalidad vertical es un orden implicado con líneas y capas temporales propias.

Entonces, si se quiere, podemos llamar a esta causalidad vertical una metáfora; pero una metáfora mucho más comedida que la noción de infinito actual, o que el metafísico principio de sincronización global, o que el intrínsecamente contradictorio principio de inercia, que nos pide considerar un sistema cerrado que no esté cerrado. La verdadera diferencia está en que esta nueva metáfora no nos tiene acostumbrados, y todavía hay que ahondar mucho en ella antes de que empecemos a encontrarle sentido.

Por otra parte, si la fase geométrica y el potencial retardado forman un bucle de realimentación que es posible modular, tal como la misma teoría de Weber-Noskov sugiere, quizá haya formas de poder testar no sólo el principio holográfico —que tendría que ser ubicuo por definición— sino también la relación de estas ideas con la propia función zeta de Riemann —lo que ya adelantamos que nada tiene que ver con la idea de una "prueba física" de la hipótesis.

Alguien podría encontrar chocante que no haya trabajado con estas o similares ideas un físico tan perspicaz como Michael Berry, el principal generalizador de la fase geométrica, quien además ha realizado algunos de los estudios más influyentes sobre la relación de la zeta de Riemann con la física. La respuesta pasaría en primer lugar por la incompatibilidad de fondo de las teorías, luego por el escaso reconocimiento de la mecánica relacional y finalmente por la aún más escasa consciencia de sus implicaciones temporales. Recordemos que según la informada opinión de Berry y Keating[5], para que exista una "dinámica de Riemann" esta debería tener propiedades tales como simetría de escala y una contraparte clásica; ser caótica e inestable; ser irreversible temporalmente; ser cuasi unidimensional. Naturalmente esto sigue dejando todo el espacio del mundo para la especulación, pero tiene su valor como acotación de rasgos asintóticos dinámicamente relevantes. Aquí también hemos suscrito la idea de que debería tratarse de una dinámica irreversible en un sentido muy diferente, pero esto nos llevaría ahora demasiado lejos.

Dedico un buen espacio a la relación de la zeta con la física por buenos motivos: porque pienso que la hipótesis no tiene solución matemática, y porque por otro lado creo que es todo un polo de inspiración y de atracción para la física no estándar, entendida ésta en el sentido más conservador e inesperado que quepa imaginar. Concluyendo uno de sus textos, Mei Xiachun dice que debería considerarse si el estudio de la distribución de los números primos debiera o no volver al domino de los números reales, aunque sin duda no ignora que la función zeta de Riemann fue esencial para la demostración del teorema de los primos en 1896 y que las demostraciones "elementales", muy posteriores, demostraron ser efectivamente más complejas.

Pero, aparte de que Mei no pretende zanjar el asunto, tal vez no exista contradicción alguna. La función zeta sirvió para demostrar el teorema porque Riemann, para empezar, ya lo asumía al elaborar transformaciones y equivalencias en torno a la función. Pero de ahí a que pueda ser realmente útil para ir más allá en el dominio numérico —un matemático dijo que si se resolvía la hipótesis sería como pasar de manejar un destornillador a entrar con una excavadora— hay un abismo. Nada justifica semejantes expectativas. Los teóricos de números podrán decir que sus avances han sido espectaculares, pero creo que, más que ser de utilidad real, lo único que hace esta función es que otros resultados se miren en su espejo. Son cosas completamente diferentes. En sí misma, la función zeta podría ser efectivamente tan estéril como un espejo, y sin embargo tener un rol singular como guía y directriz. La función zeta no sería un atajo hacia nada nuevo porque ella misma sería el último atajo.

Lo cierto es que, sabiendo que no se ha hecho ningún avance importante en más de ciento sesenta años, esperar que el panorama cambie de golpe y radicalmente gracias a una demostración se parece demasiado a una fantasía de iluminación: una vez sobre el techo del mundo, existiría toda una eternidad para explorar y abismarse en las infinitas variaciones de todas las funciones L asociadas. Pero la verdadera comprensión más bien suele venir cuando nos damos cuenta de que no hay iluminación posible; a esto se le llama cortar el árbol de raíz. Como la mayoría no quiere ni oír hablar de esto, hay que concebir estrategias indirectas, en las que uno se imagina que está acercándose a la verdad sin hacerse demasiado daño a sí mismo. Por supuesto, la teoría analítica de los números no puede renunciar al plano complejo y eso está fuera de cuestión. En cambio en su interfaz con la física sí hay otros asuntos muy básicos pendientes.

Dada la naturaleza de la hipótesis, uno podría pensar superficialmente que, incluso si se demostrara que es cierta, no cambiara en absoluto el panorama del conocimiento en la teoría de los números; y si se demostrara que es falsa, tampoco. Y aunque creo que ninguna de estas dos cosas vaya a suceder, la gran diferencia entre ambas posibilidades es que se han elaborado más de mil teoremas asumiendo que la hipótesis es verdadera, algunos de ellos absolutamente sorprendentes pero, hasta donde sé, la idea de que la hipótesis es falsa no genera ideas del mismo alcance. Es decir, la hipótesis de que la hipótesis de Riemann es falsa no parece muy productiva, mientras que la hipótesis de su verdad sí, y esto ya nos dice algo. Para Mei Xiaochun la hipótesis no es verdadera ni falsa, sino sin sentido; su juicio se atiene al fundamento de la cuestión, pero algo que produce continuamente teoremas de índole muy diversa sí que parece ser una fuente de sentido.

Según esto, desde el fundamento la hipótesis no tiene sentido, sino que el sentido emerge más allá del fundamento. Pero esto ha estado ocurriendo continuamente en la historia de la ciencia, sólo que con un sentido muy fácil de identificar, ya sea en aras de la predicción o de la explicación. Aquí sin embargo el sentido podría demandar otro nivel en la descripción.

Un ejemplo podría ser la entropía. La interpretación de la entropía como desorden, debida a la racionalización mecánico-estadística de Boltzmann, introduce un elemento subjetivo innecesario además de desviar la atención de la clara tendencia natural a la producción de máxima entropía que ya percibió Clausius; y sin embargo aún predomina abrumadoramente la visión de la entropía como desorden. Si hubiera que hablar de orden y desorden, sería mucho más cercano a la realidad decir, con Rod Swenson, que el mundo tiende a producir orden porque el orden produce entropía más rápido que el desorden. La interpretación física más elemental de la hipótesis de Riemann es como camino aleatorio —la contraparte discreta del movimiento browniano—, y esto permite tratar tanto los números primos como los ceros en términos de entropía numérica. ¿Pero se oponen aquí la entropía y el grado de estructura de la función?

La afirmación de que el orden produce entropía más rápido parece bastante relacionada con la idea de que "los números primos son tan ordenados como pueden serlo", y sin embargo en ambos casos parece que estamos pidiendo una definición de orden mejor que cualquiera de las que tenemos. La ecuación de calor retrógrada también se ha vinculado con los ceros de la zeta de Riemann, lo que es una interesante forma de conectarla con el procesamiento de señales y el determinismo retrodictivo, pero parece que sigue habiendo un problema de definición y descripción. Por otra parte, es evidente que la entropía se puede definir de otras formas sin ninguna necesidad de apelar a la hipótesis de Riemann, y ese es el caso para cualquier concepto importante que se pretende vincular con su función.

* * *

Una de las tragedias de la historia es que por más que alcancemos más perspectiva, esa mayor amplitud de visión no nos sirve para cambiar nada. Ni cambia el pasado, ni cambia el futuro hacia el que vamos lanzados como una bala de cañón. En la vida real nadie nos tiene que convencer de que los acontecimientos son irreversibles, pero en las construcciones intelectuales, como la matemática y la física, siempre parece haber hueco para enmendar las faltas de manera elegante e incruenta. Por supuesto, es sólo una ilusión, pues el desarrollo orgánico de las ciencias es en su conjunto completamente irreversible. ¿O acaso se plantea trastocar los fundamentos del análisis, la relatividad o la mecánica cuántica? De ningún modo, sólo se concibe que puedan transformarse mirando hacia delante, nunca mirando hacia atrás. La reflexión se permite a título individual, pero para el desarrollo colectivo del saber "avanzar hacia atrás" sería sólo desactivarse.

Es sólo por esto que existen cosas como los agujeros negros, que expresan como nada la fatal huída hacia adelante de la teoría cuando retroceder es imposible y detenerse más todavía. Verdaderamente es fáustica nuestra ciencia, expandiéndose y afanándose hasta el último momento para tratar de olvidar que ya hace mucho tiempo que vendió su alma al diablo.

No escribo estas líneas como científico, ni como historiador, ni como crítico, sino como amante de la filosofía natural. Se olvida demasiado fácilmente que Riemann amaba la filosofía natural en una época en que aún era posible, incluso siendo el principal responsable por aquellos años del salto de las matemáticas hacia nuevos alturas de la abstracción. De hecho, como ya hemos visto, 1859 marcaría el tiro de gracia para una filosofía natural ya mal herida desde los *Principia* de Newton; aunque tal vez fuéramos injustos si olvidásemos el *Tratado de Filosofía Natural* de Thomson y Tait de 1867. Sin duda el corazón de Riemann estaba agudamente dividido a este respecto, pero se entiende sin dificultad que esta tensión entre la mente analítica y la búsqueda de la unidad fue siempre el resorte más profundo de su creatividad matemática.

Como no creo que haya una solución matemática para la hipótesis de Riemann, tampoco creo que haya ningún tipo de "solución física" del problema. Creo, sin el menor fundamento matemático, y con la convicción de mi propia filosofía natural, que la hipótesis es inherentemente abierta tanto por arriba como por abajo, tanto por el infinito como por la unidad; y que es eso mismo lo que la hace parecer impenetrablemente monolítica. Lo que no tiene porqué ser malo, pues aunque nunca podamos abarcarla, aún podemos abrazarla y ceñirla por todos sus costados siempre que no pretendamos poseerla.

Es infinitamente más sencillo encontrarle un sentido físico a la función zeta que demostrar la hipótesis; y sin embargo ninguna interpretación física parece tener ni remotamente la profundidad de implicaciones que tiene su más simple formulación matemática. Por lo tanto es un desafío en sí mismo encontrar sistemas físicos que puedan reproducir el comportamiento de esta función o de las funciones L asociadas, como por ejemplo la que proponían França y Leclerc[6] hace unos años con un campo electrostático y su potencial; u otras muchas analogías físicas que se pueden modular, como por ejemplo el movimiento browniano de dipolos eléctricos en radiación aleatoria clásica. Y es un desafío aún mayor encontrar una interpretación física que contribuya a darle un sentido íntegro a la hipótesis antes que a trivializarla. Riemann y Weber, los colaboradores estrechos en la electrodinámica teórica y experimental, habrían apreciado grandemente estas analogías y las habrían sondeado con mucha más penetración que nosotros.

Me sorprende la ligereza con que se desdeñan estas analogías con el argumento de que no sirven para demostrar la hipótesis, pero todo parte de que quienes las proponen pretendan que pueda servir para ello. Deberíamos plantear el tema de una forma completamente distinta. El problema no es que no sirvan para demostrar la hipótesis, lo que debería darse por descontado, el problema es que la física moderna es incapaz de describir imparcialmente ningún proceso, porque lo ha subordinado todo a la predicción. Precisamente, hablamos de filosofía natural cuando lo que buscamos no es ni la predicción, como en las ciencias físicas, ni la explicación como en la cosmología o la teoría de la evolución, sino de una descripción que sea en sí misma lo bastante completa y elocuente. Y desde este punto de vista, el déficit de la ciencia moderna es verdaderamente abismal.

Por lo demás, ni electrodinámica de Gauss, ni la de Weber ni la de Riemann eran "teorías fallidas", como aún se lee comúnmente en los libros de historia. Son simplemente enfoques que no han encontrado el mismo desarrollo que el de Maxwell y que fueron abandonados prematuramente, pero no son falsos sino que simplemente muestran otro tratamiento y otro punto de vista —algo que Maxwell, que tanto debía a Weber, sabía mejor que nadie. El mismo Fausto que vendió su alma al poder predictivo ha intentado acallar su conciencia con las ciencias explicativas como la teoría de la evolución o la cosmología, pero en vano, porque es precisamente la probidad en la descripción lo único que puede encontrar un equilibrio entre predicción y explicación.

Lo que estamos diciendo es que en la física conocida ya hay más cosas de las que pensamos, con sólo que sepamos leer entre líneas. La predicción nos deja siempre en la superficie de las cosas, pero la explicación, históricamente subordinada a la predicción, no hace más que justificarla. Lo vemos con teorías como el *big bang* o los agujeros negros, que procuran darnos una ilusión de profundidad cuando en el fondo no son sino la extensión hasta el límite del principio de inercia. Lo que ocurre con la llamada "fundamentación" del cálculo se sitúa en la misma línea de justificación.

Riemann tenía la confianza, repetidamente expresada en sus escritos, de que lo infinitamente grande nos está vedado, pero que podemos conocer las leyes naturales gracias al análisis de lo infinitamente pequeño. Pero seguramente también esto es una ilusión: el análisis matemático del cambio físico tampoco puede tener acceso a lo infinitamente pequeño, debería contentarse con analizar correctamente las dimensiones físicas de un problema por medio de intervalos finitos. Sin embargo no hace ni una cosa ni la otra. El principio de Bloch que dice que no hay nada en el infinito que no exista antes en lo finito, ha dado al parecer numerosos frutos en el análisis complejo, pero, si quisiéramos aplicarlo en física, tendríamos que viajar en el tiempo.

Por lo que sé Miles Mathis es el único que ha hecho hasta ahora un crítica relevante de los fundamentos del cálculo y su aplicación a la física en más de tres siglos; una crítica que va mucho más allá de las conocidas objeciones de finitistas y constructivistas. El cálculo estándar nos escamotea cuando menos una dimensión de la geometría física de los procesos, como lo prueba el mero hecho de que aceleración de un móvil en línea recta quede descrito por una curva. El análisis pronto se olvidó de su humilde origen en el cálculo de curvas para generalizarse algebraicamente, y, en beneficio de la predicción, rompió definitivamente su compromiso con la descripción de los procesos. El infinito potencial se quiso formalizar por el concepto de límite pero en realidad si este no se basa en un intervalo finito no es más que una forma de disfrazar los infinitesimales, y por eso se puede volver a ellos sin gran dificultad.

El cálculo diferencial constante, teniendo una dimensión más elevada y siendo más fiel a la geometría física, permite abordar con fruto la cuestión de cómo interpretar de una forma más realista el uso de los números complejos en física. Si esta dimensión superior no solo atañe a los problemas físicos, los que estén dispuestos a usar formas alternativas de cálculo pueden comprobar si existe una función zeta real con valores intermedios que puedan ser reveladores respecto a la función zeta de Riemann. Desgraciadamente para físicos y matemáticos, este cálculo también es mucho más restrictivo en sus operaciones, lo que naturalmente invita a ignorarlo. Pero la gran brecha entre los conceptos y metáforas naturales y los de la matemática superior se abre justamente aquí. Así que si alguien quiere volver a cerrarla, este es el mejor lugar para empezar.

No es que la filosofía natural haya quedado anticuada, sino que es más antigua de lo que se piensa, o, dicho de otro modo, es mucho más intemporal que cualquier teoría restringida. A pesar de la increíble expansión de las ciencias, seguimos teniendo una idea bastante provinciana de qué pueda ser la Naturaleza. Incluso conceptos tan básicos como "potencia" y "acto" esconden mucho más, no sólo de lo que pudo imaginar Aristóteles, sino también de lo que pueden imaginar los teóricos de la mecánica cuántica actuales. Y sin embargo la mejor forma para captar eso inimaginable sería intentar cerrar la enorme brecha entre nuestra experiencia y nuestra abstracción.

Si es cierto que no hay nada hay en la matemática que no pueda tener su reflejo en la Naturaleza, no nos damos cuenta cabal de lo que ello significa, ni se conducen nuestras teorías en armonía con lo que implica —pues nos está intimando que Naturaleza y Espíritu son sólo aspectos de lo mismo. Pero si no queremos abismarnos en esta unidad radical que inevitablemente nos deja sin palabras, siempre podemos decir que encontramos la matemática en la Naturaleza simplemente porque la sondeamos a través de ella, lo que es igualmente cierto. En todo caso, hay en la Naturaleza un plenum, una sobreabundancia no sólo de complejidad, que nunca nos podrá mostrar ninguna teoría, apenas una tela de araña en la corteza de este gran árbol. La función zeta de Riemann, para la que no tenemos ninguna teoría física, expresaría algo de este plenum mucho mejor que todos nuestros marcos predictivos y explicativos. Ella misma estaría demandando otro marco.

La expansión permanente del saber no sólo está creando continuamente nuevas lagunas, sino también nuevos desgarramientos que en el fondo son uno solo. Aunque la función zeta de Riemann comenzara siendo un asunto pura y simplemente matemático, de forma involuntaria pero incontenible va migrando también a la física, la teoría del caos y la complejidad, o a la computación. Podríamos verla incluso en el cruce de estas cuatro grandes áreas, y sin embargo sigue siendo una cuestión puramente matemática. ¿Porqué entonces son los mismos matemáticos los que apelan cada vez más a la llamada "intuición física" o a los argumentos computacionales para captar este problema? Sin duda, porque no hay buenas ideas matemáticas, pues del otro lado es más que dudoso que exista hoy una sola idea física que no se haya vaciado de cualquier intuición. Pero seguramente que todas esas especulaciones sobre caos cuántico, espacios de Hilbert, operadores y demás son sólo formas de subirse por las ramas.

Aunque cueste aceptarlo, y dado que hablamos de cálculo antes que de números primos, lo más característico a nivel matemático de la función zeta compleja y su línea crítica son las infracciones cometidas al calcularla: esta sería la zona cero, y tal vez la mejor forma de ver a través de ella sea contrastarla con las infracciones del cálculo de la función zeta real respecto al más estricto cálculo diferencial constante. Esta triple transparencia debería dar mayor profundidad de visión en el plano puramente matemático, si ello es en absoluto posible, y también en la "intuición física" más elemental, y en la relación entre ambos. No hay nada que pueda sustituir a la rectitud. Riemann buscó algo más recto que la línea recta y casi lo encontró: razón de más para desandar los atajos, de los que la historia del cálculo es la mayor colección. Llevar la división al corazón del matemático es la mejor forma de llevarlo también al corazón del problema, al origen de su concepción; y además él ahora tiene la enorme ventaja de que puede ir mucho más atrás en el tiempo que el matemático alemán.

Sería bueno empezar por aquí, y luego, si se quiere, con una mirada más fresca, preguntarse en qué otro cálculo podría tener más sentido la función zeta, en qué otra teoría electromagnética, en qué otra teoría cuántica, en qué otra teoría de la información, en qué otra teoría cuántica de la información, en qué otra termodinámica cuántica, en qué otra teoría espectral, etcétera. Hoy por ejemplo se pregunta si es posible hacer mecánica cuántica sin números complejos, y algunos estudios[7] responden negativamente; el tema es de gran interés pero dichos estudios son de muy poco alcance porque se autolimitan a los formalismos cuánticos de base. Lo instructivo, para entender el rol de los números complejos en mecánica cuántica, es tratar de reproducir muchos de sus resultados con teorías más básicas completamente independientes de tales formalismos, como algunas ya indicadas.

Todas las áreas recién enumeradas, estando volcadas en la predicción, ni siquiera se ocupan del punto que aquí más nos interesa. La llamada intuición física, como cualquier otra, es del todo engañosa porque apenas es más que la suma de nuestros hábitos; habría que retrogradar nuestra intuición hasta cosas anteriores a esos hábitos, y es por eso que al cálculo diferencial constante lo hemos considerado como un exponente oportuno del "conocimiento no intuitivo inmediato", para usar el término acuñado por Jacob Fries.

Y si alguien se pregunta aún cómo un "cálculo infundado" como el de Riemann podría servir para arrojar luz sobre otras teorías que las que se contemplan, no tiene más que repasar la historia, pues todos los marcos que hoy son estándar se han construido igualmente sobre un análisis elementalmente deficiente. Sabemos muy bien cómo esto es posible, lo que no sabemos es cómo un cálculo infundado puede reproducir lo que no conoce.

* * *

La teoría de los números, con su soberana inutilidad, es un producto específica y estrictamente continental; sólo hacia 1914 empieza a haber aportaciones significativas procedentes del mundo anglosajón, cuando ya el corpus teórico ha sido comprehensivamente sistematizado y hasta la teoría analítica de números tiene manuales modélicos como el de Landau. Es a partir de entonces que se empieza a hablar de "conquistar el Everest de la matemática" y la demostración o refutación de la célebre hipótesis va adquiriendo tintes de competición deportiva en ambientes selectos. ¿Trivializa la demanda de solución los problemas? A menudo no, pero en este caso específico y tan distinto me parece evidente que sí: buscar la respuesta en términos de "sí" o "no" sólo nos aleja de la cuestión.

Los mismos matemáticos nos dicen que lo que falta es una comprensión al nivel más básico sobre la relación entre adición y multiplicación, y, en buena lógica, algo tan básico no puede surgir de ideas tan derivadas, sofisticadas y complejas como las que se proponen para obtener una prueba. Sin una comprensión de eso tan simple, tan fundamental, buscar una prueba no tendría que resultar *ni siquiera deseable*.

La filosofía natural de Riemann, que no era la *Naturphilosophie* romántica, puede sonar demasiado extraña para nuestra época; en parte por estar inacabada y no quedarnos de ella más que esbozos, y en parte por el conflicto resultante de buscar de un lado "una teoría matemática completa y autocontenida", y del otro querer "ir más allá de los fundamentos de la astronomía y de la física establecidos por Galileo y Newton para penetrar en el interior de la Naturaleza". Esto último sólo era una forma discreta de decir que se proponía volver la filosofía natural de Newton del revés. Riemann quiere llegar al espacio y a lo cuantitativo sin darlo por supuesto, partiendo de lo cualitativo, de adentro hacia fuera. Se discute el alcance de la influencia de Herbart en su filosofía natural, pero merece la pena recordar que para éste la realidad es absolutamente simple y por lo tanto excluye cualquier concepto cuantitativo. Una vez más encontramos al matemático alemán tratando de situarse en medio de dos exigencias altamente incompatibles.

Los aparatosos cambios de la física del siglo XX nos impiden ver hasta qué punto era ambicioso este solitario proyecto de una concepción unificada de la Naturaleza. Pues no se trataba sólo de "unificar" las principales fuerzas conocidas de la época, al estilo de las modernas tentativas unificadoras de la física teórica, sino antes que nada de encontrar por debajo y desde dentro un fundamento anterior, que habría de incluir toda la actividad psíquica del alma en dirección a esa simplicidad de lo real ya del todo inalcanzable para la ciencia. La filosofía natural de Riemann es una interfaz entre la física y la metafísica: trataba de devolverle al gran animal del cosmos ese alma que el mecanicismo parece haberle quitado, sin renunciar a ninguno de los conocimientos de la física de entonces.

Riemann sabía demasiado para conformarse con cualquier simplificación burda de la unidad; de hecho sabía tanto como Helmholtz sobre ciencias naturales, e incluso tal vez algo más, pero era capaz de imaginar cosas que ningún científico del estilo de Helmholtz podría ni siquiera soñar. Riemann murió con 39 años y Newton con 41 todavía no había empezado a escribir los Principia;

pero en cualquier caso la filosofía natural de Riemann, de un alcance completamente distinto, estaba destinada a no nacer nunca: no por "falta de información", como juzgará la lectura más superficial de hoy, sino por múltiples razones incluidas las incompatibilidades internas o el lastre que supone trabajar con la formulación clásica de la mecánica. Así pues, no hay aquí nada que lamentar. Sin embargo, sí estoy convencido de que la filosofía natural fue la única musa de Riemann a lo largo de toda su producción científica.

La filosofía natural puede brindarnos certezas que van más allá del dominio de la física o la matemática; otra cosa muy distinta es qué utilidad puedan tener para estas, lo que dependerá tanto del conocimiento de esas ciencias particulares como de las posibilidades de aplicación. En cualquier caso, esta filosofía tiene un camino retrógrado que empieza necesariamente por la interpretación, busca en consonancia con ella sus métodos, para llegar finalmente a los principios. Y aunque se trata de un camino inverso al habitual en las ciencias consolidadas, no es difícil ver que la misma física moderna se constituyó en este orden inverso en los saltos que jalonan su fundación: de Galileo y Kepler a Descartes y a Newton.

Cuando la física llegó a los *Principia* de Newton, lo que se produjo fue una clausura a través de los axiomas: los principios como puntos de partida que no conviene cambiar para que el conocimiento avance y se acumule. Pero para quien el Principio es lo primero y lo último, y este sin duda era el caso de Riemann, los principios aún tienen una evolución ulterior y son tanto puntos de partida como distinciones básicas y fundamentos de la unidad. Los principios entendidos como axiomas hacen de lo insondable algo irrecuperable: la primera ley mecánica de la inercia no se cierra definitivamente hasta la formulación de la tercera ley de acción y reacción simultáneas, que implica tácitamente la sincronización global. La reformulación de los tres principios conforme a la mecánica de Weber, por ejemplo, permite la recuperación de lo que quedó enterrado en los fundamentos. La inercia es un buen ejemplo de algo insondable, que durante mil años no se pudo intuir, y ahora sin embargo se da por supuesto. Las ideas básicas transformadoras sólo pueden darse a este nivel. En la teoría de los números podría estarse reflejando una de estas esculturas lentas, pero nuestras intuiciones físicas, o la falta de ellas, están impidiendo su revelación.

Mi suposición, ya lo he dicho, es que Riemann, al poner sus conocimientos anteriores al servicio de la teoría de los números, activó tanto voluntaria como involuntariamente un método retrógrado o de reingreso de esas concepciones en lo a priori de la aritmética —o al menos, apuntando en esa dirección. Y la conclusión es inevitable: no se van a encontrar en la teoría de los números mejores ideas que las que se introduzcan en ella.

Hoy los académicos emplean sus mejores artes en pasar de contrabando ideas ignoradas pasadas o presentes pero los compromisos con las corrientes dominantes hacen imposible su aprovechamiento y asimilación. Sabemos demasiado bien que no se le puede pedir a una disciplina que vaya hacia atrás y reconsidere su pasado; lo único viable es crear una ciencia nueva. Hemos hablado antes de un cuádruple cruce entre las matemáticas, la física, la teoría de la complejidad y la de la computación. Pues bien, hoy es perfectamente posible crear una morfología del tipo más general en el espacio que no cubren ninguna de las ciencias citadas. No se trata de un producto de ellas, sino que, por el contrario, las da por supuestas y procura distanciarse de ellas tanto como sea posible, con otra idea del cálculo, de la causalidad, de la generación y el equilibrio, o de una complejidad que no depende sólo del número de elementos.

Esta morfología que aún no existe pero que en cualquier momento puede nacer, es precisamente la ciencia que muestra y describe cómo y porqué no hay atajos en las formas de la Naturaleza, esto es, en qué sentido son necesarias. El cálculo no puede conocer esto, no porque sea incognoscible, sino porque hasta hoy es una sistemática colección de atajos. Esta morfología cumplirá en gran medida el sueño de Riemann de contemplar la Naturaleza desde dentro y desde fuera, y si lo consigue será porque puede integrar sin dificultad aspectos incompatibles con los actuales desarrollos —y porque puede permitirse rectificar las propias ideas de Riemann sobre el cálculo, las modernas nociones físicas de curvatura e incluso los mismos principios de la mecánica.

Una ciencia así no sería imperialista ni oportunista porque ni pretende envolver a las demás ni tomar prestado su impulso expansivo, sino que por el contrario se ocupa de aquello que las otras ciencias han excluido y rechazado, procurando destilar su quintaesencia. Dedicaremos a esta morfología nuestro próximo trabajo, pero si lo comentamos en este, es por la cuestión relativa a la expansión del conocimiento, una sola con su pérdida de valor y con la disipación de su capital simbólico y su crédito.

Es fácil ver que todo lo que tiene "valor añadido" no puede depender de la tasa de reproducción del conocimiento sino que tendría que ir más bien en el sentido contrario. La morfología natural no quiere tener nada que ver con cosas tan intratables como la hipótesis de Riemann porque cuenta con su objeto propio y se basa en nociones incomparablemente más simples, pero lo importante es recordar que la multiplicación del conocimiento no significa nada si no la dirigimos conscientemente y no sabemos lo que buscamos. Tratar de probar algo no garantiza en absoluto nuestra consciencia de la cuestión. En ciencia lo más difícil es no querer resolver las preguntas que no se ha hecho uno mismo.

* * *

Aunque se le ha reprochado a Riemann lo excesivamente críptico de su comunicación, desde las investigaciones de Siegel se sabe que había hecho un estudio previo exhaustivo con herramientas analíticas muy poderosas, y que si no escribió un texto mucho mayor fue por las exigencias de formato de la Academia de Berlín. Sin duda le hubiera gustado extenderse más sobre el tópico, incluidos los delicados aspectos del cálculo, pero en los pocos años más que vivió nadie le pidió explicaciones detalladas al respecto —sin duda porque los escasos matemáticos que habían entendido el texto aún estaban intentando digerirlo. De lo que seguramente no le hubiera gustado a hablar a Riemann en público era de su filosofía natural, pues este era su laboratorio íntimo, el único lugar donde le estaban permitidas todas las especulaciones e hipótesis.

En el gran programa de Riemann, la filosofía natural servía para conectar la matemática y la física con la psicofísica, la psicología y la metafísica. Hay un claro vínculo entre su concepción de las variedades n-dimensionales y el continuo cualitativo de Herbart. Su idea de flujo constante del éter en la materia obedece a otras consideraciones que las de la relatividad; surge también en el contexto de la luz y la electrodinámica, pero a Riemann no le importa añadir aspectos físicos que sólo complican la caracterización, como la tensión, la presión, el calor, el color, etcétera, porque parte de la idea de que debe haber una correspondencia psicofísica general entre valores cuantitativos y cualidades. Para nuestra época, que ha visto el desarrollo de tantas especialidades, esto suena a confusión y conflación de planos muy distintos, pero lo que Riemann buscaba más bien era cómo era posible el contacto entre esos distintos planos. Sus esfuerzos se entienden mejor en la línea de filosofías científicas como las de Clifford y Whitehead, con las que guarda muchas semejanzas; con la diferencia de que las ideas de Riemann tuvieron un efecto aún inadvertido sobre las matemáticas.

Aunque, tal vez, mirando más hacia atrás, el filósofo con el que más podría asociarse a Riemann es el propio Leibniz. Una de las muchas cosas interesantes en Leibniz es que se lo asocia con el tiempo mecánico de los relojes —con la sincronización global al estilo newtoniano— pero en realidad sus ideas en física son puramente relacionales, lo que es algo completamente distinto. La armonía preestablecida leibniziana no apunta tanto a la sincronicidad entre los eventos o causalidad horizontal, que sería a lo sumo su límite externo, sino hacia la causalidad vertical de su infinita coimplicación. La llamada universalidad de la función zeta de Riemann, que le permitiría reproducir un número infinito de veces cualquier curva diferenciable con cualquier grado de aproximación, sería como la comunicación entre unas mónadas que al menos sí compartirían una ventana. Algunos preferirán hablar en este caso de "caos preestablecido", pero de todos modos aquí orden y desorden tienden peligrosamente a coincidir.

La relatividad surge para rectificar ciertas asimetrías de la electrodinámica; pero la electrodinámica relacional tiene otra forma de confrontarse con ellas. Un matemático intuitivo siempre necesita pensar con imágenes. Riemann, quien sin duda también tenía en mente ideas proyectivas en línea con la esfera de Riemann[8], por un lado asumía que debía haber una correspondencia o simetría abstracta *a priori* entre aspectos imponderables o cualitativos, y aspectos cuantitativos ponderables y controlables en las relaciones entre materia y espacio; y por otro lado debía de albergar su propia idea, aún bastante indecisa, sobre las posibles simetrías en electrodinámica tanto en variable real como compleja. En cualquier caso, en la electrodinámica de Riemann las masas eran meros coeficientes para la densidad, y la densidad y la frecuencia sí son conceptos fundamentales y con múltiples aplicaciones en aritmética; es por aquí que pudo tener lugar la transmigración de su filosofía natural al dominio de la teoría de los números.

Se supone que los ceros de la zeta de Riemann emergen de la diferencia entre una suma y una integral, y por otro lado no es casual que los primeros en ocuparse del teorema de Green, fundamental para la electrodinámica y la teoría del potencial, fueran precisamente los creadores del análisis complejo, Cauchy en 1846 y Riemann en 1851; pero al matemático alemán, a quien se debe precisamente la primera prueba del teorema, tampoco se le pudo escapar que este problema podía tratarse por el método discreto de las sumas de Riemann que desarrolló en 1853 de camino a la integral de Riemann y que también son aptos para el conteo en teoría de los números. Las llamadas funciones de Green son realmente distribuciones, pero la analogía proyectiva que Riemann podía tener en mente, considerando una transición entre aspectos puntuales y ondulatorios de la electrodinámica, estaría también relacionada con la transformación de Möbius, que muestra una correspondencia uno a uno con la transformación de Lorentz pero tiene una connotación temporal diferente en la muy anterior teoría del potencial retardado.

Aún podría hablarse de cosas como la llamada rotación de Wick y su asociación con un tiempo imaginario que se derivan del mismo grupo de Lorentz —tal rotación no es sino un truco matemático, pero por otra parte el verdadero "tiempo imaginario" o «tiempo imaginario real» es la sincronización global que subyace a toda la mecánica actual. En la relatividad especial la relación extendida energía-momento revela una simetría masa-potencial que en principio podría permitir inversiones de signo entre materia y antimateria, pero tanto la presente teoría de la aniquilación/cancelación de la materia como nuestra idea de la sincronización tienen un gran agujero central que hay que saber llenar. Aunque la rotación de Wick como continuación analítica sea un mero procedimiento formal, revela además una importante conexión[9] entre los fundamentos de la mecánica cuántica, la física térmica o el análisis de Fourier y procesos estocásticos como el movimiento browniano que admite una reformulación en un contexto más primitivo.

Para abreviar, aunque Riemann tenía en primer plano la conexión entre el cálculo y los números primos, también tenía en mente no sólo una cierta teoría del éter y el éter de frecuencias, sino el límite último al que su enfoque podía tender. Si es incuestionable que la motivación de la función proviene del problema del recuento de números primos, para el cual ya se tenía el bien contrastado método de Eratóstenes, la búsqueda de una simetría interna dentro de la función se debe principalmente a la inspiración de la filosofía natural de Riemann. La aventurada y célebre hipótesis viene de la filosofía natural, y sin ella, Riemann nunca le habría torcido el brazo al cálculo para encontrarla. Sin esta presuposición de Riemann de una simetría fundamental, hoy los matemáticos frecuentarían la función zeta compleja sin sospechar siquiera la existencia de una línea crítica.

* * *

Pero tal vez esto no sea sólo arqueología del saber. Como ya hemos dicho en otras ocasiones, hay cuando menos tres equilibrios absolutamente fundamentales en física y en electrodinámica en particular: el equilibrio dinámico de suma cero, el equilibrio ergoentrópico entre la mínima variación de energía y la máxima entropía y el equilibrio de densidades con un producto unidad, que apenas se contemplan en los marcos actuales y cuando eventualmente se hace no se relaciona debidamente con los otros dos. Por supuesto, que Riemann concibiera una simetría en la función zeta no significa en absoluto que tenga que encontrar una traducción en la realidad física, pero si realmente ese es el caso, como tantos estudios de ahora suponen, y tratamos de adivinar a qué responde esa inimaginable simetría, cabe estudiarlo a la luz de estos equilibrios y de su relación con la causalidad vertical.

Henrik Stenlund ha notado[10] recientemente que la ratio entre un cero de la función zeta de Riemann y su conjugado en la mitad negativa del plano, además de cierta fase tiene un valor absoluto igual a la unidad en vez de ser singular como cabría esperar. Esto, que sería un hecho para todos los ceros en la línea crítica, deja de serlo inmediatamente fuera de ella, aumentando la desviación a medida que se aparta de la línea. Su idea básica es sustituir en las ecuaciones funcionales la función zeta por funciones más elementales, pero también es la clase de cosas que el mismo Riemann podría haber tenido en cuenta al buscar una línea crítica en la función, y además hace pensar que junto al aspecto analítico de la función y su singularidad existe otro aspecto absolutamente simple y unitario; y la forma más básica y general que se me ocurre de vincular lo analítico con lo irreductiblemente simple es el cálculo diferencial constante basado en el intervalo unidad.

Si la hipótesis de Riemann tiene sentido en absoluto, lo más esencial en los ceros de la línea crítica de la función aún se desconoce; pero lo más esencial, sea o no lo más ambiguo, es siempre lo que más directamente vincula lo divisible con lo indivisible. Debería haber algo mucho más básico que todo lo que hasta ahora se ha considerado, pero no puede reconocerse debido al orden de concepción que ha impuesto la misma historia del desarrollo del cálculo como matemática aplicada. El cálculo *sui generis* de Riemann sería un corte a través de diversos estratos que se han constituido a sí mismos buscando también el camino más corto. La mejor forma de profundizar en la matemática pura tendría que ser siempre profundizar en la matemática aplicada, pues en última instancia la matemática siempre versa sobre la Naturaleza, y esta era todavía la convicción más honda de Euler, Gauss o Riemann. Pero es fácil ver, o al menos sentir, que si el cálculo se constituyó siempre por el camino más corto, *a posteriori* nos falta siempre trasfondo para saber de qué es simplificación. Es *natural* que en el fondo no creamos que la física matemática trata de la Naturaleza puesto que ésta ha sido podada por doquier.

La suposición de que existe una causalidad vertical que ahora no podemos concebir se basa también en la certeza de que tanto el cálculo como lo física son determinados desde arriba hacia abajo y de lo global a lo local, contrariamente a lo que se pretende. Como ya hemos visto en otras ocasiones, este es el caso desde el mismo Newton, tanto en el proceder real como en la interpretación invertida a juego con la ingeniería inversa que hace posible la predicción. Desde ahí en adelante la inversión de la relación entre lo global y lo local avanza a pasos agigantados: en la mecánica analítica, en la propia teoría de los números, en el análisis complejo, en el paso de la macroscópico a lo microscópico en la mecánica estadística y la mecánica cuántica, en el principio holográfico, etcétera. Se trata del procedimiento general, pero se pretende, especialmente desde que se alega un fundamento, que todo esto está construido desde abajo.

Vemos por ejemplo que el cálculo y la dinámica fraccional muestran dependencia no local de la historia o correlaciones espaciales y temporales de largo rango; sin embargo el cálculo clásico, en el que esto no sucede, es sólo un caso particular. Hablábamos antes de movimiento browniano en dipolos, y, aunque la dinámica fraccional de este tipo de movimiento sea generalmente local a nivel macroscópico, sería de interés trazar la correspondencia con el nivel microscópico cuando se usa una mecánica no-relativista basada en el potencial retardado para las transiciones entre movimientos de baja y alta velocidad. Esto no sólo sería diferente del estudio realizado por Mussardo y LeClair[11] sobre el movimiento browniano y la zeta de Riemann sino que tendría una motivación muy distinta, a saber, tratar de dar contenido a la idea de causalidad vertical y ver si tiene sentido en absoluto hablar de ella. La idea de fondo es que la sincronización global que domina la mecánica desde Newton nos impide ver otro tipo de homogeneidad, mucho más general en la Naturaleza, que afecta a nuestra entera concepción del espacio, tiempo y causalidad, materia, forma y movimiento.

Martin Gutzwiller ya notó hace mucho[12] la correspondencia entre la función zeta y el retardo de un electrón con el consiguiente desplazamiento de fase en problemas de dispersión, donde los ceros corresponderían a los valores del momento en que el retardo temporal cambia abruptamente. Aquí el caos cuántico, suave, tendría una contraparte clásica, pero para pasar de procesos localmente suaves a otros globalmente caóticos se echa en falta no solo una matemática más apropiada, como él apunta, sino también otra mecánica y otra interpretación. Pero se pueden tener las tres cosas sin necesidad de innovaciones, rellenando los huecos en la línea que va de Weber a Noskov.

La fase de la función zeta de Riemann a lo largo de la línea de ceros ya ha sido asociada anteriormente con la fase geométrica de un potencial cuántico y con el oscilador armónico invertido[13], en el que la frecuencia del oscilador es analíticamente continuada a valores imaginarios; el oscilador invertido permite un paso casi canónico de sistemas lineales a sistemas no lineales y caóticos con posibilidad de realimentación, tanto a nivel clásico como cuántico. El oscilador armónico invertido puede estar escondido en los lugares más insospechados de la Naturaleza: en la misma postura vertical del ser humano, que no deja de ser un péndulo invertido que necesita continuas rectificaciones para no caer. Sí, estar de pie sin andar implica un camino aleatorio en el balance sin necesidad de movimiento de traslación. La realimentación del oscilador invertido también pueden asociarse con un par de torsión y generalizarse a una reformulación ergoentrópica de la mecánica[14] y los vórtices en todo tipo de ámbitos naturales.

Leibniz creía en los infinitesimales pero concebía la física de forma relacional, de arriba abajo; Newton usaba las fluxiones en un sentido más cercano al moderno del límite pero su física, también construida de arriba abajo, pretende lo contrario a través de un fundamento no sólo axiomático sino también metafísico; Riemann estaba más cerca de Newton en cuestiones de cálculo pero más próximo a Leibniz en sus ideas sobre física; Mathis, que ni siquiera encuentra un uso para el análisis complejo, finalmente ha mostrado como nadie hasta qué punto el cálculo invirtió la geometría física, pero todavía cree que se puede construir la física desde la causalidad local.

Los contornos de esta constelación hacen pensar que históricamente aún vivimos en la primera fase del cálculo o análisis, aquella que está dominada por el movimiento de resolución desde arriba hacia abajo; y que esta fase sólo terminará cuando se comprenda reflexivamente que siempre se trató de un movimiento descendente. Es decir, saber que no es tanto una construcción ascendente como un descenso marcará el fin del propio descenso del cálculo con respecto al mundo natural. Y después de esto, aún quedarían dos etapas por cubrir, una de ascenso tras la inevitable inflexión, y otra de descenso final.

La segunda fase del análisis, tras la indispensable toma de conciencia de su verdadera situación, estará dominada por el ascenso a lo global por métodos de abstracción nuevos. Difícilmente puede esto ser posible sin asumir la crítica de Mathis, crítica menos motivada por el espíritu polémico, como muchos estarán tentados de pensar, que por un indudable fondo positivo que además está en armonía con las exigencias de una sana filosofía natural. Paralelamente existe otra motivación para una abstracción matemática de un género nuevo, y como ya hemos sugerido, se encuentra en la posibilidad de una morfología general que parte de nociones de geometría física muy simples. La conjunción de ambos aspectos, crítico y generativo, permitirá crear, entre otras muchas cosas, un nuevo tipo de análisis dimensional y teorías de la medida y de la dimensión propias.

La tercera fase del análisis tal vez ni siquiera merezca ya ese nombre, y se trate simplemente de una dimensión y una concepción enteramente diferentes de la matemática aplicada. Este segundo descenso, partiendo de una nueva posición dentro de la siempre oscura noción de lo global, quizá nos muestre en qué puede consistir una "dinámica de Riemann" dentro del mundo físico; pero en cualquier caso esto sería sólo un caso particular dentro de la temática mucho más general de la causalidad descendente y la causalidad vertical en la Naturaleza.

Así pues, todo el análisis conocido y su continuación indefinida en la misma dirección ni siquiera alcanza el final de la primera fase de la matemática aplicada. Si tales fases se quieren concebir como un desarrollo histórico, entonces es imposible saber qué periodos de tiempo las separan, si lapsos como el que media entre Newton y nosotros, u otros mucho mayores como el que va de Arquímedes a Leibniz; pero también pueden verse de una forma perfectamente intemporal, como movimientos del espíritu que a menudo ya están presentes incluso dentro de la demostración de un simple teorema.

El demonio del cálculo interminable y el daimon del análisis finito no pueden ser más diferentes, pero al empeñarnos en que son uno solo, se confunde el espíritu de circunspección y la evolución de la matemática aplicada, no importa cuál sea su crecimiento, queda desviada sin remedio. Peras y Apeiron tienen muy poco que ver con las nociones modernas de límite y de infinitesimal, pues si esta última fue una idealización desde el principio, el concepto de límite fue desde el comienzo pura racionalización. Es sumamente peligroso que ambos se fundan porque induce a pensar que ya no queda espacio para nada más, y sin embargo, en medio de su atareado comercio persiste un eje inaccesible a las manipulaciones arbitrarias.

Es de esperar que este eje de diamante del cálculo diferencial constante permita además un retorno mucho más natural de lo finito a lo homogéneo que es el trasfondo de todo entendimiento. El futuro es de la simplicidad, y lo es aún más por la índole de la complejidad presente. Le preguntaron a André Weil si creía que había quedado algún camino por explorar en la obra de los grandes creadores de la teoría de los números del siglo XIX, y su respuesta fue un no categórico. El juicio de Weil es sin duda competente pero típico de un especialista; hoy se ve cada vez menos la teoría de los números como una disciplina aislada, lo que tiene aspectos tanto buenos como malos. En cualquier caso, el desarrollo de la teoría de los números es un caso peculiar dentro de la matemática moderna, y el orden de concepción que domina en el conjunto de la ciencia es, al igual que en la física, el del cálculo o análisis. Y tanto en el análisis como en la física sabemos positivamente que se han ignorado varias opciones válidas que incluso hoy pueden dar lugar a una perspectiva completamente diferente. No hay historia de la ciencia menos interesante que la que da por agotadas todas las posibilidades del pasado.

El infinito de la presente matemática es sobre todo el infinito de la complejidad; el de la matemática futura será un infinito de la simplicidad, y aun así será en cierto sentido sólo una etapa intermedia. Detectar lo homogéneo fuera es una forma de que lo heterogéneo se contraste con la homogeneidad interior, que también es indetectable pero es el soporte de la discriminación. Nivelar ambos aspectos equivale a cruzar un umbral que en las presentes circunstancias ni siquiera se plantea. Hoy hay dos cosas que bloquean sistemáticamente la posibilidad de síntesis de orden superior: la primera es la deficiencia elemental del análisis, de carácter fundacional y obstructivo; la segunda es la ausencia de una imaginación abstractiva y sintética para los aspectos morfológicos intrínsecos a la Naturaleza que están ya presentes al nivel de los fenómenos. Pero hoy ya tenemos anticipos más que suficientes para ver qué puede responder a estos vacíos, anticipos que deben contrastar agudamente con el exceso de complejidad superflua del análisis y con el exceso de simplificación que inevitablemente lo acompaña y que borra el contexto natural del que emerge.

Por supuesto, este pronóstico no tiene nada que ver con los que hoy hacen los matemáticos sobre el futuro de su disciplina: su interés está precisamente en que no tiene nada de inevitable, en que es una posibilidad latente independiente de cualquier cronología. En el fondo importa muy poco si dentro de x años los ordenadores pueden ser mejores que los seres humanos demostrando teoremas, lo que importa es lo que puede comprender el hombre y más todavía qué es lo que quiere comprender. El futuro de las matemáticas es un reflejo del futuro del espíritu entre nosotros, y el espíritu no es sólo el intelecto sino la unión de intelecto y voluntad.

En el fondo, la matemática es la única ciencia verdadera; y aun así ella no puede definir cuál es su relación con la realidad, que sigue estando enteramente abierta. Ni siquiera puede encontrar un criterio único sobre cómo conducirse en sus propios asuntos internos, los que parecen estar más allá de cualquier posible aplicación. Pero para tomar posesión de sí misma, y no estar a merced de intereses externos, como ahora lo está hasta un grado extremo en medio de su ficticia libertad, debería poder reconsiderar en todo momento tanto el criterio de su aplicación como el grado de receptividad que muestra ante la Naturaleza; pues ambas cosas van siempre de la mano.

En el extraño caso de la función zeta, mucho antes de plantearse si puede demostrarse la hipótesis sería sin duda deseable entender el rol que juegan los números complejos en la física y la Naturaleza; la relación que pueda tener esto con el tiempo; el significado de los ceros de la función; y finalmente, cómo puede interpretarse la causalidad vertical, que, merece la pena recordarlo, no es sino la antítesis del principio tácito de sincronización global que domina toda la física. Estas cuatro preguntas están estrechamente relacionadas entre sí, y por supuesto un gran número de matemáticos las verán como puramente filosóficas; sin embargo contamos con la ventaja de que al menos tres de ellas también pueden plantearse en casos mucho más simples y generales que el abordado por Riemann. Si se comprendieran estas tres, también es probable que se comprendiera la cuarta, suponiendo siempre que los ceros signifiquen algo. Hablamos meramente de comprender, no de probar nada.

Se dice constantemente que la hipótesis de Riemann es sólo un problema de matemática pura, pero si convenimos es en que el cálculo es matemática aplicada, se trata sin duda de un problema bicéfalo que concierne necesariamente a ambas esferas. Concebirlo sólo como matemática pura es no ver siquiera el blanco. Aquí se revela el platonismo fuera de lugar que aún subyace en la matemática actual, incluso cuando se insiste en que ésta no es sino una construcción humana; y lo mismo puede decirse de la física vigente, a menudo pura matefísica. Lo que no se comprende es la suprema importancia del criterio de aplicación, que decide la relación entre el aspecto temporal de la matemática y su aspecto intemporal. Esto supone infinitamente más que cualquier intento de demostración que ni siquiera acierte a plantearse la cuestión.

Sin replantearse como deben sus propios fundamentos, las ciencias solo son siervas de la deuda acumulada que son incapaces de cancelar y que dirige la descomunal inercia de su carrera. Algunos no entenderán que una ciencia como las matemáticas, que apenas debería necesitar poco más que un lápiz y un papel, pueda tener tener deudas, pero las tiene como cualquier otra, porque por supuesto nos estamos refiriendo a las deudas internas, a todo aquello que se debe a sí misma. Claro que siempre puede ignorarlas para continuar en la misma dirección.

Hablamos del futuro de la simplicidad, pero para apreciar debidamente lo simple hay que educar primero el gusto —hay que desarrollar un gusto adquirido que ahora mismo no tenemos. Ciertamente el gusto por la complejidad sí lo hemos desarrollado, y aunque uno puede llegar a pensar que es un gusto echado a perder, también es condición necesaria para la formación de otro mucho más seguro que lo presupone, pero que querría dejarlo atrás tanto como fuera posible. La función zeta de Riemann podría ser uno de esos intermediarios entre la complejidad extrema y la simplicidad que podría ayudar en la reeducación del gusto, al menos entre los adictos a la complejidad más recalcitrantes, pero para eso habría que hacer primero el debido trabajo en los fundamentos; y ni aun así se puede confiar demasiado en ello. Se puede alcanzar la simplicidad por la simplificación o por la simplicidad misma.

Que la hipótesis de Riemann afecte de lleno al criterio de aplicación del cálculo no tiene nada que ver con hipotéticas repercusiones prácticas como las que a veces se barajan; por ejemplo, las fantásticas asociaciones que se han hecho con respecto a su incidencia en la criptografía, cuando nadie ha especificado cómo podría conducir a métodos más rápidos de factorización. Y sin embargo fantasías de este tipo, junto al espionaje generalizado en la red y el tipo de carrera que llevan muchos investigadores, por no hablar de la propia fantasía de una demostración inminente, sólo tienden a aumentar la opacidad, el secretismo y la mistificación en esta búsqueda minoritaria pero a pesar de todo colectiva.

Consciente e inconscientemente, y como en todo lo demás, se cultiva la ceremonia de la confusión. La hipótesis ocultaría algo absolutamente básico, pero a su comprensión sólo podría llegar a través de los rodeos más increíblemente complicados. Y para que no quede duda, se añade: cualquier intento ingenuo de demostración elemental está condenado de antemano. Pero en todas estas afirmaciones ya se presupone que lo único deseable es esa demostración por lo demás casi inalcanzable —lo demás sólo es filosofía y semántica. Se construye una narrativa para encauzar el "joven talento" y que los incautos e ilusos bienintencionados busquen en la misma dirección sin atreverse ni a considerar cualquier otra. Y de esta forma, por más que se nos hable de misterio y grandiosidad, todo tiende al nivel más bajo posible y se consigue que nadie cuestione el criterio de aplicación de la matemática, que es lo que importa por encima de todo.

Estar bien seguros de que no hay una demostración a la vuelta de la esquina ni riesgo de colapsos criptográficos debería ayudar a una colaboración más libre entre los matemáticos. Y si se rechaza abiertamente el anzuelo de que una prueba sea deseable sin entender antes las cosas mucho más básicas que habría que entender, la calidad de esa colaboración aumentará de una forma imposible de cuantificar.

¿Qué certeza es esa que ha transmitido desde siempre la filosofía natural? Que el Principio no es sólo el punto de partida, sino también el término de todas nuestras indagaciones. Bien poca cosa, si se quiere, pero suficiente para el que sabe adherirse a ella. Con el cálculo moderno empieza una inmensa labor de ingeniería inversa de la Naturaleza que sin embargo nos va alejando irremisiblemente de ella. Y en medio de ese peligroso viaje, emerge la función zeta de Riemann ,de la que aún no sabemos si supone un alejamiento todavía mucho mayor o una portentosa maniobra de acercamiento con unos métodos inadecuados. Debería haber formas sencillas de responder a esto, formas que no requieran mil años de preparación.

Frente a una ingeniería inversa que nos aleja cada vez más de la Naturaleza, hemos aventurado la existencia de un método retroprogresivo, es decir, de un progreso hacia la simplicidad, un progreso en dirección a un Principio que poco tiene que ver con cualquier origen mítico situado en el pasado. Me gustaría pensar que la hipótesis de Riemann apunta en esa misma dirección, pero todavía no tengo el menor indicio que me permita afirmarlo. En cualquier caso, también aquí se puede aplicar el método retrógrado desde los fines a los medios y a los principios con un coste de tiempo incomparablemente menor y un impacto mucho mayor, desde el momento en que empezamos a hacernos nuestras propias preguntas.

Mi apelación a la Naturaleza es cualquier cosa menos retórica porque ella sigue siendo la gran ausente de esta ecuación. Ya es significativo que la física y la matemática sólo se hallen en su zona de comfort cuando pueden evadir la pregunta sobre su relación con la Naturaleza, y si queremos saber porqué esto es así, no hay más que interrogar la entera historia del cálculo en términos de exceso y de defecto y averiguar qué le ha sobrado y qué le ha faltado; y cómo contraparte, averiguar qué ha supuesto eso en términos de abstracción e imaginación matemática a lo largo de más de tres siglos.

* * *

El "momento Riemann" de 1859 ocupa un lugar único en la historia de la ciencia, completamente aparte de todos los demás. Ni siquiera sus claros precedentes en Euler y Gauss arrojan la menor luz sobre su auténtica naturaleza. Los números tienen generación pero no tienen causalidad. La física se supone que tiene causalidad pero ésta se vuelve irrelevante al nivel de las llamadas leyes fundamentales. Los métodos de cálculo clásicos, que la teoría analítica aplica a los números, aún ensombrecen más esta cuestión de la causalidad, además de las relaciones dentro de la recta numérica. ¿Cómo es que los números primos, siendo tan importantes para la aritmética, no tienen prácticamente ninguna relevancia en la Naturaleza? Esta es una pregunta que nunca se hace y que tendríamos que hacernos. Aquí nos estamos refiriendo, por supuesto, al mundo natural de los fenómenos directamente observables; y es que, además, este interrogante tiene como agudo contraste los múltiples ecos de la función zeta en sistemas físicos, algunas de cuyas razones sí se comprenden fácilmente por sí mismas.

Los matemáticos gustan de reformular la hipótesis de Riemann en múltiples afirmaciones equivalentes; y por otra parte un gran número de fenómenos físicos pueden asociarse a los ceros de una función como la zeta. Lo que no se hace es tratar de reformular los principios de la mecánica en formas equivalentes para ver qué nuevo tipo de interpretación permite de funciones en variable compleja; pues para empezar algunas de estas reformulaciones pueden prescindir del uso de números complejos en la descripción de sistemas tanto clásicos como cuánticos.

Deberíamos conceder más valor a los intentos de probar esta hipótesis por los medios más elementales, pues sólo de esta forma se puede intentar responder a la pregunta recién hecha. Algunos de estos planteamientos nos acercan más a las cuestiones esenciales que los impresionantes despliegues de armamento matemático. Citaremos solo tres de ellos, asociados con los números naturales en vez de los complejos, las funciones de Möbius y Mertens, lo caminos aleatorios y la interpretación probabilística de Denjoy: el de K. Eswaran[15], el de Spencer Brown[16] y el de Henk Diepenmaat[17]. Spencer Brown reformuló la hipótesis en los términos acumulativos de la función de Möbius en relación con sus valores previos, al estilo de Legendre. De este modo la función tendría una feedback negativo de equilibrio y se autorregularía, dejando de ser puramente aleatoria. La aproximación de Diepenmaat también tiene bastantes puntos de contacto con la de Eswaran, a la vez que incluye un componente recursivo como la de Brown. Diepenmaat ofrece una visión original de los números primos como motivo conductor en el desarrollo social en lo que denomina "perspectivismo recursivo" aunque probablemente la mayor diferencia entre la sociedad y la Naturaleza es que la primera la percibimos desde dentro mientras tendemos a creer sin la menor justificación que la segunda sólo está fuera.

No hace falta decir que la comunidad matemática desdeña esta clase de tentativas. Más que como intentos de prueba pueden verse como intentos de asimilación, pero aun así siguen teniendo su valor. Con razón se ha dicho que si Kepler hubiera tenido datos más completos sobre las trayectorias de los planetas nunca habría avanzado sus leyes del movimiento elíptico planetario. Hoy los especialistas del tema saben demasiado por un lado, mientras por el otro hay demasiadas cosas que prefieren ignorar. A la larga es probable que aprendamos más de los intentos de asimilación, del deseo de incorporar el problema y hacerlo nuestro, que de las pretensiones de prueba. Otros investigadores[18] también han reparado en la invariancia de escala en la distribución de los primos y su relación con las leyes de potencias; siendo la presencia de estas tan frecuente en fenómenos sociales como naturales.

En el fondo, todo intento de demostración de la hipótesis basada en el análisis complejo es un intento de asimilación porque sus principios, como los de la propia mecánica, son materia de convención. Lo que no quiere decir, ni mucho menos, que sean meramente arbitrarios. Lo que Riemann hacía en su artículo original ya era una asimilación, aunque nadie dude de que el análisis complejo ofrece otra perspectiva para innumerables problemas.

Sin embargo el problema del recuento de los números primos es, como si dijéramos, el asidero para introducir otro tema mucho más amplio, si hubiera una manera de justificarlo. En relación con los números primos, que ya se contaban a la manera clásica sin margen de error, el matemático alemán podía esperar que se comportaran del modo más imparcial, igual que en las probabilidades de lanzamiento de una moneda hasta el infinito; pero este tipo de balance ideal, la expresión discreta del paseo aleatorio, solo sería la forma más básica de equilibrio en una escala que se extiende a los demás campos numéricos y que da a la función su inmensa riqueza de implicaciones.

En cualquier caso, si esta función puede considerarse la expresión de una filosofía natural, tal filosofía solo podría reposar en la idea de equilibrio, idea demasiado *truncada* en la concepción y fundamentos de la física moderna. Si el equilibrio dinámico subyace a la idea de la inercia, su despliegue como acción-reacción también está por encima del plano de la sincronización global, de la ficción de lo instantáneo y lo simultáneo que está en el corazón del cálculo, y el potencial retardado sería un índice de esa escala desconocida aún por interpretar y asimilar. Pero por otra parte, la existencia de intervalos finitos naturales en el núcleo del cálculo sugieren que hay una teoría de la proporción escondida en el análisis, que esta debería estar conectada con la teoría del equilibrio en una mecánica relacional homogénea, y que ambos aspectos estarían íntimamente vinculados con la «estructura profunda» de la función.

Si la hipótesis es cierta, eso solo significa que los números primos no tienen ninguna estructura profunda que desconozcamos; ¿por qué entonces tendría que ser perturbador el que distintos sistemas físicos tiendan a reproducir la función?

Epílogo (Junio, 2022)

Para los que dan por buena la forma habitual de calcular la función, que son casi todos, probablemente no exista una explicación más simple de la línea crítica y sus ceros que la que ofrece Bertrand Wong en este breve estudio[19] que puede entender de forma inmediata cualquier lego con algo de interés. Evidentemente su argumento en términos de equilibrio óptimo no puede probar nada, pero al menos nos muestra de forma diáfana que ni siquiera en el análisis clásico pierde su vigencia la idea de proporcionalidad. Desde este punto de vista, puramente matemático, ni hay el menor misterio en la hipótesis, ni hay espacio para la mistificación; se supone que cualquier prueba aspira a esto, aunque difícilmente puede conseguirse con demostraciones de doscientas páginas. El misterio estaría, en todo caso, en las resonancias físicas de la función. Si lo más simple es también lo más amplio y lo más universal, también los paralelismos físicos de la función deberían poder comprenderse en términos de equilibrio y proporcionalidad, y el problema aquí estaría en reconocer cómo nuestra física y nuestro cálculo han truncado esos conceptos.

Scot C. Nelson descubrió a finales del 2001[20] que las espirales logarítmicas que exhibe el crecimiento vegetal —girasoles, margaritas, piñas, etcétera— son un método de criba natural para los números primos. Como todo lo relacionado con la proporción continua y sus series numéricas asociadas, esto apenas ha recibido atención y parece relegado de antemano a la siempre creciente sección de coincidencias anecdóticas. Y sin embargo se trata de la primera conexión básica que se ha encontrado entre los números primos y estos ubicuos patrones de la filotaxis, lo que tendría que habernos dicho algo. A la luz del hallazgo de Nelson, parece haber «una simetría central de los números primos en el interior de los objetos tridimensionales», y el desarrollo vegetal tendría un algoritmo intrínseco de generación de primos en su devenir. El mismo paso de la recta numérica al desenvolvimiento de estos patrones en superficies y en tres dimensiones debería ser un hilo conductor para la intuición geométrica del tema fundamental de la aritmética. No es lo mismo tratar de vincular la aritmética con la "geometría" abstracta moderna que hacerlo con la geometría natural. La analogía mecánica tampoco se hace esperar: las partes se repelen como dipolos magnéticos con una minimización de la energía entre ellas, y a medida que la planta crece se reduce el retardo temporal entre la formación de nuevos primordios. Esto también ha de tener su traducción en términos ergoentrópicos y de entropía de la información.

Por descontado, Riemann siempre tuvo en mente el análisis armónico al vincular los primos y la variable compleja. Puesto que la zeta establece una conexión tan profunda entre aspectos discretos y continuos, esto no debería contemplarse solo como una industriosa elaboración abstracta sino también en su asociación más básica con las ondas. De hecho un equipo australiano[21] mostraba recientemente que la superposición simple de ondas ópticas puede generar la secuencia de números primos sin necesidad alguna de caos dinámico ni restricciones especiales para la factorización, "codificándolos holográficamente" en la propagación ondulatoria del campo. Lo sorprendente es que cosas tan simples no se hayan notado antes; hallazgos así demuestran que aún hay espacio para descubrimientos elementales en el área. Y después de todo la idea de que la interferencia o no interferencia de los primos afecta tendencialmente a su distribución es inevitable y absolutamente natural, sin el menor artificio. También vuelve a traer la sospecha de una cierta analogía proyectiva y de cierta "aritmética proyectiva" en un sentido diferente al hoy considerado bajo tal término, así como a una geometrodinámica del espacio-tiempo que no tiene por qué ser cuatridimensional, y que restituiría la noción de armonía de fase de de Broglie, con su dualidad entre la energía-momento y la periodicidad del espacio-tiempo, a la perspectiva del potencial retardado anterior a la descripción relativista. Esto permitiría conectar las llamadas "simetrías externas" de la física clásica y las "simetrías internas" de las partículas de una forma mucho más natural que por los métodos más divulgados de deformación algebraica y cuantización por deformación. Si para de Broglie las partículas son relojes elementales que permiten reciprocar tiempo y masa, la pregunta crucial por el parámetro tiempo de la supuesta dinámica de Riemann encontraría su sentido en una mecánica relacional que pueda expresarse dentro y fuera del plano complejo. Hoy se admite que las constantes que emergen de los cálculos detallados en física son casi las mismas que las que surgen en teoría de los números, pero para ver la otra cara de la sincronización global hay que salir primero fuera de sus dominios. Tanto los primos como esta función especial podrían irrumpir finalmente en nuestra concepción de la Naturaleza si acertamos a darle su lugar en nuestra representación.

Referencias

Bernhard Riemann, *Riemanniana selecta*, Consejo Superior de Investigaciones Científicas, 2000

Mei Xiaochun, *The Inconsistency Problem of the Riemann Zeta Function Equation*, 2019

Mei Xiaochun, *A Standard Method to Prove That the Riemann Zeta Function Equation Has No Non-Trivial Zeros*, 2020

Miles Mathis, *A redefinition of the derivative —Why the calculus works, and why it doesn't*, 2003

J. Neuberger, C. Feiler, H. Maier, W. Sleich, *Newton flow of the Riemann zeta function: Separatrices control the appearance of zeros*, 2014

Notas

(Enlaces disponibles en: Miguel Iradier, *Ironía y tragedia en la hipótesis de Riemann*, www.hurqualya.net)

1. https://www.researchgate.net/publication/334668577_The_Inconsistency_of_Riemann_Zeta_Function_Equation

2. https://www.researchgate.net/publication/339529915_A_Standard_Method_to_Prove_That_the_Riemann_Zeta_Function_Equation_Has_No_Non-Trivial_Zeros

3. http://milesmathis.com/are.html

4. https://monoskop.org/images/5/53/Sokal_Alan_Bricmont_Jean_Fashionable_Nonsense.pdf

5. https://empslocal.ex.ac.uk/people/staff/mrwatkin/zeta/berry-keating1.pdf

6. https://arxiv.org/pdf/1407.4358.pdf

7. https://www.researchgate.net/publication/357075014_Quantum_theory_based_on_real_numbers_can_be_experimentally_falsified

8. https://www.researchgate.net/journal/New-Journal-of-Physics-1367-2630/publication/266858082_Newton_flow_of_the_Riemann_zeta_function_Separatrices_control_the_appearance_of_zeros/links/6229d1243c53d31ba4b5f726/Newton-flow-of-the-Riemann-zeta-function-Separatrices-control-the-appearance-of-zeros.pdf

9. https://arxiv.org/ftp/arxiv/papers/1804/1804.05204.pdf

10. https://www.researchgate.net/profile/Henrik-Stenlund/publication/325567892_On_Studying_the_Phase_Behavior_

of_the_Riemann_Zeta_Function_Along_the_Critical_Line/links/5b1632a7a6fdcc31bbf53cdb/On-Studying-the-Phase-Behavior-of-the-Riemann-Zeta-Function-Along-the-Critical-Line.pdf?origin=publication_detail

11. https://arxiv.org/abs/2101.10336
12. https://pdfs.semanticscholar.org/b81b/8dc760ad55188667aa06365354487ca5972a.pdf
13. https://arxiv.org/pdf/chao-dyn/9406006.pdf
14. https://www.researchgate.net/profile/Mario-Pinheiro/publication/318710701_A_reformulation_of_mechanics_and_electrodynamics/links/59790a60aca27203ecc632f8/A-reformulation-of-mechanics-and-electrodynamics.pdf?origin=publication_detail
15. https://www.researchgate.net/profile/K-Eswaran
16. https://arxiv.org/pdf/2010.13781v3.pdf
17. https://henkdiepenmaat.nl/wp-content/uploads/2018/07/A-dicey-proof-of-the-RIemann-hypothesis-def.pdf
18. https://mdpi-res.com/d_attachment/computation/computation-03-00528/article_deploy/computation-03-00528-v2.pdf
19. https://www.researchgate.net/profile/Bertrand-Wong-2/publication/333583029_A_SURVEY_OF_THE_RIEMANN_ZETA_FUNCTION_WITH_ITS_APPLICATIONS/links/5cf5f7304585153c3db1a098/A-SURVEY-OF-THE-RIEMANN-ZETA-FUNCTION-WITH-ITS-APPLICATIONS.pdf?origin=publication_detail
20. https://www.freedomsphoenix.com/Uploads/129/Media/A_Fibonacci_Phyllotaxis_Prime_Number_Sieve.pdf
21. https://arxiv.org/pdf/1812.04203.pdf

MORFOLOGÍA E INDIVIDUACIÓN

30 marzo, 2022

Si la matemática, la física, las teorías de la complejidad y las ciencias de la computación continuaran expandiéndose y fecundándose mutuamente al mismo ritmo que hoy durante mil años, aún seguirían sin dar con una clave propia para la morfología; y si lo hicieran durante dos mil años tampoco. Tal vez eso pueda dar cierta de su valor, aunque todos sabemos que no se encuentra nada sin buscarlo activamente. Esa es la cuestión: las ciencias mencionadas tienen ya su propio impulso e inercia que nada puede cambiar, sólo una creación de una nueva ciencia desde cero podría superar sin obstrucciones las deficiencias de sus predecesoras.

Introducción

La morfología de los organismos tiene su origen en el estudio de Goethe de 1790 sobre la metamorfosis de las plantas, en el que se describe a conciencia esa continuidad entre formas diferentes que desde Owen hemos dado en llamar homología. El término "morfología" fue acuñado por el propio Goethe, pero la noción de homología, advertida esporádicamente, se remontaría al menos hasta Aristóteles. El concepto de homología fue luego subsumido dentro de la teoría de la evolución, pero como señala Ronald Brady, en ella pasa a ser una semejanza estática de orden explicativo, no una transformación dinámica en el tiempo autocontenida en su descripción. La morfología no es anatomía comparada.

La situación no ha cambiado hasta hoy. Básicamente, tenemos ciencias "duras" predictivas, como la física, y ciencias explicativas como la cosmología o la teoría de la evolución. Y mediando entre ambas se sitúan otras disciplinas basadas en la probabilidad como la termodinámica o la mecánica estadística, usadas más que nada como herramientas matemáticas que en absoluto sirven para describir los fenómenos en unos términos que estén a su mismo nivel. Es decir, entre las ciencias predictivas y las ciencias explicativas sólo existe conexión a un nivel abstracto, pero no al nivel propiamente descriptivo, que es el que necesitamos para hacer el mundo inteligible, para darle más y más capas accesibles de inteligibilidad.

Goethe, que estaba en las antípodas del talento matemático, no dejó de expresar cierta esperanza en que algún día sus ideas encontraran su Lagrange; esto es, que la matemática fuera finalmente capaz de ceñirse a los fenómenos propiamente dichos, además de asistir en la fundamentación de las hipótesis y teorías físicas motivadas por la predicción como ha hecho siempre. Pero llegaron Gauss, y llegó Riemann, y han llegado otros muchos grandes matemáticos y sin embargo la distancia entre el mundo fenoménico y la reina de las ciencias no ha dejado de crecer. Y la coartada ha sido justamente la física, con la que se supone que ya se da cuenta suficientemente del mundo real.

En biología ha habido algunas excepciones notables a este general desencuentro, como los trabajos de D'Arcy Thompson, Waddington o René Thom sobre la morfogénesis de los organismos, que prolongan cierta línea aristotélica de pensamiento usando herramientas matemáticas cada vez más modernas, pero sus esfuerzos no han tenido continuidad y hoy se ven como poco más que ocasionales desvíos de la corriente general de esta ciencia. Ya antes de ellos, en 1892, Otto Snell había formulado la ecuación alométrica clásica, pero la alometría, que estudia las relaciones entre tamaño, forma, anatomía y fisiología, aunque se haya desarrollado de manera prolija no deja de ser otra herramienta analítica dentro de la tendencia mucho más amplia de la aplicación de la estadística y el análisis de datos a la biología. La ontogenia y la biología del desarrollo actuales conectan directamente con las cuestiones básicas de la morfogénesis pero se encuentran secuestradas dentro de los modelos causales y explicativos de la embriología, la biología molecular o la diferenciación celular, sin plantearse siquiera la posibilidad de principios de orden más general que puedan mediar entre lo físico y lo orgánico.

Y, por supuesto, hoy existe un área pujante conocida como morfología matemática, pero dado que se ocupa básicamente del análisis y procesamiento de imágenes, no sólo no es un estudio general de las formas sino que ni siquiera se trata de una rama de la matemática, siendo otra aplicación más de la computación. A la espera de no se sabe qué que pueda darle su esperada carta de nacimiento, la morfología como ciencia por derecho propio permanece en el limbo de su pura posibilidad. Más de dos mil quinientos años después del nacimiento de la geometría, la morfología sigue estando en tierra de nadie.

¿Qué es lo que necesita la morfología para nacer? Evidentemente, antes que nada, el deseo de que exista. Luego, tener una clara conciencia de la clase de hueco que existe entre las ciencias actuales y que ninguna de ellas se preocupa por llenar, pues este hueco es su lugar natural. Más allá de esto no hace falta especular demasiado porque ya tenemos una cumplida anticipación de lo que puede ser la morfología en la investigación de Peter Alexander Venis.

La morfología del vórtice y la secuencia de transformación de Venis

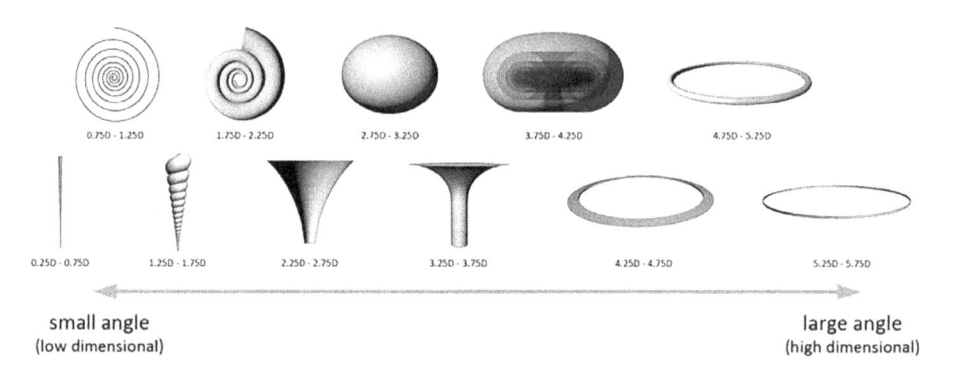

Imagen de Peter Alexander Venis

El cambio de forma o transformación más simple que podemos observar en un medio continuo es una onda. Lo que vemos arriba es una serie de cortes en dimensiones fraccionales de la evolución de una onda-vórtice según la reconstrucción de Venis[1]. Venis describe esta evolución en seis dimensiones espaciales, pero debe tenerse presente que él no habla simplemente de dimensiones enteras como la longitud, la anchura o la profundidad sino del continuo de todas las dimensiones "fraccionales", en verdad dimensiones con cualquier número real. También ha tenerse en cuenta que dentro de esta secuencia el término "vórtice" comprende movimientos de flujo con y sin rotación.

Ni siquiera podemos intuir bien la evolución de una onda esférica en 3 dimensiones, ¿por qué intentarlo en 6? Porque hay algo en seis dimensiones, o al menos en cierta forma de entenderlas, que se intuye mejor que en tres. Pero para un físico o un matemático lo más desacostumbrado de la nueva acepción de la palabra "dimensión" que aquí se introduce no es la posibilidad de órdenes fraccionales, algo que hoy ya se emplea a menudo, sino el hecho de que también estén ligadas a la densidad material: la dimensión 0 y la dimensión 6 de la secuencia corresponderían a extremos máximos y mínimos de densidad además de a cambios de tamaño o escala.

Incluso los físicos siguen separando el espacio y la materia a pesar de las sofisticadas teorías de campos que hoy manejan. Por ejemplo, la relatividad general supone, en los términos de la geometría diferencial, que "el espacio le dice a la materia dónde tiene que ir, y la materia le dice al espacio cómo ha de curvarse"; y esta teoría es después de todo muy similar a la dinámica de fluidos, con una dimensión adicional para el espacio-tiempo. Es un intento de salir de un dualismo que no tiene nada que ver con el hilemorfismo aristotélico, sino con la herencia de la visión atomística, que fue también la de Newton, de corpúsculos de materia moviéndose en el vacío. También la mecánica cuántica, que tan poco tiene que ver con el atomismo antiguo, ha adoptado esta visión a pesar de sí misma y a pesar de admitir que la partícula no tiene sentido sin su campo. El fisicalismo moderno trata de librarse del dualismo de Platón y de Descartes llevándolo al interior de su concepción de la realidad física; lo que aún resulta más curioso si se tiene en cuenta que tanto un filósofo como el otro, lo mismo que Aristóteles, eran monistas en cuanto a la realidad física y negaron de forma explícita la separación entre espacio y materia.

En el despliegue en seis dimensiones de la secuencia de Venis, las tres dimensiones que consideramos nuestro espacio ordinario serían solo el punto medio de equilibrio entre los extremos de la secuencia, que en términos de vorticidad, correspondería al punto más informe, aquel en el que se neutraliza cualquier polaridad o eje de rotación. Desde esta perspectiva morfológica, las tres dimensiones no son una dimensión cualquiera entre el punto y el infinito, sino el centro entre los extremos de nuestra percepción. Es muy probable que el número de dimensiones del "Campo Uno" sea infinito, pero el que su proyección en la apariencia se reduzca a 6 se debería a nuestra propia percepción, que, como sabemos, comporta siempre un componente intelectual en su organización.

Se pueden buscar muchas razones concomitantes para la disposición hexadimensional, pero lo realmente importante es la reubicación de la experiencia espacial con respecto a uno mismo. En nuestra concepción geométrica del espacio, que es algo tan diferente de nuestra experiencia, uno se representa a sí mismo como un punto dentro de unas coordenadas que rigen para una infinidad de puntos diferentes e intercambiables. Incluso si se considera el origen de esas coordenadas, sólo lo es como pura abstracción, no como centro en medio de los pares de opuestos, entre lo lleno y lo vacío, entre la contracción y la expansión, entre lo denso y lo sutil, entre la tensión y la presión, entre el nacimiento y la muerte; y son estos atributos los que filtran en todo momento nuestra experiencia de la realidad.

Nunca se valorará lo suficiente el alcance de esta reinterpretación del espacio, que vuelve a situar al hombre en el centro en medio de las condiciones en virtud de su propia naturaleza y de la Naturaleza más grande que la envuelve. Después de todo, el famoso vuelco copernicano en el que aún seguimos arrojados es sólo un arrebato intelectual que no puede durar mucho, mientras que el alineamiento de las formas con la percepción y de esta con lo informe que le da el ser se inscribe dentro de un retorno intemporal.

Se entiende bien porqué Goethe no encontró antes "su Lagrange", y porqué no lo encontrará nunca si nos empeñamos en ver las cosas desde el ángulo de las especialidades constituidas. La de Venis es la inferencia de un naturalista, no la de un físico ni la de un matemático en posesión de un gran arsenal de métodos analíticos; y por cierto que el mismo Lagrange, padre de la mecánica analítica que tapó los grandes agujeros de la mecánica celeste de Newton, contribuyó como pocos al divorcio entre lo matemático y lo natural. Goethe hacía su remota apelación a la matemática dentro de su discurso sobre el color, pero todas sus observaciones sobre la Naturaleza son morfología porque se ocupan conscientemente de las fronteras de los fenómenos.

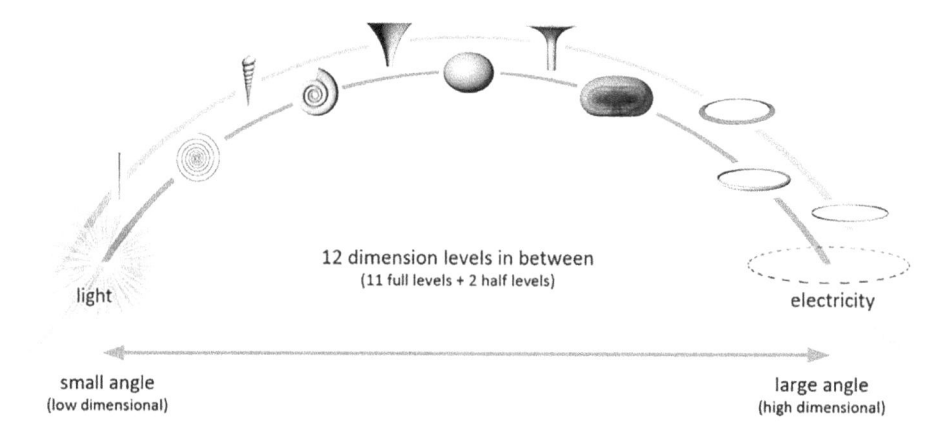

Imagen de Peter Alexander Venis

Aunque Venis no busque una demostración, su secuencia de transformaciones es más elocuente que un teorema. Basta mirarla un tiempo con atención para que su evolución resulte evidente. Se trata de una clave general para la morfología, con independencia de la interpretación física que queramos darle. Venis no se detiene en formalismos pero ha detectado por vez primera algo que ejerce una irresistible atracción sobre físicos y matemáticos: un nuevo tipo de simetría dinámica. Sin embargo esta simetría no encaja de ningún modo obvio en las variables dinámicas que la física acostumbra a manejar.

Para Venis la aparición de un vórtice en el plano físico es un fenómeno de proyección de una onda de un campo único donde las dimensiones existen como un todo compacto y sin partes: el "Campo Uno" del que habla sólo es otra forma de hablar del medio primitivo homogéneo como unidad de referencia para el equilibrio dinámico. Está claro que un medio completamente homogéneo no puede ser caracterizado ni como lleno ni como vacío, y lo mismo da decir que tiene un número infinito de dimensiones que decir que no tiene ninguna.

Aquí sin embargo lo homogéneo e indiferenciado está tanto en el trasfondo que envuelve el contorno de las formas como en su punto central de equilibrio. Para nosotros, el espacio tridimensional es sinónimo de profundidad, pero aquí parece que todo se mueve en la superficie, y precisamente en tres dimensiones es donde lo amorfo alcanza su máximo. "Un vórtice es la única parte de una onda dentro del campo uno que intersecta nuestro mundo físico": extraña definición para quien ignore que aquí la proyección lo es todo. ¿Pero qué lo está proyectando?

Decíamos que el análisis se hizo demasiado abstracto y que la ontogénesis biológica nunca ha sabido ir más allá de lo particular. Pues bien, la secuencia morfológica de Venis se encuentra a una exquisita equidistancia entre la matemática física más básica y la biología, entre la concreción de esta y la abstracción de aquella; y esto ya es algo, cuando se admite la llamativa inadecuación de la matemática para los procesos vivos. La onda-vórtice de Venis es forma y proceso indisolublemente ligados, pero su lugar natural se halla en el espacio proyectivo independiente de cualquier medida, que sólo podría descender a lo cuantitativo a través de la geometría afín y las geometrías métricas. Las formas que observamos en la Naturaleza, desde los hongos y las espirales a los anillos, los bulbos, los cuernos, los camaleones, las nubes, las galaxias y los remolinos, envuelven típicamente una porción definida de su evolución, pero nunca encontraremos la matriz completa ejemplificada en un fenómeno ante nuestros ojos.

Imagen de Peter Alexander Venis

Se tiene la impresión de contemplar un ouróboros interdimensional, un hysteron proteron, un útero que a medida que se forma se vuelve del revés, un alambique que se destila a sí mismo, eso que da su forma a la matriz de todas las formas. Es cierto que hay algo inevitablemente subjetivo en toda apreciación de las formas, pero esta matriz también parece expresar una reciprocidad irreductible entre lo subjetivo y lo objetivo.

Venis llama a sus exploraciones una "teoría del infinito", no tanto por la pretensión de "tener una teoría" como para disculparse por no hallar más justificación para ella. Pero la verdad es que si nos atenemos a su forma de proceder no debería buscar otra justificación más allá de su correspondencia con los fenómenos, pues tal como surge se trata sin duda una morfología fenomenológica inseparable de nuestra percepción de las apariencias. Todo el tema se plantea ya íntegramente en el plano primario de lo estético, y eso no puede verse como una limitación sino como prueba de que estamos ante algo más amplio que el siempre limitado dominio de la medida.

"El ser humano mismo, en la medida en que hace un uso sensato de sus sentidos, es el aparato físico más exacto que puede existir"; esta afirmación de Goethe sólo puede entenderse como otra forma de decir que lo más importante para el ser humano ya está resumido de forma insuperable en lo que puede percibir por sí mismo. El aluvión de datos ultrasensoriales que hoy nos aportan todo tipo de aparatos no pueden cambiar esto pero sí contribuyen a que lo olvidemos. Cuando el poeta alemán habla del experimento como mediador entre el objeto y el sujeto, no está buscando tanto un puente entre ambos como un fiel que nos ayude a recordar su unidad. Hay en la fidelidad de la descripción una Vía Media por la que la ciencia apenas ha caminado.

En nuestros escritos hemos hablado de un cierto método retroprogresivo de retorno al Principio y de un infinito como simplicidad que estaría en la antípoda del actual infinito como complejidad. La construcción de cualquier número de dimensiones con ejes ortogonales y puntos parece infinitamente simple, pero la determinación de sus posibles contenidos y evoluciones se vuelve infinitamente compleja. Por el contrario la variedad de formas de la Naturaleza parece arbitraria hasta el infinito, pero partiendo de su concepción global puede obtenerse una simplicidad irreductible a lo cuantitativo.

Si se atiende al método experimental de Goethe se observan dos etapas: la analítica que va de la complejidad ilimitada de los fenómenos a otros más simples que a su vez procuran converger en su principio, y la sintética que procede en orden inverso buscando la relación entre el principio y los fenómenos complejos. Venis también procede de forma similar; pero desde Leibniz y Newton la ingeniería inversa del cálculo, en lugar de determinar la geometría a partir de las consideraciones físicas, para derivar de ellas la ecuación diferencial, lo que hace es establecer primero la ecuación diferencial para buscar luego en ella las respuestas físicas. Estas dos formas de proceder ni siquiera necesitan ser equivalentes, lo que autoriza a pensar que debe existir una geometría física muy diferente de la que hoy considera el análisis, tanto en la interpretación como en la relación con el Principio; y esto es lo que realmente nos importa.

Morfología y causalidad

Los físicos y los matemáticos nunca habrían detectado la simetría de la secuencia de Venis puesto que se mueven en campos más definidos y con otros lineamientos históricos en su motivación, pero en cuanto tengan conocimiento de ella no dejarán de hacerse preguntas sobre cómo circunscribirla. Es un cerco por un lado deseable, y por otro lado de temer en la medida en que se siempre se corre el riesgo de tirar al niño con el agua de la bañera. En cualquier caso, el gran logro de Venis es que desde la aparición de su secuencia la morfología ya puede interrogar a la física y la matemática sin tener que abandonar su propio terreno. El mismo Venis nos cuenta que antes de iniciar su secuencia de descubrimientos era un programador de juegos trabajando con gráficos y algoritmos, y sin duda eso ha dejado una impronta en su estilo de exposición, que es tan claro y lógico como puede serlo algo que tiene en su trasfondo lo infinito. Y la verdad es que a menudo podrían ayudar más a desarrollar y completar esta teoría programadores determinados a seguir el hilo de Ariadna de su lógica visual que aquellos que quieran someterla con el consabido arsenal de métodos del análisis cuantitativo.

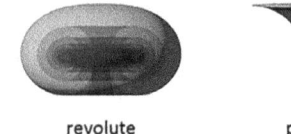

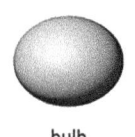

| revolute | pylon | bulb | amplicone | swirl |

Imagen de Peter Alexander Venis

En la secuencia de transformación se distinguen 5 tipos o modos básicos de vórtices que se reflejan pero el juego de sus variantes, combinaciones y metamorfosis tiene una riqueza que aspira a estar a la altura de lo inagotable de los fenómenos. En cualquier caso no se trata de una mera tipología clasificatoria como las que tanto abundan en las ciencias de la vida, sino que está imbuida de una lógica que conecta los modos causalmente, y esta causalidad es en cierto sentido más fuerte y unívoca que la que encontramos en las leyes fundamentales de la física, por no hablar de los sistemas complejos en general —pues aquí la causalidad coincide con la dirección del flujo.

La noción de causalidad física lleva mucho tiempo en crisis, y aun se puede asegurar que esta crisis es una con la expansión imparable de la física desde los tiempos de Newton. Como es sabido, las leyes físicas fundamentales, en la medida en que dependen de principios variacionales como el lagrangiano o el hamiltoniano, admiten un número infinito de causas para explicarlos; lo que es la principal razón para que los físicos hayan dejado de preocuparse por ellas. Ya en el siglo XXI se pretendió que con el diluvio de datos "la correlación supera a la causación"[2]. Esto es rotundamente falso y ni siquiera necesita una refutación, puesto que cuando más aumenta la masa de datos más necesarias son las interpretaciones y los modelos; pero eso da igual porque es la misma inflación de modelos causales la que ocasiona la devaluación de cualquier idea de causalidad. Si la física, de la gravedad al electromagnetismo a la entropía a la mecánica cuántica y a la cosmología, fue la primera en disipar la fe en las causas, luego ha sido el exceso de información y de complejidad.

En física asociamos la palabra "causa" con la noción bien definida de fuerza pero lo cierto es que en la relatividad la fuerza deja de ser primaria y en la mecánica cuántica también. Y a pesar de esto, el orden de concepción de la física aún prevalece y no podemos dejar de pensar en términos de fuerzas, y específicamente de fuerzas controlables, puesto que las fuerzas meramente medibles no competen a esta ciencia. La física sigue interrogando a la Naturaleza con y a través de las fuerzas controlables, que de este modo, aunque sólo sea por nuestro inevitable proceder antropocéntrico, adquieren el rango de causas.

Sin embargo en la nueva morfología que emerge con Venis se plantean otras acepciones de la causalidad y la generación. Por un lado está la causalidad aparentemente unívoca del flujo, pero por otro lado está la generación de la onda en el campo uno y su proyección en las apariencias en forma de vórtice; donde proyección en las apariencias es sinónimo de intersección por ellas en una secuencia de flujo dimensional. Una de las distinciones más básicas que encuentra Venis es entre onda/vórtice central y onda/vórtice periférica; las ondas centrales son transversales, como las del electromagnetismo, y las periféricas longitudinales como las ondas del sonido. Esta distinción es muy importante desde el punto de vista descriptivo aunque veremos que aún esconde mucho más de lo que muestra.

Pero antes de contemplar las posibles conexiones de esta morfología general con la física o la matemática, tema difícil y resbaladizo que presupone un conocimiento adecuado de los fundamentos de la primera y de las deficiencias descriptivas de la segunda, podemos plantearnos cómo y hasta qué punto son representables las transformaciones en la secuencia de Venis —representables directa o indirectamente. Representación y descripción son, para lo que nos interesa, prácticamente equivalentes; pero más que llevarlo a los viejos niveles de discusión filosófica, siempre pertinentes, preferimos mantener estas nociones en su contexto original: el diseño gráfico por ordenador y nuestros límites en la representación y percepción de diferentes dimensiones.

Venis, que es bien consciente de que su aproximación es sólo la apertura de un vasto campo, intenta ordenar los movimientos básicos en una serie de tablas que afectan al número de dimensiones, la forma aparente del movimiento del vórtice y el movimiento que podría corresponderle a la onda en el campo primordial anterior a la proyección. Para el movimiento la distinción más básica sería la de movimientos de traslación y de rotación; y ya es notable, para empezar, que la física haya tratado tales movimientos casi siempre por separado y que haya eludido describir de forma exhaustiva su conexión. No olvidemos por ejemplo que, a nivel estadístico, el teorema del virial elimina el giro o rotación[3] en su balance de la energía cinética y la potencial, por lo que derivación de un supuesto momento de inercia es sólo otro más entre los numerosos trucos de contabilidad a la que la física nos tiene acostumbrados.

¿Qué veríamos en una animación gráfica de la secuencia de transformación en una aplicación de realidad virtual? Dependería evidentemente del programa y los conceptos que introduzcamos, puesto que Venis no pretende dejar zanjado el asunto y se atiene más a la apariencia que a su posibilidad de construcción; mientras que, por otro lado, las exigencias de la física a nivel descriptivo han sido siempre secundarias. La mecánica clásica, por ejemplo, ignora rutinariamente la distinción de Heinrich Hertz entre partícula material, que es un punto físico irreducible en el espacio en un momento dado, y un punto material tal como se presenta ante nuestros sentidos y que como volumen puede contener cualquier número de partículas materiales —un planeta, una estrella o una galaxia. Nicolae Mazilu nos recuerda que esta distinción, puramente clásica, también coincide parcialmente con la problemática cuántica de la dualidad onda-partícula.

Reducir un cuerpo o un volumen a un punto, ya sea en la mecánica cuántica o en la clásica, es una forma de omitir tres dimensiones, no en el espacio vacío ideal sino en el continuo espacio-materia ordinario. Si en mecánica cuántica no es posible la descripción de partículas extensas es, antes que nada, por que la relatividad especial no las admite, a pesar de ser una teoría macroscópica. Las ecuaciones de Maxwell sólo sirven para porciones del campo con extensión; la relatividad especial sólo es válida para eventos puntuales, y en las ecuaciones de campo de la relatividad general las partículas puntuales de nuevo vuelven a carecer de sentido. Sin embargo en una mecánica relacional de tipo Weber, que también se puede extender a campos integrando sobre el volumen, se puede trabajar tanto con partículas puntuales como extensas, lo que permite franquear el abismo entre lo micro y macroscópico sin necesidad de curvaturas del espacio ni pretender convertir el tiempo en otra dimensión, entre otras muchas contorsiones.

Las ondas transversales electromagnéticas de Maxwell o Hertz no indican que el componente eléctrico y el magnético sean perpendiculares en el sentido geométrico literal sino en el sentido de un promedio estadístico entre el espacio y la materia, y es por esto por lo que tales ondas han resistido todo tipo de intentos de representación geométrica seria. Sin embargo, basta con entender que la electricidad implica materia cargada separada por espacio, y el magnetismo espacio separado por materia, para que el carácter irreduciblemente estadístico de los atributos geométricos de la onda se comprendan por sí mismos.

La mecánica relacional de Weber, referente inexcusable para la de Maxwell que la siguió, plantea desde 1848 la problemática del potencial retardado y su justificación de la conservación de la energía. Siguiendo la lógica de Weber, Nikolay Noskov postuló una vibración longitudinal interna a los cuerpos en movimiento para cubrir la diferencia entre la energía cinética y potencial del potencial retardado, ya que en la mecánica de Weber, al multiplicar la velocidad al cuadrado no se puede distinguir entre estas energías y la energía interna del cuerpo —y habría que detenerse en el vínculo entre esta indistinción y las relaciones de indeterminación cuánticas. Esta onda interna coincide con la famosa "onda de materia" de de Broglie; la misma ecuación de onda de Schrödinger es una mezcla de ecuaciones diferentes que describen ondas en un medio y ondas dentro del cuerpo en movimiento, pero como sabemos esto deja de tener sentido en la ecuación relativista de Dirac.

Por más que el cálculo diferencial nos haya acostumbrado a creerlo, un punto no tiene realidad física, sino que es un concepto puramente matemático, o si se quiere, tal como lo puso Leibniz, una simple modalidad. Pasar de un punto a una esfera con volumen añade tres dimensiones más a la caracterización física de una partícula, del mismo modo que permitiendo la libertad de giro de un punto orientado con inercia tenemos seis dimensiones físicas en lugar de tres. La rotación de un punto en las tres dimensiones permite generar vórtices y volúmenes a lo largo de su movimiento de traslación. Si quisiéramos visualizar la onda interna de la materia en una partícula extensa, no se trataría de algo tan simplista como un corpúsculo atravesado por una vibración longitudinal, sino de una configuración o proceso en seis dimensiones que incluiría el giro o espín de la partícula en su campo u onda-partícula.

Volviendo a la representación gráfica de la secuencia de transformación, si pienso que, partiendo de un vórtice puntual, tiene que haber un movimiento continuo de pliegue y despliegue, de mutua inmersión y eversión entre las tres dimensiones de traslación y las tres de rotación, no es por tener evidencia de ello ni porque Venis lo ponga en esos términos, sino porque simplemente supongo que una onda primordial ideal que emerge del todo indiferenciado para volver a él tiene que cubrir exhaustivamente todas las combinaciones, todas las posibilidades de diferenciación. Pero por supuesto que las intersecciones de una simple onda permiten muchas otras variantes. En cualquier caso, la forma más simple de describir esa combinación de traslación y rotación, inmersión y eversión es con el concepto de torsión. Una morfología de vórtices es por necesidad una morfología de la torsión.

Planteamos la posibilidad de representación virtual de la secuencia no como una mera aplicación informática o una exploración interactiva sino tratando de encontrar su lugar propio dentro de nuestra imaginación. El punto de partida es la idea de que cada organismo recrea el todo tanto como puede; este doble movimiento de fuera adentro y de dentro afuera recuerda a los procesos aferentes y deferentes del sistema nervioso, y por lo mismo, también cabe suponer que tenga una relación profunda con la especialización de los hemisferios cerebrales. Si además pueden conectarse convenientemente los dos aspectos de la torsión con nuestros propios ciclos de acción y percepción en régimen de interacción, nuestra capacidad para concebir la morfogénesis y la morfodinámica aumentaría de un modo notable.

El propio Venis supone que la onda-vórtice ha de tener una relación estrecha con el haz o fibración de Hopf, un objeto matemático bien conocido en el estudio del oscilador armónico bidimensional, la dinámica de fluidos, la magnetohidrodinámica, el entrelazamiento cuántico, el monopolo de Dirac, la fase geométrica de un potencial y otros muchos aspectos de la física. Su análisis requiere variable compleja, pero antes de abordar la conexión con procesos físicos sería necesario un cauteloso estudio de las correspondencias matemáticas empezando por el propio cálculo. Ni que decir tiene que aquí hemos de contentarnos con meras observaciones.

Por ejemplo, en el paso de la geometría proyectiva o sintética a una geometría diferencial sintética que incluye movimientos, no se puede ignorar el déficit descriptivo, además de analítico, del cálculo ordinario. Sin buen análisis no hay buena síntesis, y el análisis estándar ni siquiera analiza correctamente la geometría física de los problemas, como lo evidencia el hecho de que un móvil que acelera en línea recta sea representado por una curva. Miles Mathis ha mostrado concluyentemente[4] que el cálculo diferencial clásico, poco importa que se base en infinitesimales o en límites, siempre tiene como mínimo una dimensión menos que el problema físico, y esto no se puede pasar desapercibido cuando buscamos una representación razonablemente completa. El cálculo tuvo un humilde origen en el estudio de curvas pero con la algebraización del análisis la relación primaria entre cálculo y geometría quedó enterrada para siempre. Mathis propone un cálculo diferencial constante basado en un intervalo unidad para terminar de una vez con las velocidades instantáneas y los puntos ficticios. Por lo demás, una geometría diferencial sintética que parta de puntos puede ser discrecional pero en todo caso inespecífica.

¿Puede una representación gráfica virtual ayudarnos a visualizar dimensiones más altas o hipersuperficies complejas? Esta pregunta tiene trampa y la trampa es el punto esencial. Puesto que cualquier número de dimensiones es "sólo" representación en movimiento, pero por otro lado lo que queremos es reordenar esa representación y traerla más cerca de nuestra conciencia. Por una parte, sería perfectamente ilusorio pensar que la morfología puede alumbrar esa cámara secreta de la Naturaleza de la que habló Kant y que se hurtaría siempre a nuestros sentidos, puesto que nada que se base en conceptos y representaciones podrá nunca hacerlo. Pero la búsqueda de una descripción fiel nos acerca al equilibrio entre explicación y predicción, entre aritmética y geometría, entre participación y distancia, entre el análisis y la imaginación; pues además la imaginación ya emana directamente de esa misma cámara que está también en cada uno de nosotros. La zona de balance entre ambos extremos suele estar atravesada por un gran tráfico de datos pero también es potencialmente una zona de silencio.

En cuanto a las hipersuperficies en el plano complejo, aunque éste no necesite de justificación alguna en matemáticas, en física sí debería tenerlas, y en una morfodinámica de naturaleza descriptiva son completamente necesarias; y es obvio que el generador más directo de números complejos y propiedades no conmutativas es la rotación de los vectores. Esto nos devolvería a la dinámica del punto orientado en 6 dimensiones. El uso de números complejos en física no es sino una forma de tener más grados de libertad y dimensiones adicionales sin necesidad de justificarlas. Lo que nos preguntamos menos es si somos capaces de concebir el equilibrio en términos de dimensiones, y sin embargo esto es central en la secuencia de transformación.

* * *

Si pensamos la morfología en términos de proyección e intersección pronto se presentan dos ideas contrapuestas pero casi equivalentes: la ausencia de causalidad, y la causalidad vertical. El término "causalidad vertical" ha sido propuesto por Wolfgang Smith en su interpretación perennialista y neoaristotélica de la mecánica cuántica. Aunque pueda sorprender a muchos, leer las perplejidades cuánticas en clave aristotélica no es nada nuevo, y ya Heisenberg dejó escrito que el dominio cuántico, "entre el ser y el no ser", se corresponde bastante bien con lo que desde Aristóteles se entiende bajo el concepto de potencia.

Smith no se complica las cosas y afirma que el mundo del que se ocupa la física y la mecánica cuántica en particular no es el mundo de los cuerpos, sino el de la materia bajo el signo de la cantidad —la física se ocupa de lo mensurable, que sería un dominio ontológico completamente diferente que el que percibimos con nuestros sentidos. Volviendo a la terna tradicional cuerpo-alma-espíritu, Smith concluye que lo corpóreo está limitado en el tiempo y el espacio, lo anímico sólo por el tiempo y el espíritu por ninguno de los dos; los tres serían como el límite de una esfera, su interior y su centro.

El argumento de Smith puede resultar aceptable para la mecánica cuántica, pues ningún físico pretende que ésta se encuentre en el mismo plano de realidad que el mundo de nuestras percepciones, pero con la mecánica clásica y la cosmología hace aguas por doquier. No se puede apelar sin más a "formas substanciales" ignorando la capacidad formativa de fuerzas, movimientos y potenciales. Pocos físicos dudan del carácter real de la hidrodinámica o de los objetos y procesos astronómicos, aun si su estatus causal se hace más problemático a medida que nos alejamos en el espacio y retrocedemos en el tiempo.

En todo caso la mecánica cuántica estándar, la de la interpretación de Copenhague y las partículas puntuales sin extensión, es claramente incompatible con todas nuestras nociones de la realidad macroscópica, y en esto reside toda la fuerza del argumento de Smith, que así no necesita crear descripciones realistas o causales alternativas, como por ejemplo la de de Broglie-Bohm. No lo necesita porque simplemente no hay tal cosa como una "realidad cuántica", sino solo una potencialidad que nosotros actualizamos desde nuestro mundo corporal macroscópico compuesto de materia y forma. Después de todo, y con un argumento muy elemental, Smith querría devolvernos al realismo.

Pero existe otra forma totalmente diferente de contemplar la causalidad vertical en la Naturaleza que no pasa por separar materia y forma de antemano, como hace Smith, para reunirlas luego a través de un mero concepto. Por otro lado, los físicos no han dicho nunca que el hilemorfismo sea erróneo, sino más bien que no les sirve de nada. Aquí hemos observado repetidamente que, no sólo los potenciales cuánticos, sino los potenciales físicos en general, al ser independientes de cualquier velocidad de transmisión, en realidad solo pueden ser acto puro, mientras que por el contrario las interacciones de las que se ocupa la dinámica, estando limitadas por la velocidad, requieren siempre un tiempo. La física, entendida como dinámica, subordina el potencial a la fuerza, pero no puede ser que lo que es instantáneo tenga que estar subordinado a aquello a lo que le lleva tiempo reaccionar.

Es legítimo plantearse la existencia de una causalidad vertical por encima de la causalidad eficiente u horizontal de las interacciones de que se ocupa la dinámica, desde el momento en que los potenciales no son reducibles a las fuerzas y entrañan un orden implicado de otra índole. El famoso orden implicado de Bohm es la resurrección de la armonía preestablecida de Leibniz de la mano de de Broglie; la gran diferencia es que la teoría del potencial retardado nos permite ver que esto también es aplicable a escala macroscópica. Pero, dado que un potencial no puede retardarse porque no tiene ninguna velocidad de transmisión, lo que no es simultáneo es la acción y reacción entre fuerzas, saltando por los aires el sincronizador global sobre el que está edificada tácitamente toda la física moderna. Las implicaciones de esto son muy difíciles de concebir.

Ya hemos visto en otras ocasiones que la mecánica relacional de Weber permite una reformulación de lo tres principios de la mecánica clásica que no pasan por la ley de inercia, ni por la constancia de las fuerzas centrales ni por la simultaneidad de acción y reacción de la sincronización global. En este sentido, la mecánica relacional, que tiene su precedente en las ideas de Leibniz, sería simplemente un fenomenalismo acausal. Por tanto no es necesario entender la causalidad vertical de modo literal puesto que la idea de que existe una causalidad horizontal que se extiende virtualmente sin límites sería simplemente otra ilusión. No hay ni horizontal ni vertical con respecto a un medio primitivo homogéneo e indiferenciado, por lo demás el único infinito verdadero; el contraste sólo surge cuando asumimos que puede haber una sincronización global en la dinámica, lo que además de metafísico envuelve una contradicción en los términos. La causalidad vertical es un orden implicado con lineas y capas temporales propias.

La idea de que el supuesto desfase del "potencial retardado" no puede ser tal y en realidad implica un tiempo propio estaría indirectamente refrendada por las propias implicaciones cosmológicos de la morfología de Venis. Venis habla de ramas temporales dentro de una jerarquía de escalas en la que sólo los vórtices de mayor escala pueden afectar a la rama temporal. Incluso anomalías como la deceleración de las sondas espaciales profundas se debería a una transición de escalas. Para Venis la realidad de estas ramas temporales sólo podría verificarse viajando a grandes distancias, saliendo de la esfera de influencia de una estrella o una galaxia; pero siguiendo el hilo de la mecánica relacional puede interpretarse que cada desfase del potencial comporta un cierto desvío. La diferencia entre el desfase del "potencial retardado" y el de la llamada fase geométrica es que el primero ya está incluido dentro de nuestras ecuaciones, mientras que la segunda no, y ha de considerarse como una curvatura adicional.

Pero, por supuesto, la fase geométrica no es privativa de la mecánica cuántica, como a menudo pretenden los mismos físicos, y existe a todas las escalas, pudiendo verificarse claramente en la locomoción animal o en sencillos experimentos con vorticidad en la superficie del agua. La interferencia afecta al flujo y la forma más sencilla de concebir la fase geométrica es como un fenómeno de interferencia. Pero, siendo un fenómeno universal, dependiendo del caso y descripción podemos interpretar la fase geométrica de muchísimas maneras: como un trasporte paralelo, como una autoinducción, como una curvatura o flujo de la forma simpléctica, como una intersección cónica entre superficies potenciales de energía, como una transición entre dimensiones, como una transición de escalas, como una torsión o un cambio en la densidad, como una transición de fase, como un punto de degeneración, como un potencial retardado, como la diferencia del lagrangiano, como una resonancia, como una interferencia holográfica, como un bucle, como un principio de esclavización, como un agujero o singularidad de la topología del movimiento, como una conversión entre giro y momento angular orbital, como un tiempo propio o línea temporal, como una memoria, como una interfaz o incluso de otras maneras que no tienen por qué ser excluyentes.

Sólo el grado de fidelidad en la descripción nos permitirá decidir cuáles de estas interpretaciones se ajustan más al caso; pero varias de ellas encajan perfectamente en lógica de la morfología de Venis. Bien puede decirse que, si los principios variacionales permiten una infinidad de causas, la fase geométrica nos brinda infinitas formas de ver la ausencia de causalidad. Y esta ausencia es la única luz que podemos arrojar sobre la llamada causalidad vertical; pero en todo caso se trata de algo que está abierto tanto a la descripción matemática como a la verificación experimental.

En la mecánica de contacto y fuerzas controlables asociamos la fuerza con la deformación; pero en las llamadas "fuerzas fundamentales", como en la gravedad, no hay deformación cuando se produce movimiento, como en caída libre, sino solo en la situación potencial, como en los cuerpos sólidos sobre la superficie del globo. Si atendemos a la forma, es como si existiera un tercer estado de reposo; pero la mecánica basada en la inercia no puede extraer ninguna lección de esta llamativa circunstancia. En la mecánica relacional incluso las formas de las elipses, ya sea en órbitas planetarias o atómicas, dependen crucialmente del llamado potencial retardado. Los potenciales tienen un efecto definido en la forma, podemos imaginarlos como los paisajes y valles por los que transita la materia.

Continuando con la idea de proyección, ya hemos hablado en otras ocasiones de la suprema ironía que supone que el principio holográfico, surgido de las condiciones más extremas que la física teórica puede concebir, nos diga, después de haber elevado el número de dimensiones para una teoría de la gravedad a cuatro y para las teorías de cuerdas a diez o hasta a veintiséis, que en última instancia cualquier evolución física con toda su información es reducible, no ya a un volumen, sino a una superficie; cuando se suponía que procesos como la gravedad o el principio de Huygens de propagación de la luz no pueden operar en dos dimensiones. Sin embargo la ironía mayor es que el principio holográfico se basa en la fase geométrica, un suplemento a la mecánica cuántica que ni siquiera pertenece propiamente a ella: un bucle o curvatura añadida a la evolución unitaria, cerrada, del hamiltoniano. La fase geométrica no pertenece al espacio proyectivo de Hilbert, sino que refleja la geometría física del ambiente que no está incluida en la definición de un sistema cerrado. Y esta apertura de un sistema cerrado a su ambiente es lo que se supone que ahora define los límites de nuestra experiencia del mundo.

Si la fase geométrica equivale a una torsión, es una verdad enteramente trivial que la torsión de una superficie nos basta para describir cualquier forma concebible. Puesto que el principio holográfico es universal, hablar de la universalidad de la morfología de la torsión estaría igualmente justificado; la cuestión es cuántos grados de simplificación o síntesis admite este principio general, que en el fondo sólo nos dice que no conocemos nada salvo con la luz y en la luz. Los físicos se las ven y se las desean tratando de verificar experimentalmente el principio holográfico, pero si realmente es universal y lo tenemos por doquier lo único que hace falta es tirar del nudo corredizo que debería existir entre el "potencial retardado" y la fase geométrica; pues lo que nos dice este desfase es que hay un bucle de realimentación que depende del ambiente. De hecho, si se aplica el potencial retardado a la gravedad, los agujeros negros que trajeron el principio holográfico al primer plano se hacen imposibles porque con el aumento de velocidad disminuye proporcionalmente la fuerza.

* * *

Es casi una asunción de la teoría de Venis que todas las ondas tendrían su origen en un único proceso, cambiando sólo las circunstancias de proyección o intersección. Comparto este punto de vista, cuya verdad tendría consecuencias más vastas que las que puede resumir cualquier tratado. Aún hoy existe un consenso general entre los físicos en que las ondas longitudinales del sonido y las transversales del electromagnetismo y la luz son procesos completamente diferentes sin posible conexión. Sin embargo, en octubre del 2021 el equipo de Shubo Wang[5] en Hong Kong demostró la existencia de ondas de sonido transversales creadas con un metamaterial que acopla el giro o espín de la onda y su momento.

Se puede anticipar que este descubrimiento marca el comienzo del fin de las ideas preconcebidas que aún tenemos sobre las ondas, y que pronto encontrará su debida contraparte con la verificación de ondas longitudinales de tipo electromagnético. De hecho, unos meses antes un equipo de San Petersburgo[6] había dispuesto otro metamaterial para producir fácilmente ondas electromagnéticas longitudinales. Las ondas electromagnéticas longitudinales no son enteramente desconocidas, como era el caso de las ondas acústicas transversales, pero su estatus teórico sigue siendo debatido. Debería haber sido siempre evidente su vínculo con las ecuaciones de Maxwell puesto que éstas son sólo un caso especial de las ecuaciones de fluidos de Euler, así como de las de Weber —incluso si Weber nunca predijo ondas electromagnéticas de ningún tipo. Están por supuesto las ondas longitudinales de Noskov asociadas al potencial retardado, que el autor ruso siempre vinculó directamente al sonido y la mecánica ondulatoria de gases y fluidos; el equipo de Shubo considera el campo de dispersión de las ondas como una proyección esférica del campo incidente en el que induce rotaciones no conmutativas y "conduce a las fases geométricas que dan cuenta de la conversión entre el giro y el momento angular orbital".

Nos hemos detenido en estos descubrimientos recientes porque abren una vía nueva para contemplar la unidad de la Naturaleza, una vía que no pasa por la "unificación" de las fuerzas fundamentales conocidas sino por la exploración y reconstrucción de la unidad de la forma al tratar de representar la geometría física de los procesos. Por descontado, esta geometría física puede y debe incluir aspectos estadísticos. Cualquier distancia con el proyecto de la física teórica de unificación de las fuerzas fundamentales es poca, pues acercarse a la caracterización de esta onda primordial es acercarse a una perspectiva acausal y a la causalidad vertical que implica la proyección. Y puesto que la holografía acústica ofrece una analogía completa con la holografía óptica, y la fase geométrica permite controlar la forma del frente de onda, se debería poder estudiar mucho más fácilmente la relación crítica entre los potenciales retardados "normales" y las fases geométricas "anómalas", lo que además proporciona el vínculo clave entre mecánica ondulatoria, dinámica y morfología.

Desde el punto de vista relacional no hay causas en el sentido mecánico sino relaciones, y la coimplicación de estas relaciones tiene una profundidad aún enteramente por explorar. Se abre entonces una nueva perspectiva sintética, pero la geometría física de la que hablamos es obviamente mucho más que cualquier cinemática; esta sería la mayor limitación de una mecánica relacional como la de André Assis, quien por otra parte plantea un tema de gran calado al sustituir el principio de inercia por el de equilibrio dinámico de suma cero de fuerzas.

En una dirección afín a la adoptada por Duhem al intentar unir mecánica analítica y termodinámica, aunque basándose en un argumento sugerido por Landau & Lifshitz, Mario Pinheiro[7] ha propuesto una reformulación ergoentrópica de la mecánica, definida por un equilibrio entre la variación mínima de energía y la producción máxima de entropía. Puesto que estas son las dos tendencias más fundamentales que podemos observar en la Naturaleza, es más que razonable tratarlas de forma conjunta integrando consistentemente el movimiento de rotación con vorticidad y el de translación.

La entropía, tal fue concebida por Clausius como tendencia a un máximo, ya entrañaba una finalidad espontánea; a lo que no han respondido nunca los físicos es a qué pueda deberse el componente descaradamente teleológico del principio de acción. Con una formulación de equilibrio entre ambos esta segunda parte parece más comprensible. Boltzmann creó una formidable confusión al equiparar la entropía con el concepto subjetivo de desorden, pero, como ya dijo R. Swenson hace más de treinta años, «el mundo está en el asunto de la producción de orden, incluida la producción de seres vivos y su capacidad de percepción y acción, porque el orden produce entropía más rápido que el desorden".

Si la entropía no es un subproducto de la mecánica, sino que se halla dentro de las mismas condiciones de equilibrio de esta última, el sentido de los procesos físicos cambia por completo. Una formulación de equilibrio interno como la de Pinheiro supone que siempre hay energía termodinámica libre en el ambiente, es decir, un desequilibrio "externo"; por lo mismo, la propia mecánica emergería de un fondo abierto e irreversible. En el marco ergoentrópico, los sistemas están sujetos a fuerzas externas pero reaccionan a las restricciones externas con movimiento de rotación vortical y de disipación, con una conversión directa de movimiento angular en movimiento lineal vía torsión topológica. Por tanto, esto también tiene interés a nivel morfológico y causal.

Pinheiro retorna al célebre experimento del cubo de agua de Newton y nos da una interpretación que no es ni la del espacio absoluto del autor de los Principia ni la relacional en la línea de Leibniz o Mach que atribuye la formación del vórtice al marco de las estrellas distantes. Puesto que creemos que el principio de inercia es enteramente prescindible, siempre nos hemos inclinado por la interpretación relacional; sin embargo la interpretación de Pinheiro añade un elemento necesario, puesto que en un caso como este no podemos prescindir sin más de la causalidad local. *«Lo que importa es el transporte de momento angular (que impone un balance en la fuerza centrífuga empujando el fluido hacia fuera) compensado por la presión del fluido".*

El paso de la materia a zonas de mayor presión ya es un exponente de la segunda ley de la termodinámica, y además el hecho de que al agua le lleve tiempo adquirir su concavidad habla elocuentemente de la presencia de la fricción. Pero, por otra parte, la vorticidad dentro del cubo de agua recuerda también el caso hipotético de una partícula extensa, con rotación intrínseca a la vez que atravesada por una onda en conformidad con el "potencial retardado". Lo que ahora llamamos causalidad local no puede entenderse nunca *more geometrico*, sino, como las mismas ondas electromagnéticas y tantos otros procesos físicos, en algún lugar a mitad de camino entre la geometría y la estadística; la causalidad local sería la reacción no determinista a la causalidad global, que es otro nombre para la causalidad vertical o la unidad. Incluso hoy, un experimento tan simple como el del cubo de Newton nos permite hacer otra lectura de la conexión entre las fuerzas centrales y las no-centrales o periféricas.

Hemos hablado con frecuencia de tres equilibrios fundamentales en física y en electrodinámica en particular: el equilibrio dinámico de suma cero, el equilibrio ergoentrópico entre la mínima variación de energía y la máxima entropía y el equilibrio de densidades con un producto unidad. Tales equilibrios apenas se contemplan en los marcos actuales y cuando eventualmente se considera uno de ellos no se relaciona debidamente con los otros dos. Estos tres equilibrios tan básicos deberían poder alinearse con el equilibrio morfodinámico en medio de la secuencia de Venis, que en cierto sentido recuerda al llamado "flujo potencial" de la dinámica de fluidos. Naturalmente, este equilibrio central tiene ramificaciones en una gran variedad de circunstancias diferentes.

Dijimos que Venis menciona como posible vía de acercamiento matemático a su morfología la fibración de Hopf con uso de variable compleja. En una morfología del flujo y la torsión que mantenga el énfasis en la descripción debería investigarse la relación entre el uso de los números complejos y la rotación, de estos dos elementos con el tiempo y el potencial retardado, y de todos ellos con la proyección atemporal y la causalidad vertical. Por supuesto, cualquier idea de causalidad forma parte de una complexión de conceptos, pero una vez que se empiece a profundizar en la morfología como conocimiento de la figura y la configuración, esto afectará a nuestras ideas sobre espacio, tiempo y causalidad; materia, forma y movimiento.

Individuación y singularidad

En la onda-vórtice hexadimensional de Venis hay una conjunción de lo más concreto y lo más abstracto. De lo concreto, porque se puede seguir la evolución de su forma de un modo a la vez intuitivo y lógico, y porque se basa enteramente en la noción más simple del flujo. De lo abstracto, habría que decir tal vez entre comillas, no porque involucraría una hipersuperficie en seis dimensiones no enteras, ni porque siempre parece haber algo en su movimiento que se nos escapa, sino porque en su conjunto no se corresponde con ninguna "cosa" u objeto estático, sino únicamente con procesos. De hecho, nada podría ilustrar mejor algo a menudo tan irrepresentable como la filosofía del proceso y el devenir, desde Heráclito a Whitehead o Simondon.

Seguramente no es casualidad que fuera Whitehead el primero en formular una geometría libre de puntos, a la que siguieron más tarde, por motivaciones diferentes, las topologías sin puntos. Alejándose de la teoría de conjuntos, la teoría matemática de categorías cumplía finalmente el programa de Aristóteles de hacer explícitas las categorías de los conceptos. Se desarrolla la geometría diferencial sintética, y, en general, el moderno concepto matemático de topos coincide de forma sorprendentemente precisa con el definido por el filósofo griego: *el límite del cuerpo envolvente según dónde toca lo que envuelve*. René Thom también fue acercándose más y más a los conceptos aristotélicos en su "esbozo de Semiofísica"; son ejemplos tan sólo de cómo el intento de pensar las formas y lo orgánico, nuestra realidad tangible más inmediata, ha generado un movimiento de abstracción matemática al nivel más fundamental —de conceptos nuevos que sin embargo conectan en profundidad con el primer pensador del organismo. El hoy omnipresente lenguaje de la homología y la cohomología tiene una gran afinidad con la morfología pues es natural tratar un vórtice como un defecto topológico, pero la abstracción algebraica extrema de la especialidad ha conseguido separarlo de su conexión intrínseca con procesos formativos directamente observables.

Nuestra noción de proyección parte idealmente de un punto, pero ya vimos que la idea de punto del cálculo diferencial está disociado de la geometría física y que tal disociación tiene fácil solución. La geometría diferencial sintética surgió como un intento de Lawvere de dar una base axiomática a la mecánica del continuo pero deja intacto el análisis de las dimensiones del cálculo clásico y por ello sigue sin acceder a la geometría física que la morfología demanda.

La noción de partícula puntual, que como ya vimos viene prescrita por las limitaciones de la relatividad especial, es un ejemplo entre otros muchos de pseudoindividuación física de una entidad. La interpretación de Copenhague de la mecánica cuántica cree en la identidad de partículas individuales, pero la misma caracterización de sus aspectos pasa inevitablemente por criterios estadísticos. Vemos así que un concepto matemático irreductible, como es el punto, tiene una aplicación física y diferencial deficientes que se alían además con el nominalismo congénito de toda la ciencia moderna. Desde un punto de vista configuracional, centrado en la geometría física, no debería haber contradicción entre la caracterización geométrica y la estadística, sino que ambas se implican mutuamente.

Dicho de modo más directo, para nosotros ser individuo es ser singular, pero no se es irreductiblemente singular sin la contribución de la idea de punto que implica una larga evolución abstracta de conceptos. Lo mismo ocurre en nuestra cosmología, con la idea de singularidades iniciales y finales, por no hablar de los agujeros negros. Estas singularidades sólo nos parecen posibles no sólo por nuestras nociones de punto en el espacio y el tiempo sino también por el hecho de llevar el principio de inercia y las fuerzas centrales hasta sus últimas consecuencias, y ya hemos visto que en una mecánica relacional no existen tales evoluciones. Los físicos que especulan con los agujeros negros hablan de información irrecuperable, pero lo que no se advierte es que el mismo principio de inercia hace irrecuperables aspectos de la geometría física que contienen información de orden morfológico.

Probablemente el último gran teórico de la individuación fue Gilbert Simondon. Simondon hizo una exhaustiva crítica del principio de individuación aristotélico y en líneas generales su contribución es de gran valor, aunque siempre queden dudas de si el Aristóteles que critica es realmente el filósofo griego o más bien sus derivaciones escolásticas. En cualquier caso no vamos a discutir esto puesto que lo que ahora nos importa es la alternativa que ofrece a dicho principio con su idea del proceso de individuación y el límite último de su contorno en esta nuestra época de nominalismo extremo.

Tampoco es por casualidad Simondon uno de los pensadores que más claramente aspira a situarse en un punto medio entre la física y la biología; al menos es ahí donde quiere situar la individuación física, ya que la individuación psíquica y la social las ve claramente como procesos con grandes semejanzas pero de otro orden. Para el francés no puede pensarse lo individual sin contemplar igualmente lo preindividual y lo transindividual. Lo individual surgiría como un desfase del potencial; esta fórmula es un modo de pasar de la causalidad física a la causa de la individuación, es decir, a su proceso mismo. Simondon no relaciona directamente este desfase con el desplazamiento de la fase geométrica, entre otras cosas, porque en 1958 ni siquiera los físicos usaban el término. Algunos han cuestionado si su aplicación de conceptos físicos es legítima, pero lo cierto es que el filósofo demuestra ser más consciente de la importancia de este desfase, no sólo que los físicos de su época, sino también que los de los tiempos presentes.

Es necesario insistir, dado lo arraigado de nuestras ideas preconcebidas: que la fase geométrica cierre el contorno de cualquier forma es, en principio, un hecho tan trivial como decir que toda forma ha de estar circunscrita por su ambiente. Pero esto sólo resultaría trivial si la física con la que se ha descrito el sistema no se hubiera construido desde el comienzo de espaldas a las influencias del ambiente de fondo. Es por eso que fenómenos como el llamado efecto de Aharonov-Bohm, que en absoluto es exclusivo de la mecánica cuántica, crearon semejante desconcierto entre los físicos. En una mecánica relacional como la que articula Assis reformulando los tres principios, ni las fuerzas son constantes porque dependen siempre del entorno, la sincronización depende del desfase del potencial y el principio de inercia es sustituido por el equilibrio dinámico. El principio de inercia es contradictorio en sí mismo, puesto que nos pide que consideremos "un sistema cerrado que no esté cerrado". Y sin embargo esta contradicción es el eje del dinamismo de la física moderna, de su "creatividad" para lo bueno y para lo malo. Pero dentro del contexto inercial de la física moderna, en el que también la mecánica cuántica sigue siendo encajada, es imposible apreciar la diferenciación temporal de cada entidad. El principio de inercia pide que todo esté ahí fuera: es la base de la construcción de la Ley como pura exterioridad. Pero en sí mismo no tiene nada de necesario, sólo transcribe los fenómenos a la interpretación más externa posible. Según este principio, nada puede tener tiempo propio, y por lo tanto su forma sólo puede ser accidental.

Si se comprende bien esto, es mucho más fácil entender las diversas aproximaciones de Simondon al concepto de individuación, tanto en el plano físico como en el morfológico. Por ejemplo: "El individuo es la resolución parcial y relativa que se manifiesta en un sistema que contiene potenciales y encierra una cierta incompatibilidad en relación consigo mismo, incompatibilidad compuesta por fuerzas en tensión tanto como por la imposibilidad de una interacción entre términos extremos de las dimensiones". O: "La individualidad es una resolución de una incompatibilidad inicial rica en potenciales". O bien: "se podría decir que el único principio por el que uno puede guiarse es el de la conservación del ser a través del devenir". O su visión del individuo como comunicación entre distintos órdenes de magnitud, macro y microscópicos; todas estas fórmulas verbales se encuentran en perfecta sintonía con las descripciones del proceso de transformación en Venis.

Venis, siempre cauteloso en sus juicios, es el primero en aportar indicios de que la secuencia de transformación podría no estar completa. Señala también con acierto que si la morfología vortical no tiene una fácil traducción al dominio de la materia orgánica es debido a la presencia en esta de varios estados de equilibrio simultáneos. La coexistencia de estos equilibrios y su compromiso podría ser, tal vez, la clave más importante para la complejidad biológica aparentemente irreductible —y también para una teoría general del desarrollo y el envejecimiento.

Hoy la biomatemática se desarrolla exponencialmente pero, como tantas áreas, no por avances teóricos sino por la fuerza bruta de la computación y la minería masiva de datos. El análisis masivo de datos biológicos no puede confundirse en modo alguno con la biología teórica, pues esta última debe aspirar a comprender el problema que ya planteó Aristóteles, a saber, cómo es posible la vida como existencia de agentes autónomos. La teoría de la evolución no se ocupa de esto, sino que más bien da la vida por supuesta. Tampoco la evolución molecular, que lo cifra todo en la autorreplicación del ADN o el ARN; pues no sólo pueden replicarse también péptidos cortos, sino incluso vórtices de materia inorgánica[8] en determinadas condiciones de flujo estratificado. Estos vórtices son tan robustos que pueden sobrevivir indefinidamente aun en condiciones posteriores de turbulencia.

Hasta los aminoácidos en hélice tienen un grado de vorticidad, pueden ser sometidos a torsión y exhibir definidas fases geométricas: es decir, tienen una sensibilidad crítica a su ambiente que es lo único que puede explicar cosas como que las mismas enzimas puedan crear distintas proteínas dependiendo del entorno. Pero ya hemos visto que el vórtice ergoentrópico de Pinheiro o los sistemas con potencial retardado tienen una capacidad de autoajuste o realimentación que no se contempla ni en la mecánica clásica ni en la cuántica. Esto es anterior y mucho más básico que la autorreplicación. La idea de que la materia es ciega es insostenible: la materia ve a través de la forma. Y en cierto sentido, ve mucho más que nosotros.

Y es que la materia misma sería sólo una configuración. Si hoy es un tópico contraponer el reduccionismo fisicalista, que concibe las propiedades observables como resultantes de la interacción de partículas de materia, con el emergentismo, que, descendiendo en línea directa de Aristóteles, afirma la aparición de configuraciones irreductibles y que el todo es siempre más que la suma de sus partes, está claro que la morfología estará siempre de este último lado. Y si se distingue entre una "emergencia débil", en la que el nivel superior no puede modificar el inferior, y una "emergencia fuerte", en que sí es posible la causalidad descendente, también resulta fácil apoyar esta segunda tesis desde el punto de una morfología del vórtice.

La llamada causalidad descendente, aún en plena controversia, no tiene porqué ser sinónima de la causalidad vertical aunque ambas pueden solaparse fácilmente. Tal vez la principal diferencia es que la causalidad vertical es de momento un término más bien negativo y demasiado abierto, mientras que cuando se habla de causalidad descendente se quiere prestar más atención a los detalles y a los aspectos positivos de la mediación entre diferentes estratos físicos. Si lo que entendemos por causalidad vertical es más bien el orden implicado y la sincronicidad intrínseca del potencial a todas las escalas, *una y otra pueden coincidir sin la menor dificultad puesto que en cualquier caso la causación descendente también tiene lugar por mediación del ambiente*, lo que en absoluto significa que haya un solo medio de causación, sino más bien todo lo contrario. Como decíamos, si los principios variacionales de la dinámica, admiten un número infinito de causas, las fases geométricas admiten infinitas formas de interpretar la ausencia de causación, esto es, de interacción; todo depende de si atendemos a la fuerza controlable o al potencial. Que la mecánica cuántica no es completa lo demuestra concluyentemente la fase geométrica; lo que no sabemos es hasta dónde puede extenderse el bucle de su realimentación.

Investigadores de la complejidad como Stuart Kauffman o Danko Nikolić subrayan que la causación descendente no se puede defender consistentemente sin un respeto profundo por los detalles y circunstancias del "sistema" u organismo en cuestión. El recurso a la causación descendente tal vez puede hacer posibles avances sustanciales, no sabemos si decisivos, en áreas y problemas específicos, ya sea en química, biología, psicología, neurociencias o sociología, y de hecho el concepto fue propuesto primeramente por Donald T. Campbell, un científico social, en el contexto de sistemas biológicos organizados jerárquicamente —aunque ya Kant postuló que los organismos son causa y efecto de sí mismos. Pero también existen procesos físicos bien conocidos y robustos, como la convección de Bénard o los mismos vórtices autorreplicantes mencionados, que la ejemplificarían de la forma más patente. Que un vórtice pueda sobrevivir a la turbulencia no es menos merecedor de respeto, un respeto que también pide atender a los detalles de cómo es eso posible.

* * *

Al tratar sobre el principio de individuación, Leibniz hace otra gran concesión al nominalismo y zanja el problema afirmando que en realidad sólo existen individuos. Mucho antes de postular la existencia de mónadas o sustancias simples, Leibniz contempla también los aspectos físicos y matemáticos relacionados con las superficies de individuación de los cuerpos en el contexto de un plenum fluido para llegar a la conclusión de que las formas carecen de entidad real y tienen siempre un componente imaginario vinculado a nuestra percepción. La posición subyacente en la morfología de Venis coincide en lo esencial con esta, por más que procure eludir los pronunciamientos metafísicos. Sin embargo la postura de Leibniz tampoco niega el componente objetivo; como hemos visto, en la mecánica relacional siempre hay un feedback con el ambiente, de modo que uno puede interpretar legítimamente los ciclos de acción-reacción como ciclos de acción-percepción. Cada potencial físico no es meramente una posición, sino una auténtica perspectiva: la circunstancia del ambiente desde la perspectiva del agente.

Lo individual implica lo preindividual lo mismo que una forma presupone el ambiente o el desfase un potencial previo. Ese excedente en curso dentro de lo individual busca trascenderse tanto en el plano horizontal, o transindividual, como en el vertical que se ha solido llamar trascendente; y sin embargo ambos serían proyecciones sobre el sí mismo, el medio homogéneo e indiferenciado. Aristóteles apelaba a una entelequia para explicar la autonomía del organismo; Leibniz y Goethe mantienen la misma idea. Simondon prefiere desplazar la cuestión al proceso mismo, pero en la morfología de Venis la misma simetría del flujo sugiere un principio reflexivo o sí mismo incluso en medio de lo informe. Esta sería la forma más inmanente de captar algo que es totalmente inmediato y a la vez enteramente metafísico, o si se quiere, trascendental.

En el fondo del individuo, como en el fondo de la conciencia, está lo simple e indiviso, más que lo singular; cualquier singularidad o forma sólo puede existir en contraste con este fondo sin cualidades. Si en un medio homogéneo con una densidad unidad imaginamos la aparición de dos volúmenes separados con un cambio de densidad recíproco, ello no parece posible sin el surgimiento de una torsión que los conecte. El que en este fondo o medio homogéneo sea imposible distinguir lo lleno de lo vacío ni la conciencia de la materia, hace fácil hablar de un "monismo neutral", pero desde luego esto es sólo una posición filosófica, que como cualquier otra se complica al tratar de definirla con mayor precisión. Para eso es mejor pensar que el vacío es la forma y la forma es el vacío, y atenerse a ello.

Toda forma es mente y se comunica con otra mente mucho más minuciosa y más vasta, pero desde el punto de vista que impone la inercia, no es posible "recuperar la información". Toda mente es espíritu porque el espíritu es intelecto y voluntad, pero para la inteligencia no es posible recuperar la voluntad que ha sido invertida en ella.

Un vórtice es un proceso autocontenido, que parece tener entidad y masa propia a la vez que sigue estando conectado al conjunto —pues no puede existir sin contacto permanente con el fondo del que emerge. Se abre y se estira, se dilata y se contrae siempre con su ritmo propio, de forma muy similar al corazón, que en realidad es una banda muscular espiral actuando como un resorte y regulando el flujo de la sangre también en trayectorias helicoidales. Pero todos los órganos animales y vegetales pueden considerarse como distintos tipos de vórtices congelados en estados diversos de evolución y equilibrio.

Sin duda puede verse la secuencia de transformación como un arquetipo del proceso de individuación y sus etapas, una configuración efímera dentro del medio homogéneo con el que nunca pierde el contacto. Sin embargo aún está por interpretar la correspondencia entre la evolución de la secuencia y el proceso de crecimiento, madurez y envejecimiento. Se hace necesario distinguir lo abstracto de lo concreto en la secuencia del vórtice antes de volver a unirlo, y lo mismo debería hacerse para el desarrollo del organismo en términos de flujo y obstrucción, para poder luego apreciar los puntos en común y las diferencias.

Este puede parecer un problema extremadamente complejo y sin embargo contiene un principio muy simple, al que nada nos impide acceder. La medicina moderna, que tales montañas de información ha acumulado sobre las enfermedades, ni siquiera se ha preocupado por encontrar una definición funcional de la salud, como puede ser por ejemplo el principio de eficiencia de Ehret, que dice que la vitalidad es igual a la potencia menos la obstrucción ($V = P - O$); Esa potencia P se tiende a identificar con la presión y la energía, y la obstrucción O con la tensión y la materia, y entre ambos, a un nivel biomecánico constitutivo, tenemos la frontera de la deformación. Puesto que estas variables entran de lleno en la lógica más elemental del flujo, también pueden asociarse a la secuencia de transformación sin mayor dificultad.

Hay un principio fundamental del desarrollo, incluido el desarrollo económico y social, que, por algún buen motivo es permanentemente ignorado: el principio de restricción creciente de los sistemas complejos, que también puede relacionarse sin gran dificultad con el principio de eficiencia, así como con la secuencia de transformación. Y otros aspectos básicos como el principio de mínima acción entendido como movimiento a lo largo de los caminos con menor curvatura o restricción, el principio de máxima acción en tamaño o escala, el principio de máxima producción de entropía, o la densidad de flujo de energía por masa, que como señala Eric Chaisson es un indicador del grado de complejidad mucho más simple y fiable que la producción de entropía. Aunque se trata de aspectos muy distintos, todos ellos y otros confluyen en *la evolución de una entidad individual como proceso de flujo*.

Seguramente lo más esencial de este proceso es algo muy simple y perfectamente inteligible para cualquiera. Seguramente también se trata de una ley interna y cualitativa que puede entenderse sin necesidad de medidas, cantidades físicas y aparato matemático. Si mentamos estos conceptos físicos tan tardíos y elaborados es porque, poniéndonos en el mejor de los casos, ellos también se pueden beneficiar de su convergencia en una complexión mucho más simple. La ley interna de la individuación es reflexivamente simple pero permite conectar aspectos muy complejos de los organismos así como de estructuras matemáticas abstractas; es por eso que la secuencia de Venis plantea sin decirlo una verdadera *morfología simpléctica*, tomando esta última palabra no en el sentido matemático que le dio Weyl sino atendiendo a la complexión de lo causal en el fenómeno de la forma. Fue el mismo Goethe quien dijo que la causalidad no sólo tenía longitud sino también amplitud; ahora le concedemos altura, y sería este despliegue de implicaciones de las dimensiones causales el que permite simplificar lo complejo.

Pero, ¿qué es una "ley interna"? Hasta hoy, aún bajo el influjo de la ley de inercia, todas las leyes físicas se consideran externas. Pero la inercia no es una ley, sino un mero principio que puede ser sustituido por otros, como el de equilibrio dinámico: este demanda una suma cero entre todas las fuerzas que actúan sobre cualquier punto en cualquier estado de movimiento. No es lo mismo ver un proceso cualquiera, así sea el envejecimiento orgánico, como regido por la inercia, que como un equilibrio entre factores.

La ley externa es odiosa para lo vivo y siempre lo será. Este es el aspecto crítico de la religión que aún se perpetua íntegramente en la ciencia y en lo social. Pero la "ley interna" de lo vivo de la que hablamos es tan interior que ni siquiera es posible internalizarla, como se ha hecho siempre con las religiones, las leyes o la instrucción. De hecho, bien puede decirse que ni siquiera es interna, sino que es íntima, lo que es otra forma de decir que en ella dejan de distinguirse lo interior y lo exterior. Es esta ley la única que nos interesa, porque es la única que nos conecta directamente con lo informe del Principio. La ley externa nos obliga y nos parece tal sólo en la medida en que desconocemos la propia ley, eso que la lengua sánscrita denominó *Swadharma*.

Una Vía Media

La morfología de Venis, una suerte de hilemorfismo no dual, se inspira o al menos usa como hilo conductor la cosmovisión extremo oriental del yin y el yang, pero la dialéctica de los pares de opuestos existe en cualquier cultura y es sólo un método de aproximación entre otros; Goethe mismo habla de sístole y diástole, de syncrisis y diacrisis. Lo verdaderamente importante es buscar el equilibrio entre explicación y predicción por medio de la descripción adecuada. Insistimos en que el gran déficit de la ciencia sigue estando en el nivel de descripción de los fenómenos, y nuestros modelos matemáticos nos han acostumbrado a sustituir la infinitud fenoménica por una infinitud matemática con una muy pobre correspondencia.

El método dialéctico procede por asimilación y en ese sentido permite fácilmente aproximar una problemática al nivel de la experiencia; también tiene la ventaja de que nos permite advertir pronto la ambigüedad fundamental de cualquier cuestión que se plantea entre extremos. No hay cuestión importante que no se pueda simplificar hasta el extremo manteniendo un núcleo patente de significación que acostumbra a coincidir con su ambigüedad fundamental;

ambigüedad que sin embargo pronto escapa del umbral de atención de la conciencia.

La morfología se encuentra en una tierra de nadie entre la matemática, la física y la filosofía natural, y por lo tanto también en su conjunción, algo de lo que pueden beneficiarse diferentes saberes. Richard McKeon[9] definió con gran nitidez los cuatro métodos básicos de la filosofía —dialéctico, problemático, logístico y operacional— e insistió en que no hay cuestión que se presente en una cualquiera de estas posiciones que no pueda trasladarse a los términos de las otras tres. Hasta ahora la filosofía apenas ha sabido extraer lecciones de esta arquitectura interna pero para una perspectiva general la matemática puede encontrarla de más utilidad que la división convencional de sus dominios en aritmética, geometría, álgebra y análisis.

Sin duda, no hay nada imaginable que las matemáticas no puedan trasladar a su lenguaje de equivalencias, igualdades e identidades; el problema es más bien el contrario, que la matemática ha dejado muy atrás el mundo que somos capaces de percibir y representar. Si tan solo dedicara una pequeña parte de sus fuerzas a dar cuenta fielmente de las apariencias, la ciencia sería muy diferente. Incluso postulados que parecen tan poco científicos como el de la polaridad de los colores de Goethe, con su fundamento perceptivo indudable, habrían encontrado su correspondiente "continuación analítica"; pues el color está dentro de la luz-oscuridad como la luz-oscuridad está dentro del espacio-materia. El hombre sólo puede percibir su propio mundo, pero en su mundo ya está implicado todo lo demás; cualquier intento de trascender sus propios límites ignorándolos o intentando derribarlos solo conduce a la pérdida de sentido y a la disolución de su propio ámbito. Y así, casi todo en la ciencia moderna es por activa y por pasiva fuerza de disolución.

Si la matemática, la física, las teorías de la complejidad y las ciencias de la computación continuaran expandiéndose y fecundándose mutuamente al mismo ritmo que hoy durante mil años, aún seguirían sin dar con una clave propia para la morfología; y si lo hicieran durante dos mil años tampoco. Tal vez eso pueda dar cierta de su valor, aunque todos sabemos que no se encuentra nada sin buscarlo activamente. Esa es la cuestión: las ciencias mencionadas tienen ya su propio impulso e inercia que nada puede cambiar, sólo una creación de una nueva ciencia desde cero podría superar sin obstrucciones las deficiencias de sus predecesoras.

Algo que tiene tal potencial estratégico no pasará mucho tiempo desapercibido para los grandes poderes, pendientes siempre de capturar la iniciativa simbólica en cualquier campo. Y puesto que hoy es imposible hacerse la menor ilusión sobre la ciencia y a qué sirve, es obligado tener en mente lo peor y lo mejor que le puede suceder a la morfología en esta última carrera, pues realmente la morfología, como teoría de la individuación, es el producto más acabado del nominalismo así como su punto de inflexión.

Spengler, primer proponente de una morfología de las culturas, advirtió hace un siglo que en el fondo somos indiferentes a la idea de causas y vaticinó el advenimiento de una "ciencia fisiognómica" general que, más allá del milenio, envolvería finalmente al resto de saberes particulares trascendiendo las mezquinas ideas de causalidad; pero sus palabras pasaron pronto al olvido y nadie supo qué hacer con semejante profecía. Y sin embargo, como ya hemos visto, la erosión gradual de la idea de causa en las mismas ciencias ha continuado su proceso imparable, un proceso que comenzó su pendiente ya desde la teoría de la gravitación universal y su subordinación de la descripción a la predicción.

Claro que Spengler señalaba hacia algo a la vez anterior y posterior a la idea de causalidad. La recíproca ordenación de espacio, tiempo y causalidad es sin duda un logro tardío, pero el sentido de la dirección interna y de lo irreversible ha existido siempre y siempre existirá. Spengler opone la Historia a la Ciencia Natural y la sangre al cálculo, pero en la morfología del flujo y la torsión la causalidad en el sentido más elemental y la dirección interna coinciden por necesidad.

La ciencia fisiognómica de Spengler, ese último despliegue fáustico liberado ya de la idea de causas, sería una morfología histórica comparada en el que la física no pinta nada. Tal vez lo que Turchin bautizó con el nombre de "Cliodinámica" tenga algo que ver con esto; aunque las cronologías, estadísticas, sociometría, ecología, biología evolutiva, etc, constituirían, en el mejor de los casos, sólo una fase preliminar para tratar de acceder al interior del latido histórico, eso que el filósofo alemán llamó "el alma de las culturas". Pero, dado que estas tentativas transdisciplinares siempre tienen una base precaria —como toda otra teoría de la complejidad— si además aspiran a predecir el futuro, difícilmente pueden situarse en el interior de un proceso puesto que la predicción exige salir de la corriente y abstraerse del contexto.

Aunque Spengler oponía la fisiognómica a las ciencias naturales, con el reinado de la correlación su carácter envolvente y paracausal puede extrapolarse fácilmente a lo que ahora ocurre con la computación, la minería de datos, los sistemas expertos, la inteligencia artificial, la vigilancia o el marketing y la medicina personalizados. Lo que hoy hacen las redes de aprendizaje automático, con bases de datos individuales y su comparación exhaustiva y sistemática, desde datos e imágenes médicas al reconocimiento facial o de huellas dactilares —a menudo con la concurrencia de la morfología matemática— entrarían de lleno en esa fase preliminar que podríamos llamar "fisiognómica analítica", "fisiognómica estadística" o "fisiognómica sin alma". Pero está claro que, en este proceso imparable, ningún alma va a nacer por generación espontánea de la estadística.

Así, aunque nadie hable hoy de "fisiognómica", es evidente que dentro del gran tráfico de datos hay una abrumadora tendencia al control algorítmico y biométrico que quiere descender desde las instancias del poder hasta los más íntimos recovecos del individuo. La misma computación se realimenta y adopta otras formas al tratar de reproducir los distintos campos semánticos de lo individual, que, entendidos a la manera de Simondon, pueden ir mucho más allá de los individuos biológicos humanos. Naturalmente, si toda esta tendencia ya la pudo presentir el mismo Spengler, forma parte del fatum, y por lo mismo no tiene nada que ver con la morfología simpléctica de la que hablamos. Esta no es una convergencia, sino un aparte de todo lo anterior, e incluso una destilación consciente de lo rechazado por las otras ciencias.

Hay también algo en China que gravita intensamente tanto hacia la morfología como hacia la fisiognómica, con un margen todavía muy amplio de indecisión. La cultura china tiene un marcado interés por el proceso de individuación que en gran medida se sigue de su extremo nominalismo y del hecho de que, siendo la geometría y la morfología en gran medida antitéticas, la histórica falta de desarrollo de la geometría en China tenderá a compensarse espontáneamente con un gran desarrollo de la morfología. Por otro lado, no deja de ser uno de esos fabulosos contrapuntos que el origen del código binario se remonte a la lectura logicista de Leibniz de los hexagramas chinos del Libro de los cambios.

Hemos dicho en otra ocasión que los límites de una ciencia como la matemática vienen dados por su criterio de aplicación y su grado de receptividad ante los fenómenos; pero también nuestra idea de la causalidad depende de ambos. El criterio de aplicación básico viene dado por nuestra idea del cálculo o análisis; también hemos repasado algunos de los motivos por los que cabe pensar que ni siquiera hemos llegado al fin de la primera etapa del análisis y de nuestra aplicación general de las matemáticas, que sería la toma de conciencia de que el cálculo diferencial desciende de lo global a lo local sin verdadero fundamento. Si acertamos a tocar fondo, al término de esta fase le seguiría otra de ascenso en la abstracción a partir de la geometría física de los fenómenos, a la que seguiría otra final de descenso en función de su conocimiento de la causalidad descendente y vertical.

Si se pretende concebir tales fases como un desarrollo histórico, entonces es imposible saber qué periodos de tiempo las separan, si lapsos como el que media entre Newton y nosotros, u otros mucho mayores como el que va de Arquímedes a Leibniz; pero también pueden verse de una forma perfectamente intemporal, como movimientos del espíritu que a menudo ya están potencialmente presentes incluso dentro de la demostración de un simple teorema.

A modo de contraste, pueden compararse estas 3 fases con los tres niveles de civilización según la escala de Kardashev. Esta es una escala de desarrollo basada en la cantidad de energía que una civilización puede extraer del entorno:

una civilización tipo I usaría toda la energía disponible en un planeta —algo de lo que aún estaríamos lejos—, una civilización tipo II usaría toda la energía disponible en su estrella natal, y una civilización tipo III usaría toda la energía de su propia galaxia. Es una lástima que la escala original no incluya el aprovechamiento energético de los agujeros negros, que es donde termina invariablemente esta clase de lógica, aunque tengo entendido que cosmólogos posteriores han corregido esta carencia. Y como todo es poco, otros han añadido un tipo IV y un tipo V, que harían lo mismo con universos y "conjuntos de universos".

En cualquier caso está claro que una escala basada simplemente en la extracción de recursos es la escala de los pobres diablos. Es poco probable que si tuviéramos un conocimiento profundo de la Naturaleza y de nosotros mismos pensaríamos en viajes interestelares o intergalácticos, y de hecho se puede tomar esto último como una buena prueba de lo contrario. Un conocimiento superior, incluyendo el conocimiento técnico, aprende a prescindir de rodeos y pasos intermedios —de mediaciones—, e incluso la matemática da fe de ello, aunque por otro lado unas matemáticas como las actuales sean incapaces de contener su propia expansión en todas direcciones.

Es dudoso por lo demás que los arcontes de cada sistema solar estén dispuestos a ver cómo crece el vertedero de chatarra espacial interplanetaria, pero tampoco hará falta que tomen medidas muy violentas: las restricciones crecientes de escala de una civilización como fenómeno individual son extremadamente eficaces para contenerla por sí mismas, y estas restricciones alcanzan antes sus límites de contradicción e incompatibilidad en el plano intelectual que en el material. Ya hoy puede apreciarse que la lógica interna a estos límites impone una ineficacia alarmante en el uso racional de nuestros limitados recursos intelectuales.

Otros amantes de la especulación han propuesto métricas diferentes para este tipo de escalas. Basadas, por ejemplo, en la información, aunque es dudoso que esta sea una categoría menos bárbara que la energía. O la inversa de Barrow, que se basa en el dominio de escalas decrecientes, microscópicas en lugar de escalas crecientes o macroscópicas. Se supone que todo esto tiene interés para ponderar nuestro propio caso antropológico, pero no creo que sea ese el punto: lo único que revela son las limitaciones del conocimiento científico actual. Y es que ni siquiera nuestra idea de límite como base del análisis tiene base, para empezar.

Una morfología simpléctica como la de Venis, aun estando enteramente por desarrollar, nos da al menos otras ideas diferentes sobre la relación entre escalas macro, micro y mesocíclicas: ideas que permanecen fielmente ligadas a los fenómenos que percibimos. La misma idea de que ir más allá de los fenómenos, con la mediación de máquinas y alta tecnología matemática, nos lleva a trascender nuestras limitaciones es la fantasía básica que más nos aleja de conocer nuestro lugar en el Cosmos. Venis, por ejemplo, no cree que la gravedad domine el universo a gran escala, sino que la considera un mero fenómeno local de lo que él llama orbes o regiones esféricas dentro de un régimen de flujo, e incluso dentro de ellos su acción disminuye de forma perceptible; el movimiento de las estrellas en las galaxias escapa del dominio de esas regiones y se debe a un movimiento vortical como el del huracán aunque en otra escala. Pero el mejor ejemplo de transformación del sentido sin cambiar nada de lo que sabemos es la interpretación del desplazamiento al rojo de la luz estelar: dentro de la lógica dimensional de Venis eso no puede implicar la expansión del universo, tal como quiere nuestro cómico egocentrismo, sino simplemente la contracción de nuestro grupo local.

Naturalmente, Venis no está en condiciones de poder justificar cuantitativamente sus juicios, pero es mucho más probable que esté en lo cierto que lo contrario. Toda la ciencia occidental está construida sobre una extensión desmesurada y sin la menor garantía de predicciones que en realidad han sido un calco por ingeniería inversa de resultados conocidos que ni siquiera se sabe justificar. Esa ingeniería inversa generalizada sin garantía ni justificación, y el dejar en la sombra casi todo lo que no concuerda con ella, es lo que crea la persuasiva ilusión de "la inexplicable eficacia de las matemáticas". Y esa extensión absolutista sin garantías, esa inflación especulativa hasta el infinito es lo que crea el precio, que no el valor, de su capital simbólico. Basta con desarticular el mecanismo del metafísico "sincronizador global" de nuestra física para que nuestra cosmovisión salte como un juguete roto, pues lo único que mantiene su resorte es nuestro ilimitado crédito.

Vemos por ejemplo cómo hoy se usa rutinariamente la fase geométrica (y el potencial retardado) en teoría del control o en intentos de computación cuántica cuando pone delante de nuestras narices el cordón umbilical que conecta a un ser individual con su medio, aquello mismo que desmiente que podamos considerar a un sistema como inerte y cerrado. Entre lo vivo y lo muerto, se elige lo muerto sin dudarlo. Queremos controlar la Naturaleza pero no saber cómo ella misma se autorregula, y si excluimos esto, tampoco podemos reconocer nuestra propia ley.

Ya hemos visto otras veces que el cálculo, el análisis, ha oscilado entre la idealización de los infinitesimales y la racionalización de la teoría del límite; el incauto podría pensar que alcanzando ambos extremos nada quedaba por abarcar, pero lo más importante que sigue estando en medio aún se sigue ignorando. Hemos hablado también de los derechos de la descripción de los fenómenos para encontrar el equilibrio entre la predicción y la explicación, lo que no es sino otro ángulo de la misma cuestión. Sin la debida valoración de los fenómenos, nunca encontraremos nuestra propia vertical. Finalmente, otros, como el mismo Kant, también han creído que ha de haber una ley interna con tanta seguridad como hay una ley externa, pero lo cierto es que no existe ninguna de las dos, y que tanto lo pensado como el pensamiento son sólo la actividad del pensar, el Logos que siempre hemos estado buscando. Tenemos entonces buenas razones para pensar que existe una Vía Media para las ciencias y el conocimiento científico y que no hace falta romperse la cabeza para encontrarla, sino dejar de adherirse a una concepción voluntariamente desequilibrada.

Como ya se ha dicho, un vórtice es un proceso a la vez concreto y abstracto, en sentidos muy diferentes a los que solemos dar a estas palabras. Y esto tiene muchas consecuencias si se estudia con la perspectiva adecuada. El samkya indio, por ejemplo, llama *vrittis*, vórtices, a cualquier modificación mental, esto es, a los pensamientos, lo efímero por excelencia. Puede parecer una forma figurada de hablar, pero si partimos de la idea de un medio en quietud y sin modificaciones, la comparación es inevitable e implica mucho más de lo que asociamos con términos tan vagos como "ondas mentales" u "ondas cerebrales". La cuestión no es que una interferencia de ondas pueda verse como un vórtice, sino que el grado de abstracción en la forma de considerar un vórtice puede hacerse eco de los grados de abstracción del pensamiento mismo. Además, las representaciones mentales requieren estados discretos para que haya cognición: para tener una cognición clara y distinta lo primero es no tenerla, y esto también tiene una correspondencia en términos de vórtices y aun de su posible autorreplicación.

Ya vimos que en el tercer cuarto del pasado siglo hubo otra nueva revolución en los grados de abstracción matemática fundamentales de la mano de la teoría de categorías, la topología y otros desarrollos; luego incluso hubo pioneros, como Robert Rosen, que trataron de entender la autonomía del organismo aplicando estas nuevas categorías matemáticas. Es cierto, como ha dicho Kauffman, que el mundo no es un teorema y que la matemática de la teoría de conjuntos se queda pequeña a la hora de describir la vida, pero también es cierto que hay vida matemática más allá del conjuntismo. Sin embargo, de nuevo ha faltado aquí un punto medio entre lo concreto y lo abstracto para que ninguno de los dos vaya demasiado lejos y admita la rectificación de un "empirismo delicado" y ágil, tan diferente del positivismo a escala industrial de refutación y sobre todo confirmación de hipótesis.

La matemática es la ciencia de las formas puras, en el más puro sentido intelectual; la morfología sólo puede ser una ciencia de las formas de los fenómenos puros. Esto define la afinidad y el contraste extremos entre ambas formas de conocimiento. Pero el más universal de los fenómenos es el cambio, y la rama de la matemática que estudia el cambio es el cálculo, su principal aplicación, a través de la cual la matemática deja de ser forma pura. Sin embargo es evidente que el cálculo sólo se ocupa del cambio en un sentido muy determinado que elude las exigencias descriptivas. "Lo que se mueve no cambia, y lo que cambia no se mueve": tomado en sus extremos simbólicos, y con la debida licencia, podría entenderse por "movimiento" la traslación, y por "cambio" la rotación. Puesto que la física ha sido modelada por una idea del cálculo diferencial basado en una diferencia sin fundamento, habría que ver qué ocurre cuando usamos el cálculo en función de la no diferencia, tal como lo hace el cálculo diferencial constante, y lo aplicamos a la morfología simpléctica de la torsión.

Hemos aludido a dos formas extremas de nominalismo: un nominalismo occidental sobredeterminado intelectualmente, y un nominalismo oriental subdeterminado pero más receptivo a los fenómenos. El primero sobreestima enormemente el valor de las teorías al tratar explotarlas llevándolas hasta su máxima extensión concebible, mientras que para el segundo todo lo que sea pretensión teórica ya parece exceso de sistematización. Pero lo cierto es que la morfología abre una vía libre al conocimiento de las formas, ideas o esencias, justamente en la medida en que abandonamos la pretensión platónica de una realidad aparte, inmaterial e inmutable. Dado lo unilateral de su análisis, la física tampoco ha podido salir de su propio platonismo fuera de lugar, sustituyendo la metafísica por la matefísica. Hay otro análisis y otro objeto del análisis que puede cambiar nuestra idea del cero, el infinito y la unidad; del número, la medida y el equilibrio.

Buscar la reintegración en la unidad no tiene nada que ver con la elucidación de aspectos intelectuales salvo que partamos de una sobredeterminación intelectual; del mismo modo que la simplicidad no sería interesante si no partiéramos de una circunstancia marcada por la complejidad y la diferenciación. No es lo mismo el conocimiento en primera persona por sí mismo que ese mismo conocimiento examinado desde la tercera persona, pero ningún análisis de este último puede recuperar la inmediatez del primero. Sin embargo hemos visto que el cálculo diferencial constante parece corresponderse fielmente con la ejecución de acciones inmediatas cuyo procedimiento ni siquiera saben explicar quienes las realizan, como por ejemplo la captura de un objeto elevado en trayectoria parabólica. A este respecto hemos hablado de la posibilidad de un conocimiento en cuarta persona o un conocimiento no intuitivo inmediato que está en la base de todas nuestras asunciones; el objetivo es conectar el conocimiento de tercer orden con este otro conocimiento de la forma más directa posible, evitando con el mayor cuidado las distracciones y los desvíos. La única certeza que tiene la filosofía natural es que el Principio no es sólo el punto de partida, sino también el término de todas nuestras investigaciones.

Hay dos vías abiertas ante el científico de hoy: continuar en la vía descendente como un microsiervo al amparo de los grandes poderes tecnocráticos, o retomar la vía ascendente hacia nuevas formas de simplicidad inteligible. La primera vía, en que jóvenes enanos cargan condenados viejos gigantes sobre sus hombros pugnando por avanzar un centímetro hacia ninguna parte, aunque esté socialmente retribuida tiene rendimientos cada vez más insignificantes; la segunda no promete aplicaciones técnicas y cuando lo haga hay que saber eludirlas, pero permite un avance libre hacia lo más significativo para el hombre, siempre que uno sepa atenerse a lo más básico y no espere un rendimiento particular. Por más ventajas que me conceda, el conocimiento como dominio de objetos externos siempre me aleja del dominio de mí mismo.

El individuo social es un tipo de contracción y reacción inducida por la sociedad; el individuo biológico tiene un trasfondo físico más extenso pero también es una reacción al medio. La personalidad individual es una mezcla de individuación biológica y social pero sigue siendo algo reactivo. La persona percibe al individuo y su personalidad, pero estos no perciben a la persona, del mismo modo que yo percibo a mi cuerpo y a mis pensamientos pero ni mi cuerpo ni mi pensamiento me perciben. El centro de la persona no es una conciencia singular, sino una conciencia simple impersonal que sin embargo es consciente de lo singular en la persona y el individuo; del mismo modo que lo informe envuelve a la forma y al mismo tiempo se esconde en el balance de su proceso de manifestación. Del grado de alineamiento entre nuestra percepción de los fenómenos, el individuo, la persona y la conciencia impersonal dependen los grados de abstracción y concreción que puede alcanzar nuestra conciencia de ser.

La Vía Media en la ciencia es como la montaña axial de las cosmografías antiguas, que a pesar de estar en el centro del mundo también lo rodea y define sus contornos. La vía de los extremos en la ciencia que hoy conocemos parece por el contrario abarcarlo todo y sin embargo es ciega a lo esencial. La ciencia puede ser una montaña de opacidad o una montaña de transparencia dependiendo del punto de vista que adoptemos, pero para la mayoría la perspectiva histórica que hemos alcanzado no es de ninguna utilidad. Los que busquen la montaña del centro tiene dos formas de acercarse a ella, preguntando por su localización, o bien preguntándose cómo ha llegado a ser posible que no puedan verla.

Referencias

Peter Alexander Venis, *Infinity Theory*

Ronald H. Brady, *Form and cause in Goethe's Morphology* (1987)

Miles Mathis, *A redefinition of the derivative —Why the calculus works, and why it doesn't* (2003)

O. M. Dix and R. J. Zieve, Vortex simulations on a 3-sphere (2019)

Nikolay Noskov, *The phenomenon of retarded potentials*

Mario J. Pinheiro, *A reformulation of mechanics and electrodynamics* (2017)

K. T. Assis, *Relational Mechanics and Implementation of Mach's Principle with Weber's Gravitational Force* (2014)

Gilbert Simondon, *La individuación a la luz de las nociones de forma y de información* (1958)

Philip S. Marcus, Suyang Pei, Chung-Hsiang Jiang, and Pedram Hassanzadeh, *Self-Replicating Three-Dimensional Vortices in Neutrally-Stable Stratified Rotating Shear Flows* (2013)

Shubo Wang et al., *Spin-orbit interactions of transverse sound* (2021)

Notas

(Se puede acceder a todos los documentos referenciados en el artículo *Morfología e individuación, www.hurqualya.net*)

1. http://infinity-theory.com/en/homepage

2. https://www.wired.com/2008/06/pb-theory/

3. http://milesmathis.com/virial.html

4. http://milesmathis.com/are.html

5. https://www.nature.com/articles/s41467-021-26375-9

6. https://arxiv.org/pdf/2103.10205.pdf

7. https://www.researchgate.net/profile/Mario-Pinheiro/publication/318710701_A_reformulation_of_mechanics_and_electrodynamics/links/59790a60aca27203ecc632f8/A-reformulation-of-mechanics-and-electrodynamics.pdf?origin=publication_detail

8. https://arxiv.org/pdf/1303.4361.pdf

9. https://richardmckeon.org/content/e-Publications/e-OnPhilosophy/McK-PhilosophicSemantics&Inquiry.pdf

LA CONCIENCIA, EL NÚMERO Y EL NOMBRE
31 mayo, 2022

Un conocido matemático dejó dicho que harían falta un millón de años para comprender bien los números primos, si es que alguna vez lo hacemos. Habría que haberle preguntado qué es lo que aspiraba a comprender de los números primos que pueda requerir tanto tiempo. Por lo que sé, ningún matemático se ha formulado siquiera la pregunta de porqué los números primos, estando en el núcleo de la aritmética, no parecen tener ninguna importancia en la Naturaleza —cuando sin embargo la función zeta de Riemann, tan íntimamente ligada a su estructura, parece reflejarse en muchos tipos de sistemas físicos diferentes.

Para aprender a contar no se necesita contar hasta un millón. Los números primos solo aparecen en retrospectiva como una reflexión sobre el orden implicado en su sucesión. Esto ya es en sí mismo elocuente, si estamos de acuerdo con Poincaré en que, a diferencia de la geometría o de la lógica, la aritmética se sigue de un principio sintético a priori: la definición recursiva de la suma o producto es irreducible a la definición lógica. Y lo que esto significa, si se piensa bien, es que el método retroprogresivo tiene en la matemática tanto recorrido como su avance por generación formal.

Poincaré viene a decir que por lógica se demuestra, y por la intuición se inventa; aunque para la demostración, a diferencia de la mera verificación, que es puramente analítica, también sería necesaria la intuición. Estoy bastante de acuerdo con esta posición; pero aún existe potencialmente otro doble movimiento retroprogresivo que apunta más allá de la lógica y de la intuición. Lo hemos llamado conocimiento en cuarta persona y también, siguiendo la terminología de Jakob Fries, conocimiento no intuitivo inmediato. Sí, la intuición inventa porque es sintética y creadora; pero todo ello está bajo el signo del impulso de generación formal que es connatural a la matemática, y aquí querríamos apuntar a algo más allá de ello. Pues hace ya mucho que, de acuerdo con el tono general, la invención matemática es demasiado especulativa, y la lógica formal, demasiado explotativa.

En sus reflexiones sobre el descubrimiento y la invención matemática, Poincaré habla de un yo consciente que hace un arduo trabajo de preparación y de un yo inconsciente o subliminal que realizaría combinaciones posibles sobre la base del trabajo previo. Sin duda esto es algo muy cierto que no solo ocurre en el quehacer matemático, sino en todo tipo de problemas con los que ocupamos suficientemente la conciencia. Pero estos dos yos solo indican la actividad de la capa más externa y la intermedia de nuestra conciencia; en el nivel más básico ni siquiera se ocupa de las formas. Este nivel preformal es responsable de nuestro sentido de la identidad y la identificación, es decir, es nuestro mismo Yo sin más, el yo puro y sin otra cualidad que su capacidad de identificación.

Esto coincide con los tres estadios básicos de los que ha hablado siempre el Vedanta no dual: el estado de vigilia consciente, el estado de sueño con sueños y el estado de sueño profundo, que se atienen respectivamente al mundo externo y el cuerpo, al mundo interno y la mente, y a eso íntimo que no es ni interno ni externo y a lo que solemos llamar "Yo" —si bien es cierto que ese mismo Yo tiende de ordinario a identificarse con el cuerpo y con la experiencia externa de nuestra vida consciente. En cualquier caso este esquema ternario sirve todavía hoy para ir más allá de las oposiciones dualistas tales como objetivo/subjetivo, cuerpo/mente, consciente/inconsciente, y en cualquier caso es fundamental para profundizar en nuestro tema.

Este "tercer yo" al fondo de la conciencia es en realidad el más primario y el que más derecho tiene a ser llamado "Yo", y si no lo consideramos de ordinario es porque ese mismo Yo sin cualidades es el propio principio de identificación que se adhiere comúnmente a cualidades. Ahora bien, este Yo está más allá del dominio de la forma, incluida la forma matemática, y esta es la principal razón de que no haya atraído más atención por parte de esta ciencia o de cualquier otra, como por ejemplo, la psicología. Si para Poincaré ya resultó una cuestión harto delicada discernir la relevancia del yo subliminal en el conocimiento, y sus ideas, como el rol de la convención en física y matemática, nunca han sido populares, aún hace falta algo más sutil para detectar el papel de este yo desnudo en el conocimiento más allá de lo objetivo y subjetivo.

* * *

En otro lugar[1] tratamos de la concordancia básica de estos tres momentos del yo con las categorías de la lógica ternaria de Peirce, así como con los tres principios de la mecánica clásica, y también adelantamos, sin ofrecer ninguna justificación, que existe cierta correspondencia entre el conocimiento en cuarta persona y el llamado "cuarto principio de la mecánica", que entra en juego con la reformulación de los tres principios clásicos en términos de una mecánica relacional sin inercia válida para sistemas abiertos con un bucle de retroalimentación que incluye la fase geométrica. Por supuesto, el mismo Poincaré ya mostró suficientemente que los principios de la mecánica son una cuestión de convención —lo que, por supuesto, no quiere decir que sean sin más arbitrarios; pero lo mismo podría decirse de otras ramas de la matemática aplicada, no solo la geometría, sino también el mismo cálculo o análisis.

Si apenas se ha admitido el carácter convencional de la mecánica, mucho menos se ha hecho con los principios del análisis, a pesar de que son bien conocidas diversas formas de análisis no estándar y también se trabaja con ellas. El descubrimiento de geometrías no euclídeas se considera un momento crítico en la historia de la matemática, sin embargo las formas de análisis no estándar no han tenido ni de lejos una repercusión parecida. Y sin embargo, si en vez de contemplar solo las nuevas formas de cálculo infinitesimal, que no dejan de ser nuevas racionalizaciones sobre la idealización original, se tuviera en cuenta una redefinición mucho más básica del cálculo[2] como el cálculo diferencial constante basado en el intervalo unidad descubierto por Miles Mathis, esto afectaría mucho más de cerca al objeto inmediato del pensamiento matemático que es el número natural. Pues, como señalaremos más tarde, y aunque el propio Mathis no se haya detenido a considerarlo, su redefinición implica potencialmente el renacimiento de la teoría de la proporción en el núcleo mismo del análisis.

Volvamos al rol del "tercer yo", que en realidad es el primero, en el conocimiento en general y en el conocimiento matemático en particular. Con razón habla Mathis de que el problema que trata de cubrir su cálculo no solo ha desafiado cualquier solución, sino que "ha desafiado la detección". Y esto solo basta para darnos una idea correcta del papel del Yo más básico, por más que Mathis aquí no se ocupe en lo más mínimo de las cuestiones relativas al descubrimiento. El yo subliminal de Poincaré realiza una labor de selección. El francés invoca las colisiones aleatorias de la teoría cinética de gases, pero, como el mismo admite, este es solo un símil muy burdo; sería más apropiado hablar del solapamiento y superposición de las innumerables opciones posibles. El Yo fundamental, el mismo que opera las identificaciones, también es el único capaz de inhibirse de realizarlas, y de este modo puede detectar tanto nuevas cuestiones como nuevas verdades, lo que son cosas completamente diferentes. Y también, dado que este Yo es simple en el sentido de que sería absurdo atribuirle una composición, es el responsable de detectar los hechos más comunes, básicos y recurrentes: los hechos más simples, que existen en modo innumerable pero que también son los más difíciles de reconocer al estar velados por las múltiples estructuras a las que nos adherimos y con las que nos identificamos.

Si el Yo primario es la fuente de la identificación, también es la fuente de la objetivación del pensamiento, y por lo mismo, solo con él se hace posible una objetividad sin objetivación que permite la detección de nuevas cuestiones dentro de lo más familiar. Por supuesto Mathis no llega a ese punto solo por ecuanimidad, sino por pura rectitud en el razonamiento y por la convicción previa de que debe existir un modo mucho más simple de justificar el cálculo; pero todo ello facilita esa ecuanimidad que es la condición del reconocimiento "levantando una sola cortina". El cálculo clásico está lleno de recetas y artificios, pero ningún artificio podrá sustituir nunca a la rectitud. Y en cuanto a la simplicidad, que en sí misma es muestra del grado de verdad y su calidad, ahí queda el desafío de que alguien muestre otra vía para el cálculo que sea más simple que la suya.

Por supuesto, si la comunidad matemática ignora una enmienda a la totalidad del Análisis como la de Mathis no es porque carezca de relevancia sino justamente por todo lo contrario; a estas alturas, no se puede permitir una revisión de los fundamentos a un nivel tan básico, que debería afectar a todas las ramas principales de esta ciencia. Pero esto ya nos dice bastante sobre la economía del conocimiento. Los matemáticos de hoy se mueven de ordinario en el nivel táctico de trabajo, e incluso cuando proponen las más osadas conexiones en sus más ambiciosos programas, por ejemplo de la geometría con la teoría de los números, sus evoluciones no superan el nivel operacional. El auténtico nivel estratégico les está vedado porque, como es fácil comprender, cuando se pretende volver a los fundamentos se tiene mucho cuidado de no tocar los cimientos.

El cálculo diferencial constante tiene además una sorprendente correspondencia en su procedimiento con nuestra forma de actuar cuando intentamos atrapar un objeto que describe una trayectoria parabólica. Aunque alguien que corre tras una pelota alta no sabe explicar cómo hace para atraparla, se ha demostrado de forma más que convincente[3] que simplemente se mueve de forma tal que mantenga una relación visual constante, naturalmente sin realizar ningún tipo de complicadas estimaciones temporales sobre aceleración ni nada por el estilo. De paso esto pone en evidencia el paradigma computacional, muchas ideas preconcebidas sobre la cognición, y muchas otras cuestiones asociadas. Sin embargo, también aquí los expertos de Inteligencia Artificial han realizado esfuerzos heroicos por ignorar y minimizar estos simples hechos.

Si el procedimiento puramente formal, de simple análisis numérico, del cálculo diferencial constante se corresponde con acciones inmediatas que implican un conocimiento claramente informal, estamos reconectando el conocimiento de orden terciario con el conocimiento en primera persona, y el mero hecho de que eso sea posible justifica la afirmación de la existencia de un conocimiento en cuarta persona y también de un conocimiento no intuitivo inmediato.

* * *

Pitágoras, Platón o Euclides aún consideraban seriamente el valor contemplativo del número y la proporción. Sin embargo la contemplación nunca ha desaparecido, y aún se percibe fácilmente en el hecho de que aún hoy el matemático puede aislarse del mundo sin sensación de sacrificio y con los mejores frutos para su actividad. Independientemente de la época, el matemático es recluso espontáneo y asceta natural.

Poincaré distinguió tres fines del quehacer matemático: la matemática por y para sí misma, la matemática que estudia la Naturaleza, y la matemática como filosofía que trata de ahondar en los conceptos básicos como número, lógica, espacio o tiempo. Insistió también con razón en que la matemática no debe mirarse el ombligo ya que gran parte de su desarrollo se debe a lo que surge con su aplicación, y cualquiera puede ver hasta qué punto la física, de la mano del análisis, ha favorecido su crecimiento. Pero en esta clasificación de fines se aprecia que la matemática para sí misma, su plano primario, es un plano estético —igual que la categoría lógica de primeridad en Peirce, solo que al contrario: no con un componente intelectual mínimo, sino máximo. Es de ahí de donde procede la autarquía de la matemática, esa autosuficiencia que invita a la contemplación. La matemática aplicada a la Naturaleza sería secundaria en el sentido lógico de Peirce, y la filosofía de la matemática terciaria en este mismo sentido. También para Peirce, por más lejos que estuviera del intuicionismo, la matemática tenía un componente irreductiblemente estético, en este sentido relativamente inmediato.

En este mismo hecho de que la matemática, actividad eminentemente intelectual y por ende de tercer grado, retorne siempre al plano primario como el suyo propio, reside no solo la autarquía de la matemática sino su capacidad indefinida de síntesis. Sin embargo las matemáticas se han expandido demasiado para que nadie, menos aún sus practicantes, pueda considerarla como un todo autocontenido. Es esta expansión incontenible lo que impide, por encima de todo, contemplar lo matemático con el mismo espíritu que Platón. Ahora bien, nuestra intención aquí no es recuperar el espíritu platónico para esta actividad, puesto que en realidad ya lo ha conservado más de lo que se cree, y no solo en matemáticas sino en la física. Querríamos más bien que el platonismo en el que aún nos movemos cerrara el círculo completo de sus transformaciones y malentendidos para abrir un ciclo nuevo después de más de dos mil quinientos años.

La expansión incontenible, a la vez acumulativa y acelerada de la matemática, se inicia con el cálculo moderno. Como acostumbramos a recordar, si los conocimientos se duplican regularmente cada quince años, hoy el cuerpo de las matemáticas sería cuatro millones de veces mayor que en tiempos de Newton. De Euclides a Newton median dos mil años, pero aunque las mentes estuvieron cualquier cosa menos ociosas durante todo ese largo periodo, no puede hablarse de un crecimiento ni remotamente parecido. La gran diferencia reside en la eclosión del cálculo.

Con el cálculo se produce una inversión radical de prioridades con respecto al mundo externo que al mismo tiempo trastoca el plano primario de la matemática. En esta primera tentativa de ingeniería inversa del cambio en la Naturaleza a partir de resultados conocidos, en lugar de determinar la geometría a partir de las consideraciones físicas, para deducir de ellas la ecuación diferencial, se establece primero la ecuación diferencial y luego se buscan en ella las respuestas físicas. Esto, que parece la superación definitiva de la matemática griega, en realidad solo es el mantenimiento fuera de lugar de algunas de sus ilusiones. De hecho Mathis remite correctamente el malentendido básico del cálculo no ya a Newton o Leibniz sino al mismo Arquímedes.

Y es así como hemos pasado de la metafísica platónica a la *matefísica* actual con sus espejismos y racionalizaciones. El análisis, que pronto olvida los humildes orígenes del cálculo en el estudio de curvas, sustituye la geometría física por otra realidad paralela. Y de ahí que luego, a consecuencia del intento de fundamentación del análisis por la aritmética, se termine disolviendo la idea misma de número y sea sustituida por la teoría de conjuntos, que no es sino una nueva rama de la lógica. El nuevo continuo matemático, irreducible al continuo perceptivo que lo había motivado, termina además con el primado del número.

La matemática moderna ha tragado demasiado para poder digerirlo adecuadamente. Pero no ya en la masa total de conocimiento acumulada, sino en cada una de sus partes, que contiene demasiadas operaciones que están lejos de ser evidentes cuando no son abiertamente ilegales, como Mathis muestra ya con las funciones más elementales del cálculo. Y a medida que el conocimiento en cada campo se multiplica, las manipulaciones de este tipo aumentan en la misma proporción. ¿Cómo es posible que en semejantes condiciones, tan alejadas de la evidencia, el matemático actual aún sea capaz de perder el sentido del tiempo durante largas horas mientras se abisma en un problema? La respuesta nos la da de nuevo Poincaré cuando observa que no solo importa el orden, sino el orden inesperado —la renovación de la identidad a través de cosas diferentes.

* * *

El exceso de expansión y el desvanecimiento de la evidencia matemática es uno solo con la primacía otorgada a la predicción sobre la descripción; desequilibrio que se ha querido compensar con una justificación o fundamentación que no ha pasado nunca de ser una racionalización. Si el cálculo o análisis se hubiera ajustado a la geometría física de los problemas, nuestra idea de la Naturaleza hoy sería completamente diferente, quién sabe hasta qué punto. Mathis aplica su método finito a la solución más directa de un gran número de problemas cruciales de la física, pero esto es solo un lado de la cuestión, y de hecho lo más difícil en las ciencias es no querer resolver los problemas que no se ha planteado uno mismo.

En su relación con la Naturaleza, los extremos que definen el rango de acción de la matemática son su criterio de aplicación a los problemas externos, lo que afecta en particular al cálculo, y su grado de receptividad a los fenómenos naturales. La calidad de la conexión entre ambos depende de la fidelidad de la descripción, que en la física moderna está totalmente subordinada a la predicción. La caracterización de los fenómenos en la física siempre es mucho más tentativa y aproximada que en la matemática, más cualitativa al depender del domino de la medida —y si es cierto, como quería Hegel, que la medida es la síntesis de cualidad y cantidad. Pero a su vez la intimidad del físico con los métodos del cálculo ha creado una preselección de los fenómenos más susceptibles de medida *controlable*.

La morfología proyectiva de Peter Venis[4], que es una fenomenología de la Naturaleza, nos da un contraste moderno de lo que puede ser un acercamiento realmente cualitativo al dominio de la Forma sin la preselección cuantitativa de la que parte la física. A diferencia de Mathis, Venis no trata de resolver problemas famosos ya conocidos, sino que descubre cuestiones nuevas que aún tendrán que encontrar una formulación más rigurosa. ¿Pero en qué sentido rigurosa? ¿En el mismo sentido en que se ha estado aplicando el cálculo a problemas físicos ignorando su geometría física? Esperemos que la advertencia de Mathis sirva para algo. La crítica del cálculo de Mathis va mucho más allá de las conocidas objeciones de finitistas y constructivistas , y es por esto mismo que es ignorada. Mathis y Venis ilustran perfectamente los dos extremos del criterio de aplicación y la receptividad a los fenómenos, y la calidad de la conexión que se establezca entre ambos también definirá la calidad de su desarrollo.

Como ya hemos visto antes, aún está por aclarar el sentido físico de las dimensiones en la morfología de Venis. Pero Mathis pone en evidencia que el análisis nunca ha sido capaz de analizar correctamente ni siquiera el número de dimensiones físicas del problema más básico, como lo muestra el mero hecho de representar una aceleración en línea recta mediante una curva. La cuestión no es solo la representación puesto que en todo caso el análisis del cambio sigue dependiendo del punto y el instante dado. En Venis sin embargo todas las manifestaciones geométricas, ya sean puntos, rectas o planos, tienen realidad solo como proyecciones y secciones de un campo o medio homogéneo que puede tener un número de dimensiones infinito o nulo.

Venis conjetura que el estudio de la onda-vórtice requerirá el uso de números complejos y de técnicas como las que se derivan de la fibración de Hopf. Mathis por su parte no ve la necesidad de la mecánica ondulatoria en mecánica cuántica, ni del uso de números complejos en física, por no hablar de que también demuestra que ni siquiera se entiende la aplicación de las funciones trigonométricas más elementales. La perspectiva de los dos autores es diametralmente opuesta y sin embargo también debería ser complementaria. La morfología de Venis plantea otra idea del continuo que vuelve a conectar con el continuo perceptivo, pero este continuo perceptivo no tiene por qué coincidir con el tratamiento de los medios continuos en física ni puede remitirse sin más al clásico uso del cálculo.

La matemática es la ciencia de las formas puras, en el más puro sentido intelectual; la morfología solo puede ser una ciencia de las formas de los fenómenos puros. Esto define la afinidad y el contraste extremos entre ambas formas de conocimiento. Pero el más universal de los fenómenos es el cambio, y la rama de la matemática que estudia el cambio es el cálculo, su principal aplicación, a través de la cual la matemática deja de ser forma pura. Sin embargo es evidente que el cálculo solo se ocupa del cambio en un sentido muy determinado que elude las exigencias descriptivas. "Lo que se mueve no cambia, y lo que cambia no se mueve": tomado en sus extremos simbólicos, y con la debida licencia, podría entenderse por "movimiento" la traslación, y por "cambio" la rotación. Puesto que la física ha sido modelada por una idea del cálculo diferencial basado en una diferencia sin fundamento, habría que ver qué ocurre cuando usamos el cálculo en función de la no diferencia, tal como lo hace el cálculo diferencial constante, y lo aplicamos a la morfología simpléctica de la torsión.

Si volvemos al rol de los tres yos en la matemática, el yo consciente se encuentra en el nivel de la forma, el yo subliminal en un nivel preformal, el yo primario en el nivel sin forma. En la India se ha hablado desde antiguo de la concurrencia de nombre y forma, *nama-rupa*, para la manifestación de cualquier entidad impermanente. En Occidente no solemos contemplar ese par, que no tiene connotaciones dualistas, pero sí hablamos de mente y materia, que para nosotros sí las tiene; una traducción más afín sería la de esencia y accidente. La forma matemática está desligada de la materia, pero la forma que contempla la morfología de Venis es una sola con ella. El punto de vista de la morfología de Venis no puede ser dualista porque la forma depende de un continuo de dimensiones no enteras y estas dimensiones dependen de la percepción. Sin embargo esto no excluye una descripción objetiva porque cada potencial físico no es meramente una posición, sino una auténtica perspectiva: la circunstancia del ambiente desde la perspectiva del agente.

Dicho de otro modo, el número como forma matemática está desligada del Verbo, del lenguaje, pero el aspecto más cualitativo de las formas, que en física siempre se ha considerado contingente, es una expresión directa del lenguaje del cambio, ese mismo cambio que se ha escapado siempre como agua de la red de artificios tejida por el cálculo. La cuestión es cómo podría no escaparse. Ello solo se puede explicar por el cambio continuo de dimensiones y por los desplazamientos del potencial. Para lo primero ya existe el cálculo fraccional, de uso muy difundido pero carente de interpretación física creíble; para lo segundo tenemos en física la fase geométrica y la teoría del potencial retardado, aspectos indudablemente vinculados por su dependencia del ambiente pero que la física no ha sabido todavía conectar.

La morfología abre una vía indirecta al conocimiento de las formas, ideas o esencias, justamente en la medida en que abandonamos la pretensión platónica de una realidad aparte, inmaterial e inmutable. En esta morfología de la onda-vórtice, lo sustantivo es la onda emergiendo del medio homogéneo, mientras que lo adjetivo es el corte o sección dimensional que produce la apariencia del vórtice. Lo que da nombre solo puede ser lo que se identifica, y solo puede identificarse lo informe que carece de identidad. La física ha sido incapaz de captar el proceso de individuación de una entidad cualquiera, pero ese es precisamente la cuestión de la morfología; respondiendo a esa pregunta, supera la reducción nominalista de todo lo posible al individuo y emprende el camino de retorno.

* * *

La economía de pensamiento es esencial en cualquier ciencia y aún más en la matemática, pero el grado de economía de pensamiento depende crucialmente de escoger bien los términos, y la precisión presupone una indeterminación o ambigüedad previas. Una denominación acertada permite asumir cosas que de otro modo serían mucho menos manejables, y el propio Poincaré sentenció que la matemática era el arte de dar el mismo nombre a cosas diferentes. No se debería subestimar la importancia de este adagio, por más que la relación de la matemática con los nombres y con el arte de nombrar sea cualquier cosa menos afortunada: basta ver la absurda denominación que tienen conceptos tan importantes y acrisolados como los «números reales», los "números imaginarios" o los "números complejos", o la "topología" —que en realidad trata de lo que es independiente de la posición—, para convencerse de ello. Otra síntoma es la imparable proliferación de nombres propios que despojan a los nuevos conceptos de su misma aportación conceptual.

La economía de términos, la búsqueda de la síntesis mediante el nombre, sigue siendo una vía casi enteramente por andar para la matemática. Se supone que análisis y síntesis son recíprocos, pero en la práctica el análisis ha predominado de forma aplastante en la matemática moderna. Esto sin embargo contiene una suerte de promesa, puesto que ese predominio aplastante no tiene nada que ver con la calidad del análisis, antes al contrario, si valoramos debidamente el hecho de que el análisis no sabe analizar ni siquiera las dimensiones de los cambios más simples. Puesto que sin buen análisis no hay buena síntesis, habría que preocuparse por la calidad de los pasos, en lugar de la cantidad como ha hecho una matemática tecnificada y cegada por la consecución de resultados.

Hoy se insiste en que la unidad de la matemática está por encima de la multiplicidad de sus manifestaciones, aplicaciones y ramas. En este sentido, hablaríamos entonces de aritmética y de geometría, de álgebra o análisis más como un tributo a la historia del desarrollo de los temas, a la contingencia de su aparición y del presente estado del conocimiento, que por una necesidad profunda. Pero por otro lado la matemática sin su forma es pura indeterminación y potencialidad. La matemática en acto es pura forma, pero sin forma no hay objetividad. La ciencia debe ser objetiva si quiere tener una función social y no caer en el misticismo, pero el sujeto no puede dejar de leer continuamente entre líneas y planos desplazando el valor de los signos.

Para seguir cualquier argumento matemático se necesita conocer las estructuras subyacentes, que en parte dependen de las contingencias del desarrollo histórico y en parte son objeto de progresivos reordenamientos. La matemática es así eminentemente histórica a la vez que eminentemente intemporal, pero la relación entre lo sincrónico y lo diacrónico que hay en ella está sujeto a redefinición continua. En Semántica e investigación filosóficas[5], Richard McKeon caracterizó con gran nitidez los cuatro métodos básicos de la filosofía —dialéctico, problemático, logístico y operacional— y sugirió que no hay cuestión que se presente en una cualquiera de estas posiciones que no pueda trasladarse a los términos de las otras tres. Hasta ahora la filosofía apenas ha sabido extraer lecciones de esta arquitectura interna pero desde una perspectiva más material que formal la matemática puede encontrarla más útil que la división convencional de sus dominios en aritmética, geometría, álgebra y análisis.

Los modos de investigación de McKeon —asimilación, discriminación, construcción y resolución— son en sí mismos una recapitulación en clave histórica de las famosas cuatro cuestiones de Aristóteles al comienzo del segundo libro de los *Segundos analíticos*: el que algo sea, el porqué, el si es, y el qué es —o cuestiones de experiencia, de existencia, de lo que es y del ser. Como es sabido, estas cuatro preguntas se convirtieron en las cuatro *constitutiones* de la retórica romana y de ella pasaron a la filosofía política y el derecho; sin embargo esta obra del canon aristotélico se propone explícitamente formalizar por vez primera el método del conocimiento científico en una época en que no estaba formalizado en absoluto, y sin duda el análisis geométrico de contemporáneos suyos como Eudoxo está en la base de sus razonamientos. Aristóteles no hace geometría pero expone lo que hacen los geómetras.

Las cuatro cuestiones cardinales de los *Analíticos* —a las cuales se añade el conocimiento de qué significa el nombre— no parecen tener una simetría interna, pero los modos que McKeon deriva de ellas sí se conciben como los cuatro ángulos de la actividad del conocer: el conocimiento, el conocedor, lo conocido y lo conocible. Los modos de investigación sirven así para "desenredar la enmarañada historia de los métodos de inducción y deducción, análisis y síntesis, descubrimiento y prueba que primero surgieron de modos distintos y luego se fusionaron variadamente entre sí y se invirtieron".

Las cuatro cuestiones y sus modos asociados se encuentran en el plano intermedio, preformal, de la semántica y la heurística, entre lo formal y lo informe, entre la lógica y la metafísica, entre lo conocido por definición y lo que el nombre esconde. Pero si Aristóteles, razonando dentro de una ciencia sin formalizar y en la que casi todo lo cuantitativo se expresaba aún verbalmente, procura descender hacia el plano formal aún por desarrollar, hoy podemos usar el plano intermedio para ascender en la escala de generalidad del concepto matemático, desde lo innombrable en la matemática actual hasta lo incognoscible en el nombre.

Todo en nuestra época moderna ha nacido del desequilibrio, vive del desequilibrio y terminará con el desequilibrio. Se ha hablado mucho de la separación entre "las dos culturas" de ciencias y de humanidades, pero apenas se ha reparado en el hecho, y creo que McKeon tampoco lo hace, de que las ciencias modernas han dado casi toda su preferencia a los métodos logístico y operacional, rechazando con vehemencia el método dialéctico ejemplificado por Platón y el método problemático inaugurado por Aristóteles; estos dos últimos han quedado relegados al ámbito verbal de la política y las humanidades. Incluso las ciencias de la vida, de la biología a la medicina, han quedado reducidas en su teoría a la combinación de los dos primeros, dejando los otros dos para "la discusión de sus aspectos sociales y humanos" —para lo que ahora se entiende por "retórica".

Según esto podría pensarse que los dos primeros métodos son más aptos para el análisis cuantitativo, hoy tan predominante, mientras que los dos segundos estarían mejor adaptados para las sutilezas y matices de lo cualitativo. Sin embargo la matemática es un todo completo que incluye lo cuantitativo y lo cualitativo. La cuestión es similar y está vinculada con la distinción, puramente convencional, entre "matemática pura" y "matemática aplicada"; la matemática siempre tiende a describir un círculo completo entre la teoría y la aplicación, siendo su conmixtión solo cuestión de tiempo.

Poincaré decía que no hay problemas resueltos y problemas no resueltos, sino problemas más o menos resueltos, y la historia le da la razón puesto que la misma idea de qué es una prueba o solución aceptable va cambiando insensiblemente con las épocas, igual que cambian otras nociones clave de la matemática. Por otra parte cualquier concepto matemático importante apunta en múltiples direcciones a la vez, y las cuatro cuestiones y los cuatro modos serían una síntesis de los frentes posibles desde el punto de vista de los contenidos.

Se ha dicho que cada gran cultura ha tenido su propio concepto de número, pero en última instancia cada matemático y cada persona tiene su concepto propio, que resulta de su percepción del conjunto de la matemática y de su unidad, o más bien de su falta de ella. Esta percepción, y la voluntad de movilizarla en una dirección, es lo que determina el espíritu de un programa de investigación —si es que entendemos por espíritu la unidad de intelecto y voluntad. Se pueden usar las cuatro cuestiones y los cuatro modos para elegir un cauce formal de investigación, o bien para encontrar una perspectiva más neutral y ecuánime, una "objetividad sin voluntad de objetivación". La primera es una vía descendente dirigida hacia términos y soluciones, la segunda es una vía ascendente que trata de destilar las ideas encerradas en las convenciones liberando la voluntad confinada en los contenidos.

Los cuatro modos admiten otras tantas variantes en sus principios, métodos e interpretaciones, además de selecciones, por lo que no es difícil elaborar una notación de sus 4 x 4 x 4 combinaciones, que en cualquier caso habría que ver como ideografía o mnemotecnia antes que como un formalismo. Aplicar estos esquematismos a la matemática moderna puede parecer a estas alturas una excentricidad, pero, si así fuera se debería más bien a que es esta misma matemática la que ha tenido un desarrollo excéntrico y desequilibrado. Justificado por la especialización, existe un interés, esencialmente involuntario pero no por ello menos celoso de sus formas, en mantener aislados los métodos de las ciencias y las humanidades de forma tal que nunca puedan comunicarse ni traducirse de forma significativa.

La aún reciente teoría matemática de categorías, con sus sucesivas elaboraciones y ampliaciones, se ha convertido en un lenguaje natural de la matemática tanto a los niveles más básicos como a los más elevados de abstracción, y sin embargo no deja de ser el cumplimiento del viejo sueño de Aristóteles de hacer explícito el contenido de las categorías de los conceptos. De hecho el libro sobre las categorías o predicados es mucho más metafísico y remoto a la matemática que los *Segundos analíticos*, pero la idea que persiste de este texto fundacional básicamente se reduce al manido esquema hechos→ inducción → principios → deducción. El mismo McKeon aplicó los modos a los enfoques de la física moderna pero se guardó de hacerlo con la matemática, y sin embargo no hay nada en ello que esté "fuera de lugar", salvo por los lugares en que han desembocado los modernos desarrollos. Aparte del hecho de que la matemática teórica y la aplicada siempre acaban describiendo un círculo, aquí sostenemos, además, que es solo ahondando en su aplicación al mundo físico que la matemática arroja su último valor filosófico, incluido en él el de la filosofía de la matemática. Y es precisamente el no poder tomar esto lo bastante en serio lo que más limita la presente teoría matemática de categorías.

La teoría matemática de categorías, según sus iniciadores una metamorfosis del programa de Erlangen de Klein, es un ahondamiento en la base común de la lógica y la geometría como espacios de transformaciones. De todos los impulsores de este programa, seguramente ha sido Lawvere quien más se ha esforzado por aproximar los puntos de vista de la matemática y la filosofía, habiendo tratado de modelar incluso de la lógica dialéctica y la identidad de los opuestos en cálculo y física. Lawvere siempre ha procurado conectar categorías y física, especialmente la física del continuo, pero si ponderamos debidamente el desarrollo "selectivamente desequilibrado" de las ciencias modernas, física incluida, es fácil ver porqué estos intentos no han llegado lejos a pesar del permanente crecimiento en las aplicaciones del lenguaje de categorías.

* * *

¿Hasta qué punto las cuatro cuestiones y los cuatro modos de pensamiento definen un eje o terreno común para los temas seleccionados, más allá de la naturaleza del tema mismo tomado en su generalidad primera? Habría que investigarlo con una serie lo bastante amplia de ejemplos para acercarse a una respuesta. Las cuestiones no guardan una simetría aparente, pero los modos no son totalmente excluyentes y admiten una base común. Sería deseable que la matemática explorara esto de manera heurística tal como lo hizo en su teoría de categorías, pues también esta tuvo un perfil heurístico pronunciado desde el principio. Si la teoría matemática de categorías adquirió en su día relevancia porque muchos de los conceptos que los matemáticos manejan estaban lejos de ser explícitos, los esquemas semánticos y de investigación resultan especialmente pertinentes porque desde la revolución científica se priman dos modos básicos de investigación a expensas de los otros dos, y habría que traer a la luz lo que ha quedado en la sombra para tener una perspectiva más amplia y neutral.

Cualquier tema o problema debería poder admitir cuatro formulaciones cardinales, pero lo más importante es qué pueda alumbrar su superposición. Hoy, por ejemplo, el análisis de dualidades más que un método parece casi un principio general de investigación en física o en matemáticas que ha permitido grandes avances en territorios que de otro modo habrían permanecido oscuros. La expresión contrastada de temas en los cuatro modos puede tener cierta semejanza superficial con el análisis de dualidades, morfismos, homologías, mapas, correspondencias y transformaciones en general pero también conduce a otro dominio de posibilidades.

No son pocos los que, como Dingler, consideran "ingenuo" el convencionalismo de Poincaré; se admite gustosamente que principios como los de la mecánica no vienen dictados directamente por la experiencia aunque estén extraídos de ella, pero no se admite que pueda haber otro resultado posible. Tenemos sin embargo buenas razones para pensar que lo ingenuo es esta última presunción: hemos visto repetidamente una alternativa relacional a los tres principios de la mecánica que en su mayor parte permite las mismas predicciones que los principios de Newton, aunque inevitablemente deba arrojar también discrepancias, que por lo demás no es difícil justificar. La superposición de modos de investigación debería mostrar tanto las discrepancias como la base común; pero al contrastarlos también estamos contrastando desarrollos que tienden a excluirse en el tiempo.

A pesar de sus comprensibles limitaciones, el método de Aristóteles en los *Segundos analíticos* no deja de ser esencialmente retroprogresivo, puesto que tiende a ir de las conclusiones a las premisas y los principios; y aun así sigue siendo analítico tal como anticipa su título. El principal interés de contrastar explícitamente los modos de investigación es de tipo heurístico e intuitivo, pero como advertimos, esto puede entenderse en un doble sentido y no solo en el sentido hoy predominante de "resolver problemas". De hecho también aquí es posible retroceder desde nuestras intuiciones, siempre condicionadas por hábitos y conocimientos adquiridos, hacia una base "no intuitiva" que está momentáneamente excluida pero que es más amplia en realidad.

La pertinencia de este acercamiento sinóptico solo puede verificarse a través del estudio de casos concretos, casos en los que las implicaciones materiales de un problema dejan un amplio margen para la ambigüedad. Casi todas la matemática aplicada entra dentro de esta categoría, pero también conceptos y problemas de matemática pura. Del mismo modo que en las ciencias, empezando por la física, se han impuesto el enfoque constructivo y el operacional, en la matemática ha crecido la presencia del análisis y el álgebra a expensas de la aritmética y la geometría que estuvieron en su origen; no hay más que ver que en áreas tan extensas como la geometría algebraica o la geometría no conmutativa cualquier noción figurativa de la geometría brilla por su ausencia.

Tanto problemas teóricos bien definidos y solucionados como otros no solucionados pueden beneficiarse de este desdoblamiento y superposición de los cuatro modos de investigación. Aunque el contraste de los modos requiere un trabajo concienzudo de preparación y composición, lo que emerge de nuevo puede verse como una forma destilada de paralogía, cuando no de analogía. Vistas desde el exterior, las cuatro cuestiones cardinales de Aristóteles son una forma de exponer sistemáticamente los resultados de la investigación científica; pero la interferencia constructiva de los cuatro modos de pensamiento contiene algo que es demasiado interno incluso para la actividad misma de la investigación y que tiende a ser reducido o rechazado. Este "algo" es algo cognitivamente relevante y apunta más allá de la organización sistemática: apunta a los arcanos inarticulados en el origen del lenguaje y el nombre.

En el otro extremo, se puede aplicar este desglose a problemas que resisten una definición unívoca y donde la aplicación y la teoría, lo cuantitativo y lo cualitativo se mezclan de forma inextricable: un ejemplo notorio de ello es el dinero y el sistema monetario que lo regula. Ningún ámbito puede ser menos puro que este, y sin embargo la evolución tecnológica dirigida, la política que se esconde tras la técnica, y la coyuntura de confrontación geopolítica global ponen a este instrumento de dominio en la más aguda de las encrucijadas. Sin embargo la digitalización del dinero, que es solo un episodio más de la digitalización de la conciencia, aunque un episodio clave, también discurre, en cuanto presunta solución tecnológica, dentro de un publicitado aunque secretista eje logístico-operacional o meroscópico que bloquea el eje holoscópico o dialéctico-problemático. Naturalmente, quienes desean aumentar el control de los gobernados han de argumentar que hasta ahora no ha sido posible un sistema monetario justo debido a dificultades técnicas que ahora son definitivamente superadas, mientras se procura obviar la larga historia de connivencia entre dinero y deuda que aún se refuerza con las nuevas herramientas. Sin embargo el contraste simultáneo de estos cuatro enfoques debe revelar algo bien diferente de un mero análisis histórico.

Las soluciones tecnológicas al problema del dinero siempre tienden a optimizar el control de la población por una exigua minoría. Pero mucho de lo que se concibe como la mejor solución alternativa también es rehén del solucionismo tecnológico en uno u otro modo. Seguramente las mejores opciones son las que menos dependen del grado de desarrollo tecnológico, puesto que las que defienden la lógica de lo irreversible solo quieren consolidar una operación de captura. Creemos que el contraste de los cuatro modos sugiere en todo momento un cierto eje intemporal, una posibilidad y un camino para evadir los mecanismos de coerción basados en lo supuestamente irreversible del progreso. Y no hace falta decir que forzar un marco irreversible solo nos acerca más a la catástrofe.

De acuerdo con el mito, el lenguaje humano ha experimentado estadios sucesivos de degradación, y la propaganda es la mejor prueba de que la lengua ya no puede caer más bajo. Por lo demás, lo cuantitativo y lo estadístico siempre ha sido una de las herramientas básicas de semejante empeño. La teoría económica y su análisis es el exponente supremo de esta perversión radical de los medios por los fines usando la cantidad como coartada, de una elaboración ideológica deliberadamente construida para desviar y esconder, pero sería muy ingenuo pensar que el resto de las ciencias que se apoyan en la cantidad no han explotado su enorme potencial para la duplicidad; cuando la economía empezó a hacer un uso intensivo de la matemática la física ya llevaba más de dos siglos haciéndolo.

* * *

Siempre puede conciliarse lógica y geometría, pero la física nos lleva más allá de la extensión y el movimiento, y es este aspecto inextenso el que le da todo su interés. Lo inextenso no está menos sujeto a la cantidad que lo extenso, pero su naturaleza no es reducible y para nosotros no deja de ser como un adjunto a nuestra representación. Sin embargo, incluso el lenguaje natural procura reflejar en sus palabras cualidades inextensas como el color, la densidad o la tensión. Hay algo profundamente físico en el nombre, y es justamente eso que escapa al dominio de la forma y la extensión.

En ciencia y en la física en particular además de la deducción y la inducción tenemos la abducción o hipótesis, pero esta no es sino una forma velada de la analogía a la que se intenta dar una expresión matemática. La analogía juega por otra parte un papel auténticamente funcional en la física moderna puesto que los principios variacionales, lagrangianos o hamiltonianos, que están en la base de las leyes fundamentales no son sino analogías exactas.

Las llamadas leyes fundamentales y las hipótesis que las han suscitado lo ignoran casi todo sobre los simples fundamentos de la proporción matemática. Sus ecuaciones de apariencia elegante, no solo ignoran el principio de homogeneidad de las proporciones físicas sino que con el tiempo van apilando más y más cantidades heterogéneas, otros tantos nudos por desatar que nunca se desatan, y que están en la base de los números y constantes inexplicables que deben introducirse sin más para que los cálculos funcionen. Una analogía sin proporción es una caja negra.

El cálculo diferencial constante de Mathis, siendo la forma natural del método de diferencias finitas, reintroduce la posibilidad de una teoría de la proporción dentro del análisis del cambio. La teoría de la proporción era básica para la matemática griega, y sin ella el número y la cantidad quedan desconectados del cosmos y la idea del bien. Por otro lado se le ha reprochado a Eudoxo que su teoría de la proporción, que pasó luego a Euclides y Arquímedes, solo consiguió separar la geometría de la aritmética bloqueando el desarrollo del álgebra y el cálculo. Pero hoy podemos interpretar todo esto bajo una luz nueva.

Cuando Aristóteles dice que un problema de geometría debe buscar sus principios en la geometría y no en la aritmética, por un lado solo está reinvindicando su propio enfoque filosófico que demanda que cada problema tenga su principio reflexivo específico, a diferencia, por ejemplo, de los principios globales del sistema dialéctico de Platón, o los principios simples o accionales de los otros dos enfoques prototípicos; pero por otra parte también se hace eco de la idea dominante de la época, refrendada por Eudoxo, de que ambas son ciencias categóricamente diferentes.

Hoy por supuesto se insiste en la unidad de la matemática, pero solo a gran escala, puesto que al nivel más básico el análisis se ha disociado por completo, mucho más que en la época griega, de la geometría. Si hay alguien que consigue unirlos de nuevo es Mathis, y sin embargo él no se para a reflexionar en la repercusión que su trabajo tiene para refundar totalmente la teoría de la proporción en los términos de la mecánica moderna —por más que haya encontrado un gran número de trasparencias y correspondencias elementales para los "números misteriosos" de la física. Ciertamente nadie está obligado a dar estas explicaciones por buenas, pero hay que reconocer que son mucho más simples que casi todas las especulaciones al respecto, y eso ya significa algo.

Mathis también se complace en mostrar múltiples ejemplos de cómo la física es incapaz de identificar las causas de las cuestiones más simples, incluso de porqué una vela permite navegar, y no se necesitaría mucho tiempo para ver que sus críticas básicas afectan de lleno, no ya a una sola, sino a las cuatro preguntas cardinales que Aristóteles plantea dentro del contexto de la geometría y la astronomía. Puesto que, a diferencia de los griegos, aquí no solo estamos convencidos de la unidad de la matemática, sino que creemos también que el grado de unidad de su concepto dirige los razonamientos a niveles mayores de elaboración, sería valioso, antes que embarcarse en grandes programas conectando vastas áreas, intentar conectar las cuatro grandes ramas de la matemática y los cuatro modos al nivel más elemental, donde ya plantean divergencias y complementariedades decisivas.

Lo que se aprecia en los grandes programas de unificación matemática actuales, como el de Langlands, es una separación radical entre cuestiones extremadamente elementales y teorías de una sofisticación extrema; y tamaña ausencia de términos medios, tan necesarios para la ciencia, obliga a dudar no solo de las sutilezas teóricas sino también de la elección de los elementos. Si la matemática aplicada exhibe agujeros tales como los que revela Mathis, no se puede esperar que las especulaciones teóricas de enésimo grado tengan más consistencia, sino más bien todo lo contrario. Hay que buscar las matrices mínimas de significado que sean representativas de la totalidad que atiendan al fundamento en vez de ignorarlo.

* * *

El Aristóteles de los *Analíticos segundos* ya estaba haciendo metaciencia y metamatemática, como volverían a hacerlo veintitrés siglos después los modernos teóricos de categorías. Y tanto en un caso como en otro tenemos una pugna entre la búsqueda de lo orgánico y el intento de organización de vastos panoramas teóricos. Porque también la teoría matemática de categorías hizo desde el comienzo énfasis en la idea de transformaciones naturales; solo que, dentro del contexto de la gran industria matemática, es difícil ver qué puede ser "natural" y qué "maquinaria". Todas las "teorías unificadas" actuales, ya sea en física o en matemáticas, tienen una función claramente conservadora, muestran lacras comunes y están expresamente concebidas para no replantearse lo fundamental salvo donde resulta inocuo: son la vía de escape para las múltiples contradicciones de la investigación moderna. Los matemáticos han sido enormemente perspicaces a la hora de explorar las posibilidades de su ciencia, pero solo en una determinada dirección —la que preserva los logros y las limitaciones de un modelo que aunque parece transformarse continuamente no ha variado en lo esencial desde Newton.

Así que las "transformaciones naturales" de la matemática tienen al menos tanto de historia como de naturaleza, una historia que no solo se cuenta por sus "impresionantes éxitos", tal como se anuncia con bombo, sino que ha de tener necesariamente una contraparte. Hemos visto una manera de desenredar, siquiera parcialmente, estos compromisos. Otra manera es aplicar desde el comienzo las transformaciones naturales de los conceptos a un marco que trate del modo más directo posible de las formas mismas de los fenómenos, como lo es la morfología proyectiva de Venis —una morfología del vórtice que incidentalmente ha sido formulada en términos de pares de opuestos. Esta morfología aún está esperando una formalización adecuada sin las connotaciones históricas que han adquirido las herramientas analíticas y algebraicas, pero por otro lado tiene un potencial analógico muy superior, potencial que aún podría concretarse mucho mejor si el cálculo y la geometría diferencial pueden incorporar naturalmente la teoría de la proporción. Los vórtices, como defectos topológicos, son un objeto natural para el moderno lenguaje de la homología y la cohomología, pero en la morfología proyectiva adquieren un valor intuitivo que nunca antes tuvieron.

La morfología de Venis incorpora también naturalmente la idea de equilibrio morfodinámico, y una idea adecuada del equilibrio es necesaria para conectar y dar contenido físico a la teoría de la proporción. Por supuesto, el equilibrio es de suyo un concepto tan general que no puede dejar de estar presente de mil maneras en física y matemáticas; pero de nuevo nos encontramos con modalidades de equilibrio truncadas desde el comienzo, desde los mismos tres principios de la mecánica de Newton en adelante. El equilibrio es tan principal en los sistemas abiertos como lo son las leyes de conservación en los cerrados; pero, al contrario de lo que se supone, tenemos razones para pensar que los segundos emergen de los primeros. Por eso hemos insistido en la importancia de sustituir el principio de inercia, intrínsecamente contradictorio, por el principio de equilibrio dinámico, con la modificación consecuente de los otros dos; así como hemos destacado la importancia del equilibrio ergoentrópico, y el equilibrio de densidades con un producto unidad. La conexión de estos cuatro equilibrios ya es todo un programa de investigación, y bien diferente de los actuales; la balanza de oro de Zeus no tiene nada que pesar en los sistemas cerrados.

Estas otras formas de equilibrio juegan un rol fundamental en el proceso morfológico de individuación, y así es posible conectar equilibrio, proporción, forma, nombre propio y transformación. Esto crearía a su vez una nueva constelación para la relación entre cantidad y cualidad, lenguaje, lógica y número. El estudio no truncado del equilibrio en la Naturaleza y en la actividad humana, incluyendo el procesos de individuación, apunta a una comprensión de la finalidad y el tiempo que trasciende la teleología y de la disteleología, nuestros prejuicios sobre la perfección e imperfección del fenómeno individual de cualquier orden, ya sea una onda, un sol o una civilización.

Mientras que los grandes programas de unificación apuntan hacia una unidad última hacia la que se orientaría el investigador, aquí se considera que lo que dirige la intuición está siempre detrás del propio juicio, en las matrices mínimas capaces de condensar una totalidad en equilibrio. El balance de las cuatro cuestiones y los cuatro modos son algunas de esas matrices, pero incluso los tres principios de la mecánica son la contracción extrema de las tres modalidades básicas de los principios como puntos de partida, distinciones básicas y fundamentos de la unidad, que determinan unos límites comunes de clausura global.

El retorno de la matemática sobre sí misma se revela de forma particular en su dimensión diagramática, que Peirce justamente subrayó. Como icono visual, el diagrama revierte razonamientos que pueden ser de muy alto nivel hacia la dimensión más primaria del pensamiento, y este movimiento retrógrado es esencial no sólo para el análisis sino también para nuevas síntesis; Peirce lo quiso usar ante todo para el análisis lógico y tuvo que comprobar resignado los efectos más involutivos de este proceso. En las últimas décadas del siglo XX se ha visto una resurrección de los diagramas con el estudio de las superficies de Riemann y sus correspondencias topológicas y de grupos, pero también esto ha de tener un rendimiento decreciente y limitado, porque, tal como reclama Alfonso De Miguel Bueno, lo primero que habría que traducir al plano básico del diagrama son los aspectos más elementales de números, grupos y modelos de sistemas físicos.

Partimos del hecho obvio pero poco reconocido de que la matemática actual está repleta de saltos en el vacío, trucos de prestidigitador y los más variados subterfugios. En estas condiciones de enrarecida abstracción los diagramas han de ser, para usar la terminología de Peirce, iconos degenerados. Para que el razonamiento diagramático alcance un óptimo de iconicidad —de relación entre el signo y el objeto—, debería tratar de reunir esas condiciones que ahora tanto se desprecian: descripciones con cantidades homogéneas, dimensiones físicas correctas, análisis con cantidades finitas, etcétera. Cuando los diagramas son lo bastante inmediatos, como son algunos de los de Bueno, no hace falta demorarse con tales exigencias.

En cualquier caso, puesto que el icono es lo más primario de la matemática, y se opone a la arbitrariedad tanto del símbolo terciario como del índice secundario, la búsqueda de un óptimo de iconicidad supone un máximo de talidad, de participación en el conocimiento, luego a un acercamiento a eso que denominamos conocimiento en cuarta persona y conocimiento no intuitivo inmediato —para conectar el conocimiento elaborado y la participación inmediata. La inteligibilidad de lo real depende de la continuidad. El medio homogéneo no puede ser intérprete último en tanto reposa en sí mismo; pero sí lo es en la medida en que demanda el máximo grado de continuidad entre sus momentos más distanciados en lo inteligible, como las tres categorías de Peirce.

Conviene subrayar que los diagramas con alto valor icónico son bastante más que auxiliares heurísticos e incluso invierten el sentido de la investigación actual. Si es cierto que cada cultura ha atesorado su propio e íntimo sentido del número, y sólo en la fase final de civilización se plantea un interés por los "resultados matemáticos" de otros desarrollos, la conversión de sus grandes motivos en iconos de alta pureza equivale al momento en que las semillas de un árbol vuelven a tomar contacto con el suelo primigenio. Por ejemplo, la teoría de los números se ha conformado con las aportaciones de tres culturas muy diferentes, representadas por los nombres de Euclides, Diofanto y Gauss o Riemann; ¿qué significaría encontrar diagramas críticos dentro de estos motivos, tal como procura Bueno? Significaría ir más allá de la búsqueda de resultados, de la voluntad orientada en una determinada dirección; permitiría que el sentido del lenguaje de la Naturaleza y los significados de nuestros lenguajes coincidan de formas hasta ahora prohibidas por la misma dirección del desarrollo. En un sentido retroprogresivo, la diagramatología puede ser tanto ciencia como tecnología, bien que opuesta a la presente tendencia hacia la complejización.

Seguramente el único problema totalmente abierto de la matemática que parece tener por sí solo un potencial para cambiar nuestra idea básica de los números es la hipótesis de Riemann. Y ello por varios motivos más o menos obvios: porque es la relación más básica entre la adición y la multiplicación; porque afecta directamente a los números enteros, a la relación entre números naturales y primos, racionales y reales, y por extensión a los demás campos numéricos; porque tiene múltiples conexiones físicas y matemáticas; porque nos invita a interpretar la relación entre los números reales y los complejos en el plano físico; porque establece el vínculo más irreductible entre el caos y el orden, el azar y la necesidad, la simplicidad y la complejidad; y porque es el único motivo unificador posible, junto a su gran familia de funciones asociadas, para una teoría, la de los números primos, que de otro modo sería el área menos unitaria de la matemática. El único tipo de unidad que es razonable esperar de los números primos son leyes asintóticas, por lo demás de los órdenes más diversos, para las que no puede haber un motivo común más general que la función zeta de Riemann.

Ante una cuestión como esta, unos se afanan en lograr una prueba y otros procuran una mejor comprensión e intuición del problema. La aritmética y la geometría siguen estando básicamente disociadas por más que hoy se acentúen los esfuerzos por conectarlas. Y así, por ejemplo, se han tratado de construir puentes entre la teoría de la función zeta y la más sofisticada geometría algebraica, que bien poco tiene de geometría en realidad. Siendo un lugar común que "toda la geometría es geometría proyectiva", que esta última es más simple que la geometría afín o la euclídea, que muestra una persistente tendencia a reaparecer en ámbitos inconexos, y que proporciona una base intuitiva indudable y del más amplio rango para motivos asintóticos, uno puede preguntarse porqué no se ha conseguido vincular esta función con la inmensa posibilidad de lo proyectivo en general.

La vía para establecer el vínculo tendría que venir de la física y de la teoría electromagnética en particular. Sabido es que se han encontrado múltiples correlatos de la zeta de Riemann y los ceros de su línea crítica en electrodinámica, desde el potencial de campos electrostáticos a los patrones de radiación lejana; como también se sabe que la electrodinámica ha resistido todos los intentos de geometrización y que hay en ella un componente estadístico irreductible. Delphenich observa[6] sin embargo que la teoría métrica del electromagnetismo bien puede ocultar una cuestión geométrica más general de geometría proyectiva compleja acorde con la transición de la mecánica puntual a la mecánica ondulatoria, y merece la pena ponderar sus argumentos. Por otra parte, se supone que los ceros de la zeta de Riemann emergen de la diferencia entre una suma y una integral. La transformación de Lorentz de electrodinámica muestra una correspondencia uno a uno con la transformación proyectiva de Möbius, pero lo mismo puede decirse con respecto a la electrodinámica de potencial retardado inaugurada por Weber, que nos brinda además una interpretación diferente del tiempo.

En una palabra, si hay correlatos electrodinámicos de la función zeta también han de existir correlatos no triviales asociados a la geometría proyectiva de las ondas, y esto, que en principio no tiene nada que ver con ningún tipo de prueba, sí tiene potencial para alterar nuestra concepción cualitativa de los números y su uso en el mundo físico. Obviado el análisis armónico, este corte longitudinal permitiría conectar la función con otras cuestiones hasta ahora poco o nada relacionadas: la irreversibilidad fundamental de la radiación, el equilibrio en sistemas abiertos, la electrodinámica de Weber y su mecánica relacional, la relación entre el potencial retardado y la fase geométrica, la conformación de un frente de onda, la morfología proyectiva de la onda-vórtice de Venis y su transición entre dimensiones, la teoría de la proporción en la geometría proyectiva diferencial, etcétera.

Por idénticos motivos al principio holográfico, la morfología de la torsión puede producir trivialmente cualquier superficie, mientras que según el condicional teorema de universalidad de Voronin, la función zeta de Riemann puede reproducir cualquier curva analítica con cualquier grado de aproximación un número infinito de veces. La función zeta ya es una síntesis numérica extrema que está buscando a otra síntesis en su extrema contraparte. Y habría una "aritmética proyectiva" bien diferente de las que se han desarrollado desde los tiempos de von Staudt, con su teoría de las proporciones y las correspondencias, su álgebra y su propia "ciencia de la balanza".

La motivación expresa de Riemann estaba en el conteo de los números primos pero el origen de su intrincada elaboración está en la teoría de funciones; en cuanto a los números primos mismos, que ya pueden contarse a la manera clásica sin dificultad, el matemático alemán solo podía esperar que se comportaran del modo más imparcial, igual que en las probabilidades de lanzamiento de una moneda hasta el infinito. Pero la inmensa riqueza de implicaciones de la función no puede venir meramente de este balance ideal, sino de su fusión con el análisis complejo, y la cuestión inversa es si recomponiendo la idea de la función y lo diferencial se pueden extraer lecciones para la idea misma del número. La geometría proyectiva es puramente cualitativa, y evidentemente, el interés de encontrar una analogía proyectiva, además de física, para la función, consiste en destilar los aspectos cualitativos de una expresión puramente analítico-numérica. El concepto de función debería corresponderse naturalmente con el de proceso, y sin embargo, debido a la ruptura del análisis con la descripción, ambos se encuentran profundamente escindidos. Si realmente la hipótesis de Riemann puede decirnos algo cualitativamente nuevo sobre el número, esta sería la mejor forma de investigarlo.

La interpretación más simple de la hipótesis como balance infinito ha de mantener una continuidad esencial con las incontables interpretaciones menos obvias y más profundas; pero puesto que según los actuales estándares no sirve para probar nada, no puede tenerse en cuenta. Aquí por el contrario creemos que la prueba es secundaria con respecto a nuestra capacidad de comprensión y asimilación, y esta aumenta manteniendo el mismo principio a distintos niveles y observando las transformaciones de su aplicación.

Hemos visto que resulta difícil justificar[7] la línea crítica y el cálculo de los ceros desde los mismos criterios de continuación analítica de Cauchy-Riemann, por más que la comunidad matemática los haya dado siempre por buenos; también hemos conjeturado que la misma identificación de una línea crítica y sus ceros pudo surgir de una analogía proyectiva en el contexto de las densidades de una teoría electromagnética con potencial retardado como la del propio Riemann. Y es inevitable pensar que si los matemáticos han aceptado los cálculos de Riemann no ha sido tanto por su rigor analítico como porque sin ellos no habría ningún motivo axial en la teoría de los números.

Pero incluso si se lograran estas conexiones a gran escala, y tuvieran lugar a un nivel mucho más intuitivo que en los macroprogramas de unificación actuales, su repercusión cualitativa sobre cosas como nuestra idea del número se vería limitada a lo que somos capaces de asimilar en las matrices mínimas de significado y en la máxima contracción de los principios —dependen del grado de armonía y solidaridad con ellas, lo mismo que en la mecánica pesan mucho más las disposiciones básicas que los resultados de enésimo nivel. De modo que hoy es perfectamente ilusorio esperar "revoluciones" de la investigación superior, que no es sino un lujo institucional y un precipitado postrero de la civilización. También en la enseñanza de la matemática esto es lo más importante, por más que las instituciones procuren preservar las formas heredadas. Pero la piedra de escándalo de la matemática moderna no es el lujo institucional de la investigación de alto nivel sino cómo lo cuantitativo se ha convertido en instrumento de control y de cierre del sistema sobre sí mismo.

Cosmópolis

La moderna Tecnópolis quiere concebirse como Cosmópolis pero existe en la medida en que reduce y niega la autonomía de las potencias del cosmos. Y así, por ejemplo, se empeña en vincular el clima con el comportamiento humano, como si no pudiera haber otros factores más importantes.

Nada cifra el destino de nuestra civilización técnica mejor que el mito de la ciudad de Tripura. La triple ciudad tiene una cita consigo misma pero la elude como puede porque el alineamiento de sus tres niveles también implica su destrucción. La técnica exige la perfección de su propia esfera, por más ajena que sea a la naturaleza humana; pero no cabe esperar la perfección sin la concurrencia de ese elemento cósmico que se ha tratado de esquivar durante los simbólicos mil años que cierran el ciclo de su desarrollo.

Ese elemento cósmico, abierto, puede estar tanto fuera como dentro del gran animal social; poco importa porque igual se desea ignorarlo. A la entrada del templo de la ciencia moderna pueden leerse los dos grandes preceptos: "Ignórate a ti mismo", y "Todo en exceso", y sus incontables sacerdotes y dependientes procuran guardarlos con el más abnegado de los celos. Puesto que lo peor de esta ciencia tan poco nuestra es su espuria sofisticación y su exacerbada desconexión con casi cualquier cosa que importe, hemos tratado siempre de restablecer algún tipo de vínculo entre la idea que se ha tenido del conocimiento en otras épocas y el conocimiento científico moderno, aun sabiendo que intentar casar la prudencia con el desvarío no tiene porqué resultar de provecho ni para el segundo ni para la primera. Hay sin embargo un vínculo orgánico entre todas las generaciones, y reforzarlo cuando muchos pretenden destruirlo importa más que cualquier resultado aislado.

Un rasgo crucial de la ciencia moderna es que sostiene generalmente una interpretación entitativa, una combinación de métodos operacionales y logísticos, y unos principios comprensivos o globales que descienden directamente de los principios de la mecánica de Newton. Puesto que estos a su vez tienen como punto de partida el corte cósmico con los sistemas abiertos y como punto tácito de llegada la sincronización global implícita en el principio de acción-reacción, este circuito dibuja el horizonte de toda su teleonomía. Hemos visto, sin embargo, cómo estos mismos principios se pueden reformular en términos de equilibrio para sistemas abiertos sin necesidad de clausuras impuestas ni instancias metafísicas.

En el siglo XVII, en el arranque de la revolución científica, no eran raros los autores, como Stevin o Newton, que creían que Europa sólo estaba empezando a recuperar una perdida sabiduría original; pero la progresiva formalización y especialización, unidas a la cantidad de conocimiento acumulado, volvieron la idea definitivamente inverosímil. Hoy lo más que puede admitirse es que en otros tiempos el hombre confió mucho más en el poder de la analogía, que en puridad es siempre una relación inversa; pero ya vemos que el conocimiento científico tampoco puede prescindir de su ascendiente, ni en las hipótesis, ni en los procedimientos matemáticos ni en las interpretaciones, y de hecho lo explota sistemáticamente aunque solo en cierta dirección. El mismo Newton debió sus mayores descubrimientos en la óptica, el cálculo, la gravedad o los principios de la mecánica, al planteamiento de problemas inversos.

Así pues, la inversión de los problemas está en el fulcro de su filosofía natural, y es la dirección implícita en este giro, más que ninguna otra cosa, lo que ha impulsado la deriva de la ciencia moderna. Por eso es necesario invertir el orden de la secuencia sabiendo muy bien que el mero retorno a lo anterior no es ni posible ni deseable. La analogía ha sido y será siempre la herramienta más poderosa de la teoría, lo importante es saber imprimirle de forma consecuente otra dirección cuando ya se ha visto suficientemente a dónde nos conduce con su presente orientación. Todavía hay quienes creen que la ciencia puede ser parcial en su aplicación pero nunca en sus principios; pero esto es ignorar por completo el rango simbólico del propio marco del conocimiento. Y la dominación consiste precisamente en el marco que se logra imponer. Mucho más que los resultados, lo que importa es controlar la dirección en que el espíritu de otros trabaja.

Dar otra orientación a la ciencia no pasa por los subproductos teóricos de última hora sino por la restitución consciente de lo fundamental. Hoy "teoría" es sinónimo de operación especulativa del conocimiento, pero sabemos que para los griegos significaba básicamente contemplación. La idea misma de número sólo puede vincularse con el bien, la belleza y la contemplación recuperando su naturaleza y valor como proporción, que no puede estar limitada a la esfera de la geometría. Devolver el sentido de la proporción al número pasa hoy por apreciar su presencia natural en el cálculo, lo cual ha dejado de ser imposible después de más de tres siglos de análisis interminable.

Esta inesperada emergencia de la teoría de la proporción en el análisis debería conectarse estrechamente con una teoría general del equilibrio en los sistemas abiertos, que nos devolverá por la vía más recta posible a la antigua Ciencia de la Balanza. El álgebra árabe nació literalmente como "la ciencia de la restitución y el equilibrio", pero separada ya en el mismo Al-Khwarizmi de la filosofía natural, pronto rodó por la pendiente hacia la ciencia de las sustituciones y la lógica indiscriminada de la equivalencia universal. Debidamente vinculada a la teoría del equilibrio en sistemas abiertos e irreversibles, el álgebra puede salir del ámbito del intercambio universal para volver a ser la ciencia de lo insustituible.

La fase geométrica demuestra que la mecánica cuántica está incompleta como lo está cualquier mecánica conservativa, pero se prefiere creer que esto es un detalle secundario. Tampoco se ha visto jamás que un mismo rayo de luz vuelva a la llama o a la bombilla, y a pesar de todo se habla tranquilamente de la reversibilidad temporal de las leyes fundamentales. Así la física querría mantener para su objeto el mismo estatus intemporal de la verdad matemática, pero no sin una irreparable pérdida en nuestra percepción de la realidad. Este platonismo invertido está en el origen del optimismo tecnológico moderno y su selectiva desconexión con muchos aspectos no solo esenciales sino también vitales.

La fase geométrica permite darle forma a un frente de onda modulando su potencial en vez de usando fuerzas controlables como es preceptivo en la física. Esto consolida la existencia de un tercer dominio de experiencia en la historia de la disciplina, puesto que, junto a la física perturbativa, como la de los cañones, máquinas o aceleradores, y la no perturbativa, como la de la astronomía, ahora existe una física que opera por sintonía o modulación. Sin embargo todo se sigue interpretando en el viejo marco, incluso si la fuerza dejó de ser lo fundamental tanto para la mecánica cuántica como para la relatividad. Pero la conexión entre el potencial retardado y la fase geométrica, o entre el potencial dentro de las ecuaciones dinámicas y el que queda fuera de ellas, afecta directamente a la teoría del equilibrio así como a la morfología de los procesos observables; incluso ha de encontrar un correlato explícito en procesos de retroalimentación biológica conectados a nuestra conciencia.

Considérese la relación entre la respiración, su ciclo bilateral y el desfase del potencial retardado. Puesto que, según hemos visto, el potencial retardado es un fenómeno ubicuo y se presenta igualmente en las funciones biológicas, el estudio de su equilibrio en un caso como este, que también está asociado a la conciencia, y su análisis en términos de intervalos finitos nos ofrece un ejemplo limitado pero precioso de lo que supone el lado interno de la ley matemática.

Es en los sistemas abiertos que el equilibrio puede adquirir algo de su verdadera dimensión, y es en un cálculo finito como el cálculo diferencial constante que las cuestiones de proporción reaparecen en la matemática y física modernas. La antigua Ciencia de la Balanza trata por añadidura de la proporción entre lo manifiesto y lo no manifiesto, que en la física encuentra cierta correspondencia parcial con las propiedades extensivas e intensivas. Hay, por supuesto, todo un abismo en la intención y la cuantificación de una y otra, pero a pesar de todo aún persiste cierta continuidad que se basa en la generalidad y múltiples planos del concepto mismo de equilibrio. En cambio con el principio tácito de sincronización global de la mecánica conservativa parecería que todo está en un mismo plano de causalidad, que por otro lado no puede especificarse porque ya está establecido de antemano.

La Ciencia de la Balanza también estaría naturalmente relacionada con la geometría y la morfología proyectivas, y, asistida por estas, permitiría captar toda una escala de equilibrios. Dado que el alcance de la teoría del equilibrio es completamente diferente cuando tratamos sistemas abiertos y cerrados, como cualquier otra cuestión la misma idea de equilibrio puede analizarse por el contraste de las cuatro preguntas y cuatro modos de investigación, según consideren sistemas abiertos y cerrados, para tener una perspectiva más amplia del asunto, y captar mejor cómo se ha bloqueado sistemáticamente el acceso a ciertos enfoques. Los cuatro modos tienen un valor arquetípico porque no sólo trazan los parteaguas del pensamiento sino también de la voluntad.

Todo tiene un equilibrio en su intervalo específico, un equilibrio a lo largo del tiempo y un equilibrio más allá del tiempo. Una teoría del equilibrio en el sentido que aquí indicamos ha de establecer necesariamente otras conexiones entre la física, la matemática y la filosofía natural. Por otra parte, el análisis moderno y la teoría de partículas puntuales, perfectamente prescindibles en otros marcos, impiden estudiar de forma específica el procesos de formación o individuación de cualquier entidad. Matemáticamente, hay más inconmensurabilidad entre un punto y el radio de una partícula que entre este y las dimensiones del universo conocido. Hemos hablado de una "morfología simpléctica" no en el sentido que ahora se da a la palabra "simpléctico" en geometría diferencial sino atendiendo a la *symploké* del individuo, a su complexión, que implica tanto una conexión con el medio como una diferenciación e independencia con respecto al mismo.

No es que el individuo tenga una experiencia, sino que la experiencia ha hecho al individuo, que a su vez suele ocuparse de una experiencia de segundo orden. Esta experiencia no controlada, que Nishida llamó "experiencia pura", es la conciencia original anterior al pensamiento. Hay una analogía natural entre esta conciencia original y un medio homogéneo anterior a las convenciones que determinan los espacios métricos, afines o proyectivos, si bien los mismos pensamientos pueden concebirse como proyecciones, no sobre un espacio extenso sino sobre una línea de duración que no tiene porqué ser una línea de tiempo externo.

Tampoco la analogía entre la conciencia y un campo físico es del todo infundada, pero la palabra "campo" sólo indica una porción de espacio con ciertas cantidades asociadas, y la mecánica es después de todo más fundamental; especialmente si reconocemos que hay hechos mecánicos básicos que no están recogidos por las teorías de campos. Tampoco se ha podido demostrar la estabilidad de la materia, sino que como tantas otras cosas se ha racionalizado apoyándose en argumentos fenomenológicos como el principio de exclusión. La idea de equilibrio es más general y tiene más alcance que todas las teorías modernas, con solo que sepamos levantar las obstrucciones y bloqueos que ellas mismas han creado.

La idea de equilibrio conecta tan directamente como es posible la conciencia condicionada con la incondicionada, nuestra experiencia corporal, nuestra intuición mediada y nuestro conocimiento no intuitivo inmediato. En la morfología simpléctica, el balance regula el entero proceso de transformación de materia y forma en el principio, en el fin y en el medio. Para Yabir la parte más elevada de la ciencia del equilibrio era el Balance de las Letras, sintetizado en tres de ellas, que se corresponden con estos tres momentos. Imposible no pensar en el monosílabo sagrado de las tradiciones dhármicas que se propone como nombre mismo del absoluto, donde el ser y la conciencia ya están siempre en perfecto equilibrio sin que ello afecte en lo más mínimo a la incognoscible infinitud de fondo.

La infinitud del lenguaje y sus transformaciones, lo mismo que la infinitud de todo lo manifestado, es sólo una parte ínfima de la infinitud nombrada por el Nombre, y sin embargo esta es más inherente a nosotros que cualquier objeto de conocimiento. Lo interesante para el conocimiento es hasta qué punto puede llegar a buenos términos con esta metacognición; una metacognición que no es conocimiento del conocimiento sino íntima transmutación de intelecto y voluntad.

Notas

(Se puede acceder a todos los documentos referenciados en el artículo *La conciencia, el número y el nombre,* en www.hurqualya.net)

1. Miguel Iradier, *Espíritu del cuaternario: semiosis y cuaternidad*, en https://www.hurqualya.net/espiritu-del-cuaternario-semiosis-y-cuaternidad/

2. http://milesmathis.com/are.html

3. https://www.researchgate.net/profile/Michael-Mcbeath/publication/15474292_How_Baseball_Outfielders_Determine_Where_to_Run_to_Catch_Fly_Balls/links/55a567d108ae5e82ab1fa030/How-Baseball-Outfielders-Determine-Where-to-Run-to-Catch-Fly-Balls.pdf?origin=publication_detail

4. http://infinity-theory.com/en/homepage

5. https://richardmckeon.org/content/e-Publications/e-OnPhilosophy/McK-PhilosophicSemantics&Inquiry.pdf

6. https://arxiv.org/ftp/gr-qc/papers/0512/0512125.pdf

7. Miguel Iradier, *Ironía y tragedia en la hipótesis de Riemann*, en https://www.hurqualya.net/ironia-y-tragedia-en-la-hipotesis-de-riemann/

TARDE DE DOMINGO

18 julio, 2022

Siempre tenemos intimaciones a la medida de nuestra capacidad, aunque las descuidemos en beneficio de otras monedas más canjeables y mundanas. Cuando era niño temía las tardes de domingo; algo en mí percibía la insondable grisura y mediocridad del mundo de los mayores, su torpe huída del aburrimiento. Pero nunca estuve reñido con el gris soñador del asfalto ni con los inverosímiles árboles que lo atraviesan, y ahora entiendo que aquel malestar venía más que nada de no poder disponer del tiempo propio, pues quien dispone de él siempre encuentra formas de engañarse. Con los años la tarde del domingo ha llegado a ser el momento que más aprecio de la semana, y aunque pocas veces lo honro como quisiera, aún sigue abriendo en mi ánimo una ventana fuera de la rueda de la repetición.

La primera vez que pude darme cuenta de que ese intervalo en suspenso puede decir algo distinto tuvo que ser la tarde de domingo del 23 de junio de 1985, envuelto para mí en circunstancias graves pero nada serias, íntimamente familiares. Recuerdo el calor, los rayos de sol colándose por la persiana de cuerda de la pensión, la cómplice espera solitaria y aquella vieja sintonía de televisión que viniendo de alguna casa vecina vino en un momento dado a romper el silencio. Fue tan imperceptible la impresión que aquella tarde dejó en mí, que me llevó veinticinco años identificarla como algo por derecho propio, comprender desde qué regiones fluía.

A diferencia de otros arbitrajes del calendario, y salvo por muy raras excepciones, la secuencia de los días de la semana no ha conocido interrupciones en más de dos mil años; algo que ha tenido que dejar su surco en el sentir colectivo. Cuesta creer que los ingenieros sociales, cuya perversidad nunca supera a su necedad —aunque eso no sea tranquilizador en absoluto—, no hayan emprendido una campaña para destruir definitivamente esta carcomida reliquia, pero para el caso de que les estemos sugiriendo ideas indebidas es obligado proponer otras opuestas a modo de compensación.

Antaño las personas que podían estar solas sin aburrirse se consideraban a sí mismas inteligentes; ahora que todos estamos entretenidos y solos sin darnos cuenta ya prácticamente no hay término de comparación. Y a pesar de todo el aburrimiento sigue dejando en las caras de la gente la huella inconfundible de sus estragos, agigantada en las largas horas de las tardes en las que no se sabe qué hacer. Nos quejamos de la brevedad de la vida pero cuando en el remolino de nuestra conciencia se hace la calma chicha, ese módico trasunto de la eternidad en el tiempo, no lo podemos soportar. No es lo mismo imaginarse que se explora el infinito que dejar que lo infinito te atraviese.

Cualquier puede burlar el aburrimiento haciendo lo que sea, pero pocos le dan la bienvenida y esperan a ver qué tiene que decirnos. El tedio viene de lo previsible de la repetición, luego de anticipar algo que aún no ha sucedido, y de evitar algo que ya se presentado; lo que tanto asola a la mente vulgar no es la presencia, nunca suficientemente valorada, sino lo que bien puede llamarse su componente imaginario. Evasión y evitación son casi la misma palabra, aunque también esta evidencia nos evade.

Alguien imaginó que Abraham, padre de la multitud, le preguntaba a su íntimo amigo: "¿Y cómo es que tú eres Dios?" O dicho de otro modo, "¿Cómo haces tú para ser Dios?" Es de suponer que el patriarca, que ya había regateado con Dios el número de justos de una ciudad, no le estaba pidiendo sus credenciales. Y la única respuesta que puede dar tal Dios, en pleno acuerdo con esa otra respuesta que cualquiera, sea religioso o ateo, podría figurarse escuchar —"no hago absolutamente nada"—, es el silencio. Silencio y respuesta imaginaria que tendrían que dejarnos contentos si podemos escuchar sin palabras.

Los dioses y los titanes pueden estar pugnando eternamente por derrocar a sus rivales y hacerse con el poder, como cualquier aspirante a tirano o cualquier partido político; pero un Dios único sólo podría ser único si no hubiera tenido que hacer nunca nada para serlo ni reclamara nada para sí. Seguramente es por esto que algunos han querido distinguir entre Dios y la Divinidad. Pero vemos que Yo, el Mundo y Dios —o Yo, el Mundo y la Ley—, coexisten como momentos de una misma ilusión, y que en vano pretendemos librarnos de uno cuando aún creemos en la realidad de los otros. Y así pueden verse hoy a hombres de ciencia tratando de convencernos de que el yo o la conciencia surgen de neuronas y moléculas; se trata por supuesto de un malentendido, pero dónde hay algo que no lo sea.

Uno puede dejar por un momento de lado al mundo, que nunca va a dignarse a responder directamente a nuestras preguntas, para interrogarse a sí mismo: "¿Y qué hago yo para ser yo, o incluso para saber que soy yo?" Y la respuesta solo puede ser la misma que la del Dios amigo íntimo de Abraham, tan diferente de aquel otro que promete una descendencia numerosa como el polvo de la tierra: nada en absoluto, pero de eso depende todo. Cabe pensar, también, que no otro es el arcano de la soberanía y el poder, especialmente cuando sabemos que todos los que lo reclaman lo último que podrían hacer es estar sin hacer nada.

La "pregunta secreta de Abraham" y la inevitable respuesta que trae aparejada es infinitamente más elocuente que cualquier argumento ontológico sobre la existencia de Dios o que cualquier intento de rematar su fantasma, tarea recurrente e interminable para quien cree en su propio Yo, en el Mundo, o en la existencia independiente de la Ley. Se ha dicho que la pretensión de demostrar la existencia de Dios, clave desde Anselmo de la teología moderna, encierra en sí misma el resto de pretensiones que luego la ciencia ha ido desplegando en riguroso orden de delirio. En cualquier caso han surgido de idéntico pathos, y ahora que la ciencia ya ha sido enteramente engullida por el poder, para lo que siempre estuvo predispuesta, ya va siendo hora de encontrarle otra clave menos deletérea.

Que la conciencia sea la nada misma y que no puede haber nada por debajo de ella, es, como la respuesta a la pregunta de Abraham, algo que no deja espacio para dudas y donde sin embargo la incertidumbre es completa. Se comprende así la preferencia por el método científico, donde la duda y la certeza se negocian permanentemente y siempre dejan cabos sueltos por atar. Podría pensarse que lo realmente inédito sería una ciencia que contemplara el movimiento desde lo inmóvil y la acción desde la no acción; pero eso ya es lo que ocurre, y más bien habría que ver cómo es posible que ocurra.

De lo que no hace nada no puede salir nada, pero sí puede ser que lo que hace algo deje de hacerlo, o que lo que parece hacer algo sólo esté compensando otro movimiento. Nuestra ciencia, en lo que tiene de heredera de la multitud y del polvo, se empeña en ignorar la posibilidad de lo segundo y trata de convencernos de la primera y más básica imposibilidad. Tanto perorar sobre la inviolabilidad del principio de conservación de la energía para venir finalmente a decir que todo ha salido sin más de un punto y quedarse tan tranquilos. Es como esos señores de la Reserva Federal que nos insisten en que no hay almuerzo gratis cuando el dólar lleva cincuenta años hinchándose de balde todas las mañanas; o como los banqueros que sentencian que no se puede dar sin garantías cuando el que crea el dinero es quien pide el crédito. Así que está en buena compañía, la cosmología, y además, quién no prefiere pensar que somos algo más bien que nada. La ciencia positiva puede ser la mejor aliada de la credulidad.

Hace medio siglo hasta los matemáticos protestaban contra la guerra de Vietnam; hoy no es sencillo explicar cómo alguien puede ser científico y tener conciencia sin dejarlo. Pero por supuesto se entiende, porque la disposición de la ciencia no viene de ayer y ha adquirido una inercia que se dice imparable. Para que el científico dejara de ser la completa nulidad que hoy secretamente es, tendría que acertar a querer otro tipo de cosas. El abandono del campo o una huelga general indefinida no cambiaría nada incluso si fuera posible. ¿Pronostican que la inteligencia artificial sustituirá pronto al matemático demostrando teoremas? Ojalá fuera cierto, tal vez así volvería a plantearse a qué quiere dedicar su inteligencia. Mientras tanto, el mismo matemático es la mejor imitación disponible de esa máquina tan esperada.

Uno es incurablemente optimista, aunque por motivos distintos de los del científico promedio. Este puede hacerse simultáneamente la ilusión de que sirve a la sociedad y de que le da forma sin apenas inquietarse por la contradicción que eso implica y lo que implica sobre su propia formación, pero aquí quisiéramos imaginar por un momento que empieza a despuntar otra clase de propósito. Mientras permanezca tan atareado, el hombre de ciencia nunca dejará de ser instrumento y fachada de otro poder harto más reconcentrado. Por descontado que hay siempre grandes espacios para la autonomía, pero de qué le valdrán incluso a un matemático, el más inmaterial de los investigadores, cuando en su propio campo termina inclinándose ante los "métodos más poderosos". Nunca nos paramos a pensar en lo que esto significa. ¿Puede depender la verdad o la realidad de lo poderoso de nuestros métodos?

Pero el medio más poderoso de la teoría es la analogía, y la analogía procede por asimilación. Algunos dicen que la ciencia, siempre tan modesta, no se plantea cuestiones últimas como la filosofía, sino que se contenta con resolver problemas que tienen solución. Ahora bien, no sólo se ha hecho demasiado problema de los problemas últimos en filosofía, sino que, con el pretexto de que sus especulaciones se revisten de formas calculables, también la ciencia ha estirado los suyos propios hasta el infinito, hasta el absurdo e incluso más allá de cualquier sentido del ridículo. Y además, a medida que hemos dejado de darle crédito al pensamiento para las preguntas últimas, han pasado a ser las propias ciencias las que quieren responder con su proactivo estilo característico por qué existe el mundo, la vida o la conciencia.

Desde el punto de vista de las apariencias, es indudable que las cosas tienen su origen y devenir. Pero es la propia ciencia la que evacúa la pregunta sobre cómo hacen los fenómenos para ser lo que son, y la sustituye por un porqué subsidiario que debería colmar el vacío dejado por el cuándo y el cuánto a que la predicción responde. Sólo atendiendo al cómo podríamos ver cómo lo que actúa se conecta con lo que no actúa y cómo lo mundano existe dentro de lo no mundano. A nuestra ciencia tan bien engrasada ni le importa el cómo de la Naturaleza ni quiere mostrar el cómo de sus procedimientos; ambas cosas le importan tanto como a los banqueros hablar de cómo se crea efectivamente el dinero y cómo podría crearse sin sus maquinaciones.

Si la ciencia actual, que solo entiende de movimientos y acciones, pretende asimilar incluso a lo que no hace absolutamente nada, como la conciencia, también ha de ser posible un movimiento recíproco en que la conciencia *asuma* esta misma ciencia y trate de llevarla a su propio plano y realidad. Aquí hemos visto algunas de las avenidas más anchas para hacer viable esta asunción en la teoría misma partiendo de un medio homogéneo, modificando los principios de la mecánica o el cálculo, considerando otros aspectos de la idea de equilibrio o abordando debidamente la morfología y la individuación. Que siempre hay espacio para esta transmutación teórica de los principios, medios e interpretaciones tendría que estar fuera de duda; pero de esta teoría habría que preguntar además qué esfera de "aplicación técnica" le cabe, y más aún qué clase de práctica.

Hay una virtud y una eficacia en tratar de ver la Naturaleza desde el lado de la no acción, cierta pertinencia providencial, que aún no hemos empezado a contemplar. El hecho de que todo lo que hoy se valora de la ciencia palidezca ante la calamidad en que ya se ha convertido garantiza que tiene otro valor que hoy no estamos en condiciones de reintegrar a nuestra vida; pero el obligado movimiento de reciprocidad tiende de nuevo a hacer posibles estas condiciones si se acierta a concederle un espacio. Es cierto que la física y la matemática han querido hacer un objeto del vacío y la nada de mil formas diferentes, pero el no hacer, que nadie confundirá con la inacción, poco tiene que ver con este tipo de objetivaciones.

Las leyes con las que el hombre acota los procesos de la Naturaleza promulgan límites que no se debe exceder; la no acción en cambio se adhiere oscuramente a "aquello que no se puede exceder" de ninguna de las maneras, o no se puede exceder sin la reacción correspondiente. Si en la práctica se revela como aquello en lo que no hay un yo activo ni pasivo, en el principio mismo se traduce en pura indistinción entre acción y reacción. Pero aunque esto parezca sumamente vago aún tiene una traducción específica en el dominio de la mecánica como un tiempo propio de la acción y como otra inteligencia de la causa y de su ausencia.

La vía que usa la acción para llegar a la no acción está llena de engaños y nunca acaba de cerrarse; la tecnociencia en cambio procura explotar al máximo la inacción natural y convertirla en acción, pero conviene no olvidar que la no acción no tiene contrarios. La ley humana es teleología disfrazada; basta pensar en toda la moderna teoría del potencial para ver que el hombre ha ocultado en ella sus propios fines y ha pretendido que no otra es la no finalidad de la Naturaleza. ¿Cómo deshacer un malentendido tan tenaz?

Piénsese un momento en los sueños de la computación cuántica, con la que algunos ya se las prometen tan felices. ¿Acaso no se trata de explotar la no separabilidad de los potenciales para obtener cálculos explícitos? ¿De explotar la inacción para la acción? Basta una oportuna guerra tecnológica para que ni siquiera se plantee hasta qué punto esto tiene sentido. Y sin embargo existe dentro del cálculo cierta función especial, estudiada hasta el hartazgo pero seguramente aún más ignorada, que podría estarnos hablando con todo detalle de cómo la acción se subsume en la no acción. Incluso la dudosa "computación cuántica" podría ponerse mucho más fácilmente al servicio de la lectura de esta enciclopedia magna del no hacer que al servicio de fines cada vez más arbitrarios. Pero, aquí como en todo lo demás, ¿no sería infinitamente preferible buscar la esencia de esta no acción a entretenerse con un estudio interminable? Solo queda preguntar cómo es eso de no hacer nada; aunque lo que eso guarda no sea algo que necesite revelarse ni ponerse de manifiesto.

La no acción y la verdadera actividad coinciden con una certeza mayor que la de las verdades demostrables; pero si somos incapaces de concebir esto, tampoco podemos concebir el núcleo de actividad ni en la Naturaleza externa ni en nuestra propia naturaleza; y porque estamos tan lejos de conocer su fondo común, quitarle la mayúscula al lado externo de la ecuación es tan pretencioso como creer que la física ha desentrañado sus misterios. Con respecto a esta actividad, la acción física sería tan solo una transferencia o transacción. Aunque no se trata tanto de asfixiar esta otra certeza con nuevos conceptos como de permitir que sea menos inconcebible para nuestra telaraña de irrealidad. Al poder mundano desde luego le interesa la separación de estas dos naturalezas y hace cuanto puede por mantenerla; pero de ningún modo puede impedir que restablezcamos los vínculos.

La no acción es ausencia de intención pero sin intención un sistema mecánico cerrado es insostenible. La diferencia entre una y otra cosa puede resultar muy sutil a la vez que tiene un potencial extremo para la polémica; porque lo que tendría que ser algo diáfano y lúcido permanece sofocado como un fuego subterráneo. Polémica que sólo podría surgir de la fricción que supone ignorar que ambos fuegos son uno solo, y aunque siempre sea preferible evitarla, el grado de embotamiento de la intelección en lo mecánico invita a llevar su contraste al primer plano.

Pareciera como si tanto el saber como el no saber y el no querer saber hubieran dado el giro equivocado. Se habló de la ilustración como el fin de la infancia, pero atenerse a lo indudable por más incierto que sea nos adentra en el camino de la vida y en el camino del retorno que es uno solo con ella; mientras que negociar las certezas y las dudas a conveniencia nos aparta de ese camino y nos lleva, no hay más que verlo, a una creciente infantilización. Un poeta filósofo nos pintó hace mucho a un previsible papa jubilado, pero aunque no era menos previsible, el científico prejubilado en manos del gestor nos ha tomado por sorpresa. Para que no lo retiren o lo exhiban como a un trofeo, al investigador genuino no le queda más remedio que encontrar su propio lugar de retiro de todo ese ajetreo tan competitivo y tan entretenido. Y ese lugar no pasa por las intrigas en la gestión del gran aparato, sino por la reconsideración más íntima de su propio objeto, porque ese es el espacio que al teórico le compete abrir si quiere ser algo más que un activo administrado.

En cualquier ámbito, la no acción y lo indivisible se iluminan mutuamente, puesto que son solo aspectos de lo mismo. Las ciencias siempre tienen un espacio interno para librarse de la tutela del poder, si son capaces de concebir otro poder en el seno de su teoría, de su aplicación y de su práctica. Si esto se consigue, la relación entre saber y poder aún puede revertirse de manera espontánea e indeliberada, puesto que el poder, solo faltaría, también aspira a las ventajas del no hacer sin tener que pasar por aplicarse el remedio a sí mismo ni mucho menos practicarlo. Todo esto se comprende de suyo.

DEL CONTROLADOR INTERNO
18 septiembre, 2022

«¡Oh Antaryamin! Morador de nuestros corazones, amigo del pobre, protector del desvalido, purificador del caído. Perdona nuestros pecados. Ten misericordia de nosotros. Muéstranos el sendero simple, el camino real para alcanzar la suprema morada de la paz».

Tras la guerra, Norbert Wiener se negó a trabajar con fondos militares o del gobierno y eso le honra, pero hoy cualquier científico se justifica pensando que si él no hace algo otro lo hará en su lugar; la excusa es demasiado fácil aunque tiene mucho de cierta. En todo caso, para compensar de algún modo la degradación general a la que han llegado las ciencias, degradación cuyos extremos el padre de la cibernética apenas podía prever, y el efecto deletéreo que tienen en los más variados órdenes de la existencia, hace falta algo más que privar a este u otro sector de nuestras cada vez más dudosas e intercambiables contribuciones.

Desde el 2020 ya no es posible ignorar que el fraude en las ciencias afecta a todo el sistema y está concienzudamente dirigido desde arriba; porque no hablamos ya del simple control y selección del discurso, sino de la omnímoda falsificación y ocultación de datos, adulteración de explicaciones y prácticas criminales que atentan directamente contra la integridad de la vida y la dignidad humana. El que intenta sobrevivir en este ambiente puede engañarse a sí mismo pensando que semejantes faltas no afectan a su área específica de trabajo, pero aun si eso fuera cierto, su mero silencio cómplice lo degrada. La corrupción no es solo un medio, es un fin en sí misma, el triunfo de quien busca la destrucción de cualquier estándar. La mayoría es incapaz de entender las consecuencias de esta lógica destructiva incluso si las tiene delante de sus ojos.

Y eso que a veces se admite abiertamente que la presente tecnociencia ya no se propone explicar el mundo, ni tan siquiera predecirlo, sino simplemente modificarlo, incluso desentendiéndose a conciencia de cuáles puedan ser los efectos: "crear disrupciones", para usar su jerga nefanda. Tantos miles de años de experiencia humana acumulada para terminar peor que el niño con el palo en el hormiguero; mucho peor, sin duda, pues el niño aún siente curiosidad por comprobar los efectos que provoca y no se engaña sobre la naturaleza de lo que está haciendo. Lo que tenemos entonces es una actividad perversa y pervertida, y no solo en el trato que dispensa a la vida sino también en el que aplica a su propia racionalidad, así sea en la misma matemática.

No escribimos más sobre el tema porque para algunos de nosotros es demasiado obvio y porque afortunadamente existen autores mucho más dotados para la denuncia, la educación y la polémica en esta detestable arena de la intoxicación mediática. En cualquier caso tenemos una gran deuda con estos guerreros por la verdad[1] ya que el mundo sería mucho más miserable sin ellos. Lo temible no son las máquinas, sino las maquinaciones que se esconden tras ellas; las máquinas proliferan para que las maquinaciones de los malhechores tengan más impunidad.

Desde el *knowledge is power* estaba escrito que la ciencia tenía que llegar hasta aquí, o al menos así es como nos ha de parecer ahora. Si la cuestión era atreverse, está claro que el hombre se atrevió; ahora bien, de este modo la ciencia no solo ha sido instrumento de una caída dentro de otra caída, sino que ella misma tenía que experimentar su propia caída y degradación con respecto a lo que fue y a lo que siempre puede ser. Intentamos vislumbrar aquello con lo que la ciencia se confronta, pero no aquello de lo que esta ciencia huye, cuando su caída es justamente esa huída. Esa caída se extiende al pasado y el futuro, e inevitablemente afecta a cómo entendemos esos aspectos del tiempo —pues no es sino la caída en el tiempo.

En el Brihadaranyaka Upanishad, Uddalaka Aruni hace una aproximación a la naturaleza del Antaryamin, ese controlador interno cuya misma "interioridad" vela la realidad omnipresente del sí-mismo. ¿Cómo se nos puede ocultar lo que es todo? La misma pregunta ya nos da la respuesta. Aunque por otro lado, ¿cómo podríamos darnos cuenta de lo que no cambia? La famosa respuesta de Uddalaka es que esa realidad no puede verse, sino que nos ve; no puede ser pensada, sino que nos piensa; no puede ser comprendida, sino que nos comprende. La consideración de lo absoluto inmediato no deja espacio para otra conclusión ni para ningún tipo de ciencia o elaboraciones. Pero el Antaryamin es descrito de tres modos diferentes: como absoluto trascendente, como realidad física objetiva, y como subjetividad interna.

Se quiere creer que, en virtud de nuestras nociones de la mecánica, el mundo no necesita ningún controlador interno; ahora bien, el principio tácito de la mecánica de Newton, directamente emanado del tercero, es la sincronización global o simultaneidad de la acción y reacción; sincronización en la que también se encaja toda la física posterior, relatividad y mecánica cuántica incluidas. Cabe preguntarse entonces si este sincronizador global, sin duda un principio metafísico, es en sí mismo un controlador interno, o si más bien impide su correcta apreciación. La cibernética es la evolución de la teoría del control, y es cualquier cosa menos casual que Wiener comience su obra fundamental contraponiendo el tiempo newtoniano y el bergsoniano.

Pero el contraste que presenta Wiener es ya una justificación para que la máquina tome el mando, porque el vitalismo bergsoniano es un hombre de paja que de ningún modo supone una alternativa científica. Wiener es ante todo un matemático y no puede aceptar una definición del tiempo que no sea matemática; lo que no quiso contemplar es que los principios de Newton pueden sustituirse por otros que no requieren ni inercia, ni fuerzas constantes, ni simultaneidad de acción y reacción. Mucho antes de que naciera Wiener, Wilhelm Weber, desarrollando una idea de Gauss, había propuesto una dinámica así que hacía predicciones correctas. La dinámica de Weber se basa en el equilibrio dinámico, las fuerzas variables y un aparente "potencial retardado", y por tanto lo que describe es un bucle de retroalimentación o feedback incluso en las fuerzas fundamentales. Nunca sabremos lo que Wiener habría pensado al respecto; la cuestión es si a nosotros nos hace pensar algo más.

La dinámica de Weber tiene obvias ventajas sobre la muy posterior teoría de la relatividad, basada en la simultaneidad e infinitamente más publicitada; igual que permite enlazar con la física microscópica con muchos menos problemas. Aunque, vistas las cosas, tal vez estos sean motivos adicionales para mantenerla sepultada en el olvido. Pero lo esencial para nuestro asunto es que la retroacción en Weber es un principio inmanente, mientras que lo que salvaguarda todo lo que entendemos como mecánica es un principio externo y añadido al sistema —un principio enteramente metafísico. Por lo tanto, para responder de una vez por todas a nuestra anterior pregunta, la mal llamada ley del "potencial retardado" de Weber se ajusta perfectamente a la noción de controlador interno, mientras que la mecánica convencional lo excluye porque lo que demanda es por definición una organización externa al sistema.

Por añadidura, si hay que considerar una simultaneidad es precisamente la de los potenciales, que no requieren tiempo de transmisión, mientras que toda interacción consume necesariamente tiempo. No sin gran perplejidad, los físicos empezaron a reparar en esto entrados ya los años cincuenta del siglo pasado, y aún no saben cómo juzgar al respecto; por eso siguen afirmando que los potenciales cuánticos son un caso especial, cuando es obvio que cualquier potencial del tipo que sea corresponde a una posición y es independiente del tiempo. Hoy cualquiera sabe que la fase geométrica de un potencial, usada rutinariamente en teoría del control, opera a todas las escalas; así que si Wiener aún podía encontrar excusas cuando escribió su libro, hoy ya no hay excusa posible. Y sin embargo se sigue obviando el tema por completo.

Como circunstancia atenuante, puede aducirse que la física interroga al mundo con fuerzas y a través de las fuerzas, de modo que la consideración del potencial es necesariamente posterior; la teoría del control solo se hace un eco restringido de esta situación general. Pero, una vez que se ha comprobado que el potencial no es un mero auxiliar de la fuerza, sino que aún es más fundamental, deberíamos tener los hechos en cuenta y reordenar nuestra secuencia de razonamientos. Tenemos la evidencia objetiva, es nuestra subjetividad la que aún no se ha hecho a la idea. También es verdad que pasaron generaciones antes de que los físicos asumieran la idea newtoniana, y aun hoy esto se sigue haciendo del modo más superficial posible: huyendo siempre hacia adelante.

Si hablamos de subjetividad es porque también las tres leyes de la mecánica siguen la deriva ternaria común a todos los signos y se acogen a la tripartición convencional de la temporalidad: la inercia viene del pasado, la fuerza se proyecta en el futuro y la simultaneidad de acción y reacción define un presente fugitivo e infinitesimal sin ningún espesor propio. En cambio, en una dinámica relacional como la de Weber el equilibrio se expresa de manera triple y tanto la cuestión temporal como la de la causalidad quedan cautelarmente en suspenso. Solo el espacio permanece incuestionado, aunque sabemos que la realidad física comprende mucho más que el mero espacio o extensión. Empero, la misma suspensión del tiempo y la causalidad constituye un "espacio interno" en el que el pensamiento puede reordenar el conjunto de sus concepciones.

Por descontado, en las presentes condiciones nadie quiere perder el tiempo con tan inoportunas cuestiones de fundamentos por profundas que sean sus implicaciones, pues no podrían ser más opuestas al corto aliento de la época. Pero de lo que hablamos es de que un principio metafísico en la mecánica ha desalojado a un principio inmanente físico que al menos puede reconocerse claramente en sus efectos. Y las consecuencias de esto son tantas como las que se derivan de haberle dado la espalda a este principio. La ciencia moderna ha procedido de lo simple a lo complejo hasta empantanarse teóricamente en todo tipo de problemas insolubles; y sin embargo hasta el fenómeno más complejo que pueda observarse depende críticamente de eso indivisible que ha sido evacuado. Y la no separabilidad en la física pasa por el potencial, antes que por las fuerzas; ha de haber un camino de retorno de lo complejo a lo simple partiendo de la teoría del potencial aunque aún no ha sido hollado.

Hablar de cibernética o teoría del control es hablar literalmente de teoría del gobierno, y sin embargo no hay prácticamente nada en esta disciplina que trascienda los pormenores técnicos. Y el problema aquí no es el esoterismo ni el secretismo, sino la pura incapacidad para obtener principios o conclusiones generales. Empero, la dinámica de Weber es implícitamente una teoría de la retroacción en la Naturaleza que sin embargo tiene tres principios igual de simples, aunque menos contradictorios, que los de la mecánica de Newton; y en el interior de su contorno aún habría espacio para muchas destilaciones ulteriores.

Las prácticas de gobierno humanas, incluidas la tiranía y la tecnocracia, pasan por el supuesto de que todos quieren controlar en alguna medida un entorno percibido como claramente diferente; la idea del controlador interno, en cambio, se basa en la continuidad entre el agente y el ambiente y niega la separación entre un sujeto y objeto de control. Si existe una teoría y práctica del gobierno que no sean nocivas para nadie, necesariamente han de estar en este camino, y por lo mismo habría que prestar la más exquisita atención a su principio.

Pero no hacen falta sesudos análisis para ver que el tipo de control que pretende la tecnocracia se encuentra en todos los sentidos en oposición diametral a los mecanismos de compensación naturales. Dejando a un lado la evidencia de que, para empezar, nuestra propia idea de la Naturaleza está deliberadamente disociada, en la Naturaleza el ajuste entre agente y ambiente viene a ser inconsútil, mientras que las pseudoélites procuran por todos los medios mantener y aumentar las diferencias cuantitativas y cualitativas con lo que pretenden controlar. La inteligencia natural no puede separarse de su encarnación concreta y sus incontables detalles; la inteligencia artificial busca todo tipo de atajos para hacerse independiente de su contexto material. Y como ya se ha observado, la retroacción en la Naturaleza suele ser negativa porque busca la estabilidad, mientras que el sistema de reproducción del capital busca decididamente el feedback positivo, la amplificación y la desestabilización, para que cada ciclo de producto o salida aumente la entrada o inversión.

Podríamos seguir pero con esto ya es más que suficiente. No es sólo que a los mal llamados gobernantes no les importa lo más mínimo la Naturaleza, sino que tampoco el gobierno les importa: su llamada "gobernanza" consiste literalmente en crear desgobierno y sostenerlo hasta donde los sistemas lo aguanten, y seguir aprovechando el desorden creciente en su beneficio hasta el límite. EL tipo de control que procura internalizar el sujeto moderno se basa igualmente, como no podía ser menos, en la auto-explotación vía retroalimentación positiva, y si "el sistema" no se quema antes es porque la Naturaleza aún puede compensar tanta perturbación. Pero es que para empezar la "hipótesis cibernética", que seres vivos y máquinas comparten el mismo principio de organización, ya era patentemente falsa hasta para un niño. Evocar los fantasmas del vitalismo es perfecto para distraernos del hecho básico de que una Naturaleza escindida entre la inercia y la fuerza es la coartada perfecta para que siempre haya esclavos y señores. Mientras se acepten sin inmutarse las bases de esta "filosofía natural", la única que aún tenemos, estamos vendidos.

La física moderna se basa en analogías exactas como los principios de variación, pero a medida que se sedimentan estas analogías unas sobre otras se hacen opacas hasta lo ininteligible. Ya una sola de ellas se hace impenetrable; su concatenación resulta en engendros y quimeras que si aún son funcionales es porque se han construido por ingeniería inversa desde datos conocidos. Si prescindimos en cambio de la contradictoria idea de la inercia, que demanda sistemas cerrados que no estén cerrados, y remitimos consistentemente los otros dos principios a la idea de equilibrio dinámico, nos acercamos por grados a la naturaleza indivisible de la no acción, de la que aún sabemos tan poco. La no uniformidad de la fuerza y el potencial permite explicar satisfactoriamente cosas tan básicas como el perfil de la onda del pulso, y cabe suponer que también del ciclo bilateral de la respiración. Ambos casos son ejemplos sumamente concretos de control espontáneo, a la vez que pueden adoptarse como analogías aparentemente inocuas aunque de muy largo alcance pues permiten adentrarse en un principio cada vez más general. Recordemos que las teorías actuales ni siquiera son capaces de explicar la forma de las elipses en las órbitas de los planetas, por más que se pretenda lo contrario. Tampoco la mecánica de Weber puede hacerlo, pero al menos hace que las fuerzas se ajusten a las formas observables y no al revés, manteniéndose fiel al principio de las proporciones homogéneas. Es mucho más interesante seguir debidamente el nudo corredizo del bucle de realimentación que pretender causas; pues lo primero nos permite movernos con sentido a lo largo de la escala cósmica de la autorregulación.

Si partimos de un medio homogéneo con densidad unidad, que no está ni lleno ni vacío, puede concebirse cualquier manifestación como un simple cambio de densidad en el medio primitivo que ha estar compensado por un cambio opuesto en otra región. El cambio de densidad puede equivaler a un cambio de potencial, así como de escala o de dimensión; como ya hemos visto, estas transiciones también pueden estudiarse, de modo bastante intuitivo, a través de cierta morfología simpléctica. Pero, ¿de qué clase de interioridad se habla cuando se habla de un controlador interno? Ciertamente no se está hablando de que algo esté dentro de los cuerpos materiales, ni tampoco dentro del espacio. En un medio primitivo homogéneo tiene que haber una ambigüedad fundamental entre materia y espacio, espacio y conciencia. Esta ambigüedad no sirve de nada para el intelecto que busca determinaciones, y sin embargo el mismo principio de homogeneidad subyace a las teorías de campos y es más básica que la noción de fuerza. Se trata de un principio con una neutralidad intrínseca, a diferencia de la neutralidad extrínseca o metafísica de la sincronización global tan conveniente para generalizar el dominio de la manipulación mecánica.

Los físicos han afirmado a menudo que el tiempo es meramente subjetivo, pero basándose su ciencia en la medida del movimiento, sus argumentos nunca convencerán a nadie, empezando por ellos mismos. En cambio podemos distinguir un tiempo vacío, reversible y plano —el del ficticio sincronizador global—, que sería el límite más externo que nuestra concepción del tiempo puede alcanzar. En verdad, el sincronizador global no se encuentra en el límite externo del tiempo mensurable, sino más allá de él, lo que lo sitúa fuera del alcance aun de aproximaciones infinitas. En el otro extremo, al fondo, se encontraría un medio homogéneo con densidad unidad donde no hay movimiento ni tiempo posibles. Y en medio tendríamos ese tiempo interno o propio de los sistemas del que el mal llamado "potencial retardado" sería un índice. No puede haber sensación subjetiva de tiempo sin que el movimiento se superponga o se conecte con el fondo homogéneo e intemporal del que necesariamente surge. Tal vez dentro de este medio homogéneo, cualquier movimiento y sensación de tiempo sea algo efímero y tiene algo de ficticio; pero desde luego no hay ficción mayor que la de una sincronización fuera del movimiento cuando de lo que se parte es del movimiento y no del potencial. Por otra parte, conceptos como tiempo, masa, potencial, energía o momento, entre otros, pueden exhibir las más variadas simetrías, pero su significado difícilmente puede revelarse en el marco de ecuaciones superficialmente elegantes que en realidad esconden todo tipo de cantidades heterogéneas y constantes falsas. Además de estos tres niveles, tenemos el tiempo imaginario o mental de la interacción y deriva de los signos, que en gran medida parece independiente del soporte físico y en otro sentido no puede serlo. Este tiempo del pensamiento es el primer plano de la subjetividad que absorbe nuestra atención, pero no su trasfondo. Físicos y matemáticos han desarrollado el campo de la dinámica simbólica, pero olvidamos el rango simbólico de la dinámica cuyo ápice está en los tres principios y su asociación con el triple tiempo. Podemos alinear estos niveles de formas muy diferentes a las ahora prevalentes.

Nuestra ciencia lo que quiere es manipular sin obstáculos, y cualquier sugerencia de que hay una inteligencia activa en la Naturaleza, por más impersonal que sea, ha de verse como un prejuicio a superar. Las leyes de la física, para ser leyes, no pueden ser inherentes a lo natural, sino que han estar por encima de la Naturaleza e imponerse a ella de manera que no haya apelación posible a su estatus. De un solo golpe, el físico cree situarse tanto por encima de la Naturaleza como de los prejuicios del vulgo que aún mantiene una justificada reverencia por ella. Y aunque sea al nivel más puramente intelectual, esto le da una enorme sensación de poderío que sin necesidad de pactos lo hermana con los que detentan el poder mundano desde posiciones de privilegio inatacables. Para su desgracia, además, la ciencia dispone de métodos siempre más sofisticados al servicio de objetivos siempre más groseros, y esa abismal desconexión aumenta exponencialmente su nocividad. Las intenciones de Bacon eran trasparentes, pero desde Newton pocos han calado la máscara de neutralidad y elegancia matemática.

Un filósofo tan remoto como Escoto Erígena, con cuatro distinciones básicas, pudo sostener una visión de la Naturaleza más vasta que la nuestra con todos nuestros mares de información. Habló el irlandés de una naturaleza increada y creadora, de la que nada cierto se puede saber; de la naturaleza creada y creadora de las formas o ideas; de la naturaleza creada y no creadora de la materia, y de la naturaleza increada y no creadora que está de espaldas a todo pero hacia lo que todo tiende. Cuádruple partición que a estas alturas puede resultar tosca, pero que está en perfecto acuerdo con la naturaleza inmutable del Nombre y el carácter inarticulado de su Alfa y su Omega. El cuarto aspecto es la no acción, donde lo visible se desvanece en lo indivisible, centro y destino último de todo.

Si la causa final no es una fuerza, sino una perspectiva, la idea de potencial nos permite entenderla mucho mejor que la de interacción. Raymond Ruyer hizo suyo el concepto de equipotencialidad para explicar la permanente formación de un organismo y su estabilidad, subrayando la diferencia insalvable entre dominios unitarios e interacciones dentro de agregados estadísticos. Una mecánica relacional o ambiental como la de Weber permite salvar esta brecha porque a diferencia de la mecánica convencional asume que no hay sistemas cerrados, es válida tanto para partículas puntuales como extensas y funciona a todas las escalas. La mecánica convencional se basa en leyes de extremos, máximos y mínimos, y el carácter absoluto de la sincronización global no puede evitar singularidades patológicas como los agujeros negros; con los "potenciales retardados" tales procesos están vedados y la misma física parece regirse por equilibrios óptimos en lugar de extremos.

Ruyer exageró su finalismo porque no pudo contemplar la regulación espontánea que opera en la dinámica relacional, en el principio de máxima entropía —hay más orden porque el orden produce más entropía—, o en el equilibrio ergoentrópico entre la máxima producción de entropía y la mínima variación de energía. Sin embargo, su concepción de la conciencia como sensación y supervisión absolutas es mucho más básica que todas las nociones del yo que desde Descartes dominan el ámbito derivado de la percepción, el pensamiento, los cuerpos y las series ordenadas. Su vislumbre de las ideas como regiones equipotenciales virtualmente eternas, que sin embargo se manifestarían de forma efímera en equilibrios con el entorno altamente condicionales, sigue mereciendo consideración. Por supuesto, un medio homogéneo solo puede ser sensación absoluta o pura actividad con respecto a cualquier supuesta alteración en él, pero esta es la forma que tiene de mantenerse inobstruido como coincidencia de lo en-sí y para-sí.

La cuestión es si estos nuevos avatares del concepto de equilibrio y otros sugeridos en escritos anteriores permiten comprender mejor los innumerables dominios que caben entre un medio indiferenciado y sus manifestaciones. Pero si la supervisión absoluta es la contemplación del desequilibrio o el equilibrio dinámico desde la homogeneidad, habría que empezar por buscar la homogeneidad o proporcionalidad en las cantidades que intentan describirlo. No puede dejar de haber sintonía entre principios, medios y fines; pero es que, además, para nosotros, el mismo medio homogéneo es la perspectiva e intérprete últimos.

Muchos podrán pensar que, a lo sumo, el tema aquí planteado es una cuestión de interpretación —pero es bastante más que eso. Para empezar, son los principios mismos de la mecánica los que rechazamos, sabiendo a conciencia que no son ni mucho menos insustituibles, como la mayoría piensa. Y no solo no son insustituibles, sino que son inaceptables por principio y desde el primer principio, la llamada ley de la inercia. Lo que el tercer principio con su sincronización global hace es sellar el primer principio y crear el espejismo de un solo nivel de causalidad. En cualquier caso la interpretación debería volverse hacia el principio de equilibrio que tiene un triple aspecto; pero quien cambia su interpretación y sus principios, también cambia sus métodos y selecciones, y en suma, la entera orientación de su pensamiento y de lo que se propone con él. Lo que pretende la ciencia actual ya no puede estar más claro, el desafío está en averiguar las implicaciones del principio de inmanencia. Y es solo normal que el científico promedio se quede aquí como una vaca mirando una puerta nueva.

Hacer del Principio la meta, más allá de los principios con que se dota el pensamiento, ya es un cambio fundamental. Encontrar algo que no esté muerto en el núcleo mismo de esta ciencia de muerte y adherirse a ello, ya es todo un triunfo, y cada paso significativo que se de en la misma dirección será otro triunfo más. Lo opuesto a esta ciencia de muerte no es el vitalismo; pues el equilibrio dinámico está más allá de la vida y de la muerte —o más bien, de nuestras ideas de lo vivo y de lo muerto, si es que la Vida, en el sentido más amplio, no tiene opuestos ni límites. Nacimiento y muerte sí pueden contraponerse, y en el equilibrio que cabe entre ellos también es posible una regeneración de la ciencia, y una ciencia de la regeneración cuyo origen es intemporal pero aún conocerá nuevos ropajes.

Notas

(Se puede acceder a todos los documentos referenciados en el artículo *El bucle retroprogresivo,* en www.hurqualya.net)

    1. http://mileswmathis.com/focus.pdf

EL BUCLE RETROPROGRESIVO
18 octubre, 2022

Imaginemos un equipo de biofeedback donde los tres principios de la mecánica son expresados de forma alternativa aunque cuantitativamente equivalente, como en la ley de fuerza de Weber (1846): en vez de inercia, existe una suma cero de fuerzas; en vez de fuerzas constantes, la intensidad de las fuerzas depende del entorno; en vez de simultaneidad de acción y reacción, hay un "potencial retardado" y por tanto un tiempo interno o propio específico del sistema. La primera diferencia destacable entre estos principios y los más conocidos es que permiten, hasta cierto punto, interpolar la conciencia en su interior. La segunda es que se aplican igualmente a cuerpos o eventos puntuales y extensos, tornando innecesarios los artificios cruciales que apuntalan la relatividad especial, la general, o la mecánica cuántica haciéndolas incompatibles entre sí. La tercera es que hace posible una concepción del tiempo distinta de las de la física y la psicología.

(Recordemos, por si fuera necesario, que los mismos principios de la mecánica son indemostrables dentro del sistema al que sirven de marco y son una cuestión de elección —algo que ya evidenció Poincaré discutiendo precisamente los sistemas de Hertz y Weber). Los tres principios de la mecánica comportan, a través de las cantidades que las expresan, un concepto esquemático del espacio, el tiempo y la causalidad. Pero, ¿qué tipo de relación existe entre los principios de la mecánica y el tiempo? Y aquí, antes de hablar del aspecto subjetivo del tiempo o temporalidad, habría que empezar por considerar el tiempo mismo de la mecánica. Casi todos los físicos se inclinan hoy por un criterio que podemos llamar "operacional" y que afirma que el tiempo físico no es sino la medida del movimiento; y se emplea este criterio para argumentar que, sin asumir la constancia de las fuerzas o la igualdad del fondo y de los sistemas de coordenadas, la física no sería posible. Esto es algo típico del sistema de Newton, que como más tarde haría la teoría de la relatividad mezcla indisolublemente conceptos absolutos y relacionales; cuando nos atenemos a una idea puramente relacional de la dinámica como en la ley de Weber, además de la inercia podemos prescindir consistentemente tanto de constantes universales como de la sincronización global.

Si pueden establecerse secuencias temporales inequívocas con los tres principios de Newton, también puede hacerse con los tres principios relacionales que Weber no enuncia pero que hace explícitos Andre K. T. Assis —aun cuando aún se halle lejos de extraer las posibles consecuencias de estos principios. Por descontado que los principios de la mecánica, cualquiera que sea la elección, no pueden dar cuenta por sí solos de la inagotable complejidad de flujos naturales con una posible interpretación temporal. Son una clave general que en muchos casos requerirá un fuerte componente estadístico, sustituyendo los cuerpos ideales simples por conjuntos —algo ya contemplado en la distinción entre partícula material y punto material de la mecánica de Hertz. Hasta donde sé, el proponente más destacado de un enfoque relacional estadístico del tiempo es Vladimir V. Aristov.

Aristov ha hecho mucho por enriquecer la descripción convencional del tiempo en la física, hasta ahora esquemática en extremo. Esta se ocupa de intervalos de tiempo —cuando no piensa en instantes como puntos en un eje numérico—, pero no ha juzgado necesario darle al tiempo una descripción de estado. Por supuesto persiste la importante cuestión de cómo surge la irreversibilidad temporal, algo que en las llamadas leyes fundamentales ni siquiera se considera. Aristov propone para ello un modelo con tres puntos de referencia en lugar de dos, así como una serie de aportaciones estadísticas y axiomáticas que abarcan también la problemática biológica y son en cualquier caso necesarias para que el tratamiento cuantitativo del tiempo sea menos simplista.

Por más necesarias que puedan ser este tipo de precisiones, es muy probable que lo más intangible del tiempo, a saber, su aspecto subjetivo, tampoco dependa de la complejidad. En entradas anteriores hemos sugerido que el retardo o "tiempo propio" de la mecánica de Weber podría encontrarse a mitad de camino entre el límite puramente exterior de la sincronización global y el medio homogéneo indiferenciado —y que la sensación subjetiva de paso del tiempo requiere tanto una relación constante como una variable entre un tiempo físico propio y la densidad unitaria de la homogeneidad de fondo, aun si para las partículas el fondo homogéneo también se considera como un promedio estadístico. Se trataría de tres aspectos o planos del tiempo diferentes, de un modo hasta cierto punto similar a las categorías de terceridad, segundidad y primeridad de C. S. Peirce en los momentos de la semiótica o deriva de los signos en la mente, que también entraña un proceso temporal, aunque sin duda irreversible a diferencia de las tres leyes de la mecánica, que por otra parte también pueden ponerse en correspondencia con estas categorías.

La mecánica relacional puede adoptar diversas formas, que no tienen por qué ser equivalentes. Si se pregunta a distintos físicos comprometidos con este enfoque cuál es su rasgo esencial con respecto a otros más promovidos como las teorías de campos, lo más probable es que se nos diga que el prescindir del espacio-tiempo como categoría independiente. Otros podrían decir que, al menos en una mecánica como la de Weber, el hecho de emplear cantidades homogéneas debería permitir una mejor comprensión de los ubicuos números inexplicados de la física. Pero si aquí nos detenemos en esta última como modelo por excelencia de la física relacional, es ante todo porque nos libera de la idea de inercia, así como de la sincronización global y las constantes universales que le sirven de salvaguardia; y con ello de muchos otros artificios, como los penosos, escolásticos arbitrajes con los diversos sistemas de referencia.

En cualquier caso la importancia de prescindir de la inercia va mucho más allá de cuestiones como la conveniencia o la simplicidad. Se trata del fundamento de nuestra idea de la Naturaleza, secuestrada por una cierta idea de la física, así como de nuestra idea de lo vivo y lo muerto, y aun de la deriva general de nuestra lógica y nuestra mente. Costó dos mil años madurar el concepto de inercia, pero menos de un siglo sentarse tranquilamente sobre él —porque sólo se lo quería como punto de partida. Podrá argumentarse que la mecánica de Weber se desvía de la relatividad a velocidades y energías altas, igual que puede argumentarse que una teoría como la relatividad siempre tiene artificios de sobra para arreglar los datos a su favor; pero a estas alturas ya no vamos a entrar en tales controversias. Por supuesto que en ella no hay lugar para agujeros negros y otras muchas paradojas y patologías sin las que se encuentra huérfano el género fantástico, pero tanto mejor. De hecho un agujero negro no es una consecuencia de la relatividad, sino del carácter absoluto de una fuerza de gravedad que sería del todo independiente de las condiciones del sistema, lo que solo puede ser una ficción. Claro que en contrapartida hay muchas otras cosas a las que habría que seguirles la pista y que aún esperan detección. Pero es una cuestión de principios, y como los principios ya afectan a la interpretación final, también afectan a todo lo demás.

Husserl realizó penetrantes análisis sobre los tres aspectos del tiempo, tanto en la música como en relación con la subjetividad trascendental —con el momento autorreferencial de la conciencia aún no dirigida por la intención, una suerte de "tiempo cero" del que resultarían los momentos del presente, pasado y futuro como una fuga interpuesta. Este estudio de la temporalidad en Husserl se encuentra entre las reflexiones más profundas sobre el tema, aunque su presentación de la experiencia autorreferencial como un cortocircuito o trauma doloroso recuerda demasiado a las elucubraciones contemporáneas del padre del psicoanálisis. ¿Por qué tendría que resultar la autoconciencia dolorosa? ¿Qué le impide reposar en sí misma? Y aquí podría aducirse que esa incapacidad se debe a la mera inercia de un hábito o condicionamiento.

Lo que nos llevaría de nuevo al biofeedback, que, antes que una forma de controlar las funciones biológicas, es un medio para atenuar sus condicionamientos —se trata de un feedback negativo, como suele ser el caso en los mecanismos de regulación naturales. Una señal del potencial, asociado a un estado del sistema, parece mucho más adecuada para inducir un feedback negativo que una señal de la fuerza, toda vez que el tipo de influencia que aquí existe es involuntaria, no eferente o motora. ¿Y qué tiene que ver esto con una mecánica relacional como la de Weber? La mecánica de Weber o la de Assis sustituyen la inercia por el equilibrio dinámico, que ha de existir en todo momento y por definición. En cambio el equilibrio entre acción y reacción tiene lugar en un intervalo temporal, coexistente con el ajuste de la fuerza a su medio, ya sea externo o interno.

De hecho no hay una distinción entre ambos puntos de vista. En la mecánica de Newton y en cualquier otra con inercia y la sincronización global que la ampara todo está dispuesto externamente aun si entraña una contradicción flagrante, puesto que después de todo la inercia nos pide que asumamos un sistema cerrado que a la vez no esté cerrado. Esto crea la posibilidad de leyes temporalmente reversibles, lo que sin duda ha de ser otra ficción, y ahonda la división entre las leyes físicas y lo que Peirce llamaba "la ley de la mente". Lo que nos lleva a otra pregunta que nunca suele hacerse pero que resulta de gran alcance: ¿la mecánica relacional de Weber, tomada en su sentido más genérico, es reversible o irreversible? El hecho de que la ley de fuerza de Weber y su potencial asociado surgiesen en el contexto de la electrodinámica podría llevar a pensar que es privativo de los sistemas reversibles, pero esto es un prejuicio sin mayor justificación, y ya hemos visto que las mismas ecuaciones de Maxwell pertenecen a dos categorías termodinámicamente diferentes. Habría que hacer un estudio detenido del caso, pero todo hace pensar que, supuesto que esta mecánica no depende de una condición quimérica como la que impone el principio inercia, permite tanto los comportamientos reversibles como los irreversibles. Sin embargo, en contra de la opinión más difundida creemos que estos últimos son el caso general, y por tanto, también el más fundamental.

Si la dinámica relacional admite lo irreversible, permite trasladar a lo interno, y también a la esfera mental, una rectificación a lo largo del tiempo entre los tres momentos de su equilibrio, algo que en la mecánica clásica nunca puede hacerse explícito. En contraste con el enfoque relacional, hemos visto otras formulaciones anholonómicas de la mecánica, de tipo cartesiano, que tampoco tienen inercia pero en cambio hacen depender el movimiento de la aceleración y por tanto del desequilibrio. Opuestas en planteamiento, ambos dinámicas podrían coincidir en el terreno común del desfase del potencial, que en la física moderna se ha introducido por la puerta de atrás en lo que se conoce como "fase geométrica". Y también hemos visto el equilibrio ergoentrópico que propone Mario Pinheiro entre la mínima variación de energía y la máxima entropía, en una reformulación irreversible de la mecánica. Aquí no podemos entrar en la relación entre estas tres formulaciones aunque el tema merece un estudio en profundidad.

Dentro del esquema semiótico de Peirce, lo retroprogresivo surge al remontarnos de las categorías terciarias a las secundarias, y de estas a las primarias. El tercer principio de acción-reacción define las condiciones de interacción, mediación y medición; la segunda ley, que define la acción o fuerza, sólo puede tener para el tiempo un carácter indicial e incompleto; la primera ley define o recorta el contorno de lo inmediato de que partimos. Pero la cuestión que no se ha planteado es que las mismas leyes de la mecánica, siendo un caso particular para uso interno de la física, terminan por arrastrar la deriva del mundo y de la mente en que nos hayamos sumidos —puesto que, como disposición general, también han determinado la fuga entera de la tecnología. Si con la tecnociencia se ha echado el resto en el control externo del mundo, es normal que ahora lo exterior nos arrastre no importa lo que quiera nuestra voluntad.

El biofeedback puede ser usado como un medio para comprobar el lado interno o subjetivo de determinados principios de la dinámica, mientras que los principios relacionales de una dinámica como la de Weber nos permiten ver que ese lado interno también admite un correlato externo. Buscando un contexto general para la faz hombre/máquina, se han propuesto en las últimas décadas enfoques como la "endofísica", una física "desde dentro" que combinaría oportunamente elementos de la mecánica cuántica, la relatividad y la teoría del caos; pero enfoques de este tipo permanecen ligados a la concepción, dominante en la física, del observador, de la representación y de las fuerzas controlables. Se habla de la interfaz como "corte" a diversos niveles, pero el gran y definitivo corte que ha introducido la física es la inercia y el sistema inercial, y es por aquí que hay que empezar. El "enfoque endofísico" no ha tenido desarrollo ulterior, pero el trabajo con interfaces entre seres vivos y máquinas no deja de intensificarse, y hoy comprobamos que la fase geométrica de los potenciales se usa rutinariamente como factor de ajuste en robótica y teoría del control.

El auténtico "interfaz" sería el desfase del potencial, pero esto no requiere ningún "corte", pues en esta mecánica relacional no existe una separación conceptual entre lo interno y lo externo, lo "vivo" y lo "muerto", lo inerte y las fuerzas que lo impulsan. Y el "desfase del potencial" no es privativo de la mecánica cuántica como todavía se supone, sino que se da necesariamente a todas las escalas puesto que el único "retardo" solo puede existir con respecto al ficticio sincronizador global de la mecánica de Newton.

Como hubiera dicho Ruyer, está lo observable y lo participable; lo primero es objeto de la conciencia intencional, lo segundo no, pero no por eso es menos importante. Incluso puede decirse que la civilización es la explotación del excedente de lo participable en beneficio de lo observable, que siempre acaba teniendo dueño. La carrera por la fusión de hombre y máquina es una fuga compulsiva que trata de compensar el corte autoinflingido con la mecánica, pero está claro que nuestro uso de máquinas y herramientas es muy anterior a la generalización de los tres principios. Y también que el "principio de instrumentación" del que a veces hablamos no es la tardía "razón instrumental" del pensamiento moderno sino una forma de exteriorizar la fuerza con herramientas o sin ellas.

La coordinación interna con lo que no sin malicia podemos llamar "el mecanismo de Weber" apunta pues más allá de la física o la técnica. ¿Hasta qué punto la forma específica de los principios de la mecánica ha podido influir en nuestra temporalidad? Parece una pregunta imposible de responder, pues la temporalidad nunca se mueve en el vacío, y los principios de Newton están justamente concebidos como movimiento en el vacío. Los tres principios clásicos son puramente externos, no se pueden internalizar de ningún modo. Su influencia se extiende ante todo como deriva heterónoma. En la mecánica de Newton, nada se mueve sin que lo mueva otra cosa; en la mecánica relacional un cuerpo puede impulsarse a sí mismo con perfecta consistencia y sin contradicción.

La temporalidad no se mueve en el vacío, de otra forma nunca habría prendido como forma interna de una cultura —como cuando hablamos de una concepción del tiempo lineal, circular, vertical, etcétera. Los tres principios clásicos pueden representar una secuencia causal, pero no ahondar en la sensación subjetiva del tiempo. Los tres principios de la mecánica relacional sí pueden hacerlo, y sin embargo esta misma "mecánica" no necesita, o más bien excluye, la representación causal —la perspectiva que brinda es realmente acausal, y por ende, amecánica. Aunque la cuestión de la causalidad nos llevaría ahora demasiado lejos; en un argumento crucial como el del cubo en rotación de Newton, podemos explicar la curvatura del agua tanto por el equilibrio ergoentrópico de Pinheiro como por la energía potencial, pero difícilmente por el espacio absoluto como hizo el proponente del experimento.

Ante tanto malentendido, no está de más recordar que nuestra presente civilización sólo ha tenido una filosofía natural, que no es otra que la de Newton. Todas las "revoluciones" posteriores no cambian la cuestión esencial, ni la cambiarán, porque lo necesario para hacerlo no pasa por la física especulativa, sino por su antípoda, la física fundamental, además de, por supuesto, la propia filosofía natural. Contemplar el mundo sin inercia equivale a renovarlo continuamente, pero la conciencia apenas puede mantenerse un instante en semejante estado de suspensión. ¿Cómo puede ser esto, si decíamos que las leyes de la mecánica clásica no son susceptibles de internalizarse? Ya hemos visto que incluso los tres principios de la mecánica clásica pueden entenderse tanto en un mismo nivel como en grados o niveles diferentes, de acuerdo con la connotación semiótica de Peirce. Cabe argumentar que la conciencia intencional es necesariamente externa, aunque en grados muy diversos, y que contemplar la no inercialidad nos retrotrae a esa otra conciencia anterior a la intencionalidad que Husserl llamaba subjetividad trascendental. Y dentro de esta conciencia tal vez cabe distinguir un equilibrio estable y un equilibrio inestable, que también pueden asociarse con ciertos principios y evolución de la dinámica.

La respiración, por ejemplo, es un proceso a la vez voluntario e involuntario, igual que también es simultáneamente mecánico y amecánico. El ciclo nasal bilateral está muy probablemente asociado a un potencial retardado, y siguiendo su eje podemos acceder al aspecto amecánico del fenómeno respiratorio. A su vez esto se vincula con la percepción del tiempo, y con la transformación de la intención en atención, y de esta en autoconciencia. No es difícil vislumbrar en todo esto la posibilidad de una vía gradual y una vía directa.

La vida del espíritu no sólo no necesita de técnologías, sino que más bien se opone a ellas en general. Pero aquí se entrevé un paso más allá del principio de instrumentación que nos permite ver la ciencia y la técnica bajo una luz diferente; y el que todo esto ocurra en el mismo corazón de la mecánica tiene una significación especial que queremos que perdure.

Referencias

Henri Poincaré, Nicolae Mazilu, *Hertz's Ideas on Mechanics* (1897)

V. V. Aristov, *Relative Statistical Model of Clocks and Physical Properties of Time* (1995)

Nikolay Noskov, *The phenomenon of retarded potentials*

K. T. Assis, *Relational Mechanics and Implementation of Mach's Principle with Weber's Gravitational Force (2014)*

Alejandro Torassa, *On classical mechanics* (1996)

Koichiro Matsuno, *Information: Resurrection of the Cartesian physics* (1996)

Mario J. Pinheiro, *A reformulation of mechanics and electrodynamics* (2017)

Milton Keynes UK
Ingram Content Group UK Ltd.
UKHW031210111124
451035UK00007B/835